“十三五”国家重点出版物
出版规划项目

大数据可视分析方法与应用

陈为　巫英才　鲍虎军　等著

化学工业出版社
·北京·

本书共有12章，分为3篇。大数据基本定义篇阐述了大数据可视分析的背景、分析框架及前景，并结合实例多角度描述可视化分析在不同应用场景下的设计及实现过程。大数据基本方法篇针对实际应用中遇到的不同类型的数据，包括多媒体数据、网络数据、多层面数据和不确定性数据介绍相应的可视化方法，并结合研究成果，展示从探索层面到解释层面的数据分析及可视化推理过程。大数据应用篇侧重介绍大数据可视化综合应用及实用系统，特别是在三维空间域数据、社交媒体数据、通用时空数据、城市数据、网络日志数据、云计算环境下的数据可视分析及多人在线游戏日志数据等场景下的可视化方案、模型及工作。

本书反映了浙江大学在可视分析方面的进展与所思所想，希望对有志于从事大数据可视化、可视分析的研究生、企事业从业人员有所帮助。

图书在版编目（CIP）数据

大数据可视分析方法与应用/陈为等著. —北京：化学工业出版社，2018.7
“中国制造2025”出版工程
ISBN 978-7-122-32172-5

Ⅰ.①大… Ⅱ.①陈… Ⅲ.①数据处理
Ⅳ.①TP274

中国版本图书馆CIP数据核字（2018）第105610号

责任编辑：宋　辉　　　　文字编辑：陈　喆
责任校对：边　涛　　　　装帧设计：尹琳琳

出版发行：化学工业出版社（北京市东城区青年湖南街13号　邮政编码100011）
印　　装：北京东方宝隆印刷有限公司
710mm×1000mm　1/16　印张28¾　字数540千字　2019年3月北京第1版第1次印刷

购书咨询：010-64518888　售后服务：010-64518899
网　　址：http://www.cip.com.cn
凡购买本书，如有缺损质量问题，本社销售中心负责调换。

定　　价：148.00元

序

制造业是国民经济的主体，是立国之本、兴国之器、强国之基。近十年来，我国制造业持续快速发展，综合实力不断增强，国际地位得到大幅提升，已成为世界制造业规模最大的国家。但我国仍处于工业化进程中，大而不强的问题突出，与先进国家相比还有较大差距。为解决制造业大而不强、自主创新能力弱、关键核心技术与高端装备对外依存度高等制约我国发展的问题，国务院于 2015 年 5 月 8 日发布了“中国制造 2025”国家规划。随后，工信部发布了“中国制造 2025”规划，提出了我国制造业“三步走”的强国发展战略及 2025 年的奋斗目标、指导方针和战略路线，制定了九大战略任务、十大重点发展领域。2016 年 8 月 19 日，工信部、国家发展改革委、科技部、财政部四部委联合发布了“中国制造 2025”制造业创新中心、工业强基、绿色制造、智能制造和高端装备创新五大工程实施指南。

为了响应党中央、国务院做出的建设制造强国的重大战略部署，各地政府、企业、科研部门都在进行积极的探索和部署。加快推动新一代信息技术与制造技术融合发展，推动我国制造模式从“中国制造”向“中国智造”转变，加快实现我国制造业由大变强，正成为我们新的历史使命。当前，信息革命进程持续快速演进，物联网、云计算、大数据、人工智能等技术广泛渗透于经济社会各个领域，信息经济繁荣程度成为国家实力的重要标志。增材制造（3D 打印）、机器人与智能制造、控制和信息技术、人工智能等领域技术不断取得重大突破，推动传统工业体系分化变革，并将重塑制造业国际分工格局。制造技术与互联网等信息技术融合发展，成为新一轮科技革命和产业变革的重大趋势和主要特征。在这种中国制造业大发展、大变革背景之下，化学工业出版社主动顺应技术和产业发展趋势，组织出版《“中国制造 2025”出版工程》丛书可谓勇于引领、恰逢其时。

《“中国制造 2025”出版工程》丛书是紧紧围绕国务院发布的实施制造强国战略的第一个十年的行动纲领——“中国制造 2025”的一套高水平、原创性强的学术专著。丛书立足智能制造及装备、控制及信息技术两大领域，涵盖了物联网、大数据、3D 打印、机器人、智能装备、工业网络安全、知识自动化、人工智能等一系列的核心技术。丛书的选题策划紧密结合“中国制造 2025”规划及 11 个配套实施指南、行动计划或专项规划，每个分册针对各个领域的一些核心技术组织内容，集中体现了国内制造业领域的技术发展成果，旨在加强先进技术的研发、推广和应用，为“中国制造 2025”行动纲领的落地生根提供了有针对性的方向引导和系统性的技术参考。

这套书集中体现以下几大特点：

首先，丛书内容都力求原创，以网络化、智能化技术为核心，汇集了许多前沿科技，反映了国内外最新的一些技术成果，尤其使国内的相关原创性科技成果得到了体现。这些图书中，包含了获得国家与省部级诸多科技奖励的许多新技术，因此，图书的出版对新技术的推广应用很有帮助！这些内容不仅为技术人员解决实际问题，也为研究提供新方向、拓展新思路。

其次，丛书各分册在介绍相应专业领域的新技术、新理论和新方法的同时，优先介绍有应用前景的新技术及其推广应用的范例，以促进优秀科研成果向产业的转化。

丛书由我国控制工程专家孙优贤院士牵头并担任编委会主任，吴澄、王天然、郑南宁等多位院士参与策划组织工作，众多长江学者、杰青、优青等中青年学者参与具体的编写工作，具有较高的学术水平与编写质量。

相信本套丛书的出版对推动“中国制造 2025”国家重要战略规划的实施具有积极的意义，可以有效促进我国智能制造技术的研发和创新，推动装备制造业的技术转型和升级，提高产品的设计能力和技术水平，从而多角度地提升中国制造业的核心竞争力。

中国工程院院士 潘云鹤

前言

在迈向新一代人工智能的时代，新颖的可视化手段将成为人机连接的首要窗口，是人机协同网络中混合增强智能的最主要交互界面。人工智能的实现，需要融合机器智能与人类智能，交互智能可视分析将成为以人为中心的分析和决策场景下（安全、军事、防灾减灾等）的核心分析模式。近十年来，国际学者从多个方面对可视分析的基础问题展开了探索性研究，并连续在 Science 上发文指出，借助可视化手段将人机智能有机结合，形成沉浸式分析环境，可有效提升数据关联分析的效率。一批顶尖 IT 企业高度重视研究可视分析的理论和方法，启动并持续支持了一系列基础研究和关键技术攻关，在基础理论和方法研究上取得重大突破。

可视分析学是一门以视觉感知增强认知为目标、以视觉理解和机器理解为对偶手段、以可视界面为信息交流通道的综合性学科。在因时、因地、临场、应急、博弈等分析决策的关键场合中，可视分析的作用尤为重要。特别地，大数据可视分析在宏观、概览、关联、隐性表达等方面具有不可替代的效应。

2012 年夏天，陈为教授作为项目负责人，和北京大学袁晓如教授、浙江大学彭群生教授、香港科技大学屈华民教授、美国普渡大学印第安纳波利斯分校方晓芬教授等一起，在浙江大学鲍虎军教授的指导和帮助下，获得了国家自然科学基金重点项目“探索式可视分析的基础理论与方法”（编号：61232012）的资助，这是中国第一个在可视分析方面的重点项目。项目自 2013 年启动，历经五个寒暑，历经了整整两代博士研究生和四代硕士研究生的深入探索，取得了在可视分析研究方面的巨大进展，具有一定的国际学术影响力。

本书由国家重点研发计划项目“大数据分析的基础理论和技术方法”(2018YFB1004300)、国家自然科学基金重点项目“探索式可视分析的基础理论与方法”(61232012)资助，汇集了近年来浙江大学在可视分析方面的探索与研究成果，经浙江大学计算机辅助设计与图形学(CAD&CG)国家重点实验室师生总结修订而成。从大数据的角度入手，从大数据可视化分析基本定义、大数据可视化的若干类挑战方法、大数据可视分析的领域应用等三个层面，深入阐述了浙江大学课题组在大数据可视分析的最新研究成果。全书共有 12 章，为清晰起见，将各章的作者和参与研究的主要人员列表如下：

章序号	章节名称	作者(作者单位)	原始研究人员及单位
1	可视分析基础与框架	马昱欣(浙江大学)、陈为(浙江大学)	马昱欣、林明、胡万祺(均为浙江大学)
2	多媒体数据	谢潇(浙江大学)、巫英才(浙江大学)	蔡西文(浙江大学)
3	网络数据	郭方舟(浙江大学)、陈为(浙江大学)	郭方舟、韩东明、潘嘉铖(均为浙江大学)
4	多层面数据	王叙萌(浙江大学)、陈为(浙江大学)	夏菁(浙江大学)
5	不确定性数据	张天野(浙江大学)、陈为(浙江大学)	陈海东(浙江大学)
6	三维空间域数据	陈伟锋(浙江财经大学)、鲍虎军(浙江大学)	陈伟锋、丁治宇(均为浙江大学)
7	社交媒体数据	唐谈(浙江大学)、巫英才(浙江大学)	曹楠(同济大学)、Daniel Keim(德国康斯坦茨大学)
8	通用时空数据	朱闽峰(浙江大学)、陈为(浙江大学)	吴斐然(浙江大学)
9	城市数据	翁荻(浙江大学)、巫英才(浙江大学)	刘冬煜(香港科技大学)、翁荻(浙江大学)
10	网络日志数据	陆俊华(浙江大学)、陈为(浙江大学)	解聪(浙江大学)
11	云计算环境下的数据可视分析	梅鸿辉(浙江大学)、陈为(浙江大学)	朱标、梅鸿辉(均为浙江大学)
12	多人在线游戏日志数据	兰吉(浙江大学)、巫英才(浙江大学)	陆俊华(浙江大学)、兰吉(浙江大学)、谢潇(浙江大学)、彭泰权(美国密歇根州立大学)

黄家东全程参与了教材结构讨论，并完成了所有章节的初始排版和内容审校，为成书做出了极大的贡献。浙江大学彭群生教授一直鼓励、关心和支持课题组在可视分析方面的研究和探索本书的写作。浙江大学计算机学院 CAD&CG 国家重点实验室可视分析小组的 2011～2017 年就读的全体同学直接或间接参与了书稿的准备、讨论和校对工作，在此一并致谢。

由于时间紧迫，著者水平有限，书中不足之处在所难免，敬请谅解。

著　者

目录

第1篇　大数据基本定义

第2篇　大数据基本方法

46　第2章　多媒体数据

69　第3章　网络数据

中国制造
2025

265 第 7 章 社交媒体数据

287 第 8 章 通用时空数据

321 第 9 章 城市数据

384

第 11 章 云计算环境下的数据可视分析

416

第 12 章 多人在线游戏日志数据

第1篇

大数据基本定义

第1章 可视分析基础与框架

1.1 可视化简介

人眼作为高带宽的感觉处理器，拥有极强的模式识别和信号处理能力。人类对视觉符号的感知速度比数字和文本高多个数量级。可视化（visualization）利用人类视觉感知能力，对数据进行交互式表达，以增强对数据的认知。可视化的应用目的并非仅仅是绘制可视化结果本身，而是使用可视化结果让人洞悉某个物体或事物的规律，包含发现、决策、解释、分析、探索和学习等。因此可视化可以当作一种工具，来提高人们完成某些任务的效率。

可视化的作用可以体现在多个方面，包括信息记录、支持信息的推理和分析，以及信息传播与协同。

① 信息记录：是可视化最初也是最重要的作用，可视化结果通常可直接作为图像结果保存下来。

② 信息的推理和分析：在可视化结果中，信息以视觉方式呈现给用户。这种直观的信息感知机制直接扩充了人脑的记忆，极大降低了数据理解和分析的复杂度。在包含多源异构的上下文信息时，可视化也可以通过清晰展示证据的方式，帮助用户进行数据关联、理解和推理。

③ 信息传播与协同：俗语说“百闻不如一见”“一图胜千言”。除了真实的视频和照片之外，目前可视化作为一种传达数据中内涵的复杂信息的方式，广泛存在于各种面向大众的媒体中，例如基本统计图表、信息图或是交互式可视化系统。在达到信息共享的同时，可视化也支持不同用户间的信息共享、共同论证、协作处理和修正等功能。最著名的例子有 Fold. It 在线网络游戏等。

从历史发展角度看，可视化大致经历了以下几个大阶段。

① 17 世纪之前：人类使用绘画和手工制品等形式制作可视化作品，代表方式有几何图表和地图等。

② 17 世纪：随着物理理论和测量设备的发展，制图学理论也随之发展壮大，基于真实测量数据的可视化方法也开始出现。

③ 18 世纪：抽象概念图在地理、经济、医学等领域的发明和应用，使得当时的图表设计开始逐渐向现代的可视化形式靠近。18 世纪是统计图形学的繁荣

时期，包括折线图、柱状图、饼图等在内的基础图表均发明在这一时期。

④ 19 世纪：随着基础图表在内的可视化工具的发明和完善，统计数据可视化工具逐渐成为数据表达的基础方式之一。同时，在社会学、地理学、医学等学科的统计数据逐渐增多，统计图表开始大量应用于各学科的日常工作之中。

⑤ 20 世纪：20 世纪前 50 年是可视化领域创新发展的低潮期，但统计图形除了在专业学科内得到应用外，在政府、商业等日常生活领域也开始得到普及。人们开始意识到统计图表能够为学科发展、工程实践和日常事务领域带来发现新知识、洞悉数据内涵的机会。自 20 世纪 60 年代开始，Jacques Bertin 等现代统计图形和可视化领域的奠基人进行了创造性的工作，加上计算机的出现，开启了可视化迅猛发展的时代，如 70 年代的多维数据可视化方法、John Tukey 提出的探索式数据分析基本框架等。自 80 年代开始，随着个人计算机和图形交互界面的发展，交互式可视化开始成为可视化方向的主流。1987 年美国首次召开了科学可视化方面的专业会议，会议报告正式命名并定义了“科学可视化”这一术语，认为可视化有助于统一计算机图形学、图像处理、计算机视觉、计算机辅助设计、信号处理和人机界面中的相关问题。除科学可视化外，自 90 年代开始的信息可视化也逐渐独立成为与科学可视化并列的研究学科。

信息可视化主要面向抽象、结构或非结构化的数据集合，如表格数据、文本、层次结构数据、图结构数据、多媒体数据（图像、视频）等。现代信息可视化方法发展自统计图表，同时与图形学、视觉设计等学科相关，表现形式主要为二维平面展示。信息可视化的核心资源限制因素包括三方面：计算机的数据处理能力、显示区域和人类的认知能力。由于在不同场景下这三种资源的分配均有不同，因此信息可视化的核心挑战可描述为：如何在给定的数据处理能力、显示区域和认知资源下，设计出能够支持某种分析任务的最优的可视化和交互方案。为了解决这一挑战性问题，近几十年来很多学者致力于提出信息可视化的设计基本框架，其中最具代表性的有流水线模型和 Tamara Munzner 提出的“What-Why-How”分析框架。

1.2 可视分析

新时期科学发展观和工程实践表明，智能数据分析所产生的知识与人类掌握的知识的差异是导致新知识被发现的根源。表达、分析与检验新知识需要充分利用人脑智能。并且，目前大多数自动数据分析方法对复杂、异构数据的模式和规律分析经常失效，具体表现在无法直接检测出数据中蕴含的新模式、参数设置困难、无法产生“直觉”“联想”等人类智能分析问题时的特有优势等。人类的视觉识别能力和人脑的智能分析恰好可以辅助这些问题的解决。从数据和分析任务角度看，在解决实际问题时所遇到的数据通常是复杂且含有大量噪声的，分析者需要以适合的方式进行干预和排除；在面对复杂、不确定或紧急任务时，自动数据分析方法的可信度、可解释度问题都会影响任务处理的效果。因此可视化作为一种有效结合人脑智能和机器智能的方式，将“只可意会、不可言传”的人类知识和个人经验融入到整个数据分析和推理决策过程中。这一过程逐渐形成了可视分析这一交叉信息处理的新思路。2004 年美国国土安全部为了应对恐怖袭击成立了国家可视分析中心，2005 年发布的“可视分析研究和发展规划”报告全面阐述了可视分析的挑战。2006 年起，IEEE 开设了可视分析方面的专门国际会议，欧洲可视化年会也从 2010 年起开始专门举办可视分析研讨分会。

可视分析被定义为一门以可视交互界面为基础的分析推理科学，它综合了信息可视化、数据挖掘和人机交互等技术，以可视交互界面为通道，将人的感知和认知能力以视觉方式融入数据处理过程中，形成人脑智能和机器智能优势互补和相互提升，建立螺旋式信息交流与知识提炼途径，完成有效的分析推理和决策。图 1-1 诠释了可视分析学这一综合性学科所包含的研究内容，其中包括与图形相关的信息可视化、科学可视化和计算机图形学，与数据分析相关的统计、机器学习、数据挖掘，以及人机方面的人机交互、认知科学等。

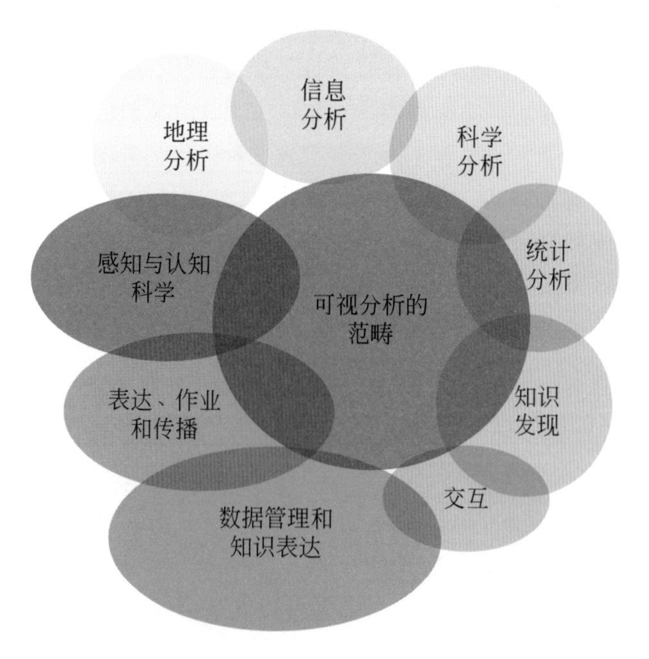

图 1-1 可视分析学所涉及的基础学科

1.2.1 交互式可视分析框架描述

作为可视分析领域的奠基人，Daniel Keim 等人提出了可视分析的基本框架（图 1-2），其分析过程由初步的数据处理开始。数据处理的目的是为了支持后续的可视化和自动分析任务，接下来数据将进入可视化方法或自动方法两条分析路线。其中，自动分析方法主要使用统计或数据挖掘模型对数据进行建模，进而展现出数据中的特征和信息；可视化方法则支持用户直接对数据进行查看、探索和分析。分析者根据当前分析任务和两条分析路线所得出的结果，针对性地对自动方法中的模型参数或是可视化方法中的视觉映射进行修改，进而修正方法并输出结果。这种根据两种分析路线得出的结果进行修改，得到新的结果，并迭代式更新的方法，是可视分析基本框架的核心特征和优点。

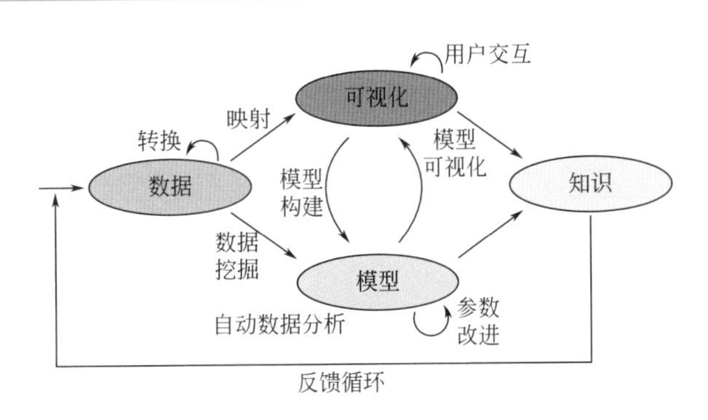

图 1-2 Daniel Keim 等人提出的可视分析基本框架

1.2.2 可视分析的新方向

Ben Shneiderman 描述了数据分析方法的目标阶段，其中包括：

① 描述事物属性，解释已有的发展过程；

② 对未知事物及其发展进行预测；

③ 提出应对未来事物发展的指导性方针；

④ 提出新的想法，来改善前述三类目标中的方法。

其中，用于解决前三个分析目标的方法分别称为描述性分析方法、预测性分析方法和指导性分析方法，而第四个阶段则指向如何对前三类方法进行创新。图 1-3 描述了三个分析阶段的方法特点和能够完成的任务。

	描述性分析 发生了什么	预测性分析 会发生什么	指导性分析 应该发生什么
用户该做什么	•增加可信度 •降低人工和仓储消耗	•预测错误发生 •预估空间需求	•增加资产利用率 •优化资源调度
用户需要知道什么	•维护消耗为什么高 •材料存货量有多少	•何时整合未利用的资源 •如何决定提高服务等级的花费	•如何增加资产产出 •什么样的策略能提供最优的长期收益
用户如何获得答案	•标准报告——发生了什么 •查询挖掘——问题出在哪里 •即时报告——数量、频率、位置	•预测模型——接下来会发生什么 •预报——现有趋势会延续吗 •模拟——可能会发生什么 •警报——需要采取什么措施	•优化——什么是最优的结果 •随机变量优化——给定特定领域的可变范围，什么是最优的结果
需要怎样的技术	•警报、报告、仪表盘 •商业智能	•预测模型、预报、统计分析、分数评估	•商业规则、组织模型、对比 •优化

图 1-3 描述性分析方法、预测性分析方法和指导性分析方法的对比

作为一门分析学科，早期的可视分析工作主要集中在描述性分析阶段，主要面向针对历史已有数据的归纳、总结和展示。近五年来，随着数据挖掘、机器学习等相关领域的蓬勃发展，大量可视分析方法开始引入预测性分析概念，支持对预测模型（如分类模型、回归模型等）的参数调整、结果理解和知识提取等。指导性分析作为可视分析的下一个努力方向，其要点在于根据过去已有数据和对未来结果的预测，使用可视分析手段帮助分析者提出应对未来发展的指导性方针，即支持决策制订。目前微软 Power BI 和 IBM Cognos Analytics 已开始加入部分指导性可视分析功能。

后续章节将通过详细阐述两个描述性分析和简要展示两个预测性分析案例，来揭示可视分析方法在各个相关领域的应用。

1.3 实例 1——VisComposer：可视化图表制作工具

可视化的需求日益巨大，这对可视化工作者们来说既是机遇也是挑战。如何规范化地进行可视化系统开发，提高开发和管理效率，是可视化工作者们所关心

的问题。可视化系统开发不仅涉及可视化设计流程，还跟软件工程的软件开发流程密切相关。为了提高可视化系统开发的效率，作者主导开发了一个基于嵌套增量模型的交互式的可视化设计工具 VisComposer。VisComposer 从软件工程的角度出发，提出针对可视化系统开发的嵌套增量模型，帮助和指导用户进行可视化系统开发。

VisComposer 的特点如下：

① 面向普通用户，提供简单易上手的图形界面，降低用户的使用门槛；

② 使用组件化的思想，提供预定义的可视化组件，让用户通过组件之间的自由组合来完成样式更丰富的可视化设计；

③ 引导用户有效地对可视化系统进行解构，以及进行更加精确和细粒度的调参和修改，提供强大的数据处理能力和可视化表达能力；

④ 与嵌套增量模型紧密相关，有效帮助用户在嵌套增量模型的标准开发流程下进行可视化系统开发。

1.3.1 框架设计

VisComposer 由组件库、场景树、变换工作流和渲染器四大模块组成，如图 1-4 所示。组件库提供了多种组件，供用户完成各种任务；场景树负责维护图元组件的结构抽象；变换工作流则处理场景树节点的数据变换和可视映射；最后由渲染器解析整个场景树，并完成绘制。下面将详细介绍每个模块的设计和实现。

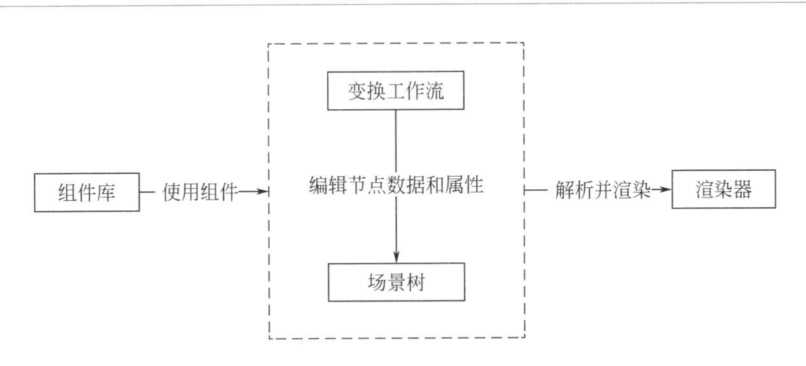

图 1-4 VisComposer 可视化设计模型由四大模块构成

1.3.1.1 组件库

很多可视化设计工具会采用模板化的方式帮助用户制作可视化视图，用户只需将数据导入到模板中并设置好维度绑定就能生成视图。而 VisComposer 则选用了一种更加灵活的方式——组件化。用户能通过不同组件的自由组合，定制出不同的可视化视图。系统提供的预定义组件主要包括以下四类。

① 数据集：支持 CSV 或 JSON 格式的数据文件，同时支持用户本地上传数据和服务端存储用户数据。用户直接在界面上通过交互上传、查看和使用系统中的数据集。

② 可视化元素：提供多种常用的图元组件（如圆、矩形、扇形）和布局组件（如笛卡儿坐标系、矩阵、极坐标系），供用户组成可视化图表。

③ 数据处理：系统提供多种常用的数据处理组件，涵盖了数据选取、排序、统计等功能。

④ 可视化模板：可视化模板组件采用 JSON 字符串的形式声明式地保存可视化图表模板，包括一些常用的图表（如散点图、柱状图、折线图等），用户只需接入自己的数据便可生成相应的可视化视图，也可根据需求在场景树模块和变换工作流模块对这些视图做出相应修改；另外，用户自己设计的可视化作品也能被保存成系统的可视化模板组件，然后用于分享和重用。

1.3.1.2 场景树

场景树模块是可视化的结构抽象，是可视化场景中所有图元的层次关系，特别地，在我们实现的基于 SVG 绘制的 Web 系统中，与最后的绘制结果的 Dom 结构一一对应。很多设计软件都采用场景树的形式来管理场景结构，如 Adobe Photoshop 的图层管理、3D Studio Max 和 Autodesk Maya 的场景管理等。场景树模块能帮助用户梳理可视化视图的架构，自顶向下地完成可视化设计。

场景树采用树状结构，包括了节点和边两个部分。节点表示的是同一类图元，由用户从可视化元素组件库中选用并生成。特别地，每个场景树都默认带有根节点，根节点表示的是整块画布，其他节点则分成视图节点和图元节点两种：视图节点一定具有子节点，必须带有布局组件，用来指定子节点的排列方式；图元节点一般是叶子节点，不带布局组件但跟最终绘制的可视化图元一一对应。边表示的是视图与视图、视图与图元的包含关系，以及父节点向子节点分发数据和资源的过程。详细的逻辑会在后面章节中结合实例说明。

场景树的另外一个主要作用是支持用户对可视化设计的复用和保存。用户可以截取场景树中的任意子树选择保存，系统将以 JSON 字符串的形式做声明式的保存，并将其添加到组件库的可视化模板库中。当用户想再次生成该子树时，只需将其添加到任意的节点下，系统将自动解析 JSON 字符串中的信息，并生成场景树子树，用户只需接入相应的数据。

1.3.1.3 变换工作流

VisComposer采用变换工作流模块来管理和编辑场景树节点的数据和属性。变换工作流是一个比较自由的工作空间，在这个空间里，允许用户进行三种类型的操作：数据过滤、指定数据和图元的绑定。指定给所有子节点的输出数据。输入数据从其父节点传入，在变换工作流中用工作流输出端口表示。用户通过添加数据处理组件对数据进行选取、过滤、排序、统计等操作。随后再选取数据维度与视图或图元的视觉通道进行绑定。若节点有子节点，变换工作流中会列出所有的子节点，每个子节点由一个工作流输出端口表示，用户可将任意组件的输出数据派发到指定的子节点上，让这些数据在子节点中被可视化。

变换工作流中会维护一个组件列表，存储了该工作流中所有的组件，并通过唯一的标识符来标识。每个组件可以具有多个输入和多个输出，统称为端口，也都各有一个唯一的标识符。输入端口只能与其他组件的一个输出端口唯一连接，而输出端口则可以对应多个其他组件的输入端口。特别地，组件的输入输出端口还能与变换工作流输入端口和工作流输出端口连接，以接收该节点的父节点传入的数据以及将数据传递给子节点的变换工作流。组件间的连接关系表达的是数据在组件间的流动，数据从输入端口进来，经过组件内部的处理，再通过输出端口输出。整个变换工作流最终可以表述为工作空间中所有组件以及这些组件之间的拓扑序。

场景树中的每个节点有且仅有一个对应的变换工作流。父节点和子节点之间的变换工作流紧密联系，父节点直接派发数据给子节点，每个子节点得到父节点数据集的一个子集。每个变换工作流中会列出从父节点传下的数据以及该节点的所有子节点。每个节点的变换工作流都带有一些默认的组件，如可视映射组件等。特别地，视图节点的变换工作流中必须要添加布局组件。

1.3.1.4 渲染器

VisComposer配备了专门的渲染器，能解析用户创建场景树和变换工作流，并利用系统选定的绘制工具（如SVG或者Canvas）进行绘制。

图1-5的例子解释了渲染器解析场景树和变换工作流的原理。图1-5（a）中的场景图含有两层三个节点，渲染器会将这三个节点分别解析为三个函数：FuncA、FuncB、FuncC。假设输入数据为data，场景树的渲染流程可以表示为对树的深度优先遍历，并依次执行每个节点的函数：FuncA（data）；FuncB [FuncA（data）]；FuncC [FuncA（data）]。同样地，在图1-5（b）中，变换工作流中的组件都会被解析为函数，并按照组件之间连接的拓扑序依次执行每个组件的函数，最终得出绘制结果。

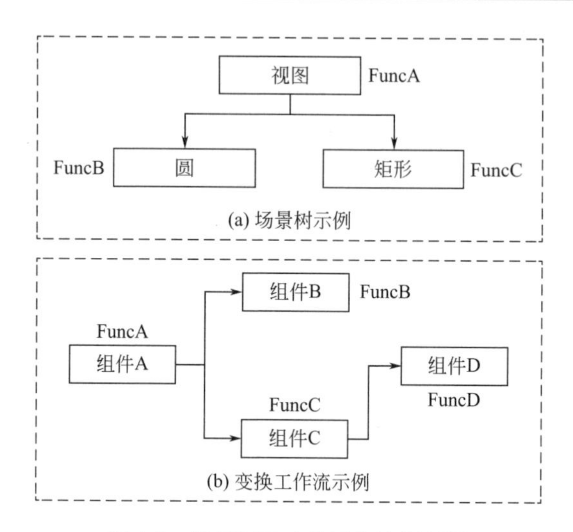

图 1-5 场景图和变换工作流示例图

渲染器还会提供与场景树、变换工作流等窗口并列的绘制结果窗口，提供实时的设计结果绘制展示，每当用户对场景树或变换工作流中的任何属性进行编辑时，绘制结果都会快速地进行实时更新。同样，绘制结果上带有一些默认的选中和平移交互，用户可以直接在绘制结果上操作，渲染器会将同等意义的属性修改同步到场景树和变换工作流的相应模块上。

1.3.2 与嵌套增量模型的关系

VisComposer 系统与嵌套增量模型的关系在于：它帮助用户在嵌套增量模型的标准开发流程下进行可视化系统开发。首先，组件库模块体现了对可视化系统进行解构的思想，用户将完整的可视化系统拆分成若干个增量构件，并保存为组件库中的组件，每个增量构件/组件的开发互相独立、并行开发；其次，场景树模块将不同的增量构件组织在一起，组成完整的可视化系统；再次，变换工作流模块帮助用户完成可视化设计流程中的数据处理和可视化映射与交互两个步骤的工作，并能进行精确的、细粒度的属性参数调整，渲染器模块则完成可视化渲染的工作。可以说，用户使用 VisComposer 工具开发可视化系统的过程，就是基于嵌套增量模型开发的过程。

1.3.3 系统实现

VisComposer 系统界面如图 1-6 所示。系统主要分为组件库窗口、场景树窗口、变换工作流窗口和视图绘制窗口。所有窗口小部件和视图都设计为可折叠，以便为主视图保留更多的屏幕空间。用户通过简单的交互方式，用系统提供的各类组件，就可以不用编写任何代码，创建出各种可视化视图。

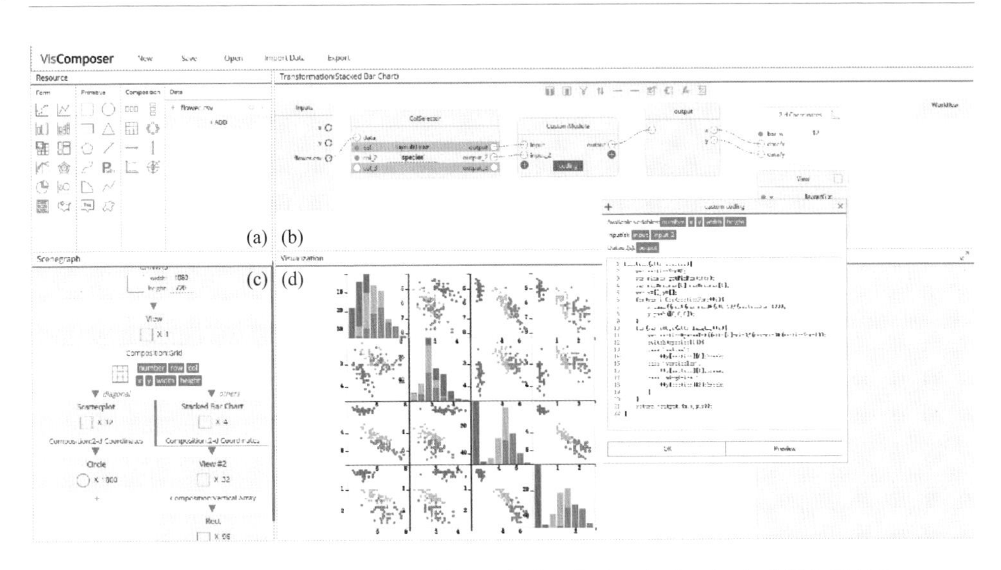

图 1-6　VisComposer 工具界面截图，（a）、（b）、（c）、（d）分别为系统的组件库窗口、变换工作流窗口、场景树窗口和视图绘制窗口

系统开发的技术栈如图 1-7 所示。前端用到了 Javascript 的工具库 jQuery.js、SVG 绘制库 D3.js 和前端 UI 组件库 jQuery UI；后端则用 node.js 的 Express 框架实现，负责处理用户的上传数据集、数据集读取和可视化模板保存等操作，通过 RESTful 接口暴露给前端调用。

本章接下来的小节将介绍四个窗口的详细界面和功能设计。

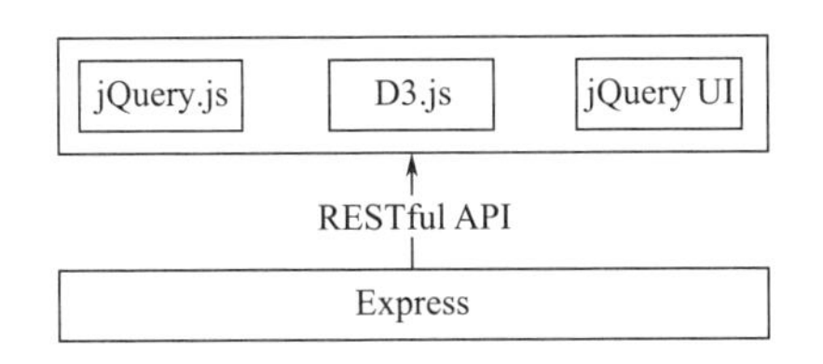

图 1-7　VisComposer 系统开发的技术栈

1.3.3.1　组件库窗口

前文介绍了四大类组件，包括数据集、可视化元素、数据处理和可视化模

板。在 VisComposer 系统中，这些组件以图标的方式分类存放在组件库窗口中，用户直接双击或拖拽到场景树窗口或变换工作流窗口使用。

图 1-6（a）部分展示了系统提供的一些预定义组件窗口。可视化模板（Form）部分提供了散点图、折线图、柱状图、堆叠图、矩阵、平行坐标等 12 种可视化模板，用户使用可视化模板组件时，直接将选用的可视化形式对应的图表拖到场景图窗口的任意节点，就会生成新的子树，用户再在该子树的根节点指定好输入数据即可使用。

图元（Primitive）部分提供了包括圆、矩形、多边形、路径、扇形、文字等 12 种图元，这些图元的视觉通道都已预先设定好，用户可以在变换工作流中通过连线的方式直接将数据绑定到某个视觉通道上。

另外，布局（Composition）部分提供了水平排列、垂直排列、直角坐标系、矩阵排列等 8 种布局；数据变换部分提供了数据维度选取、数据过滤、排序、数学运算等 10 种运算器。所有类型的组件都可以任意地扩充，特别是可视化模板组件，可直接由用户从自己的设计中保存成模板。

VisComposer 的组件库还包括数据集组件库。图 1-8 展示的是用户使用数据组件库窗口上传数据。系统支持用户从本地上传 CSV 和 JSON 格式的文件，CSV 数据在上传前需用户先确认每个维度的数据属性，数据集窗口列出的数据可以查看维度和详细数据。每个数据集同样是通过拖拽交互将数据导入到任意节点的工作流中。

图 1-8 CSV 数据在上传前需要用户确认每个维度的数据属性

1.3.3.2 场景树窗口

场景树窗口给用户提供了创建场景树的界面，用户可执行的操作包括添加/

删除场景树节点、编辑节点属性、选定节点编辑变换工作流和将任意子树保存成可视化模板等。

图 1-9 展示的是一个简单的散点图的场景树结构。CANVAS 节点是场景树的根节点，表示成一张二维平面上的画布，用户可以直接在节点上编辑画布的长、宽和背景色；Scatterplot 节点属于视图节点，含有笛卡儿坐标系布局组件，以二维直角坐标系的形式布局其含有的图元；Circle 节点是图元节点，也是场景树的叶子节点。

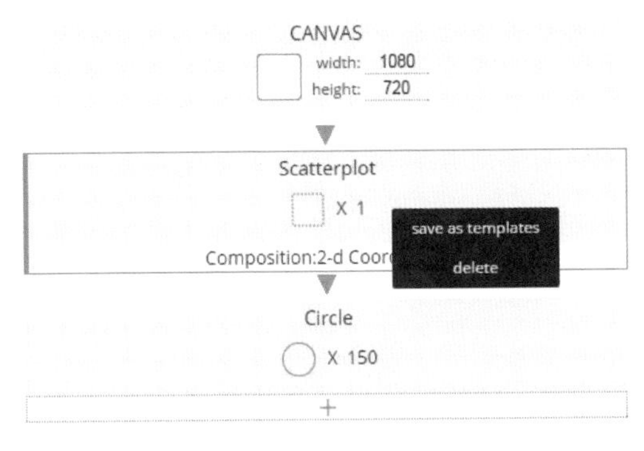

图 1-9 一个简单的例子：散点图的场景树结构

从图 1-9 还能看到，一个 150 行的表格数据从 Scatterplot 节点导入，按行分发给下一层节点 Circle，Circle 节点对应数据的行数自动生成了 150 个圆图元。

图 1-9 还展示了如何将场景树中任意子树保存成可视化模板：用户只需在任意节点处右键点击，即可看到“save as templates”选项，点击过后组件库窗口会新增一个可视化模板组件，表示该节点以及其子树已经成功地保存成模板。

用户在场景树窗口通过点选节点来编辑该节点的变换工作流。变换工作流窗口显示的工作空间总是场景树窗口中选中节点的变换工作流。

1.3.3.3 变换工作流窗口

变换工作流窗口是 VisComposer 系统的核心，用户在场景树搭好了可视化场景的框架之后，需要在每个节点内指定好数据输入、数据变换、可视映射还有对子节点的输出，这些操作都在变换工作流窗口完成。

基于前文提出的模型，VisComposer 系统实现了图 1-10 中的变换工作流窗口，图中展示的变换工作流对应的是图 1-9 的散点图场景树的 Scatterplot 节点。

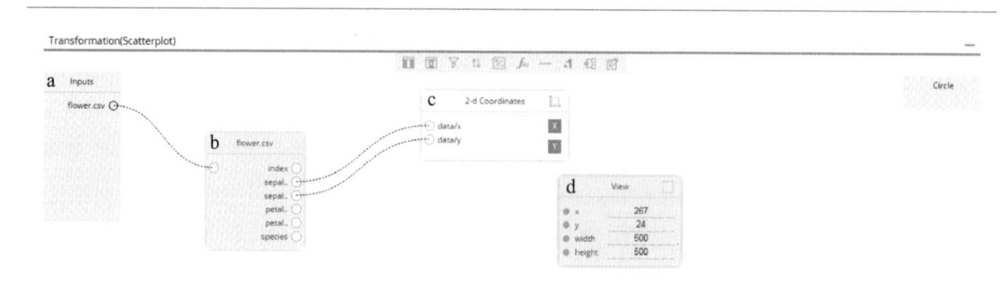

图 1-10 图 1-9 中 Scatterplot 节点的变换工作流

从图 1-10 中可以看到，变换工作流本身有输入和输出，输入区域 a 允许导入数据或者接收父节点传下来的数据；输出区域 b 则列出自己所有的子节点，因为 Scatterplot 节点只有 Circle 一个子节点，所以图中变换工作流的输出只有一个 Circle，任意的数据可以直接以连线的方式连进来，传到 Circle 节点。b、c、d 是三个组件，其中 b 是数据集组件，c 是直角坐标系的布局组件，而 d 是对应视图节点的图元组件，用来编辑视图的大小和位置等属性。

变换工作流的输入、组件和变换工作流的输出通过端口之间的连接线组织在一起。

1.3.3.4 视图窗口

视图窗口用来展示可视化最终的绘制结果。图 1-11 展示的是图 1-9 场景树对应的绘制结果。系统采用 D3. js 作绘制工具，最终渲染成 SVG 的 DOM 节点，如图 1-11 右下角所示，DOM 节点的层次结构与图 1-9 场景树相互呼应。

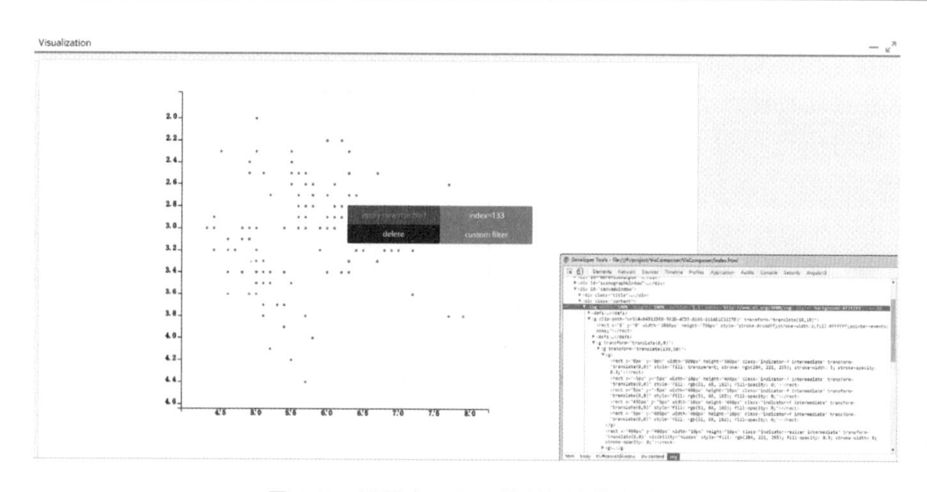

图 1-11 视图窗口展示绘制好的散点图

用户能直接在视图上编辑视图或节点的属性。例如，用户对一个视图平移了一个(10，10)的位移，系统会自动将这个位移添加到该视图的变换工作流的视图组件中。

当用户用右键对图元进行点击时，会弹出一个菜单，其中第一个选项“apply new method”的意思是按照特定条件选取一组图元实体，并在原来节点的同一层拆出一个新节点，用户以这样的方式对选中的这组图元实体进行重新设计，比如替换成另外的图元形式等。散点图矩阵中会用到这个功能，因为该视图展示一个表格数据维度之间的关系，比如一个四个维度的数据，散点图矩阵会生成一个4×4的方阵散点图。然而，在正对角线上的散点图的点都是排成一条直线，因为它们分别表示每个维度自己与自己在二维坐标系下的关系。因此，一般会把这个对角线上的视图替换成直方图之类的统计图，展示该维度的值域分布。用户可直接在散点图矩阵上用“apply new method”功能将对角线四个散点图选出来生成新节点，然后将该节点的可视化形式改成堆叠图。图1-12显示了这几个交互操作的流程。

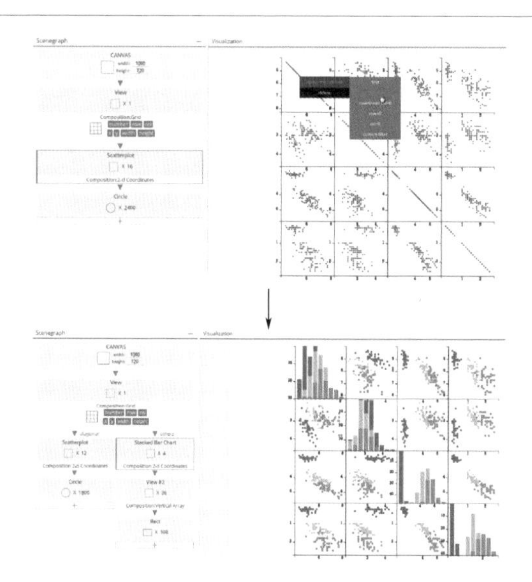

图1-12 将散点图矩阵对角线的散点图替换为堆叠图

1.4 实例2——基于知识图谱的交互关系浏览与分析

复杂数据的关系表达本质上是多目标对象的关系表达。语义上，复杂数据构建了一个多目标对象的异构网络。本案例采用知识图谱作为基础数据模型，提出一套关系分析中所需要的数据模型，如图1-13所示。我们将复杂数据构建的多对象异构网络映射到知识图谱表现的多实体异构网络，在此基础上，同时考虑空间信息在分析工作中的重要性，以及空间信息作为复合数据在可视化中的特殊性，设计建模方案。数据模型具体包括：对象、对象的属性、对象之间的关联、对象的空间结构。与知识图谱的实体、实体的属性、实体之间的关系的模型相比，该模型更能表达和利用空间地理信息。

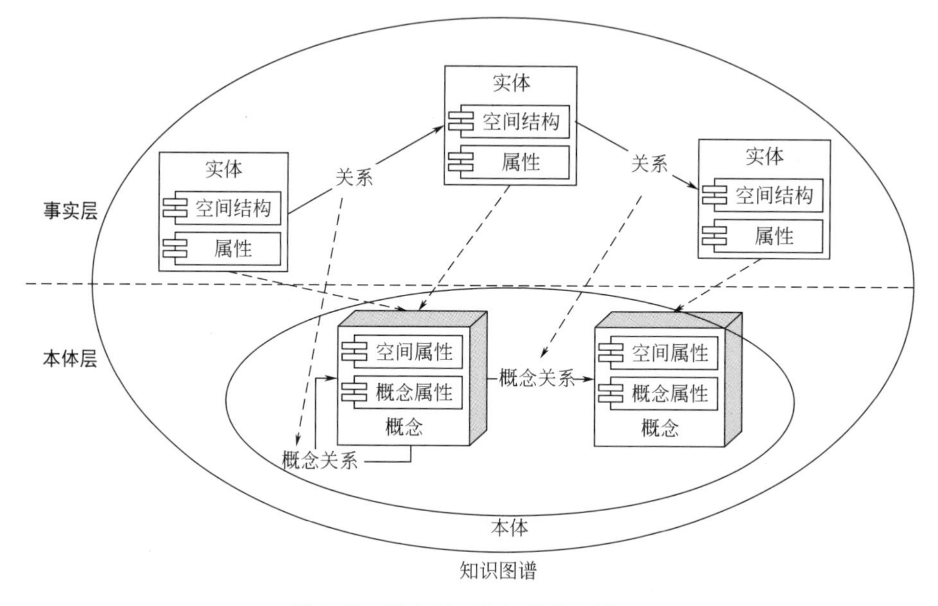

图 1-13 面向关系分析的数据模型

1.4.1 对象的可视化

根据 Tamara Munzner 的 What-Why-How 可视化分析框架（图 1-14），我们可以对领域数据进行如表 1-1 所示的数据抽象（What）。

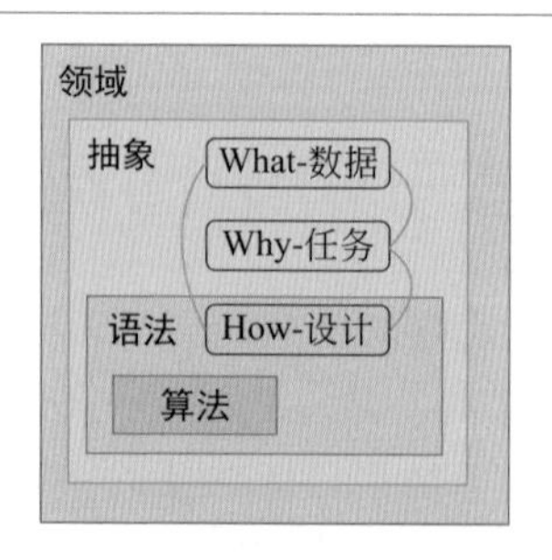

图 1-14 可视化分析框架

表 1-1 领域数据到抽象数据类型的映射

领域	对象	对象的属性	对象之间的关联	对象的空间结构
抽象	高维数据	属性	网络	空间

通过任务操作和任务目标的合理组合，我们得到如表 1-2 所示的异构矩阵视图用以表达本文中的任务抽象（Why）。

表 1-2 异构矩阵视图

项目	高层语义任务		中层语义任务	底层语义任务
	应用	创造	查询	检索
数据	发现和展示对象分布	标记对象；推导多对象的相关性	查取、查阅、定位、浏览对象	识别单对象；比较多对象；摘要对象集
属性	发现和展示单对象属性分布、极值	推导多对象属性的依赖性、相关性	定位、浏览对象属性的分布	识别单对象属性分布
网络	发现和展示对象网络拓扑	标记对象关系；推导对象关系	查取、查阅、定位、浏览对象关系	识别单对象关系；摘要对象关系集
空间	发现和展示多对象空间分布	标记对象空间位置	查取、定位、查阅、浏览对象空间位置	识别、比较对象空间位置；摘要对象空间分布

表 1-2 中矩阵视图的设计目的在于结合给定数据模型，将任务拆解为一系列元任务，降低系统可视化和交互设计的复杂度。通过组合元任务的设计编码或交互方式，达到解决复杂任务的目的。这些元任务根据语义层次不同，分为高层、中层、底层语义任务。越是底层的任务，越基础，也易于设计；越是高层的任务，越接近人的知识理解。高层语义任务依赖于中层语义任务，中层语义任务依赖于底层语义任务，因此底层语义任务还可以实现高层语义任务的具化，后续章节将通过案例来解释这样的具化。

这种系统性的设计方法可以高度地抽象数据、任务，可以让设计者避免受到领域信息的干扰，更准确地认知系统，设计更加完善的设计编码和交互方式；同时设计者可以对比和借鉴具有相似抽象数据、任务的其他领域系统，以此优化设计编码和交互方式。

良好的设计编码和交互方式有以下功能。

① 提高用户工作效率：直观、易理解、易记忆的可视界面操作比命令行更加方便、有效。

② 增加展示信息量：通过空间的复用，在有限的分辨率下向用户展示更多的信息。

③ 降低用户认知成本：通过控制可视界面的细节程度，隐藏或突出部分数据，降低用户对信息的认知成本。

下面主要介绍系统的节点链接视图、空间地理视图、时间轴视图、对象属性视图和统计视图（横向柱状图）。具体介绍表 1-2 中元任务的实现，以及相关可视设计编码和交互方式。所用数据来自 Wikidata、Facebook、Twitter、LinkedIn 以及本地文本文档。

1.4.2 可视化

表 1-1 中的高维数据抽象了领域数据模型中的对象，在知识图谱中则表现为实体。一个实体拥有唯一的 URI 作为标识符，同时拥有自身的属性、空间结构以及与其他实体之间的关联关系，且拥有确定的类型。在语义层面上看，实体表达了一个事物，较为具象，贴近人的理解，系统中对实体的操作，也是符合人的认知中对相应事物的操作。下面介绍结合不同语义任务中对数据的可视化设计。

1.4.2.1 数据的可视化

（1）底层语义任务

① 识别单对象：用照片、形状（图形）、颜色编码对象或对象的类型，易于识别（如图 1-15 所示）。

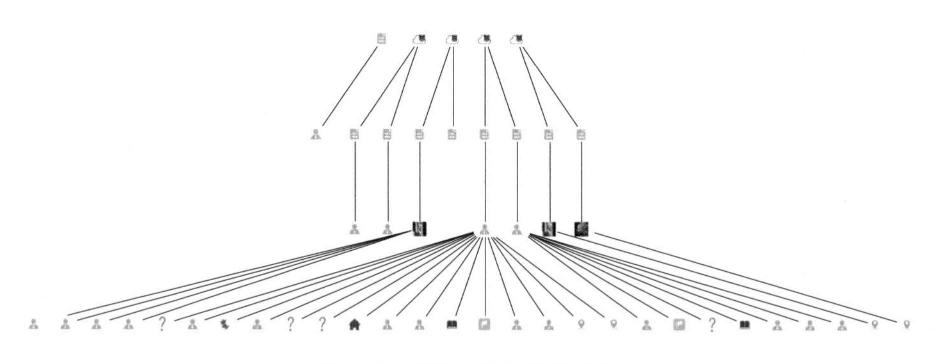

图 1-15 层次布局的搜索结果

② 比较多对象：并列对象属性视图，进行比较（如图 1-16 所示）。

③ 摘要对象集：关联其他视图+过滤，如图 1-17 所示，通过关联统计视图中的类别统计中执行过滤，从黄色高亮的对象集中摘要部分对象，并用橙色高亮表示。

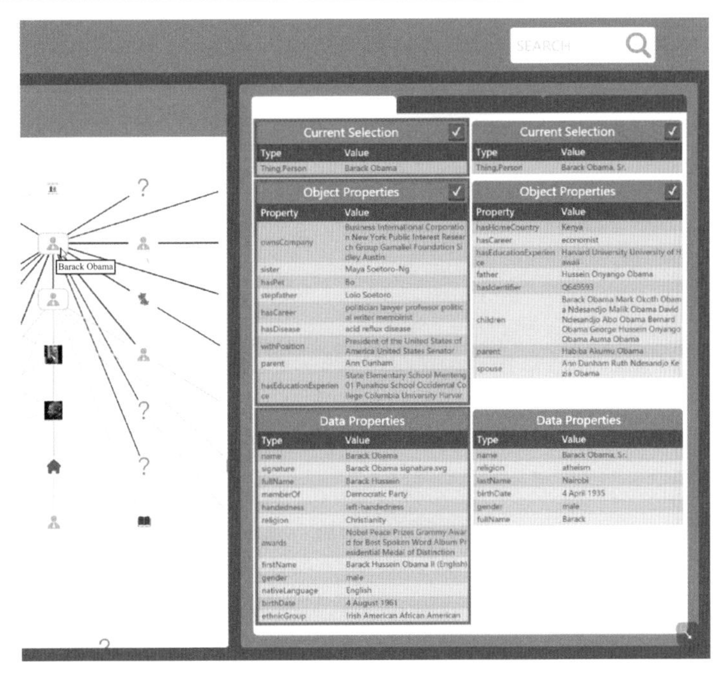

图 1-16 比较多对象

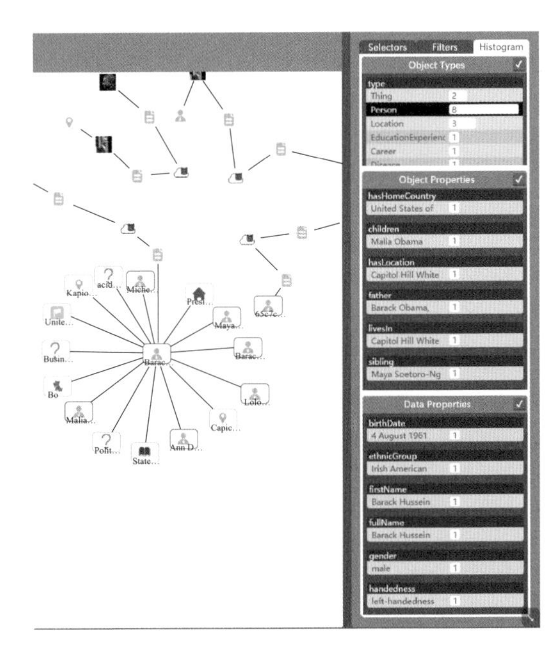

图 1-17 摘要对象集

（2）中层语义任务

查取、查阅对象：获取已知位置的已知或未知对象，可通过选择对象实现。例如图 1-18 中选择 A 节点的操作。

定位对象：获取未知位置的已知对象，导航＋识别对象，例如通过缩放、平移等定位手段选择图 1-18 代表目标对象的 B 节点。

浏览对象：获取未知位置的未知对象，导航＋选择，例如探索图 1-18 显示范围外的未知节点。

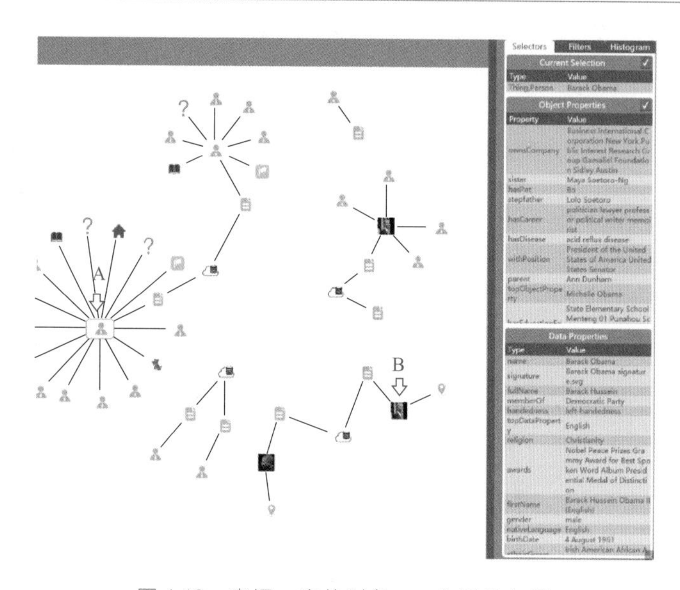

图 1-18 查阅、定位对象——力引导布局

（3）高层语义任务

标记对象：选择。

推导多对象的相关性：标记对象＋比较多对象，在图 1-16 中选中对象，比较对象，其中对象信息窗口的高亮跟随鼠标，由图中信息可以推导出两个对象是不同的人。

展示多对象分布：定位多对象＋编码。

发现多对象分布：展示多对象分布＋重配（如改变布局算法），如图 1-15 的层次布局，图 1-18 的力引导布局，使用图 1-19 的网格布局和圆环布局可以较为轻松地发现分布中关系集中的对象。

1.4.2.2 属性的可视化

表 1-1 中的属性抽象了领域数据模型中对象的属性，在知识图谱中表现为实体除空间结构以外的其他属性。一个属性是对其所属实体自身信息的一个描述，

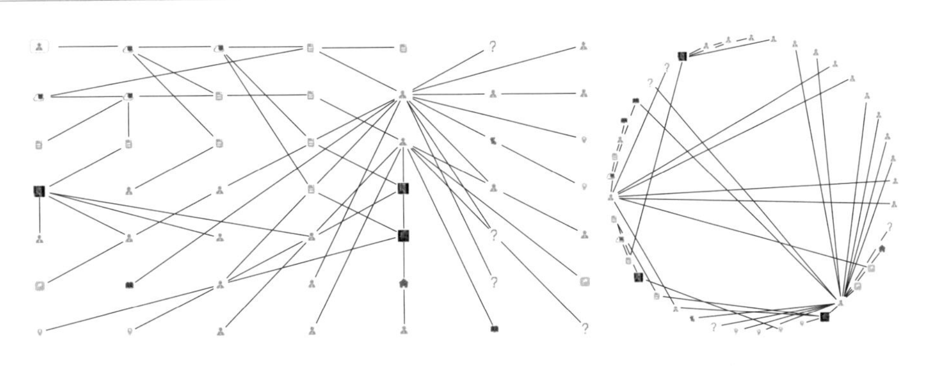

图 1-19 搜索结果的网格布局（左）和圆环布局（右）

属性值根据类型的不同可能是类别型、有序型或数值型。时间属性属于数值型属性，通过时间轴视图进行可视化；非时间属性通过统计视图中的横向柱状图进行可视化；另外数值型属性可以通过热力图映射进行可视化。

（1）底层语义任务

识别单对象属性的分布、模式、异常：用横向柱状图可视化对象属性，如图 1-20 属性统计视图（左）和热力图（右），右侧显示了对选中节点的属性的统计，将数值型属性编码到热力图的颜色。

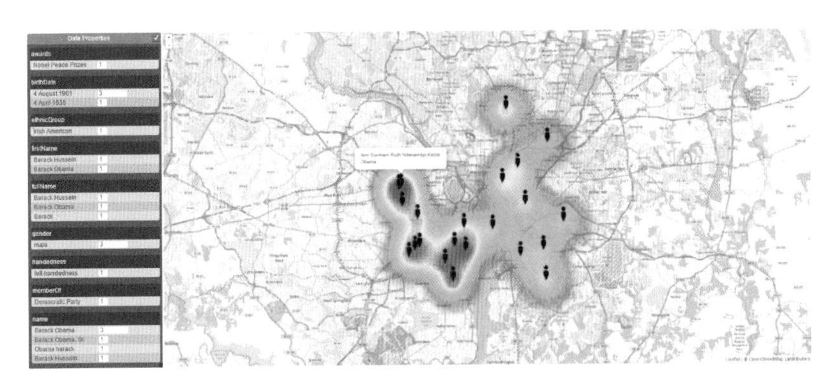

图 1-20 属性统计视图（左）和热力图（右）

图 1-21 为时间轴视图。

复杂数据中，附带时间信息的部分数据可以抽取事件。事件作为特殊的实体，带有时间属性，通过一维映射的方式，可视化在时间轴上。用户通过改变时间轴的跨度、精度，可以观察时间的分布情况、特定事件的先后关系以及事件序列隐藏的特征等。

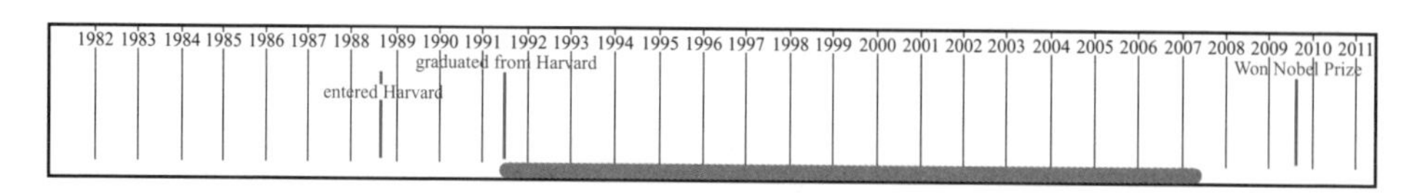

图 1-21 时间轴视图

(2) 中层语义任务

定位、浏览对象属性的分布——导航，在图 1-20 的属性统计视图中查找或浏览获取对象属性的统计信息。

(3) 高层语义任务

发现和展示对象属性分布、极值：摘要对象+识别对象的分布、模式、异常，如图 1-22 所示，在展示的对三个实体的统计信息中可以发现：

① 三个实体都是人（type 属性）；

② 三个实体都是男的（gender 属性）；

③ 两位名为“Barack Obama”，一位名为“Barack Obama，Sr.”（name 属性）。

统计视图如图 1-22 所示。

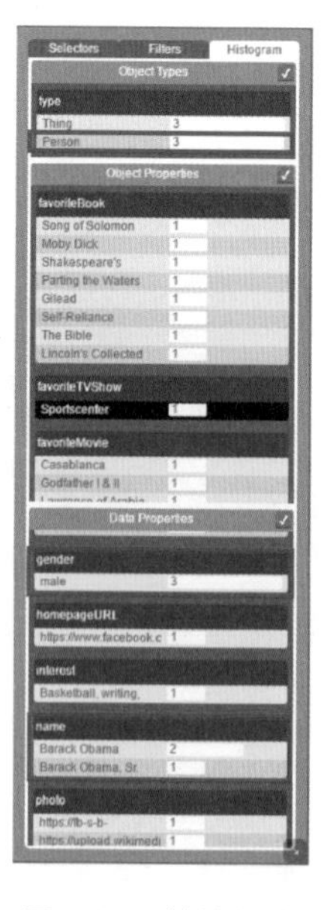

图 1-22 统计视图

柱状图可用于查看多个对象在一个或多个维度上的数据分布信息。统计视图以柱状图的方式，统计多个对象的属性分布情况。对象的属性根据数据类型可分为：类别型属性、有序型属性和数值型属性。其中有序型属性和数值型属性的统计默认根据其次序进行可视化，便于发现对象属性的分布、极值。

1.4.2.3 关系的可视化

对象之间的关系抽象了领域数据模型中对象之间的关联，在知识图谱中表现为实体和实体之间的关联关系。关系依赖于其对象存在，所以关系可视化流程部分依赖于对象可视化。大量的关系将不同的对象关联起来，呈现出网络的形式，让用户更直观地发现关系网络中隐含的价值，比如观察信息在关系网络中的流动规律，或者关系网络中的核心节点等。

网络结构可视化中，最核心的要素是布局呈现方式。我们针对节点链接图的布局（图 1-23）做了一定的可视化设计，以增强可视化效果。

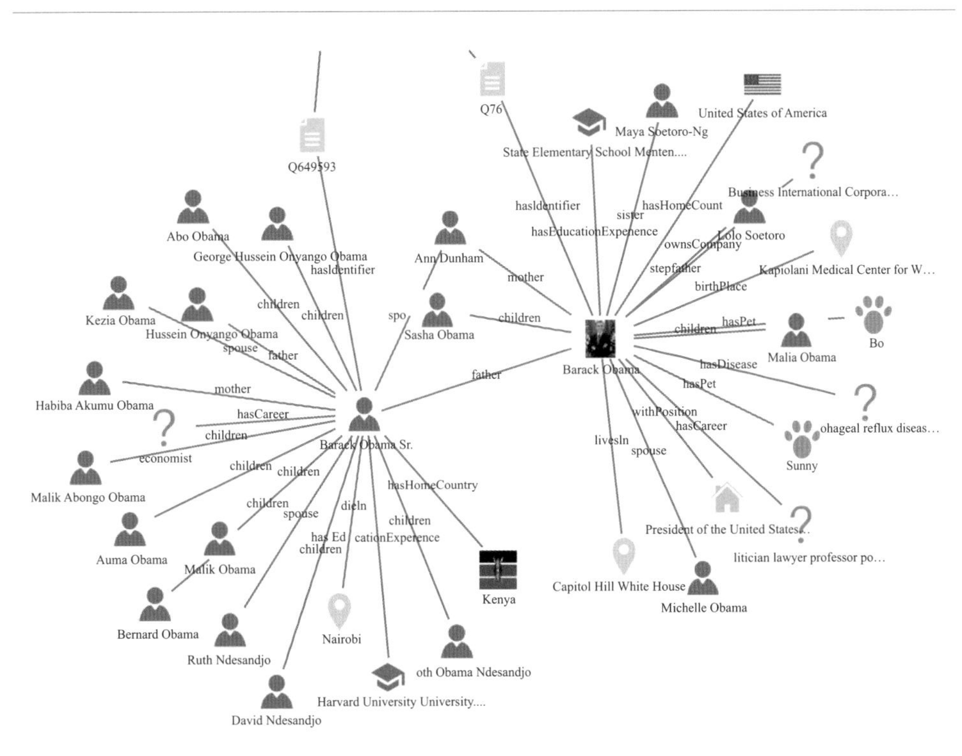

图 1-23 节点链接图在复杂关系上的布局应用

不同的节点链接图的布局，呈现出不同的网络信息的隐喻，这里使用了四种不同的布局方法。

（1）力引导布局

如图 1-24（a）所示，力引导布局的核心思想是采用弹簧模型，使得布局在动态变化后，节点之间不存在相互的遮挡。布局不仅美观，对空间也有较高的利用率。通过力引导布局，能够反映实体之间的亲疏关系和网络结构中的拓扑属性。

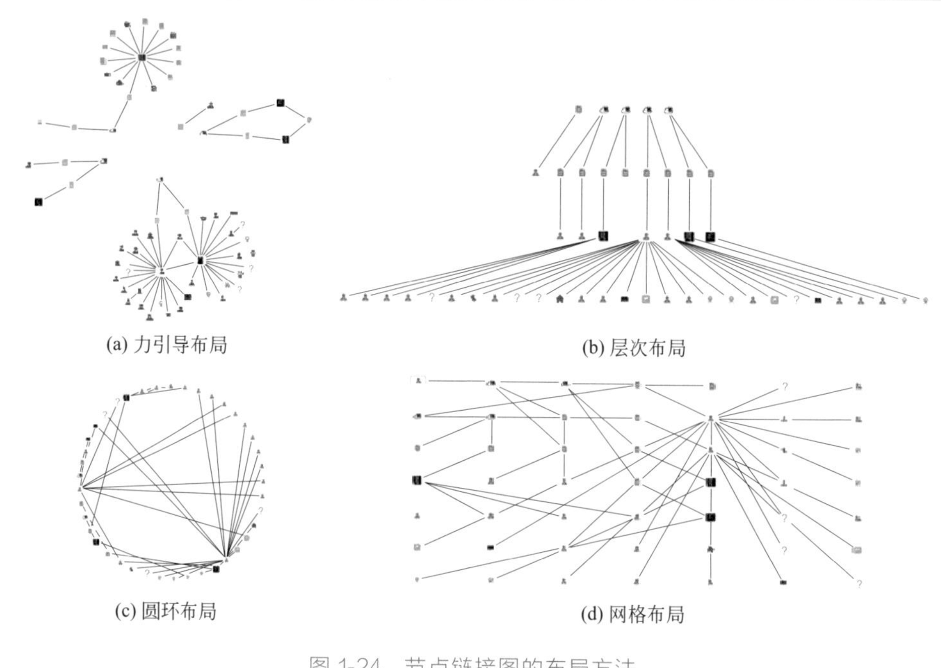

图 1-24 节点链接图的布局方法

力引导布局可以清楚地识别出网络结构中的核心人物（关键点），可以快速识别出社区团体以及他们之间的关系，对网络的中心性有较好的反映。因此，力引导布局在社交网络关系描述中使用频繁。

（2）层次布局

如图 1-24（b）所示，层次布局可以描述网络结构中其他节点与关心节点的远近距离，或是隐含的从属或包含关系。例如，可在社交关系图中查看兴趣人的一级关系人脉、二级关系人脉等；或在分析的老板-公司-职员关系图中，发现其中老板拥有哪些公司，每个公司雇用了哪些职员。

网络结构图中，若关心其中拓扑结构或是隐含的树形结构信息，层次布局具有不错的展示效果。层次布局中，不同层次上的节点数据分布可能不均匀，空间利用情况难以估计。采用正交的层次布局，层次结构的体现较为自然、直观，但节点数量少的层次的空间利用率较低，图 1-24（b）便是正交的层次布局；对于节点数量随层次深度加深而明显增加的数据，可以采用径向的层次布局，能够在不太损失层次结构的情况下，更好地利用空间。在实际应用过程中需要相互权衡，以提高布局的可读性和美观性。

(3) 圆环布局

如图 1-24 (c) 所示，圆环布局更加关注节点两两之间的关系。所有节点平均分布在圆环上，易于观察兴趣节点与其他所有节点存在的关系，以及节点间一级关系的分布情况。

圆环布局较为突出的缺点为空间的利用程度较低。

(4) 网格布局

如图 1-24 (d) 所示，网格布局是四个布局中空间利用率最高的布局算法，适合在未发现明显特征的数据图中查看图的网络结构、节点和边的简要信息。

网格布局的不足之处在于没有明显的隐喻信息。一般可以通过网格布局进行初步探索，发现兴趣节点或网络结构特征，进而选择更合适的布局算法，进行后续分析。

当关系分析的规模不断增大时，节点链接图的问题和挑战也渐渐突显出来。一方面，由于屏幕像素的限制，在有限的空间中有效表达的信息十分有限。若按照上述布局方法，当对象规模达到千级、关系规模达到万级时，必然出现大量的对象和关系的视觉遮挡现象。视觉遮挡不仅使得节点或边无法有效表达所代表的含义，同时给交互带来极大的难题。另一方面，由于浏览器的性能限制，当对象规模达到千级、关系规模达到万级时，渲染实现可能需要用户长时间等待，浏览器的渲染速度问题也突显出来，长时间的等待必然影响用户的交互体验。屏幕像素限制的解决方法一般包括减少图元使用的像素数、减少图元数量、增加屏幕像素。渲染时间的解决方法一般包括降低图元复杂度、减少图元数量、提升设备性能。减少图元使用的像素数、降低图元复杂度的方法可以保留数据整体详细分布，但是降低了图元编码信息的能力，理论上图元的最少使用像素数为 1，即最高有效表达图元数量等于屏幕像素数；减少图元数量的方法损失部分信息和部分分布，但可通过 LOD (Layer of Detail) 技术，在交互过程中重现暂时损失的信息，或将图元替换并编码损失信息的统计特征，实现数据的概览。增加屏幕像素、提升设备性能的方法能够最大可能地保留原始展示，缺点是成本增加，且可扩展性不高。

在不考虑设备提升的情况下，我们在大规模关系可视化场景中设计了节点链接图的紧凑布局，可以对大规模关系进行更加有效的可视化。

(1) 紧凑的力引导布局

力引导布局对于小规模数据，或者有着树形层次结构的数据，可以得到较好的布局效果，如图 1-25 (a) 所示。但是对于大规模的数据，尤其是在数据点之间的连接比较杂乱的情况下，效果并不好。图 1-25 (b) 所示的图包含 3000 个节点、18027 条边，节点的大小和节点之间的连接关系都是随机生成的。

(a) 小规模数据

(b) 大规模数据

图 1-25 力引导布局案例

紧凑的力引导布局方案通过简化节点的图元复杂度，减少甚至去除边的图元，达到提高渲染效率和有效展示的目的。紧凑的力引导布局的布局原理和力引导布局一致，只不过取消了边的限制，可以让节点均匀散布在屏幕上，较充分地利用屏幕空间，如图 1-26 所示。

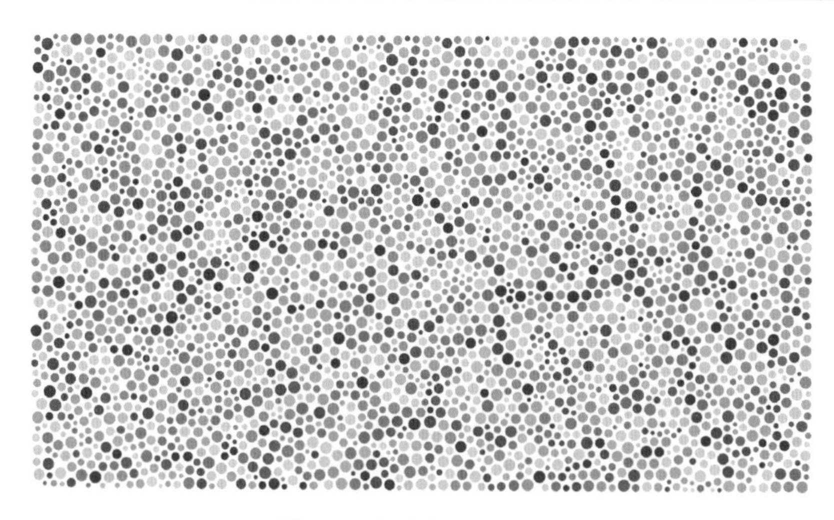

图 1-26 紧凑的力引导布局

该布局缺失了节点之间的连接信息，可以通过交互过程去弥补。当鼠标悬停节点上方时，高亮该节点、该节点的一级关联节点以及它们之间的边，如图 1-27 所示。

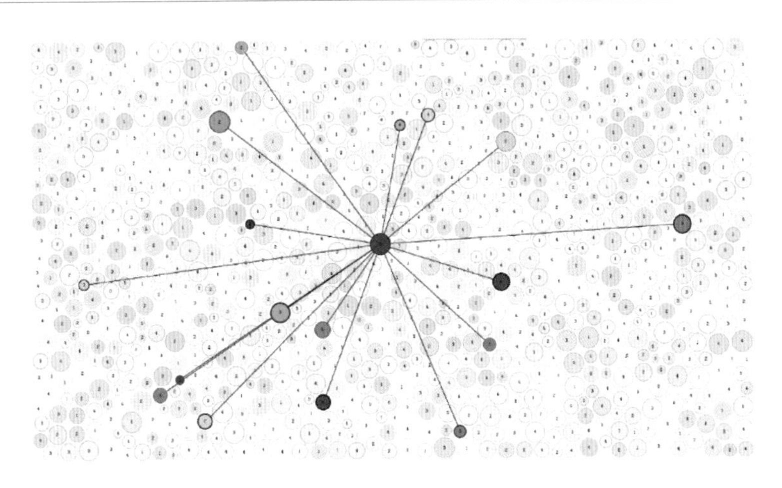

图 1-27　紧凑的力引导布局中的高亮交互

（2）紧凑的网格布局

紧凑的网格布局方案同样通过简化节点的图元复杂度、减少甚至去除边的图元，达到提高渲染效率和有效展示的目的。紧凑的网格布局根据每个节点的权重分配固定大小的矩形区域，可以充分利用屏幕空间。但是数据量达到一定规模之后（如 3000 节点），即使在 1920×1080 的屏幕上，也会呈现出拥挤的状态，如图 1-28 所示，节点之间的关联信息可以采用与图 1-27 相似的处理方法，通过交互的方式来展示。

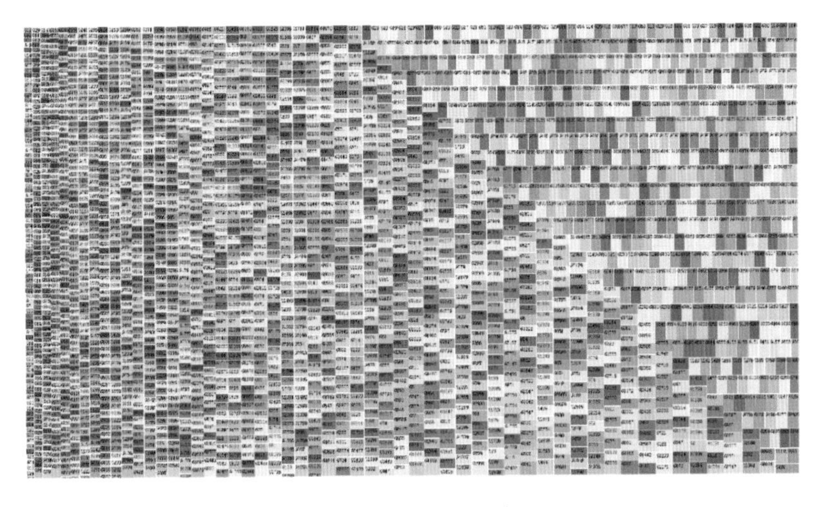

图 1-28　紧凑的网格布局

（3）紧凑的层次布局（图 1-29）

紧凑的网格布局方案同样通过简化节点的图元复杂度，达到提高渲染效率和有效展示的目的。紧凑的层次布局表现为以关键对象为中心的多层环状布局。距离中心关键对象的路径越短，节点变得越少。从空间利用率和布局效果来说，大规模关系的场景下，径向的层次布局优于正交的层次布局。若简单地将到中心等距的节点排布于同一层圆环上，当外层圆环节点数量较多时，依然可能发生严重的遮挡问题，所以需要对基础布局进行改进，减少外层节点的遮挡。如图 1-29 所示，控制每个环中的节点密度，根据节点密度调整环的宽度。紧凑的圆环布局设计结果为一层无中心的紧凑径向层次布局，故将其合并为紧凑的径向层次布局。

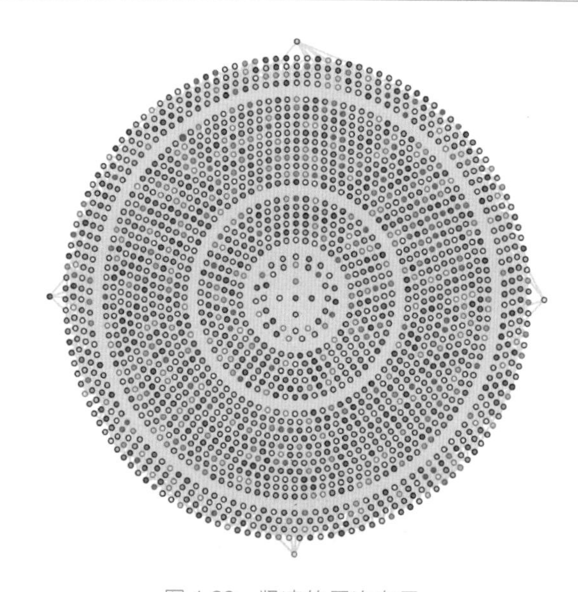

图 1-29 紧凑的层次布局

① 底层语义任务 不同布局下的关系网络，所运用的编码设计和交互方法基本相同，本节剩余部分用力引导布局进行说明。

a. 识别单对象关系：识别关系所属对象，而后识别对象的关系（图 1-30）。在识别到“Barack Obama”和“Sportscenter”后，确认识别到其中的“favoriteTVShow”关系。

b. 摘要对象关系集：关联其他视图＋过滤（图 1-31），通过关联统计视图中的关系统计来执行过滤，高亮摘要的部分对象关系（“hasHomeCountry”关系）。

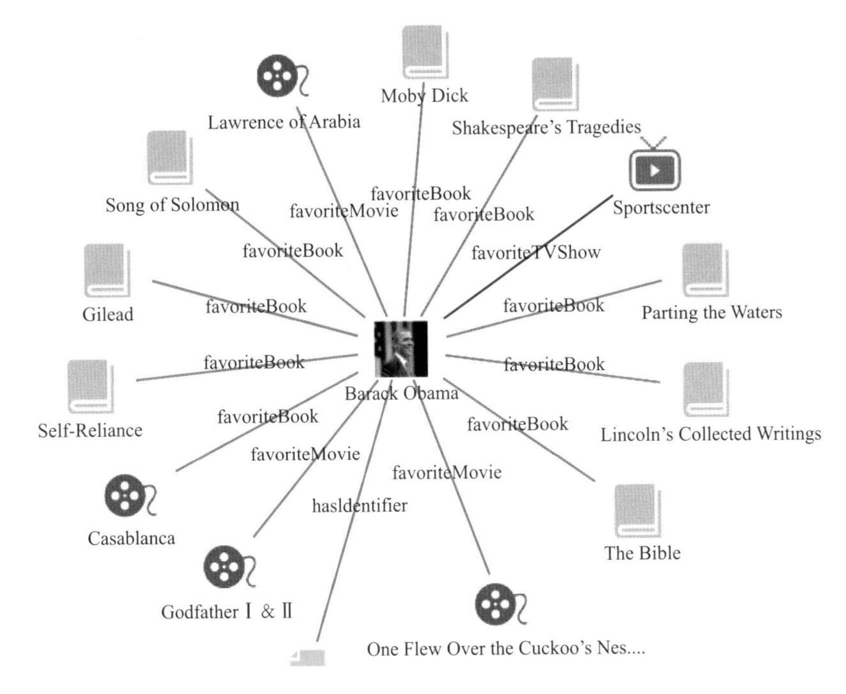

图 1-30 识别对象关系

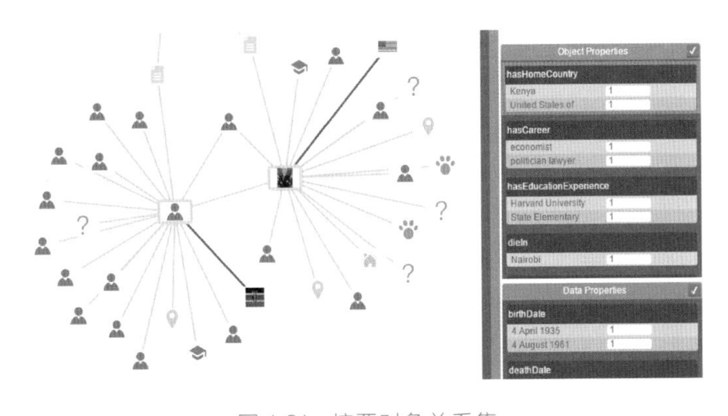

图 1-31 摘要对象关系集

② 中层语义任务（图 1-32）

a. 查取对象关系：获取已知位置的已知关系，可通过选择关系实现。如图 1-32 所示，选择图中的 A 关系（“hasHomeCountry”关系）。

b. 查阅对象关系：获取已知位置的未知关系，可通过选择关系实现。如图 1-32 所示，选择图中的 B 关系。

c. 定位对象关系：获取未知位置的已知对象，导航＋识别关系，例如通过缩放、平移等定位手段选择图 1-32 中代表 “Barack Obama” 和 “Michelle Obama” 之间的 C 关系（“spouse” 关系）。

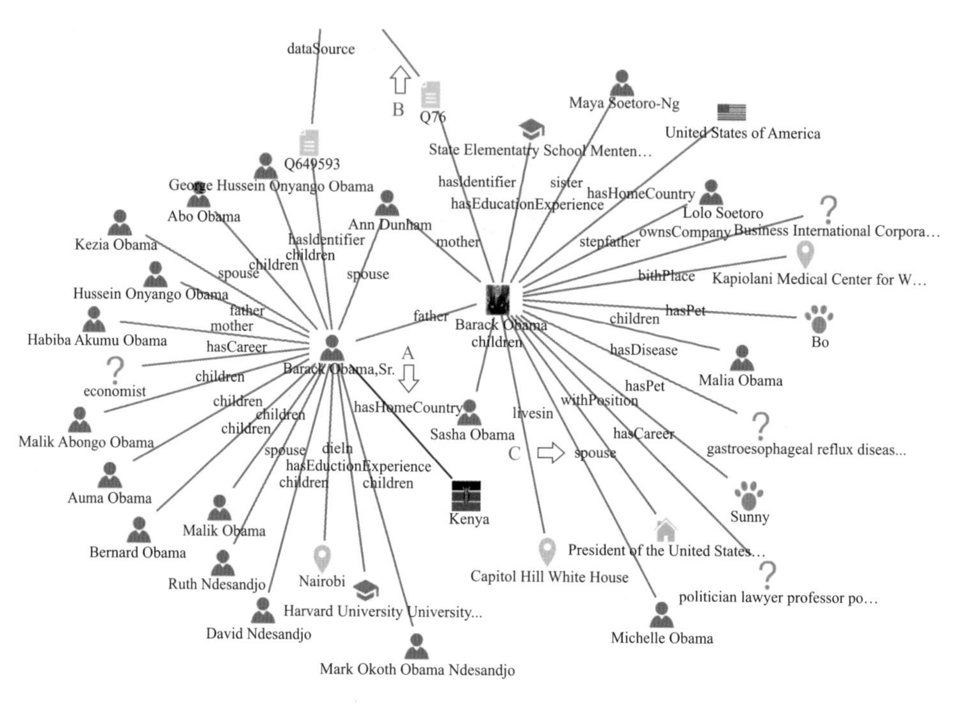

图 1-32 查取、查阅、定位关系

d. 浏览对象关系：获取未知位置的未知对象，导航＋选择，例如探索图 1-32 显示范围外的未知关系。

③ 高层语义任务

a. 标记对象关系：选择。

b. 推导对象关系：比较多对象，或观察节点链接图拓扑。图 1-32 中存在 “Barack Obama→spouse→Michelle Obama” 和 “Barack Obama→mother→Ann Dunham”，可以推导出 “Michelle Obama→motherInLaw→Ann Dunham”，如图 1-33 蓝色连线所示。

c. 展示对象网络拓扑：定位多对象＋定位多对象关系。

d. 发现对象网络拓扑：展示对象网络拓扑＋重配（如改变布局算法），可发现不同布局下的网络拓扑。

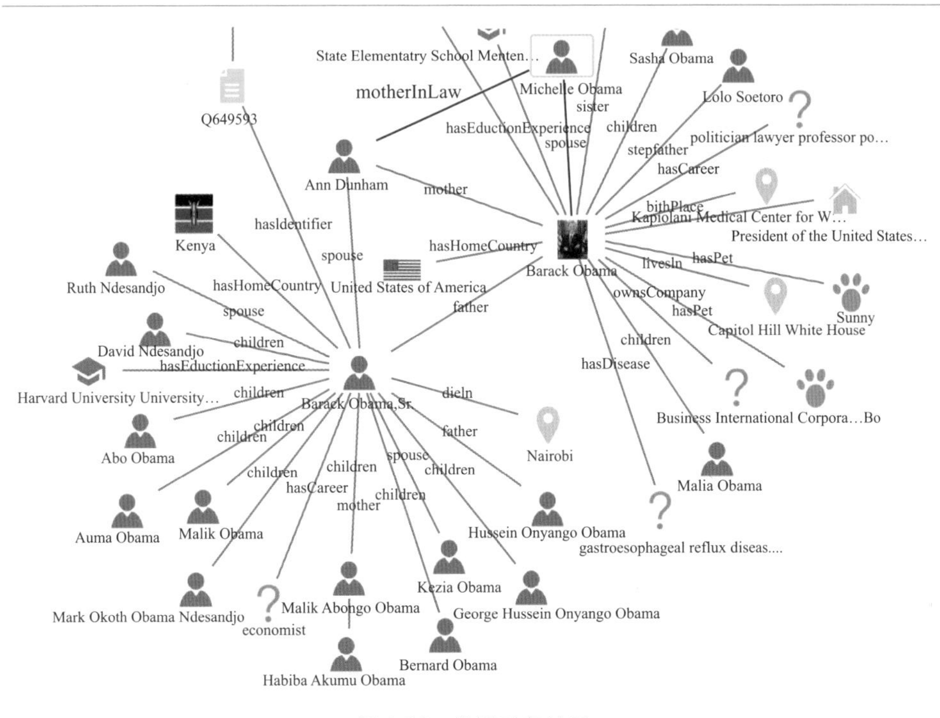

图 1-33　推导对象关系

1.4.2.4　空间的可视化

(1) 底层语义任务

① 定位、标记对象空间位置（图 1-34）：用地图坐标编码地理信息。

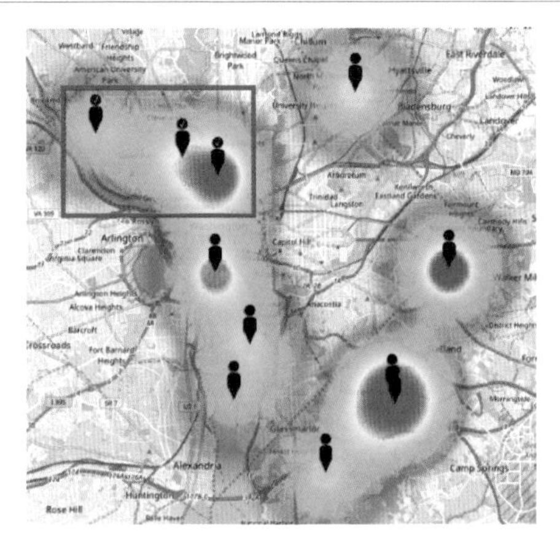

图 1-34　定位、标记对象空间位置

② 摘要对象空间分布：关联其他窗口＋过滤，如图 1-35 所示为在空间地理视图中摘要对象空间分布。

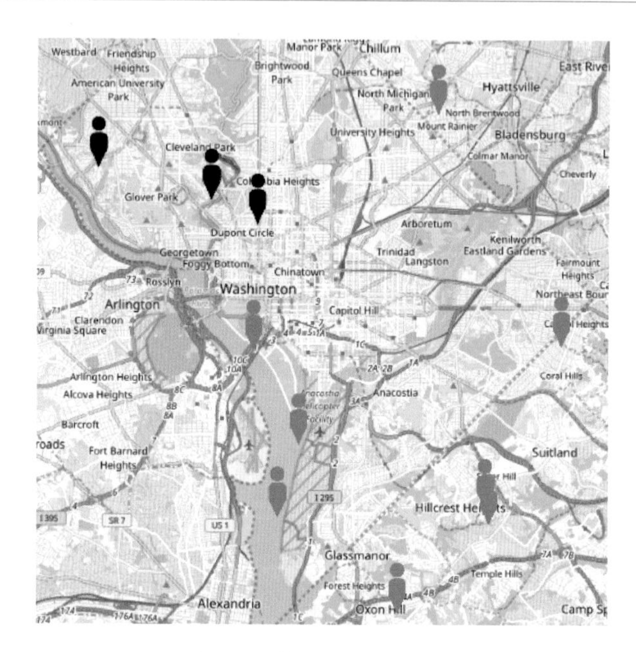

图 1-35 摘要对象空间分布

（2）中层语义任务

① 查取、定位对象空间位置：定位、标记对象空间位置，如图 1-34 所示。

② 查阅、浏览对象空间位置：识别、比较对象空间位置，可参考查阅、浏览对象。

（3）高层语义任务

① 标记对象空间位置：选择，如图 1-36 中红框对象选择的标记。

② 展示多对象空间分布：定位多对象空间位置。

③ 发现多对象空间分布：展示多对象空间分布＋选择。

空间地理视图　地理信息数据是描述事物的必要因素，对其的可视化至关重要。对于异构数据的地理可视化，有助于观察数据在地理分布上存在的规律、特征。

通过点数据地图映射的方式，将代表实体的符号映射到相应的位置。数据密集的区域，绘制的符号集中；数据稀疏的地方，绘制的符号分散。

热力图　在数据过于密集的地方，可能出现符号重叠等，难以看清所表达

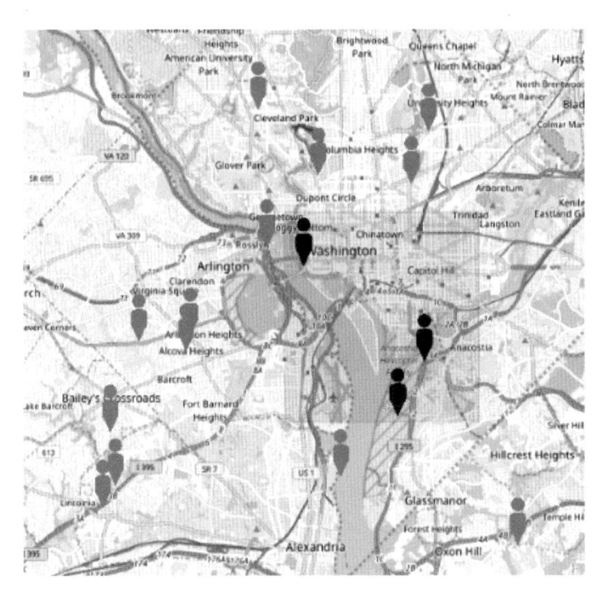

图 1-36　地图的框选

的数值，或难以比较不同区域的多少，热力图可以有效地应付这样的情况。通过将地图分割为小单位，采用一定的重建或差值算法，将数据转化为连续的数值，通过颜色编码的方式呈现（越红的地方，数值越高；越蓝的地方，数值越低）。

热力图可以显示多个实体同一数值维度在地理上的分布情况，默认情况下，热力图展示实体的分布密度。

1.5 实例3——EasySVM：基于可视分析方法的支持向量机的白盒分析方法

1.5.1 简介

支持向量机（SVM）是一种常用的监督学习方法，在文本分析、计算机视觉、生物信息等领域有着广泛的应用。然而不同于决策树等基于规则的分类方法，支持向量机的“黑盒”特性使得其模型训练过程和预测过程较难理解。虽然这种隐藏细节过程的特性使用户不必陷于烦琐的细节参数调整过程之中，但对于非机器学习专家的决策者来说，这种黑盒特性带来了较低的可解释性和可信度。

同时，支持向量机中非线性核函数的应用使得模型能够处理复杂的非线性分类问题，但进一步增加了普通用户的理解成本，降低了可解释性，并同时增加了计算开销。

基于上述两个问题，本案例提出了一种基于“白盒”策略的支持向量机可视分析方法。该方法的目标在于：

① 使用交互式可视化方法，使用户尽可能清楚地理解训练数据的分布以及模型的核心结构；

② 提供一套使用多个线性支持向量机模型逼近非线性分类边界的方法；

③ 能够提取出模型中主要的分类模式，并将其转化为分类规则，以便于解释和传播分类结果。

1.5.2 方法概览

传统的支持向量机模型通常被当作黑盒模型，难以被理解和解释，并且其核心结构也很难直观呈现出来。图 1-37 展示了迭代式的可视化模型构建过程，其中包含三个主要模块。

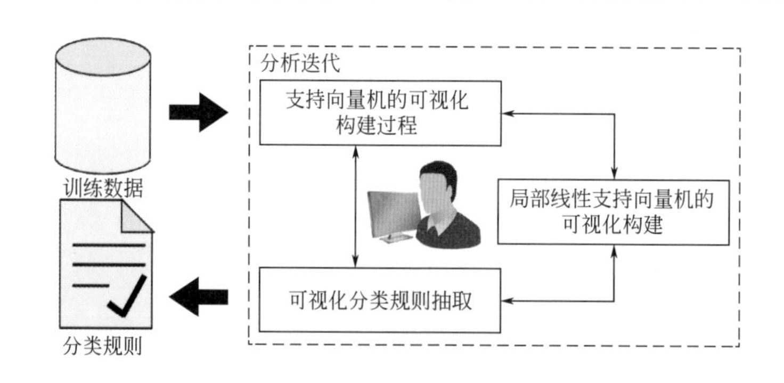

图 1-37 交互式可视化模型构建过程

（1）支持向量机的可视化构建过程

为了让用户能够快速直观地理解训练过程中所使用的训练数据，理解并探索数据分布、寻找数据中的异常值，本案例设计了一种基于正交投影的可视化方案，并同时将基于这些训练数据构建出的支持向量机模型核心结构展示在视图中。本案例还设计了一种交互式投影控制方法，可支持用户对投影角度的自由调整。

（2）局部支持向量机的可视化构建

支持向量机通常使用线性核函数来处理数据中的线性分类边界。对于非线性分类问题来说，非线性核函数是支持向量机模型中常用的一种方法。然而使用非线性核函数的模型的分类可解释性更加复杂，并且计算开销较大。这里提出了一种交互式可视分析方法，如图 1-38 中流程（b）所示，通过构建多个线性支持向量机，以达到逼近非线性分类边界的目的。

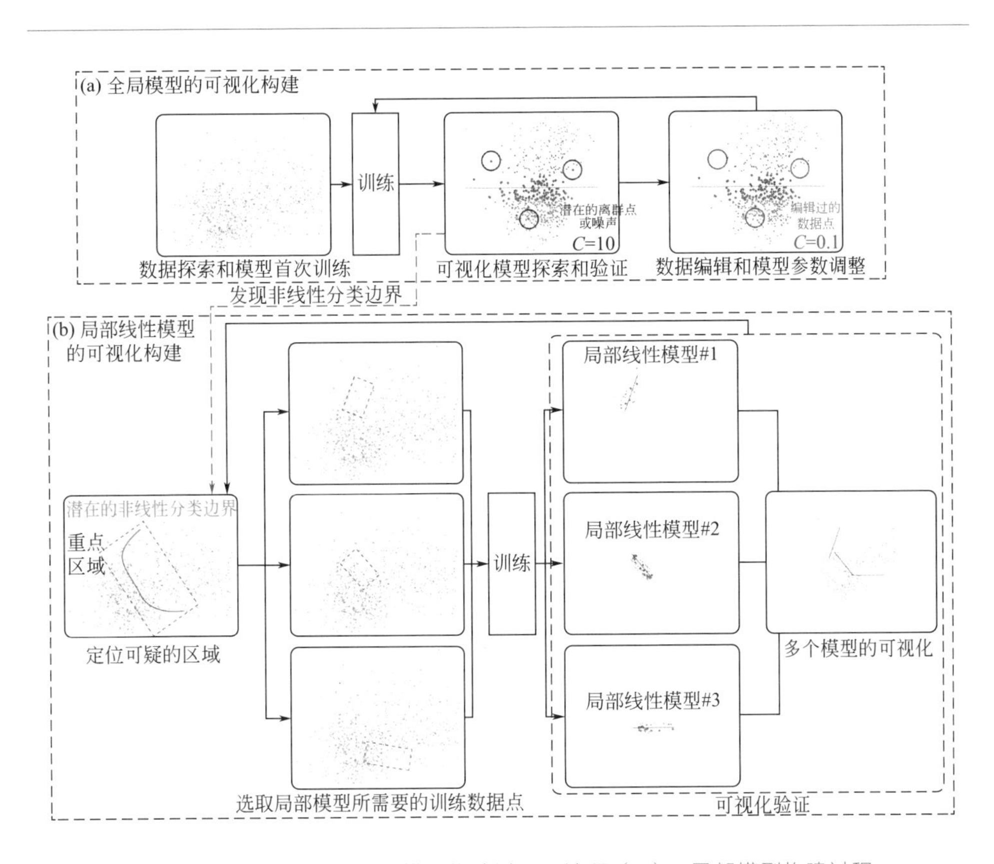

图 1-38　流程（a）：全局模型构建过程；流程（b）：局部模型构建过程

（3）可视化分类规则抽取

为了解决支持向量机的分类判断标准难以向非专家用户进行解释的问题，我们设计了专门的可视化规则抽取视图（图 1-39）。该视图主要使用散点图和平行坐标结合的方法，使用户能够交互式地在坐标轴上选取分类所在的区间，以生成分类规则。

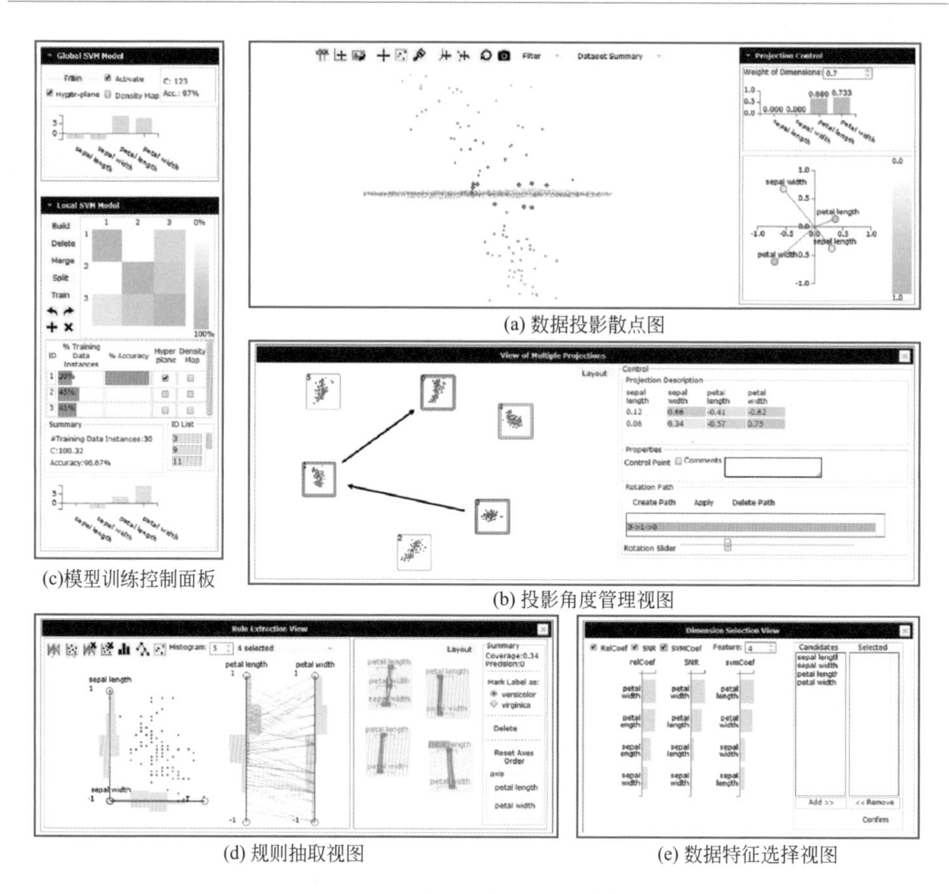

(a) 数据投影散点图

(b) 投影角度管理视图

(c)模型训练控制面板

(d) 规则抽取视图

(e) 数据特征选择视图

图 1-39 EasySVM 系统界面

1.6 基于迁移学习的数据分类可视分析方法

传统分类问题中，训练数据和未标记数据通常被认为是来自于同一个特征空间和数据分布。迁移学习方法希望通过“知识迁移”的手段，将不同特征空间和分布的数据结合在一起。迁移学习的内部机制类似于“从类比中学习”，其机制源自于认知心理学，即通过构造共有特征等方法，将已有的模型和知识适配在新的任务上。

对于没有任何先验知识（例如类别标记等）的新任务和数据，迁移学习方法可以重用已有模型或有标记数据，以降低探索新任务和数据的成本。一个典型的例子是网页文本的情感分类，由于网络语言的内容发展迅速，表达正向或负向情感的词语随着时间的推移会发生天翻地覆的变化。如果使用过去已有的情感分类模型去对现有的文本进行情感分析，则准确率可能会因为词语分布的变化而大大下降。迁移学习方法可以通过抽取前后两个时间段上共有的词语分布特征，以及从过去带有情感分类标记的数据中挑选出仍旧可以复用的部分，来对已有的模型进行适配，或是复用已有的带标记训练数据。在很多论文中，迁移学习已被证明能够提高对新任务的分析能力。

目前迁移学习这一领域已经得到了长足的发展，然而在实际应用中仍旧有很多问题需要解决。其中最重要的两个挑战是估算已有模型的“可迁移性”和已有标记数据的“可复用性”。

①“可迁移性”用于度量已有模型相对于新分析任务的适配程度。在分析新任务时，用户可以基于“可迁移性”这一度量来寻找合适的已有模型。

② 从数据角度讲，“可复用性”用于表示已有的标记数据在多大程度上可以在训练新模型时进行复用。可复用性高的已有标记数据可以减轻从新数据集上获取标记数据的压力。

然而在基于自动过程的迁移学习方法和复杂的分析任务中，这两个挑战仍未被很好地解决，因此我们提出，交互式可视化方法是一种可行的解决方案。该方案能够很好地融合用户的专家知识，以达到使用人类智能解决迁移学习中判断可迁移性和可复用性的问题。本案例以文本分类为背景，其核心在于一系列交互式可视化设计与方法，用于帮助用户理解和操作迁移学习过程，包括对已有文本分类任务和目标任务之间可迁移性的探索和判断，以及旧任务中带标记文本能够重用于新任务中的程度。

1.6.1 概念定义

（1）应用背景

本案例场景使用文本二类分类作为应用场景，其中会使用词袋模型将所有文本（Bag of Words，BOW）转化为词频向量，并进行 tf-idf（term frequency-inverse document frequency）加权，文本的分类标记只有两个。

（2）“任务”“领域”和“模型”

相对于传统文本分类场景中训练数据和测试数据来源相同、数据分布相同这一特征，迁移学习强调训练数据和测试数据来自不同的数据源（例如来自不同网站、不同时间段、不同的专业方向等），数据分布也可能不同。这些不同的数据来源被定义为数据的领域（domain）。每个领域可基于其中有分类标记的数据（例如新闻网站上被标记为“体育新闻”的页面，或是学校大量课程报告中被标记为“计算机科学”类型的课程报告）训练出相应的文本分类模型（model）。领域和模型结合起来，可以用于解决一个特定的分类任务（例如从新闻网站上分出与体育相关的新闻文本，或是从课程报告中筛选出与计算机科学相关的报告）。在这里，我们将数据领域和基于该领域训练出的模型称作一个任务。

（3）“源”与“目标”

如果用户已经获得了某个任务中的带标记数据和训练好的模型，并希望将其迁移到一个新的任务上，那么这个已有的任务被称作迁移学习过程中的“源任务”，其数据领域被称作“源领域”。相对来说，这个新的任务和涉及的数据领域被称作“目标任务”和“目标领域”。

基于上述定义，这里将本案例中涉及的迁移学习过程定义为：利用来自源领域中的标记数据和源任务中已训练好的模型来训练一个新的分类模型，使得这个分类模型能够在目标分类任务和目标领域上获得最好的分类性能。

1.6.2 方法概览

图 1-40 展示了本案例的方法框架。本框架主要分成四个阶段。

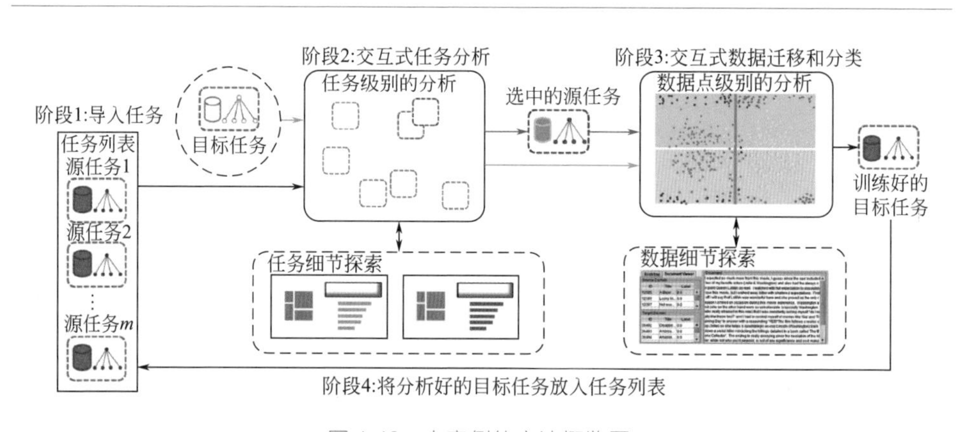

图 1-40 本案例的方法概览图

① 对于给定的一个目标任务，一系列源任务及其相关数据会被导入到系统中。

② 源任务和目标任务之间的可迁移性会被自动计算出来，用户使用任务探索视图对一系列源任务和给定的目标任务之间的相似程度和可迁移程度进行探索，最后选出一个适合的源任务。

③ 对于选定的源任务，用户使用任务迁移视图对源任务中可被迁移的标记数据进行选择。每次选择后都可以用于目标任务中新模型的训练。

④ 已经训练好的新任务可以重新添加至任务列表中，作为其他新任务的源任务使用。

图 1-41 展示了本案例方法的系统界面，其主要包含四个视图：任务探索视图、数据迁移视图、任务详细信息视图、数据详细信息视图。

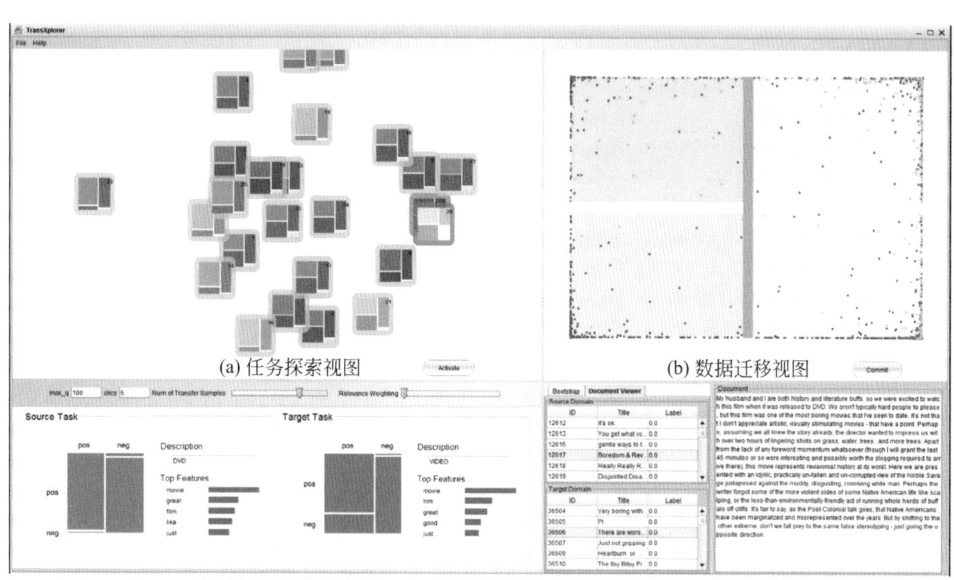

(a) 任务探索视图　(b) 数据迁移视图

(c) 任务详细信息视图　(d) 数据详细信息视图

图 1-41　系统界面

参考文献

[1] Munzner T. Visualization Analysis and Design [M]. CRC Press, 2015.

[2] 陈为，沈则潜，陶煜波. 数据可视化 [M]. 北京：电子工业出版社，2013.

[3] Brehmer M, Munzner T. A multi-level typology of abstract visualization tasks [J]. IEEE Transactions on Visualization & Computer Graphics, 2013, 19 (12): 2376-2385.

[4] Ellis G, Mansmann F. Mastering the information age solving problems with visual analytics [C]. Eurographics. 2010, 2: 5.

[5] Wang X M, Zhang T Y, Ma Y X, et al. A Survey of Visual Analytic Pipelines [J]. Journal of Computer Science and Technology, 2016, 31 (4): 787-804.

[6] Lu J, Chen W, Ma Y, et al. Recent progress and trends in predictive visual analytics [J]. Frontiers of Computer Science, 2017: 1-16.

[7] Ma Y, Chen W, Ma X, et al. EasySVM: A visual analysis approach for open-box support vector machines [J]. Computational Visual Media, 2017, 3 (2): 161-175.

[8] Kim H, Choo J, Lee C, et al. PIVE: Per-Iteration Visualization Environment for Real-Time Interactions with Dimension Reduction and Clustering [C]. AAAI. 2017: 1001-1009.

[9] Gruber T R. Toward principles for the design of ontologies used for knowledge sharing [J]. International Journal of Human-Computer Studies, 1995, 43 (5): 907-928.

[10] Ma Y X, Xu J Y, Peng D C, et al. A visual analysis approach for community detection of multi-context mobile social networks [J]. Journal of Computer Science and Technology, 2013, 28 (5): 797-809.

[11] Endert A, Ribarsky W, Turkay C, et al. The state of the art in integrating machine learning into visual analytics [C]. Computer Graphics Forum. 2017.

[12] Seaborne A. RDQL-a query language for RDF [J]. W3C Member submission, 2004, 9 (29-21): 33.

[13] Lu Y, Garcia R, Hansen B, et al. The State-of-the-Art in Predictive Visual Analytics [C]. Computer Graphics Forum. 2017, 36 (3): 539-562.

[14] Sun G D, Wu Y C, Liang R H, et al. A survey of visual analytics techniques and applications: State-of-the-art research and future challenges [J]. Journal of Computer Science and Technology, 2013, 28 (5): 852-867.

[15] Payne J, Solomon J, Sankar R, et al. Grand challenge award: Interactive visual analytics palantir: The future of analysis [C]. IEEE Symposium on Visual Analytics Science and Technology, 2008: 201-202.

[16] 马昱欣，曹震东，陈为. 可视化驱动的交互式数据挖掘方法综述 [J]. 计算机辅助设计与图形学学报，2016，28 (1)：1-8.

[17] Volz J, Bizer C, Gaedke M, et al. Silk-A Link Discovery Framework for the Web of Data [J]. LDOW, 2009: 538.

[18] Ma Y, Xu J, Wu X, et al. A visual analytical approach for transfer learning in classification [J]. Information Sciences, 2017, 390: 54-69.

[19] Robert B Haber, David A McNabb. Visualization idioms: A conceptual model for scientific visualization systems [J]. Visualization in scientific computing, 1990, 74: 93.

[20] Stuart K Card, Jock D Mackinlay, Ben Shneiderman. Readings in information visualization: using vision to think [M]. Morgan Kaufmann, 1999.

[21] Tamara Munzner. A nested model for visualization design and validation [J]. IEEE transactions on visualization and computer graphics, 2009, 15 (6): 921-928.

[22] Michael Bostock, Vadim Ogievetsky, Jeffrey Heer. D3 data-driven documents [J]. IEEE transactions on visualization and computer graphics, 2011, 17 (12): 2301-2309.

[23] Leland Wilkinson. The grammar of graphics [M]. Springer Science & Business Media, 2006.

[24] Chris Stolte, Diane Tang, Pat Hanrahan. Polaris: A system for query, analysis, and

visualization of multidimensional relational databases [J]. IEEE Transactions on Visualization and Computer Graphics, 2002, 8 (1): 52-65.

[25] Fernanda B Viegas, Martin Wattenberg, Frank Van Ham, Jesse Kriss, Matt McKeon. Manyeyes: a site for visualization at internet scale [J]. IEEE transactions on visualization and computer graphics, 2007, 13 (6): 1121-1128.

[26] Arvind Satyanarayan, Jeffrey Heer. Lyra: An interactive visualization design environment [C], Computer Graphics Forum. volume 33. Wiley Online Library, 2014: 351-360.

[27] Arvind Satyanarayan, Ryan Russell, Jane Hoffswell, Jeffrey Heer. Reactive vega: A streaming dataflow architecture for declarative interactive visualization [J]. IEEE transactions on visualization and computer graphics, 2016, 22 (1): 659-668.

[28] Arvind Satyanarayan, Dominik Moritz, Kanit Wongsuphasawat, Jeffrey Heer. Vega-lite: A grammar of interactive graphics [J]. IEEE Transactions on Visualization and Computer Graphics, 2017, 23 (1): 341-350.

[29] Arvind Satyanarayan, Kanit Wongsuphasawat, Jeffrey Heer. Declarative interaction design for data visualization [C], Proceedings of the 27th annual ACM symposium on User interface software and technology. ACM, 2014: 669-678.

[30] Donghao Ren, Tobias Hollerer, Xiaoru Yuan. ivisdesigner: Expressive interactive design of information¨ visualizations [J]. IEEE transactions on visualization and computer graphics, 2014, 20 (12): 2092-2101.

[31] Arvind Satyanarayan, Jeffrey Heer. Authoring narrative visualizations with ellipsis [C], Computer Graphics Forum. volume 33. Wiley Online Library, 2014: 361-370.

[32] Winston W Royce. Managing the development of large software systems [C], proceedings of IEEE WESCON. volume 26. Los Angeles, 1970: 328-338.

[33] Sean Kandel, Andreas Paepcke, Joseph Hellerstein, Jeffrey Heer. Wrangler: Interactive visual specification of data transformation scripts [C], Proceedings of the SIGCHI Conference on Human Factors in Computing Systems. ACM, 2011: 3363-3372.

[34] Tom Morris, Thad Guidry, Martin Magdinie. Openrefine: A free, open source, powerful tool for working with messy data [R]: Technical report, The OpenRefine Development Team, 2015. http: //openrefine. org, 2015.

[35] Jim Webber. A programmatic introduction to neo4j [C], Proceedings of the 3rd annual conference on Systems, programming, and applications: software for humanity. ACM, 2012: 217-218.

[36] Fay Chang, Jeffrey Dean, Sanjay Ghemawat, Wilson C Hsieh, Deborah A Wallach, Mike Burrows, Tushar Chandra, Andrew Fikes, Robert E Gruber. Bigtable: A distributed storage system for structured data [J]. ACM Transactions on Computer Systems (TOCS), 2008, 26 (2): 4.

[37] Ben Shneiderman. The eyes have it: A task by data type taxonomy for information visual-

izations [C], Visual Languages, 1996. Proceedings, IEEE Symposium on. IEEE, 1996: 336-343.

[38] Gunhee Kim, Eric P Xing. Reconstructing storyline graphs for image recommendation from web community photos [C], Proceedings of the IEEE Conference on Computer Vision and Pattern Recognition. 2014: 3882-3889.

[39] Amershi S, Fogarty J, Weld D. Regroup: Interactive machine learning for on-demand group creation in social networks [C]. Proceedings of the SIGCHI Conference on Human Factors in Computing Systems. ACM, 2012: 21-30.

[40] Andrienko G, Andrienko N, Rinzivillo S, et al. Interactive visual clustering of large collections of trajectories [C]. Visual Analytics Science and Technology, 2009. VAST 2009. IEEE Symposium on. IEEE, 2009: 3-10.

[41] Ankerst M, Elsen C, Ester M, et al. Visual classification: an interactive approach to decision tree construction [C]. Proceedings of the fifth ACM SIGKDD international conference on Knowledge discovery and data mining. ACM, 1999: 392-396.

[42] Ben-David S, Blitzer J, Crammer K, et al. Analysis of representations for domain adaptation [C]. Advances in neural information processing systems. 2007: 137-144.

[43] Bosch H, Thom D, Heimerl F, et al. Scatterblogs2: Real-time monitoring of microblog messages through user-guided filtering [J]. IEEE Transactions on Visualization and Computer Graphics, 2013, 19 (12): 2022-2031.

[44] Cao N, Gotz D, Sun J, et al. Dicon: Interactive visual analysis of multidimensional clusters [J]. IEEE transactions on visualization and computer graphics, 2011, 17 (12): 2581-2590.

[45] Choo J, Lee H, Kihm J, et al. iVisClassifier: An interactive visual analytics system for classification based on supervised dimension reduction [C]. Visual Analytics Science and Technology (VAST), 2010 IEEE Symposium on. IEEE, 2010: 27-34.

[46] Cui Q, Ward M, Rundensteiner E, et al. Measuring data abstraction quality in multiresolution visualizations [J]. IEEE Transactions on Visualization and Computer Graphics, 2006, 12 (5): 709-716.

[47] Endert A, Han C, Maiti D, et al. Observation-level interaction with statistical models for visual analytics [C]. Visual Analytics Science and Technology (VAST), 2011 IEEE Conference on. IEEE, 2011: 121-130.

[48] Höferlin B, Netzel R, Höferlin M, et al. Inter-active learning of ad-hoc classifiers for video visual analytics [C]. Visual Analytics Science and Technology (VAST), 2012 IEEE Conference on. IEEE, 2012: 23-32.

[49] Jankowska M, Kešelj V, Milios E. Relative N-gram signatures: Document visualization at the level of character N-grams [C]. Visual Analytics Science and Technology (VAST), 2012 IEEE Conference on. IEEE, 2012: 103-112.

[50] Mühlbacher T, Piringer H, Gratzl S, et al. Opening the black box: Strategies for increased user involvement in existing algorithm implementations [J]. IEEE transactions on

visualization and computer graphics，2014，20 (12)：1643-1652.

[51] Pan S J，Yang Q. A survey on transfer learning [J]. IEEE Transactions on knowledge and data engineering，2010，22 (10)：1345-1359.

[52] Steed C A，Symons C T，DeNap F，et al. Guided text analysis using adaptive visual analytics [C] . Visualization and Data Analysis. 2012：829408.

[53] Suykens J A K，Vandewalle J. Least squares support vector machine classifiers [J]. Neural processing letters，1999，9 (3)：293-300.

[54] Talbot J，Lee B，Kapoor A，et al. EnsembleMatrix：interactive visualization to support machine learning with multiple classifiers [C]. Proceedings of the SIGCHI Conference on Human Factors in Computing Systems. ACM，2009：1283-1292.

[55] Wei J，Shen Z，Sundaresan N，et al. Visual cluster exploration of web clickstream data [C]. Visual Analytics Science and Technology (VAST)，2012 IEEE Conference on. IEEE，2012：3-12.

第2篇 大数据基本方法

第2章

多媒体数据

在计算机学科中，多媒体（multimedia）指数据的传播媒体是由多种媒体组合而成，比如文本、图像和视频等。由于其信息的集成性和高互动性，多媒体数据广泛存在于多个应用领域中并成为重要的数据展现形式。近年来，多媒体设备（如手机、摄像机等电子设备）的广泛普及更使得多媒体数据的制造和传播速度达到了前所未有的地步。多媒体数据覆盖了人们生活中的方方面面，蕴含着巨大的分析价值，但是如何对规模庞大且形式复杂的多媒体数据进行分析一直是数据分析的难点。本章将介绍如何使用数据可视化和可视分析的方法对多媒体数据进行分析。

2.1 多媒体数据可视分析简介

多媒体内容一般包括文本、图像、视频和音频等。可视化领域中对多媒体数据的分析主要集中在文本和图像两个方面。文本可视化工作旨在设计出直观的文本可视表征形式以辅助人们对大规模文本数据集的分析。为适应不同的分析任务，文本可视化有多种多样的可视化布局，包括基于云的可视化（cloud-based visualization）、基于流的可视化（flow-based visualization）、基于树状结构的可视化（tree-based visualization）和基于投影的可视化（projection-based visualization）。以基于云的可视化为例，字云（word cloud）是其中一项具有代表性的工作，主要用于对文本内容进行概括性的分析。在面对海量的文本数据时，人们往往难以快速地了解其中包含的主要内容。针对这个问题，可视化学者们创造出了字云，通过把文本数据中的关键词可视化出来，并用单词的大小编码单词的出现频率，为用户提供了一个直观的概述和总结，加速了对文本数据的了解和概括。

图像数据的可视化工作旨在研究如何利用可视化的直观性和有效性帮助用户从包含成千上万张图片的数据集中挖掘出有趣的图片和特征。目前主要采用的可视化形式包括散点图（scatter plot）、树状图（treemaps）和节点链接图（node-link diagram）。以散点图为例，Yang等人根据图像向量化的表征，使用了多维尺度分析方法（multidimensional scaling）将高维的图像投影到二维平面上，通过散点图将大量的图片数据以有组织的形式展现给用户，并将自动化算法提取出的图像关键词作为文本注释用以指导用户的浏览和搜索操作。这个工作成功地利用了散点图的直观性，并结合自动化图像处理算法促进了用户对图像数据的分析和理解。

2.2 节将从文本数据可视化和图像数据可视化两方面进行介绍。

2.2 多媒体数据的可视探索

2.2.1 文本数据可视化

对文本数据可视化的研究由来已久，早在 1992 年就出现了字云的可视化形式。作为信息可视化中极为重要的一个研究领域，文本数据可视化长期受到学者们的关注，各式各样的可视化方法相继被提出，其中相当一部分的工作已被证明能有效地加强和促进文本数据的分析。主流的文本可视化技术包括字云、主题河流、桑基图、树形图等。本节内容参考了 Nualart 等人和 Kucher 等人的分类方法，根据可视化的数据内容将现有的文本可视化工作分为五类。接下来，我们将详细介绍这五类文本可视化方法。

2.2.1.1 时序主题的可视化

文本数据中往往包含时间属性，比如带有时间戳的新闻记录或者微博记录等。时序文本分析的重点在于分析文档随时间的变化趋势和演变过程，而这种时序上的波动与河流的流动极为相似，由此诞生了一批以河流为隐喻的可视化工作。

主题河流（Theme River）是一种简单的、直观的可视化方法，常用于可视化时序文本数据。如图 2-1 所示，图中横轴表示时间维度（从左往右），每种颜色都表示一条河流，代表了一种主题的文档。每条河流在垂直方向上的宽度编码了某一时间点上这一主题的文档的数量，宽度越宽，文档数目越多。在垂直方向上所有河流的宽度之和编码了在这一时间点上所有文档的数量。河流上的文字注释是对相应的文档主题的解释。主题河流创新性地将每种主题的文档随时间的演变与总体文档随时间的演变结合到统一可视化视图中。

故事线（Storyline）是一种用于描绘社交随时间的动态变化的可视化技术。图 2-2 中展现的是对电影剧本的可视化。故事线的横轴表示时间，线表示不同的人物，在某时间范围内两条线相邻表示两人存在着某种联系和交互（比如同时在一个场景中出现）。故事线可视化最早是由手绘完成的。由于手绘非常困难，故事

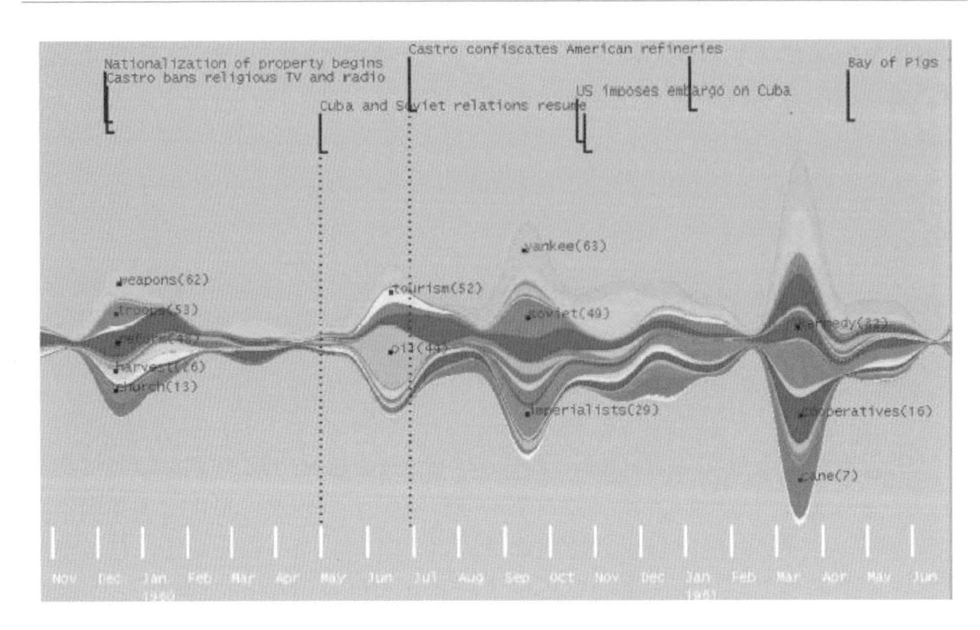

图 2-1 Theme River：时序的文本可视分析

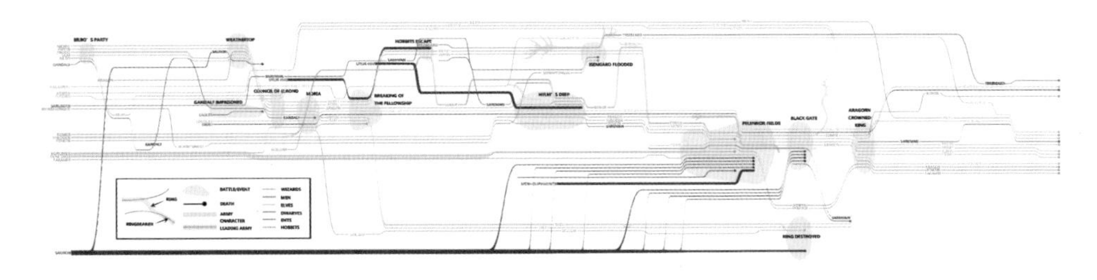

图 2-2 Story Flow：对时序文本中的社交动态可视化

线这一可视化技术的实际应用场景十分有限。Tanahashi 等人在满足一些美学前提下成功地设计出了自动化生成算法，通过计算机生成 Storyline 形式的可视化——Story Flow，针对算法速度等问题，提出了一个支持实时可交互的且展现了实体层次关系的故事可视化方法，通过细节层次绘制（LOD）技术解决了大量线条产生的干扰与性能下降问题。

2.2.1.2 关键词的可视化

在关键词的可视化中，字云是最具代表性并且被广泛应用的一项可视化技术。字云这一可视化形式被认为是简单、直观且美观的，常被应用于可视化文档集合，广受好评。如图 2-3 所示，字云中单词的大小编码了单词在文档中的出现频率，并采用了紧密的布局思想，在确保单词与单词之间不存在重叠或遮挡的前提下移动单词，使得所有单词彼此之间尽可能地靠近，提高了空间利用率。此外，单词的颜色也可被用于编码其他信息，比如情感分析的结果等。在紧密布局的前提下，为了进一步提高字云的美观性和可用性，学者们提出了一系列字云布局的改进算法，专注于提高碰撞检测的算法效率，减少视图中多余的空白，改善布局形状。Seifert 对这一系列字云的布局方法进行了总结和验证。

图 2-3 word cloud：对文档内容进行概括性的总结

字云的一大缺陷是无法保留原文中的上下文背景，忽略了单词与单词之间的语义联系。这会导致语义相近的单词有可能在可视化展现时相距很远，降低了可读性，为人们进行更深层次的分析带来了困难。为此，后续的系列工作对字云进行了多方面的改进。比如说 Hassan-Montero 为此开发了新的基于语义关联的字云布局算法。在该方法中，Hassan-Montero 根据单词共同出现的频率对单词进行聚类，使得联系紧密的单词聚集在一起，从而显示出了字云中单词之间的关系。总的来说，这些工作的重点在于研究如何保留足够多的上下文语义背景并且同时维持字云的简洁与直观性。

字云的另外一个缺点是只能对静态的文本数据进行可视化，无法展现时间维度的信息。随着现代科学技术的发展，用户们每时每刻可能会收集到大量的文本信息。在此场景下，基础的字云可视化难以被直接应用于数据会实时更新的可视分析中，这是因为动态变化的可视化视图会对用户造成严重的认知负担，降低分析效率。因此，如何设计新的字云可视化技术以应对海量实时的分析场景成为了难点。Cui 因此就提出了保持上下文的动态字云可视化技术。这项技术采用了基于几何网格的方法和力导向模型对字云进行布局，确保了不同时间点的字云在时序上的语义连贯性和空间稳定性，便于比较不同时间点上内容的异同，并支持对内容进行时序上的跟踪，将字云扩展到时序文本的可视化与可视分析。如图 2-4 所示，五个字云分别反映了五个不同时间点上的文档内容，上一个时间点的意群［如图 2-4（a）中的 apple、company 和 computer］在后面依然得到了保持。

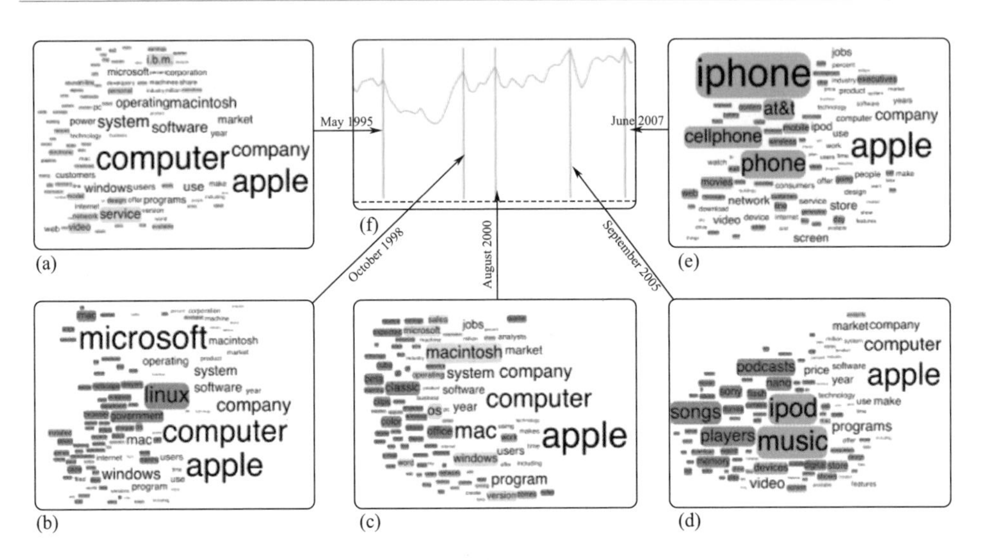

图 2-4　context preserving word cloud：扩展到时序文本分析的动态字云可视化，保持了不同时间段之间的上下文背景，有利于进行时序上的比较和跟踪

2.2.1.3　语句/短语的可视化

点线图常被用于语句或短语的可视化，其思想是使用边将相关的节点（文字）相连，展现出文本数据中蕴含的句法结构以辅助分析。Phrase Net 首先检测出文本数据中使用过的短语，并根据短语的语法结构建立起单词之间的联系，最终构造出了一个关于单词的短语结构图并可视化出来，如图 2-5 所示，由边连接的两个节点说明了这两个单词同时出现在一个短语之中。

字树（word tree）是一种针对句子的可视化方法，具体的构造流程和可视化效果如图 2-6 所示。字树中每个节点都是句子之间相同的前缀，通过线段连接不同的节点构成完整的句子。和字云类似，字树是一种对文档内容进行概括性总结的可视化形式。相比于字云，字树的优点是利用到了句子结构的信息，极大程度地保持了文档中原有的语义背景，蕴含了更丰富的信息。缺点是可视化形式过于繁杂，当文本内容比较复杂时，字树的深度和广度可以达到数十层，容易给用户造成严重的认知负担。此外，字树在使用时需要提前设定根节点的值，不够灵活，对探索性的文本数据分析造成了限制。

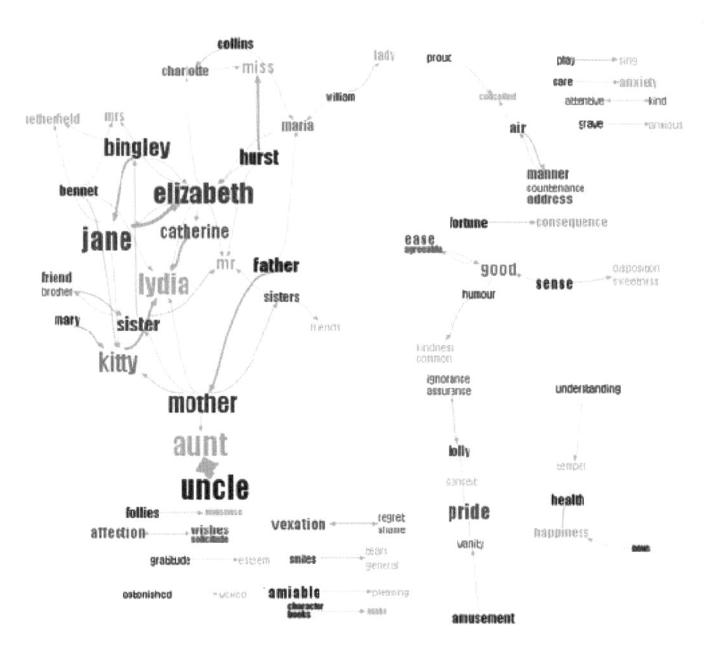

图 2-5 Phrase Net：文本数据中短语结构关系的可视化

if love be rough with you , be rough with love .

if love be blind , love cannot hit the mark .

if love be blind , it best agrees with night .

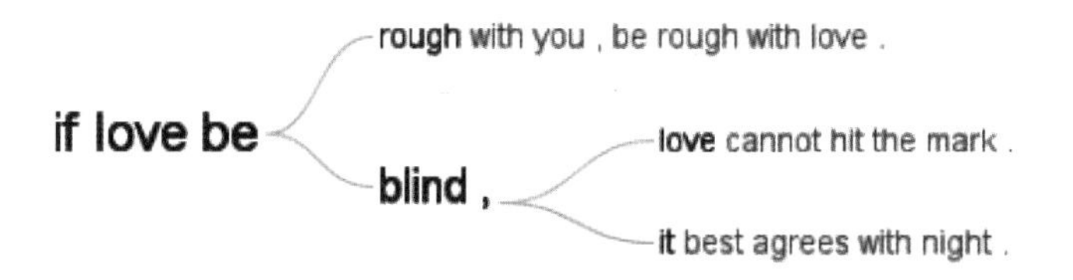

图 2-6 word tree：保持句子结构信息的文本可视化

SentenTree 是最新的一项可视化工作，目的是对现有的语句可视化技术进行改进。SentenTree 力求在简洁性与信息丰富性之间寻求一个平衡，综合字云和字树两种方法各自的优点，既保留了对文本内容的直观的全局概览，也支持用户根据句子结构信息进行全局到局部的层次分析。具体的设计目标包括以下四个方面。

① 充分利用字云的优点，使用字体大小编码信息帮助用户建立第一印象。

② 在可视化中保留句子结构信息。

③ 在保证可视化简洁性的同时尽可能地覆盖足够多的文本数据。

④ 从全局上给用户提供文本内容的总结和概括。

在形式上，SentenTree 和字树十分相似，都属于基于点线图的可视化。SentenTree 的创新点在于检测出文本数据集中出现的 Frequent Sequential pattern，通过去除不影响理解句子结构的单词来保留和简化句子结构信息，在降低可视化的复杂程度的同时完成了对句子结构信息的展示（图 2-7）。

图 2-7 SentenTree：同时保持数据中主要的句子结构信息和视图的直观性的文本可视化方法

2.2.1.4 文档集合的可视化

基于地图的可视化常被用于展现大规模的文档集（document collection）。与简单的列表化的展示方法相比，基于地图的可视化使用了地图的隐喻，更好地展现出了文档之间的异同和联系。图 2-8 是两种方法分别对同一文档集合数据的展示，图 2-8（a）简单地通过列表的形式展示出部分文档集合，用户通过一一观察每个文档的概要来了解这个文档集合；图 2-8（b）则使用了基于地图隐喻的可视化方法

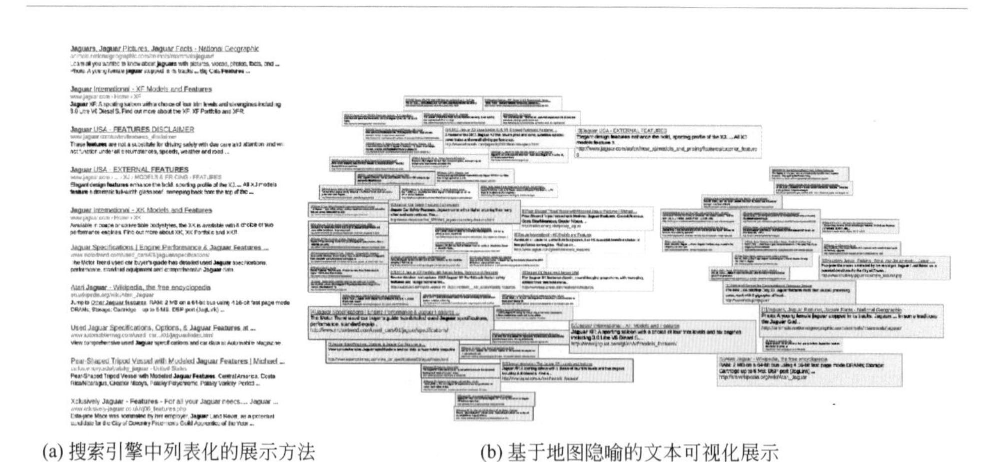

(a) 搜索引擎中列表化的展示方法　　(b) 基于地图隐喻的文本可视化展示

图 2-8 两种方法分别对同一文档集合数据的展示

展现出了所有的文档，每个色块表示一个文档，文档概要在色块内部，在经过文档聚类后，拥有相似内容的文档在可视化视图上会被聚集到一起并用相同的颜色进行标注。可以看到，相比于简单的列表法，使用了地图隐喻的可视化形式为用户提供了一个浏览和交互的接口，用户可以通过观察文档在平面上的聚集和分散程度了解到文档数据集中文本内容的主题分布。基于地图的可视化成功地利用了用户对地图这一可视化形式所拥有的天然的了解与熟知，使得可视化更具有直观性与吸引性。

2.2.1.5 主题模型的可视化

在文本数据可视分析中，不可避免地会使用基于主题模型的数据处理分析方法对大量的文本数据进行处理，提取出文档的主题内容以简化数据量，降低分析难度。正因为如此，对主题向量进行研究和分析是文本可视化工作中不可或缺的一环。在可视化领域中，基于矩阵的可视化是常用的可视化向量数据的方法。主流的主题模型方法如 LDA 和 NMF 都使用了词袋模型（Bag of Word），先对文本数据进行向量化的操作，最后提取出所有的主题，并使用向量进行表示。主题向量中的每一维都代表一个文本数据集中出现过的单词，每一维上的值代表该单词在这个主题中所占的权重。因此，将矩阵的行编码为主题类别，列编码成单词，主题向量中的每个向量值就可以在矩阵中对应的格子（cell）里进行编码。例如我们可以使用格子填充的颜色或亮度来编码向量值的大小。基于矩阵的可视化的优点在于可以轻松地展示大量的主题模型数据，缺点在于不够直观，需要用户对矩阵这一概念有初步的认识。

2.2.2 图像数据可视化

由于图像数据本身的复杂性和图像处理技术的不足，图像可视化技术发展得比较缓慢，目前仍然缺少具有说服力的工作。本节将对图像可视化现状和已有的图像可视化技术进行简单的回顾，接着再按照可视化形式分别展开描述。

针对图像数据，学者们已尝试了各种各样的可视化布局方法，如树状图（treemaps）、节点链接图（node-link diagram）和散点图（scatterplot）等。其中，树状图主要表现了图像级联的分组信息，节点链接图主要表现了图与图之间的网络关系，散点图主要表现了图像集在二维平面的聚集，这些方法都在一定程度上使图像信息的展现更清晰直观，使分析更高效。一部分较为成熟的图像可视化系统成功地利用了这些可视化布局对大量的图片数据进行展示。典型地，PhotoMesa 将图片按照时间分类展现在树状图内。PhotoLand 借助时间和颜色信息将图片缩略图有意义地拼接在网格内。Krishnamachari 等人抽取出了图像的颜色直方图进行层次聚类，通过展现图像集中隐含的树状结构辅助分析。Liu 等人首先在大规模图像集合中选择出具有代表性的少数图像，接着在考虑图像彼此之间尽量少的重合和覆盖的条件约束下，根据图像之间的相似性和联系进行布局，通过拼贴生成一副大的拼贴画，对图像数据集进行概括性的总结。Crampes 等人专注于分析包含个人信息的社交照片，并使用 Hasse 图来展现照片之间的关系。

然而，受限于图像识别与描述技术，已有研究中的方法很大程度上忽略了图像的语义信息，而是更多地使用图像的拍摄时间、像素大小、颜色特征等信息。有的方法虽然使用了语义信息帮助分析图像的含义，但是语义信息来源于手动添加的标签和描述文本等附加信息。这些附加信息在许多场景下都是缺失的或者不可靠的。例如发布在社交媒体上的图片，经常会出现一段文字配多张图片或者图文无关的情况。此时若仍然采用附加信息作为图像的语义描述信息，显然是荒谬的。因此，尽管这些方法在一定程度上促进了图像数据的分析，受限于所使用的低层次视觉特征和元信息的稀缺，适合这些方法的应用场景显得十分有限。近年来机器学习尤其是深度学习技术飞速发展，物体检测和图像分类算法的准确率得到了巨大的提升。使用这些自动化算法提取图像中的语义信息可以降低对元信息的依赖，为图像可视化带来了新的契机。比如 Yang 等人就提取出了图像的特征向量并使用了 MDS（Multidimensional Scaling）投影技术将图像集投影在二维平面，利用自动识别得到的关键词帮助分析和搜索。最新的机器学习技术不仅能检测到图像中的内容，还能检测到这些内容的关系、属性、动作等复杂信息，并针对该图像生成完整的语义描述语句。这在很大程度上能提升现有图像可视化技术的可用性。

Zahálka 和 Worring 对现有的图像和视频可视化技术做出了总结，根据可视化的布局形式和思想将现有的图像和视频可视化技术分为五种，分别是基础的网格式布局、基于相似度的投影式布局、基于相似度的填充式布局、表格式布局和放射式布局，其中放射性布局主要适用于视频数据可视化。图 2-9 对每种可视化做出了概念性的展示。本节将详细介绍与图像可视化相关的前四种布局技术。

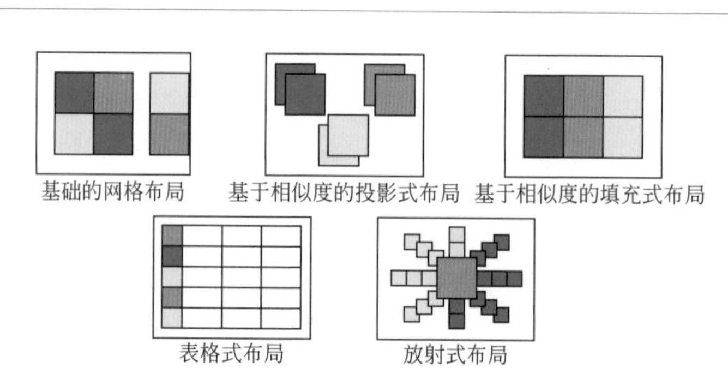

图 2-9 五种图像可视化方法的概念图

2.2.2.1 基础网格式布局

这是目前网络上最常见的图像可视化形式，每张图像的缩略图按网格形状从左往右、从上到下进行布局。用户通过滚动视图完成对图像数据集的浏览，并通过逐一点击放大感兴趣的图像进行进一步的探索和分析。这种可视化方法非常简单直观，但为保证可读性，无法对图像的缩略图进行过度的压缩，只能在有限的空间内可视化出少量的图像，缺少了对大规模图像数据集进行分析的能力。

2.2.2.2 基于相似度的投影式布局

根据图像之间的相似度进行布局是许多图像可视化的基本思想。这类方法会将相似的图像聚集到一起，同时使得不相似的图像之间彼此远离，从而揭露图像数据集中的规律和特征。

投影（Projection）是常见的基于相似度的图像可视化技术。通常为方便进行分析和数据处理，在可视化前会对图像进行向量化，使用高维向量进行表征。简单的图像向量表征包括图像像素和颜色直方图等低层次的视觉特征，复杂的向量表征则通过卷积神经网络（CNN）获取。在通常情况下图像之间的相似度会使用向量表征的欧式距离进行计算，距离越远表示相似度越低。投影是一种将高维数据转化为三维或者二维数据的技术，基于相似度的图像可视化通过使用合适的投影技术对高维的图像进行降维，获取图像在低维空间下的表示，并在低维空间中尽可能地保持图像之间的相似性，最后根据获得的低维坐标对图像进行布局和可视化。如图 2-10（a）中所示，靠的越相近的图像之间内容越相似，比如红色

(a) 使用了MDS投影的图像可视化工作

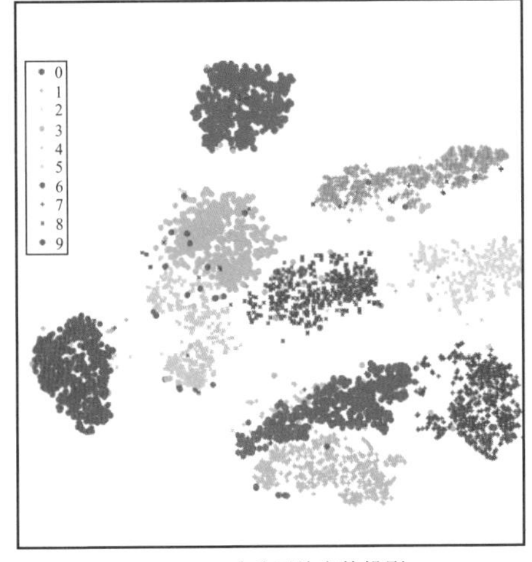

(b) t-SNE对手写数字的投影

图 2-10 基于相似度的投影式布局

花朵的图像大部分都集中在左下角。投影方法的优点是可以在有限的空间内对大规模的图像数据进行可视化，缺点是图像的位置完全由图像内容的相似度决定，有可能会出现很多图像坐标聚集在一起的情况，从而造成严重的遮挡现象，降低了可读性，对空间的利用率也比较低。

投影方法的选择会对最后的布局造成巨大的影响。现有的投影技术包括PCA、MDS、SNE和t-SNE等，其中t-SNE是对SNE的改进，加速了算法速度，使得投影大规模数据成为了可能，同时也可以揭示图像数据集在高维空间中的流形结构，在图像可视化领域被认为是最先进和最有效的投影技术。图2-10（b）是使用t-SNE算法对手写数字图片的可视化结果，每种颜色代表一个数字，可以看出t-SNE有着使相似的图像之间相互靠近的能力。

2.2.2.3 基于相似度的填充式布局

基于相似度的填充式布局技术在利用图像相似度的同时也会考虑图像之间的重叠和遮挡问题，是一种空间利用率很高的可视化方法。ImageHive设计了一种基于相似度的填充式布局，布局流程如图2-11所示。在布局前，ImageHive先根据图像的相似性对图像数据集进行聚类操作，将图像划分为不同的类别，并根据图像之间的相似性等关系建立图像间的图结构（graph structure）。可视化的第一步是全局上的布局［图2-11（a）］，根据Voronoi tessellation布局算法和计算得到的图结构在空间上进行区域划分，确定每个类别的图像在空间上的区域。第二步是局部上的布局［图2-11（b）］，从每个类别的图像中选出少数具有代表性的图像，在避免遮挡图像的主要内容和维持图像相似性关系的约束条件下，在每个划分区域内进行局部性的布局，从而得到最后的可视化结果［图2-11（c）］。

基于相似度的填充式布局与基础的网格式布局在可视化形式上有着一定的相似性。基于相似度的填充式布局的优点是简单、直观并且可读性较好、空间利用

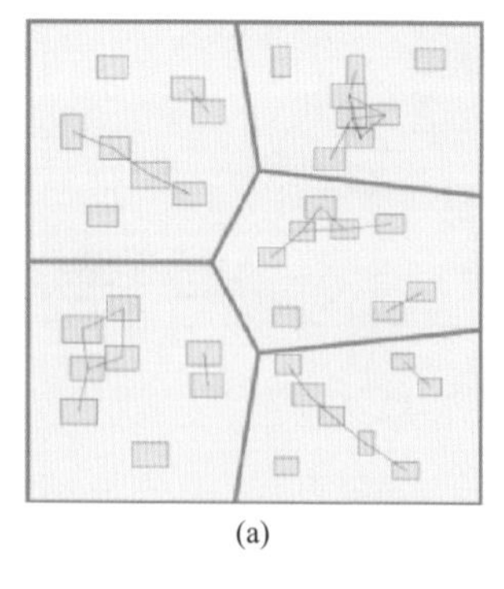
(a)

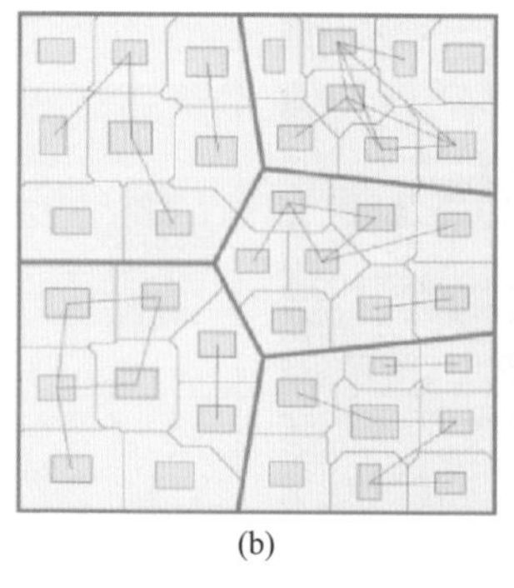
(b)

(c)

图2-11 ImageHive的布局流程

率较高。相比于基础网格布局，基于相似度的填充式布局有选择地使用了具有代表性的图像进行可视化，在方法的可扩展性上有一定的提升，但仍不足以解决大规模图像数据集的可视化问题。

2.2.2.4 表格式布局

表格式布局中表格的行和列表示图像的不同维度的元信息。如图 2-12 所示，表格中的行（图 2-12 中的 B）表示图像的归属信息，列（图 2-12 中的 A）表示在图像数据集中出现过的物体的信息，颜色的深浅表示物体在该张图像中出现的频率。表格式布局的优点在于支持对图像进行多个维度的分析，缺点在于缺少有效的空间可视化原始图像，没有充分利用图像中包含的视觉信息。

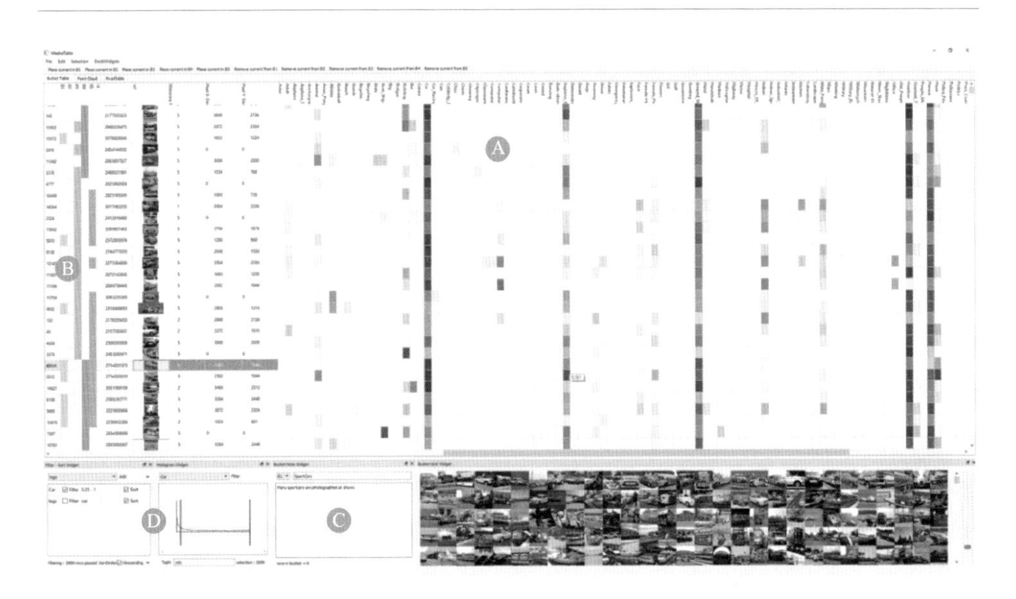

图 2-12 表格式的图像可视化布局

2.3 多媒体数据分析实例

2.3.1 项目背景和需求分析

在图像识别领域，不仅能检测到图像中的物体，由图像生成完整的语义描述语句也已经成为现实。2016 年 9 月 23 日，Google Brain 在 TensorFlow 上发布了最新版的自动图像描述系统“Show and Tell”，可以通过 NIC（Neural Image Caption）模型由图像生成准确的语义描述语句。受此启发，将该技术应用于基于图像语义的大型图像集可视化上，或许能得到更为理想的图像分析手段。

面对日益增多的图像信息，针对大型图像集的可视化分析系统是必要的。以往的研究既有可取之处，也存在很多限制。借由机器学习和人工智能领域的新成果，希望能设计开发出一个基于图像语义的大型图像集可视化系统来辅助图像集的特征分析。该系统需要完成以下任务。

① 给出图像及语义概览，以展现图像集的基本语义特征，并通过语义的概览引导分析。

② 提供平滑的交互方式，使得用户能逐步从整体图像集定位到局部图像集，直到更详细地浏览单张图片及其语义描述。

③ 提供有效的搜索功能，方便用户多方位快速了解感兴趣的图像。

2.3.2 项目架构流程

设计实现基于图像语义的大型图像集可视化系统所面临的挑战主要有两个方面：一是如何有效地提取图像的语义信息；二是如何根据图像语义设计出有效的可视化布局。针对第一个挑战，借助 Google“Show and Tell”的 NIC 模型完成。针对第二个挑战，在对比了不同降维投影算法后决定采用 t-SNE 为基本投影算法，并采用原创的图像-关键词布局算法得到最终的图像集布局。

如图 2-13 所示，项目的技术方案主要由两部分构成：一是图像语义信息提取，二是可视化布局的生成及实现。在 NIC 模型［图 2-13（a)］的基础上，图像语义提取器可以将大量图像转换为语义描述语句［图 2-13（b)］。进一步地，我们将这些语义描述语句拆分成词，经过一定的过滤筛选后得到语义关键词［图 2-13（c)］。为了充分利用图像语义提取器中的信息，我们为可视化布局设计了一种新的图像-关键词相嵌的投影布局算法［图 2-13（d)］。该算法以语义关键词、图向量、词向量为输入，生成图像-关键词相嵌的语义布局［图 2-13（e)］，达到揭示图像集中有价值的语义内容的目的。最后，设计并实现了星系隐喻的交互式可视分析系统［图 2-13（f)］，使用图像的语义布局来辅助大型图像集的分析探索。

2.3.3 可视化布局算法

为了使图像的语义布局足够有意义，我们期望最后图像和关键词的投影结果具备以下三个特征：一是关键词应该在相关图像附近，从而为这些图像提供注释；二是语义相似的图像应该彼此接近，从而能更方便地理解图像的语义内容；三是语义相似的关键词应该彼此接近，从而使整体布局能表达出一定的语义分布特征。

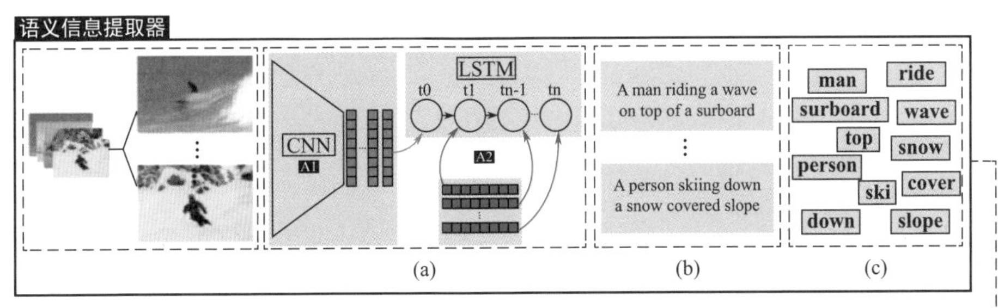

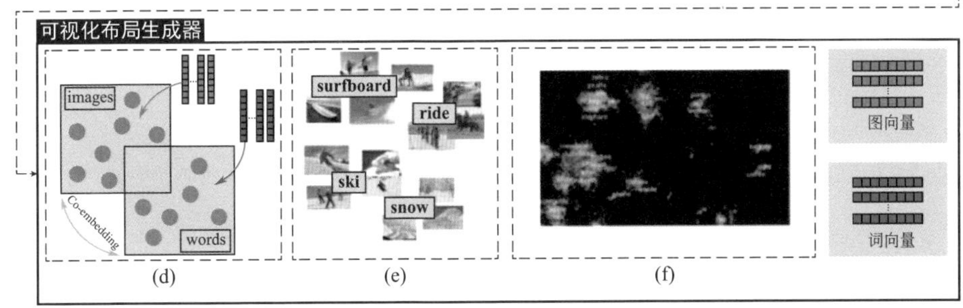

图 2-13 项目架构流程图

针对这三个需求，我们设计了图像-关键词相嵌的可视化布局算法。该算法主要由两个步骤构成：第一步获得图像的局部语义结构，保证关键词靠近相关图像；第二步根据关键词的语义空间重构图像的局部集合，使得图像在整体布局中表现出语义聚类。

处理流程如图 2-14 所示。在此之前，我们先利用 t-SNE 投影方法将图向量和词向量分别投影［图 2-14（a)］。以 I 代表图像，W 代表关键词，C 代表图像的语义描述语句，且 W 由 C 拆分得到。d（I_j，I_k）代表图像之间的距离，d（W_j，W_k）代表关键词之间的距离。根据以前图像处理方法的先例，使用欧式距离（euclidean distance）计算 d（I_j，I_k）。对于 d（W_j，W_k），由于词向量计算中使用了余弦距离（cosine distance），我们也同样使用余弦距离计算词与词的距离关系。

① 图像局部语义结构构建：该步骤完成图 2-14 的（b)～(d）部分，通过在图像投影空间中嵌入关键词并获得图像的局部语义结构来产生初步的布局结果。图像的局部语义结构指的是一组具有相似视觉和语义特征的图像集合。

首先，构建图像与关键词的双向绑定。然后，将关键词嵌入到图像投影空间中。最后，提取树结构表征图像的局部语义结构［图 2-14（d)］。

② 图像与关键词的双向绑定：我们希望先得到图像与关键词的双向关系，通过这个关系，对于每张图像可以找到相关的词，对于每个词也可以找到相关的图像。

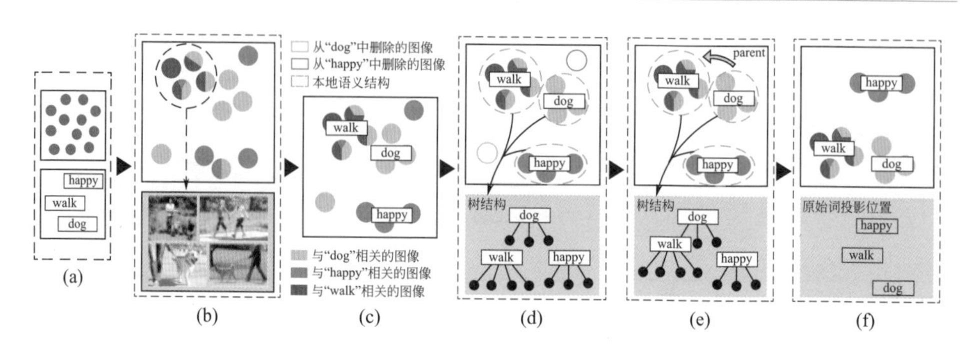

图 2-14 图像-关键词相嵌布局算法流程图

如图 2-14（b）所示，每个圆圈代表一张图片。圆圈呈现饼图的形式，饼图内的不同颜色代表不同的关键词，某颜色区域较大，代表该颜色对应的关键词与该图片有着较高的相似性，反之亦然。例如，图 2-14（b）中由三种颜色组成的饼图意味着该图片与“dog”“walk”关键词有着较高的相似性，而与“happy”关键词的相似性较低。为了描述这种图像与词之间的相似性度量，我们定义$Simi$（W_i，I_j）：

$$Simi(W_i, I_j) = 1 - \min_{W_k \in C_j} d(W_i, W_k)$$

式中，C_j 表示 I_j 的语义描述语句；W_k 为 C_j 内的词。以图像的语义描述语句中的词与关键词的关系来代表图像与关键词的关系。

对于某个关键词 W_i，定义与其相关的图像集合 φW_i 为：

$$\varphi W_i = \{I_j \mid I_j \in \varphi, Simi \geqslant \mathrm{Min}Simi\}$$

式中，Mini$Simi$ 是最小相似度的阈值。最简单地，选取 Mini$Simi=1.0$，这意味着 φW_i 中只包含语义描述语句中含有关键词 W_i 的相应图像。相似地，对于某张图像 I_j，定义与其相关的关键词集合 W_{I_j} 为：

$$W_{I_j} = \{W_i \mid W_i \in W, I_j \in \varphi W_i\}$$

式中，W 为总的关键词集合。由此我们使用 φW_i 和 W_{I_j} 来代表相互关联的图像和关键词，建立了图像与关键词的多对多关系。

③ 图像投影中嵌入关键词：在得到图像与关键词的多对多关系之后，我们期望将每个关键词嵌入到尽可能靠近相关图像的地方，得到图像-关键词相嵌布局的初步结果［图 2-14（c）］。将关键词 W_i 以位置 P 嵌入图像投影空间的过程描述为使得关键词 W_i 到相关图像加权距离和最小的过程，用公式表达如下：

$$P_{W_i} = \arg\min_{P} \sum_{I_j \in \varphi W_i} Simi(W_i, I_j) \| P_{I_j} - P \|$$

式中，P 表示二维空间中的任意位置。问题的求解过程类似于寻找一组点的几何中值，可以通过梯度下降算法（Gradient descent）找到近似解。但是求解的结果可能导致 φW_i 中的一些图像远离 W_i。于是我们根据阈值 Max$Dist$，从 φW_i 中迭代地去除这些图像并重新计算 W_i 的位置，得到最终的优化位置。如图 2-14（d）中的蓝色圆圈和黄色圆圈，由于它们距离各自的关键词太远，我们认为这样的图片在我们的算法中存在较高的不可靠性，故将其删除。

④ 提取图像的局部语义结构：在上述过程中我们已经简化了图像与关键词的关系，然而，若是保持图像与多个关键词之间的关系，会使相似的图像被分到不同的组，这是我们不希望看到的。我们有必要找到与每一张图像关系最为密切的代表关键词。为了描述代表关键词的寻找规则，构造对值（S_i，D_i），其中 $S_i = Simi\ (W_i,\ I_j)$，$D_i = \| W_i - I_j \|$。也就是说，代表关键词的选取与词和图像间的相似度和距离有关。选择 S_i 越大、D_i 越小的关键词为代表关键词，作为图像的父节点［图 2-14（d）］。

⑤ 语义空间中重构图像：该步骤完成图 2-14 的（e）～（f）部分，在图 2-14（d）的基础上根据关键词的关系重构图像布局。如图 2-14（e）所示，确定关键词在树结构中的父子关系。重构过程中，根据树结构，图像的位置与关键词父节点的相对位置不变，保持关键词的位置与父关键词（如存在）的相对位置不变，若不存在父关键词，则关键词的位置为词向量最初投影结果的位置［图 2-14（f）］。下面简要介绍关键词在树结构中的父子关系如何确定。

首先，我们通过以下方式计算关键词的频率：

$$Freq(W_i) = |\varphi W_i|$$

两个关键词同时出现的频率为：

$$Freq(W_i, W_j) = Freq(W_j, W_i) = |\varphi W_i \cap \varphi W_j|$$

然后，定义关键词 W_i 相对于关键词 W_j 的置信度为：

$$CF_{ij} = \frac{Freq(W_i, W_j)}{Freq(W_i)}$$

根据置信度，我们定义允许作为 W_i 父节点的 W_j 满足：

$$CF_{ij} > \max(CF_{ji}, \mathrm{Min}Conf)$$

其中 Min$Conf$ 为最小置信度阈值。对于一个关键词 W_i，可能存在多个满足条件的关键词 W_j，这些关键词构成 W_i 的父节点候选集合。为了描述该集合中最终父节点关键词的寻找规则，构造对值（CF_{ji}，$\| W_j - W_i \|$），也就是说，最终父节点关键词的选取与词与词之间的置信度和距离有关。CF_{ji} 越小，则 $\| W_j - W_i \|$ 越小的词被选取为关键词的父节点［图 2-14（e）］。

2.3.4 可视化设计

根据需求分析的讨论，并受到星系的启发，我们为系统设计了三部分模块视图实现上述功能需求（图 2-15）。主视图为星系隐喻的散点图（图 2-15 中的 A），利用可视化布局算法得到的计算结果，率先展示图像和关键词的投影概览，并承担进一步探索子集合的缩放交互。右上角为展示单张图片及其语义描述的图片浏览窗（图 2-15 中的 B），配合另外两个模块视图展现指定图片的细节。左侧边栏为控制台（图 2-15 中的 C），承担语义搜索、语义结构展示、布局重构等交互功能。

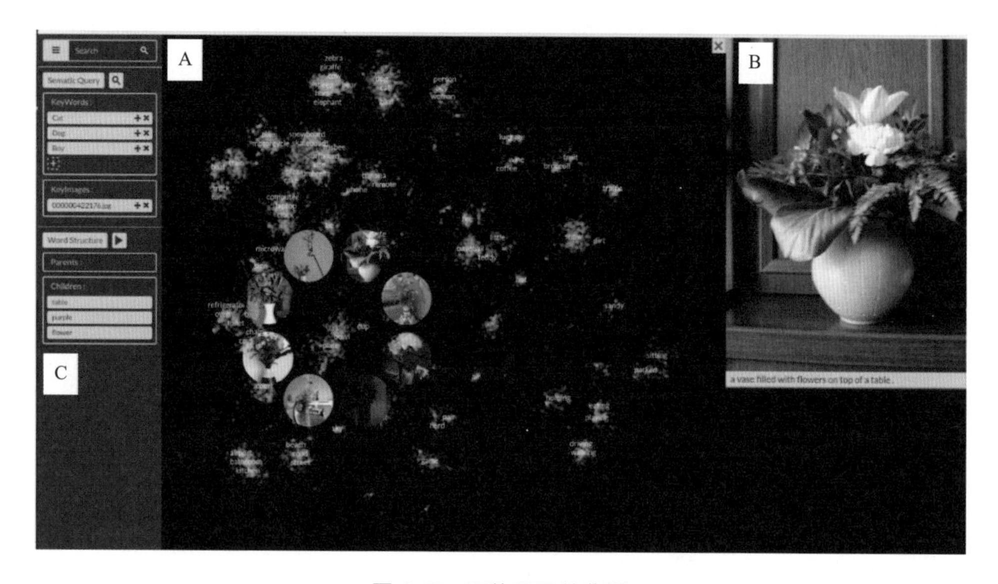

图 2-15 系统界面总览图

① 星系投影主视图：主视图采用星系隐喻的表达来展示图像和语义关键词的投影。由于该视图呈现了布局算法的主体，同时也是语义引导分析的关键视图，故而该视图默认占据屏幕的主体部分。

前文已经有过讨论，根据图像之间的相似性和图像与关键词的语义相关性来组织大型图像集是十分必要的。投影是一种简明直观地展现相似性的方法，由于数据量较为庞大，以散点图的方式进行可视化更为合理。散点图被视为基本的可视化工具，它能在二维平面中以距离方式高效地呈现两个定量值之间的相似性。因此，我们使用散点图将图像和关键词同时呈现在一个二维平面中。

得益于先前的布局算法，利用示例图像集（10000 张图像），我们得到了初步的散点图投影。由于散点众多且呈现出一定的聚集，图像与其关键词之间又存在附属关系，这些特征与星系十分相似。因此，在该视图中，背景为黑色，散点通过调整透明度的方式模拟发光效果。进一步地，还需要提供向下探索子集合的交互手段。最自然地，可以通过滚轮缩放的方式放大视图，以展现某个聚集更多关键词和更清晰的图像分布。此外，还有必要根据不同的关键词展现与其关系最密切的图像缩略（图 2-15A 中的环绕缩略图），以此来初步验证关键词与图像的关系是否正确。受到太阳系中八颗行星环绕太阳的启发，我们希望能在此缩略图的展现上延续星系的隐喻，即以八张缩略图（如存在八张及以上相关图像）环绕关键词的方式展现该层级视图。

② 图片浏览窗视图：我们分析的对象是图像，且图像集合非常庞大，可能不需要展示每张图片的细节，但展示特定图片的细节仍然是必要的。浏览窗视图的设计相对基本，展现原图像的同时在下方显示该图像由 NIC 模型得到的语义描述语句，即展现了该图像是以怎样的语义存在于布局模型中的。在展现一组图像时，浏览窗还提供前后翻页浏览按钮，以供用户快速在浏览窗中切换图像。

由于单张细节的展现只会在探索分析到特定图像时才被需要，且原图像的展现往往占据较大空间，因此图片浏览窗视图在大多数情况下都处于收起状态，只有当选择图片展现时才从主视图界面右上角展开（图 2-15 中的 B）。在满足分析需求的同时极大地减少了空间的浪费。

③ 控制台视图：星系投影主视图和图片浏览窗视图为数据集的展现提供了良好支持。但是，根据需求分析，为了完成查询、布局重构等功能，不可避免地需要表单输入、列表选择等操作，所以设计位于左侧的控制台视图承担这部分功能。

对于查询机制，主要提供两种查询方式：一是关键词的定位查询，在图 2-16 搜索条内键入查询；二是针对图像的语义查询，可以在图 2-17 中添加关键词和相关图片，查找符合语义筛选条件的相关图像。进一步的功能使用说明在之后介绍。

图 2-16 关键词搜索条

为了支持布局重构，我们允许用户调整语义结构树，并将调整后的树作为输入重构主视图布局。语义结构树的调整包括关键词或图像的父节点调整。设计图 2-18 所示的展示视图，并在该视图中提供父节点选择/删除操作，然后可以点击“开始”按钮进行布局重构。由于这两个视图在未选择某图像/关键词时是无意义的，因此只有当选择特定图像/关键词时才会激活展现，其他时间都处于隐藏状态。

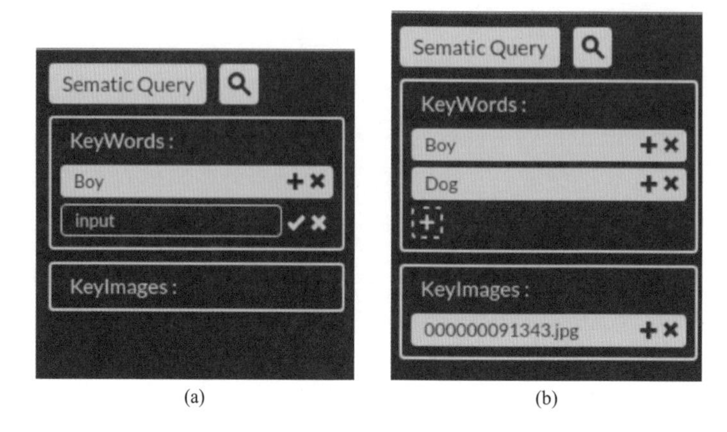

(a) (b)

图 2-17 图像语义搜索

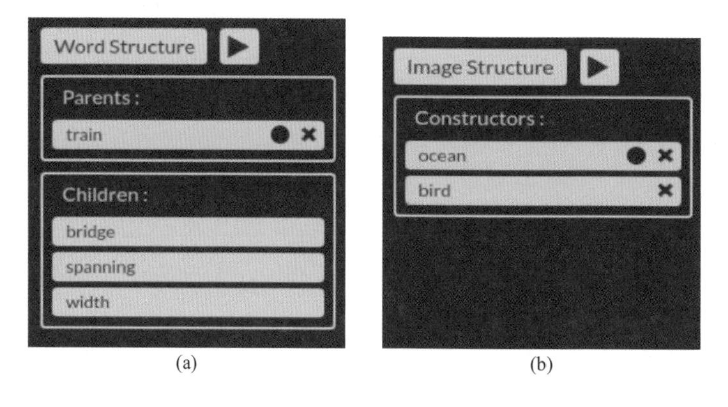

(a) (b)

图 2-18 关键词/图像结构

2.3.5 使用说明

① 多尺度探索分析：在星系投影主视图中，用户可以通过鼠标滚轮上下滚动来缩放查看更多细节，在放大过程中会显示更详细的关键词，并给出更清晰的图像关系视图（图 2-19）。用户还可以点击视图的空白处，拖拽平移主视图，以避免遮挡或使关注的部分位于视图中心。此外，用户可以利用鼠标悬停在某个关键词上的方式，看到太阳系缩略图级别的可视化展现（图 2-20），由此验证布局的正确性并进一步了解图像集。点击关键词可以锁定太阳系缩略图，此时将鼠标悬浮在缩略图上，将在太阳系布局中显现放大的当前图片效果。点击该图片缩略图，右上角的图片浏览窗将弹出，展现完整的图片并配以图像语义描述语句。

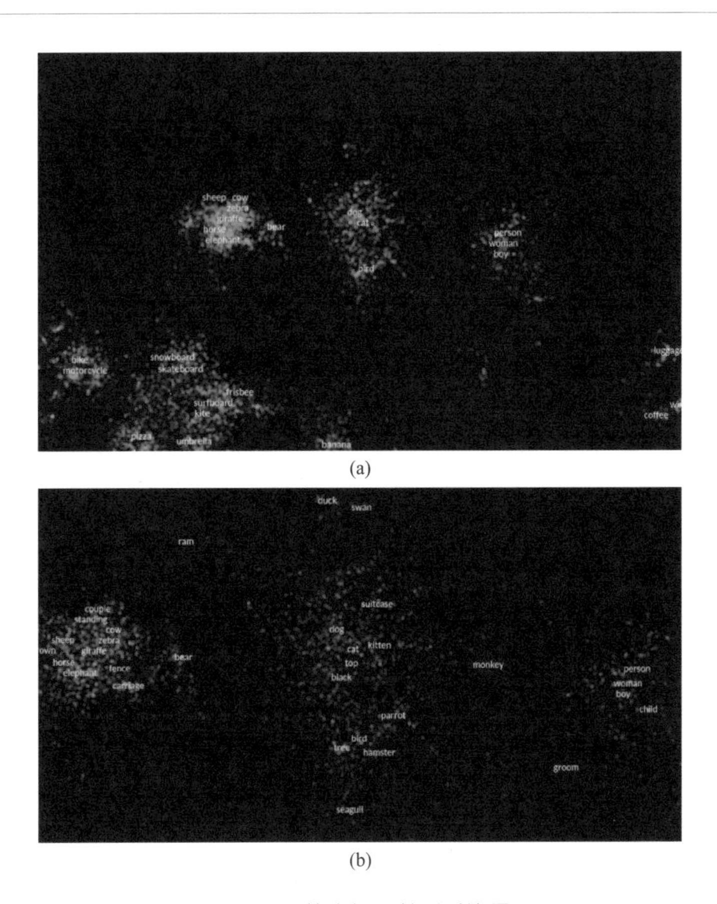

(a)

(b)

图 2-19 放大投影前后对比图

图 2-20 太阳系缩略图

对于主视图，在任何一个缩放维度下都可以通过点击图像点的方式在图片浏览窗中展现该图片。只是在视图范围较大的情况下，点与点之间距离较密，选取点的操作容易出现误差且无意义，所以建议在较细化的图像子集中采用分类操作。

② 布局重构：为了帮助用户有效地分析图像，我们设计了布局重构功能，允许用户不断地改进布局并根据分析需求加入自身的领域知识。

当点击投影主视图中代表图像的点时，相关关键词列表会被展现在左侧控制台作为候选。这些关键词中只有一个是当前布局中该图像的构造器，它被深色圆点标记突出显示。如 2.3.3 节所述，图像的位置受到其构造器的高度影响。在默认的布局中，采用与图像最相似且距离最近的关键词作为该图像的构造器。然而这个选择未必准确，或者未必符合任意分析场景。根据自身的分析需求，用户可以点击其他相关的关键词，选择它作为图像的父节点构造器，改进布局［图 2-18（b)］。

当点击投影主视图中的关键词时，与该关键词相关联的父节点和子节点会在左侧控制台列出，同时，这些父节点和子节点关键词在投影主视图中被高亮显示（黄色代表父节点，蓝色代表子节点，如图 2-21 所示)。与修改图像构造器类似，用户可以在父节点列表中点击选择其他关键词作为父节点构造器来重构布局。如 2.3.3 节所述，之所以设定关键词的父节点构造器，是因为该过程可以帮助防止在图像与关键词共同加入二维平面时分离语义相似的图像，改变关键词的父节点意味着改变在图像集语义结构树中这两个关键词的从属关系［图 2-18（a)］。例如，默认布局中“train”作为“river”的父节点约束了“river”的位置［图 2-22（a)］，当用户从“river”的父节点构造器中移除原构造器“train”时，“river”及其相关图像会从“train”关键词的树中删除。重构布局后，关键词“river”及其相关图像的位置只能根据“river”关键词本身和其他关键词之间的语义相似性确定。因此，如图 2-22（b）所示，“river”及其相关图像在重构后位于“lake”关键词附近。

图 2-21 词结构高亮

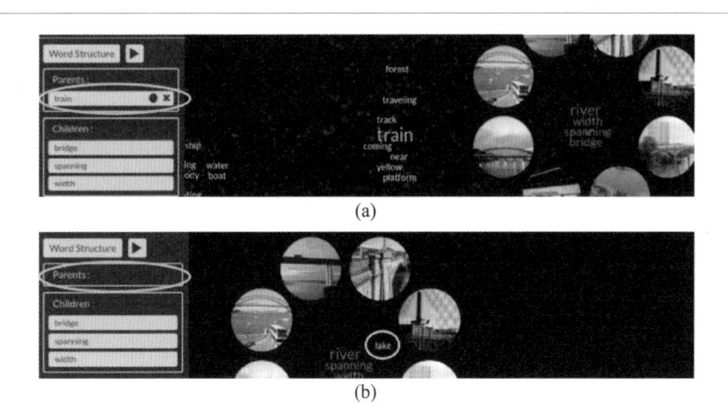

图 2-22 词重构过程

参考文献

[1] Nualart J, Pérez-Montoro Gutiérrez M, Whitelan M. How we draw texts: a review of approaches to text visualization and exploration. El Profesional de la Información, 2014, vol. 23, num. 3, p. 221-235.

[2] Kucher K, Kerren A (2015, April). Text visualization techniques: Taxonomy, visual survey, and community insights. //Visualization Symposium (PacificVis), 2015 IEEE Pacific (pp. 117-121). IEEE.

[3] Havre S, Hetzler B, Nowell L (2002). ThemeRiverTM: In search of trends, patterns, and relationships. IEEE Transactions on Visualization and Computer Graphics, 8 (1): 9-20.

[4] Tanahashi Y, Ma K L (2012). Design considerations for optimizing storyline visualizations. IEEE Transactions on Visualization and Computer Graphics, 18 (12): 2679-2688.

[5] Liu S, Wu Y, Wei E, Liu M, Liu Y (2013). Storyflow: Tracking the evolution of stories. IEEE Transactions on Visualization and Computer Graphics, 19 (12): 2436-2445.

[6] Viegas Fernanda B, Martin Wattenberg and Jonathan Feinberg. Participatory visualization with wordle. IEEE transactions on visualization and computer graphics 15. 6 (2009).

[7] Seifert C, Kump B, Kienreich W, Granitzer G, Granitzer M (2008, July). On the beauty and usability of tag clouds. In Information Visualisation, 2008. IV08. 12th International Conference (pp. 17-25). IEEE.

[8] Hassan-Montero Y, Herrero-Solana V (2006, October). Improving tag-clouds as visual information retrieval interfaces. In International conference on multidisciplinary information sciences and technologies (pp. 25-28).

[9] Cui W, Wu Y, Liu S, Wei F, Zhou M X, Qu H (2010, March). Context preserving dynamic word cloud visualization. //Visualization Symposium (PacificVis), 2010 IEEE

Pacific (pp. 121-128). IEEE.

[10] Van Ham F, Wattenberg M, Viégas F B (2009). Mapping text with phrase nets. IEEE transactions on visualization and computer graphics, 15 (6).

[11] Wattenberg M, Viégas F B (2008). The word tree, an interactive visual concordance. IEEE transactions on visualization and computer graphics, 14 (6).

[12] Hu M, Wongsuphasawat K, Stasko, J. (2017). Visualizing social media content with sententree. IEEE transactions on visualization and computer graphics, 23 (1): 621-630.

[13] Zahálka J, Worring M (2014, October). Towards interactive, intelligent, and integrated multimedia analytics. In Visual Analytics Science and Technology (VAST), 2014 IEEE Conference on (pp. 3-12). IEEE.

[14] Yang J, Fan J, Hubball D, Gao Y, Luo H, Ribarsky W, Ward M (2006, October). Semantic image browser: Bridging information visualization with automated intelligent image analysis. In Visual Analytics Science And Technology, 2006 IEEE Symposium On (pp. 191-198). IEEE.

[15] Bederson B B (2001, November). PhotoMesa: a zoomable image browser using quantum treemaps and bubblemaps. In Proceedings of the 14th annual ACM symposium on User interface software and technology (pp. 71-80). ACM.

[16] Ryu D S, Chung W K, Cho H G (2010, March). Photoland: a new image layout system using spatio-temporal information in digital photos. In Proceedings of the 2010 ACM Symposium on Applied Computing (pp. 1884-1891). ACM.

[17] Tan L, Song Y, Liu S, Xie L (2012). Imagehive: Interactive content-aware image summarization. IEEE computer graphics and applications, 32 (1): 46-55.

[18] Gomez-Nieto E, San Roman F, Pagliosa P, Casaca W, Helou E S, de Oliveira M C F, Nonato L G (2014). Similarity preserving snippet-based visualization of web search results. IEEE transactions on visualization and computer graphics, 20 (3): 457-470.

[19] Krishnamachari S, Abdel-Mottaleb M (1999). Image browsing using hierarchical clustering. In Computers and Communications, 1999. Proceedings. IEEE International Symposium on (pp. 301-307). IEEE.

[20] Crampes M, de Oliveira-Kumar J, Ranwez S, Villerd J (2009). Visualizing social photos on a hasse diagram for eliciting relations and indexing new photos. IEEE Transactions on Visualization and Computer Graphics, 15 (6): 985-992.

[21] Vinyals O, Toshev A, Bengio S, Erhan D (2017). Show and tell: Lessons learned from the 2015 mscoco image captioning challenge. IEEE transactions on pattern analysis and machine intelligence, 39 (4): 652-663.

[22] Blei D M, Ng A Y, Jordan M I (2003). Latent dirichlet allocation. Journal of machine Learning research, 3 (Jan): 993-1022.

[23] Lee D D, Seung H S (2001). Algorithms for non-negative matrix factorization. In Advances in neural information processing systems (pp. 556-562).

[24] Maaten L V D, Hinton G (2008). Visualizing data using t-SNE. Journal of Machine Learning Research, 9 (Nov): 2579-2605.

[25] Worring M, Koelma D, Zahálka J (2016). Multimedia Pivot Tables for Multimedia Analytics on Image Collections. IEEE Transactions on Multimedia, 18 (11): 2217-2227.

第3章

网络数据

网络数据（或图数据）是一种非常常见的数据类型，这种数据一般描述一组实体的相互关系，比如，社交媒体中用户与用户间的社交关系构成的社交网络。网络数据的可视化和可视分析是可视化领域中一个历史悠久的研究方向。对网络的拓扑结构、网络节点和链接的属性、网络演变的研究可以揭示一些实际场景中的规律。

3.1 网络数据简介

网络数据是一种普遍存在的数据结构，在现实应用场景中，许多数据都可以抽象成网络结构。例如，在金融交易中，如果将每一笔交易的交易双方抽象成两个实体，那么这笔交易就可以被抽象为两个实体间的边，这样，金融交易数据就可以被抽象成一个金融交易网络。根据原始数据来源的不同，通过抽象得到的网络结构、属性、特征各有不同，因此网络数据也有各种不同的分类。根据网络是否随时间演变，可以将网络数据分为静态网络数据和动态网络数据两个大类。

静态网络数据普遍存在于金融、社交、学术等应用场景中。一般地，通过对实体和实体间关系进行抽象，可以从许多数据中提取出静态网络数据，例如，学术合作网络就可以通过将论文作者抽象为节点，将论文合作抽象为节点间的边得到。静态网络主要包括网络拓扑结构、节点属性以及边属性三个方面的数据。对于静态网络数据的可视化，主要关注对网络拓扑结构以及节点、边属性的展示。网络布局，即研究如何将网络数据中的节点和边按照一定的规则排布在二维平面上，使得用户能够直接观察和分析网络数据。

动态网络数据是指网络的拓扑结构、节点属性、边属性和其他相关数据属性随时间变化的网络数据。在现实场景中，大部分对于动态网络数据的研究更加偏重于数据的动态变化，包括网络拓扑结构的变化、节点属性变化、边属性变化等。

下面主要介绍常用的网络可视化方法，根据前面的分类，主要包括静态网络中网络拓扑结构的常用可视化方法和动态网络中动态变化的常用可视化方法。

3.2 网络拓扑结构的常用可视化方法

网络拓扑结构的常用可视化方法可以分为三类：节点链接法、邻接矩阵法和混合布局法。

3.2.1 节点链接法

节点链接法是最自然的可视化布局表达。这种方法使用节点表示对象，用节点之间的连线表示节点的关系，是一种非常直观的可视表达，如图 3-1 及图 3-2 所示。这种方法易于理解，可以帮助用户快速了解网络的结构。不同的网络数据具有不同的特性和背景，在可视化布局时自然也有不同的需求，因此，研究者们提出了许多具有不同特点的节点链接布局算法。对于本身具有一定层次结构的网络数据，可以使用树形布局的方式进行可视化；对于地铁网络以及电路网络，则经常采用正交布局的方法；而对于没有特殊要求的网络，则常用力引导算法来进行布局。

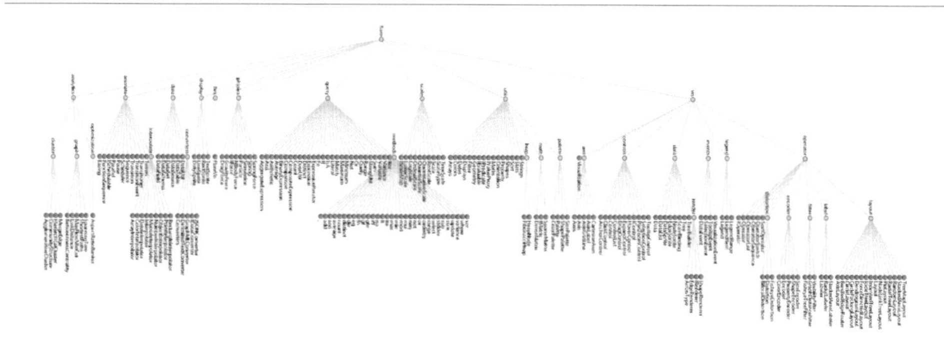

图 3-1 树形布局的节点链接图

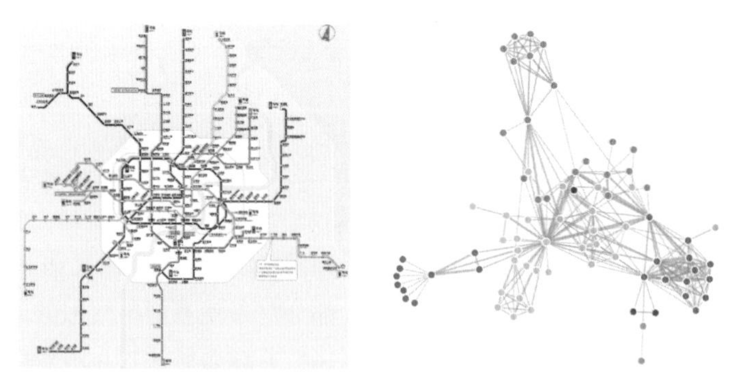

图 3-2 基于正交布局的地铁图（左）和基于力引导布局的节点链接图（右）

3.2.2 邻接矩阵法

邻接矩阵法是一类使用矩阵的方式来对网络结构进行可视化的方法。这种方法直接对应于网络的邻接矩阵，因此，对于一个具有 N 个节点的网络，可以使

用一个 $N \times N$ 的矩阵对其进行可视化，矩阵中位置为（i，j）的方块表达第 i 个节点与第 j 个节点间的关系，如图 3-3 所示。

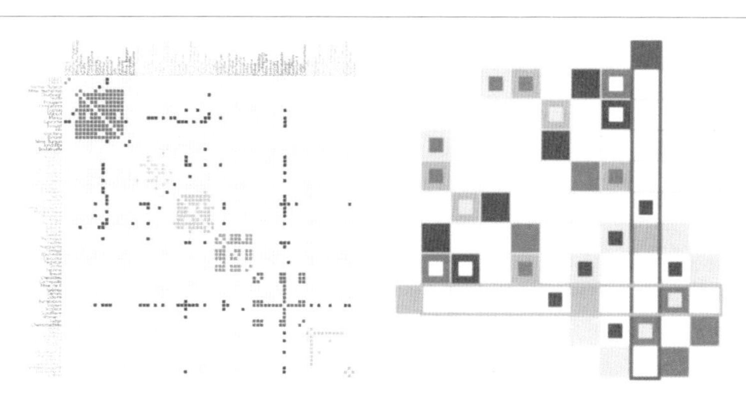

图 3-3 矩阵形式的图可视化（左）和编码了边权重的基于矩阵形式的图可视化（右）

3.2.3 混合布局法

节点链接法在可视化密度较小、节点数较多的网络数据中，能够得到不错的可视化效果，矩阵法则比较适用于密度较大而节点数较少的网络数据。对于区域密度分布不一致的网络，单独采用节点链接法或矩阵法都不能取得很好的效果，这时，就可以采用混合两者的布局设计。一个经典的混合布局方法是 NodeTrix，这种方法结合了节点链接法和矩阵法。NodeTrix 基于网络数据的聚类信息，在聚类内部的节点之间具有较高密度的链接，而聚类之间则具有较低密度的链接，这样就可以混合使用节点链接法和矩阵法。利用矩阵法对聚类进行可视化，而聚类间的链接则利用节点链接法进行可视化，如图 3-4 所示。

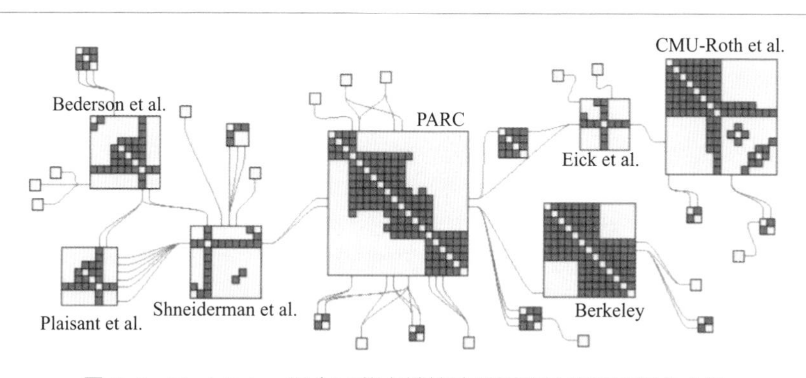

图 3-4 NodeTrix：混合了节点链接法和矩阵法的图可视化方法

3.3 网络动态变化的常用可视化方法

网络动态变化的常用可视化方法也可以大致分为两类：动画法和时间线法。

3.3.1 动画法

动画法就是使用动画的方法将动态网络的变化逐帧进行展示。动画法一般基于节点链接图，即每一帧都使用节点链接法对动态网络当前状态进行可视化。在进行可视化时，因为不同的数据、不同的分析任务以及不同的可视化需求，需要使用不同的布局方法对每一帧网络进行布局。例如，为了方便用户观察和比较动态网络随时间的变化，需要网络的布局在时序上是基本稳定的，同时，发生变化的区域可以利用高亮的方式显式标明；对于一些本身具有聚类信息的动态网络，则应该保证每个聚类的位置不随时间发生显著的变化，并在节点链接图的基础上添加一些额外的信息表示聚类，如图 3-5 及图 3-6 所示。

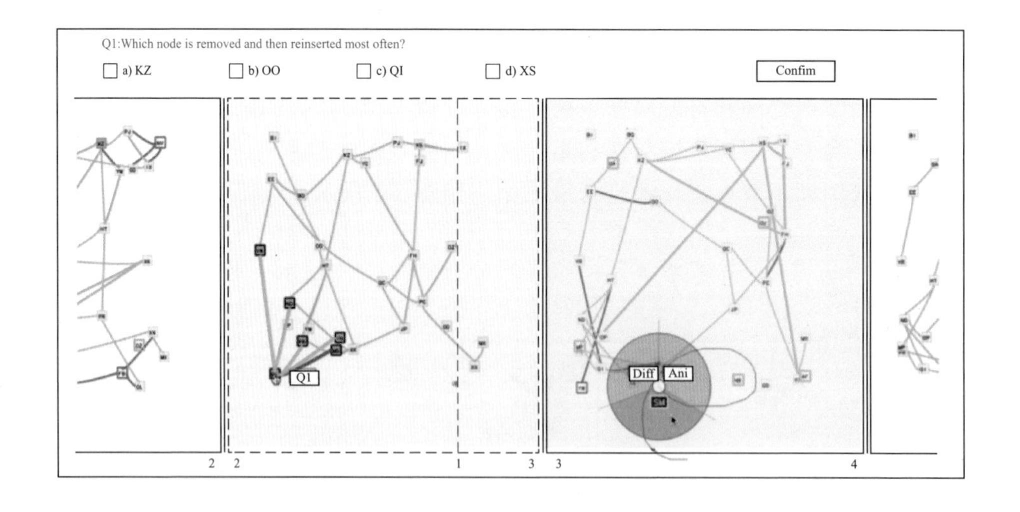

图 3-5 DiffAni

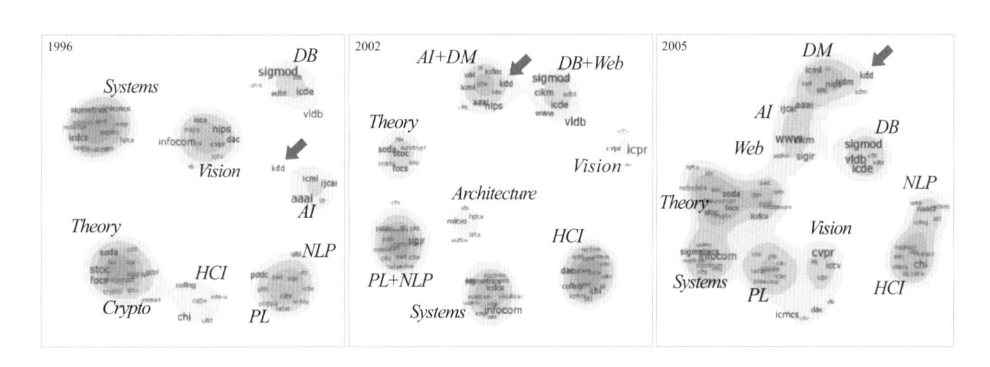

图 3-6 ContextTour

3.3.2 时间线法

时间线法就是基于时间线对动态网络在每一个时刻的状态进行可视化的方法。这种方法既可以基于节点链接法，也可以基于矩阵法对动态网络的状态进行可视化。利用节点链接法时，节点链接图的布局方式也可以大致分为三种：第一种，将每一帧的节点并排放置，并利用类似弦图的方式来表示这一帧中的边，如图 3-7（左）所示；第二种，将动态网络的每一帧叠加起来进行可视化，如图 3-7（中）所示；第三种，利用聚合的思路将节点间的边按时序进行可视化，如图 3-7（右）所示。利用矩阵法时，布局方式大致可以分为两种：第一种，在矩阵的每一格中对时间变化进行编码，如图 3-8（左）所示；第二种，将一系列矩阵并排放置来表示动态网络随时间的变化，如图 3-8（右）所示。

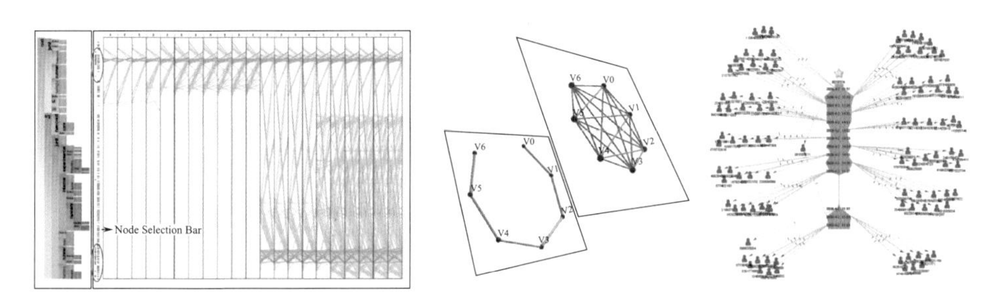

图 3-7 Parallel Edge Splatting：将图以节点链接的形式沿时间轴展开（左）；以三维的形式对节点链接图进行堆叠（中）；以聚合的形式对动态网络进行可视化（右）

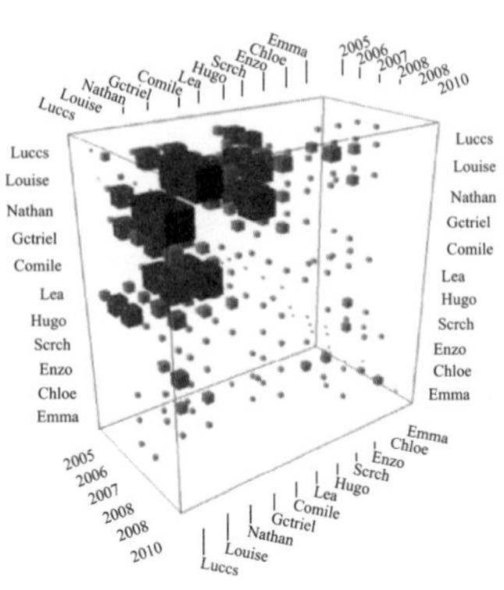

图 3-8 在矩阵的每一个小格里编码关系的变化（左）； Matrixcube：在三维空间中用堆叠矩阵的方式对动态图进行可视化（右）

3.4 动态网络中关系动态变化的可视化

在动态网络（dynamic network）中，节点会相互加入、离开、相互连接，也会同与它们相邻的节点断开。这样的动态网络存在于很多的场景中，比如社交网络、合作网络、沟通网络、传感器网络等。通过分析和探索这些网络的演变，我们能得到很多有用的信息。比如，有研究通过分析事件在推特上的传播，发现了信息在社交网络中传播的模式。人际联系（interpersonal tie）是社会学中的一个重要概念，它描述了社交网络中边所承载的信息。人际联系在社会学中得到了广泛的研究。它一般能分为强联系（strong tie）和弱联系（weak tie）。强联系指的是一条边所连的两个节点有相对多的共同相邻节点。与之相反，弱联系指的是那两个节点只有很少的共同相邻节点。

在演化中的社交网络里，人际联系可以连续地改变，每条边都有自己的生命周期，最终从网络中消失。人际联系的生命周期会对社区的一些网络结构和信息扩散的形成产生深刻影响。这些网络结构包括社区（community）、结构洞（structural hole）、捷径（local bridge）。比如，有研究者发现在动态网络中，新信息是往往通过弱连接来传播的。

而当弱连接消失或变成强连接时，信息扩散的进程将发生改变。换句话说，人际联系的改变能导致网络结构和信息扩散的根本性变化。因此，追踪和探索人际联系的时间变化，能帮助研究者发现动态网络中显著的结构变化，也能有助于研究者对这些变化提出假设并找到解释。然而，网络的结构是复杂的，强弱联系之间的转化是动态而又频繁的。这无疑对分析人际联系的演变提出了重大的挑战。

可视分析是一种通过交互式的可视化界面，帮助分析推理的科学。当下一些问题的规模和复杂性都远远超过了人脑或者计算机可以分析的范围，而需要人与计算机的紧密结合。而通过可视分析的手段，既能利用计算机对大规模数据进行自动处理的能力，又能挖掘出人类在认知视觉信息方面的优势。可视分析将人与计算机的优势互补，从而能让分析者更加直观和高效地研究数据背后的信息。

3.4.1 关系动态变化可视化系统简介

在这一节中，我们简要介绍关系动态变化可视化系统的使用流程、数据处理方案以及系统界面，并对系统完成的分析任务进行讨论。

关系动态变化可视化系统是为追踪、探索、分析动态网络中人际联系随时间的变化而设计的。它主要包括三个部分：数据处理模块、数据分析模块和数据可视化模块。整个系统的工作流程如图 3-9 所示。

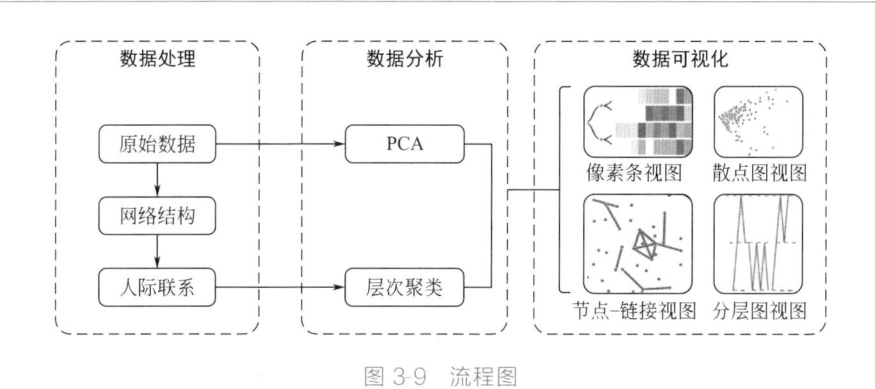

图 3-9 流程图

在数据处理模块中，首先从原始数据中构建人际联系网络结构，再根据网络的统计信息，将人与人之间的边转化为联系强度的时序变量。在数据分析模块中，计算每两条人际联系的距离。基于计算出的距离，使用主成分分析（Principal Component Analysis，PCA）降维，得到每条人际联系在二维平面的坐标。使用层次聚类算法，将具有相似强度变化的联系聚在一起，形成一个层次结构，方便用户进行探索。

在数据可视化模块中，通过可视化和交互手段，使分析者能够直观、有反馈地分析动态网络的演化过程。

3.4.1.1 关系强度的计算方法

人际联系的强度能刻画人际联系的很多属性，如情感的强烈程度、人的熟悉程度等。人际网络中的人际联系可以分为三种不同的强度：不存在、弱联系、强联系。

在具体实现中，包括本文案例研究所用的实现方式，可以用统计每条人际联系对应的两个人联系的联系次数实现。比如，在电话通信网络中，甲对乙的人际联系的强度可以用甲给乙打的电话次数来表示。另一种实现方式是通过计算甲和乙的邻居节点的杰卡德相似度（Jaccard similarity）来实现。简单来说，杰卡德相似度的思路是：如果甲和乙共同的邻居占他们自己的邻居的比例很高，那么甲和乙的人际联系就很强。

有研究表明，这两种方式之间有线性关系。因此，为了方便处理，本文的案例研究采用第一种方式。因为系统是读取计算后的人际联系的，所以本文所述的方法和 TieVis 可视分析系统也都同时对第二种方式的结果有效。

人际联系在各个时间点上的强度形成了一个序列，每条人际联系都对应于这样一列数值。因此，动态网络可以转化为一组时间序列（time series），并可以被当作时序数据处理。对时间序列数据进行主成分分析，就能用于分析这些人际联系随时间变化的相似性。

3.4.1.2 关系强度变化的可视化

TieVis 人际联系可视分析系统的界面（图 3-10）集成了五个视图，分别为散

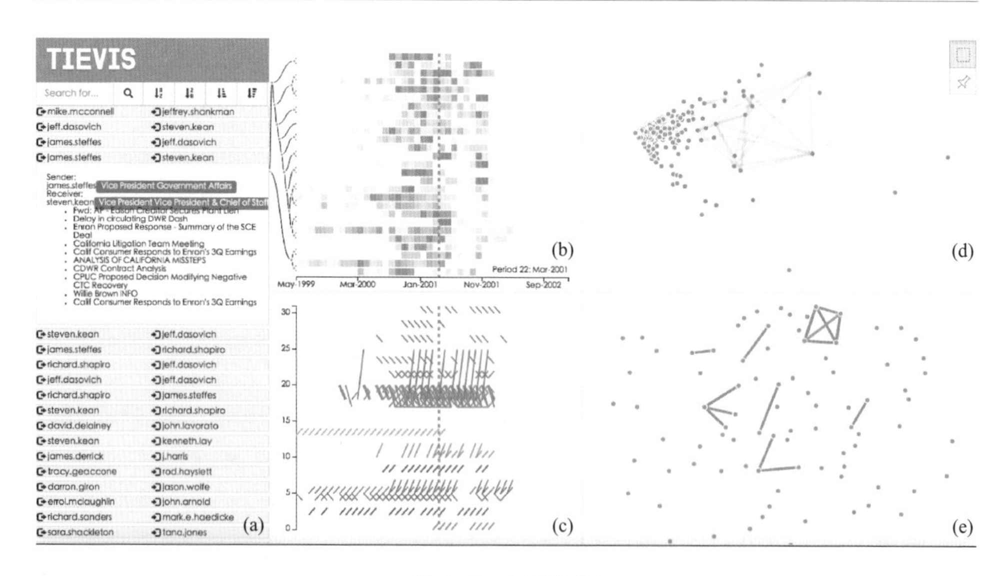

图 3-10 系统界面

点图视图（scatter plot）、像素条视图（pixelbar chart）、分层图视图（layered graph）、节点-链接视图（node-link diagram）以及信息面板（information panel）。它能支持用户从多角度、有交互地、直观地分析人际联系网络的演化。

具体来说，散点图视图提供了社交网络中人际联系的概貌，像素条视图将人际联系强度在时间上的演变情况可视化出来，分层图视图能反映分析者选择的一些人际联系之间的结构信息，节点-链接视图提供了动态网络在各个时间片上的结构情况的快照；信息面板可以让用户对感兴趣的人际联系进行更深入的查询。

3.4.2 关系强度变化可视化系统设计

3.4.2.1 实现任务

TieVis人际联系可视分析系统主要支持四种分析任务，它们能使分析者交互地、直观地探索和理解在一个持续变化的网络中人际联系的动态过程。这四种任务如下所示。

T.1：根据人际联系强度随时间的变化辨别有相近趋势的人际联系，从而分析者能选择、分组、过滤、比较不同组的人际联系，以便后面进一步的分析。

T.2：迅速发现有异常强度变化的人际联系，以便分析者做出假设并寻求解释。人际联系的异常模式需要格外引起分析者注意，因为异常变化可能深刻影响网络结构和信息流动。

T.3：查看和探索分析者选定的人际联系的演化。人际联系强度的大尺度变化对理解很多现象非常重要，如结构洞的形成和小世界网络。

T.4：分析人际联系与网络结构的协同演化关系。

在本章中，将针对需要分析的任务，提出对应的可视化设计目标。本章将逐个介绍四个视图的细节（信息面板主要是工程实现，从设计角度就可以略过），这些视图将用于分析人际联系的多角度分析。

3.4.2.2 可视化目标

G.1：全局性。提供人际联系动态变化的可视化的摘要，使得分析者能快速识别出有相同趋势的人际联系的分组（T.1），并识别出人际联系演变中的模式和异常情况（T.2）。

G.2：可扩展性。因为需要支持较大数据集的分析，设计应当具有较高的可伸缩性（scalability），以支持大型动态网络数据的分析（T.1～T.4）。

G.3：时间性。使用基于时间轴的可视化方法，来展现人际联系和网络的动态变化（T.3～T.4）。时间轴可视化可以使分析者直观地看到随时间变化的模式，并且更直观地将人际联系随时间的变化模式与网络的变化模式联系起来。

G. 4：多角度性。使用多个相互连接的视图，使得分析者得以从多个角度分析和探索数据。因为动态网络的结构有很高的复杂度，设计应当支持多角度的分析，以帮助用户更好地理解人际联系与网络结构的共同演化的情况（T. 4）。

3. 4. 2. 3 可视化视图设计

（1）散点图视图

如图 3-11（左）所示，散点图视图（scatter plot）基于时间演变的相近性，提供了网络中边的概览图，从而实现了目标 G. 1。一条人际联系在时间上每一步的状态都构成了高纬坐标中的一个维度。通过如下公式，可以使用欧拉距离（Euclidean distance）来衡量每两条人际联系对应的高维向量的相似性：

$$d(x, y)=\sqrt{\sum_{i=0}^{n}(x_i-y_i)^2}$$

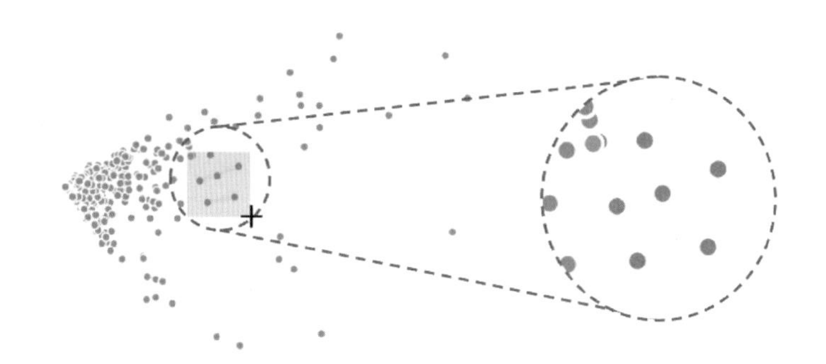

图 3-11 散点图视图

接着，使用主成分分析（Principal Component Analysis，PCA）将高维数据降维到二维平面。因为使用的是欧拉距离来衡量相似性，这个过程也相当于经典多维标度（Classical MultiDimensional Scaling，Classical MDS），也叫主成分分析（Principal Coordinates Analysis，PCoA）。因为这种做法事实上也是将距离转化为相似度，再在此基础上做主成分分析。通过这样的方法，二维平面中的点越接近，就表示它们对应的人际联系的演变也越相似。

散点图视图支持两种基本交互刷选（brush）和缩放（zoom）。此外，该视图还可以在交互中与其他视图产生联系。通过缩放操作，这个视图能支持拥有较大数量的人际联系的社交网络的可视分析（G. 2）。当用户刷选这些点中的一部分时，选中的这几条人际联系的信息会被可视化在其他几个视图中，从而能帮助分析者更好地做进一步的分析。同时，如图 3-11（左）所示，用淡蓝色的连线表示某一时间点上所刷选的几条人际联系之间的联系。通过线相连的两条人际联系有相同的人参与。也就是说，如果一条人际联系是甲与乙的联系，另一条是甲与丙的联系，那么这两条人际联系对应的两点之间就会有线相连。这样的点与边的定义，可以看作是正常社交网络节点-链接图中点与边的角色相互调换。节点-链接图中，点表示人，边表示人的联系；在这个散点图视图中，点表示人的联系，而边表示人。这正体现了这个设计的关注重点在于人际联系，而非单独的人。

（2）像素条视图

合理性分析。虽然通过散点图视图中人际联系在二维平面的投影，能提供社交网络中人际联系的概貌信息，但这样缺失了每条人际联系的状态信息。使用折线图是一种非常常用的将时间序列数据可视化的方法。折线图能清楚地直接反映时间序列的趋势，但是可伸缩性不足。因而设计并使用了像素条视图（pixelbar chart），相对也比较直观，而又有很好的可伸缩性。因为网络中出现的人际联系的规模经常很大，所以选用像素条视图，如图 3-12 所示。

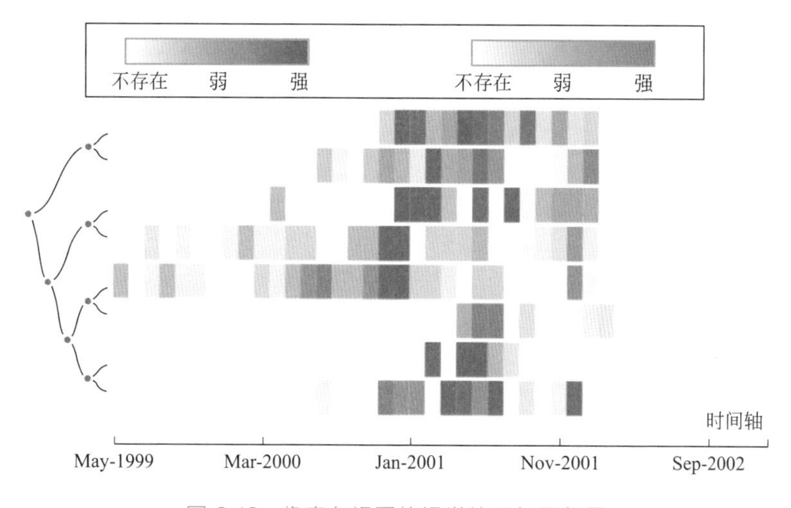

图 3-12 像素条视图的视觉编码与局部图

在像素条视图中，如图 3-12 所示，每条人际联系使用一系列的像素构成的一条像素条表示（G. 3）。人际联系的强弱是使用颜色编码的。淡蓝色表示强度较弱的人际联系，如弱联系。深蓝色表示强度较强的人际联系，如强联系。而完全的白色表示在这个时刻这条社会联系还不存在。颜色越深，人际联系的强度越大。颜色映射如图 3-12 所示。

像素条视图中使用最近临链算法（nearest-neighbor chain algorithm）对像

素条进行排列和布局。最近临链算法是聚类分析的一种方法，能用于层次聚类。它的主要思路是通过反复合并小聚类形成大聚类，伪代码如算法1所示。这里要用于聚类的元素是指人际联系的时序数据。通过这个算法，可以保证越接近的像素条对应的人际联系的时序变化也越相似。

算法1：Nearest-neighbor Chain Algorithm

```
Input：P= fp0；p1；：：：；png：point set；
Output：Hierarchical cluster C
1：initial Cluster= [[p0]；[p1]；：：：；[pn]]；Stack= []；
2：while Size (Cluster) > 1do
3：    if Size (Stack) = 0then
4：      push a random cluster from Cluster into Stack
5：    end if
6：    Let c be the top of the Stack
7：    Find nearest cluster d to c in Cluster
8：    ifd 2 Stack then
9：      Pop c and d from Stack
10：     Merge c and d to e
11：     Push e into Cluster
12：    else
13：     Push d into Stack
14：    end if
15：end while
```

算法2：Merge Tree

```
Input：node：node of hierarchical clustering tree；goal：the number of nodes to
be decrease；
Output：node after merging
1：Let lc be the left children of the node
2：Let rc be the right children of the node
3：if The number of leaf nodes in lc ⩽ goal then
4：  Merge leaf nodes in lc into one node
5：  goal= goal -size (lc) + 1
6：else
7：  Merge Tree (lc)
8：end if
9：if The number of leaf nodes in rc ⩽ goal then
10：  Merge leaf nodes in rc into one node
```

```
11:   goal= goal -size (rc) + 1
12: else
13:   Merge Tree (rc)
14: end if
```

在像素条视图的左侧（见图 3-12），设计了一个树状图（dendrogram），因而能很好地表示层次聚类树的结构。当像素条的数量很多的时候，屏幕上的空间不足以一一显示所有的像素条。通过自适应的算法，在所有像素条所占的空间的高度超过这个视图的高度时，就能做相应的调整。为了减少像素条的数量，会将一个聚类内的像素条合并成为一个像素条。合并的结果是所有被合并的像素条的平均值。此处合并的方法如算法 2 所示。这里每条人际联系就是层次聚类树的一个节点，需要减少的节点数量是总人际联系的数量超过这个视图上能放的像素条的数量。通过合并操作和树状图，像素条形图可以用来将较大规模的人际联系的网络进行可视化，并且有很好的可扩展性。

（3）分层图视图

合理性分析。因为动态网络的结构在不断地变化，所以有必要提供分析者感兴趣的人际联系的结构信息。但是，每条人际联系的生命周期是不同的，因此这些人际联系形成的网络的结构也是在不断地演变中。在这里，可以考虑三种可视化的设计方式，分别为活动的节点-链接图（animated node-link diagram）、邻接矩阵序列（sequential adjacency matrix）以及改进过的分层图（layered graph）。活动的节点-链接图是一种非常直观的思路，但因为使用了动画，它不能让分析者一眼看出完整的演化过程。邻接矩阵序列是一种更好的选择，因为它能在有限空间里十分紧密地将时间信息和拓扑信息进行可视化。而改进过的分层图，可以更加直观地对时间信息和空间信息进行可视化。

在分层图视图中，用水平方向来表示时间信息，如图 3-13（a）所示。每个时间片段的快照（snapshot）用一个二部网络（bipartite network）可视化来表示。

每个时间片段的人际联系网络的快照是一个二部网络，对于这些二部网络，可视化方式是这样的：通过左右两根竖直方向的轴分别表示人际联系来源和目标的人。每条人际联系就能用一条从左轴上一点到右轴上一点的一条连线表示。比如，如果要表示甲是发起者（source），乙是接受者（target），甲对乙有人际联系（如甲在这段时间里发邮件、打电话给乙），就将左轴上表示甲的位置与右轴上表示乙的位置相连接。在总的分层图视图中，将各个时间片段对应二部图在水平方向按时间顺序堆叠起来，首尾相连，就形成了分层图视图（G. 3）。此处要注意，前一个快照的右轴和后一个快照的左轴虽然在各自网络的可视化中的含义

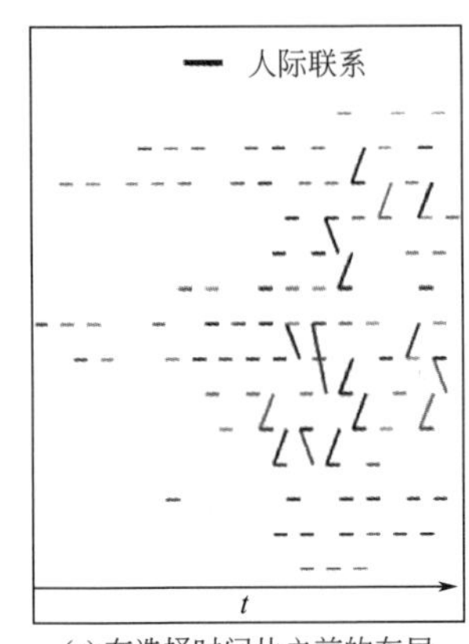

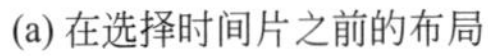
(a) 在选择时间片之前的布局

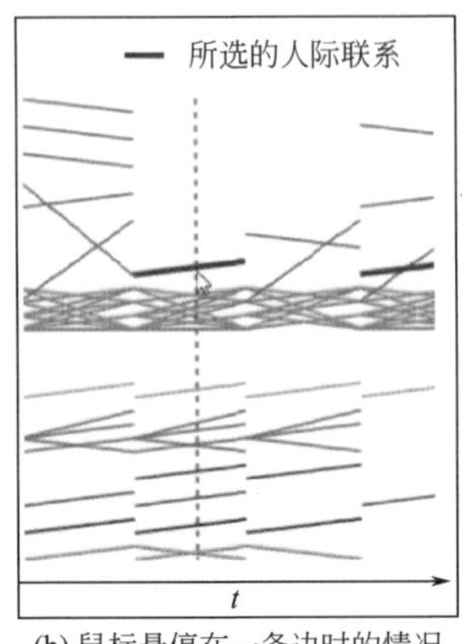

(b) 鼠标悬停在一条边时的情况

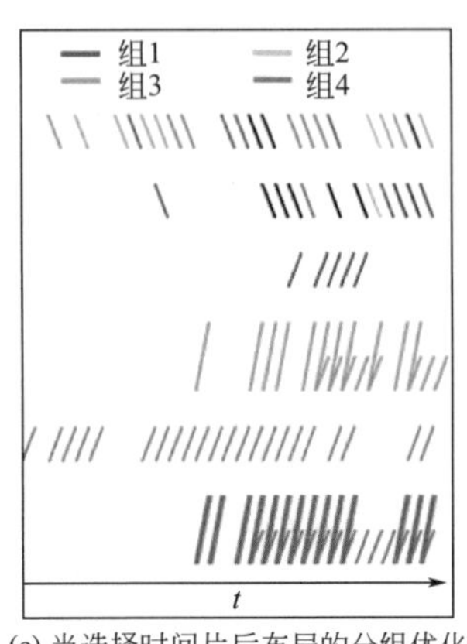

(c) 当选择时间片后布局的分组优化

图 3-13 分层图视图通过对一连串的二部网络，对所选的人际联系的结构进行可视化

不同，却是共用的。因此要注意每根轴上网络中的节点（人）对应的位置和顺序需要保持一致，不然分析者难以快速有效地识别。

在二部图的可视化中，连线往往会交织在一起，这样分析者不容易形成直观印象，不利于分析，也不够美观。采用修改过的杉山风格的图布局算法（Sugiyama-style graph drawing algorithm），优化竖轴上节点的排列顺序，从而实现在足够短的时间使视觉上的重叠尽可能小。

当分析者的鼠标在视图中的一条人际联系对应的连线上悬停时，这条人际联系对应的所有连线会高亮，就如图 3-13（b）所示。为了在视觉效果和计算性能上找到平衡点，此处采用的策略是分层次进行优化。将需要在纵轴上排列的人按照他们的连通性（connectivity）进行分组，将同一组的人在放在一起。在不同的时刻，动态网络有不同的连通情况，分组是根据交互时所选的时间片段的连通性进行的。具体根据连通性分组的方法是只要两个人在这个时间片上有人际联系，就将这两个人放在一组中。需要指出，这里的分组是根据所选时间片进行的，因此不同时间片下的排列情况会有所不同。选择时间片后分组的效果如图 3-13（c）所示。

但正如前面的轴上节点位置的分析，如果每一个时间片段上节点有不同的排列方式，分析者就有可能难以找到潜在的模式。因此在选定时间片后，每个二部图的可视化都应使用同一个排列方式，而不是使用各个二部图自己所在的那个时间片时的连通性、分组、排列情况。

还有一种思路是使用全部时间范围内的连通性情况，而非某一时间片的连通性。也就是说只要在一个时刻两个人有人际联系，这两个人就算是连通的。但这样造成的后果是很有可能会形成很大的一个分组，因为只要时间够长，几乎所有参与的人都能连在一起。如果形成那么大的组，就起不到通过分组降低计算复杂程度、提高计算速度的效果了。因而不采用这种方法。在分层图视图中，使用算法 3 优化组内节点与节点的排列，使用算法 4 优化组与组的排列。

算法 3：Inner-group Alignment Algorithm

```
Input: G= fe0; e1;::: ; en-1g: edges in the group G;
Output: G0= fek0; ek1;::: ; ekn-1 g: optimized alignment G;
1: ifn <  2 then
2:   G0= G
3: else
4:   minCross= maximum number
5:   perms= all permutations of G
6:   forperm in permsdo
7:     cross= 0
8:     for i= 0; i <  n -1; i= i+ 1do
9:         for j= i+ 1; j <  n; j= j+ 1do
10:           if ei: source 6= e j: source and ei: target 6= e j: target then
11:             ps= position of ei: source in perm >  position of e j: source in perm
12:             pt= position of ei: target in perm >  position of e j: target in perm
13:             ifps 6= pt then
14:               cross= cross+ 1
15:             end if
16:           end if
17:         end for
18:     end for
19:     if cross <  minCross then
20:       ifcross= 0then
21:           break;
22:       end if
23:       G' = perm
24:       minCross= cross
25:     end if
26:     end for
27: end if
```

算法 4：Inter-group Alignment Algorithm

```
Input：S= fG0; G1;::: ; Gn-1; Hg：A set of edge groups Gi and a group of other
        edges H;
      E= fe0; e1;::: ; ew-1g：the set of all edges
Output：S0= fGek0 ; Gek1 ;::: ; Gekn-1 ; Hg：optimized alignment S;
1：if n < 2 then
2：   S′= S
3：else
4：   transGroup= new matrix n × n
5：   relatedGroups= fg
6：   for e in Edo
7：     ps= the group contains e：source
8：     pt= the group contains e：target
9：     if ps= pt then
10：       continue
11：     end if
12：     if ps is not in relatedGroups then
13：     . add ps into relatedGroups
14：     end if
15：     if pt is not in relatedGroups then
16：       add pt into relatedGroups
17：     end if
18：     transGroup [ps; pt] + = number of times Edge e exists
19：   end for
20：   frontPart= S -relatedGroups -fHg
21：   middlePart= relatedGroups -fHg
22：   minCrossValue= maximum number
23：   perms= all permutations of middlePart
24：   forperm in perms do
25：     crossValue= 0
26：     perm= f rontPart+ perm+ H
27：     for i= 0; i < n; i= i+ 1do
28：         forj= i+ 1; j < n+ 1; j= j+ 1do
29：           crossValue+ = transGroup [perm [i]; perm [ j] ] · (j -i)
30：         end for
31：       end for
32：       if crossValue < minCrossValue then
33：         G′= perm
```

```
34:         minCrossValue= crossValue
35:       end if
36:   end for
37: end if
```

（4）节点-链接视图

通过节点-链接视图（node-link diagram），将人际联系所在的社交网络的拓扑结构进行可视化。这个视图能帮助分析者对刷选选中的人际联系进行定位，更加清楚地了解对应的人和人际联系在整个网络中所处的位置。

在分析者通过交互选择时间片之前，节点-链接视图展示的是将动态网络的所有时刻合并起来后的网络。如图 3-14（a）所示，这能使分析者了解要分析的人际网络的概貌。

在分析者选择某个时间片后，节点-链接视图展示的是动态网络在那个时间片的快照，如图 3-14（b）所示的那样。

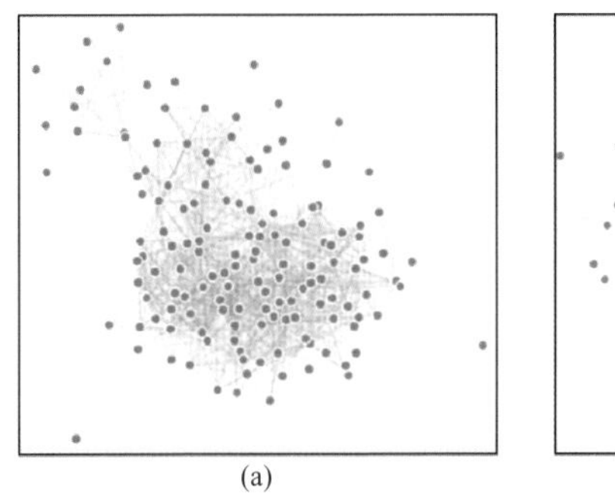
(a)

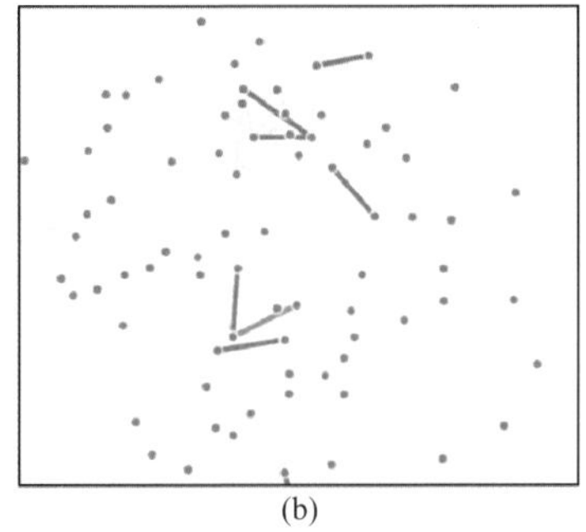
(b)

图 3-14　节点-链接视图

3.4.3 实例与应用

3.4.3.1 案例 1：安然电子邮件数据集

这个案例采用的是安然电子邮件数据集（Enron Email Dataset）。安然公司曾是世界上最大的能源、资源以及服务公司之一。它在 2001 年 12 月 2 日破产。它在接受调查期间公开了其高管的电子邮件数据，这个数据集是电子邮件研究中使用最多的公开数据集之一。原始数据集包括了安然的网络中 184 个雇员发出和接收的所有邮件。数据提供了这些雇员的职位信息。在本项研究中，抽取了这些雇员在 1999 年 5 月至 2002 年 12 月间相互发送的共计 25370 封电子邮件。

在这个案例研究中，分析者希望探索和分析安然公司在破产期间雇员人际联系的演化。通过这个案例，能阐明使用 TieVis 人际联系可视分析系统进行探索分析的一般过程，也能体现这个系统在分析人际联系网络中的有效性。

分析者首先能查看散点图视图，发现各条人际联系演化情况的不均匀分布，可以通过移动、缩放、刷选散点图视图，探究散点图视图中不同区域的人际联系演化情况。分析者可以在像素条视图中发现所刷选区域中的人际联系强度随时间的演化。如图 3-15（a）、（b）所示。

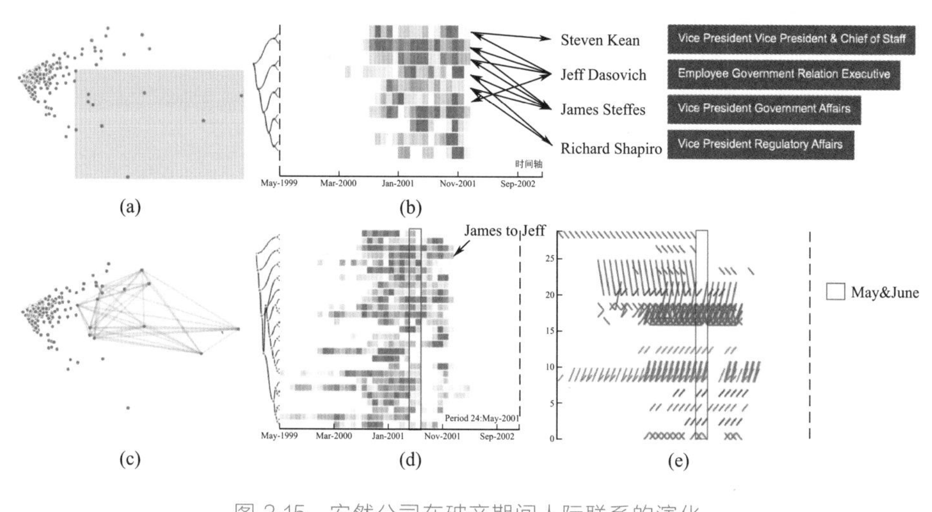

图 3-15 安然公司在破产期间人际联系的演化

图 3-15（a）、（b）中，分析者在散点图视图中刷选人际联系，发现四个人的人际联系的演化情况十分相似。结合他们的职位，可以认定这与政府调查和破产阶段有关。图 3-15（c）～（e）中，分析者从像素条视图注意到从 James 到 Jeff 的人际联系在 5 月是强联系，而到了 6 月变为了弱联系。分析者重点关注了这两个时间片，在分层图视图中观察了网络结构的变化，发现在 6 月有一些人际联系消失了。

分析者通过在右上角的散点图视图刷选感兴趣的区域，查看了相应的人际联系（T. 1）。这些人际联系的演化被展现在像素条视图中。从像素条形图中可以看出，前六条人际联系几乎是在相同的时间片出现，而且有着相近的人际联系演变情况（T. 3）。通过鼠标悬浮在像素条视图中的像素条上，可以在信息面板看到相应的人际联系对应的人的信息，从而能发现这些人际联系对应的人是安然的执行官（executive）和副总裁（vice president）。分析者可以在信息面板看到这些人的职务，发现职务包括了“政府关系执行官（Employee，Government Relation Executive）”“政府事务副总裁（Vice President，Government Affairs）”“监管事务副总裁（Vice President，Regulatory Affairs）”和“副总裁兼幕僚长（Vice President & Chief of Staff）”[图 3-15（b）]。从这些职务中能看出，这些雇员在处理与政府有关的事务。这正与他们在 9～11 月期间联系频繁形成的强人际联系相吻合。因为这段时间正是政府介入调查和公司破产的阶段。这是一个有趣的发现，因为可以据此提出猜想：是不是有相近职位的人与他人的联系会有相似的模式呢？

分析者还在分析的过程中注意到，James Steffes 和 Jeff Dasovich 之间的人际联系有异常的演变。为了探索人际联系演变与网络结构演变之间的关系，分析者在散点图视图刷选了相近的一些人际联系。分析者首先选择 2001 年 5 月的时间片，可以通过像素条视图，注意到那个时候他们的人际联系是强联系。在下一个时间片（2001 年 6 月），发现有一些人际联系消失了。而在更后一个时间片，人际联系变成了弱联系，见图 3-15（d）。分析者点击下一个时间片进一步探索网络结构的区别，可以从分层图视图中发现，组内有一些人际联系消失了，如连接 Jeff Dasovich 与 Steven Kean 的、连接 Richard Shepiro 与 James Steffes 的［图 3-15（e）］。这个发现正体现了 James Steffes 和 Jeff Dasovich 周边的网络结构与他们的人际联系的关系（T.4）。这个案例研究表明，TieVis 系统可用于完成探索分析动态网络中的人际联系的各种任务。

3.4.3.2 案例 2：游戏玩家在线聊天数据集

这个数据集是游戏玩家在线聊天情况的数据集，来自某大型网络角色扮演游戏（Massively Multiplayer Online Role Playing Game，MMORPG）。在这个案例中，使用的是 2014 年 1 月 10 日的聊天记录，以每个小时作为一个时间片。这个动态网络在每个时间片的快照中，包括了大量相互不连接的子图。因为在一个小时内，一般一个人不会和很多人说话。为了能尽可能研究大一点的团体，在这里需要将这些子图按照包含的人数从高到低排序，然后选取人数最多的一部分网络做下面的研究。经过筛选后，抽出的数据一共包括了 508 位玩家和 1265 条人际联系。

分析者在散点图视图上刷选不同区域。像素条视图显示出不同玩家的行为是不同的。图 3-16（a）的玩家的人际联系主要是在中午 12 点后的发生的对话，他们的人际联系也比较强。图 3-16（b）中的玩家的人际联系是在晚上 12 点发生的，比图 3-16（a）中的稍多，但总体上还是从晚上 12 点到中午 12 点这个时间段中，越晚越少。图 3-16（c）中的人际联系分布在一天中的情况就相对均匀了，

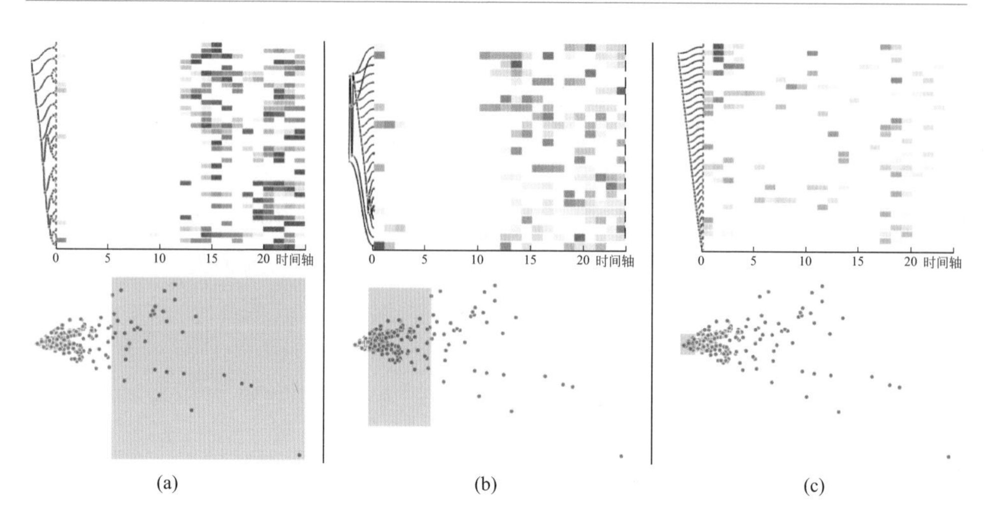

图 3-16 分析者通过在散点图视图的不同区域刷选，探索游戏玩家在线聊天数据集

但是强度就相对要弱一点。分析者发现的过程体现了任务 T. 1（talk to each other almost all day，but the strengths of the ties are weak）。

这样的人际联系随时间的演变情况主要是不同玩家不同的玩的时间引起的。

这个案例研究表明，TieVis 系统可以对不同的数据集有效。

3.5 动态网络中异常检测可视化

3.5.1 背景

在很多情况下，对象之间的关系可以被建模成为一种时间相关的网络结构，比如研究人员之间的合作关系、商人之间的交易、社交网络中的通信等。这些关系反映了个体在网络中的一些时间相关的行为。网络中的大多数个体的行为表现是正常的，但也有一些少数个体会和其他人表现的不一样，这就属于异常行为。这些网络结构中的异常，可能是有积极意义的异常，比如一些合作网络中的超级明星，比如一些学术大牛。当然，异常也有可能产生消极影响，比如金融交易网络中的诈骗，通信网络中的间谍，或者社交网络中的机器人等。

一般情况认为异常个体非常少，将其称之为稀有类。由于这些稀有类在整个网络结构中非常稀少，导致查找和标注这些稀有类变成了一件非常耗时的高成本工作。由此可见，加速查找和标注稀有类的过程非常具有意义。已经有一系列的主动学习的稀有类检测方法（Rare Category Detection，RCD）用来解决这个问题。借由这些方法，即可检测出一些最有可能是稀有类的实例，并由专家进行标记。一旦被标记成为稀有类，算法会将这个标记结果传播到特征空间中和这个被标记的实例相似的实例。这种典型的实例往往就是稀有类的中心。但是这个过程主要的一个不足在于，仅仅展示一个实例却未展示完整的上下文信息，专家很难确定该实例是否是稀有类。而在动态网络中，因为需要考虑随时间变化的结构信息，稀有类的检测就显得尤为困难。因此，我们引入可视化的方法，来支持交互式的数据探索。

然而，在设计这个动态网络异常检测的可视化系统的过程中，困难重重，充满挑战。首先，捕捉随时间变化的动态结构，就已经是一个被研究了多年的课题，然而，其中却没有任何一项能够支持稀有类检测可视化的技术。其次，在大型动态图结构中，捕获到稀有类的动态变化结构极具挑战性，毕竟稀有类往往非常少，这些稀有类的变化也非常容易被忽略。再者，为了更好地支持决策过程，可视化设计应该要能区分不同结构、不同粒度的细节，这一点也很有挑战性。

3.5.2 研究目标

为了解决上面所述的三个挑战，本章中提出了一个可视分析系统，这个系统用一系列相互连接的三角矩阵来表示一个动态网络结构，每个三角矩阵都表示了动态网络在不同时刻的快照，其中检测到的稀有类和链接会在网络结构中被高亮起来。为了既能够显示整个图结构，又能在有需要时展现某个稀有类附近的详细结构，我们设计了一个算法，其中包含了层次聚类和树切割算法，使得系统能够自适应地在整体结构和细节结构中切换。而为了方便不同时刻间的图结构比较，本章中的可视化设计选取了矩阵视图作为基础。

我们的工作主要焦聚于：

① 提出一种新的树切割算法，能够对聚类树上的多个焦点进行切割，从而生成一个多焦点视图用于展现整个图结构中的多个异常类；

② 提出了一种新的动态网络可视化设计，用一系列相互连接的三角矩阵来展现动态网络结构，并且将时序上或者拓扑结构上检测到的稀有类进行高亮出来，以便比较；

③ 设计并开发了一个综合的可视分析系统，用来支持稀有类的检测和标注。

3.5.3 可视化系统设计

系统被设计为三个主要模块：数据存储模块、数据分析模块以及前端可视化模块，如图 3-17 所示。我们使用 Neo4j 将动态网络存储在数据存储模块中。数据分析模块包含四个组件：BIRD 算法、层次聚类算法、树切割算法和一组统计分析程序。BIRD 算法迭代检测稀有类实例，分层聚类算法则从网络拓扑结构中提取出树结构，并根据树结构和网络拓扑结构，用树切割算法对节点进行聚类。

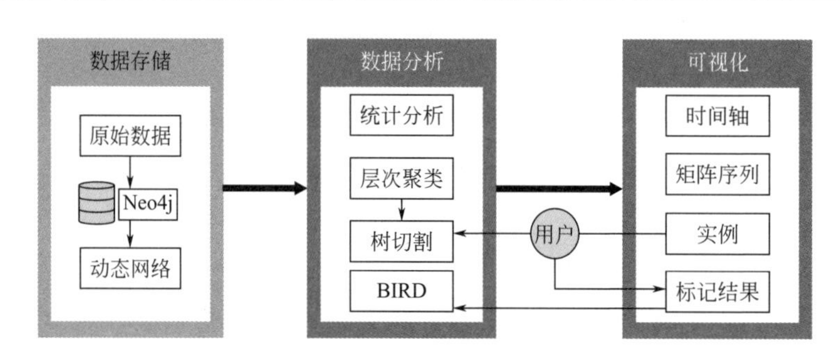

图 3-17 可视分析系统的架构

可视化模块则包含四个主要视图：时间轴视图主要用于显示统计信息的变化，帮助用户选择、合并和筛选时间片段；矩阵视图则根据树切割算法的结构将动态网络可视化；实例视图显示了 BIRD 算法检测到的稀有类实例的特征；标签视图则可以用来展示用户已经标记的稀有类。

3.5.4 算法选择和设计

3.5.4.1 稀有类检测算法的选择

我们选择了一个批量更新的增量稀有类检测算法，简称为 BIRD（Batch-update Incremental Rare category Detection）作为我们的异常检测算法。BIRD 算法是整个系统的关键算法，类似于已经存在的一些图方面的稀有类检测算法，BIRD 算法主要可以分成以下两部分。

① 用流形评级算法（Manifold Ranking Algorithm）计算全局相似矩阵 A：

$$A=(I-\alpha W)^{-1} \tag{3-1}$$

式中，I 是一个单位矩阵；W 是给定的图 G 的转移概率矩阵；α 是一个定义域为（0，1）的常数。计算得到的全局相似矩阵 A 能够使每个类的边界附近的局部密度变化更显著，从而降低稀有类检测算法的开销。

② 迭代地更新算法返回的查询分数，并将分值最大的实例返回输出，以供验证。一般来说，算法的查询过程，会从局部密度变化最大的区域中挑选实例，因此，算法返回的实例很有可能位于稀有类所在区域。

在BIRD算法之前的研究，都是针对静态图像的。因此，BIRD算法能够将问题扩展到动态的背景下。具体而言，BIRD算法提供两处作用：①能够根据前一时刻的全局相似矩阵 $A^{(t-1)}$，有效计算出当前时刻的全局相似矩阵 $A^{(t)}$，同时更新当前时刻的图的边；②更新被当前时刻的变化所影响的实例的查询分数。本工作修改了BIRD算法，将它从单个查询单个标记拓展到了批量查询批量标记，从而提升查询和标记的效率。

3.5.4.2 多焦点树切割算法的设计

为了展示整体的图结构，矩阵视图最初显示的是高度聚合后的动态网络结构。在检测到稀有类之后，为了更好地确定这是否是一个稀有类，用户需要在整体结构中观察稀有类的细节结构。于是我们设计了一个焦点+上下文的树切割算法，用于重新划分树结构，用细粒度展示焦点附近的细节，用粗粒度展示不相关的节点。

假设有一个动态网络结构，其拥有一系列不同时刻上的网络结构帧，$G=G^1, G^2, \cdots, G^i$。多焦点树切割算法会作用到每一帧上，该算法分成两步：第一步，将所有焦点附近的细节从树结构中分离；第二步，将第一步操作产生很多非相关的单节点进行合并，防止树结构过深。

第一步，多焦点树切割。

图3-18展示了该过程。对于某一帧 $G^i=(V, E)$，首先用层次聚类算法获得一个基于模块度的树结构。将焦点写作 $F=\{n \mid \text{focused nodes}\}$，那么树切割

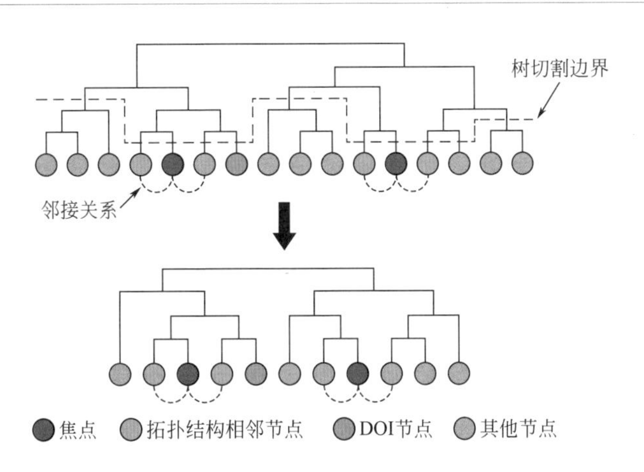

图3-18 树切割算法的第一步：展示所有焦点的细节

算法的结果就是一个基于树结构和网络拓扑结构的能量函数的优化结果，假设树切割算法的结果是 $C=\{N_1, N_2, \cdots, N_n\}$，其中 N_i 是树结构中的一群节点，那么：

$$C=\operatorname{argmin}\sum_{I=1,2,\cdots,N}E(N_i) \tag{3-2}$$

其中：

$$\begin{cases}E(N)=\sum\limits_{e\in N}\dfrac{D(e,N)}{|N|}-\sum\limits_{e\in N}\dfrac{S(e,N)^2}{|N|}\\D(e,N)=\begin{cases}Weight(e),\text{if }\forall v\in e,v\in N\\0,\text{else}\end{cases}\\S(e,N)=\begin{cases}Weight(e),\text{if }\exists v\in e,v\in N\\0,\text{else}\end{cases}\end{cases} \tag{3-3}$$

其中边的权重定义为它的两个端点的权重的最小值：假如 $e=(v_1, v_2)$，那么 $Weight(e)=\min(weight(v_1), weight(v_2))$。而节点的权重则根据树结构和网络拓扑结构中，该点到所有焦点的距离来定义：

$$\begin{cases}Weight(v)=\alpha_1 W_{\mathrm{DOI}}(v)+\alpha_2 W_{\mathrm{Topology}}(v)\\W_{\mathrm{DOI}}(v)=\min\limits_{n\in \mathrm{F}}D_{\mathrm{DOI}}(n,v)\\W_{\mathrm{Topology}}(v)=\min\limits_{n\in F}D_{\mathrm{Topology}}(n,v)\end{cases} \tag{3-4}$$

式中，$D_{\mathrm{DOI}}(n, v)$ 是节点 n 和节点 v 在树状结构中的兴趣度距离；$D_{\mathrm{Topology}}(n, v)$ 是节点 n 和节点 v 在网络拓扑结构中的最短距离；α_1 和 α_2 是这两段距离的权重参数，可以进行调整。

第二步：重新聚类不相关节点。

当聚类树的结构不够平衡，且当焦点在树中的位置比较深，就很可能从树中切出很多不相关的节点，如果不做处理，将会形成一棵很高的树。为了避免这个问题，需要将聚类算法再次应用到这些不相关节点。首先，将那些连续的不相关的单节点从树结构中检测出来并将它们从树中切割出去。之后，将树切割算法重新应用于通过网络拓扑结构生成的子树中。最后，聚类后的聚类子树重新被插入到树结构中。图 3-19 展示了这个步骤。

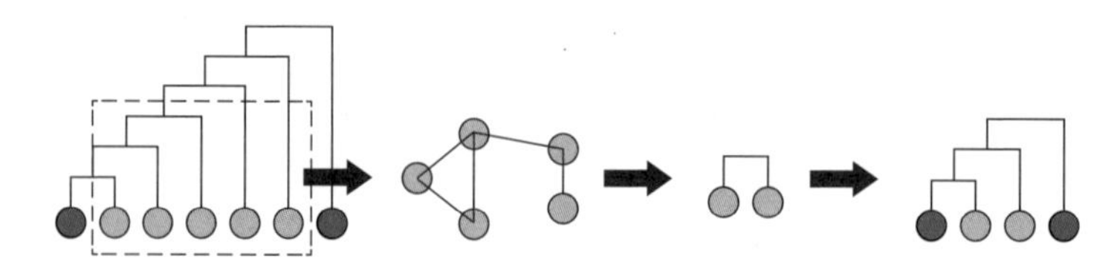

图 3-19 树切割算法的第二步：根据网络结构重新聚类不相关节点

3.5.5 可视化设计

在进行可视化设计之前，针对领域专家的需求，我们总结出了一些使用本系统进行标记的专家可能需要的关键信息。我们将这些信息分成两类：由 BIRD 算法检测到的实例的局部的信息和整个动态网络的全局信息。

为了展示 BIRD 算法检测到的实例的局部信息，我们定义了以下几个设计需求。

R1：展示实例的特征。辨别稀有类的最重要的一点，就是要能够展现实例附近区域的特征，包括实例的 Ego 网络和 BIRD 算法检测到的相似节点。

R2：支持在 BIRD 算法查询过程的上下文中识别稀有类。BIRD 算法可能会查询到稀有类周围节点的一些主要类的节点，用户需要能够观察查询过程以及查询产生的实例周围的区域，以及时去除这些主要类节点。

R3：将 BIRD 算法产生的高分值实例进行高亮。因为本工作修改了 BIRD 算法，每次都会检测出一批稀有类实例，用户更关心高分的实例，所以应该将这些高分的实例高亮显示，以引起注意。

R4：保留被标记的稀有类的上下文。系统应该提醒人们检测出来的稀有类别属于什么类型，并且支持新检测的实例和被标记的类别之间的比较。

为了能展示动态网络的全局信息，我们定义了下列设计需求。

R5：提供动态网络整体的概览。用户需要探索整个动态网络，了解动态网络的整体变化。根据动态网络的整体概览，用户能够决定他们需要关注哪个时间段。

R6：在动态网络的上下文中捕捉到变化结构。需要在整个网络中展示实例的变化，这样能够帮助确定实例和主要类之间的差异。

除此之外，我们还定义了一些其他的用户交互需求。

R7：需要能比较实例的细节。如果没法进行比较，就无法确定一个实例是否是稀有类实例，并且也无法判断两个实例是否属于不同的稀有类。

R8：需要能选择和合并不同的时间片，并能选择特定的时间段用于初始化 BIRD 算法。BIRD 算法需要在两个相邻的时刻之间来检测稀有类。因此，系统需要让用户来决定 BIRD 算法需要的参数，也即两个相邻的时刻。

R9：需要能设置或者取消实例的标记。系统应该提供在 BIRD 算法查询的过程中标记稀有类的功能，并且要能在标记出错的时候修改这个标记。

本小节将介绍系统的设计。图 3-20 展示了系统的界面，包含了四个主要视图：矩阵视图（展示了整个动态网络中选定实例的细节情况）、时间轴视图（展示动态网络的概览）、实例视图（展示了实例的特征以及 BIRD 算法的查询过程）和标记视图（展示了历史标记结果）。

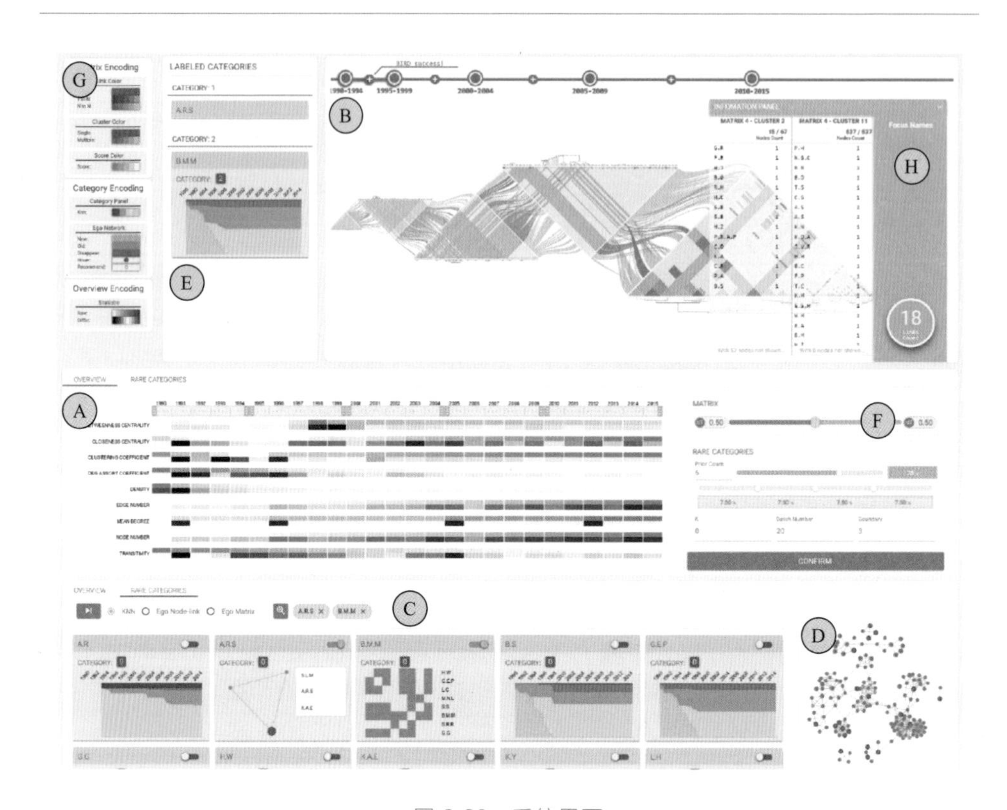

图 3-20 系统界面

A—时间轴视图；B—矩阵视图；C—实例视图；D—子网视图；
E—标记视图；F—参数面板；G—编码面板；H—信息面板

3.5.5.1 矩阵视图

矩阵视图是系统的主视图，它被设计用来表示大型动态网络结构以及其中的稀有类实例的细节。最初，这个视图展示动态网络的结构演变情况（R5）。当使用系统的用户选择了一个或多个焦点时，该视图就会在这些焦点附近展示细粒度细节，而在其他不相关区域展现粗粒度细节。这样就能观察和比较实例随时间的变化情况（R6 和 R7）。

系统使用了矩阵、桑基图和树状图的组合来表示动态网络结构（图 3-21）。对于网络结构而言，矩阵相对于节点链接图，更具可追溯性和可比性，故而系统选择矩阵作为网络结构的基本表示方法。当网络较大时，矩阵也会较大，而由于视觉空间的限制和信息的过载，大型矩阵会降低对动态网络的探索和查询效率，因此本工作利用分层聚类的方法，将节点聚合成聚类来降低矩阵的大小。然后在每两个相邻的矩阵之间加上桑基图，用来表示这两个矩阵之间的演变。同时，系统利用聚类树的层次结构来表示聚类和网络结构的关系。因为在系统中，所有网络都被视作无向图，因此系统中的邻接矩阵都是对称的。故而可以将上/下半矩阵删去，替换成聚类树，从而提高空间利用率（图 3-21）。

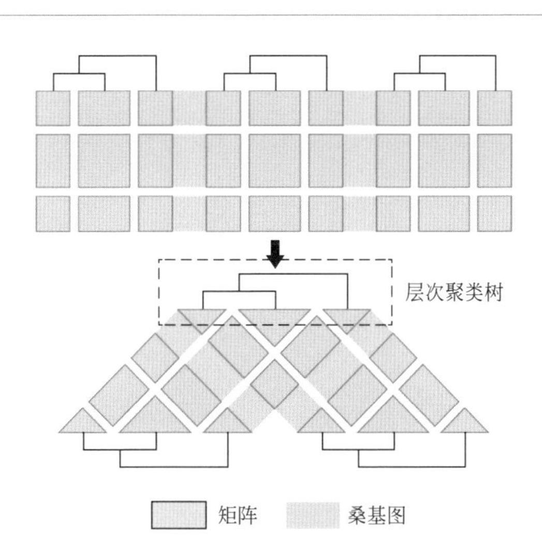

图 3-21 矩阵视图的基本设计，是矩阵、桑基图和层次聚类树的结合。相比于普通的方形矩阵，三角形矩阵在空间上利用率更高

系统用矩阵对角线上的三角形来编码当前聚类，因为存在不同粒度，所以三角形也有不同的节点数量。系统使用蓝色和红色（图 3-22）来区分包含一组节点的聚类和包含单个节点的聚类。对于包含一组节点的蓝色聚类，系统用颜色的饱和度梯度来编码聚类中包含的节点数，如图 3-22 所示。而矩阵内的矩形，用来表示聚类和聚类之间的链接。链接分成三种类型：单节点聚类到单节点聚类的链接、单节点聚类到多节点聚类的链接以及多节点聚类到多节点聚类的链接。为了和聚类本身的颜色保持一致，系统用蓝色来编码多对多的关系，用红色来编码一对一的关系，用中间色——紫色来表示一对多的关系。然后用颜色的饱和度梯度来编码它们的实际链接数量。

因为节点的异常度这个属性非常重要，所以系统决定用矩阵对角线上的三角形的大小对 BIRD 算法（R3）输出的异常值得分进行编码。如果通过树切割算法生成大量的聚类，在矩阵大小有限制的情况下，每个聚类就会被编码得很小，会干扰分析过程。所以同时采用了以下三种方法来帮助解决这个问题。

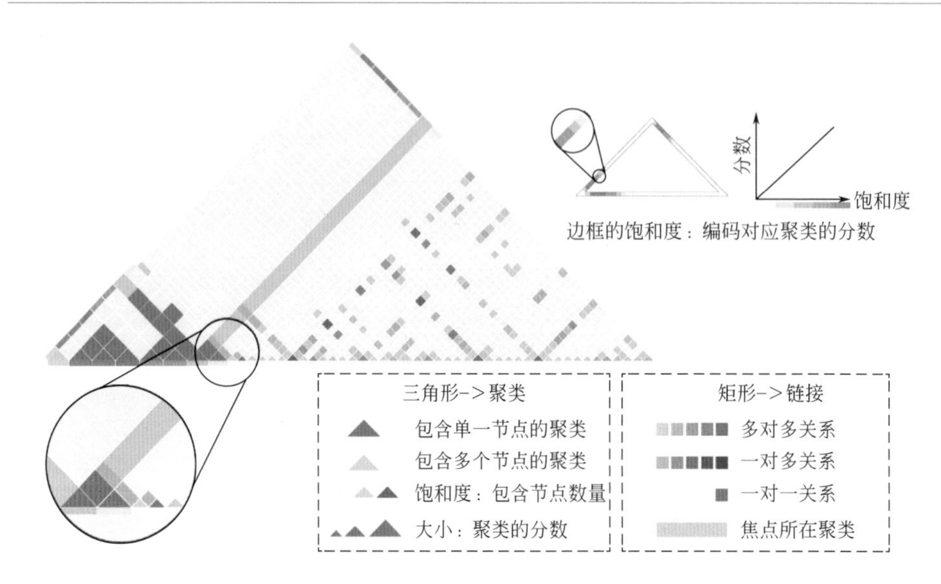

图 3-22 矩阵内的可视化编码。三角形表示单一节点聚类（红色）或者一组节点的聚类（蓝色）。红色的矩形表示了两个单一节点聚类的链接；紫色的矩形表示了一个单一节点聚类和一个多节点聚类之间的链接；蓝色的矩阵则表示了两个多节点聚类之间的链接。聚类的分数则用三角形的大小和矩阵边界的颜色来进行编码

① 在矩阵视图中支持自由缩放和拖动。但缺陷在于：当矩阵被放大时，由于空间的限制，矩阵序列无法完全显示。

② 系统实现了图 3-23 所示的一种特殊的交互方式，可以在不改变矩阵大小的情况下，对鼠标周围的局部区域进行放大。但当使用这种交互方法的时候，尽管缩放的局部区域保持了相对比例不变，但整个矩阵的三角形和矩形大小就会失真，从而产生误导。

③ 系统又利用矩阵的边框，在边框上对聚类的异常值分数进行编码，异常值越高的聚类，将有饱和度更高的颜色。这样做能带来两个好处：

a. 因为颜色编码的一致性，当矩阵稀疏的时候，用户更容易区分桑基图的条带属于哪个聚类。

b. 使用户更容易观察到分数随时间的变化。

3.5.5.2 时间轴视图

时间轴视图通过提供动态网络的高度抽象信息，来帮助使用系统的用户进行选择、划分、合并他们感兴趣的时间片段的操作。视图包含了两部分：一个是支持交互的时间轴，另一个是一个展示动态网络的抽象信息的像素图。像素图对数据处理过程中产生的统计指标进行了可视化，每个指标都用两行显示，其中一行

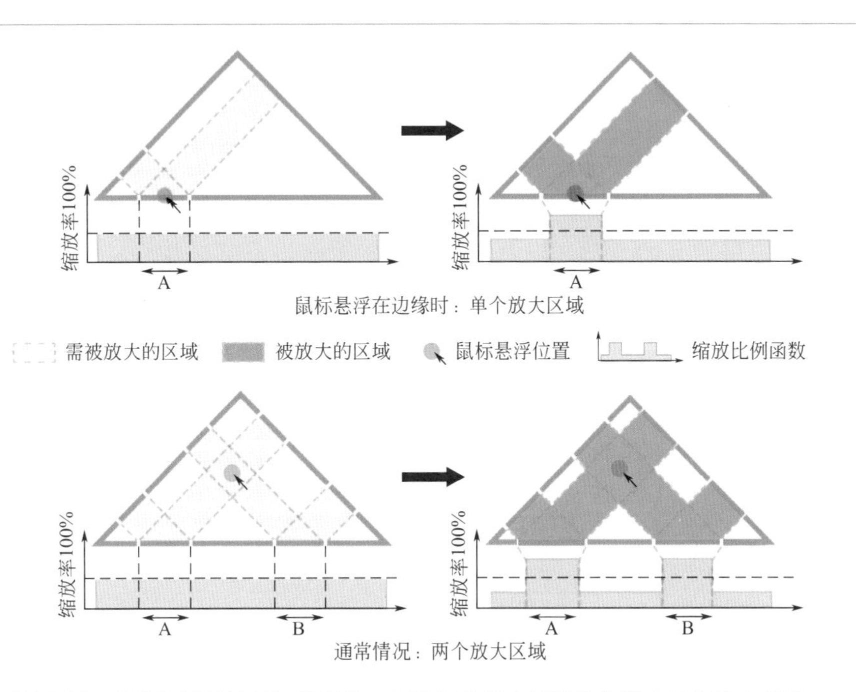

图 3-23　两种不同的缩放比例函数：当鼠标悬浮在矩阵的边缘上和矩阵内部时

显示原始值，另一行显示一阶差分。通过像素图，用户就可以了解每个时刻的动态网络的状态信息。通过简单的点击、刷选和拖动操作，就可以在时间轴（R8）上自由地添加、移动、合并和取消时间片段，如图 3-24 所示。在选择的时间片段被提交后，数据存储模块会根据所选择的时间片段重新查询数据并构建网络结构。此后数据分析模块将重新载入数据，并更新矩阵视图。

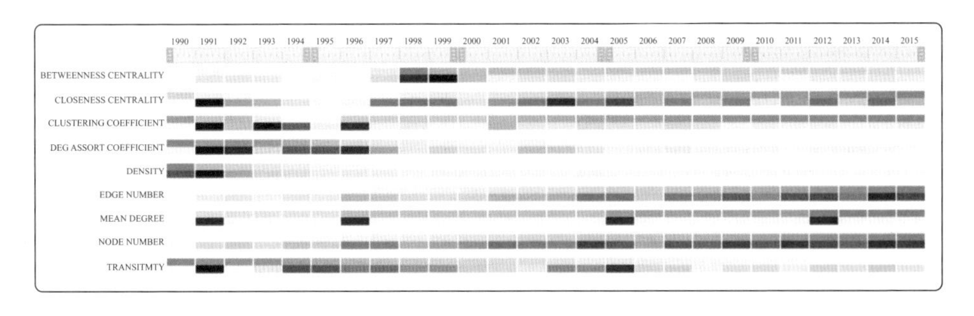

图 3-24　时间轴视图，用户可通过点击、拖动来切分和合并时间片段；像素图则用红色编码了负值，用蓝色编码了正值，并且用颜色的饱和度编码其绝对值

3.5.5.3 稀有类实例的特征可视化

稀有类实例的特征信息，包括以它为中心的Ego网络，BIRD算法产生的K最近邻（KNN）信息，以此作为判断该实例是否是稀有类。系统使用K最近邻信息、节点链接图和邻接矩阵来显示这些信息。用户可以在这三种视图中自由切换。

K最近邻距离图，用来展示实例与其K最近邻之间的距离。由于在大型网络中存在大量的K最近邻，以及空间方面的限制，系统仅显示了简要信息。实例的K最近邻根据其距离进行分类，并通过图3-25形式的流图进行可视化。如果两个实例的流图显著不同，例如，其中一组的实例和其K最近邻非常接近，但是另一组却远离其K最近邻，其中至少有一组很可能就是稀有类。

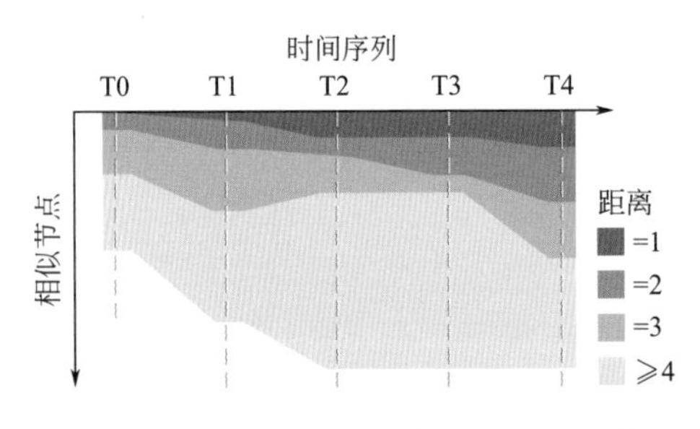

图3-25 K最近邻按照距离分类的流图表示

Ego网络的表示方式包含了两种可视化方法：节点链接图和矩阵。同时采用这两种方法并不会存在编码冗余，因为节点链接图强调了顶点，而矩阵强调了链接。BIRD算法需要在两个时间片之间做异常检测，所以需要展示两个时间片之间的Ego网络变化，如图3-26所示，顶点和链接的状态都由颜色来编码，蓝色表示新的时间片出现的节点/链接，绿色表示新的时间片消失的节点/链接，灰色表示一直存在的节点/链接。

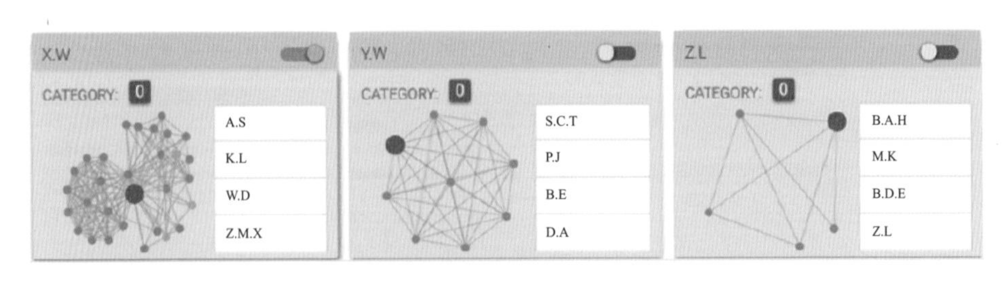

图3-26 实例视图里的Ego网络

实例的子网视图，通过将所有被检测到的实例及其一阶邻域进行可视化，来展现 BIRD 算法的查询过程，从而能帮助使用系统的用户比较不同实例之间的差异。这个视图的颜色编码类似于 Ego 网络的颜色编码，但又新增了一些编码，系统使用节点的红色边框来表示当前迭代新检测到的实例，用浅红色来表示以前的迭代中检测到的实例。当鼠标悬浮到某个实例上，其本身和它的 K 最近邻都会进行放大，如图 3-27 所示。

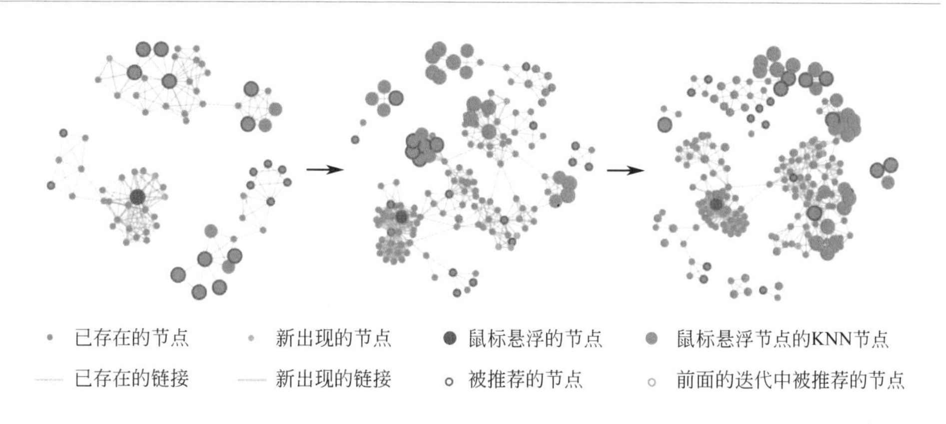

图 3-27 子网视图通过用节点链接图将所有被查询的实例展示出来，以此显示 BIRD 算法的查询过程

实例视图和标记视图都是为了展现稀有类实例的特征。其中，实例视图是为了显示每次迭代过程中 BIRD 算法检测到的实例，并通过 K 最近邻图、Ego 网络图（R4）以及子网视图来展示，其中子网视图放在整个实例视图的右侧，用户可以在这个视图中对其认为可能是稀有类的实例进行标记。标记视图则展示了用户已经标记过实例，并允许用户能够修改这些稀有类（R9）实例的标记。

3.5.5.4 其他面板

除了以上所述的视图或面板之外，系统还包含了一个编码面板和信息面板。编码面板展示了系统所用的颜色编码（见图 3-20 区域 G）。信息面板则展示了用户在矩阵中选择的矩形（链接）或三角形（聚类）的详细信息，如图 3-20 区域 H 所示。当鼠标悬停在对角线上的三角形（聚类）时，该聚类包含的节点数量和所有节点的列表会显示在面板上，当鼠标悬停到矩形（链接）时，信息面板会分成两部分，分别显示链接所连接的两个聚类的节点数和这两个聚类中有相互连接的节点，信息面板还会显示链接数量，参考图 3-20 区域 H。

3.5.5.5 交互设计

系统还设计了一系列交互，来帮助用户更好地检测和分析稀有类。

① 需求细节：实例视图和矩阵视图都显示了不同级别的稀有类实例的细节信息。实例附近的局部信息和实例 K 最近邻的抽象信息会被展示在每个实例的实例视图中，而子网视图显示了 BIRD 算法的历史查询记录。一旦在实例视图中选择了节点，树切割算法会以此为焦点进行计算，相关节点以及整个动态图的上下文信息都会在矩阵视图中被展示出来。

② 高亮和聚焦：系统支持一系列高亮和焦聚的交互，因为在系统中，所有视图之间都有相互作用，无论在哪个视图中，如果用户悬浮到一个节点上，那么这个节点和它的相关节点就会在其他视图中被高亮起来。用户还可以通过单击矩阵中的某个块（包括矩形和三角形）来进行聚焦，然后即可在信息面板中浏览相关信息。在信息面板中，用户可以通过悬停来聚焦于其中一个节点，那么与其相连接的节点都会被高亮出来。

③ 拖动和缩放：在矩阵视图中，用户可以自由拖动和缩放整个矩阵序列，放大操作可以展现单个矩阵的细节，缩小操作则用来展示整个动态网络的概览以及聚类和实例的随时间的变化情况。拖动的交互，则能够让用户可以聚焦于不同的矩阵以观察细节。

④ 参数调节：系统的参数面板可以用来调节参数，包括树切割算法中两个权重参数 α_1 和 α_2、BIRD 算法的两个参数稀有类类型数量（prior count）和每种稀有类的比例、最近邻数量（K）、BIRD 算法返回的批量查询结果数量（Batch Number）以及树切割算法的边界距离（Boundary）。而通过时间轴视图的交互设计，用户能对时间片段进行选择、划分、合并。

3.5.6 案例研究

为了研究系统的有效性，我们将一个现实世界的数据集应用于设计的系统。案例研究采用的数据集记录了 1990～2015 年 IEEE VIS 所发表的所有论文，根据每篇论文的共同作者，构建一个增量的合作网络，其中每个链接都表示两个作者有过合作。我们用最后一年（2015 年）的作者来表示所有作者，一共是 3640 名，而边的数量则是从 43 条（1990 年）到 11848（2015 年）条。最开始，时间轴视图和矩阵视图显示了网络结构的基础信息［图 3-20 中区域 A 和图 3-20 中区域 B］。像素图和矩阵都表明，2000 年以前，节点和链接的数量和增量都很少，而 2000 年之后，网络的发展速度变快，尤其是在 2004 年之后。

案例一：

在利用 2014 年和 2015 年的数据初始化 BIRD 算法之后，根据实例特征挑选 W. D、X. M 和 H. L 作为焦点进行树切割，如图 3-28 所示。他们和他们的相邻节点在子网视图中形成了一个密集的结构，见图 3-28 的区域 A，而矩阵视图展示了他们2013～2015年的邻域。焦点用蓝色条带进行高亮，图3-28中区域B展示了2013年焦点附近的区域，该节点的链接有着较大的密度，说明这块区域的节点拥有较为密切的协作关系，于是这片区域可以被视作一个小的合作群体。而链接了2013年和2014年的桑基图说明区域C和区域B是同一个区域。可以看到，区域E连接着区域C和区域D，而2013～2014年的桑基图的空白部分（区域F）表示区域D的8个节点都是2014年新出现的节点，而且区域D的团状结构，表明这些节点可能在同一篇论文中进行合作，大量的作者的合作关系说明这篇论文可能是多个小组的合作成果，这种不寻常的合作，导致了W.D.、X.W.和H.L.被推断为稀有类。

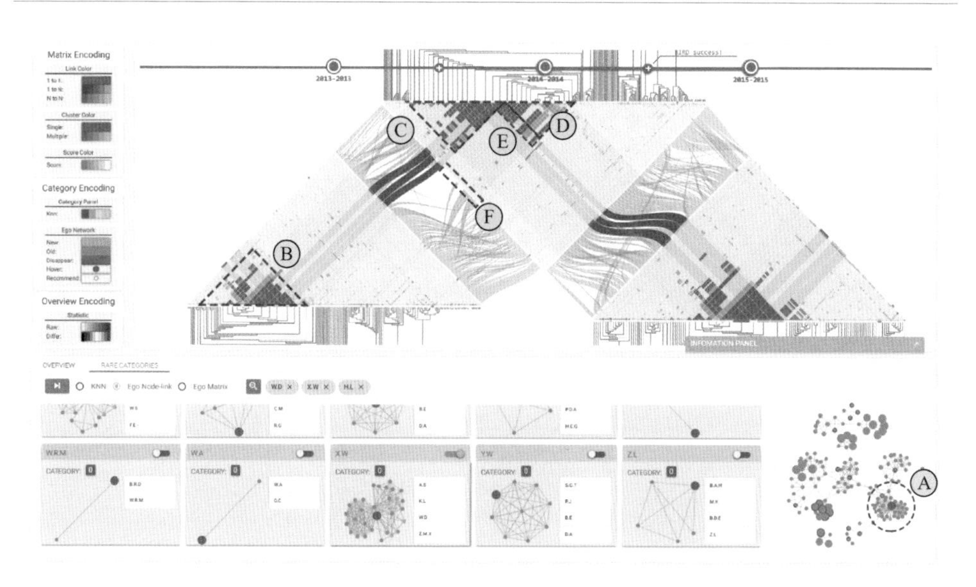

图3-28　用BIRD算法检查W.D.，X.W.和H.L.在2014～2015年的变化；（A）：子网视图展示了一个与三名作者相关的密集结构；（B）：2013年，由这三名作者及其邻域构成的小社区；（C）：B区域在2014年的样子；（D）：C区域边上新出现的一块密集结构；（E）：C区域中的两个节点和D区域中很多节点有连接；（F）：桑基图显示D区域中有8个节点是2014年新出现的，暗示了可能在2014年发表了一篇论文包含了很多作者，这篇论文应该是一次多边合作的结果。这种在W.D.，X.W.和H.L.周围邻域的异常的变化导致他们被识别为稀有类

案例二：

2012～2013年期间，D.J.、S.A.和I.P.组成了一个大型的密集子网（图3-29）。然而，仍然无法确定图3-29的区域A和区域B是否属于同一类，故而需要在矩阵视图中观察动态变化（图3-30）。

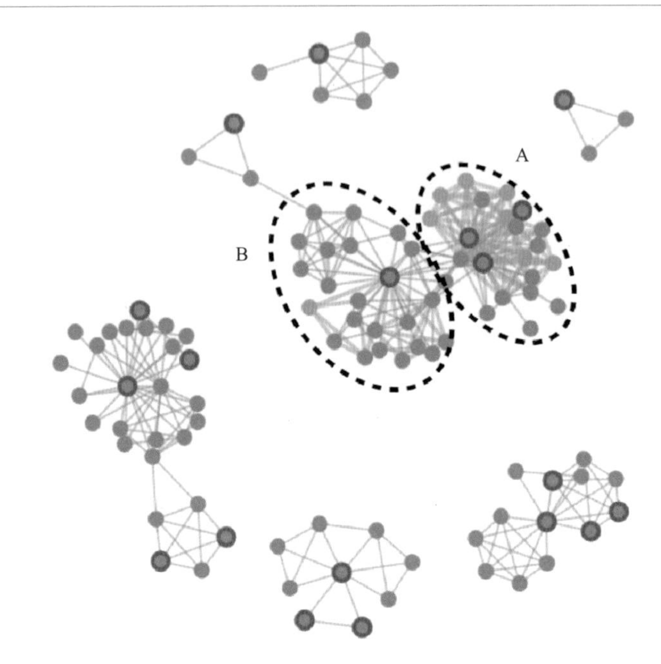

图 3-29 D. J.、 S. A.（区域 A）和 I. P.（区域 B）周围的紧密结构

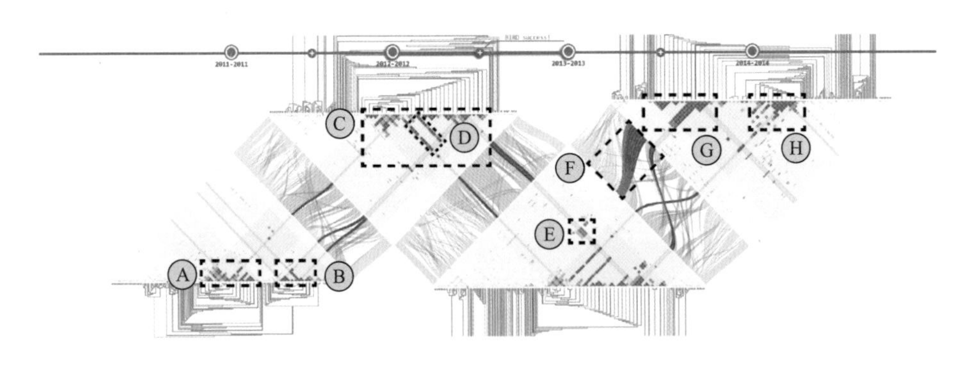

图 3-30 在 2011 年，I. P.（A）周围的区域和 D. J.、 S. A.（B）周围的区域并未连接；连接（D）是在 2012 年才出现，此时（A）和（B）才合并成（C）；（F）区域的桑基图显示 D. J. 和 S. A. 在 2014 年和一个密集的结构相互连接，这使得（G）区域和（H）区域分成了两个相互分离的稀有类

2011 年，I. P. 在区域 A 中，D. J. 和 S. A. 在区域 B 中，很明显，这两个区域没有联系。

2012 年，区域 C 显示，由于产生新的连接（区域 D），2011 年的两个区域在此刻合并成一个区域。

2013年，E区域表明又出现了大量新的连接，而2013～2014年的桑基图显示2013年出现的这些新连接到D.J.和S.A.的作者，也出现在2014年的区域G。

2014年，原先合并到一起的区域，又分离成了区域G和区域H。

由于D.J.、S.A.和I.P.所在的区域随着时间的合并和分裂行为，导致他们被算法检测成为稀有类。

3.6 动态网络中节点排名可视化

排名数据在现实世界中是非常普遍的，并且有许多工作都关注于这种数据的视觉分析。常见的排名列表是描述了一组项目的优先级，这其实是排名数据里最简单的例子。然而，现实世界中的排名数据要比这复杂得多。LineUp提供了一种直观的解决方案，通过对属性的灵活组合和其中参数的细化来分析多属性排名。Rank Explorer采用基于流的可视化方法来分析时序排名数据中的排名变化。在一般的情况下，一组排名对象（例如导师、学校）可以由不同的用户、评级机构和模型在多个时间下进行排名，称为不同的排名标准，例如在不同的搜索引擎如Google、Yahoo！和Bing上搜索相同关键字的搜索结果的先后顺序，以及来自QS、U.S.News和ARWU的大学排名。

对于以上提到这些排名数据，因为排名的时间不统一，排名统计时排名总体的规模也不一样，导致来源不同的排名不能进行比较。数据排序是使数据可比较的最简单的方法。将数据集转换为时序排名数据可以更好地处理一些数据分析任务，例如基于多个异常检测算法分析动态网络中异常节点的行为，或者基于多个股票估值模型来分析一组股票的任务。

在现实生活中，人们通常对一组排名对象中的一个或多个的排名变化感兴趣，例如大学排名的动态变化。这种数据可以称为时序排名集合。这种数据具有不确定性和时间多样性的特点，由于数据源的质量差异，排名的时间和排名对象集中可能包含异常值或数据失准的问题。时序排名数据的分析任务可以分为两类：分析排名趋势、分析不确定性和分布。随着时间的推移，跟踪和分析排名趋势的变化可以帮助用户识别排名的趋势，并找到具有期望的排名趋势的排名对象，例如，找到大学排名中快速发展的大学。由于时序的特征，类似的排名趋势并不说明两者表达的信息一样。现有的排名可视化技术不是为时序排名集合数据所设计的，因此无法正确描述数据中的不确定性和动态变化。

为了能够对时序排名集合数据的排名动态变化和不确定性进行分析，需要通过可视化去描绘这些特征，但是这对于数据量大的时序排名集合数据数来说是十分困难的。其中有两个主要挑战，第一个挑战是如何揭示排名对象随着时间变化的排名趋势。排名集合数据的每个时间步长上的多个排名标准给出的多个排名值增加了数据处理和可视化的复杂性。第二个挑战是如何显示多个时序排名集合的不确定性和分布。盒须图足以显示单个排名对象集合的分布情况，但不能应对大量排名对象集合的可视化以及进行彼此之间的比较。

3.6.1 设计目标

为了解决时序排名集合数据可视分析中遇到的挑战，定义如下的设计目标。

目标 1：提供概览以支持研究排名的趋势。

在数据分析中，概览对于帮助用户探索和识别时序排名集合的排名趋势会非常有用。

目标 2：显示所选择的时序排名集合的变化。

描述一个或多个时序排名集合的随时间变化的排名趋势及相互之间的相似性是非常重要的，因为具有相同排名趋势的排名集合可能表现出微妙的差异。

目标 3：描述时序排名集合中的不确定性和分布情况。

时序排名集合的不确定性意味着其排名标准给出的排名之间的一致性，或者总体的稳定性，而其分布大致表示其在排名列表中的位置。两者对于了解时序排名集合的特点都是非常有帮助的。

目标 4：突出排名标准的异常情况。

时序排名集合的一些排名标准可能会出现错误或异常，导致与其他排名标准给出的排名有巨大的差异。这些排名标准应在分析过程中自动突出显示。

目标 5：为大规模时序排名集合带来高可扩展性。

在实践中，对于大规模、大数量的时序排名集合，要求在视觉设计和运行性能方面拥有高可扩展性。

3.6.2 系统设计

3.6.2.1 总览

基于我们提到的 5 点设计目标，在这里设计了一个可视分析系统，它支持对时序排名集合数据的探索、比较和分析。在定义了排名对象的排名集合之间的距离之后，可以用层次聚类方法来提取时间趋势。该系统由三个视图组成：一个聚类视图，由一个基于树的导航器组成，总结了根据排名趋势对数据聚类后的信息；一个排名视图，其中显示了数据中的细节以及用户感兴趣的时序排名趋势；一个详细视图，显示单个集合数据的细节信息。

系统流程如图 3-31 所示。此系统包含两个主要部分：数据处理模块和可视化模块。在数据处理模块中，应用层次聚类和树切割方法，通过将具有类似趋势的时序排序集合分组到聚类中，提取数据集中的排名的趋势。在可视化模块中，三个主要视图用来对时序排名集合进行可视分析，分别是具有相互交互功能的聚类视图、排名视图和细节视图。

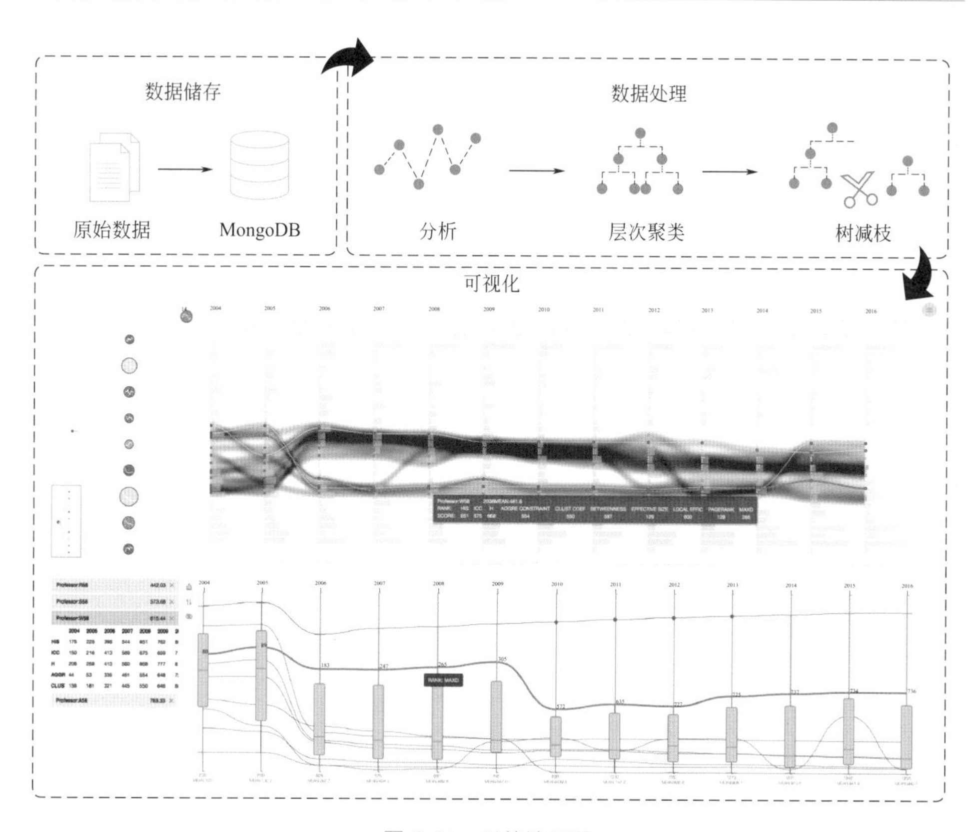

图 3-31 系统流程图

3.6.2.2 符号

时序排名集合数据为：$R=\{R^t: t=1, 2, \cdots, T\}$，在 t 时刻上，有时序排名数据为：$R=\{R^t: t=1, 2, \cdots, T\}$。$M$ 是时序排名集合数据中的排名对象的数量，m 代表任一一个排名对象，排名对象 m 在 t 时间上的排名集合数据为：$E_m^t=\{e_{mn}^t: n=1, 2, \cdots, N\}$，$N$ 代表了排名标准的数量，n 代表任意一个排名标准；$E_m=\{E_m^t: t=1, 2, \cdots, T\}$ 为排名对象 m 的时序排名集合，此时序排名集合数据可以表示为 $R=\{E_m: m=1, 2, \cdots, M\}$。

每一层数据结构都赋予了语义，在操作时，E_m 是排名对象 m 所有时间上的排名集合，E_m^t 是指排名对象 m 在 t 时间下的排名集合，e_{mn}^t 是排名对象 m 在 t 时刻下排名标准 n 的排名，R^t 是 t 时刻所有排名对象的排名集合。见图 3-32 和表 3-1。

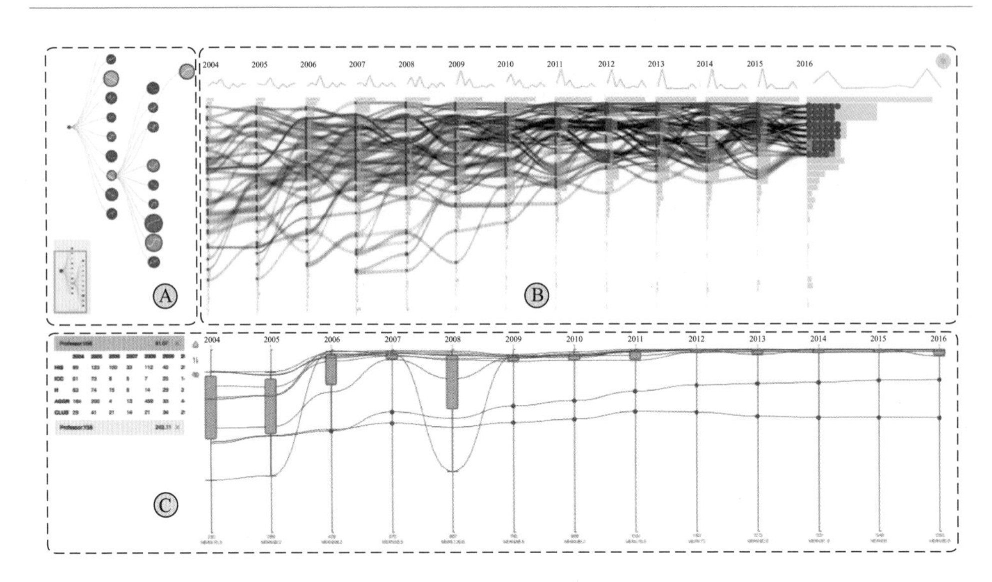

图 3-32 系统界面。基于 DBLP 的数据集，包括聚类视图 A、排名视图 B、细节视图 C。其中 V58 和 Y58 的平均排名变化在排名视图 B 中显示，此时一个排名一直很高，一个排名逐渐增高。细节图 C 中可以看就 V58 的相信排名信息以及异常的被标红的排名信息

表 3-1 数据举例（某导师的排名数据）

项目	2011 年	2012 年	2013 年
某公司对其的排名	3	12	23
学术排名	5	10	13
影响力排名	7	16	20
某公式下的排名	4	8	10

3.6.2.3 数据处理

在数据预处理阶段计算和处理排名集合的顺序，将具有相似排名趋势的排名集合通过层次聚类算法分类为不同的聚类。这样做之后，用户可以观察到不同聚类的排名趋势并跟踪到其动态的变化。

此系统定义了一种距离衡量标准，对于任意一对（E_i，E_j），i、j 为任一两个不同的排名对象，计算距离（$E_i^{t_1}$，$E_j^{t_2}$），其中 $E_i^{t_1} \in E_i$，$E_j^{t_2} \in E_j$，t_1，t_2 属于各自集合的时间序列，所以在 t_1，t_2 上两个集合的距离表示为：$D(E_i^{t_1}, E_j^{t_2}) = \frac{1}{N^2} \cdot \sum_{i', j'=1, 2, \cdots, N} \| e_{ii'}^{t_1} - e_{jj'}^{t_2} \|$。基于此系统定义的距离将动态时间扭曲算法应用

于每对 E_i、E_j，以捕获时序排名集合的趋势特征。Rakthanmanon 等人建议在应用动态时间扭曲算法之前对时间序列进行归一化。因此，对每对时间序列都应用归一化，以保证具有相似趋势但具有较大差异值的节点具有较小的距离。

此工作使用称为最近邻链算法的快速层次聚类算法，时间复杂度为 $O(n^2)$，通过此算法对动态网络中的节点进行分组。分级聚类的结果可能是不平衡的，即层次结构树可能是很深的，并且从根节点到叶节点的探索导航可能需要遍历许多层级。因此，此工作通过树切割算法降低树的深度，以帮助用户快速找到到他们感兴趣的聚类。

3.6.2.4 聚类视图

也可以使用聚类视图来显示时序排名集合的聚类信息，它提供了时序排名集合的排名的趋势（目标 1）的概览。此系统使用树形图布局来表示数据处理后获得的聚类结果的层次结构。支持用户遍历整个数据集，通过迭代扩展树节点进行交互，直到找到感兴趣的聚类。用户可以通过拖动感兴趣的聚类到排名视图中浏览其中的细节。整个树形图的缩略图放置在此聚类视图的左下角，以提示用户目前正在探索的树的部分。如图 3-33 所示，聚类节点的半径编码了集合内排名对象的数量，节点的半径越大，表示具有类似时间特征的时序排名集合越多。在树状图中的每个聚类节点内，会有一个表示趋势的图形，以显示属于此聚类节点的所有排名集合相似的趋势，趋势近似的形状，如上升、下降和平稳，表示特定聚类节点中排名集合的趋势模式。因此，用户可以通过浏览聚类树，轻松高效地查找具有所需趋势模式的聚类节点。

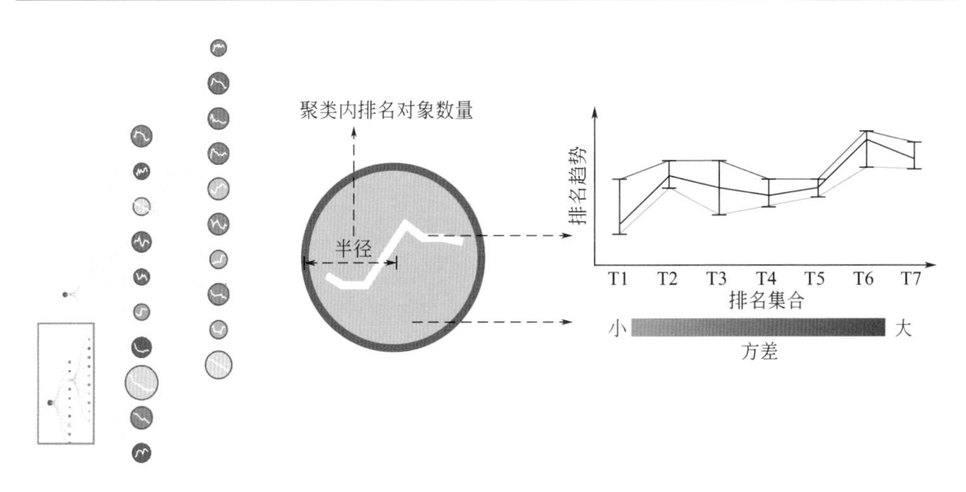

图 3-33 聚类视图编码

此外，此系统用每个聚类节点的颜色来编码聚类节点中的排名集合的平均不确定性。深红色表示平均不确定度低，浅红色表示不确定度高。不确定性越低，稳定性和可靠性越高，此系统认为具有更高稳定性和可靠性的数据和排名对象更为重要。

3.6.2.5 排名视图

排名视图设计为可以对指定聚类中的时序排名集合进行可视化（目标2，目标3，目标5），这是由用户在聚类视图中选取的。排名视图的主框架是一个平行坐标图，包括四个主要的视觉组件（即直方图、热力图、圆形图标和折线图）和一系列直观的交互手段。

在上方每个时间标记下的在垂直区域，代表所选聚类中此时间下的排名集合，并垂直放置直方图（目标3），直方图统计了排名标准对于排名对象的排名，每个小矩形表示平均排名分布，例如1～50名，51～100名。垂直直方图的顺序有助于用户观察排名集合在时间上的分布以及时间上这些分布的变化趋势。

在此系统的初始设计中，使用桑基图来可视化时序排名集合分布的时间变化趋势。然而，当所选择的聚类的排名对象很多时，可能会发生严重的重叠。因此，为了避免重叠和视觉杂乱的问题，此系统使用叠加的热力图来显示排名集合的排名变化趋势（目标5）。然而，在此系统的基于浏览器的系统中，“svg”或“canvas”技术并不能很好地支持热力图，因此使用WebGL和GLSL着色器实现热力图。首先，对于所选择的聚类中的每个时序排名集合，每个时间下的排名对象会和相邻时间下的自己相连，所产生的线表示此排名对象的排名随时间的变化趋势。然后将排名集合的每个顶点的线以及不确定性参数化并编码为两个GPU纹理。热力图是基于GPU的核密度估计算法生成的，此系统使用排名集合的不确定性来调整内核大小。因此，热力图的模糊性编码了排名集合的不确定性，也就是不稳定性。

在初始排名列视图中，对选择的聚类中的所有排名对象进行了大致的可视化，但是可视化的效果会具有很大的不确定性。因此，此系统还实施了层次化的刷新交互，以帮助用户迭代地选择符合特定需求的排名对象，例如排名越来越高，或者一直在高排名保持稳定的排名对象。用户可以刷选一个矩形区域来选择每个时间上感兴趣的排名区间。此系统采用Focus＋Context技术使交互更加直观简洁。随着排名集合的刷新，会在每个直方图的排名区间绘制代表所选择的处于此区间的排名对象的圆环图案，该排名对象此时的排名为所有标准排名下的整合，整合可以是直接取所有标准的平均排名，或者是每个排名的权重不同，取加权平均，这里用的是平均排名。圆的颜色仍然像在聚类视图中一样编码了不确定性，对于每一个排名对象，可以显示相应的随着时间的排名趋势变化线。同时，这些选定的排名对象的时序排名集合的细节在详细视图中将会进一步可视化出来。

在每个时间下用折线图统计每个排名标准对于此时间下所有排名对象的影响，即方差贡献统计图。对于每一个排名对象 M，M_M 为此排名对象拥有的排名标准的集合。计算排名对象的平均排名 $\overline{M}$，m 代表排名标准，因此有此排名对象 M 的排名方差为 $Var(M)=\sum_{m\in M_M}(m-\overline{M})^2$，那么不同排名标准 m 对于排名对象 M 的排名的影响，即对于方差的贡献为 $Con(m)_M=\frac{(m-\overline{M})^2}{Var(M)}$。每个排名标准对于此时间下所有排名对象的影响为 $ConS(m)=\frac{\sum_{i\in M}Con(m)}{n}$，$n$ 为此年内排名对象的数量，并且有等式 $\sum_{m\in M}ConS(m)=1$。

此系统还提供了一个文本搜索框，以便根据特定需求，查询比较不同排名对象的时序排名集合。例如，如果用户想通过此系统查看感兴趣的几所大学的排名变化，可以简单点击排名视图右上方的查询按钮打开文本搜索对话框，并输入指定大学的名称。在聚类视图中将会把此大学所在的聚类高亮显示出来，同时在排名视图（如图 3-34 所示）中进行可视化显示，以便进一步探索。

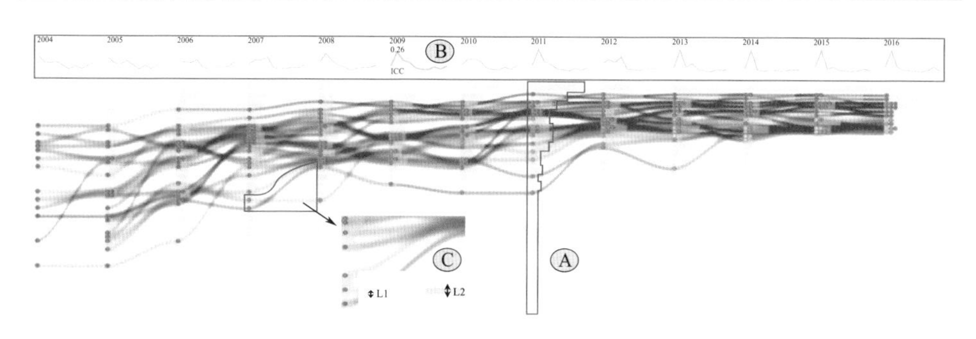

图 3-34 排名视图

A—直方图统计了每个时间步长上的所有排名标准的排名，划分排名区间由高到低从上往下排布；
B—折线图统计了每个时间步长上的每种排名标准的对于整体排名标准的方差的贡献，即影响；
C—每个排名集合的颜色编码了方差，方差越大，颜色越浅

3.6.2.6 细节视图

细节视图用来展示选中排名对象的详细信息，以及排名标准在每个时间下的分布情况，从中寻找有价值的规律或异常的状况。

在细节视图里分为三个部分，左侧通过文本表格的方式展示所选对象的详细

信息，右侧通过平行坐标轴和盒须图来展示排名标准在每个时间下的分布情况。两者中间会有一列共三个按钮所组成的功能区域。

在细节视图左侧的区域，每在主视图选取一个感兴趣的对象，便会在此增加一条此对象的信息条目，如果这里有多项信息条目，除了当前选中的信息条目用表格展示，其他的信息条目都以缩略状态来显示，当需要展示的信息条目超过一定限制的时候，可以用滚轮去浏览。缩略状态的信息包括了它的唯一的标示，例如 ID、姓名以及某些特殊具有代表意义的属性（例如平均、总排名）。完全状态的表格将会展示其余的详细信息，例如时间信息、各种属性信息。点击缩略状态的标题后将会变成完全展示的表格状态，反之亦然，同一时间只有一个信息条目以完全状态的表格显示，其余的都为缩略状态。每个信息条目的右上角会有一个删除按钮，点击后会在细节视图中删除此排名对象的数据，同时此数据的信息条目的上一个信息条目将被选中，并展开成完全状态的数据。同时主视图中此对象和此对象之间的高亮连线将会消失。

在细节视图右侧的区域，主视图选中的对象或者在细节视图左侧选择的对象，将会在此展现某些属性的信息的分布情况，这里用到了平行坐标轴，每一个垂直的轴代表一个时间轴，在轴的上方，标示了此轴代表的所属时间，轴上的点为某几种属性在这个时间上的数值信息，轴的上下两侧标出了此属性在此事件、此数据集下的值域，轴与轴之间的连线展示了这些属性在相邻时间上的变化，鼠标移动到某个属性在相邻时间轴上的连线时，会高亮所有轴之间此属性的连线和此属性在时间轴上的数值，同时在鼠标附近会显示工具栏，包含了此属性的名称。在每个时间轴上，会有此时间上所有属性数值的盒须图，盒须图会盖在时间轴和连线上，鼠标移动到盒须图上时会显示此盒须图的数值信息。

在细节视图的功能区域，包含了清除、排序、隐藏三个按钮。

① 清除：用来清空所有所选对象，同时主视图所有的所选对象的高亮和所有所选对象间的联系将会消失，整个细节视图将会清空。

② 排序：用来对左侧的信息条目进行以其特殊的具有代表意义的属性为关键字的排序。排序后左侧的展开状态不变，右侧区域的视图不发生变化。

③ 隐藏：用来触发右侧区域的盒须图显示或隐藏的状态。

参考文献

[1] The dblp dataset. http：//dblp. dagstuhl. de/xml/.

[2] Gousie M B，Grady J，Branagan M. Visualizing trends and clusters in ranked time-series data [C] //IS&T/SPIE Electronic Imaging. International Society for Optics and Photon-

ics，2013：90170F-90170F-12.

[3] Gratzl S，Lex A，Gehlenborg N，et al. Lineup：Visual analysis of multi-attribute rankings [J]. IEEE transactions on visualization and computer graphics，2013，19（12）：2277-2286.

[4] Shi C，Cui W，Liu S，et al. RankExplorer：Visualization of ranking changes in large time series data [J]. IEEE Transactions on Visualization and Computer Graphics，2012，18（12）：2669-2678.

[5] He J，Carbonell J. Prior-free rare category detection [C] //Proceedings of the 2009 SIAM International Conference on Data Mining. Society for Industrial and Applied Mathematics，2009：155-163.

[6] He J，Carbonell J G. Nearest-Neighbor-Based Active Learning for Rare Category Detection [C] //NIPS. 2007，2：6.

[7] Huang H，He Q，Chiew K，et al. CLOVER：a faster prior-free approach to rare-category detection [J]. Knowledge and information systems，2013，35（3）：713-736.

[8] Huang H，He Q，He J，et al. RADAR：rare category detection via computation of boundary degree [C] //Pacific-Asia Conference on Knowledge Discovery and Data Mining. Springer Berlin Heidelberg，2011：258-269.

[9] Pelleg D，Moore A W. Active Learning for Anomaly and Rare-Category Detection [C] //NIPS. 2004：1073-1080.

[10] Beck F，Burch M，Diehl S，et al. The state of the art in visualizing dynamic graphs [J]. EuroVis STAR，2014，2.

[11] He J，Liu Y，Lawrence R. Graph-based rare category detection [C] //Data Mining，2008. ICDM'08. Eighth IEEE International Conference on. IEEE，2008：833-838.

[12] Zhou D，He J，Candan K S，et al. MUVIR：Multi-View Rare Category Detection [C] //IJCAI. 2015：4098-4104.

[13] Zhou D，Weston J，Gretton A，et al. Ranking on Data Manifolds [C] //NIPS. 2003，3.

[14] Zhou D，Karthikeyan A，Wang K，et al. Discovering rare categories from graph streams [J]. Data Mining and Knowledge Discovery，2016：1-24.

[15] Zhou D，Wang K，Cao N，et al. Rare category detection on time-evolving graphs [C] //Data Mining（ICDM），2015 IEEE International Conference on. IEEE，2015：1135-1140.

[16] He J，Tong H，Carbonell J. Rare category characterization [C] //Data Mining（ICDM），2010 IEEE 10th International Conference on. IEEE，2010：226-235.

[17] Pelleg D，Moore A W. Active Learning for Anomaly and Rare-Category Detection [C] //NIPS. 2004：1073-1080.

[18] Newman M E J，Girvan M. Finding and evaluating community structure in networks [J]. Physical review E，2004，69（2）：026113.

[19] Henry N，Fekete J D，Mcguffin M J. NodeTrix：a hybrid visualization of social networks. [J]. IEEE Transactions on Visualization & Computer Graphics，2012，13（6）：1302-1309.

[20] Lin Y R，Sun J，Cao N，et al. ContexTour：Contextual Contour Analysis on Dynamic

Multi-relational Clustering [C] //Siam International Conference on Data Mining, SDM 2010, April 29-May 1, 2010, Columbus, Ohio, Usa. DBLP, 2010: 418-429.

[21] Rufiange S, Mcguffin M J. DiffAni: visualizing dynamic graphs with a hybrid of difference maps and animation. [J]. IEEE Transactions on Visualization & Computer Graphics, 2013, 19 (12): 2556-2565.

[22] Burch M, Vehlow C, Beck F, et al. Parallel Edge Splatting for Scalable Dynamic Graph Visualization [J]. IEEE Transactions on Visualization & Computer Graphics, 2011, 17 (12): 2344-2353.

[23] Erten C, Kobourov S G, Le V, et al. Simultaneous Graph Drawing: Layout Algorithms and Visualization Schemes [C] //2003: 437-449.

[24] IEEE. Dynamic network visualization in 1.5D [C] //IEEE Pacific Visualization Symposium. IEEE Computer Society, 2011: 179-186.

[25] Keller R, Eckert C M, Clarkson P J. Matrices or node-link diagrams: which visual representation is better for visualising connectivity models? [J]. Information Visualization, 2005, 5 (1): 62-76.

[26] Brandes U, Nick B. Asymmetric Relations in Longitudinal Social Networks [J]. IEEE Transactions on Visualization & Computer Graphics, 2011, 17 (12): 2283-2290.

[27] Bach B, Pietriga E, Fekete J D. Visualizing dynamic networks with matrix cubes [M]. 2014.

第4章

多层面数据

4.1 维度相关性的可视探索

4.1.1 方法描述

构造本方法的主要目的是为多层面数据视图提供一种基于视图关系的组织结构，从而帮助分析师理解数据空间的维度关系和频繁模式。其中，维度关系和频繁模式是基于视图之间的数据分布构建起来的，它们包括一对一关系、一对多关系和频繁数据对关系。数据视图的一对一关系指的是一个数据视图中的每个数据点分别对应另一个数据视图中的唯一数据点，反之亦然，就像函数中的一一对应映射关系。这种一对一关系表达了数据视图的冗余性，如一个“城市”变量视图和“城市（简称）”视图就是相互冗余的关系。类似地，数据视图的一对多关系指一个视图中的每个数据点分别对应另一个视图中有限的几个数据点，例如“部门”和“下属子部门”之间的关系。而频繁数据对关系指一个视图中某一个数据点和另一个视图中某一个数据点频繁共同出现，即有强相关性，例如“年龄”变量视图中的值“18 岁”和“职业”变量视图中的“学生”往往具有很高的相关性。数据中这些特殊分布关系的发现能够增强分析师对数据的基本认知。

本方法包括两个部分：数据视图关系的组织环节和视图探索的交互环节。组织环节首先将多变量数据中的多层面数据视图（一维视图和二维视图）提取出来，其中一维视图是数据的单变量视角，二维视图是数据的多变量组合视角。组合视角在某些场景下能揭露单变量视图不能发现的数据规律，例如“经纬度”的组合视图可以表达出单一“经度”或“纬度”视图无法表达出来的地理分布信息。我们基于互信息理论计算两两数据视图之间的数据分布相关性（见图 4-1 中的视图匹配步骤），再基于视图对的相关性大小构建表达视图亲疏关系的四元组（见图 4-1 中的四元组构建步骤）。最后，我们从四元组中构建数据视图分类树（见图 4-1 中的分类树构建步骤），使得同一（子）分支下的数据视图之间具有更高的分布相关性。

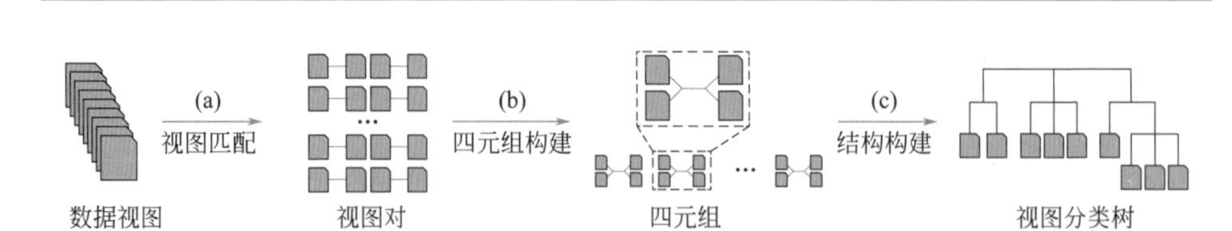

图 4-1 数据视图的组织环节分为三个步骤：（a）多层面的数据视图通过互信息两两计算分布相关性；（b）基于视图相关性，构建表达数据视图亲疏关系的四元组；（c）基于四元组构建多层面数据的视图分类树

交互设计环节则关注数据视图关系的验证和关系模式的可视探索（见图 4-2）。Dim-Scanner 为视图分类树提供了树形图布局和力引导布局两种布局形式。在任何一种布局下，分析师都可以选择任意一个数据视图观察数据分布，或选择任意一对数据视图观察它们之间的关联关系。针对不同类型的数据视图（类别型、数值型、地理类型、时序型），我们设计了对应的视图表达方式和交互方法。例如，分析师可以将时序型数据按不同的时间粒度（秒、分、时、天等）进行聚合，将地理相关的数据视图映射到地图上展现。也可以通过直方图来表达类别型数据，通过折线图来表示数值型数据等。这些视图可以通过点选、刷选等交互来从一个视图关联到其他视图中去。分析师可以在视图选择组件上通过选择、编组、过滤视图等操作找到需要的视图，并可以将感兴趣的数据视图拍摄快照加以概括保存。

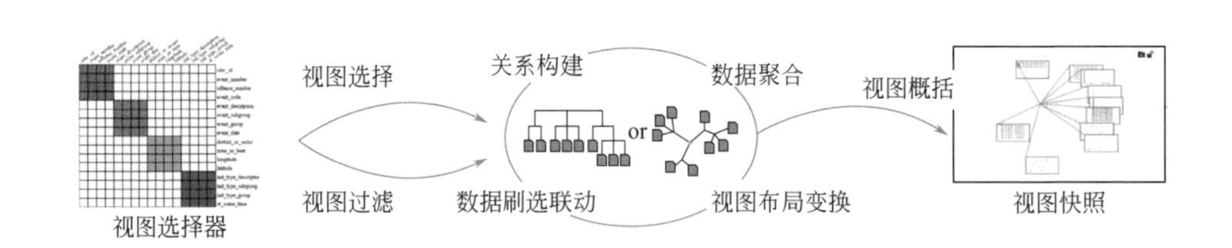

图 4-2 数据视图的交互环节展现了辅助数据探索的用户交互，直接视图交互包括关系构建、数据选择联动、数据聚合和改变布局，视图选择工具辅助视图的选择和过滤，视图概括工具辅助视图的分组概括

4.1.1.1 数据组织环节

数据组织环节描述了数据视图的分布相关性计算和基于四元组的数据视图分类树构建。

（1）基于互信息的视图匹配

我们首先需要定义数据视图之间的相关性，使之表征数据视图之间的分布关系：如果两个视图是高度相关的，那么在一个视图中集中分布的数据在另一个数据视图中也很可能是集中分布的。换句话说，这个相关性表征了数据在单一视图中的各自分布与其在两视图中联合分布的差异性。这与互信息所量化的变量之间数据分布的依赖程度是一致的，因此我们认为这能够满足上文要求的表征数据视图之间分布关系的需求。并且，互信息衡量的统计分布的相关性可以应用于线性和非线性数据，这使其优于其他相关性度量方法（如皮尔逊相关系数）。

我们定义两个数据视图（A 和 B）的互信息为：

$$I(A;B)=\sum_{a\in D(A)}\sum_{b\in D(B)}p(a,b)\log\frac{p(a,b)}{p(a)p(b)} \tag{4-1}$$

式中，$D(A)$ 和 $D(B)$ 分别表达视图 A 和视图 B 中的数据值；$p(a,b)$ 是视图 A 和视图 B 中数据的联合概率分布；$p(a)$ 和 $p(b)$ 分别是视图 A 和视图 B 的边缘概率分布。实践中，我们从数据集中计算各数据值的概率分布，并将时序型和数值型的数据首先进行分组聚合处理。对于一个二维数据视图 C，$D(C)$ 则表达了两个变量维度中的数值对。

互信息也可以表达为 $I(A;B)=H(A)-H(A|B)$，$H(A)$ 是视图 A 的边缘熵，$H(A|B)$ 是条件熵。当视图 A 和视图 B 中的数据分布相互独立时，$H(A|B)$ 和 $H(A)$ 相等，互信息为 0，其他情况下的 $H(A)$ 总是大于 $H(A|B)$。互信息越大，表现为数据对在两个数据视图中的分布越集中。

（2）数据视图组织

视图之间的两两分布相关性构成了一个对称的关系矩阵，矩阵的非对角线位置表达了两个数据视图的互信息值。然而这个矩阵涵盖的关系繁多，依然不能满足分析需求，我们需要从中提取结构性信息，反映最显著的层次性视图的社团信息（这与层次聚类的一般功能一致）。层次聚类信息最自然的表现形式是树形图，一种有向二叉树或无向三叉树。种系发生学中常用对生物四元组分类的层次聚类方式构建生物关系树，我们借鉴了这一方法，用于视图四元组构建视图分类树。

在生物学中，四元组分析法是一种基于拓扑的种系发生学重建方法。这一范畴下的四元组包括了两个集合，每个集合中各有两个物种（表示为 $AB|CD$），而相比在不同集合中的物种，在同一集合中的物种有更高的基因相关性。四元组解析算法将所有符合这种结构的四元组进行物种拆分，从而构建最终的物种分类树。

在本方法中，我们将所有数据视图看作一个高维数据点，很多降维方法都可以将高维数据投影到低维平面，比如 MDS、主成分分析和自组织映射。出于两个原因，我们并没有采用这些降维方法。首先，所有降维方法都需要确定最终的投影维度，如果没有确定数据的本征维度就将数据投影到二维平面，则不能很好地将特征分开，那么基于不确定的二维投影的聚类算法就更加不可靠。其次，维度投影需要基于某个距离函数的相似性计算，所有的距离函数都需要满足距离的度量条件（如三角不等式条件）。而互信息只衡量数据在两个视图中的分布差异性，与其他视图无关，并不总能满足三角不等式条件。

而四元组分析法是一个定性的方法，只要满足其四元组的定义（相同集合的数据比不同集合的数据具有更高的相关性）即可，因此可以应用于异构的不相似性或是非定量的不相似性度量。从本质上来说，四元组分析法的解析算法是一种最大似然概率方法，旨在生成一个能够保持最多四元组的树结构，该算法能够自然地生成数据的类似于层次聚类的聚类结果。基于这两方面，四元组方法能够规避投影维度的不确定性问题和基于距离聚类的不可靠性问题，在数据视图的分类上要优于传统降维方法。

视图分类树的构建：这一步骤需要构建数据视图四元组，并基于四元组生成最终的视图分类树。基于四元组的基本性质，一个数据视图四元组（$ab \mid cd$）包含两个视图集合，每个集合中各有两个数据视图（分别为 AB 和 CD），其中位于同一集合中的视图（AB 和 CD）之间具有较高的数据分布相关性，而在不同集合中的视图之间（AC、AD、BC 和 BD）具有较低的数据分布相关性。这种比较只在这四个视图之间进行，与其他视图无关。基于数据视图互信息计算方法得到的视图关系矩阵，我们可以构建出所有符合条件的视图四元组。从视图四元组的定义可知，当四个视图中相关性最高的两组视图没有交集，且它们的相关性远高于剩下视图组合的相关性时，它们就可以构成四元组。

算法 1 描述了判断数据视图 A、B、C、D 是否满足四元组条件，并在满足的情况下提取四元组的过程。算法首先从关系数组 $[I(A;B), I(A;C), I(A;D), I(B;C), I(B;D), I(C;D)]$中找到互信息最大和第二大的值，并记录对应的下标。如果这四个数据视图满足四元组条件，那么只有这两个值的下标之和为 5 才能保证对应的两组视图集合没有交集。或者，也可以先将关系数组作一次从大到小的排序，检查排在前两位的值对应的两个视图集合是否有交集。算法 1 比排序算法（算法复杂度为 6log6）稍好，最多只需要将数组遍历两遍。然而对于 N 个视图，需要判断 $N(N-1)(N-2)(N-3)/24$ 次视图组合是否满足四元组条件，面对四元组判断，每次判断的算法优化尤为重要。

获得所有四元组后，我们需要构建一个能保留最多四元组的视图分类树。我们采用四元组最大割（QMC）算法，递归地执行两步生成视图分类树。QMC 算法首先解析四元组生成一个图结构，图的每个节点代表一个视图，每条边代表两个视图之间的关系。如果两视图在某四元组中属于同一集合，则这两个视图之间存在一条“好”边，反之存在一条“坏”边，两视图的最终权重由［NUM(好边)－NUM(坏边)]决定。算法第二步根据边的权重执行图分割算法，将这个图结构分割为两个子图，同时保持尽可能多的好边。递归每次重新计算生成的子图中对应视图的边权重（基于只与子图的四元组），重新执行子图分割算法，直到图结构无法再分割或是不存在坏边。

前人的论文讨论了 $O(m^2)$ 个四元组能够生成一个比较可靠的分类树（m 是数据节点的个数），我们通过调节阈值 k 调节生成的四元组个数，k 值越小生成的四元组越少。

算法：判断四个数据视图中是否能够提取四元组。

输入： 数据视图 A、B、C、D 和对应的关系数组 relations=［I(A; B)，I(A; C)，I(A; D)，I(B; C)，I(B; D)，I(C; D)］，阈值 k

输出： 如果满足四元组条件则返回该四元组

```
1：得到关系数组 relations 中的最大值和对应的下标，分别记 MaxRelation
   和 MaxIndex
2：计算第二大值的下标：SecondMaxIndex= 5- MaxIndex
3：得到第二大值：SecondMaxRelation= relations［SecondMaxIndex］
4：qualified= TRUE
5：for 关系数组中除最大值和第二大值外的其他值do
6：  if 如果存在一个关系值大于 k* SecondMaxRelation then
7：    qualified= FALSE
8：    break
9：  end if
10：end for
11：return 如果 qualified= TRUE 满足，返回对应的四元组
```

4.1.1.2 数据探索环节

数据探索环节展示了视图分类树的布局结构，并设计了视图控制操作和辅助组件，帮助分析师交互式地探索多层面数据视图及其分布相关性。图 4-3 展示了整个系统的界面，正中间的是数据视图分类树的布局，两边是视图控制交互和辅助组件。

（1）数据视图布局

在数据视图比较少的时候，数据视图分类树可以用最直接的表现形式树形图进行布局，能够清晰地表达其树状结构。但随着视图的增加，需要更紧凑更灵活的布局，我们采用了力引导布局。根据视图数量的不同，用户可以在分析过程中任意调整为另一个布局。两种布局的视觉映射相同：叶节点表达了数据视图，边

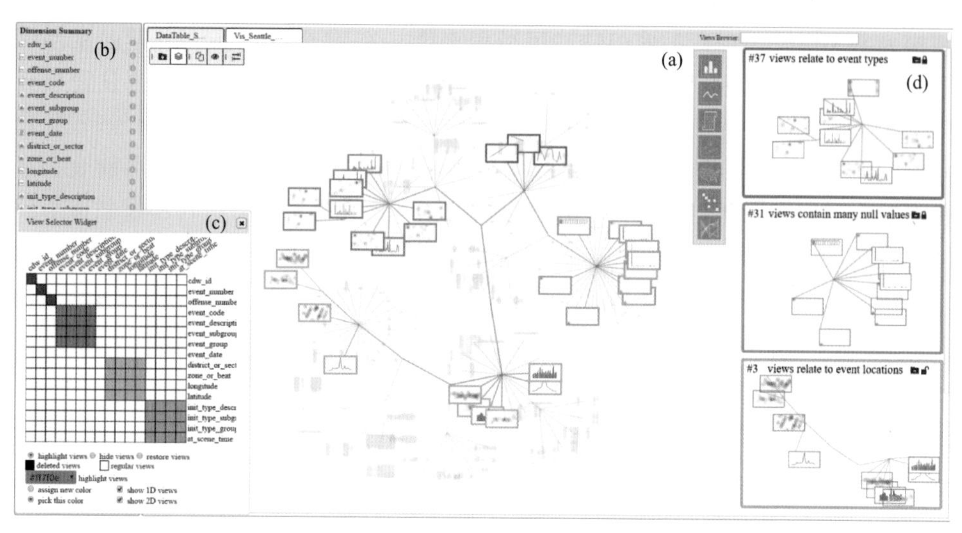

图 4-3 DimScanner 的系统界面，数据为西雅图 911 报警数据，时间由 2013 年 10 月 28 日到 2014 年 2 月 14 日。（a）数据视图分类树涵盖 16 个一维变量视图和从这 16 个变量中组合生成的 120 个二维视图。（b）维度简介组件概括了各变量的数据类型（图标），包括数值型、类别型和时间类型。（c）视图选择组件显示了所有的视图，并通过不同颜色高亮了 4 个分组的视图。（d）视图快照组件为分析师的对视图的分组发现提供了记录和标注功能

表达了视图的层次聚类关系，边的粗细表达了聚类的层次，离根节点越近边越粗。为了避免完整展示视图中的数据分布造成的视觉遮挡，我们设计了数据分布缩略图。

点击缩略图就会展现完整的数据分布图，包括该视图中的数据值及其分布。基于视图中不同的数据层面，我们设计了不同的可视化布局：类别型数据变量用直方图表达，数值型数据变量用折线图表达，时间型数据变量用日历布局表达，二维数据视图用散点图表达。当用户悬浮在一个缩略图上，该缩略图将会放大，并将连接至根节点的边高亮为绿色；当用户悬浮在一个非叶节点上，该节点下的所有叶节点所连接的边将会高亮为绿色。

（2）视图控制

本方法设计了多种视图控制操作辅助分析师的数据审查。

① 关系构建。虽然视图分类树布局表达了多层面视图之间的分布关系，分析师在真实地看到数据中表现出的关系之前还是对结论保持怀疑态度，他们不但需要知道分布关系，还想要理解其中的分布模式。当分析师选择两个数据视图时，设计的平行坐标图将展现对应两个视图中的数据对应关系（见图 4-4）。平行坐

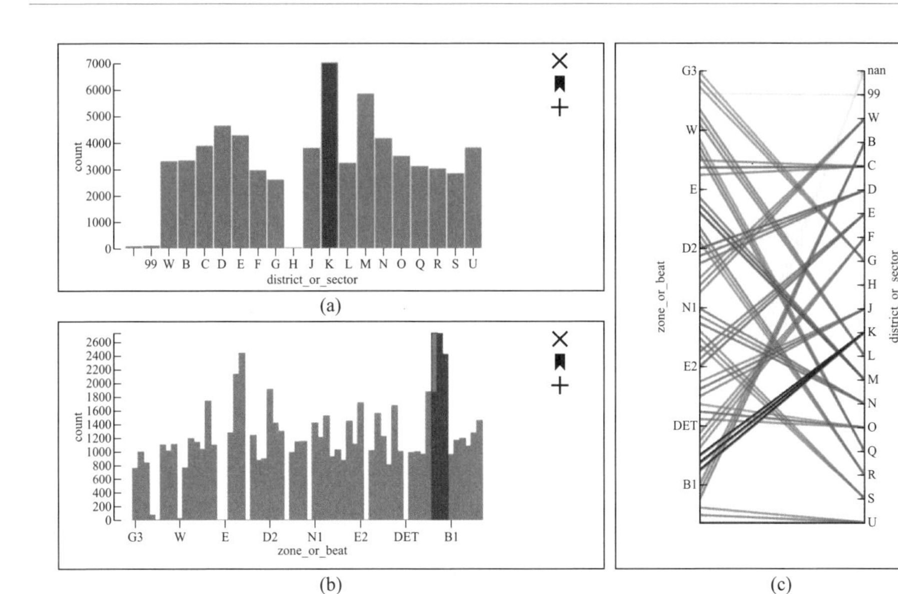

图 4-4 视图“district_ or_ sector”和视图“zone_ or_ beat”的对比（“zone_ or_ beat”视图中的部分标签没有显示），该对比展现了后者是前者的细分维度

标图的透明度表明了在该分布上的值数量，帮助分析师观察数据的对应关系模式。

② 数据聚合。对于一个时间型的视图层面，分析师可以将数据聚合到不同层次（如年、月、日、时、分等），聚合结果能够揭示数据的周期性信息（如每年、每月、每周等）。

③ 数据刷选联动。当分析师在一个数据视图中选择了一部分数据子集后，其他视图的对应数据将被高亮。分析师可以对比两个视图的高亮与非高亮部分，来判断两个视图之间的数据分布关系。

④ 视图布局变换。类别型变量、数值型变量和时间型变量默认地分别由直方图、折线图和日历布局可视化，二维视图由散点图可视化。分析师也可以自主地改变某个视图的可视化布局，只需将新布局拖拽到老布局上即可实现。可选的其他布局包括适用于地理层面的地图布局、平行坐标图和矩阵布局。

分析师利用视图分类布局和视图控制发现重要的数据层面、数据的分布、数据视图之间的关系，以及时间层面数据的周期性模式。

(3) 辅助组件

除了对视图的直接交互，本方法还设计了 3 个辅助分析组件。

① 维度简介。维度简介组件（见图 4-5）列出了数据中所有的变量，包括变量名、数据类型和基本数据统计，其中数据类型由一个图标（折线图、直方图、日历形状）表达。当用户悬浮在一个变量上，会出现对应数据的基本统计信息，包括数值型数据的四分位数、时间型数据的时间跨度和类别型数据的值个数。

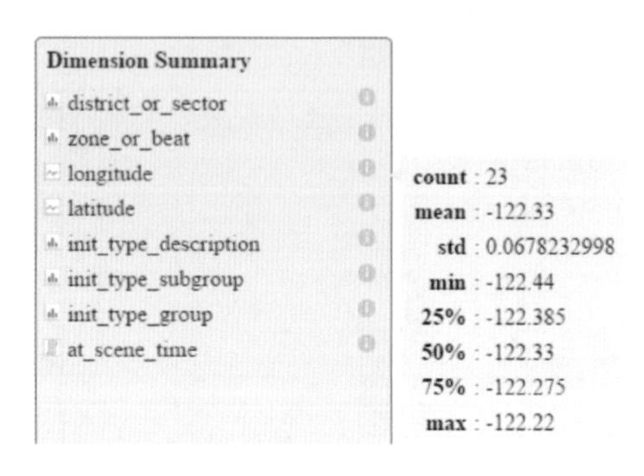

图 4-5 维度简介组件概括了所有变量的数据类型（图标）和基本数据分布（弹出提示），图中为“longitude”变量的基本数据分布

② 视图选择。视图选择组件是一个代表所有数据视图的矩阵，分析师可以用视图选择组件选择一个或多个数据视图并为他们分组着色（如图 4-6 所示）。矩阵的每个点有三种状态（用三类颜色表示）：白色表示一般视图，黑色表示隐

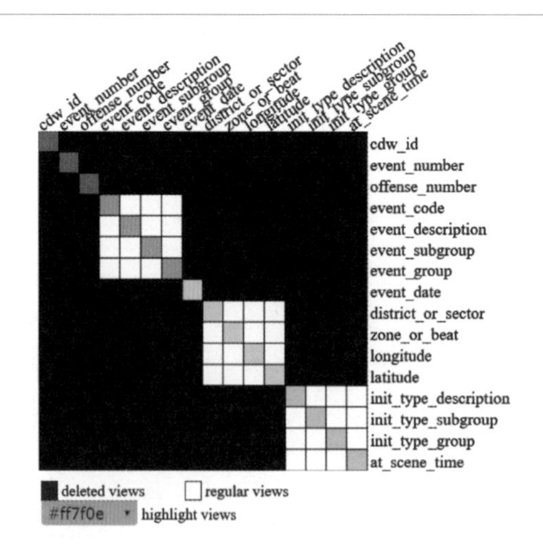

图 4-6 视图选择组件是一个代表所有数据视图的矩阵。所有数据点根据其颜色标识有三种状态。白色表示一般视图，黑色表示隐藏/过滤视图，彩色表示被高亮/分组的视图

藏/过滤视图，彩色表示被高亮/分组的视图。分析师通过点选矩阵对角线上的点来选择某个单一变量数据层面视图，通过点选非对角线上的点来选择二维数据层面视图。他们也可以通过框选一行/列视图高亮与某个变量相关的所有视图，或框选高亮多个视图。每次选择之后系统会为下一次选择自动分配新颜色，分析师也可以手动为高亮的视图指定特定的颜色，这为他们在选择多个不连续视图为一组的时候带来便利。视图选择组件还可以一次性过滤所有一维层面的视图或所有二维层面的视图。

③ 视图快照。视图快照组件（见图 4-7）为分析师对视图的分组提供了记录和标注功能。分析师可以选择视图分类树中的几个视图作为一组，与其相关的子树结构会被复制到视图快照中，分析师可以在视图快照中标注他们对视图分组的分析。当有多个视图快照被创建时，只有一个快照处于激活状态，分析师可以通过锁定/解锁快照编辑其他快照。

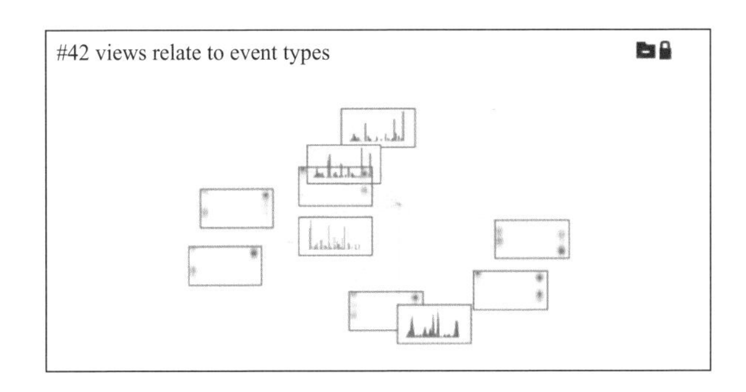

图 4-7　图中的视图快照记录了分析师对一个子树结构的发现和分析结果

4.1.2 案例分析

本文用两个案例评估 DimScanner 系统的可用性。

4.1.2.1 西雅图 911 报警数据

我们收集了从 2013 年 10 月 28 日到 2014 年 2 月 14 日的超过 6 万条西雅图 911 报警数据，图 4-3 展示了由数据中 16 个变量构成的 136 个数据层面视图。由于对数据没有任何先验知识，我们首先过滤出所有一维层面数据视图，可以发现视图分类树将一维视图自动分为 4 个部分（见图 4-8）。为了确认这 4 个部分的视图之间是否具有分布相关性，我们用不同颜色高亮这 4 个部分并分别审查。

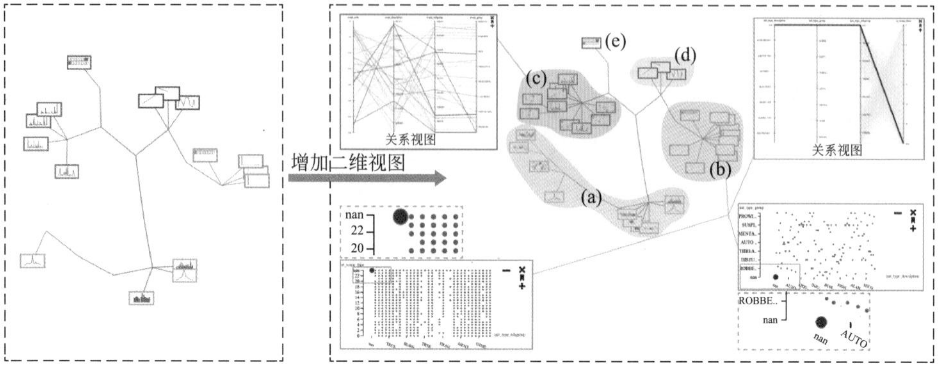

图 4-8 数据视图分类树将西雅图 911 报警数据分为 4 组。左：只有一维层面数据视图的分类树将视图分为 4 组（分别用绿色、蓝色、橙色和灰色高亮）；右：所有与一维变量相关的二维层面数据视图加入分类树，视图的分组结果没有变化。绿色分组的分布模式在图 4-4 已经解释，灰色分组没有发现显著分布模式

我们首先用视图选择组件高亮绿色组变量对应的二维视图［见图 4-8 中的(a)］，这些二维视图也在同一个分支中，这进一步验证了视图之间的相关性。然而这些二维视图并不能清晰地反映数据之间的分布相关性，因此我们需要打开这些视图对应的分布关系视图。在表达分布关系的平行坐标图中，我们发现一个“district”值通常对应 3～4 个“beats”值，而这些值也对应了“latitude×longitude”的二维数据视图中的值。对于蓝色组的视图［见图 4-8 中的（b)］，我们执行了类似的探索步骤，发现这些视图中包含很多空值，对应的平行坐标图揭示了这些空值在不同视图中都是集中分布且同时出现。这是 4.1.1 节中描述的频繁数据对的分布关系，也就是说一个视图中的空值在其他层面的视图中也是空值。橙色组视图［见图 4-8 中的（c)］中的分布规律和绿色视图类似，一个视图中的值对应另一个视图中有限的几个值，也就是 4.1.1 节中所描述的一种一对多的分布关系。虽然只要给出变量名，这些发现对于领域专家来说可能都是常识，但是我们的方法能够帮助分析师在不知道变量名或不知道其所代表的语义的时候也能分析出数据的分布模式，并且这些发现也可以暴露出数据中的质量问题（如数据缺失情况）。

基于上面的这些基本发现，我们保留了两个时间相关的数据层面、地理相关的数据层面，并在每个分组中再挑选一个层面视图，进行更深入的分析。我们利用这个系统的分析结果得出了一个与时间、地理相关的警力调度策略。这个数据中有两个时间相关的数据视图“at _ scene _ time”和“event _ date”，前者表达了警察到场的时间，后者表达了接到报警电话的时间。将报警时间按小时聚合，

我们发现清晨 5、6 点的时候报警电话最少 [见图 4-9(b)],这是因为这个时间大家都在睡觉。从图 4-9(c)两个时间的差可以看出警察的响应时间大概在 0～8h 之间,大多数案件可以在 3 小时内得到处理。而“event _ date x zone _ or _ beat”(时间按小时聚合)[见图 4-9(f)]反映了报警时间和案件位置之间的关系。经过观察和分析,我们认为更多警力需要被分配到 K1、K2、M2、M3 区域,而区域 E 则不需要太多警力,晚上需要更多的警力巡逻,早上 4～10 点之间不需要太多警力。而图 4-9(e)的地理位置信息告诉我们,西雅图最“危险”(报案最多)的地区是主城区。图 4-9(d)的案件类型变量告诉我们最常被报警的事件类型是违规喝酒(“liquor _ violations”)。

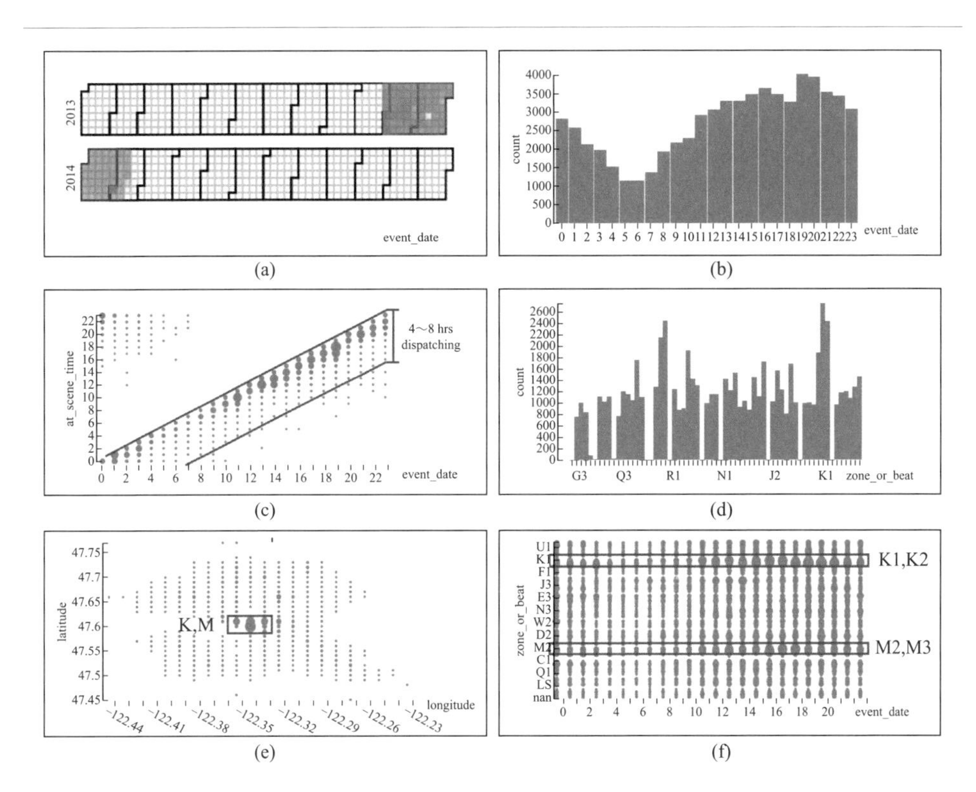

图 4-9 数据视图的详细分布。(a)“event_ date”视图的日历布局;(b)“event_ date”视图按小时聚合后的视图,从中我们可以观察到早上 5、 6 点是最安全(报警最少)的时间;(c)“at_ scene_ time”和“event_ date”的差表达了警察的响应时间,为 0～8h 不等;(d)、(f)更多警力需要被分配到 K1、 K2、 M2、 M3 区域,区域 E 不需要太多警力,晚上需要更多的警力巡逻,早上 4～10 点之间不需要太多警力;(e)从“latitude × longitude”的二维数据视图可以推断出西雅图城中心是比较“危险”的事件多发区域

4.1.2.2 手机运营商用户数据

手机运营商用户数据来自于2012年的一个数据建模比赛[1]，包括38万个手机用户的15个维度的个人信息。对应的数据视图分类树有120个数据层面。我们发现数据的视图分类树有一个奇怪的模式——分类树的分布非常不均匀，很多视图都集中在同一分支下。经过审查，我们发现这是因为数据都集中分布在少数几个值上，并且一个视图中的峰值在其他视图中也是属于分布的峰值。一些视图包含了不合理的值，例如“age”视图存在年龄大于1000或小于0的数值［见图4-10（b)］。此外，很多数据的分布受到异常值的影响，例如“terminal price”视图（表征手机价格）的数值分布不均匀是由极个别手机价格过高导致的。

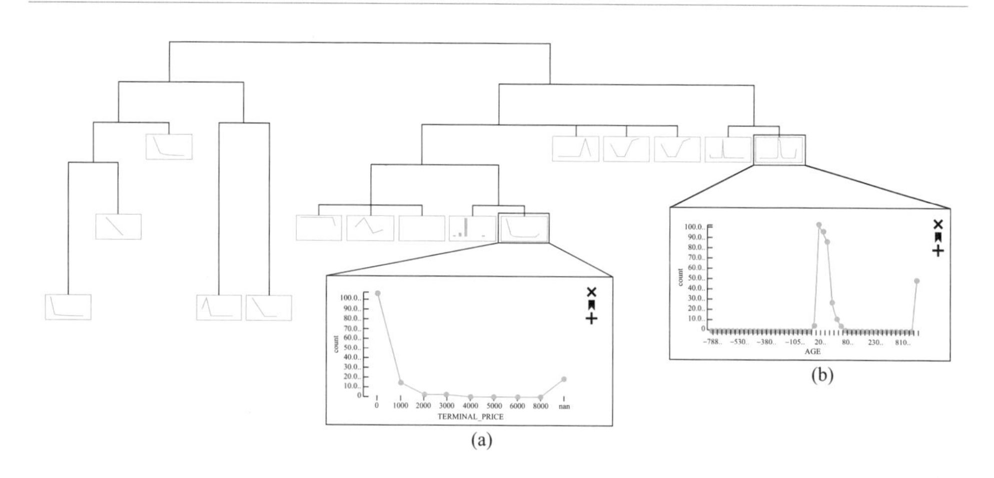

图4-10 数据清洗之前的手机运营商用户数据的视图分类树。图中可见很多一维层面视图被分到同一分支下，这是因为数据都集中分布在一两个值并且一个视图中的峰值在其他视图中也是属于分布的峰值，这表明数据在一些层面中的分布不均匀。(a)“terminal price”视图展示了这种带峰值的不均匀分布。(b)“age”视图同样展示了这种带峰值的不均匀分布，根据其语义可以判断是因为存在不合理的一些数值

在发现这些数据质量问题之后，我们重新进行了数据清洗：过滤了空值和不合理数值，人工设定数据尺度，从而将所有异常值聚合到一起。新的数据视图分类树如图4-11所示，表达出了几个分组结构。橙色的结构（a）展现了4个层面（“prob _ level”“age”、“cust _ level”和“is _ VIP”）以及它们的二维层面，我们从中可以推断出“cust _ level”和“is _ VIP”几乎可以等价，并且和“prob _ level”（表征套餐等级）正相关。绿色的结构（b）表现了“value _ added _ fee”“web _ fee”和

[1] http://www.mcm.edu.cn/html cn/node/a4e8393c0d57cf879520183520b34a9f.html

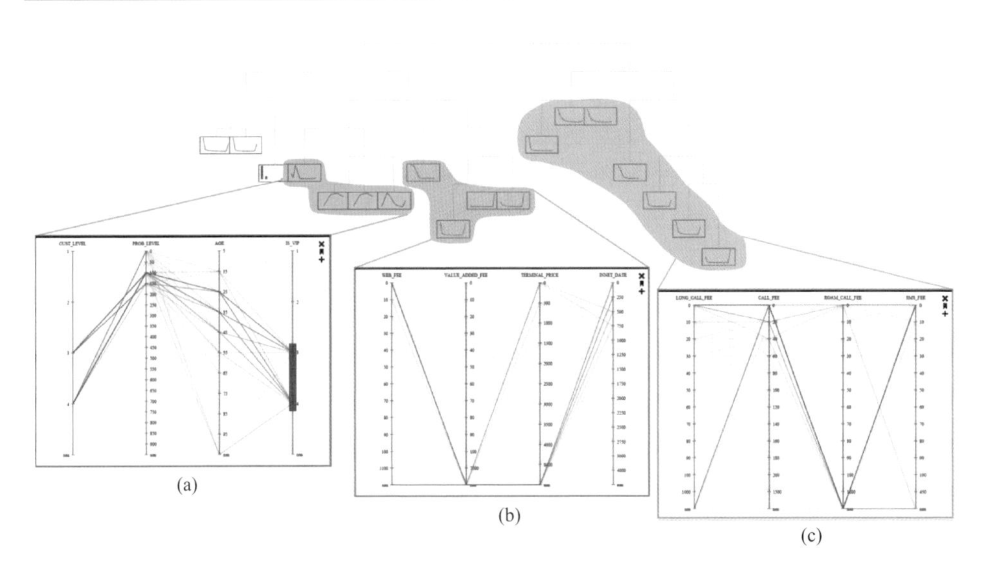

图 4-11　数据清洗之后的手机运营商用户数据视图分类树

“terminal _ price”之间的关系，从中我们可以推断出“total _ consumption”（消费总量）和“value _ added _ fee”“web _ fee”之间相关性不高。从“web _ fee”的数值分布可以看出，虽然部分用户的手机价格很高，他们的上网消费却不是很高，这提示了运营商可以通过推出流量折扣套餐来吸引这部分用户，培养他们的上网习惯。蓝色的结构（c）表现了和消费总量高度相关的消费部分，包括手机通话、长途/漫游电话费和短信费用等。另外，同样表现跨城电话费的“long _ call _ fee”（长途话费）和“roam _ call _ fee”（漫游话费）具有较高的相关性。

4.1.3　小结

本节提出的方法可以看作是一种基于数据视图分布相关性的层次聚类算法，这个定性的方法的本质是达到将更多的高度相关的数据视图放到相同分支下的目的。与数据质量度量中的其他方法相比，本方法采用的基于分布的互信息方法更好地反映了数据空间的变量相关性。Scagnostics 是一种图像空间的方法，提取二维变量层面（即二维散点图）的形状特征信息。然而即便两个二维变量视图具有相似的形状特征，仍然不能分析出这两个视图对应的变量之间有任何的关系，除非像 TimeSeer 中的例子那样，这些视图具有一个共同变量。Pixnostics 在数据空间用皮尔逊相关系数或欧式距离衡量变量之间的关系，并用 K-means 作为聚类算法，这也是一般数据空间方法的常用做法。与这些方法不同的是，我们采用的互信息方法能够表达线性和非线性的关系，并能通过四元组方法在二维平面上通过树结构展现视图之间的亲疏关系。

在多变量数据探索方面，平行坐标图和多关联视图是常用的可视化手段。GPLOM 将变量的二维层面视图布局在矩阵的下三角中，并设计联动和过滤等交互来辅助数据探索。而本方法使用了能自然表现视图关系的层次结构的分类树表达变量/视图关系。平行坐标图描述了单一变量的数值分布和有限的二维变量间的分布关系，随着变量个数的增加，平行坐标图将很难再反映变量之间相关性和聚类信息。本方法通过自动化算法规避这一问题，分析师可以每次只显示具有最高相关性的视图或过滤相关性过高的冗余视图。

4.2 基于多层面数据的关系可视推理

一般数据的关系推理往往基于显式定义的关系本身或是基于某种距离相关性，产生的关系比较单一；而多层面数据能体现的关系十分复杂，按层面种类以及每个层面中的不同参数可以产生无数种异构关系。传统的自动化关系构建已经不能满足这一场景，复杂又庞大的关系给关系的构建和分析都带来巨大的挑战。本方法以城市数据为例，研究以个人为中心的关系可视推理，从多层面的数据中提取异构的关系。

随着城市传感器的普及化和社交类应用的流行，越来越多的城市数据被收集、存储，并被应用于城市的智能化，这也使得人群移动和个人社交行为的分析成为可能。然而研究以个人为中心的社交关系面临很大的挑战，因为人与人之间的关系是异构的、不确定的，城市数据中涵盖的关系包括像电话通信关系、微博转发关系这样的直接接触关系，或是同行或共同出现这样的间接关系。

本节设计了一个城市中人际关系的可视推理系统，从城市数据中提取并整合三个层面的数据信息（时间线、电话信息和地点信息），为用户提供多个视角的渐进式可视推理和审查模式，分析以个人为中心的城市真实社交关系。我们提出了一种先侦查再过滤的分析模式：侦查步骤首先根据已知条件确定分析目标，制定表现目标生活轨迹、活动范围和活动规律的时间线图；过滤步骤以目标关键生活轨迹或直接接触关系作为异构的关系层面，寻找与其相匹配的人群，多个关系层面的叠加组合将逐渐过滤出那些与目标有真实社交关系的人。过滤步骤还提供了主要潜在关系人与目标人的重叠生活轨迹的对比，方便用户的进一步验证与分析。整个系统将这一先侦查再过滤的分析模式整合到一个统一的可视推理界面中，用户可以灵活地提取目标的生活规律，探索目标的人际关系圈。本方法用某个具有百万人口的城市的异构数据集（包括出租车传感器数据、手机基站数据、手机通信数据、微博数据和城市 POI 数据）来验证该分析模式和系统的有效性。

4.2.1 简介

通过对微观层次的社会网络结构的研究，包括个人中心社交网络、社会关系、社会三元关系和社团等，我们可以深入地研究基于人口普查的社会策略。特别地，在分析个人中心的社会关系需要回答诸如目标有哪些的社交结构、目标的社会关系构成是怎么样的一类的问题。异构的城市数据，如出租车轨迹、手机基站数据和带地理信息的社交网络数据，为发现基于地理位置的人际关系（LBIR）提供了便利。LBIR 可以利用基于同行或共同出现等关系提取数据中基于相同时空的人际关系。例如，手机基站数据可以用于发现手机用户之间的 LBIR，出租车数据和手机数据或社交网络数据的结合可以用于发现出租车司机与乘客之间的关系，手机用户的电话联系则是人之间直接社交关系的证据。LBIR 既包括像手机通信这样的直接联络关系，也包括像共同出现这样的间接关系，并且能够从时间和空间两个层面表达联系的方式和联系的密切程度（时间、时长、次数等）等。

我们关注与个人生活模式密切相关的个人 LBIR 的研究。该研究的一个应用是为有地理相关关系的人推荐汽车共享服务（如 Uber、滴滴等），为有相似的上下班通勤时间和路线的人推荐同行的顺风车等交通工具。然而与已有的社交网络分析和城市数据分析工作不同的是，从城市数据中挖掘个人社交关系仍然具有很大的挑战。我们从两个方面讨论影响 LBIR 分析的因素。

首先，组织和管理异构的城市数据需要构建高效的 LBIR 存储结构与查询方式。提取 LBIR 的最核心的操作就是从多尺度非均匀的时空数据集中找到与目标轨迹相匹配的关系人轨迹。例如，手机基站数据和出租车 GPS 数据不管是在时空粒度还是准确性上都是完全不同的：在手机用户切换到某个基站的信号时，该基站记录下该手机的信息，因此手机基站数据记录的是基站的位置而不是手机的准确位置，在时间上也不是均匀采样的；相比之下，出租车 GPS 数据记录的是出租车精确的地理位置，采样也是均匀的。在这种时空尺度不一致的情况下，做数据融合后的时空关系分析并不是一件简单的事。

其次，LBIR 分析必须要结合用户智能进行人工干预。人的移动中存在的一些不确定的规律，需要擅长查询、计算的机器智能和擅长关联、分析的用户智能的结合才能被发现并得到验证。例如从人的轨迹中推测居住和工作地点需要结合人的工作类型和工作形态：夜班人士白天睡觉晚上工作，出租车司机的工作需要满城跑。基于简单规则（例如晚上在家，白天在工作地点）的人的移动的分析很多时候会产生错误的结论，此时需要发挥用户智能来推理和判断一些基于地理的语义。此外，对于匹配的 LBIR 还需要人工干预来确定匹配结果的取舍和不同关系层面的权重，因为这种 LBIR 有可能是不确定的，甚至可能是自相矛盾的。通过迭代的关系匹配去除冗余信息、将个人的社会关系收敛到一个比较可靠的范围是人工干预的主要任务。而为了能够定位数据中有意义的信息，用户需要一个灵活的可视推理界面来支持用户的查询、关系探索、关系溯源（基于轨迹、地点、事件等）、关系提炼等操作。

本方法针对城市中个人关系可视推理这一任务提出了一种渐进式的先侦查再过滤的分析模式：首先，通过指定查询条件（如地理位置、出租车轨迹或是微博博文）定位分析目标；然后可视化目标的轨迹历史，提取其中停留时间比较长的关键地理位置。用户交互式地从手机通话、同行轨迹等规则中挖掘直接和间接的社会关系，从而构建以目标为中心的潜在社会关系网络。同时，利用目标的时间线、位置信息、关系信息，用户可以不断地优化目标的个人中心关系网。我们实现的网页版 RelationLines 系统实现了包括标注、排序、过滤和关系发现在内的一系列可视分析交互操作。该系统支持先侦查再过滤的模式，可以分析并验证目标人与关系人之间的基于地理的关系密切度，从而帮助用户灵活地可视推理。

本方法的贡献包括：①一种渐进式的先侦查再过滤的分析模式，将空间、时间和关系结合起来分析个人中心的社会关系；②一个灵活的可视推理界面，支持基于规则的、定制化的、个人中心的社会关系的构建、优化和验证。

4.2.2 数据

4.2.2.1 数据

我们的城市数据集包括某百万人口城市的出租车 GPS 轨迹、手机基站数据、手机通话数据、POI 数据和微博数据。

① 手机基站数据。手机基站数据包含该城市记录超过 500 万人口的手机进出 9303 个手机基站所产生的超过 6 亿条记录，时间跨度从 2014 年 1 月 20 日到 28 日，数据总大小为 34GB。当一部手机进入或离开一个基站的信号范围时，基站产生一条对应的记录。然而这条记录并不能精确表达手机的位置。首先一部手机并不一定总是从离他最近的基站接收信号，涉及的因素包括附近的基站密度、信号（4G 手机优先 4G 信号）优先级、当前基站的容量和手机过去的位置。其次记录的位置是基站的位置，而不是手机的位置。在一个城市中，郊区的基站分布非常稀疏而市中心的基站分布非常密集，市区基站覆盖范围只有 500m，而郊区基站可以覆盖到 35km。除了地理位置不精确的问题之外，手机用户也可能会

关机或将手机遗留在一个地点，这进一步增加了这一数据的不确定性。

② 手机通话数据。手机通话数据包括5.5亿条通话记录，时间跨度从2013年12月15日到22日。每条记录包括主叫ID、被叫ID（如果被叫也在同一个城市）、主叫和被叫的基站ID、呼叫时间和呼叫时长。这个数据是所有城市数据中唯一能确定两个人之间的直接连接关系。在我们的实验中，这个信息作为两个人的社会关系的既定事实。值得注意的是，这个数据与手机基站数据没有时间上的交集。

③ 出租车GPS数据。出租车GPS数据包括3610辆出租车，时间跨度从2014年1月20日到28日，位置每20s采样一次。

④ POI数据。POI数据包括每个基站附近的兴趣点，每个POI用其类型标注，如商场、医院、政府和教育机构等。

⑤ 微博数据。微博数据包括93491条带地理位置信息的微博博文，时间跨度从2014年1月14日到2月28日。该数据包括38000个微博账户，其中有1347个账户发布了超过10条带地理位置的博文，316个账户发布了超过20条带地理位置的博文。

4.2.2.2 基于四叉树的地理信息正则化

城市数据集中不同来源的数据属于相同的地理空间下，但具有不同的时空粒度。我们首先要将数据中的空间信息重新格式化为统一的空间结构，让数据支持统一的位置匹配和轨迹匹配。用四叉树结构格式化城市数据中的地理信息，迭代地划分城市的空间，每个层次分别划分为四个等大的网格。本方法使用14层的网格，使距离最近的基站在最细粒度下能够区分其不同的地理位置，分割之后的地理上任一空间位置可以由一个14位的编码表达。

四叉树结构规避了数据精度带来的问题，并加速了匹配查询过程。基于两个理由我们使用了四叉树结构：首先，四叉树结构能够基于前几位信息找到对应数据存储空间，支持快速的移动查询；其次，四叉树结构能够降低基于基站的不精确数据对移动匹配所造成的影响，轨迹等信息可以在比较高的层次（如街道层次）得到匹配，避免不精确的细粒度地理位置给匹配带来的误差。每一条手机基站记录都由一个14位的编码表达其地理位置，出租车数据也被类似地编码。此外，我们将出租车数据进行压缩，合并位置时没有发生剧烈移动的记录。

4.2.3 任务描述

4.2.3.1 任务

基于二元关系的社交网络是研究人类社会性的重要基础。本方法的目的是发现某个分析目标和他人的二元社交关系，这种二元社交关系的集合构成了分析目标的社交网络。一个人与其他人的关系探索需要依赖于迭代地发现和优化由时间、轨迹和电话通信等条件匹配的人。其中晚上的通话信息可能会比白天的表达更亲密的关系，周末的共同出行反映了与非周末共同出行不同的关系类型。对这些关系的发现、优化、验证和理解需要通过分析师的人工分析。

本方法希望能够回答的典型问题如："我希望分析***，如何找到这个人?"，"这个人在***时间点在干什么?"，"如何发现这个人的社交关系?"，"如何验证和理解这些关系?"等。我们将典型问题归纳为个人社交关系构建的四个任务。

T1：定位目标。本方法的最终目的是分析一个人的个人社交关系，而该终极任务的第一步就是定位需要分析的个人。系统需要提供功能帮助用户根据各种时空条件和线索从数据中定位需要分析的目标。

T2：探索目标的移动行为。关系的判断需要基于对目标的生活方式的理解："他在什么时间，去过什么地方，可能在做什么"，才能找到对应的同行的人。因此我们需要集合时间、地点和 POI 理解目标的移动行为。这些属性将作为构建个人社交关系的语义基础/证据。

T3：构建目标的社交关系。在理解了目标的生活方式之后，就可以开始构建他的个人社会关系。一般来说，构建个人社会关系需要找到关系的三个元素：节点（哪些人和目标有社会关系）、边（两个人之间存在怎么样的社会关系）、边的权重（他们的社会关系亲密度是多大）。

T4：优化目标的社交关系。T3 中发现的社会关系基于 T2 中分析的目标的生活方式。而检测到的社会关系和社会网络还可以进一步通过语义约束得到优化。

4.2.3.2 基础匹配规则

根据 Andrienko 的书中提出的三种基本移动概念，我们首先阐述从城市数据中匹配两条轨迹的基本操作。一个基于位置的约束［记作 $c(t, s_c)$］，包括一个时间变量 t 和一个地理空间 s_c，图 4-12 描述了三个基于位置的约束 c_1、c_2 和 c_3。为了表达从手机基站数据中提取的个人的一条轨迹，我们定义了基于基站的移动区间［记作 $r(t_s; t_e; s_r)$］，包括一个开始时间 t_s，一个结束时间 t_e 和一个地理空间 s_r，表达了这个人从时间 t_s 到时间 t_e 一直停留在位置 s_r。图 4-12 中的 $r(T_1, T_3, L_1)$ 和 $r(T_2, T_4, L_3)$ 描述了两条移动区间信息。我们可以将一个人基于基站的移动轨迹看作连续移动区间的有序集合，记作

$$R=\{r_1, r_2, \cdots, r_n\} \tag{4-2}$$

其中，对于 $i<j$ 有 $t_{s_i}<t_{s_j}$。图 4-12 中描述了两条轨迹（红色轨迹和蓝色轨迹）。

当一条轨迹 R 中有一条移动区间 r 满足基于位置的约束 c 时，我们就说轨迹 R 满足约束 c。而当 $t_s<t<t_e$ 且 s_c 和 s_r 在同一个地理邻域中，移动区间 r 满足约束 c。图 4-12 中移动区间 $r(T_1, T_3, L_1)$ 和 $r(T_2, T_4, L_3)$ 都满足约束 c_1，即两条轨迹都满足约束 c_1，而 c_3 没有被任何轨迹满足。

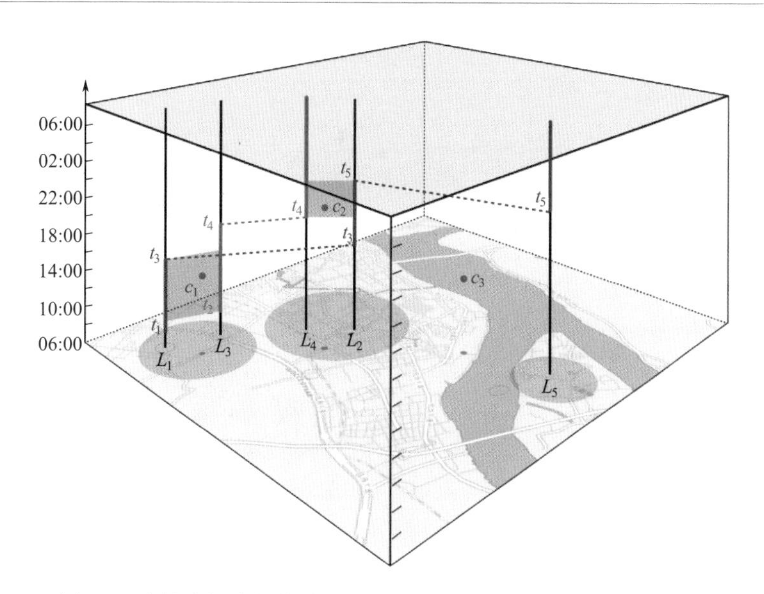

图 4-12 时空匹配中基本概念的描述，包括三个基于位置的约束 c_1、c_2 和 c_3，两条移动区间 $r(T_1, T_3, L_1)$ 和 $r(T_2, T_4, L_3)$ 和两条轨迹（一条红色，蓝色）。移动区间 $r(T_1, T_3, L_1)$ 和 $r(T_2, T_4, L_3)$ 都满足一条约束 c_1，即两条轨迹都满足约束 c_1；而 c_3 没有被任何轨迹满足；灰色区域描述了两条轨迹的匹配程度。两条轨迹的时长匹配大小为 $[(T_3-T_2)+(T_5-T_4)]/(T_9-T_2)$，而频率匹配大小为 2（有两段移动区间是匹配的）

如果两段移动区间落在同一个地理邻域中，对应的移动区间的匹配程度（DoM）则由这两段区间 r_i 和 r_j 的重叠时间长度定义，见公式（4-3）。图 4-12 中的灰色区域描述了两条轨迹的匹配程度。两条轨迹的匹配程度由对应移动区间的匹配程度总和决定，见公式（4-4）。

$$\mathrm{DoM}(r_i, r_j)=\begin{cases}0 & \text{如果 } s_{r_i} \text{ 和 } s_{r_j} \text{ 不在相同的地理邻域中} \\ 0 & \text{如果 } r_i \text{ 和 } r_j \text{ 在时间上没有重叠} \\ \min(t_{e_i}, t_{e_j})-\max(t_{s_i}, t_{s_j}) & \text{其他}\end{cases} \tag{4-3}$$

$$\mathrm{DoM}(R_1, R_2)=\sum_{r_i \in R_1 \, and \, r_j \in R_2} \mathrm{Dom}(r_i, r_j) \tag{4-4}$$

4.2.3.3 时空轨迹匹配

我们设计了两种基本的数据匹配操作来支持复杂的数据查询。第一种查询基于位置和时间，是基于位置的匹配；第二种查询是基于轨迹的匹配，用于反映两个人的轨迹在时空中重叠的时长。

基于位置的匹配用于找到满足某些基于位置的约束 $c(t, s_c)$ 的轨迹/人，其中位置 s_c 为基于四叉树结构的 14 位地理编码。这些约束条件由用户在地图上指定或是通过微博指定。

基于轨迹的匹配即从数据库中找到与给定轨迹最匹配的轨迹，其匹配方式有时长匹配和频率匹配两种。时长匹配适用于相对静止的轨迹匹配，而频率匹配则适用于移动的轨迹。例如，图 4-12 中的两条轨迹的时长匹配大小为$[(T_3-T_2)+(T_5-T_4)]/(T_9-T_2)$，而频率匹配大小为 2（有两段移动区间是匹配的）。

① 时长匹配。时长匹配对应公式（4-4）中描述的两条轨迹的 DoM(R_i, R_j) 计算方法，由移动区间匹配的时长之和表达匹配程度。

② 频率匹配。频率匹配与时长匹配的轨迹匹配计算方法类似，只是对于移动区间的匹配计算不再关注时长，而只关注匹配的次数，即只要两段移动区间在时空上有交集就记为匹配。

4.2.4 方法描述

4.2.4.1 方法概述

我们设计了一个先侦查再过滤的可视推理模式（见图 4-13），提供了一个配套的统一可视分析界面，用于数据的查询、推理和理解。

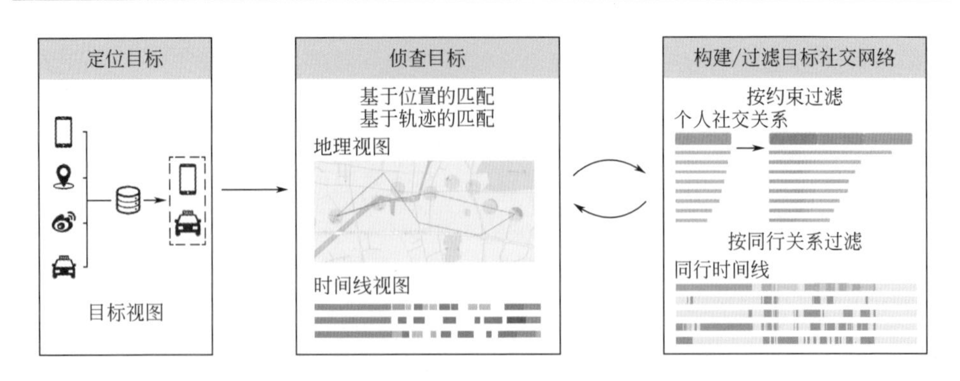

图 4-13 RelationLines 的先侦查再过滤的可视推理模式

在侦查阶段，用户通过在目标视图指定或通过微博指定基于位置的约束条件寻找分析目标。满足约束条件的所有结果将被返回，用户依次分析候选对象直到找到最匹配的对象作为目标。我们的界面为构建约束条件设计了各种组件，实现了包括指定时间点、指定时间区间、指定地点和指定轨迹等。地理视图和时间线视图是目标生活轨迹和生活方式分析的主视图，地理视图整合了与目标相关的语义信息（包括 POI 和微博数据），时间线视图还可以用于关系规则的提取。

过滤阶段通过迭代地优化位置基于轨迹的匹配规则不断地挖掘新的关系人。个人中心关系视图展现了最匹配的关系人和分析目标在所有轨迹规则下的匹配程度总和。用户可以调整过滤规则，优化关系的结果。对于每个新加入的规则，新的匹配关系人被提取出来，用户可以通过调整规则的权重、删除规则等方式调整匹配的关系人列表，也可以用直接通联信息（电话等）验证关系的准确性。此外，我们还设计了进一步分析关系人和目标之间总体同行关系的同行关系视图。同行关系视图中的发现也可以添加到时间线视图中去作为新的匹配规则。

4.2.4.2 界面

RelationLines 由 5 个视图组成：用于发现分析目标的目标视图、用于审查地理信息的地理视图、分析目标移动行为的时间线视图、用于概括所有直接/非直接接触的个人中心关系视图以及用于验证目标和关系人之间所有关系的同行关系视图。用户迭代式地操作这些视图可以发现目标的个人中心社会关系。

（1）目标视图

目标视图被用于构建异构的约束条件（基于时空位置的约束、出租车牌或带时空信息的微博博文），定位分析目标（一辆出租车或是一个手机）。比如，用户在地图上指定几个地点，并为这些地点绑定一个时间信息，构建出对应时空约束条件，从数据库中寻找符合该约束的手机。或者用户可以关联某个微博账号，将账号中所有时空信息作为约束条件查找符合的手机。图 4-14 展现了从约束条件中找到分析目标的过程。图 4-14（b）中地图上的两个蓝色的位置是两个地点约束，图 4-14（a）中第三步是两个位置各自关联的时间约束，通过这两个时空约束条件系统找到了多个候选目标。用户可以逐一分析候选目标的实际轨迹找到最终的分析对象，图 4-14（b）中的地图上展示了其中一个候选目标的轨迹。

Datasets

Target Select

1. Pick target from Mobile Position Dataset

2. Select time period (optional)

Start Time:

2014-01-20 00:00

End Time:

2014-01-29 00:00

3. Mark spatial temporal constraints from map (optional)

marker 1459091163841:2014-01-20 22:00:00

marker 1459091195583:2014-01-20 20:00:00

Get Targets

460028681922285

460006781703400

(a)

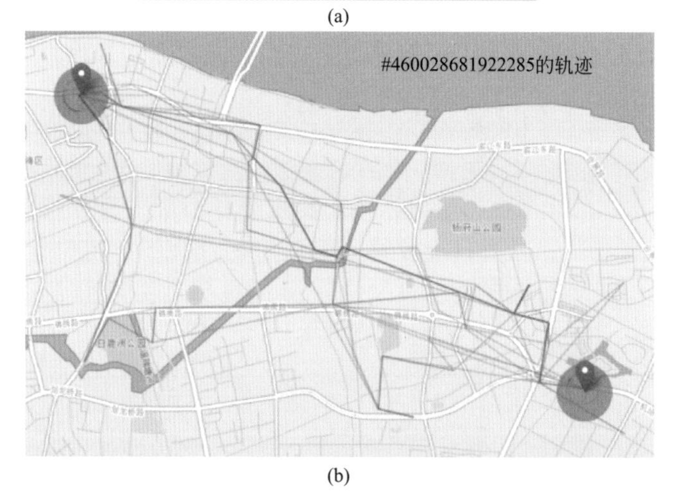

(b)

图 4-14 从约束条件中找到分析目标的过程

（2）地理视图

地理视图直观展现了数据的地理信息，并在很多场景中提供地理支持（见图4-15）：用户可以在地图上放置地理标记作为地理约束条件；地图可以展现微博博文的地理位置；地图可以展现目标的生活轨迹（包括停留点和行进轨迹）及其周期性模式；用户还可以在地图上对比不同对象的移动轨迹。

（3）时间线视图

一旦确定目标，时间线视图就会可视化该目标的在一段时间内的移动行为（见图4-16）。时间线视图的可视化形式是一个增强版的甘特图，称为时间线追

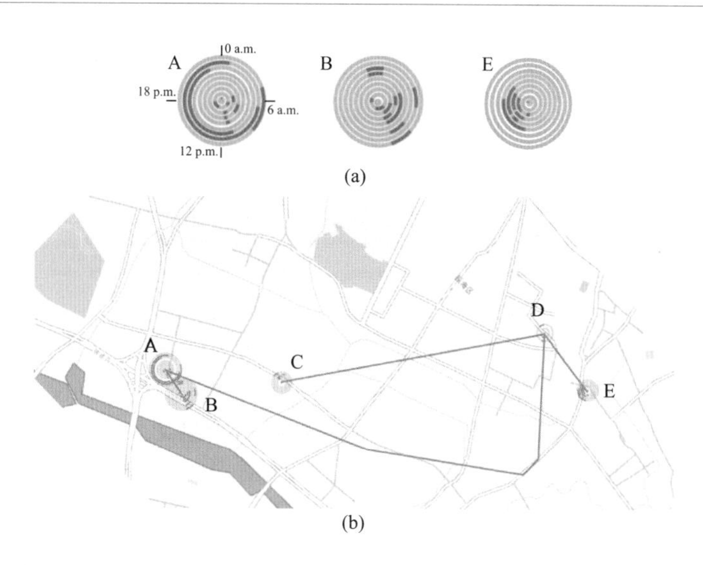

图 4-15 地理视图展现了对象在地理上的移动行为。图（a）嵌套环状图元描述了对象的每天移动行为的规律。图（b）地理视图展现了目标的生活轨迹（包括停留点和行进轨迹）: B→A→D→E→D→C

踪图。时间线追踪图的 x 轴和 y 轴分别表示一天的 24h 和每一天，主体是一系列的有序长条，其中宽度固定、长度代表停留时长。对于不同类型的目标，长条编码的内容不同。

① 基于基站的移动数据。对于手机基站数据，时间线追踪图中的长条代表目标长时间（超过 30min）停留的位置，相同的位置由相同的颜色编码，长条之前的空白表达从一个地点向另一个地点的移动［见图 4-16（a)］。我们用 ColorBrewer[1] 中的类别型配色方案编码代表不同地点的长条，这些有序长条的组合能够表达目标经常去的地方，可能是居住地点、工作地点、医院、公园等。

用户可以调整参数来保留停留时间超过某阈值（如 60min 以上）的位置或访问次数超过某阈值（如 3 次）的地点。目标常去的地点能很容易地通过颜色编码表达。图 4-16（a）表达了目标在 22 日到 25 日的下午经常在深蓝色地点停留，这个地点可能是他的工作地点。

② 出租车 GPS 数据。对于出租车数据，时间线追踪图中的长条代表出租车载客的时间段［见图 4-16（b)］。每个长条表达了一段出租车司机与乘客之间的载客关系。不像基站数据，出租车数据的时间追踪图只用一个颜色编码长条，因

[1] ColorBrewer 网站：http：//colorbrewer2. org/

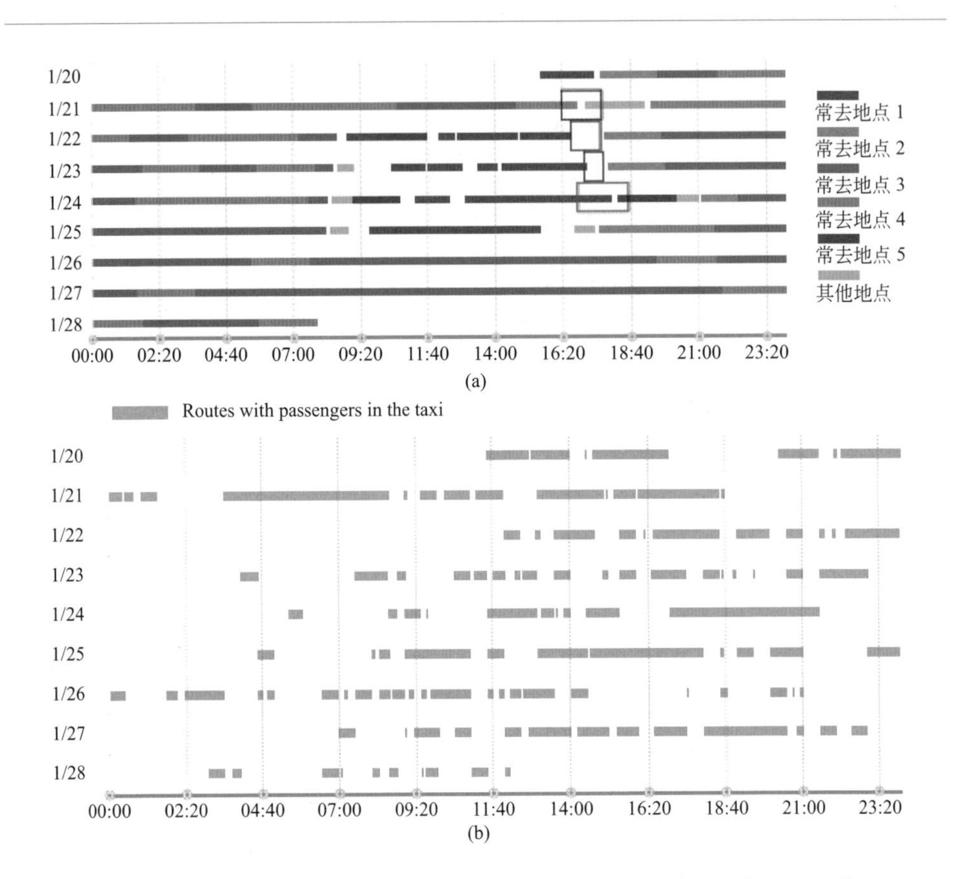

图 4-16 时间线追踪图可视化的一部手机的移动轨迹（a）和一辆出租车的载客情况（b）。（a）颜色编码了手机用户去过的不同地点。（b）每个长条表达了一段出租车司机与乘客之间的载客关系

为车在行进过程中经过了很多地方。

时间线追踪图中的轨迹和地理视图中的目标生活轨迹［见图 4-15（b)］相对应。对于手机目标的每个停留点，地图视图中对应了一个嵌套环状图元，图元的每一环顺时针代表一天的 24h，橙色着色部分表示该目标在对应时间段在这个地点停留。通过观察这些环状图元的时间编码能够整理出目标的行进轨迹，用户也可以在时间线追踪图中高亮某段时间来观察地图上对应的地理位置及其行进轨迹。嵌套环状图元设计了能够表达目标每天的移动的周期性模式，从图 4-15（a）中可以推断，目标在地点 A 的停留时间明显大于其他两个地点。用户还可以在时间线追踪图中选择某一天的轨迹，并结合地理视图进行分析。此外，用户可以在时间线追踪图中对目标（手机或出租车）选择部分轨迹输入数据库进行匹配，

查询与其相关的关系人，匹配结果反映了关系人和目标在该段时间内的同行关系。最匹配的一批结果将被返回到系统，在个人中心关系视图中展现，用户可以逐一分析关系的匹配程度。

（4）个人中心关系视图

个人中心关系视图（见图4-17）概括展示了最符合匹配条件的关系人，由两个纵向条形图构成，称为匹配关系人列表［见图4-17（a）］和候选匹配关系人列表［见图4-17（b）］。候选列表展现了当前匹配规则下查询到的Top-30的候选匹配关系人及其匹配程度，关系人列表是一个堆叠条形图，展现了历史所有匹配规则（一个规则为一列）查询到的Top-30的匹配关系人，列表顶端列出了所有匹配规则。同行关系和直接通信关系都可以作为一个匹配规则，直接关系记为“call”，用蓝色表示；同行关系的不同规则用线性的不同绿色表示，用户可以修改匹配规则的标注，如“M1”“M2”“M3”。

用户可以按某规则或所有规则的匹配程度对匹配关系人进行排序，图4-17（b）展示了经过按所有规则对匹配关系人排序的结果。用户也可以通过在时间线追踪图中增加轨迹约束来增加匹配规则，可以删除规则，或拖动规则栏来自由调节匹配规则的权重。用户可以从候选匹配人列表中拖拽一个关系人到匹配关系人列表中来替换一个已有的匹配关系人。替换产生之后，所有新匹配关系人的其他匹配规则将被计算并用堆叠条形可视化出来。用户不断地在时间线追踪视图中增加约束条件，系统做查询找到候选匹配人，将候选匹配人替换到匹配人列表中，更新新加入关系人的所有匹配规则的匹配结果。经过几次迭代，用户可以找到与目标相关的所有关系人，并对他们之间的关系做标注。

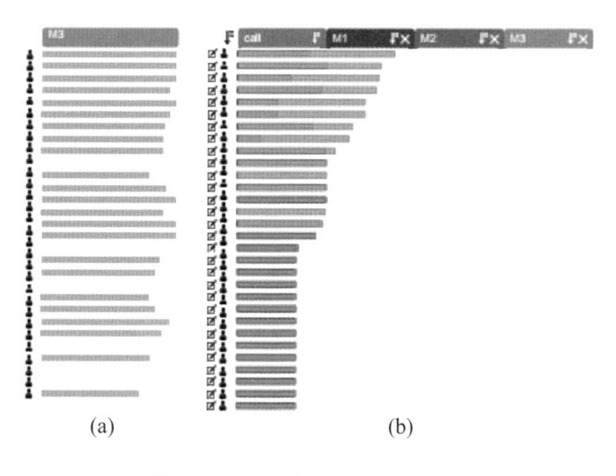

图4-17　个人中心关系视图

(5) 同行关系视图

同行关系视图（见图 4-18）展示了匹配关系人与目标在全时段的同行匹配情况。初始化条件下［见图 4-18（a)］，该视图每一行为一天，用线性的蓝色概括编码了每个时间点匹配的关系人总数。用户可以点击其中一个时间段展开分析对应的匹配关系人与目标的全时间段同行匹配情况［见图 4-18（b)］，用棕色表达对应的同行时间段。

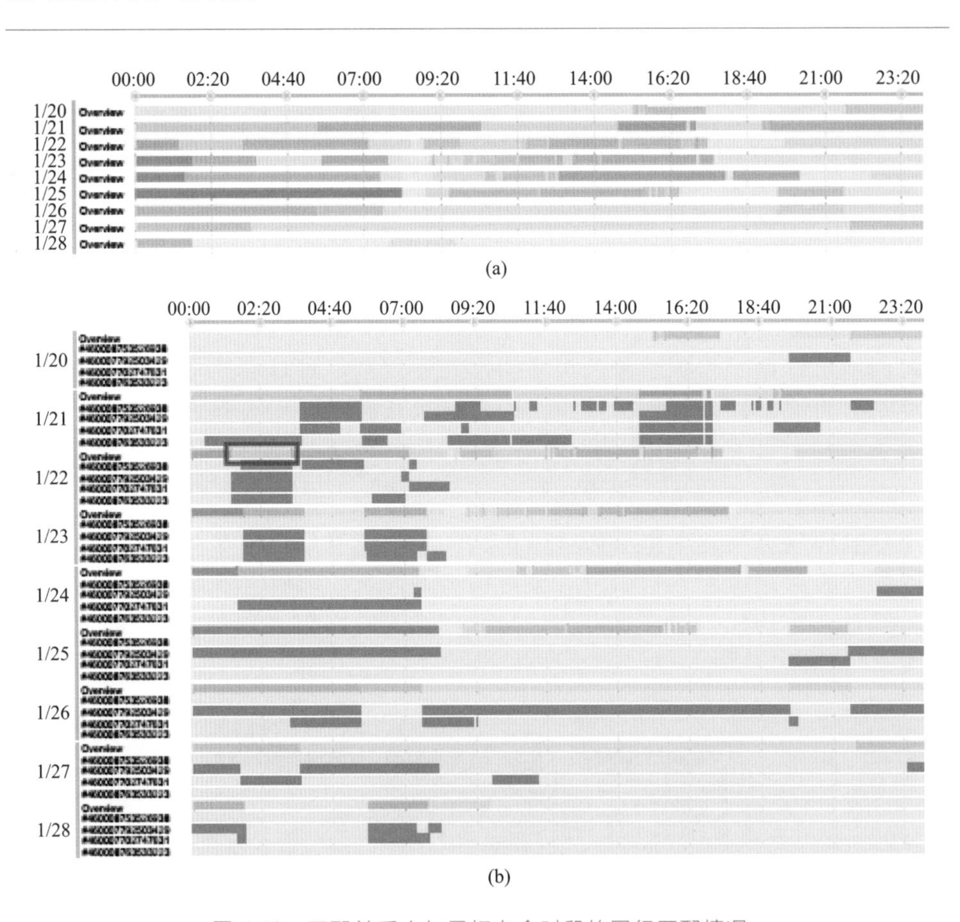

图 4-18 匹配关系人与目标在全时段的同行匹配情况

图 4-16 中展示用户选择的匹配规则为 21 日的 16:20—17:40，22 日的 16:40—17:40，23 日的 17:10—17:50 和 24 日的 16:50—18:50 这 4 个下午的 4 个条件。然而，图 4-18（a）却反映了凌晨的同行关系。当用户点击其中一天的凌晨时段（1:00—2:50)，对应关系人展开［图 4-18（b)］，用户能够观察到这部分人与目标有明显的凌晨同行关系，而在约束条件中他们主要匹配了 21 日的

16:20—17:40 的条件。其中 ID 为＃460007792503429 的关系人在 26 日几乎和目标轨迹完全匹配。基于这些观察，用户可以做出一个假设，目标和＃460007792503429 关系人可能是家庭关系，而匹配的其他关系人可能是居住地点相近的邻居。

4.2.5 案例分析

4.2.5.1 微博用户的个人中心关系

案例 1：通过微博数据与手机基站数据的关联，发现微博用户的个人中心社会关系。我们首先需要选择一个分析对象，为了使分析有理有据，我们从微博博文中筛选出发过很多带地理位置信息且带叙事性内容的博文，时间跨度限制在有对应手机基站数据的时间段（2014 年 1 月 20～28 号）。图 4-19 展现了其中一个用户（“xyz 颖”），她在这段时间生下宝宝。她的微博博文中有 7 条带时间和位置信息的内容，这 7 条博文对应的地点分别集中在两处 A（左下）和 B（右上），A 处的微博内容主要为期待小宝宝出生（生产前）和期望宝宝健康成长（出生后 6～7 天），而 B 处的微博是在临产和出生后 4 天内发出的。根据 POI 数据可以猜测出 B 处是医院，这与微博内容一致。

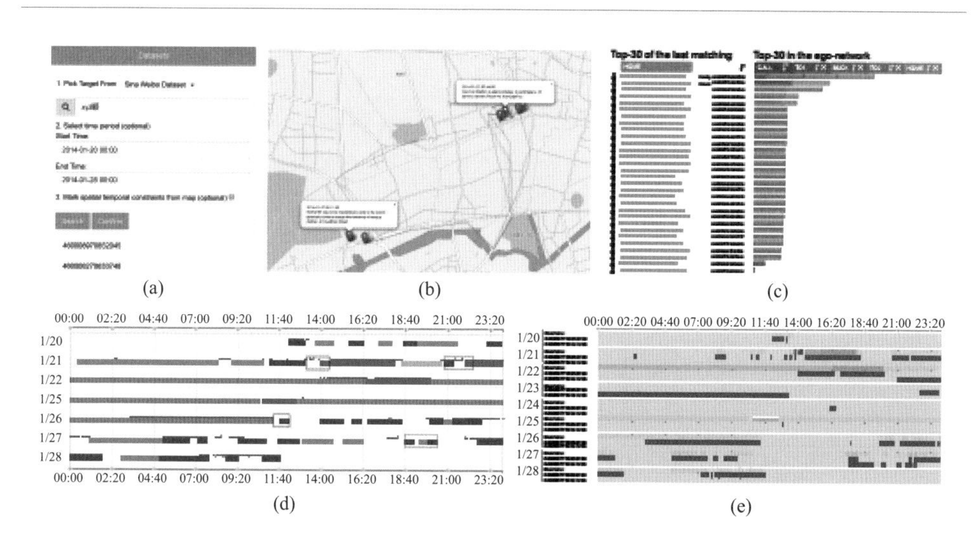

图 4-19 RelationLines 的系统界面。（a）目标视图，被用于匹配一个微博用户；（b）地理视图，表达出微博的主要内容是生孩子；（c）目标的个人中心关系；（d）时间线追踪图，表达了该用户的主要移动行为就是往返医院和家；（e）同行关系视图，表达了关系人和目标的全时间段关系

在目标视图中，我们通过与手机基站数据进行匹配，将匹配度最高的手机ID认定为该微博对象并查询得到她的完整轨迹信息。在这段时间内，她先在A待了一天半，之后在A、B地点间来回几次后在B处停留，并于3天后返回A。从时间线追踪图上可以看出她常出现的地点就是经常发微博的两处地点，在图上分别以蓝色和橙色呈现。她的大部分时间线都是蓝色，即地图上A点，可以猜测那是她的家，橙色的部分对应B点，猜测是之前提到的医院。在1月21日，目标从家里去往医院后又回家，我们希望从陪她一起去医院的人中找到她的家人。匹配后发现在这段时间和她有较高度匹配的人中有一个也和她有过通话记录，并且在一些其他时间的轨迹段中，他们也有比较高的匹配度。继续观察这个ID和对象的轨迹重叠时间，我们发现他们确实经常在一起，这可以进一步证实我们的猜测——这个ID对应着她的家人，很有可能是她的丈夫。继续对和该对象比较匹配的人进行小团体分析，我们又找到另外两个人，他们和这个可能是她丈夫的人每天晚上住在一起，我们猜测很有可能是他们的父母也来照顾这位新妈妈了。

4.2.5.2 出租车司机的行为

案例2：通过出租车数据与手机基站数据的关联，寻找一辆出租车对应的所有司机。如图4-20所示，我们先从观察出租车C04937的时间线追踪图开始分析出租车数据。我们发现每天除了早上7点左右以外，这辆出租车几乎都是处于载客状态（绿色高亮的部分）。该地的出租车一般为两位司机换班驾驶。故猜测这辆出租车的两个司机的一个换班时间是7点左右。接下来观察每天7点前的最后一次载客路线。可以看出基本都是朝向一个地点的，说明上夜班的司机在快要换班时都会选择载目的地和换班地点相近的乘客，以便及时到达换班地点，这个地点可以初步确定为A点附近。再观察7点后的第一次载客路线。几乎可以确定换班地点位于B点。

为了寻找与该出租车的轨迹匹配的司机，我们从夜间的相同时段内刷选出几段轨迹进行匹配，因为夜间活动的人较少，对寻找司机的干扰也比较少，发现有两个ID都和该车有重合轨迹。我们再从白天的相同时段内刷选出几段轨迹进行匹配，从而找到了白班的司机。对比两位司机和出租车的轨迹匹配情况，我们发现26日、27日、28日三天的白天没有司机与该出租车轨迹有重合。于是我们从这三天的白天时段刷选出几段轨迹进行匹配，匹配结果指向了第三个出租车司机。此外，匹配过程中我们发现有一个手机的轨迹数据和出租车有全时段的完全匹配，这与我们的认知相违背，一个猜测可能是这个手机一直被放在出租车中。观察几个司机的轨迹与出租车轨迹的匹配情况，我们能进一步确认司机们的换班时间和地点。

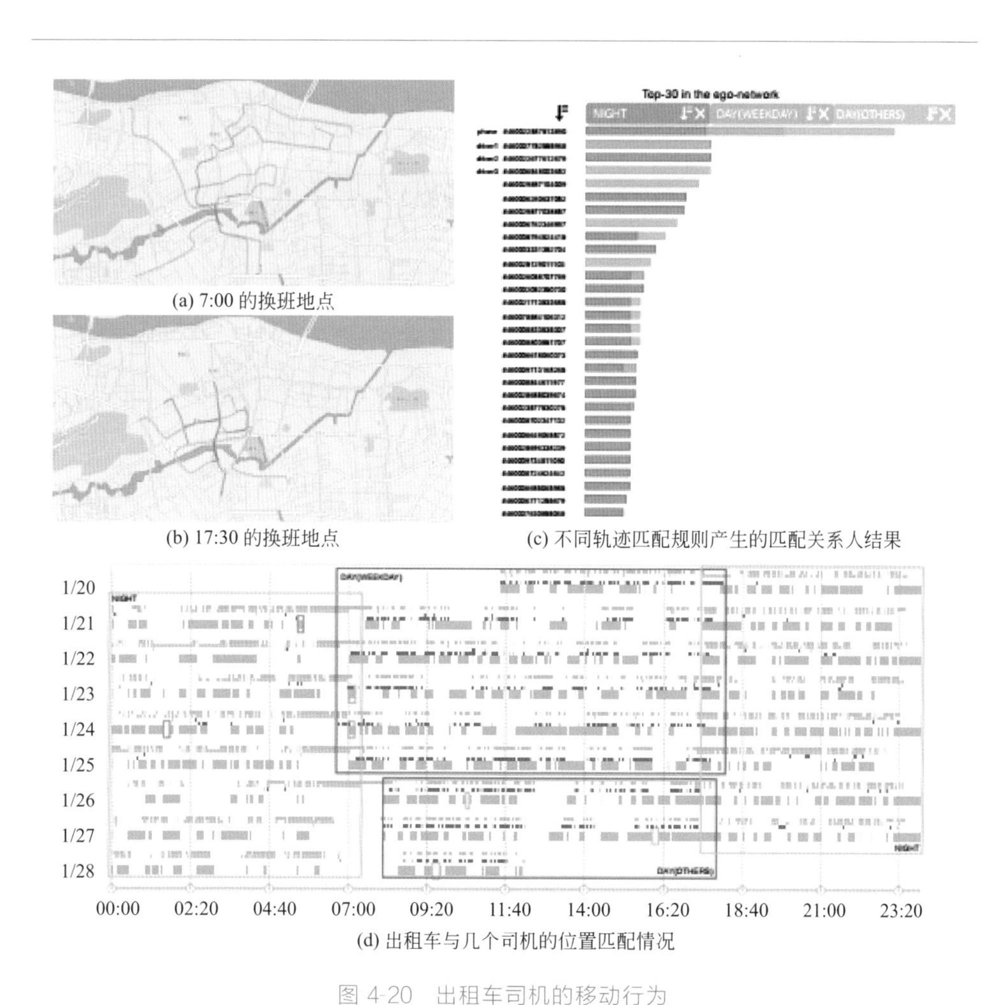

(a) 7:00 的换班地点

(b) 17:30 的换班地点

(c) 不同轨迹匹配规则产生的匹配关系人结果

(d) 出租车与几个司机的位置匹配情况

图 4-20 出租车司机的移动行为

4.2.5.3 上班族的行为

案例 3：分析一个上班族的生活轨迹。如图 4-21（c）的时间线追踪图所示，该上班族的生活轨迹比较规律，每天早上从地点 C（蓝色地点）移动到地点 A（粉色地点），傍晚再回来。从中我们判断地点 C 为居住地（因为停留时间比较久），地点 A 为工作地点，而对应轨迹则为他上下班通勤的路线。通过分别刷选地点 C 和地点 A，我们可以找到可能的家庭成员、邻居或同事。直接通话行为确定了居住地匹配人＃460029587047861 和目标认识，同时该关系人和目标在每一段匹配规则中都有一定程度的匹配，这进一步确认了两个人的亲密关系。另一个电话关系人＃460006401712349 和目标有比较长的工作地点匹配，我们猜测该关系人为目标的同事。

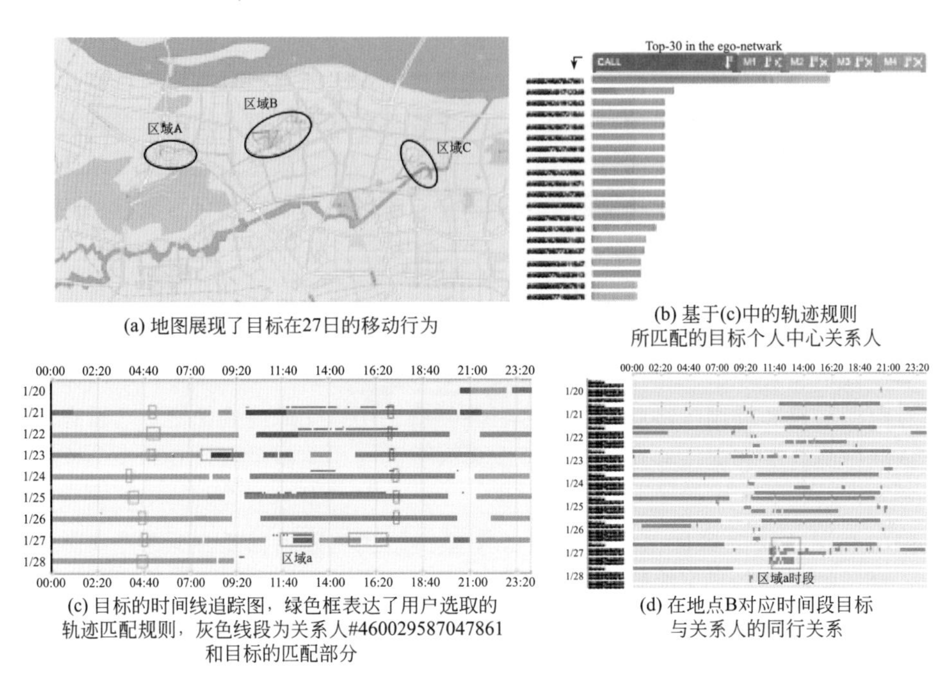

(a) 地图展现了目标在27日的移动行为

(b) 基于(c)中的轨迹规则所匹配的目标个人中心关系人

(c) 目标的时间线追踪图，绿色框表达了用户选取的轨迹匹配规则，灰色线段为关系人#460029587047861和目标的匹配部分

(d) 在地点B对应时间段目标与关系人的同行关系

图 4-21 上班族的移动行为

通过对家庭关系人＃460029587047861 和目标的全时段轨迹分析［时间线追踪图（c）中的灰色线段部分］，我们发现 27 日两个人在地点 B 附近有同行关系。这段同行关系表达了他们早上到达地点 B，在附近逛了逛，中午在某个地点停留了一个小时。我们的第一个猜想是这两个人周末在地点 B 附近逛街，中午在某个餐厅吃饭。于是，我们进一步挖掘同行关系视图（d）中的对应时间段，想找到这段时间与目标同行逛街的其他家庭成员。然而惊奇的是匹配的关系人大多数是工作关系人。于是我们又猜想这个地点可能是公交换乘的地方，一个小时的停留是等公交。但是真实情况是地点 A 和地点 C 之间不存在经过地点 B 的公交路线，并且他们在地点 B 停留了将近两个小时。经过进一步的观察，我们发现这些关系人在 27 日之前也来过地点 B。于是我们又产生了第三个猜想，地点 B 是他们出外勤的地方，他们在那里办活动，前几天是准备阶段，27 日是活动日，家庭关系人＃460029587047861 也参加了那场活动。遗憾的是，由于缺少真实信息的佐证，我们还不能证明这个推理的正确性，但是证明了通过 RelationLines 系统，我们可以对分析目标的行为和真实社会关系有做出基于给定事实的推理。

4.3 数据分析：从探索层面到解释层面

多层面数据分析最显著的优点就是能够从不同层面探索数据，而不同层面反馈的信息可以发挥互相引导探索或解释验证的作用。本方法以时序排名数据的可视分析为例，从时序排名和数据关系两个层面探索时序排名数据，用排名项之间的关系网络解释排名的时序变化，用时序变化优化排名项的关系网络。

大规模时序排名的常见问题就是视觉遮挡。基于格式塔的连续定律，我们尝试了大规模时序排名的可视设计去解决视觉遮挡的问题，并用维基百科最关注页面排名的统计数据作为案例评估这些方法。这个数据主要是随时间变化的维基百科最关注页面的变化，而时序页面排名是一种兼有时序和排名顺序的数据层面，对它的分析能够得出用户对时事的关注点以及用户兴趣的变化情况。此外，还可以从其他数据层面进一步了解用户关注点的更多上下文信息，如通过页面跳转层面探索最关注页面之间的语义关系。不同数据层面的结合从新的视角解释了用户对访问页面的兴趣点，也扩展了维基百科页面跳转关系网络的边关系。我们设计了维基百科页面排名系统 WikiTopTeader，实现这些可视设计和多层面数据探索方式，评估设计对用户感知的作用以及系统的可用性。

4.3.1 简介

大规模时序排名给数据分析带来了很大的挑战，每个排名项有排名属性、时变属性，还有排名项本身的数据属性（可能是多变量数据，或是和其他排名项之间存在关系属性）。本方法关注时序排名数据的演变模式和 Top-K 排名项之间的关联关系。

维基百科被认为是最大的在线百科网站，该网站每天的不同语言的页面访问量总计可达 6 亿以上。作为一个用户学习知识和贡献知识的知识交换平台，经过长时间的累积，维基百科已经成为一个巨大的、日益增长的知识仓库。

即使花费人类一生的时间，也不能完全学习维基百科中所有的知识。但是如果我们只想跟上时代的潮流，了解当前全世界关注的话题，我们可以只了解维基百科每天最受关注的页面。根据 80/20 定律，维基百科每日最受关注页面的排名数据（简称为维基热词）反映了用户在维基百科上的主要兴趣点，同时也反映了当前的时事。而维基每日排名的时序数据（简称维基排名趋势）则反映了用户兴趣点的时序演变。

在分析和理解维基页面内容方面已经有很多研究工作，包括自然语言处理（NLP）方向和资源描述框架（RDF）数据库方向。然而除了分析页面内容的语义之外，用户们还想要探索维基排名的演变趋势。在这方面，已有的可视化主要基于两种设计：离散的图元设计和连续的设计。离散的图元设计（如页面标签设计）比较简单，并不能反映排名趋势；连续的设计（如带状或河流状设计）能够直接反映变化趋势，但是存在严重的视觉混杂，数据连续性的表达导致了大量的交叉和重叠。

为了解决这些问题，我们设计了 WikiTopReader 系统，该系统可视化了维基每天的排名趋势，并对每一个关注页面构建了语义网络。该语义网络首先提取了与关注页面有相似排名趋势的页面，然后将用户对这些页面的兴趣度与页面之间的实际跳转关系相关联，增强了原来无权的页面跳转网络的关系属性。在可视设计方面，我们遵循一个原则：好的设计需要在表达页面排名趋势的同时不造成视觉感知的负担，也就是要避免视觉遮挡。我们的设计将带状和河流状的可视化切断成图元设计，但在视觉上借助格式塔的连续定律，保留用户对连续图形的视觉感知。

虽然我们只在维基百科数据中实践了这一方法，但是这一离散图元设计可以直接应用到其他时序排名数据中，例如股票价格数据。而排名页面之间的页面跳转关系也可以应用到其他关系网络中。我们将本方法的贡献概括如下：①三种图元设计，在展现时序排名的同时不造成视觉遮挡；②数据的时序排名层面与语义关系层面的结合，增强了用户对排名项的理解；③一个维基百科页面排名应用，验证了图元设计与多层面结合框架的有效性。

4.3.2 时序排名数据的可视表达

时序排名数据设计的目标是描述排名项的时序排名变化层面，优秀的设计首先不能太复杂太抽象，给用户带来感知上的障碍，因此我们舍弃了低维投影方法和会产生严重视觉混杂的带状/河流状设计。遵循格式塔原则的连续定律，我们提出的方案是能够发现排名项时序演变模式的三种图元设计：sparkline（图4-22）、徽章设计（图 4-22）和反色徽章（图 4-22）。

这三种设计都基于同一种时间线布局：水平轴代表可以拖动的时间轴（一个时间窗是 28 个时间点，即四周时间），每个时间点为一列，该时间点的所有排名项都被放置在这一列中，按排名降序排列。当用户鼠标悬浮在一个排名项上，对应的排名曲线和排名项标签将被高亮。出于两个原因标签没有默认显示：首先，维基百科的页面可能不是一个单词而是一个长词组，太长的标签会遮挡其他可视化；其次，标签本身也会增加视觉复杂度，影响用户追踪排名项的演变趋势。

当用户关注某一天的排名项的时候，该天的所有排名项从高到低被赋予由蓝到红的颜色编码，其他天的相同排名项也被赋予相同的颜色，而其他天不同的排

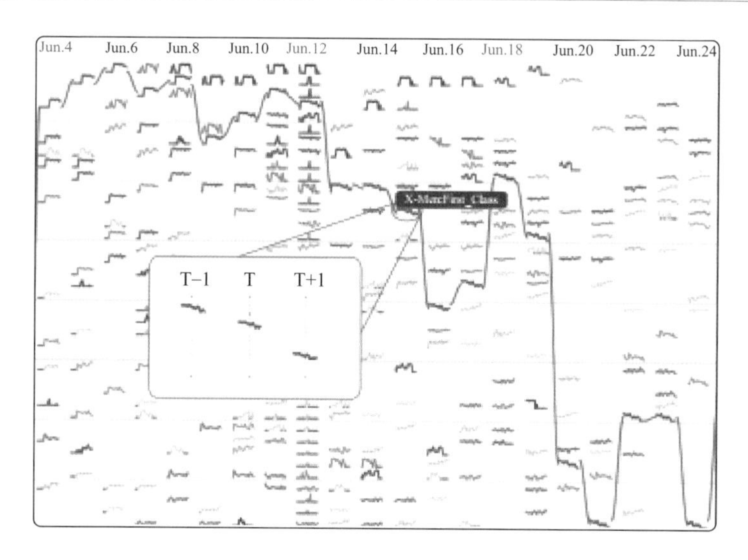

图 4-22 维基排名趋势的 sparkline 设计。6 月 12 日的所有排名项从高到低被赋予由蓝到红的颜色编码，其他天的相同排名项也被赋予相同的颜色，而其他天不同的排名项将被过滤。用户可以直接观察到单一排名项前后 5 天的排名变化趋势（如“X-Men: First Class”）

名项将被过滤。我们采用两极的颜色编码来强调那些热门排名项和即将消失的排名项。排名项的过滤能够让用户集中到他们感兴趣的排名项中，用户可以用颜色和图元形状两个视觉线索找到某个排名项的时序变迁。

① sparkline 设计。表达排名项时序变化的最直接的设计就是 sparkline（见图 4-22)，这种设计在股票价格或点击量的显示中非常常见。这里的 sparkline 设计展示了每个排名项前后 5 天的排名变化趋势，用户可以通过颜色和相似形状来找到不同列（时间）的相同排名项。然而 sparkline 的设计过于细节，相同排名项在不同时间的图元其实是一种重复编码，这在视觉上并不美观。会给用户产生视觉上的分心，使他们过于关注单一排名项，减少了用户的第一眼（pre-attentive）模式识别。

② 徽章设计。带状和流状设计之所以有效是因为它连接了排名项的下一个排名位置，能够为用户提供连续的感知体验。受格式塔原色的连续定律指导，我们抛弃了会产生视觉遮挡的带/流状设计，但是保留了图元的指向性特征。我们称设计的图元为徽章——一个带有两条边的图元（见图 4-23)：一条边指向该排名项的上一个排名位置，另一条边指向下一个排名位置。图元的指向方向和颜色经过仔细计算，能够增强用户该排名项排名趋势的认知。

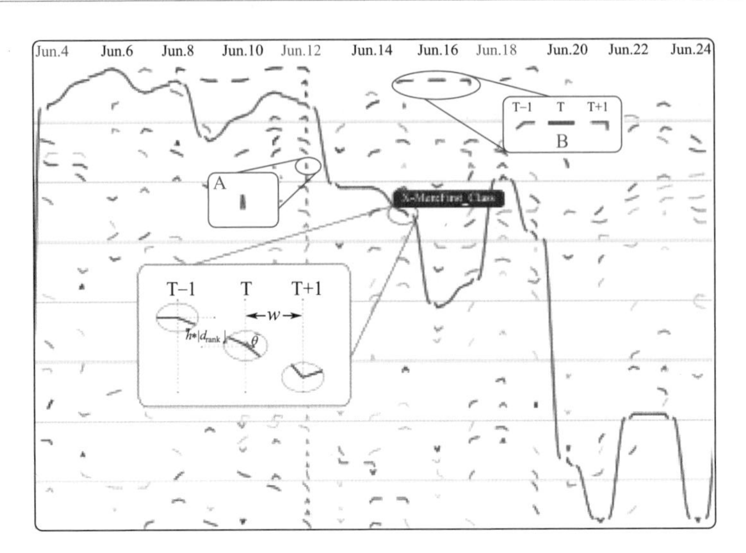

图 4-23 维基排名趋势的徽章设计。6 月 12 日的所有排名项从高到低被赋予由蓝到红的颜色编码，其他天的相同排名项也被赋予相同的颜色，而其他天不同的排名项将被过滤。用户可以直接观察到单一排名项前后 5 天的排名变化趋势（如“X-Men: First Class”）。同时页面 A 和页面 B 呈现了两种不同的排名演变模式

为了获得一致的徽章形状，所有的排名项图元都在一个相同大小的椭圆区域中绘制，排名项的相邻排名差和列间距离构成了角度 θ。

$$\theta=\begin{cases}\pi-\arctan(h\,|d_{\text{rank}}|/w),\text{left}\\-\arctan(h\,|d_{\text{rank}}|/w),\text{right}\end{cases}\tag{4-5}$$

式中，d_{rank} 是排名项的相邻排名差；w 和 h 分别为显示区域的宽和高。因此一个排名项徽章可以表达为从椭圆出发的两条线段，线段的另一个端点坐标可以计算为：

$$\begin{cases}x=\dfrac{w'}{2}\cos\theta\\y=\dfrac{-h'}{2}\sin\theta\end{cases}\tag{4-6}$$

式中，w' 和 h' 分别为椭圆的宽和高，一般比前面的显示区域小一些。

徽章的形状由角度 θ 决定，描述了排名项的名次变化。图 4-23 中的 A 项很可能是一个新上榜的页面，在上榜后的第二天又迅速掉落榜单；而 B 项则是具有比较平稳的排名变化的热门页面，一直追踪 B 项的排名可以发现 6 月 17 日之后该项掉出榜单。

③ 反色徽章设计。徽章设计中用于每个排名项的绘制区域是非常小的，因此同一列中相邻排名项的颜色变得难以区分。为了让排名项的颜色更容易区分，我们将徽章设计进行修改，将其前景色与背景色互换，背景色从白色改为线条颜色而线条改为白色（见图 4-24）。新的设计我们称之为反色徽章。由于现在所有的排名项设计都被色块填满，被过滤掉的排名项位置变成空白，一列中的空白越多就表明这列的排名项被过滤的越多，这传递了两个信息：当前选择时间下的排名项在榜单中逐渐消失，其他的排名项补充了这些排名项的位置。对比徽章设计，我们认为反色徽章的设计在排名项的视觉感知认知上有显著提升。

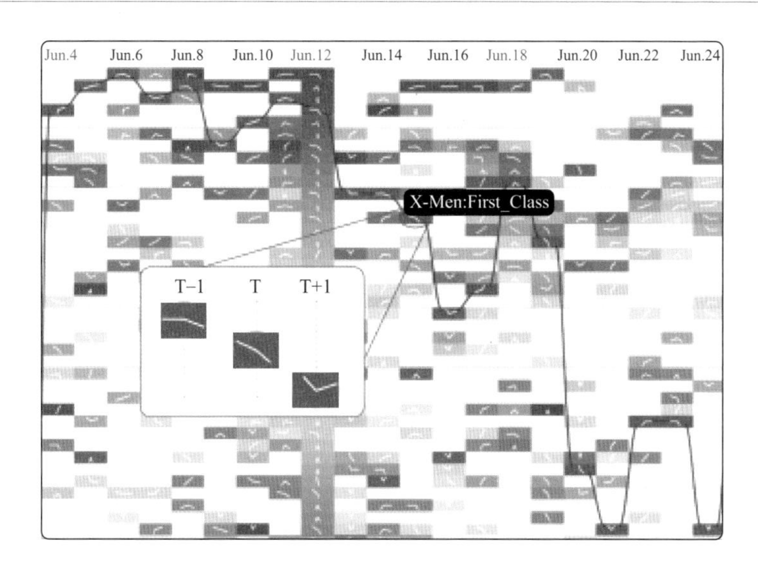

图 4-24 维基排名趋势的反色徽章设计。6 月 12 日的所有排名项从高到低被赋予由蓝到红的颜色编码，其他天的相同排名项也被赋予相同的颜色，而其他天不同的排名项将被过滤。用户可以直接观察到单一排名项前后 5 天的排名变化趋势（如“X-Men: First Class”）。用户还可以观察到 6 月 12 日的页面在其他时间的热度情况

4.3.3 排名项的语义探索

我们从两种关系层面探索维基页面之间的语义关系：维基页面跳转关系（PLR）和维基页面的时序排名变化相似性关系（SRR）。PLR 显式地表达了页面的语义相关性，而 SRR 则表达了页面相关的潜在可能性。对于一个热门话题来说，用户会关注与该话题相关的多个关键词的维基页面，那么这些页面的访问量排名趋势就会变得相近。基于这样的假设，具有相似排名趋势的页面有可能是

相关的，但这种相关性绝对不是必然的。PLR 和 SRR 相结合就是以用户行为数据增强维基百科的页面跳转关系网络，并将用户有限的注意力吸引到一个更紧凑的维基页面集合（网络）中。

4.3.3.1 发现具有相似排名趋势的页面

两个具有相似排名变化趋势的页面很可能在语义上也是相关的，基于这样的假设，我们两两计算维基页面的排名变化趋势的相似性。我们首先定义某个时间点下两个维基页面（A 和 B）的相似性为 A，计算前后一段时间（例如前后各 5 个时间点）的时序排名的相似性，该相似性用基于动态时间扭曲的曲线匹配算法计算。一般的欧式距离将两个时间序列按时间对齐计算距离，而该基于动态时间扭曲的算法将曲线进行一定的扭曲，使扭曲后两个序列的匹配距离最小，这个做法有效保留了具有相似序列变化却带时延的两个排名项之间的相似性特征。

我们用 Chen 等人提出的基于熵的聚类质量评价算法，提取与给定页面排名变化最相似的页面。该算法计算聚类内所有页面之间相似性的熵，通过控制熵的大小控制聚类的质量。对于某个给定的页面，我们将与其排名变化最相似的页面加入到聚类中，并用聚类中两两页面的相似性计算整个聚类的熵。我们迭代地执行这两个步骤直到聚类的熵超过某个给定阈值。该算法相比 K 近邻算法能够发现与给定页面排名变化足够相似的所有页面，并保证聚类中所有的页面之间都有较高的相似性。

4.3.3.2 发现维基页面的语义关系

排名趋势相似的页面之间不具有确定的语义相关性，因此我们把页面跳转关系补充到已有的相似性网络中，用于解释和增强页面之间的相似关系。我们为所有相似页面构建一个页面跳转网络，当前的关注页面在网络的正中心，与其有页面跳转关系的页面用边连接，而没有跳转关系的页面则散落在四周。

图 4-25 展现了与美剧欢乐合唱团页面“Glee（TV series）”有相似排名趋势的页面之间的关系，这些页面包括与该词条等价的页面“NewYork（Glee）”以及其他周播美剧页面，例如“How I Met Your Mother”“The Big Bang Theory”和“Two and a Half Men”。图中的节点大小表征了该页面与页面“Glee（TV series）”的排名趋势相似性大小。

4.3.3.3 系统实现

系统的数据来源于 Wikimedia 项目维护的维基百科页面访问日志数据库。我们收集了 14 个月的英语维基页面访问日志数据（从 2011 年 6 月 1 日到 2011 年 10 月 27 日，以及从 2014 年 1 月到 2014 年 9 月），从中提取每天 Top-1000 的访问页面存入 MySql 数据库。我们删除了其中的网站首页、错误页等与时事分析无关的页面。可视化只显示 Top-50 访问页面的布局，相似页面的探索则在

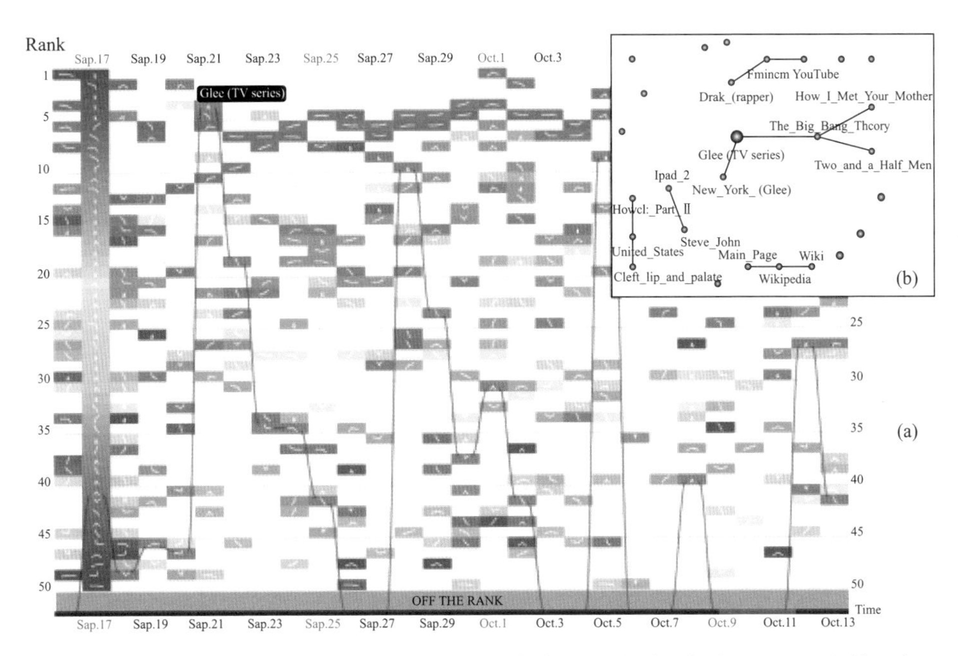

图 4-25 维基百科上周播剧的时变排名演变。(a)被关注时间点(9 月 17 日)的所有排名项从高到底被赋予由蓝到红的颜色编码，其他天的相同排名项也被赋予相同的颜色，而其他天不同的排名项将被过滤。页面“Glee(TV series)”每周三有一个上升趋势和之后的下降趋势，表明该剧的播出时间。(b)在该页面的相似页面中，用户可以发现与该词条等价的页面“New York(Glee)”以及其他周播美剧页面，例如“How I Met Your Mother”“The Big Bang Theory”和“Two and a Half Men”

Top-1000 的页面中查找。我们通过维基的页面跳转 API 收集页面跳转关系数据，并存储在图数据库 Neo4j 中。

4.3.4 案例分析

WikiTopReader 系统能够发现排名趋势的演变规律，以及由相似页面构建的事件语义。我们通过两个案例分析系统在识别并发多事件演变模式和单事件多演变趋势模式中的作用。

4.3.4.1 并发多事件的演变模式

具有类似排名趋势的页面并不一定是相关的，我们通过页面跳转网络的验证规避了这种相似性带来的误导。第一个案例展现了 WikiTopReader 用于发现具有相似排名趋势的两个并发事件的演变规律。

如图 4-26 所示，2011 年 7 月 23 日有 4 个页面同时出现在排名顶端，在 Top 榜上持续了几天后迅速落到 Top-50 之外。我们认为这可能是与这四个页面的关键词相关的一个事件，于是选择其中一个词“27 Club”进行深入探索。图 4-26（a）是与该页面具有相似排名关系的排名变化曲线图，图 4-26（b）是由相似页面构建的页面跳转网络。该网络用边表达了中心页面与其他页面之间的关系，节点大小表达中心页面与其他页面之间的相似程度。

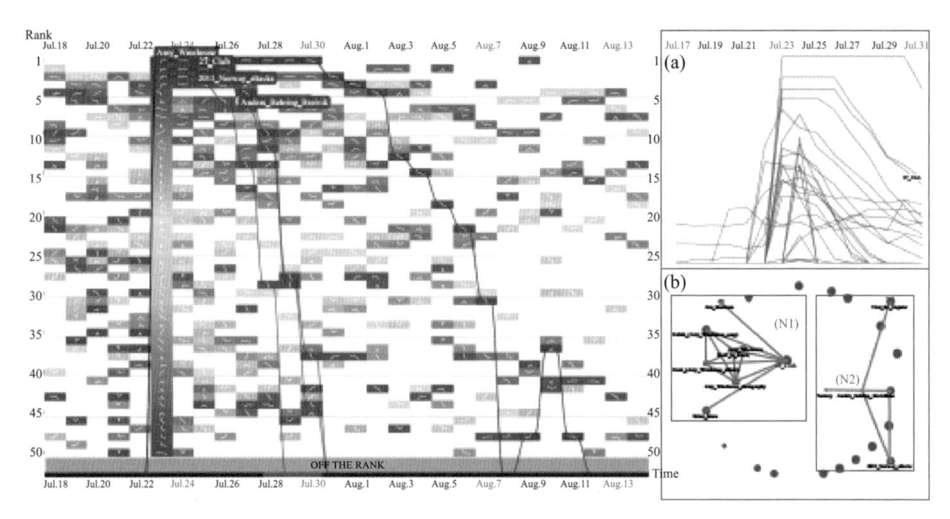

图 4-26　页面“27 Club”及其相似页面的排名演变趋势。（a）与该页面具有相似排名关系的排名变化曲线图；（b）由相似页面构建的页面跳转网络。这四个页面的相关页面构建了两个页面子网络（# 1 和# 2），揭示了两个当时广受社会关注的事件，一个与“27 Club”相关，另一个与“2011Norway Attack”相关

我们首先发现这些页面的排名趋势确实很相似：在某一天突然出现，持续一段时间，然后消失。在页面关系网络中我们发现了两个跟这四个页面相关的页面子网络（♯1 和♯2），包括页面“Amy”和“27 Club”，♯2 包括页面“Anders”和“2011 Norway Attack”。这两个子网络之间相互独立，可能是同时获得关注的两个独立事件。从维基百科页面的具体内容中我们了解到在 27 岁去世的优秀摇滚/流形音乐人被称为属于“27 Club”的一类人，其他页面如“Jim Morrison”和“Brian Jones”是 27 岁俱乐部的成员。2011 年 7 月 23 日，著名英国摇滚音乐人“Amy”在 27 岁的时候去世。这件事让 27 岁俱乐部的成员们获得了短期的社会关注。与♯2 网络相关的事件是同一天，“Anders”在“Norway”“Oslo”实施了一起恐怖袭击，受到了广泛的社会关注，这个事件又被称为“2011 Norway Attack”。

4.3.4.2 单事件多演变趋势的模式

第二个案例展示了 WikiTopReader 对某个特定话题演变模式的追踪：马来西亚航班 370（MH370）。2014 年 3 月 8 日，页面“Malaysia Airlines Flight 370”突然出现在维基页面排名的顶端（见图 4-27），通过追踪我们发现该页面第一次出现的时候持续了 31 天，在 4 月 8 日离开热词排行榜，然后在 2014 年 7 月 16 日重新出现在榜单中，持续 6 天（见图 4-28）。我们分别观察了这个页面在 3 月 8 日和 7 月 16 日的演变模式和语义关系。

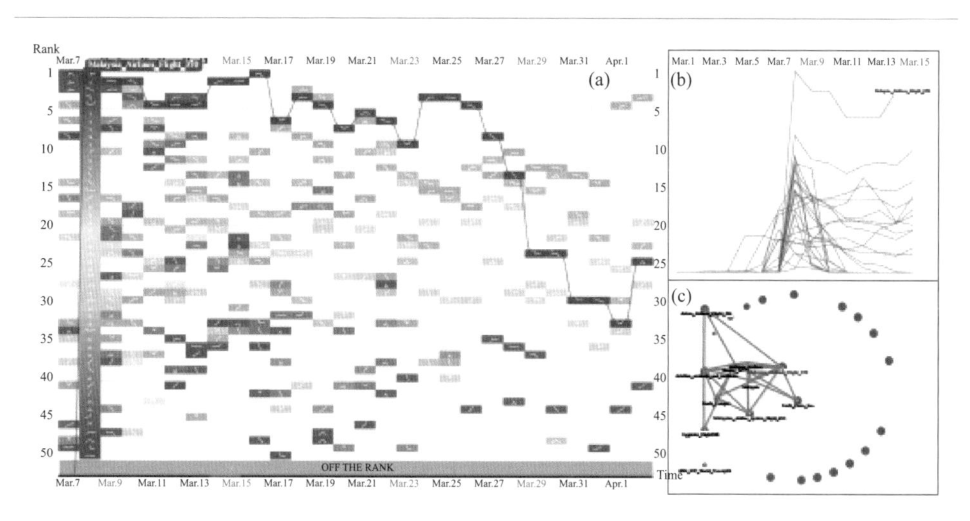

图 4-27 热词在 3 月 8 日的排名变化曲线和页面跳转网络

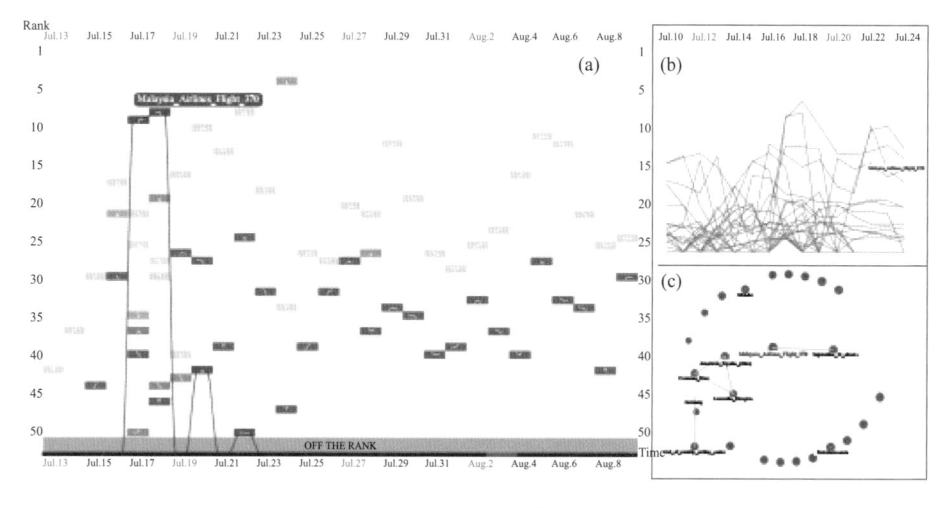

图 4-28 2014 年 7 月 17 日的第二次马航 370 事件

图4-27（a）和（b）分别展示了热词在3月8日的排名变化曲线和页面跳转网络，与马航370相似的热词主要是地点信息（例如“South China Sea”“Malaysia”和“Kuala Lumpur”）和飞机信息（例如“Boeing 777”“Malaysia Airlines”和“Asiana Airlines Flight 214”等）。这些热词同时出现在榜单上，几周后，与马航370的演变趋势相似。维基百科详细介绍了马航370在2014年3月失踪的事件。国际航班马航370于2014年3月8日从马来西亚的KualaLumpur机场出发飞往中国北京首都国际机场，这架波音777飞机在失踪时机上有12个马来西亚机组工作人员和227个来自15个国家的乘客。从相关热词中我们可以看出用户对这起事件的关注点主要围绕在失踪航班的相关信息。这起神秘失踪事件是一起灾难性事件，在全球范围内引起了持续的广泛的关注和讨论。在可视化上呈现热词的长期平稳趋势，并衍生出了一个以马航370为中心的复杂相似页面跳转网络。

与持续受到关注的3月马航事件相比，图4-28展示的第二次马航370事件只获得了短期的关注，衍生出的相似页面跳转网络也相对简单。与这个热词相关的事件同样是马航370，2014年7月17日在从阿姆斯特丹飞往KualaLumpur机场的时候被击落坠毁。对应的语义网络提示了用户对这起事件的关注点，包括“Iran Air Flight 370”（另一架被击毁的航班）和“September 11 Attacks”（人们对事件的联想）。

参考文献

［1］ Leland Wilkinson，Anushka Anand，Robert L Grossman. Graph-theoretic scagnostics［C］. Proceedings of IEEE Symposium on Information Visualization. volume 5. 2005：21.

［2］ David J C. Mackay. Information theory，inference and learning algorithms［J］. Information Theory，2003：640.

［3］ Richard O Duda，Peter E Hart，David G Stork. Pattern classification［M］. John Wiley & Sons，2012.

［4］ Rudi Cilibrasi，Paul Vitanyi. A new quartet tree heuristic for hierarchical clustering［J］. Theory of Evolu tionary Algorithms，2006.

［5］ Korbinian Strimmer，Arndt Von Haeseler. Quartet puzzling：a quartet maximum-likelihood method for reconstructing tree topologies［J］. Molecular Biology and Evolution，1996，13（7）：964-969.

［6］ Stephen J. Wilson. Building phylogenetic trees from quartets by using local inconsistency measures［J］. Molecular Biology and Evolution，1998，16（5）：685-693.

［7］ IngwerBorg，PatrickJFGroenen. Modernmultidimensionalscaling：Theoryandapplications［M］. Springer Science & Business Media，2005.

[8] Ian Jolliffe. Principal component analysis [M]. Wiley Online Library, 2002.

[9] Teuvo Kohonen. Self-organizing maps [M], volume 30. Springer Science & Business Media, 2001.

[10] Elizaveta Levina, Peter J Bickel. Maximum likelihood estimation of intrinsic dimension [C]. Advances in neural information processing systems. 2004: 777-784.

[11] Daniel Engel, Lars Huttenberger, Bernd Hamann. A survey of dimension reduction methods for high dimensional data analysis and visualization [C]. OASIcs-OpenAccess Series in Informatics. volume 27. Schloss Dagstuhl-Leibniz-Zentrum fuer Informatik, 2012.

[12] IvanKramosil, JiriMichdlek. Fuzzymetricsandstatisticalmetricspaces [J]. Kybernetika, 1975, 11 (5): 336-344.

[13] Shi-Sheng Huang, Ariel Shamir, Chao-Hui Shen, Hao Zhang, Alla Sheffer, Shi-Min Hu, Daniel Cohen-Or. Qualitative organization of collections of shapes via quartet analysis [J]. ACM Transactions on Graphics, 2013, 32 (4): (71: 1)-(71: 10).

[14] Sagi Snir, Satish Rao. Quartets maxcut: A divide and conquer quartets algorithm [J]. IEEE/ACM Transaction on Computational Biology and Bioinformatics, 2010, 7 (4): 704-718.

[15] Enrico Bertini, Andrada Tatu, Daniel Keim. Quality metrics in high-dimensional data visualization: An overview and systematization [J]. IEEE Transactions on Visualization and Computer Graphics, 2011, 17 (12): 2203-2212.

[16] Tuan Nhon Dang, A. Anand, L. Wilkinson. Timeseer: Scagnostics for high-dimensional time series [J]. IEEE Transactions on Visualization and Computer Graphics, 2013, 19 (3): 470-483.

[17] Jorn Schneidewind, Mike Sips, Daniel Keim, et al. Pixnostics: Towards measuring the value of visualization [C]. Proceedings oflEEE Symposium On Visual Analytics Science And Technology. IEEE, 2006: 199-206.

[18] Jean-Francois Im, Michael J McGuffin, Ruby Leung. GPLOM: the generalized plot matrix for visualizing multidimensional multivariate data [J]. IEEE Transactions on Visualization and Computer Graphics, 2013, 19 (12): 2606-2614.

[19] Stephen P Borgatti, Ajay Mehra, Daniel J Brass, Giuseppe Labianca. Network analysis in the social sciences [J]. Science, 2 (8) 9. 323 (5916): 892-895.

[20] Julian Mcauley, Jure Leskovec. Discovering social circles in ego networks [J]. ACM Transactions on Knowledge Discovery from Data (TKDD), 2014, 8 (1): 4.

[21] Johan Ugander, Lars Backstrom, Cameron Marlow, Jon Kleinberg. Structural diversity in social contagion [J]. Proceedings of the National Academy of Sciences, 2012, 109 (16): 5962-5966.

[22] Mikolaj Jan Piskorski. Social strategies that work [J]. Harvard Business Review, 2011, 89 (11): 116-122.

[23] Yu Zheng, Xiaofang Zhou. Computing with spatial trajectories [M]. Springer Science & Business Media, 2011.

[24] Yang Ye, Yu Zheng, Yukun Chen, Jianhua Feng, Xing Xie. Mining individual life pattern based on location history [C]. Proceedings of the 10th International Conference on

Mobile Data Management：Systems，Services and Middleware. IEEE，2（8）9：1-10.

［25］ Blerim Cici，Athina Markopoulou，Enrique Frias-Martinez，Nikolaos Laoutaris. Assessing the potential of ride-sharing using mobile and social data：a tale of four cities［C］. Proceedings of the ACM International Joint Conference on Pervasive and Ubiquitous Computing. ACM，2014：201-211.

［26］ Vasyl Palchykov，Kimmo Kaski，Janos Kertesz，Albert-Laszlo Barabasi，Robin IM Dunbar. Sex differences in intimate relationships［J］. Scientific reports，2012. 2.

［27］ GennadyAndrienko，NataliaAndrienko，PeterBak，Daniel Keim，StefanWrobel. Visual analytics of movement［M］. Springer Science & Business Media，2013.

［28］ Alon Efrat，Quanfu Fan and Suresh Venkatasubramanian. Curve matching，time warping，and light fields：New algorithms for computing similarity between curves［J］. Journal of Mathematical Imaging and Vision，2007，27（3）：203-216.

［29］ Xi C Chen，Abdullah Mueen，Vijay K Narayanan，Nikos Karampatziakis，Gagan Bansal，and Vipin Kumar. Online discovery of group level events in time series［J］. Proceedings of the 2014 SIAM International Conference on Data Mining，2014：632-640.

第5章

不确定性数据

不确定性是指事物的存在状态或所能产生的结果不能被精确描述。数据的不确定性不可避免地存在或产生于数据收集、数据变换、数据可视化等数据处理分析和决策支持的各个环节，并在这些环节中不断传播演化。不确定性的存在会极大地影响数据分析的可靠性，对它的忽视将导致数据分析者产生理解偏差从而做出错误的决策。要使数据可视化、可视分析成为一种有效的决策支持工具，必须以某种直观的方式将数据中的不确定性准确地呈现给用户。

5.1 不确定性数据简介

5.1.1 不确定性的定义与分类

不确定性是描述数据质量的一个重要属性，普遍存在于物理学、金融学、经济学等领域。不确定性是一个多方面的概念。本章节中，不确定性指事物的存在状态和结果无法被精确描述。Wilkinson 等人在其《The Grammar of Graphics》一书中列举了众多与不确定性相关的描述，包括可变性（Variability）、噪声（Noise）、不完整性（Incompleteness）、偏倚（Bias）、误差（Error）、可信度（Reliability）等。

根据不同的分类标准和方法，不确定性具有多种表现形式。Thomson 等将 GIS 科学和地理信息可视化（Geovisualization）领域内的不确定性分为世系（Lineage）、位置精度（Positional Accuracy）、属性精度（Attribute Accuracy）、逻辑一致性（Logical Consistency）和完整性（Completeness）。MacEachren 等从信息元和不确定性类型两个角度对该领域内的不确定性进行了进一步细分。通常，地理信息数据的信息元具有 3 个维度：空间、时间和属性。而这三个维度对应的不确定性类型可达 9 种：准确度、精确度、完整性、一致性、世系、流通时间、可信度、主观性和独立性。因此，该分类系统总计可包含 27 种不确定性类型。Skeels 等通过用户实验研究总结了 5 种不确定性：度量精度、完整性、推理、非一致性和可信度，并且进一步将不确定性分为三个等级。在这个分类体系中，由度量精度引起的不确定性是最低级的，与完整性相关的不确定性属于第二级，跟推理相关的不确定性属于第三级。而由不一致和可信度导致的不确定性与其他不确定性一起共生或位于其他不确定性级别之上，并且由不一致性引起的不确定性与由可信度导致的不确定性是密切相关的。

5.1.2 不确定性的来源

不确定性来源复杂，广泛存在于数据可视化的各个环节，甚至各个环节中还会引入新的不确定性，如图 5-1 所示。

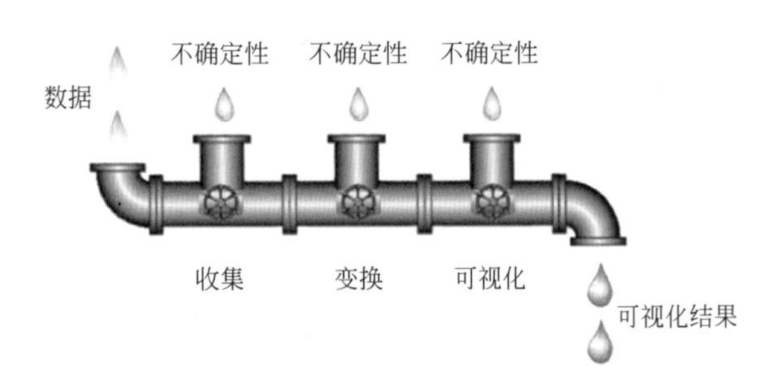

图 5-1 不确定性的来源

① 数据收集过程中的不确定性　原始数据在收集过程中由于自然灾害、设备故障等原因会引起数据丢失、精度损失等，产生不确定性。如在传感器网络数据采集过程中由故障传感器引起的不确定性。知识匮乏、不精确的模型等也会造成数据的不确定性。例如为了克服不精确预测模型造成的不确定性，天气预测研究领域常采用集合模拟（Ensemble Simulation）的方法。集合模拟的输出被称为集合数据，集合数据是一种典型的不确定性数据。

② 数据变换引入的不确定性　通常原始数据并不可直接用于可视化，而是需要经过一系列的变换之后才可应用。这些数据变换可能是一些简单的数据类型转换、过滤、重采样等操作，也可能会采用一些复杂的算法甚至引入其他数据源生成新的可用于可视化的数据类型。数据变换会潜在地改变原始数据的精度和尺度，进而产生不确定性。例如在 DTI 数据可视化研究中，将 DTI 张量数据场转换为几何线表达模型时会造成信息损失，引起不确定性。

③ 数据可视化相关的不确定性　在数据的可视表达过程中，不确定性依然存在。可视表达所采用的模型、参数、方法等都可能会导致可视化结果的差异性，引起不确定性。例如不同的传输函数设计可能生成不同的体可视化结果，不同的体可视化算法也会生成不同的可视化结果，造成用户理解可视化结果的不确定性。此外，可视化载体的局限性（如有限的屏幕分辨率）也会造成用户在可视

化结果认知方面的不确定性。

5.1.3 不确定性可视化及挑战

不确定性可视化旨在通过可视化技术直观地揭示数据中的不确定性，为数据分析和决策支持提供更加全面正确的参考信息。确定性数据的可视化结果展示了数据的主要特征，而不确定性数据的可视化结果则能进一步揭示数据的不确定程度。根据不确定性的重要程度和可视化作用的不同，不确定性既可以一种弱可视表达形式呈现给用户以提示用户注意数据中不确定性的存在，还可以被显式地高亮、增强，进而帮助用户分析其中的细节。然而，随着数据规模和复杂度的不断增加，不确定性可视化依旧是一项非常具有挑战性的研究工作。

近年来，对不确定性的量化方法进行了广泛研究，并发展了一系列理论。在计算机科学研究领域，不确定性主要基于统计和概率相关理论度量表示。Sanyal 等使用偏差刻画气象预测集合模拟中每个预报模型的不确定性。Potter 等采用方差、均值、标准差等统计指标定义数据中的不确定性。Correa 等提出用数据转换的梯度度量可视分析过程中不确定性的传播和聚集。Potter 等根据熵的基本理论刻画核磁共振成像数据里每个体素的不确定性。这些方法主要针对单变量不确定性数据。如何表征、建模和度量多变量不确定性数据依然是一大难点。简单地将单变量不确定性数据可视化方法推广至多变量数据也存在很多缺陷与不足，因为多变量数据的各个维度之间通常是相互关联的，且各个维度的重要性也不完全一致。

图标和视觉变量（如颜色、透明度）是众多不确定性可视化方法的常用编码对象。然而，随着数据规模和维度的增加，可视编码的复杂度也会增大，视觉混乱、深度遮挡等问题也将随之出现。这些问题将严重地污染确定性数据的可视化结果，限制数据可视化结果的表现力，进而增加用户在理解和分析可视化结果过程中的不确定性。事实上，大规模确定性数据的可视化及分析本身就是一大研究挑战。因此，研究新的数据简化策略、可视元素布局方案、可视编码方法和可视化绘制技术以有效地降低不确定性可视化结果的视觉复杂度是一件非常重要的工作。

此外，现有的不确定性可视化及分析方法常常缺少有效的交互导航技术，使得结合数据不确定性的可视分析应用受到限制。因此，设计有效的交互界面，提高人脑智能在不确定性可视分析过程中的参与效率，也是一件非常必要且极具挑战性的研究工作。

5.1.4 本章工作概要

本章接下去的部分将以数据可视化过程中不确定性的来源为研究角度，对数据可视化流程中不同阶段产生的不确定性展开研究。

图 5-2 列出了本章各小节的关系，其中，5.2 节研究源数据相关的不确定性的可视化及分析，主要介绍一种不确定性感知的多变量集合数据可视化与探索方法。5.3 节重点研究数据变换引起的不确定性，介绍一种基于 LMDS 两步投影算法的空间线几何的差异可视化与分析方法。5.4 节研究可视化过程中的不确定性，主要内容是一种多类散图的可视简化与探索方法以规避因有限的屏幕空间造成的可视化结果理解和认知不确定性。

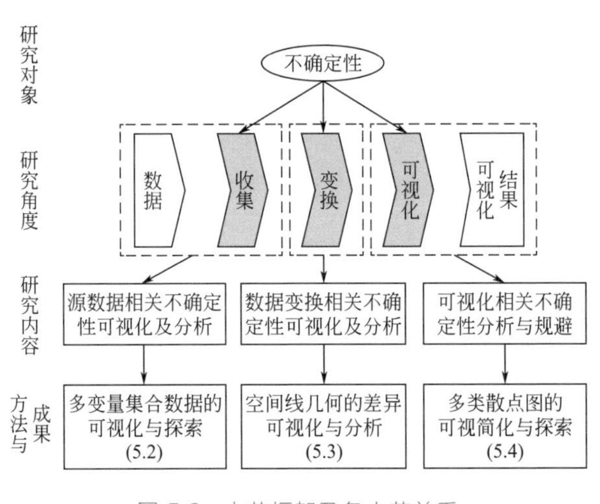

图 5-2 本节框架及各小节关系

5.2 多变量集合数据的可视化方法与实例

在众多数值模拟研究领域中（如气象学、水文地理学、天文学等），为了研究和改进因模型或参数引起的不确定性，通常会采用不同的数值计算模型和参数进行多次模拟，该过程被称为集合模拟（Ensemble Simulation）。集合模拟的输出称作集合数据（Ensemble Data）。集合数据是一种典型的不确定数据，具有维度多、复杂度高、规模大等特点，对其进行有效可视化对我们理解模拟过程的内部运行机制有着重大的意义。

本章介绍了一种有效的多变量集合数据可视化及探索方法，其核心是一种不确定性感知的多维投影方法，该方法不仅刻画了集合均值之间的关系，还能捕获集合分布之间的关系。我们在一个人造数据集和两个真实数据集中验证了该方法的有效性。此外，我们还设计了一个交互系统，帮助用户从不同角度探索数据。

领域专家的反馈也进一步证实了投影方法的有效性以及可视探索系统的有用性。

5.2.1 不确定性感知的多维投影方法

多维投影是一种有效的多变量数据可视探索方法，旨在将一个 $d>3$ 维数据集嵌入到一个 $l=\{2, 3\}$ 维的可视空间内。在投影结果中，相互靠近的点表示对应的高维数据点具有更高的相似性。

假定我们处理的多变量集合数据集 $U=\{U_1, U_2, \cdots, U_n\}$ 包含 n 个集合数据对象，每个集合数据对象 $U_i=\{U_i^1, U_i^2, \cdots, U_i^m \mid U_i^t \in R^d\}$ 拥有 m 个 d 维集合成员。不确定性感知的多维投影方法的目标是构建一个可最大程度刻画集合数据集本征结构的二维点布局 $V=\{V_1, V_2, \cdots, V_n \mid V_i \in R^2\}$，其中 V_i 是对集合数据对象 U_i 的低维投影坐标。二维空间内点与点之间的距离编码了集合数据对象之间的不相似度。

5.2.1.1 方法概览

为了兼顾投影效率和精度，我们采用了两步投影模式。首先，我们从集合数据集 U 中选取一部分集合数据对象作为投影控制点将其投影至二维平面内，然后，对 U 中所有未被选为控制点的集合数据对象，根据凸组合理论（Convext Combination Theory）构建一个拉普拉斯系统。通过求解该拉普拉斯系统得到所有集合数据对象的二维投影。

联合使用集合数据的几何差异和分布差异刻画集合数据对象之间的关系是方法的一个显著特征。给定任意两个集合数据对象 U_i 和 U_j，我们采用集合均值之间的欧式距离 $E(\overline{U}_i, \overline{U}_j)$ 描述集合数据对象之间的几何差异，使用基于相对熵的 Jensen-Shannon 散度 $J(U_i \parallel U_j)$ 描述集合数据对象之间的分布差异。为了重构每个集合数据对象的集合分布，我们采用一种考虑了数据维度相关性的多维核密度估计方法。

5.2.1.2 集合分布估计

KDE（Kernel Density Estimation，核密度估计）是一种常用的未知概率分布估计方法。我们采用如下多维核密度估计模型重构集合数据对象 U_i 的分布函数：

$$U_i(x)=\sum_{t=1}^{m} w_t K_H(x-U_i^t) \tag{5-1}$$

式中，H 是核函数带宽矩阵（Bandwidth Matrix），w_t 是集合成员的估计权重，满足 $\sum_{t=1}^{m} w_t=1$。通常，用户可根据先验知识设置不同集合成员的权重。K_H 是一个多维核函数。当核函数满足 $K_H(x) \geqslant 0$ 并且 $\int K_H(x)\mathrm{d}x=1$ 时，密度估计结果可解释为概率分布函数。

概括地讲，带宽矩阵 H 可有三种表现形式：缩放单位矩阵（Scaled Identity Matrix）$H=h^2I$；对角矩阵（Diagonal Matrix）$H=\mathrm{diag}(h_1^2, h_2^2, \cdots, h_d^2)$；普适的对称正定矩阵（Symmetric Positive Definite Matrix）。缩放单位矩阵表示数据在所有维度上的方差是相同的；对角矩阵指示数据的不同维度之间是相互独立的，且每个维度拥有自己的带宽参数；对称正定矩阵是最为复杂的一种设置，其应用于数据维度之间存在一定关联的情况。这三种带宽矩阵类型都存在各自的优势与不足。缩放单位矩阵需要估计的参数最少，但易出现欠拟合问题导致巨大的估计误差；普适的对称正定矩阵则需要估计更多的参数，且易导致过拟合问题；对角矩阵是这两种方法的一个折中。

考虑到对角矩阵所具有的简单性，我们选择在一个经主分量变换（Principal Component Transformation）后的空间内估计集合数据对象的分布函数。具体而言，我们首先对集合数据对象的所有集合成员采用以下公式进行均值对齐操作，进而保证集合均值不会影响分布差异的计算：

$$\hat{U}_i^t = U_i^t - \overline{U}_i \tag{5-2}$$

式中，$\hat{U}_i^t$ 表示经均值对齐后的集合成员。接着，我们对经过均值对齐后的集合数据对象 $\hat{U}_i=\{\hat{U}_i^t \mid t=1, 2, \cdots, m\}$ 执行主成分分析，进而得到一个变换矩阵 Φ，其由 $\hat{U}_i$ 协方差矩阵的所有特征向量组成。最后，我们采用如下变换操作将集合数据对象 U_i 变换为另一空间中的集合数据对象 $U_i^*=\{U_i^{t*} \mid t=1, 2, \cdots, m\}$：

$$U_i^{t*} = \Phi^{\mathrm{T}} \hat{U}_i^t \tag{5-3}$$

最终，集合数据对象 U_i 在位置 x 处的概率密度 $U_i(x)$ 可通过计算集合数据对象 U_i^* 在位置 x^* 的概率密度 $U_i^*(x^*)$ 得到，其中 $x^*=\Phi^{\mathrm{T}}(x-\overline{U}_i)$。

5.2.1.3 不相似性度量

不相似性（Dissimilarity）的度量是多维投影方法的核心。本节将介绍一种集合数据对象的不相似性度量方法。该方法同时考虑了集合数据对象的几何差异和分布差异。我们用集合均值之间的欧式距离刻画集合数据对象之间的几何差异，采用基于 KL 散度定义（Kullback-Leibler Divergence）的 Jensen-Shannon 散度（Jensen-Shannon Divergence，JSD）度量集合分布之间的差异。JSD 具有对称、非负和有界三大特性，其广泛应用于不确定数据挖掘研究领域。集合数据对象 U_i 和 U_j 之间的分布差异 $J(U_i \parallel U_j)$ 定义如下：

$$J(U_i \parallel U_j) = \frac{1}{2}\int_D U_i(x)\log\frac{2U_i(x)}{U_i(x)+U_j(x)}\mathrm{d}x + \frac{1}{2}\int_D U_j(x)\log\frac{2U_j(x)}{U_i(x)+U_j(x)}\mathrm{d}x \tag{5-4}$$

其中，$U_i(x)$ 和 $U_j(x)$ 是集合数据对象 U_i 和 U_j 之间的分布函数；D 是所有集合成员所在的高维空间。我们采用以 2 为底的对数函数以保证 $J(U_i \| U_j)$ 的最大值为 1。仅当 U_i 和 U_j 具有完全相同的集合分布时，$J(U_i \| U_j)$ 达到最小值 0。我们约定 $0\lg 0=0$。

我们采用采样的方法近似计算集合分布之间的差异。首先采用基于马尔科夫蒙特卡洛（Markov Chain Monte Carlo，MCMC）的 Metropolis-Hastings 采样方法生成可逼近集合分布函数的一系列样本。然后根据大数定律使用以下模型近似求解集合分布之间的差异：

$$J(U_i \| U_j) \approx \frac{1}{2S}\sum_{t=1}^{s}\log\frac{2U_i(x_i^t)}{U_i(x_i^t)+U_j(x_i^t)}+\frac{1}{2S}\sum_{t=1}^{s}\log\frac{2U_j(x_j^t)}{U_i(x_j^t)+U_j(x_j^t)} \tag{5-5}$$

式中，$\{x_i^t \mid t=1, 2, \cdots, S\} \sim U_i(x)$，$\{x_j^t \mid t=1, 2, \cdots, S\} \sim U_j(x)$ 分别表示对集合分布 $U_i(x)$ 和 $U_j(x)$ 的采样结果。

最终，我们定义集合数据对象 U_i 和 U_j 的不相似性为它们几何差异和分布差异的加权和：

$$D(U_i, U_j)=\alpha E(\overline{U}_i, \overline{U}_j)+\beta J(U_i \| U_j) \tag{5-6}$$

式中，$\alpha \in [0, 1]$，$\beta \in [0, 1]$ 是两个用户可调参数。当 $\alpha \neq 0$ 并且 $\beta=0$ 时，我们的集合数据对象不相似性度量方法等价于采用集合均值代表整个集合数据对象并使用几何距离刻画不相似性的方法。

5.2.1.4 基于拉普拉斯的降维投影

本节将多变量集合数据集投影到二维平面内的核心思想是受到了 LSP 投影算法的启发。LSP 投影算法主要包含两个阶段。首先，算法随机选取输入数据集的一个子集并投影至二维平面上。接着，根据每个数据对象在高维空间内的 K 近邻（K-Nearest Neighborhood，KNN）结构在二维平面内插值其余数据对象。这种方法沿袭了局部投影方法的缺点。如图 5-4（a）所示，该方法会迫使第二阶段的数据投影结果偏向于第一阶段选取的随机子集的投影结果，具体解释可参考 Ingram 等人的研究工作。为了克服该缺点，我们提出在 LSP 投影方法构建的拉普拉斯系统中加入全局约束。具体而言，我们在构建数据对象的邻近图（Neighborhood Graph）过程中使用了两个集合。一个是该数据对象的 K 最近邻数据对象，称为近邻集（Near Set）。另一个则是除近邻集之外所有对象的一个随机子集，称为随机集（Radmon Set）。与 LSP 相比，我们的方法使用了随机集作为拉普拉斯系统的全局约束。这种简单的处理模式可在全局多维投影方法和局部多维投影方法之间取得一个平衡。

如公式（5-5）所示，为了得到相对比较精确的计算结果，需要生成大量的样本，尤其是在集合分布比较复杂的情形下。然而，样本越多，计算复杂度则越高。基于此，为了规避复杂的分布差异计算过程，我们采用K中心点算法对集合均值数据集 $\overline{U}=\{\overline{U}_1, \overline{U}_2, \cdots, \overline{U}_n\}$ 进行聚类，并选取聚类中心作为控制点，进而得到输入数据集的一个子集 $C=\{C_i \mid C_i \in U, i=1, 2, \cdots, K\}$，称作控制点数据集。在没有任何先验知识的情况下，控制点的个数 $K=\sqrt{n}$。集合数据对象 U_i 的近邻集 N_i 定义为集合均值 $\overline{U}_i$ 的 K 近邻集合均值所对应的集合数据对象。显然，N_i 所包含的元素并不全是 U_i 真实近邻元素，因为在 N_i 的过程中只考虑了集合均值。尽管如此，在实际应用中，可将 K 设置为一个较大的值，以包含更多 U_i 真实近邻元素。此时，N_i 中所包含的非真实近邻元素可视作随机集 R_i 中的元素。图5-3展示了集合数据对象 U_1 的邻近图构建结果。

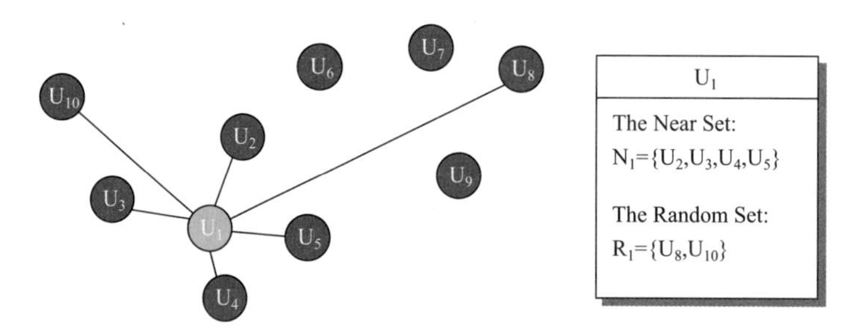

图5-3 集合数据对象 U_1 的邻近图构建结果。本例中，近邻集合大小为4，随机集合大小2

在本方法的实现中，我们采用了迭代优化算法SMACOF（Scaling by Majorizing a Convex Function）得到控制点数据集 C 的二维投影结果 $\{V_i^C \mid V_i^C \in R^2, i=1, 2, \cdots, K\}$。其中，$V_i^C$ 表示控制点 C_i 的二维投影坐标。

从技术角度讲，凸组合理论是基于拉普拉斯投影算法的主要依据。高维数据点的低维投影坐标可由其近邻元素的低维投影结果线性组合而来。假定 $V_i \in R^2$ 是集合数据对象 U_i 的低维投影坐标，根据凸组合理论，其可表示为：

$$V_i = \sum_{U_j \in \{N_i \cup R_i\}} \tau_{ij} V_j \tag{5-7}$$

式中，N_i 和 R_i 是集合数据对象 U_i 的近邻集和随机集；τ_{ij} 表示线性组合的权重系数，满足 $\tau_{ij}>0$ 并且 $\sum\tau_{ij}=1$。通常，我们可采用数据不相似度的倒数定义权重系数 τ_{ij}。该方法保证了与 U_i 不相似的数据对象具有则更小的权重。

$$\tau_{ij} = \frac{D_{inv}(U_i, U_j)}{\sum_{U_j \in \{N_i \cup R_i\}} D_{inv}(U_i, U_j)} \tag{5-8}$$

式中，$D_{inv}(U_i, U_j)=1/D(U_i, U_j)$。

将公式（5-7）应用到每一个集合数据对象并表示为矩阵的形式，可构造一个受控制点投影结果约束的稀疏线性系统。线性系统的构建细节可参考 Paulovich 等人的研究工作。通过二乘法求解该稀疏线性系统可得到所有集合数据对象的投影结果。

图 5-4 展示了使用不同大小随机集对投影结果的影响。该例子使用了一个人造集合数据集，包含 500 个五维集合数据对象，每个集合数据对象拥有 80 个集合成员。图 5-4（a）展示了本节方法不考虑随机集的投影结果。在此情形下，本节的方法将退化为 LSP 投影方法。图 5-4（b）～（c）展示了本节方法的投影结果，随机集的大小分别为 4 和 8。从这些结果我们可以看出，随机集越大，投影结果可保持更多数据对象之间的全局关系，投影结果的误差也将更小。该结论可从图 5-4（e）的投影精度与随机集大小的关系得到验证。为了对比，我们还实现了一种全局投影算法 SMACOF，其投影结果如图 5-4（d）所示。全局投影算

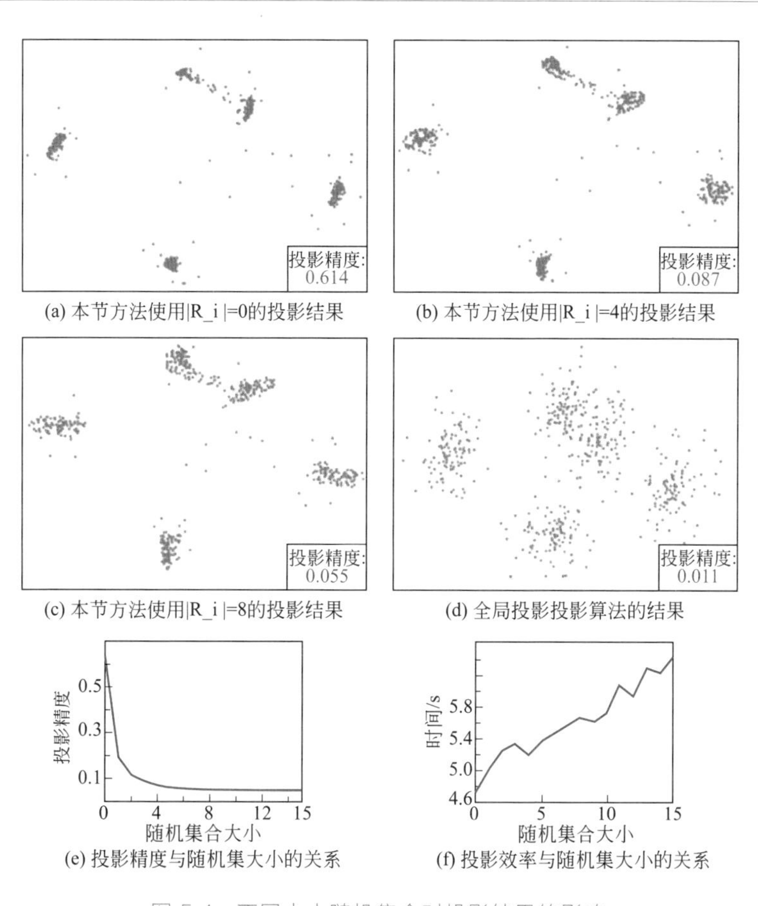

图 5-4 不同大小随机集合对投影结果的影响

法考虑了所有数据对象之间的关系，其投影结果具有更高精度。然而，它却不适用于数据规模较大的情形，因为其需要更多的计算资源。图 5-4（f）展示了本节方法在不同随机集大小设置下的算法效率。从结果我们可知，本节方法的效率与近邻集合随机集的和呈近似线性关系。因为集合分布差异计算在整个计算过程中消耗了大部分计算资源和时间。在本例中，所有结果都采用了相同大小的近邻集，$N_i=20$。总的来说，随机集的引入使得本节的方法在投影精度和投影效率两方面能取得一个平衡。

5.2.2 集合不确定性的量化与可视化

5.2.2.1 集合不确定性的量化方法

不确定性量化是不确定性可视化流程中一个非常重要的环节。不确定性量化结果是可视编码的基础。本节将介绍两种集合数据对象总体不确定性度量方法和两种集合成员偏差计算方法。此外，本节还将介绍这些方法的不足及应用场景。

标准差（Standard Deviation）是一种常用一维随机变量不确定性度量方法。本节介绍的第一种多变量集合数据对象总体不确定性（Overall Uncertainty）度量方法是对一维标准差的推广。我们定义集合数据对象 U_i 的总体不确定性 O_i 为所有数据维度标准差的总和：

$$O_i=\sum_{k=1}^{d}\sigma_i^k \tag{5-9}$$

式中，σ_i^k 表示集合数据对象 U_i 在第 k 数据维度上（$k=1$）的标准差。第 t 个集合成员的偏差 δ_i^t 定义为该集合成员与聚集合均值的欧式距离：

$$\delta_i^t=\| U_i^t-\overline{U}_i \| \tag{5-10}$$

上述方法是一种非常简单、可适用于绝大多数应用的集合数据对象不确定性量化方法。然而，该方法却未考虑数据维度之间的关联。

本节介绍的第二种不确定性量化方法采用协方差矩阵表征多变量集合数据的不确定性。协方差矩阵可看作是一维方差的高维推广，它刻画了数据关于集合均值的离差。协方差矩阵可用几何学中的超椭球（Hyperellipsoid）表示。超椭球的轴的大小和方向对应协方差矩阵的特征值和特征向量。受 Wu 等人研究工作的启发，我们使用超球体的体积表示集合数据对象 U_i 的总体不确定性：

$$O_i=\frac{\pi^{\frac{d}{2}}}{\Gamma\left(\frac{d}{2}+1\right)}\prod_{k=1}^{d}\sqrt{\lambda_k} \tag{5-11}$$

式中，$\Gamma(\cdot)$ 是伽马函数；λ_k 表示集合数据对象 U_i 的协方差矩阵Σ_i 的特征值。基于此，第 t 个集合成员的偏差 δ_i^t 定义为该集合成员与集合均值的马氏距离：

$$\delta_i^t = \sqrt{(U_i^t - \overline{U}_i)^{\mathrm{T}} \sum_i^{-1} (U_i^t - \overline{U}_i)} \tag{5-12}$$

相比于第一种不确定性量化方法，第二种方法需要更多的计算资源，因为其涉及矩阵求逆操作。此外，第二种方法还需要大量的集合成员以正确刻画数据维度之间的关系。因此，第二种方法不适用于集合成员数目远小于数据维度的应用情形。

5.2.2.2 从量化到可视化

Sanyal 等人的用户调研结果指出：在二维空间中，图标大小和颜色是两种非常有效的不确定性可视编码变量。基于这些发现，我们设计了集合条（Ensemble Bar）可视表达形式编码集合数据对象的总体不确定性与集合成员的偏差。集合条可帮助用户快速浏览集合数据对象所呈现的不确定性模式。具体地，我们使用集合条的高度编码集合数据对象的总体不确定性大小。较高的集合条表示该集合数据对象具有更高的集合总体不确定性。颜色和集合条所呈现的规律表达了集合成员偏差的分布。为了帮助用户比较不同的集合条，我们限定所有集合条具有相同的宽度。

假设 $\delta_i = \{\delta_i^1, \delta_i^2, \cdots, \delta_i^m\}$ 是集合数据对象 U_i 所有集合成员的偏差，该集合数据对象的集合条高度可通过以下公式计算得到：

$$H_i = (1 - O_i) H_{\min} + H_{\max} \tag{5-13}$$

式中，$H_{\min}$ 和 $H_{\max}$ 分别表示集合条的最小高度和最大高度，$O_i \in [0, 1]$ 代表经归一化的集合总体不确定性。

为了在集合条中编码集合成员偏差的分布，我们首先约定集合条的两端分别对应最小集合成员偏差 min（δ_i）和最大集合成员偏差 max（δ_i）。接着，我们将整个集合条划分为一系列子区间并统计集合成员偏差落在每个区间的数目。最后，我们使用一组线性颜色集编码每个子区间包含的集合成员偏差数目。我们采用了一组从白到绿的颜色集，颜色越绿表示高集合条区间包含的集合成员越多。

子区间划分数目的选择对可视化结果有着重大影响。在实际应用中，可借鉴众多经验原则设置该参数。在本文的实现中，我们将该参数设置为集合成员数目的平方根。这种简单的处理模式被广泛应用于众多商业软件中，如 Excel 等。此外，我们开发的可视探索原型系统也允许用户交互地设置该参数。

如图 5-5 所示，集合条允许用户通过集合条高度可视比较不同集合数据对象的总体不确定性大小。此外，集合条所呈现的颜色模式可帮助用户区分不同类型的集合分布。以均匀分布为例，如图 5-5（f）所示，我们的可视编码方法将生成一个近似单色的集合条，这表示集合条的每个子区间包含几乎相同数目的集合成员。由于正偏斜分布的集合成员主要集中在集合均值附近，因此我们的方法将生成一个深绿色集合条区间位于左侧的集合条，如图 5-5（a）、（b）所示。

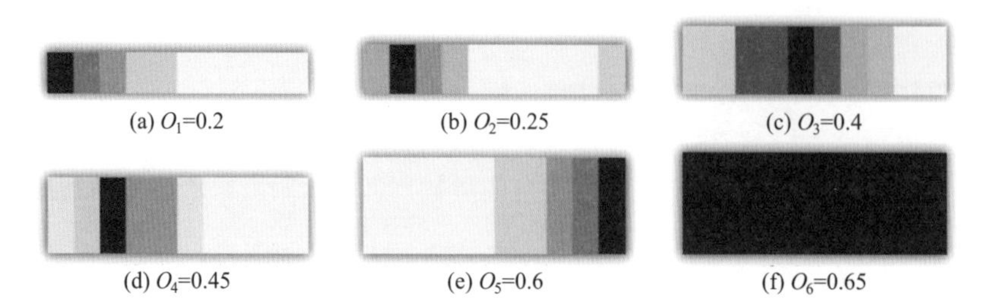

图 5-5 不同类型集合条的可视表达。本例中，每个集合数据对象包含 100 个集合成员，其总体不确定性从（a）到（f）逐步增加。集合条中的深绿色表示集合成员偏差分布的峰值。集合成员近似符合如下分布：（a）、（b）正偏斜分布（Positively Skewed Distribution）；（c）~（d）正态分布；（e）负偏斜分布（Negatively Skewed Distribution）；（f）均匀分布

5.2.3 可视探索系统设计

这里介绍一款多变量集合数据可视探索原型系统，包含了一系列可视化及交互工具。

5.2.3.1 可视探索流程

这里介绍的多变量集合数据可视探索流程始于不确定性直方图组件，如图 5-6（a）所示。在该视图中，用户可选取一些感兴趣的集合数据对象进行进一步探索，如具有较高不确定性的集合数据对象。接着，用户可在二维投影视图内交互探索集合数据集的内部结构，如图 5-6（b）所示。为了辅助探索分析，该视图还提供了一系列交互工具，包括：视图放大（Zoom In）、视图缩小（Zoom Out）、套索选取（Lasso Selection）等。当用户在投影视图中选取一些感兴趣集合数据对象时，与其关联的地理信息将立即被高亮于地理信息视图中，帮助用户验证发现的知识，如图 5-6（f）所示。与此同时，集合条视图也将立即显示选中集合数据对象的集合条可视表达，如图 5-6（c）所示。在该视图中，用户可进一步探索集合数据对象的不确定性及分布。在集合条中，用户可自由指定一些集合条区间探索其包含的集合成员。平行坐标视图将随即显示被选中集合成员的分布细节，如图 5-6（d）所示。为了分析不确定性的来源，用户可在参数视图中观察造成不确定性的参数配置细节，如图 5-6（e）所示。

5.2.3.2 交互工具设计

可视探索系统的主要用户界面由一系列组件和视图组成。图 5-6 展示了我们开发的可视探索系统的一个概览。

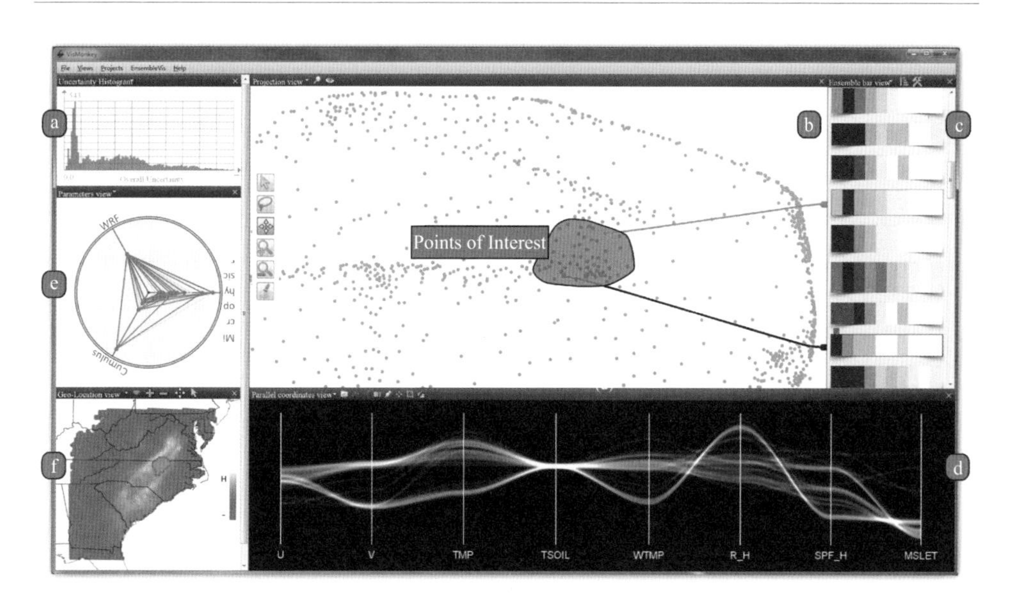

图 5-6 多变量集合数据可视探索原型系统的主要用户界面
a—不确定性直方图；b—二维投影视图；c—集合条视图；d—平行坐标视图；
e—参数视图；f—地理信息视图

① 不确定性直方图　该组件位于用户界面的左上角。它展示了所有集合数据对象不确定性的分布。用户可交互地选取位于感兴趣不确定性值区间内的集合数据对象进行进一步探索分析。

② 二维投影视图　该视图展示了多变量集合数据集的内部结构。在该二维平面内，点与点之间的距离编码了多变量集合数据对象之间的不相似度。也就是说，两点之间的距离越小，其代表的不确定集合数据对象则越相似。用户可在该视图内选取一组感兴趣集合数据对象进行进一步不确定性细节探索。为了辅助探索，该视图实现了一系列交互操作，包括：缩放（Zooming），平移（Panning），悬停（Hovering），点选（Pointer Selection），套索选取（Lasso Selection）等。

③ 集合条视图　为了帮助比较不同集合数据对象不确定性和分布的差异，该视图被设计停靠在主界面的右侧。集合不确定性的大小可由集合条高度感知得到。集合条的颜色模式则展示了集合不确定性的分布。此外，本视图还提供了以下交互操作：

- 设置集合条颜色映射方法和集合条区间划分数目；
- 拖拽待比较的集合条，使其相互靠近便于比较细节；
- 根据集合分布的模式排序集合条；

• 选取感兴趣集合条区间，进而探索位于该区间内的集合成员的细节信息。

④ 平行坐标视图　我们采用连续平行坐标揭示数据在不同维度的不确定性。每个平行坐标轴中越明亮的区域表示确定性越高。用户可通过线染色（Line Dyeing）、刷选（Brushing）、局部缩放（Local Zooming）和坐标轴重排（Axis Reordering）等操作探索数据中的异常值。该视图也实现了动画切换以保证平滑交互。

⑤ 参数视图　研究集合模拟参数对结果的影响也是一件很重要的任务。为了实现该目标，该视图采用了雷达图（Radar Plot）展示集合模拟采用的参数配置。其中，雷达图的每个轴对应一个参数变量。一条封闭线段表示一个参数配置。当用户选择一组集合成员时，其对应的参数配置将立刻被高亮为橙色。

⑥ 地理信息视图　该视图是一个可选视图。对于一些与地理信息无关的多变量集合数据探索应用，该视图将不显示任何内容。对于地理信息相关的应用，该视图可帮助用户理解和验证在投影视图中发现的规律和知识。

5.2.4 实例与应用

5.2.4.1 人工合成数据集

为了验证不确定性感知的多维投影方法的正确性和差异权重［公式（5-6）中参数 α 及 β］对投影结果的影响，我们人工合成了一个包含 300 个集合数据对象的五维集合数据集。首先，我们在五维空间内随机选取一个等边三角形的三个顶点作为数据集的三个聚类中心。接着，在每个聚类中生成 100 个集合数据对象。50 个集合对象符合均匀分布，50 集合数据对象符合正态分布。集合数据对象的均值为聚类中心和一个较小随机扰动量的和。所有集合数据对象维度之间的关系使用了同一个缩放单位矩阵描述。总之，该过程将生成一个包含三个聚类的集合数据集。同一聚类的集合数据对象具有相似的几何均值，但集合分布存在比较大的差异。所有聚类的中心构成一个三角形结构。这种简单的三角形结构设计是为了验证不确定性感知的多维投影方法是否具有保持高维数据结构的能力。

图 5-7 展示了不确定性感知的多维投影方法在不同差异权重参数配置下的投影结果。在不考虑分布差异（即 $\beta=0$）的情形下，由于同一聚类中所有集合数据对象具有相似的集合均值，它们的二维投影坐标非常接近，致使用户无法清晰地区分同一聚类中具有不同分布类型的集合数据对象，如图 5-7（a）所示。这与应用传统多维投影方法投影集合均值数据集的结果是一致的。当不相似性度量方法同时考虑了几何差异与分布差异时，同一聚类中的集合数据对象开始渐渐地被区分开，如图 5-7（b）、（c）所示。为了便于证明，我们用绿色编码具有均匀分

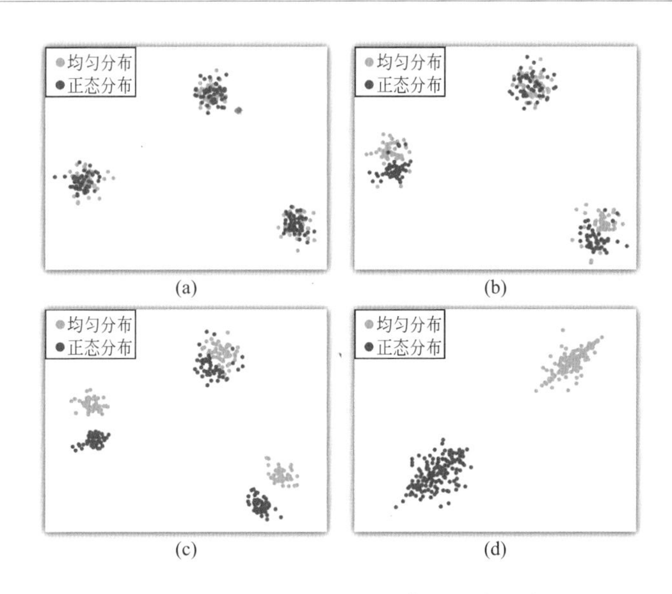

图 5-7 不相似性度量方法中集合均值差异权重 [公式（5-6）中的参数 α] 和集合分布差异权重 [公式（5-6）中的参数 β] 对结果的影响：（a） $\alpha = 1.0$， $\beta = 0.0$，投影过程仅考虑了集合均值之间的差异；（b） $\alpha = 0.5$， $\beta = 1.0$；（c） $\alpha = 0.25$， $\beta = 1.0$；（d） $\alpha = 0.0$， $\beta = 1.0$，投影仅考虑了集合分布之间的差异

布的集合数据对象，用紫色编码具有正态分布的集合数据对象。从图 5-7（b）、（c）中，我们可以观察到数据集中的三个聚类。在每个聚类中，我们可进一步识别出两个子聚类，分别对应于不同分布类型的集合数据对象。然而，此结构在图 5-7（a）中却无法观察到，因为仅考虑集合数据对象之间的几何差异时，同一聚类中具有不同分布类型的集合数据对象是无法被显著区分的。

综上所示，我们的方法不仅能保持数据中的全局结构（即三个聚类），还能帮助用户进一步区分同一聚类中具有不同分布的集合数据对象。不同分布类型的集合数据对象之间的区分度与参数 α 和 β 之间的相对差异相关。当不相似度度量方法仅考虑集合分布差异时（$\alpha=0$ 并且 $\beta>0$），该数据集将在可视平面内将被显示地分为两个聚类，分别对应数据集中的两种集合分布类型，如图 5-7（d）所示。

5.2.4.2 数值天气集合模拟数据

本实验使用了发生于 1993 年 3 月 13 日下午 6 点的超级风暴的 WRF 集合模拟数据集。我们选择了其中一个子区域进行分析，纬度范围（30°N，40°N），经度范围（85°W，75°W），气压高度为 550mbar（1bar$=10^5$Pa）。简言之，该数据集共包含 7050 个地理位置的模拟结果。每个地理位置的模拟结果可看作是一个集合数据对象。该集合模拟过程共包含 40 次不同参数条件下的模拟。每次模拟在每个地理位置共输出 8 个气象变量：东西风速、南北风速、温度、相对湿度、绝对湿度、地表温度、海水温度、平均海平面气压。换句话讲，该集合模拟过程将输出一个包含 7050 个 8 维集合数据对象的数据集。每集合数据对象拥有 40 个集合成员。由于集合成员数目远大于集合成员的维度，本实验采用 5.2.2 节介绍的第二种不确定性量化方法，即公式（5-11）和公式（5-12），刻画每个集合数据对象的不确定性和集合成员的偏差。

图 5-8 展示了本节方法的投影结果。为了帮助用户将投影结果与地理位置信息进行关联，我们使用了一个沿对角线从紫到橙线性渐变的二维颜色映射，如图 5-8 右上角所示。该颜色映射可使得陆地区域内集合数据对象在投影结果中趋近橙色，而海洋区域内的集合数据对象在投影结果中接近紫色。从结果我们可以看到，该结果的右侧区域对应海洋区域内的集合数据对象，而左侧区域对应陆地区域内的集合数据对象。我们也可使用点的颜色编码集合数据对象的不确定性，结果如图 5-9 所示。

本节设计的可视探索系统可帮助用户从不同方面和细节层次分析该数据集，以下将详细介绍几种探索分析应用。

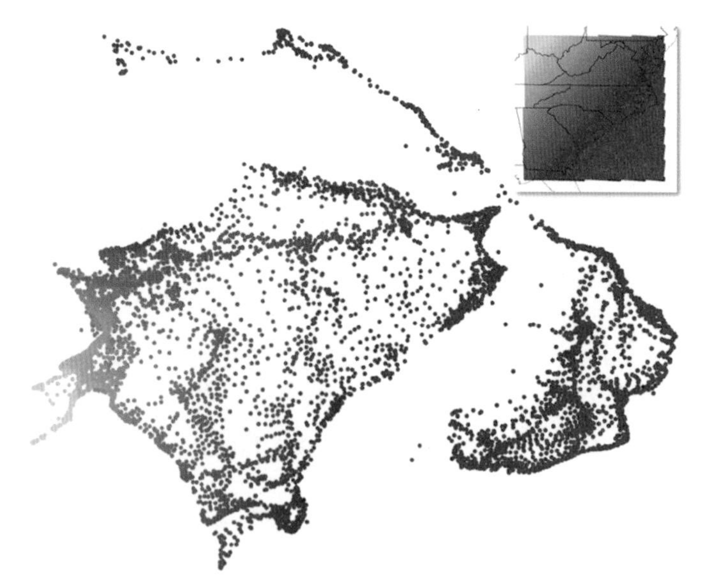

图 5-8 数值天气集合模拟数据集的投影结果。本例投影算法使用的参数分别设置为：$\alpha = 0.4$，$\beta = 0.6$，$|R_i| = 24$，$|N_i| = 4$。颜色编码了集合数据对象的地理空间位置，图左上角是该结果采用的颜色映射

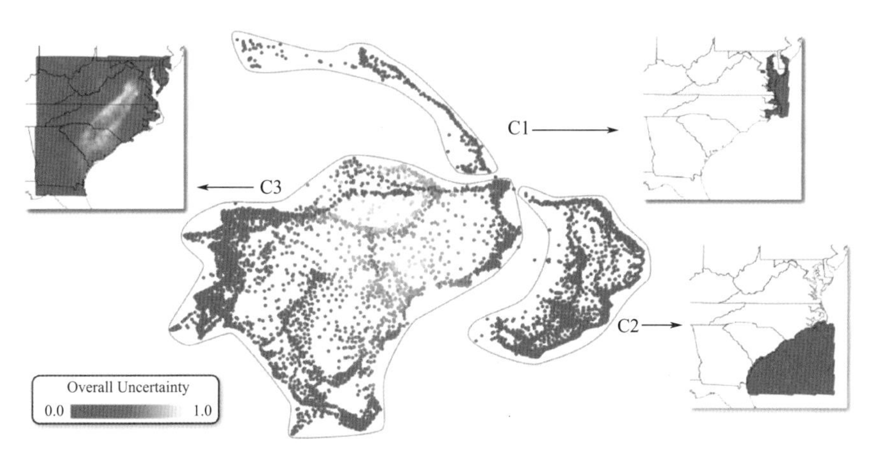

图 5-9 基于不确定性感知的多维投影结果识别与分析数据集中的聚类结构。结果中的箭头所指插图展示了集合数据对象地理位置。本例投影算法使用的参数分别设置为：$\alpha=0.3$，$\beta=0.7$，$|R_i|=24$，$|N_i|=4$

（1）聚类探索与分析

识别数据集中高度相关的数据对象是一件非常重要的数据探索任务，因为高度相关的数据对象（即聚类）组成了一个数据集的主要结构。图 5-9 展示了采用颜色编码集合不确定性编码的投影结果。在该结果中，紫色表示不确定性较低，黄色表示不确定性较高。由于集合数据对象的不确定性差异较大，我们对所有集合数据对象的不确定性采用了对数变换并归一化。

从图 5-9 展示的二维流行中，我们可以发现所有数据对象可大致分为三个聚类：C1，C2 和 C3。通过使用投影视图提供的套索选取工具，我们可自由选取某个聚类所包含的集合数据对象，并进一步观察这些数据对象的地理位置。从三个聚类对应的地理分布可知，C1 聚类包含了所有来自切萨皮克湾（Chesapeake Bay）和特拉华湾（Delaware Bay）区内的集合数据对象。C2 聚类包含了其他海洋区域内的集合数据对象。C3 区域对应所有来自陆地区域的集合数据对象。这些发现也进一步证实：受地理环境的影响，天气具有极大的区域性和局部性。从集合数据的地理位置可视化结果，我们还可发现：与海洋区域相比，陆地区域具有更高的不确定性。这主要是因为陆地区域的地理环境比较复杂，难以模拟预测。

为了对比，我们也分别采用几何差异和分布差异刻画结合数据对象的不相似性并投影数据集，结果如图 5-10（a）和图 5-10（c）所示。与同时考虑几何差异与分布差异的投影结果［结果如图 5-10（b）所示］相比，仅考虑几何差异的投影结果［结果如图 5-10（a）所示］也呈现类似的低维流行结构。然而，它却

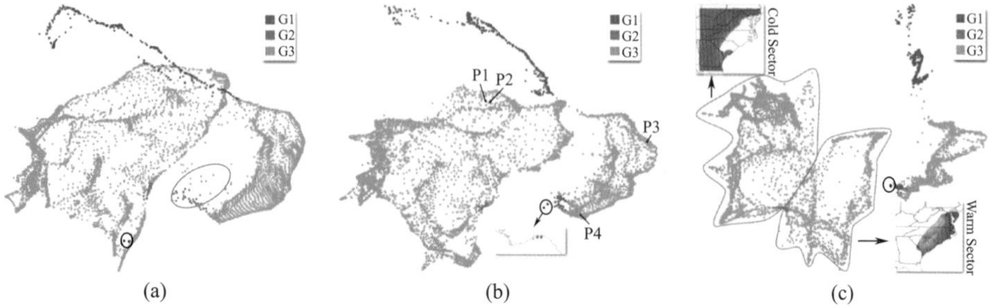

图 5-10 不同投影结果对比：（a）仅考虑几何差异的投影结果，$\alpha=1.0$，$\beta=0.0$；（b）同时考虑几何差异和分布差异的投影结果，$\alpha=0.3$，$\beta=0.7$；（c）仅考虑分布差异的投影结果，$\alpha=0.0$，$\beta=1.0$。其他投影算法参数分别设置为：$|R_i|=24$，$|N_i|=4$

不能清晰地区分陆地区域内的集合数据点与海洋区域内的集合数据对象。为便于说明，我们将聚类 C1 包含的数据对象高亮为红色。如图 5-10（a）所示，聚类 C1 包含的部分数据对象与聚类 C3 相互混在一起。这主要是因为仅使用集合均值之间的几何距离无法完全区分这些数据对象。另一方面，图 5-10（c）的结果告诉我们，聚类 C1 和聚类 C3 包含的数据对象存在巨大的分布差异。因此，同时考虑几何差异和分布差异刻画集合数据对象之间的关系是必要的。

此外，我们可观察到图 5-10（a）存在一些异常投影结果（注意橙色椭圆内的数据对象）。为了探究图 5-10（b）的投影结果可避免这类异常点的原因，我们显式地选取了三组（G1，G2 和 G3）不同颜色高亮的数据对象进行定量分析。我们采用以下方法计算任意两组数据对象 P 和 Q 之间的平均几何差异。

$$\overline{E}(P,Q)=\frac{\sum_{U_i\in P,U_j\in Q}E(\overline{U}_i,\overline{U}_j)}{|P\|Q|} \tag{5-14}$$

类似地，我们采用以下方法计算任意两组数据对象 P 和 Q 之间的平均分布差异。

$$\overline{J}(P,Q)=\frac{\sum_{U_i\in P,U_j\in Q}J(\overline{U}_i,\overline{U}_j)}{|P\|Q|} \tag{5-15}$$

在本例中，G1 和 G2 的平均几何差异与 G1 和 G3 的平均几何差异非常接近，$\overline{E}$(G1，G2）=0.29，$\overline{E}$(G1，G3）=0.27。这解释了 G1 包含的数据对象的投影位于 G2 与 G3 包含的数据对象之间的原因。然而，G1 和 G2 的平均分布差异远高于 G1 和 G3 的平均几分布异，$\overline{J}$（G1，G2）=0.82，$\overline{J}$（G1，G3）=0.44。也就是说，G1 包含的数据对象与 G3 包含的数据对象具有更相似的集合分布。该结论可从图 5-10（c）的投影结果中得到进一步验证。在此结果中，紫色数据点（G1 包含的数据对象的投影结果）与绿色数据点（G3 包含的数据对象的投影结果）更加接近。当综合考虑几何差异与分布差异时，G1 包含的数据对象与 G3 包含的数据对象更加相似。因此，图 5-10（b）未出现图 5-10（a）中的橙色椭圆内的异常投影结果。

另外一个比较有意思的发现是位于 G1 和 G2 之间的两个数据对象，如图 5-10（b）中黑色圆内的点。为了分析，我们也在地理信息视图中高亮了这两个数据对象。从放大的地图中，我们可以发现这两个数据对象位于墨西哥湾的佛罗里达海岸线上。我们也在图 5-10（a）和图 5-10（c）同时高亮了这两个数据对象。从图 5-10（a）中，我们可以推断它们的集合均值与陆地区域集合数据对象的集合均值更加接近。然而，从图 5-10（c）中，我们可以断言它们与海洋区域集合数据对象的集合分布更加相似。上述结论再次证明同时考虑几何差异与分布差异刻画集合数据对象不相似关系的必要性。

（2）集合分布探索

我们的可视探索系统也可帮助用户分析集合数据对象的分布细节，进而分析产生不确定的原因。我们选取来自四个不同区域的数据对象进行探索分析，如图 5-10（b）中的 P1、P2、P3 和 P4。图 5-11 展示了这些集合数据对象的集合条和平行坐标可视化结果。从集合条的高度可知，与 P3 和 P4 相比较，P1 和 P2 具

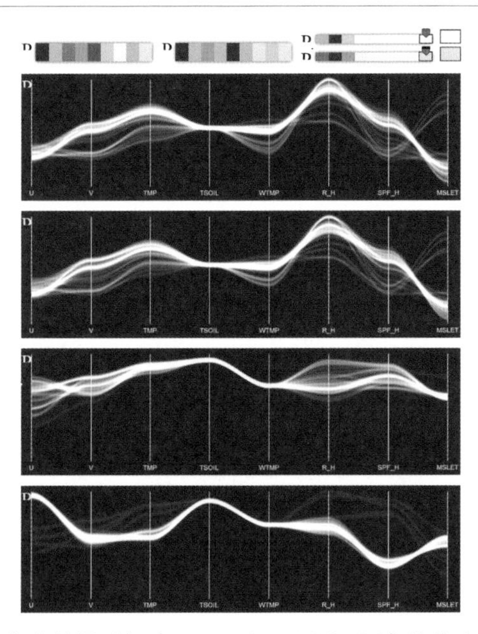

图 5-11 四个集合数据对象（P1、 P2、 P3 和 P4）的集合条及平行坐标可视化结果。被选中集合成员使用紫色进行高亮显示

有更高的不确定性。从 P1 和 P2 集合条呈现的颜色模式，我们可以推断它们包含的集合成员符合近似均匀分布。通过观察它们的平行坐标可视化结果，我们可进一步验证该结论。

同理，从 P3 和 P4 的集合条可视表达中，我们可以断言这两个数据对象包含的集合成员均符合近似正态分布。它们的平行坐标可视化结果也可验证该结论。P3 和 P4 的集合条可视表达结果的主要差异在于其最后一个集合条区间，见图 5-11 中 P3 和 P4 集合条右侧的放大区域。两个区间的颜色差异表明：与 P3 相比，P4 具有更多的异常集合成员。通过集合条视图提供的选取工具以及系统提供的多视图关联交互，可在平行坐标视图中进一步证实该发现。

5.3 空间线几何的差异可视化与分析

纤维追踪（Fiber Tracking）是一种常用 DTI（Diffusion Tensor Imaging，弥散张量成像）数据变换方法。它可将复杂的张量数据场转换为基于空间线几何表达的纤维模型（Fiber Model）。然而，不同的追踪模型或参数设置可能生成完全不同的纤维模型，造成不确定性。

可视化及分析不同纤维模型之间的差异是用户定位、理解、分析纤维追踪不确定性的一个重要途径。然而，如何表达、可视化复杂纤维模型之间的差异并非一件十分简单的工作。一方面，直接在三维空间中稠密几何线之间的差异会造成严重的视觉混乱问题。另一方面，比较几何线之间的统计差异，如平均线长度等，并不能帮助用户定位差异存在区域。

本节将介绍一种基于 LMDS 两步投影算法的纤维模型差异可视化及分析方法。该方法支持用户快速定位、直观探索纤维模型之间的差异，进而分析纤维追踪不确定性。如图 5-12 所示。

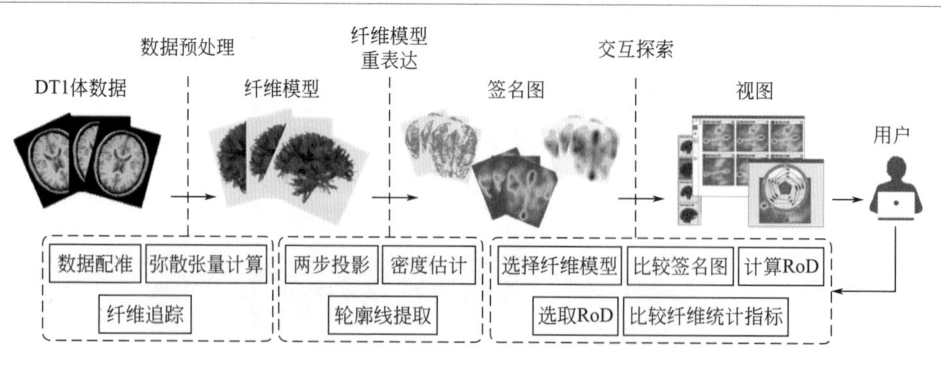

图 5-12 纤维模型差异性计算、可视化、探索流程示意图

5.3.1 方法描述

5.3.1.1 数据预处理

通常，一个 DTI 体数据包含至少 6 个方向的三维弥散加权成像（Diffusion Weighted Imaging，DWI）体数据，分别刻画了在不同方向梯度脉冲下的弥散情况。由于扫描设备和扫描个体位置的差异，不同数据集常具有不同的坐标系。即使同一个体的 DTI 数据也可能具有完全不同的坐标系。为了准确比较，将数据集配准是一个非常重要的预处理步骤。在本文方法中，我们采用 FLIRT 对所有数据集进行配准。该方法主要作用于 DTI 体数据的 b0 弥散数据，其测量了活体组织不适加任何梯度脉冲下的弥散状况。

在数据经过配准之后，我们采用基于高斯弥散模型的最小二乘拟合（Least Square Fitting）方法计算数据集在每个体素位置的弥散张量。然后根据用户指定的纤维追踪模型及参数生成可描述活体组织连续结构信息的纤维模型。

5.3.1.2 纤维模型重表达

为便于叙述，我们假定 $\Gamma=F_1 \cup F_2 \cup \cdots \cup F_N$ 是由 N 个在不同追踪模型或参数设置下生成的纤维模型组成的纤维库（Fiber Corpus），$F_i=\{F_i^j, j=1, 2, \cdots, N_i\}$ 表示一个具有 N_i 条纤维的纤维模型，f_i^j 表示一条纤维。为了探索纤维模型之间的差异，本节方法将复杂的纤维模型 F_i 重表达为一组签名图 S_i。

① 两步投影算法　直接在纤维空间中显示每个纤维模型 F_i 会造成不可避免的视觉混乱。旨在二维可视平面内重构高维数据内部结构及分布的多维投影方法能减轻该问题。然而，众多投影方法却因以下限制无法处理大规模纤维数据集：

- 数据必须来自一个向量空间，例如 LAMP 投影算法，换句话讲，这类方法要求所有纤维具有相同的顶点数目及朝向；
- 投影计算过程需要访问整个不相似度矩阵，如文献中使用的投影算法，通常，计算和存储整个数据集的不相似性矩阵会消耗大量计算和存储资源。

为了将纤维投影到二维可视平面，我们的方法采用了基于 LMDS 的两步投影算法，具体过程如下。

步骤 1：从纤维库中随机选取一个子集 $\Gamma_{md} \subset \Gamma$ 作为标志纤维集（Landmark Fibers），然后采用精确的经典 MDS 投影算法对 Γ_{md} 进行投影，得到采用矩阵表达的标志纤维集的二维投影 L。矩阵 L 的每一列表示一条标志纤维的二维投影坐标。在本文方法中，我们采用 Zhang 等人提出的较大平均截断最近距离（Longer Mean of Thresholded Closest Distance）刻画不同纤维之间的不相似性：

$$d(p,q,t)=\max(d_t(p,q,t),d_t(q,p,t)) \tag{5-16}$$

式中，$d(p,\ q,\ t)=\text{mean}_{u\in p,(\min_{v\in q}\|u-v\|>t)}\min_{v\in q}\|u-v\|$，$u$ 和 v 分别表示纤维 p 和 q 的顶点。根据 Zhang 等人的建议，我们将最近距离截断参数 t 设置为 0.5mm。

步骤 2：纤维 $r\in F_i$ 的二维投影坐标 l_r 可通过由该纤维跟所有标志纤维的平方距离组成一个仿射线性变换得到。

$$l_r=-\frac{1}{2}L^{+\mathrm{T}}(\vec{\delta}_r-\vec{\delta}_\mu) \tag{5-17}$$

式中，$L^{+\mathrm{T}}$ 表示矩阵 L 的伪逆转置，向量包含了纤维 r 跟所有标志纤维的平方距离；$\vec{\delta}_\mu$ 是平方距离矩阵 $D_{rnd}^{i,j}$ 的均值向量；$D_{i,j}^{rnd}$ 表示标志纤维 $i\in\Gamma_{rnd}$ 与标志纤维 $j\in\Gamma_{rnd}$ 之间距离的平方。

与其他投影方法相比，本文投影方法的纤维不相似性计算复杂度由 $O(n^2)$ 降低为 $O(m^2+m\times n)$，$m=|\Gamma_{rnd}|$ 表示标志纤维集的大小，$m=|\Gamma|$ 是纤维库的大小。根据实际经验，在本方法的实现中，$m=\sqrt{n}$。本方法的另一大优势在于其本质的可并行性。由于 Phase 2 中的计算仅依赖与标志纤维的投影结果，因此，一旦标志纤维集被投影至二维可视平面后，我们可并行处理纤维库中所有非标志纤维。

② 密度估计　如图 5-13（b）所示，每个纤维模型 F_i 的投影结果可表达为一个二维散点图。投影结果中互相靠近的点表示相似的纤维。然而当纤维规模增大时，散点图存在极大的覆叠问题，影响用户认知其表达的规律。因此，我们进一步采用核密度估计方法将离散二维散点图表达为连续密度图 D_i，如图 5-13（c）所示。

$$D_i(x)=\sum_{r\in F_i}K_h(x-l_r) \tag{5-18}$$

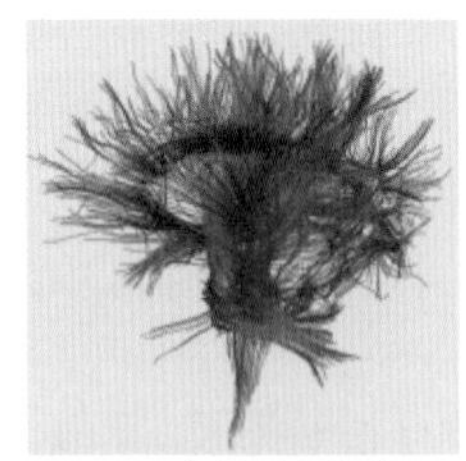
(a) 一个基于几何线表达的纤维模型，包含1622条纤维

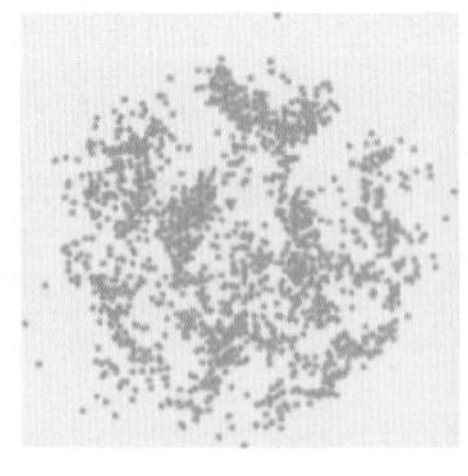
(b) 纤维模型的二维投影结果

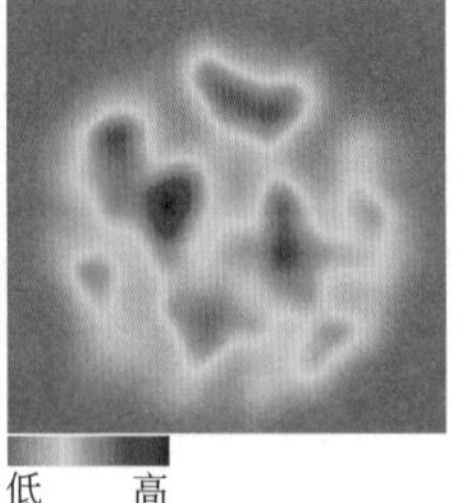

(c) 二维连续密度图

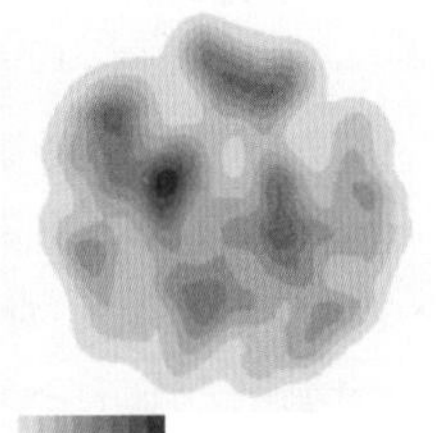

(d) 二维区间密度图

图 5-13　纤维模型的签名图

式中，l_r 代表纤维 r 的二维投影坐标；$K_h(\cdot)$ 是一个核函数；h 表示核函数的带宽。在本文方法的核密度估计过程中，为了方便用户比较不同模型在位置 x 的密度，我们没有使用纤维数 N_i 来归一化密度，在我们的方法中，使用了高斯核函数，带宽参数 h 采用 Silverman 提出的经验法则估计得到。

通过将连续密度图区间化并使用不同颜色进行编码的处理方法，我们可进一步得到一个区间密度图，如图 5-13（d）所示。区间密度图可以看做是连续密度图的一个简化，它能抑制连续密度场中过多的细节信息，以便进行快速比较。

经过上述处理，每个纤维模型可表达为一系列签名图，包括一个散点图、一个连续密度图和一个区间密度图。

5.3.1.3 显著差异区域计算

将所有数据的签名图以并排（Juxtaposition）模式呈现于视图中是一种最简单的数据集差异可视化探索方法。该方法将大量的比较工作交由用户完成，增加了用户的认知负担。受 Schmidt 等人工作的启发，我们也采用了显示差异编码方法辅助用户快速识别签名图中的差异区域（Region of Differences，RoD）。具体地，我们首先采用如下方法计算所有连续密度图的方差，得到方差图。

$$V(x)=\frac{1}{N}\sum_{i=1}^{N}[(D_i(x)-\mu(x)]^2 \tag{5-19}$$

式中，$\mu(x)$ 是所有密度图在位置 x 的平均密度。为了帮助用户聚焦于差异较大的区域，我们接着使用一个用户可调参数对方差图进行截断处理，去除一些差异较小的像素。最后，我们采用区域增长算法对阈值阶段后的方差图进行区域分割并将离散像素归为不同组，每个组即为一个 RoD。所有 RoD 提供了所有签名图的一个高层差异描述。用户可选取一个 RoD 进行进一步差异细节探索分析。

5.3.2 可视探索界面设计

用户可通过我们设计的由一系列相互关联视图组成的可视界面交互式探索纤维模型、纤维模型的签名图、RoD 等。图 5-14 展示了该探索界面的一个截图。

① 纤维模型列表视图　该视图可帮助用户快速获取每个纤维模型的概览。该视图采用了 Small-Multiples 可视设计模式。每个纤维模型被表达为一个矩形图标，其编码了纤维模型的基本信息，包括纤维模型的名称、纤维的数目等，如图 5-14（a）所示。双击该图标可弹出一个三维视图，辅助用户直接在三维空间内探索该纤维模型。用户可将感兴趣的纤维模型拖入纤维模型签名视图中进一步比较、探索。被选中的纤维模型使用灰色进行高亮，用户可在该视图内比较不同签

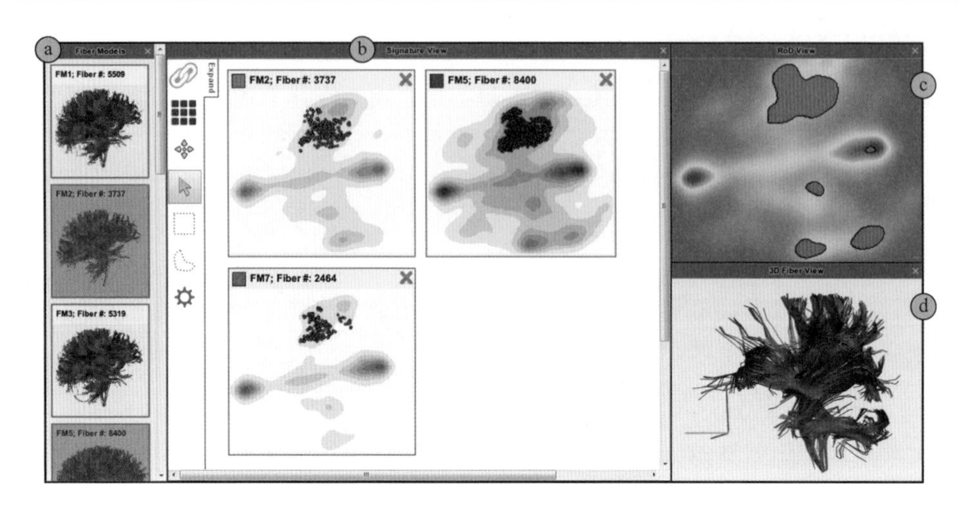

图 5-14 纤维模型差异性可视探索界面

a—纤维模型列表视图；b—纤维模型签名视图；c—RoD 视图；d—三维纤维视图

名图之间的异同，进而发现纤维模型之间的差异。该视图采用了并排设计模式。尽管该视图仅能提供有限的帮助以便用户快速定位签名图之间的差异，但它允许用户将其他签名图作为上下文探索某个签名图。纤维模型的基本信息，如纤维数目，也嵌入于该视图包含的每个图标之中，如图 5-14（b）所示。

② 纤维模型签名视图　用户可从该视图中移除不感兴趣的签名图。此外，该视图还支持以下操作。

• 切换。用户可选择不同形式的签名图显示于该视图，包括散点图、连续密度图、区间密度图。

• 拖拽。为了辅助比较，该视图支持用户通过拖拽方式将待比较对象置于一起进行对比。

• 选取。该视图支持两类链式选取操作，框选操作可选取投影在一个矩形内的纤维；套索选取则允许指定任意形状的选取区域。二维视图中被选中点对应的纤维将被立即显示于三维纤维视图中。

③ RoD 视图　从上述介绍可知，纤维模型签名视图提供了一个可探索签名图全部细节的交互界面。而 RoD 视图则提供了一个探索签名视图主要差异区域的交互界面。所有识别的 RoD 被绘制为一个多边形，叠加于平均密度图之上，如图 5-14（c）所示。该视图还提供了焦点＋上下文（Focus＋Context）交互操作。一旦用户选择了一个特定 RoD，DiffRadar 可视表达将立马显示在该 RoD 之上，如图 5-15 所示。

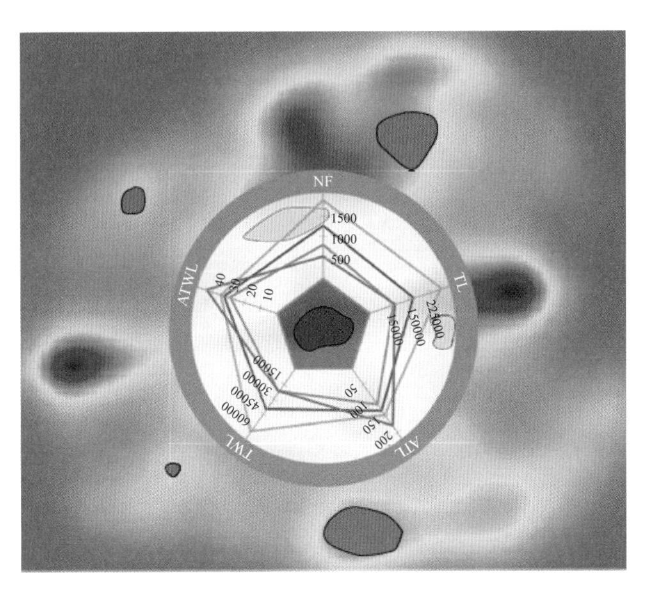

图 5-15 DiffRadar 可视表达样例。背景为平均密度图。红色多边形表示 RoD

DiffRadar 展示了被选中纤维的统计差异，其采用了类似雷达图的布局方法，每个轴对应一个统计指标。在本方法中，我们使用了五个常用纤维定量统计指标，包括：纤维数目（NF）、纤维总长度（TL）、平均纤维长度（ATL）、总 FA 加权纤维长度（TWL）、平均纤维加权长度（ATWL）。在该可视化表达中，每个纤维模型的所有统计指标是一条封闭折线段。为了区分不同的纤维模型，我们使用了一个类别型颜色集进行区分。

④ 三维纤维视图　由于纤维模型投影结果的坐标轴不具有任何物理意义，因此我们设计了关联交互和视图以增强用户对投影结果的理解。用户通过签名视图和 RoD 视图选择的纤维模型可立即显示于该视图内。我们使用 Illuminated Lines 表示选中的纤维。

5.3.3 结果与讨论

5.3.3.1 纤维模型表征

为了研究不同个体之间的差异，我们将本节方法应用于包含了 78 个扫描结果的 DTI 数据集。该数据集中，有的个体经过多次磁共振扫描。所有数据采集自一台 GE 磁共振成像机器，b 值为（0，1000），72 个梯度脉冲方向。

本节方法生成的签名图可有效地概括每个纤维模型的总体结构和分布模式。相似的纤维被投影至相近的二维位置。因此，用户可通过投影结果呈现的形状、布局及分布进行特征探索及分析。用户可在投影结果中任意选取感兴趣的纤维，进而在三维空间中探索这些纤维，如图 5-16 所示。

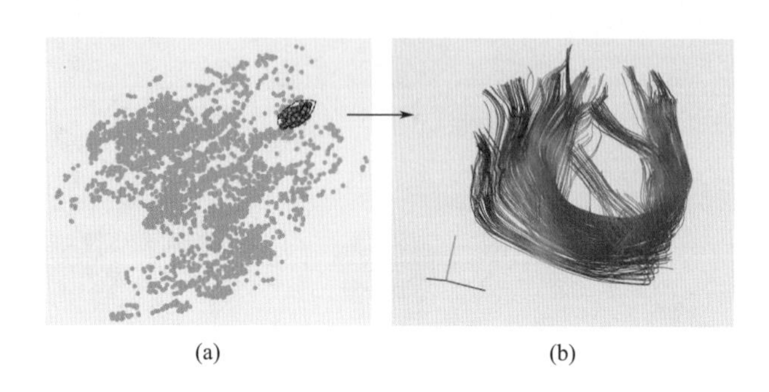

图 5-16 关联探索：在投影结果（a）中被选中的感兴趣纤维将立即被显示于三维纤维视图（b）中

图 5-17 展示了三个健康个体 FM1、FM2 和 FM3 应用本节方法的结果。从结果中可以看出，它们的低维投影结果呈现相似的模式。基于图 5-18 展示的不同差异区域的 DiffRadar 可视表达结果，我们可进一步探索它们之间的细节差异。从图 5-18（a）展示的差异区域 R1 的 DiffRadar 可视表达，我们可以看出 FM1 具有更小的 NF、TL 和 TWL 纤维统计值。然而，从图 5-18（b）展示的差异区域 R2 的 DiffRadar 可视表达中，我们可以发现 FM1 与 FM2、FM3 之间的差异并不十分明显。不同个体的解剖结构差异可能是造成这些细微差异的一个主要原因。

此外，通过联合三维纤维视图比较这些签名图，我们还可以发现一些具有较高或较低差异的解剖结构。例如，我们发现不同个体在内囊（Internal Capsule）区域具有更高的差异性，在胼胝体辐射线枕部（Forceps Major）具有较高的差异，而在胼胝体辐射线额部（Forceps Minor）则差异较小。签名图中展现的这些差异可潜在地用于发现治疗过程中解剖结构的变化。

5.3.3.2 追踪参数研究

本实验使用了一个正常个体的 DTI 数据，其采集自一台西门子 3T 磁共振扫描仪，b 值为（0，1000），64 个梯度脉冲方向。先前的工作研究了终止条件对纤维追踪的影响。本实验主要研究积分步长对纤维追踪结果的影响。因此，我们生成了六个不同积分步长参数设置下的纤维模型，如图 5-19 所示。在本例中，我们也采用了种子点扰动方法以规避走样瑕疵问题。因此，除积分步长和种子点位置不一致外，生成这六个纤维模型的所有其他纤维追踪参数均相同。

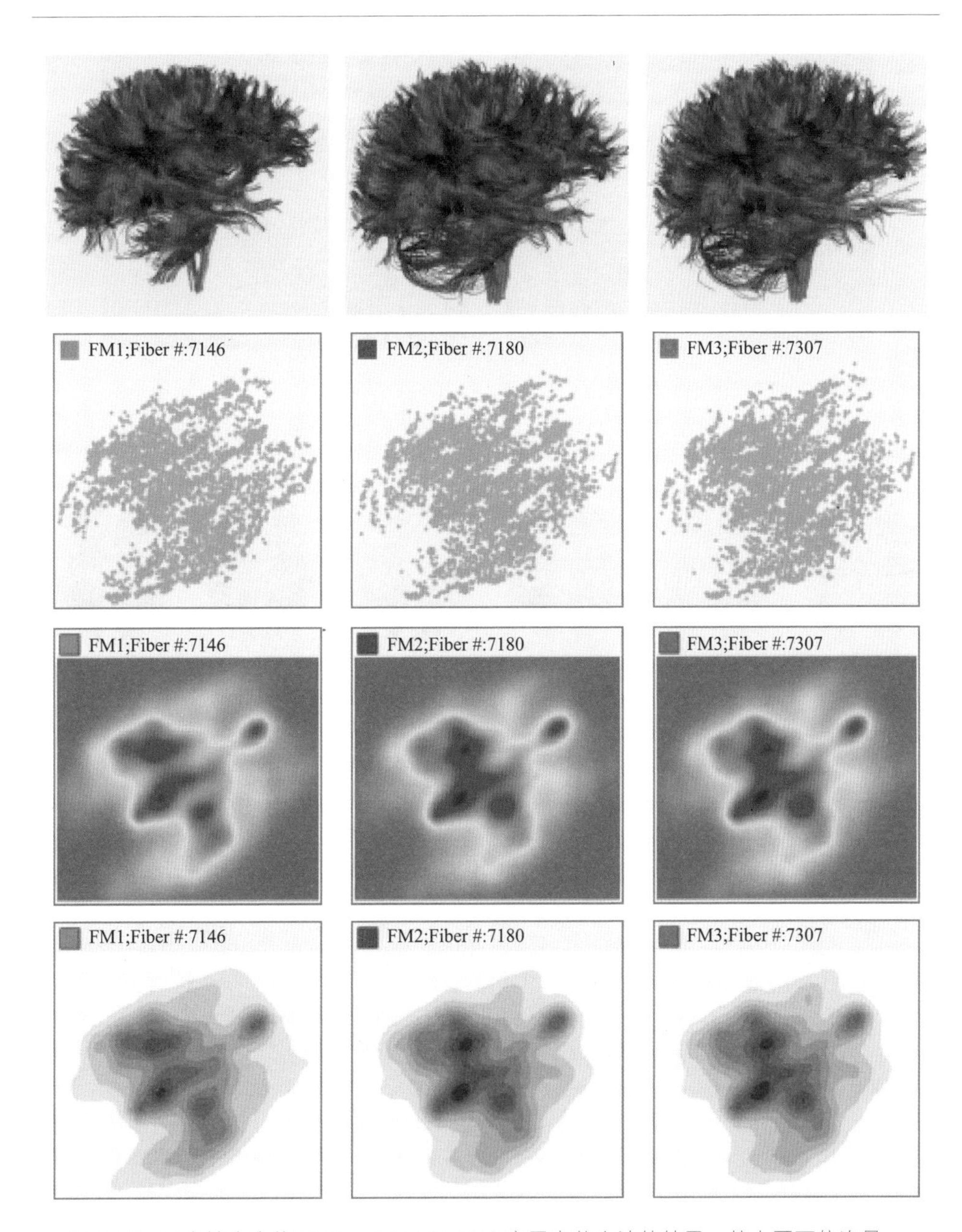

图 5-17　三个健康个体 FM1、 FM2 和 FM3 应用本节方法的结果。从上至下依次是：三维纤维模型，二维投影结果（散点图），连续密度图，区间密度图

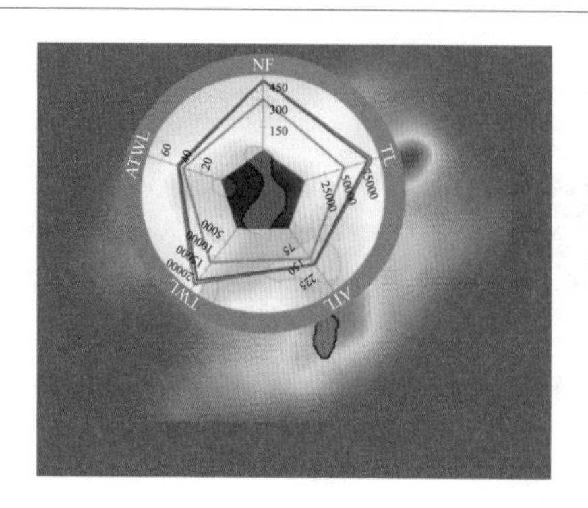

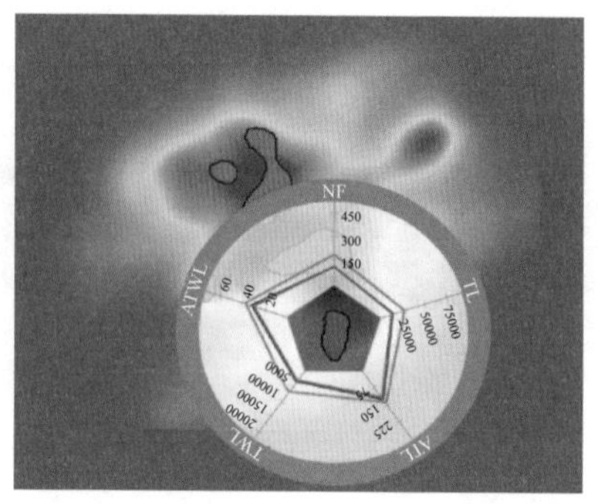

图 5-18 三个健康个体 FM1、 FM2 和 FM3 的差异区域的 DiffRadar 可视表达结果。差异区域 R1 比 R2 具有更高的不一致性

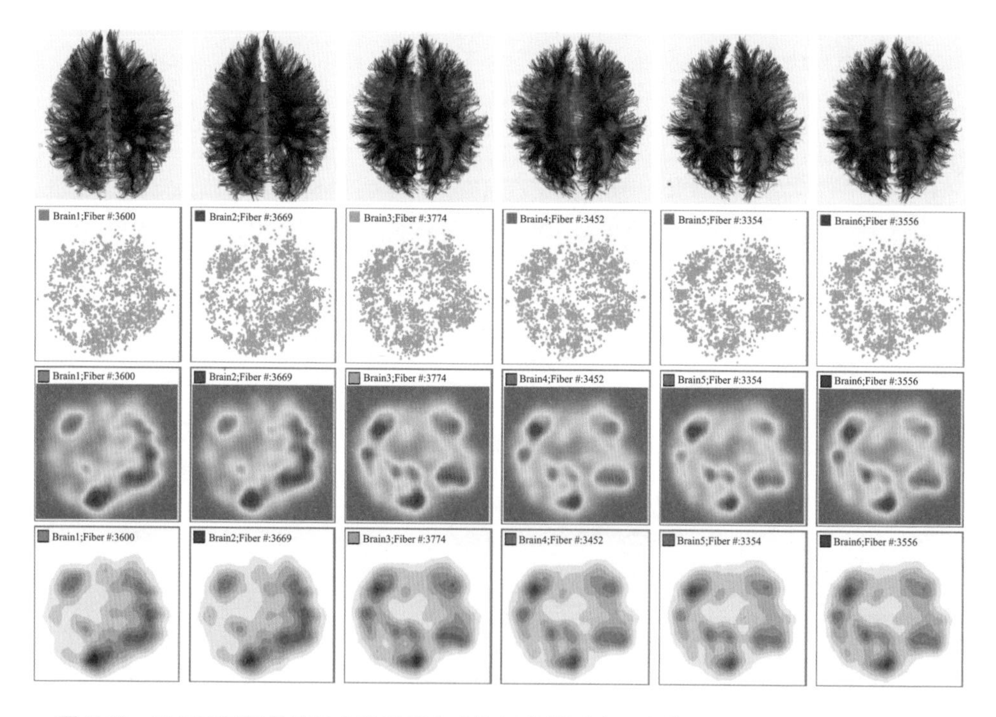

图 5-19 采用不同纤维追踪参数配置生成的纤维模型应用本节方法的结果。从左至右，纤维追踪使用的积分步长参数依次为： 0.75， 0.75， 0.58， 0.58， 0.58， 0.58。从上至下依次是：三维纤维模型，二维投影结果（散点图），连续密度图，区间密度图

如图 5-19 第二排的内容所示，所有纤维模型的低维投影结果呈现出相似的分布特征。然而，通过比较连续密度图和区间密度图，我们可以看到前两个签名图与其他签名图存在显著差异。图 5-20（a）进一步展示了这六个签名图之间差

异的主要存在区域。这些观察证明积分步长对纤维追踪结果有着非常大的影响，因为积分步长决定了纤维追踪过程中算法每次向前或先后的移动长度。我们也计算了图 5-19 中后四个纤维模型之间的差异区域，如图 5-20（b）所示。从该结果中，我们可以看出它们之间的差异不明显。该发现也证明了种子点扰动对纤维追踪结果影响甚小。

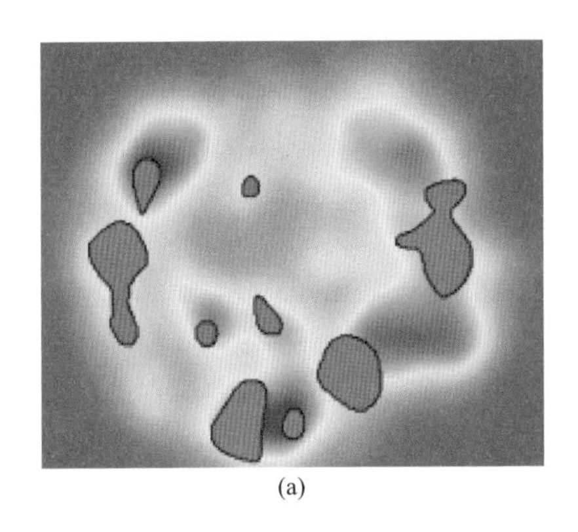
(a)

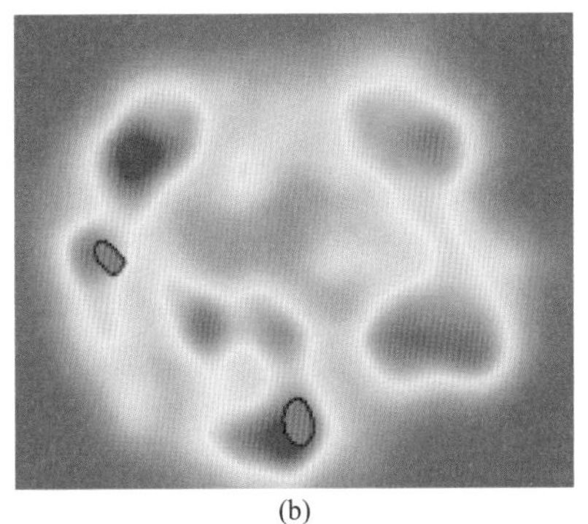
(b)

图 5-20 RoD 可视化结果：（a）图 5-19 中六个纤维模型之间差异的存在区域；（b）图 5-19 中后四个纤维模型之间差异的存在区域。这两个结果使用了相同的方差截断参数

本节的方法提供了一种非常直观的方法发现纤维模型之间的差异，但该方法目前还不能用于研究参数影响纤维追踪结果内在机理。在未来工作中，我们将研究如何打开整个纤维追踪参数黑盒。

5.4 多类散点图的可视简化与探索

散点图（Scatterplots）是一种经典的二维散点数据可视化方法，常用于帮助用户分析数据中的异常值、趋势、聚类结构、相关性等。但随着数据规模的增大，因屏幕分辨率的限制，散点覆叠（Point Overdraw）问题将变得更加严重，会使用户无法确切理解可视化结果所呈现的规律及模式，造成用户理解和感知方面的不确定性。如图 5-21 展示的散点图所示，由于散点覆叠问题，用户根本无法准确地识别可视化结果中的散点密集区域、比较不同数据类之间的分布差异等。此外，散点的绘制顺序也会影响可视化结果。如图 5-21 所示，不同的散点绘制顺序生成了完全不同的可视化结果，造成用户对可视化结果理解的不一致性，导致用户认知方面的不确定性。总之，即使源数据是确定的，数据可视化过程也可能会带来不同形式的不确定性。

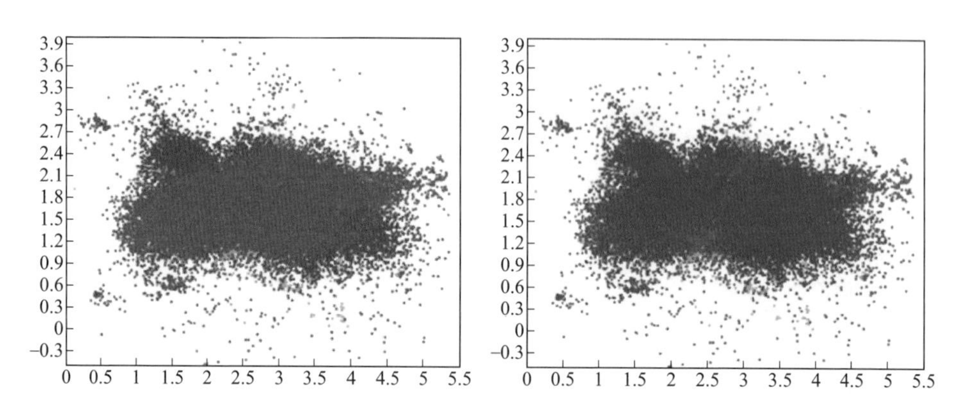

图 5-21 基于不同散点绘制顺序生成的多类散点图

近年来，学者们为解决该问题提出了一系列散点覆叠消除（Point Overdraw Reduction）方法。概括地讲，这些方法可大致分为四大类：修改散点视觉属性（如尺寸、透明度、布局等）、密度估计（Density Estimation）、散点重分布（Point Redistribution）以及交互分析。

本节介绍了一种新的多类散点图可视简化方法，其核心是一种层次式多类蓝噪声采样算法。该算法可在降低显示散点数据规模的同时保持不同数据类之间的相对密度特征。

5.4.1 多类散点图的可视简化

散点覆叠问题源于有限的屏幕空间与散点数据规模之间的矛盾。在多数情况下，该问题是无可避免的，且常会阻碍用户从数据中获取有用知识。为了减轻该问题的影响，我们采用了一个基于密度重建与重采样的可视简化方法。用输入散点数据集的一个子集近似原始散点数据的分布是该可视简化方法的基本思想。我们使用了多类蓝噪声采样方法对数据集进行重采样。更多关于单类蓝噪声采样与多类蓝噪声采样之间的差异可参考 Wei 的研究工作。为了能更加清晰地区分采样结果中散点的数据类别，我们提出了一个散点颜色优化模型。此外，我们还设计了不同的散点形状以编码数据的局部趋势信息。

5.4.1.1 散点密度估计

密度估计是一种常用的大规模数据可视化方法。它根据给定的一系列离散数据点重建出一个连续密度场。假定 $X_i = \{x_i^1, x_i^2, \cdots, x_i^m\}$ 是输入多类散点数据集的第 i 类，那么该数据类在位置 x 的散点密度 $\hat{f}_i(x)$ 定义为：

$$\hat{f}_i(x) = \sum_{j=1}^{m} K_h(x - x_i^j) \tag{5-20}$$

式中，$K_h(\cdot)$ 表示带宽参数为 h 的核函数，带宽决定了重建密度场的平滑程度。与传统 KDE 方法不同，我们不使用每个数据类的散点数目归一化散点密度，以便能直接比较不同数据类在某个位置 x 的散点密度。本文使用了高斯核函数，带宽参数 h 使用 Silverman 提出的经验法则估计得到。

5.4.1.2 散点重采样

在许多计算应用中，点采样（Point Sampling）是降低数据规模并保持数据特征的一个重要技术手段。由于蓝噪声采样（Blue Noise Sampling）具有很好的均匀性（Uniformity）且无谱偏倚（Spectral Bias）等特性，其广泛应用于图像点画（Image Stippling）、点云重采样（Point Cloud Resampling）等研究中。

使用蓝噪声采样技术分别独立采样数据类无法保证所有数据类采样结果的并集也具有蓝噪声的特性，因此我们采用自适应多类蓝噪声采样技术同时对多类散点数据进行采样。该方法使用了掷飞镖（Dart Throwing）模型采样数据集。在样本生成过程中，算法在每个尝试位置（Trial Location）x 构建一个 $n \times n$ 对称的采样距离约束矩阵 $\boldsymbol{R}^x$，并使用该矩阵与已有采样结果进行冲突检测。其中，n 代表数据类的数目。$\boldsymbol{R}^x$ 的是对单类泊松圆盘采样（Poisson Disk Sampling）算法中一维采样距离约束的高维推广。如图 5-22 展示的示意图所示，该矩阵的对角线元素 $R_{i,j}^x$ 是同类采样点之间的距离约束，而非对角线元素 $R_{i,j}^x$ 是不同类之间采样点之间的距离约束。本节使用散点密度定义每个采样尝试位置的采样距离约束矩阵。具体地，对角线元素定义为 $R_{i,j}^x = \omega / \hat{f}_i(x)$，而非对角线元素则根据 Wei 介绍的原则计算得到。ω 是一个用户可调参数。用户可自由调整该参数控制显示散点数据的规模。从某种意义讲，该参数充当着采样频率控制参数的作用。

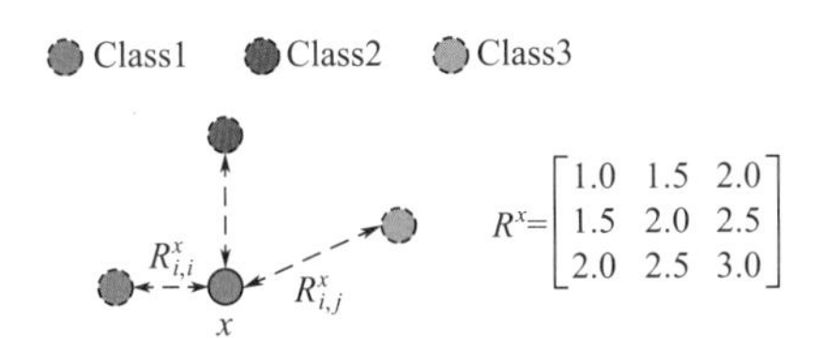

图 5-22 在尝试位置 x 生成数据类 Class1 的一个样本（即实心蓝色圆点）的冲突检测过程示意图。约束矩阵 $\boldsymbol{R}^X$ 的对角线元素 $R_{i,j}^X$ 是类内距离（Intera-class Distance）约束，而非对角线元素 $R_{i,j}^X$ 是类间距离（Inter-class Distance）约束

默认情况下，参数 ω 采用一个启发式原则计算得到。对于二维散点图，我们采用正交投影方法绘制散点数据。假定 φ 表示点数据集的绘制缩放比例，r 表示散点的显示半径，采样频率参数可采用以下模型近似估计：

$$\omega=\frac{r}{\varphi}\bar{f} \tag{5-21}$$

式中，$\bar{f}$ 代表所有数据类在整个域内的平局散点密度。

为了减轻散点覆叠问题，我们可以根据重建的散点密度场采用上述采样模型对连续屏幕空间进行采样。然而，这种简单的处理方法会生成一些实际数据集中不存在的数据点，如图 5-23（b）的橙色椭圆区域所示。为了避免这种错误，我们选择在由所有散点组成的离散数据空间内采样。为保证每个数据类都已被充分采样，我们总是从采样最急迫的数据类中选择采样尝试样本（如何确定数据类的采样急迫程度可参考 Wei 的研究工作）。

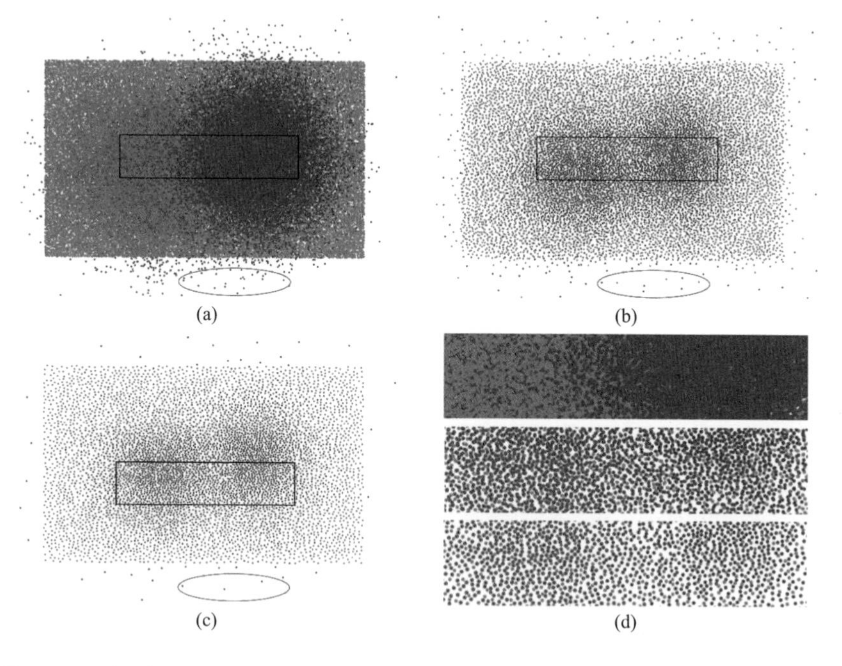

图 5-23　对一个人工合成数据集采用不同采样模式的结果对比：（a）采用传统散点图方法直接显示该数据集（该数据集中有两个数据类的散点符合高斯分布，其中一个数据类的散点符合均匀分布）；（b）对连续屏幕空间的采样结果；（c）对离散数据空间的采样结果；（d）从上至下依次为（a）~（c）中黑色矩形区域的放大显示。请注意不同结果中橙色椭圆区域散点的差异

5.4.1.3 采样一致性

缩放是探索数据的一个最常用交互操作之一。在散点绘制过程中，缩放操作会改变散点数据集的缩放比例 φ。然而，每当 φ 发生变化后就执行散点重采样不仅会浪费更多的计算资源，还会造成不同缩放比例下采样结果不一致。如图 5-24 所示，这种处理方法会使粗略细节层次采样结果（即较小缩放比例 φ）可能不出现在精细层次（即较大缩放比例 φ）采样结果中。而当视图再次缩小时，采样结果与视图放大之前的结果相比，又发生了巨大变化，进而引起用户认知方面的不确定性。理想的采样过程应该是：当视图放大时需要在当前视图中添加一些新的采样点，而当视图缩小时只需将新增采样点从当前视图中逐步被移除即可。

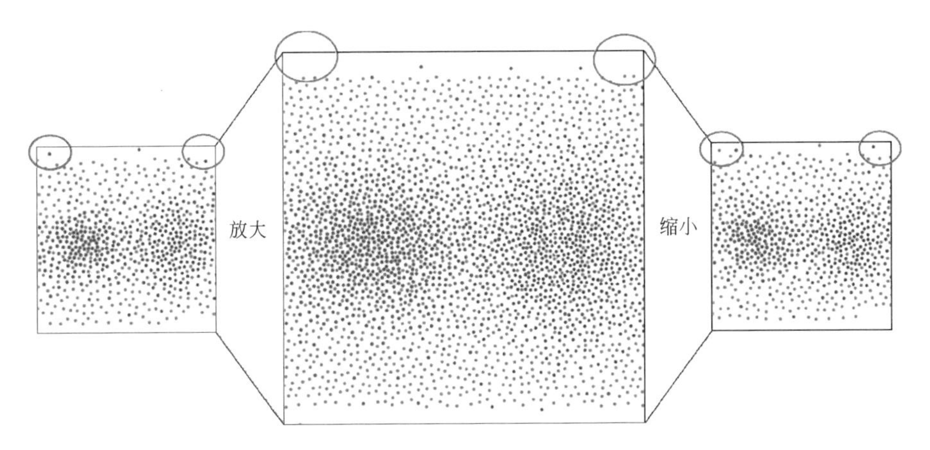

图 5-24 每当视图触发缩放操作便执行散点重采样会引起采样不一致性问题。注意橙色椭圆区域内采样点在不同细节层次之间的变化

为保证视图缩放过程中的采样一致性，我们提出了一个层次采样模式。该方法计算一个从粗略到精细的采样序列。具体地，我们首先选取一个较小的缩放比例进行初次采样。在我们的实验过程中，缩放比例 φ 的初始值满足数据集的包围盒范围可占据整个绘制区域的 1/8。在后续精细层次采样过程中，逐步放大 φ 并使用现有的采样结果约束新一轮的采样过程。最终，每个细节层次记录了视图放到当前细节层次下的新增采样结果。从某种角度讲，该过程可看作是对数据点按缩放比例从小到大进行排序的过程。

当视图发生缩放操作时，只需将不大于当前缩放比例的所有细节层次包含的采样点显示于视图中即可，而不需要重新执行散点重采样。图 5-25 展示了使用层次采样模式的视图缩放效果。从结果中不难发现，采样一致性得到了保证。

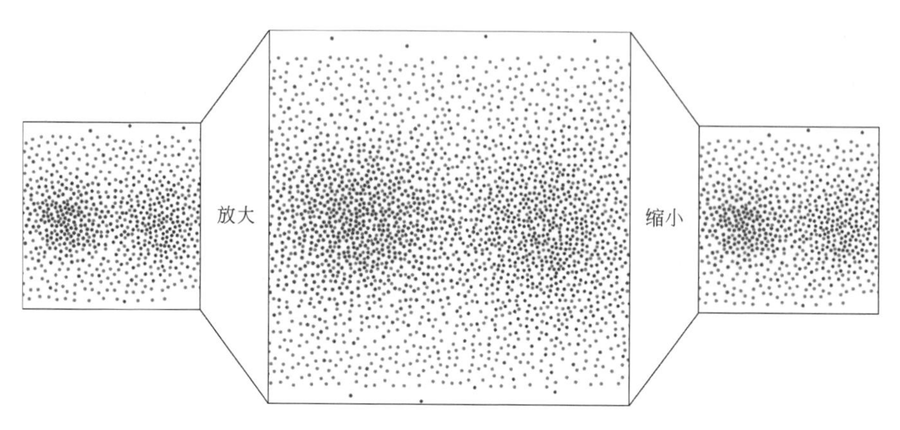

图 5-25 层次采样模式可保证视图在缩放操作过程中采样结果的一致性

5.4.1.4 散点颜色与形状设计

基于散点重采样的简化过程可生成一个互不覆叠的散点序列。为了进一步增强简化散点图的视觉效果，我们还对散点的颜色和形状进行了优化设计。

（1）散点颜色

最近的一项研究工作表明：在基于多类散点图的比较分析应用中，采用颜色编码数据类别远优于使用形状编码数据类别。即使数据规模较大时，颜色编码模式依旧能保持较高的分析性能。然而，选择合适的颜色集编码不同数据类别并非易事。为了能清晰区分不同的数据类别，散点图中稠密区域内散点颜色的区分度应越大越好。

在这里，我们提供了两种途径帮助用户设计散点颜色。一种是基于色相轮（Hue Wheel）的颜色选择界面，另一种是自动颜色集选择模型。在色相轮选择界面中，用户可自由选择一系列均匀分布于色相轮的颜色集标注数据类别。自动颜色集选择模型则会从 CIE L* a* b* 颜色空间中选择一组区分度较大的颜色集。

为简便起见，我们假设散点图绘制在一个包含 M 个小块（例如 5×5 个像素）的矩形屏幕区域内。自动颜色选择模型的目标是从 CIE L* a* b* 颜色空间中选择一组颜色集 $C=\{C_1, C_2, \cdots, C_n\}$ 满足数据类之间具有最大颜色区分度，C_i 表示第 i 数据类的颜色。我们采用如下目标函数最大化不同数据类间的颜色区分度：

$$E_{\text{cost}}=\sum_{m=1}^{M}\beta_m\sum_{i,j<n,i<j}\alpha_{m,i,j}\mid C_i-C_j\mid \tag{5-22}$$

式中，$\alpha_{m,i,j}$ 表示类间权重，其刻画了第 i 数据类和第 j 数据之间的颜色区

分度权重；β_m 表示块权重，其刻画了第 m 块在整个绘制区域内的重要性。$|C_i - C_j|$ 表示颜色 C_i 和颜色 C_j 的区分度。我们使用 CIE $L^* a^* b^*$ 颜色空间中颜色之间欧式距离表示它们的区分度。在这里，第 m 块的权重参数 $\alpha_{i,j}$ 和 β 的定义如下：

$$\alpha_{i,j} = e^{-|\overline{f}_i - \overline{f}_j|}, \beta = \sum_{i=0}^{n} \overline{f}_i \tag{5-23}$$

为防止优化模型收敛于一个不好结果，我们添加了一些颜色距离约束。具体地，任意两个数据类的颜色之间的欧式距离必须大于给定阈值 d。最终，我们可得到如下最优化系统：

$$\text{argmin}C = \text{argmin}[-E_{\text{cost}} + k \sum_{i,j<n, i<j} (C_i, C_j)] \tag{5-24}$$

其中，k 是一个用户可调权重参数，$E_{\text{penalty}}(C_i, C_j) = \max\left(0, 1 - \frac{|C_i - C_j|}{d}\right)$。这里采用了 Nelde-Mead 求解该最优化问题。由于该方法有一定概率得到的是局部最优解，因此我们通过多次随机指定不同的初始颜色集进行优化求解的方式获得优化结果，然后从中选取最大区分度颜色集作为最终优化结果。

（2）散点形状

圆点（Circular Dot）是散点数据可视化常采用的可视表达形式。为了帮助用户探索散点数据两个维度之间的关联，我们还设计了另外两种散点形状，如图 5-26 所示。

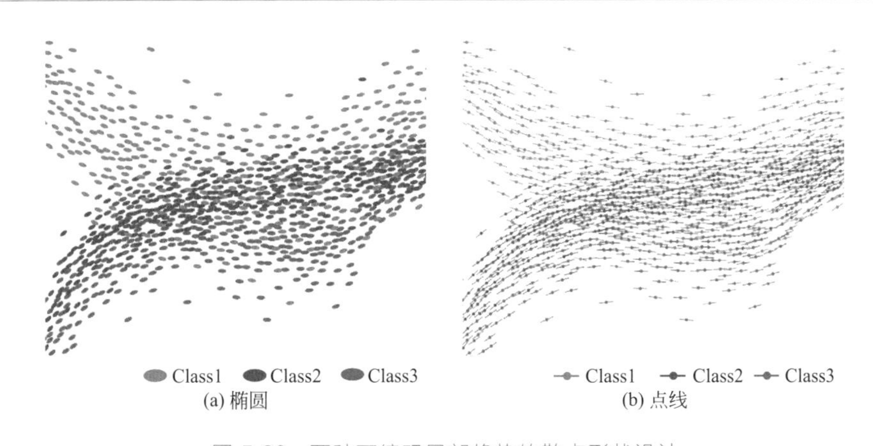

图 5-26　两种可编码局部趋势的散点形状设计

① 椭圆　基于椭圆表达的散点形状，受到 Wu 等人工作的启发（他们在点画油画（Pointillism Painting）研究中使用椭圆表达颜色亮度的梯度），在这里，我们用椭圆的朝向表示数据的局部趋势。

② 点线　与 Chan 等人的研究工作类似，点线（Dot-Line）可视表达方法采

用圆点表示散点的位置，横穿圆点的短线编码了数据的局部趋势。

具体地，散点（x_0，y_0）的局部趋势（u_{x0}，v_{y0}）由数据在该位置的局部线性回归系数定义：（u_{x0}，v_{y0}）$=\text{normalize}\left(1,\dfrac{\partial y}{\partial x}\right)$。其中，局部线性回归系数采用以下模型近似：

$$\frac{\partial y}{\partial x} \approx \frac{\sum\limits_{(x_i,y_i)\in N_{(x_0,y_0)}} (y_i - y_0)(x_i - x_0)}{\sum\limits_{(x_i,y_i)\in N_{(x_0,y_0)}} (x_i - x_0)^2} \tag{5-25}$$

这里，$N_{(x_0,y_0)}$ 表示以散点（x_0，y_0）为中心的一个各项同性区域内的所有散点。为保证椭圆的美观性，我们根据经验设置椭圆长短轴的长度之比为 1.618。在本文实现的可视探索界面中，用户可自由调节椭圆的大小和点线的长短。

5.4.2 多类散点图的可视探索

为帮助用户交互式探索多类散点图，我们设计了一款多类散点图可视探索系统，如图 5-27 所示。组成该界面的所有视图和组件采用了可折叠显示模式以节省更多的屏幕空间。该界面主要包含四个视图：数据类列表视图，如图 5-27（a）所示；主探索视图，如图 5-27（b）所示；交互工具集组件，如图 5-27（c）所示；参数设置视图，如图 5-27（d）所示。

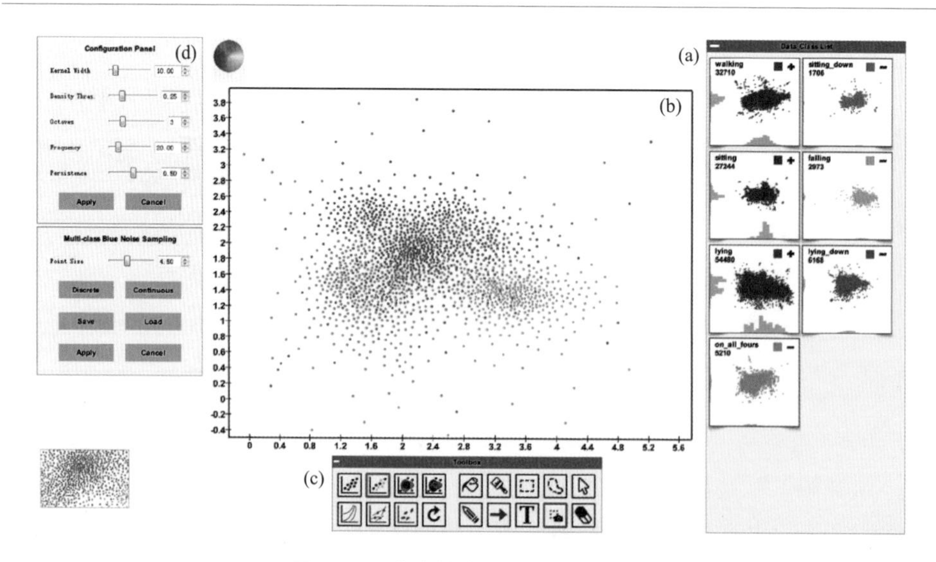

图 5-27 多类散点图可视探索界面

5.4.2.1 单数据类探索

数据类列表视图采用了 Small-Multiples 可视设计模式。它提供了每个数据类的一个高层概括。该视图中，每个图标编码了一个数据类的基本信息，包括：数据类的名称、规模、编码颜色，以及数据类在不同维度的统计分布（直方图）等，如图 5-28 所示。用户在浏览数据类的同时，还可使用以下交互工具辅助探索。

① 过滤　用户可在数据类图标提供的直方图上选取感兴趣区间内的数据，被过滤数据点显示为灰色。

② 拖拽　用户可将感兴趣类的图标可视化结果拖拽到一起进行比较。用户也可将感兴趣数据拖拽与主探索视图进行多类联合探索。

③ 排序　用户可根据数据类的规模对显示图标进行排序。

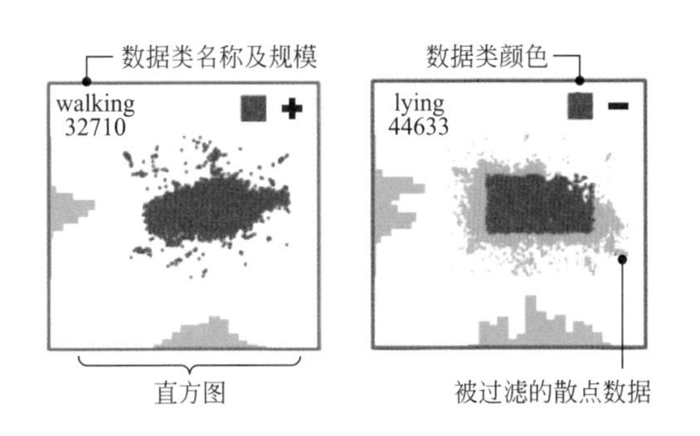

图 5-28　基于图标表达的单数据类可视化结果

5.4.2.2 多数据类联合探索

受众多数据可视化编辑系统的启发，我们设计了一系列交互工具帮助用户在主探索视图中同时探索多个数据类。具体地，用户可采用以下交互工具在主探索视图内直观地审查每个数据类。

① 高亮　数据高亮工具遵循了格式塔共运准则（Gestalt Common Fate Principle）。当用户使用鼠标左键反复单击数据类列表视图中某个图标时，该数据类所包含的所有数据点将在鼠标左键按下与释放的过程中同步上下微小移动，进而引起用户对所选数据类的注意。

② 选取　主探索视图支持两种数据选择方法。框选（Box Selection）允许用户通过画矩形的方式选择感兴趣数据点。套索选取（Lasso Selection）模仿了众多图像编辑器的任意形状选取功能。

③ 填充　用户选择一个感兴趣区域之后，可采用某种特定的可视化模式填

充该区域。通过结合使用选取和填充交互工具，用户可使用不同可视化方法局部地探索数据。目前支持的可视化模式包括：透明度混合（Alpha Blending）、颜色混合（Color Blending）、颜色编织（Color Weaving）、基于噪声的颜色混合（Color Compositing with Noise）及轮廓线提取（Contouring）。

④ 刷子　除填充工具外，用户还可使用附着了某种可视化方法的刷子工具在主探索视图中自由地探索数据。

⑤ 标注　用户可使用系统提供的文本或图标标注工具记录探索过程中的发现。

⑥ 截图　用户也可使用截图工具保存分析结果。所有截图层叠显示于主视图的左下角，如图 5-27 左下角所示，通过鼠标双击可重新展开这些结果。

我们的可视探索系统还实现了多种多变量数据场可视化方法以探索不同数据类的散点密度特征，包括轮廓线提取、颜色混合及颜色编织。轮廓线提取是一种直接有效的连续密度场可视化方法，它可帮助用户快速定位数据中的高密度区域。此外，颜色混合、颜色编织等技术还可帮助用户识别在相互遮挡的高密度区域中的不同数据类。然而，在数据类的识别任务中颜色混合方法的性能却不如颜色编织方法。本文的方法除能识别不同数据类之外，还可用于分析不同数据类的相对密度特征。

当在研究某具体区域时，用户也希望能分析该区域内数据维度之间的关系。在本文的可视探索系统中，用户可采用基于椭圆或点线表达的填充工具探索选定区域内数据的趋势信息。通过将局部趋势场看作向量场，我们还提供了流线（Streamline）方法可视化数据中的全局趋势结构。一旦用户发现数据中的一些有趣模式或规律时，可采用标注或截图工具记录这些发现。

5.4.3 有效性评估

为了验证本文方法的有效性和实用性，我们将其应用于三个实际数据集。第一个数据集记录了 5 个用户做不同动作时传感器记录的不同关节的三维位置序列。第二个数据集记录了几支 NBA 球队一个赛季的投篮位置。第三个数据集包含了超过 380000 个手机用户的月消费数据。

5.4.3.1 动作位置数据集

该数据集来自 UCI 机器学习数据仓库，记录了 5 个用户做不同动作时传感器记录的关节的三维位置序列。为了比较本节方法与其他多类散点图算法的差异，我们选择其中一个传感器的 x 与 y 坐标组成一个新的二维散点数据集，结果如图 5-29 所示。

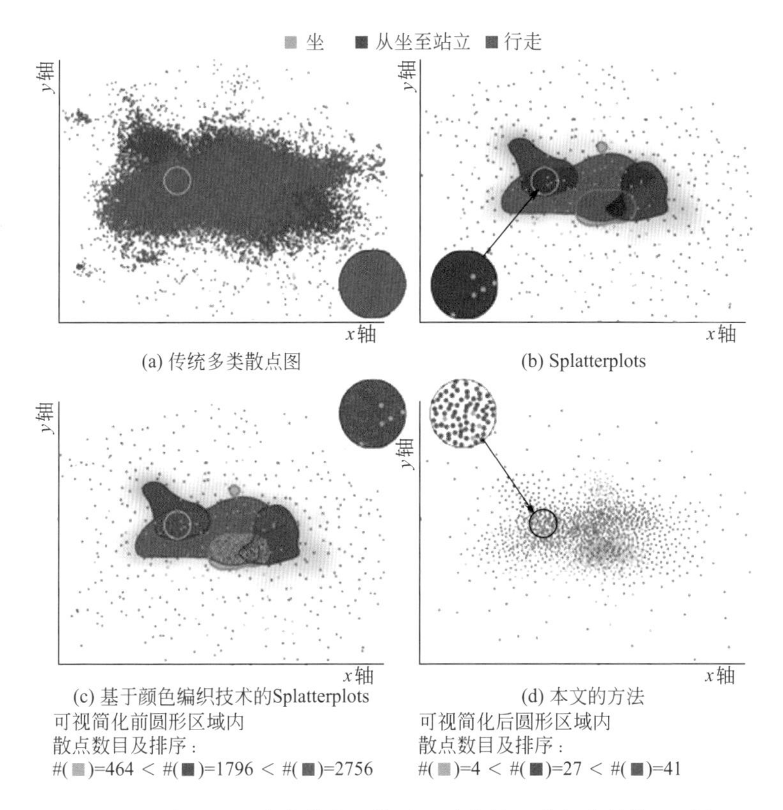

图 5-29 应用不同多类散点图算法于动作位置数据集的结果对比

从结果中，我们可以清晰地看出传统多类散点图存在严重的散点覆叠问题，如图 5-29（a）所示。它对众多数据分析任务有着极大的影响，如定位不同数据类的高密度区域和稀疏区域。Mayorga 等人最新提出的 Splatterplots 方法能帮助用户清晰地识别不同数据类中的高密度区域和稀疏区域。然而，该方法采用了颜色混合技术，其会生成新的数据类颜色，进而造成用户无法准确将颜色和数据类进行关联，如图 5-29（b）中的圆形放大区域。通过引入基于噪声的颜色编织技术改进 Splatterplots 方法，用户可清晰地区分出高密度重叠区域内的数据类，如图 5-29（c）中的圆形放大区域，但无法帮助用户观察不同数据类的相对密度特征是该方法的一大不足。本文的可视简化结果如图 5-29（d）所示，不仅减轻了散点覆叠问题，还能帮助用户识别不同数据类之间的相对密度特征。图 5-29 底部列出了图中圆形区域在可视简化前后散点数目的变化。从该结果可知，本文的可视简化方法可有效地保存不同数据类之间的相对密度排序（Relative Density Order）关系。而传统散点图及 Splatterplots 等方法却无法呈现这些特征。

5.4.3.2 NBA 球队投篮位置数据集

我们从专业 NBA 数据统计网站[1]收集了几支球队（Miami Heat，Golden State Warriors 和 Memphis Grizzlies）2013～2014 赛季全队投篮位置。为研究不同球队的投篮偏好及战术差异，我们将这几支球队的投篮位置数据置于同一坐标系并采用多类散点图进行比较分析，结果如图 5-30 所示。

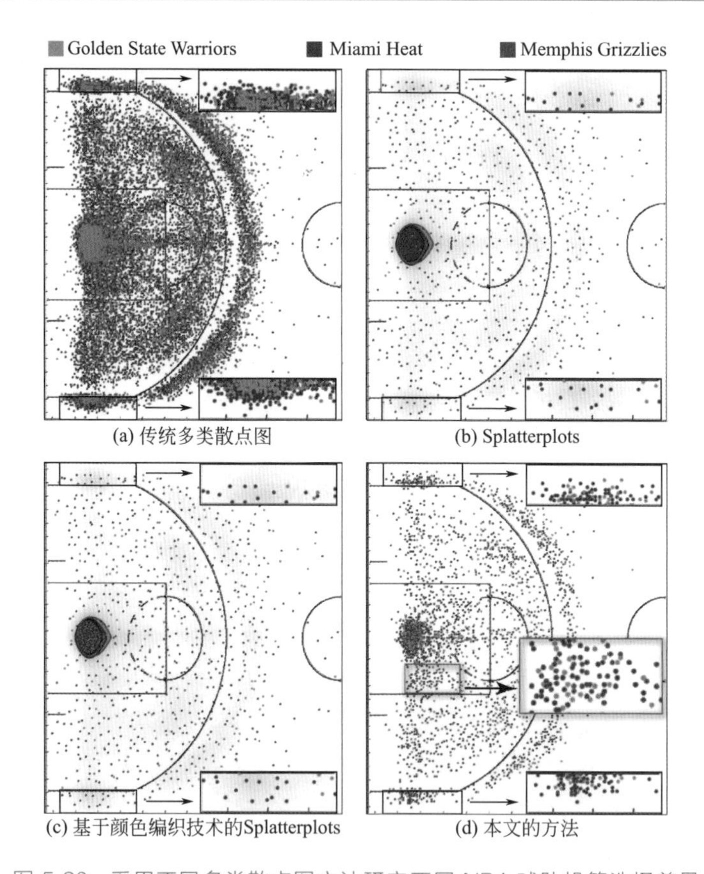

图 5-30 采用不同多类散点图方法研究不同 NBA 球队投篮选择差异

从图 5-30（a）中，我们不难发现散点覆叠问题严重地干扰了用户观察不同球队的投篮差异。而 Splatterplots 方法却产生了新的颜色，会造成误解。此外，该方法在稀疏散点区域采用了随机采样模式，因此造成所有稀疏区域呈现均匀分

[1] Basketball-Reference，网址：http：//www. basketball-reference. com/

布特征，如图 5-30（b）所示。图 5-30（c）采用基于噪声扰动的颜色编织技术增强了高密度重叠区域的用户感知。尽管如此，这三类方法很难帮助用户回答一些需要定量分析的问题，如：

- 哪些球队在某个特定的区域内投篮出手更多［如图 5-30（d）中的绿色矩形区域］？
- 球员们更偏向于在哪些位置投篮？

图 5-30（d）展示了本文方法的可视简化结果。从该结果中，我们可以看到绿色矩形区域内蓝色散点更多，也就是说 Memphis Grizzlies 在该区域内投篮出手更多。此外，从该结果中我们还可以发现 Miami Heat 更偏好于两侧底角三分，因为在该区域内红色散点更多，见图 5-30（d）中该区域的放大结果图。

5.4.3.3 手机用户月消费数据集

该数据集包含了 382779 个手机用户一个月的消费账单。每条记录包含 17 个属性，包括：经加密的手机号码、套餐类型、通话费用、通话时长等。在数据清洗过程中，我们移除了以下两类脏数据记录：

- 具有缺省属性的数据记录；
- 具有非法属性的数据记录，例如通话时长为负数的数据记录。

经过上述简单清洗处理，该数据集共包含 245309 个用户的消费记录。为探索不同套餐类型用户的通话时长与通话时间之间关系的差异，我们首先使用了传统多类散点图方法，如图 5-31（a）所示。从该结果中可以看出，通话费用存在近似线性关系。然而，散点覆叠问题却阻碍了用户进一步分析不同套餐类型用户之间的差异。Splatterplots 方法能清晰地解释高密度散点区域，如图 5-31（b）所示。基于颜色编织技术的 Splatterplots 方法能避免产生新的颜色，增强了高密度重叠区域内数据类的识别能力，如图 5-31（c）所示。然而这些方法均无法帮助分析不同数据类之间的相对特征。

图 5-31（d）展示了基于圆点表示的可视简化结果。在某个局部区域内，用户可通过互不覆叠的散点理解不同数据类的相对密度特征。例如，使用套餐类型Ⅲ的用户主要集中于视图的左下部分。而在高亮矩形区域内，使用套餐类型Ⅱ和Ⅳ的用户则更多。因为该区域包含更多的橙色和青色数据点，如图 5-31（f）中放大效果图所示。然而，在其他方法的结果中却很难感知到这些特征。此外，从基于点线表达的可视简化结果中，我们还可发现不同套餐类型用户的通话时长及费用关系的差异，见图 5-31（e）。从该结果中我们可知套餐类型Ⅲ和Ⅴ用户数据的局部趋势与 45°对角线接近。该特征表明这两类用户的通话时长与通话费用呈线性关系，无最低消费约束。相反，套餐类型Ⅰ、Ⅱ和Ⅳ则不具有该特征，其呈现的数据趋势与水平线比较接近，此现象表明这三类用户具有不同的最低套餐消费约束。

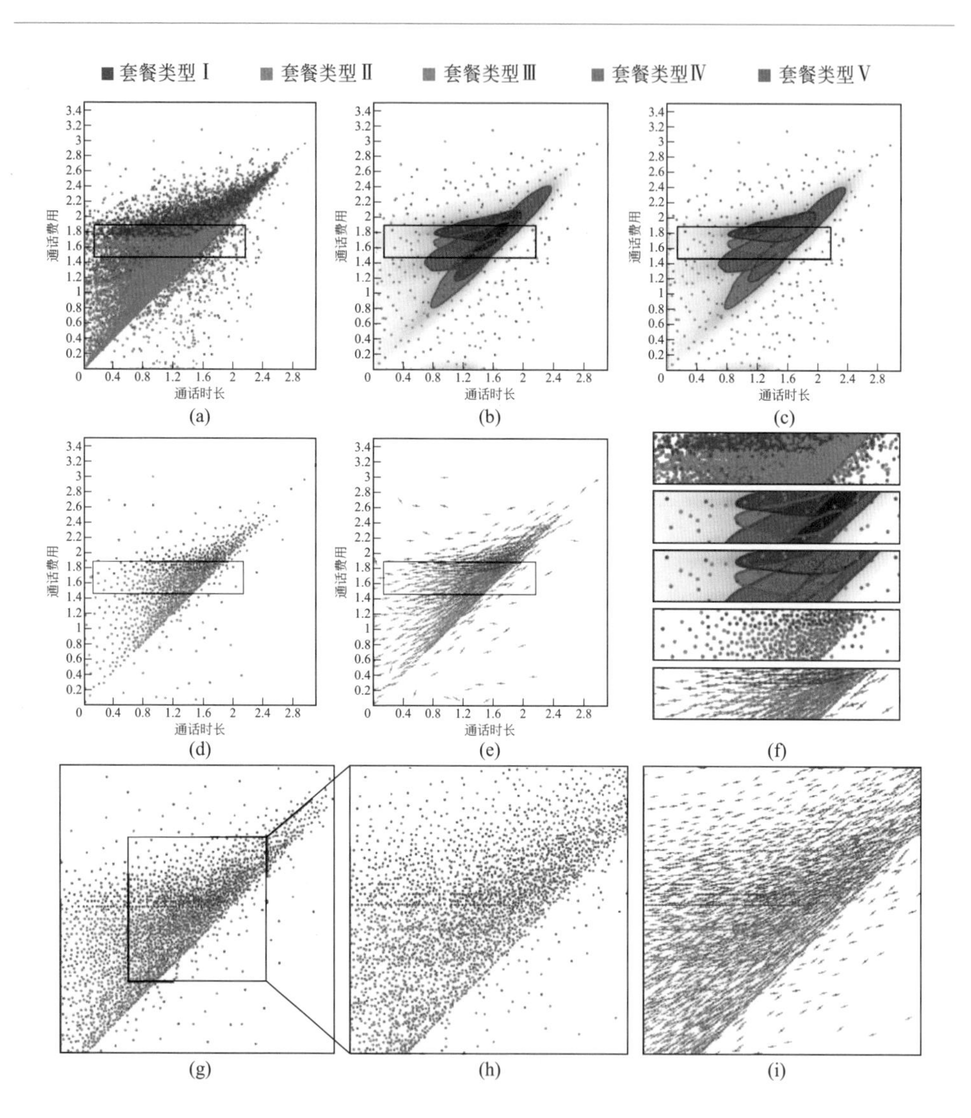

图 5-31 采用不同多类散点图方法分析不同套餐类型用户通话时长与费用之间关系的差异：（a）传统多类散点图；（b） Splatterplots；（c）基于颜色编织技术的 Splatterplots；（d）基于圆点表示的本文方法结果；（e）基于点线表达的本文方法结果；（f）是（a）~（e）中矩形区域放大效果图；（g）和（h）是（d）的两个连续放大结果；（i）是（h）的点线可视表达结果

5.4.4 小结

有限可视化结果输出载体引起的散点覆叠问题是造成用户理解方面不确定性的一个重要因素。为克服该问题，本文提出一种基于层次式多类蓝噪声采样的多类散点图可视简化方法。该方法可在减轻散点覆叠问题的同时还保持不同数据类之间的相对特征，即相对密度序，是一种有效的定量分析工具。与绘制顺序无关是该方法的另一大关键优势。该特性可在一定程度上减轻因不同散点绘制顺序造成的用户认知方面的不确定性。为了增强用户对可视简化结果的理解，我们提出了一个散点颜色优化模型和两种可编码局部趋势的散点形状设计。此外，我们还设计了一系列交互工具帮助用户探索多类散点图。

本节的第一项研究工作主要进行了多变量集合数据的可视化及探索研究。集合数据是一种典型的不确定数据，在数值模拟等领域应用非常广泛。高维度和不确定是多变量集合数据可视化及探索的两大挑战。在该工作中，我们首先提出了一种不确定性感知的多维投影方法。该方法可将多变量集合数据集投影至二维可视平面内以帮助用户分析其中的结构、模式、分布等特征。为了刻画不同集合数据对象之间的关系，我们联合使用了集合均值之间的差异与集合分布之间的差异。在投影过程中，我们采用在拉普拉斯系统中添加全局约束的方式保证算法在投影精度与效率之间取得一个平衡。针对不同的应用情形，我们提出了两种集合数据对象不确定性度量方法。在可视化过程中，我们设计了集合条展示集合数据对象的总体不确定性与分布，采用连续平行坐标可视表达方法展示多变量集合数据的具体分布信息。

纤维追踪是一种重要的 DTI 数据变换方法，它将 DTI 张量数据场转换为基于空间线几何表达的纤维模型。然而，不同的纤维追踪模型及参数可生成完全不同的纤维模型，造成不确定性。为了分析纤维追踪不确定性，用户首先需要能清晰地观察、探索不同纤维模型之间的差异。在本节的第二项研究工作中，我们提出了一种基于 LMDS 两步投影算法的纤维模型差异可视化及分析方法。与传统方法在三维物理空间与统计空间内比较纤维模型不同，我们的方法首先将所有纤维模型配准至同一模板空间，然后将这些纤维模型投影至同一可视平面内完成比较。该方法还采用了密度估计方法增强投影结果的可视化效果并计算较大差异存在的区域。为了探索差异区域内的细节信息，我们设计了 DiffRadar 可视表达方法。我们还开发了一款基于并排和显示编码比较模式的纤维模型差异可视探索系统。

在可视化阶段，可视化算法使用的参数（如对象的绘制顺序）、可视化结果输出载体的局限性（如有限的屏幕分辨率）等因素也会造成可视化结果的不确定性。本节的第三个工作主要研究了如何降低这些因素给多类散点图可视化方法带来的不确定性，使该技术成为一种有效的定量分析工具。在该工作中，我们提出了一种基于层次式多类蓝噪声采样方法的多类散点图可视简化方法。该方法可有效地减轻因有限屏幕空间造成的散点覆叠问题并保持不同数据类之间的相对密度序等特征。可视简化结果与绘制顺序无关是该方法的另一大优势，进而降低了因绘制顺序带来的用户认知方面的不确定性。为了增强可视简化结果的视觉感知，我们提出了一个散点颜色优化模型增强不同数据类之间的区分度，并设计了两种可编码局部趋势的散点形状。我们在不同数据集上对比了几种最新的多类散点图方法，结果证明了该方法的优势。

参考文献

［1］ Alex T. Pang，Craig M. Wittenbrink，Suresh K. Lodha. Approaches to uncertainty visualization ［J］. TheVisual Computer，1997，13（8）：370-390.

［2］ Andrej Cedilnik，Penny Rheingans. Procedural annotation of uncertain information. In Proceedings of the 11th IEEE Visualization 2000 Conference（VIS 2000）. 2000，77-84.

［3］ Claes Lundstrom，Patric Ljung，Anders Persson，Anders Ynnerman. Uncertainty visualization in medical volume rendering using probabilistic animation ［J］. IEEE Transactions on Visualization and Computer Graphics，2007，13（6）：1648-1655.

［4］ Jibonananda Sanyal，Song Zhang，Jamie Dyer，Andrew Mercer，Philip Amburn，Robert J. Moorhead. Noodles：A tool for visualization of numerical weather model ensemble uncertainty ［J］. IEEE Transactions on Visualization and Computer Graphics，2010，16（6）：1421-1430.

［5］ Adrian Mayorga，Michael Gleicher. Splatterplots：Overcoming overdraw in scatter plots ［J］. IEEETransactions on Visualization and Computer Graphics，2013，19（9）：1526-1538.

［6］ Haleh Hagh-Shenas，Sunghee Kim，Victoria Interrante，Christopher Healey. Weaving versus blending：a quantitative assessment of the information carrying capacities of two alternative methods for conveying multivariate data with color. ［J］. IEEE Transactions on Visualization and Computer Graphics，2007，13（6）：1270-1277.

［7］ Leland Wilkinson. The grammar of graphics ［M］. Springer，2005.

［8］ Judi Thomson，Beth Hetzler，Alan MacEachren，Mark Gahegan，Misha Pavel. A typology for visualizing uncertainty. In Proceedings of SPIE. 2005，5669：146-157.

［9］ Alan M. MacEachren，Robert E. Roth，James O′Brien，Bonan Li，Derek Swingley，Mark Gahegan. Visual semiotics & uncertainty visualization：An empirical study ［J］. IEEE Transactions on Visualization and Computer Graphics，2012，18（12）：2496-2505.

［10］ Meredith Skeels，Bongshin Lee，Greg Smith，George Robertson. Revealing uncertainty for information visualization ［J］. Information Visualization，2010，9（1）：70-81.

[11] Carlos D. Correa, Yu-Hsuan Chan, Kwan-Liu Ma. A framework for uncertainty-aware visual analytics. In IEEE Symposium on Visual Analytics Science and Technology (VAST). 2009, 51-58.

[12] Kristin Potter, Samuel Gerber, Erik W Anderson. Visualization of uncertainty without a mean [J]. Computer Graphics and Applications, 2013, 33 (1): 75-79.

[13] Johanna Schmidt, M Eduard Groller, Stefan Bruckner. Vaico: Visual analysis for image comparison [J]. IEEE Transactions on Visualization and Computer Graphics, 2013, 19 (12): 2090-2099.

[14] Marco J DaSilva, Song Zhang, Catagay Demiralp, David H Laidlaw. Visualizing the differences between diffusion tensor volume images. In Proceedings of the International Society for Magnetic Resonance in Medicine Diffusion MRI Workshop. 2000.

[15] Ralph Brecheisen, Anna Vilanova, Bram Platel, Bart ter Haar Romeny. Parameter sensitivity visualization for dti fiber tracking [J]. IEEE Transactions on Visualization and Computer Graphics, 2009, 15 (6): 1441- 1448.

[16] Stephen Correia, Stephanie Y Lee, Thom Voorn, David F Tate, Robert H Paul, Song Zhang, Stephen P Salloway, Paul F Malloy, David H Laidlaw. Quantitative tractography metrics of white matter integrity in diffusion-tensor mri [J]. Neuroimage, 2008, 42 (2): 568-581.

[17] Wei Chen, Zi'ang Ding, Song Zhang, Anna MacKay-Brandt, Stephen Correia, Huamin Qu, John Allen Crow, David F Tate, Zhicheng Yan, Qunsheng Peng. A novel interface for interactive exploration of dtifibers [J]. IEEE Transactions on Visualization and Computer Graphics, 2009, 15 (6): 1433-1440.

[18] David Feng, Lester Kwock, Yueh Lee, Russell M Taylor. Matching visual saliency to confidence in plots of uncertain data [J]. IEEE Transactions on Visualization and Computer Graphics, 2010, 16 (6): 980-989.

[19] Ingwer Borg, Patrick JF Groenen. Modern multidimensional scaling: Theory and applications [M]. Springer, 2005.

[20] Paulo Joia, Fernando V Paulovich, Danilo Coimbra, Jose Alberto Cuminato, Luis G Nonato. 'Local affine multidimensional projection [J]. IEEE Transactions on Visualization and Computer Graphics, 2011, 17 (12): 2563-2571.

[21] Sung-Hyuk Cha. Comprehensive survey on distance/similarity measures between probability densityfunctions [J]. International Journal of Mathematical Models and Methods in Applied Sciences, 2007, 1 (4): 300-307.

[22] David W. Scott, Stephan R. Sain. Multi-dimensional density estimation [J]. Handbook of Statistics, 2004, 23: 229-263.

[23] Bernard Walter Silverman. Density estimation for statistics and data analysis [M]. Chapman & Hall/CRC, 1986.

[24] Bin Jiang, Jian Pei, Yufei Tao, Xuemin Lin. Clustering uncertain data based on probability distributionsimilarity [J]. IEEE Transactions on Knowledge and Data Engineering, 2011, 25 (4): 751-763.

[25] Fernando Paulovich, Luis Gustavo Nonato, Rosane Minghim, Haim Levkowitz. Least

square projection: A fast high-precision multidimensional projection technique and its application to document mapping [J]. IEEE Transactions on Visualization and Computer Graphics, 2008, 14 (3): 564-575.

[26] Stephen Ingram, Tamara Munzner, Marc Olano. Glimmer: Multilevel mds on the gpu [J]. IEEETransactions on Visualization and Computer Graphics, 2009, 15 (2): 249-261.

[27] Teofilo F Gonzalez. Clustering to minimize the maximum intercluster distance [J]. Theoretical Computer Science, 1985, 38: 293-306.

[28] Nikhil R Pal, James C Bezdek. On cluster validity for the fuzzy c-means model [J]. IEEE Transactions on Fuzzy Systems, 1995, 3 (3): 370-379.

[29] Siegmund Brandt. Data Analysis: statistical and computational methods for scientists and engineers [M]. Springer, 1999.

[30] Jibonananda Sanyal, Song Zhang, Gargi Bhattacharya, Phil Amburn, Robert Moorhead. A user study to compare four uncertainty visualization methods for 1d and 2d datasets [J]. IEEE Transactions on Visualization and Computer Graphics, 2009, 15 (6): 1209-1218.

[31] Vin De Silva, Joshua B. Tenenbaum. Sparse multidimensional scaling using landmark points. Technical report, Stanford University, 2004.

[32] Jorge Poco, Danilo M Eler, Fernando V Paulovich, Rosane Minghim. Employing 2d projections for fast visual exploration of large fiber tracking data [J]. Computer Graphics Forum, 2012, 31 (3pt2): 1075-1084.

[33] Mark Jenkinson, Peter Bannister, Michael Brady, Stephen Smith. Improved optimization for the robust and accurate linear registration and motion correction of brain images [J]. Neuroimage, 2002, 17 (2): 825-841.

[34] Song Zhang, Stephen Correia, David H Laidlaw. Identifying white-matter fiber bundles in dti data using an automated proximity-based fiber-clustering method [J]. IEEE Transactions on Visualization and Computer Graphics, 2008, 14 (5): 1044-1053.

[35] Isabelle Corouge, P Thomas Fletcher, Sarang Joshi, Sylvain Gouttard, Guido Gerig. Fiber tract-oriented statistics for quantitative diffusion tensor mri analysis [J]. Medical Image Analysis, 2006, 10 (5): 786-798.

[36] Ovidio Mallo, Ronald Peikert, Christian Sigg, Filip Sadlo. Illuminated lines revisited. In Proceedings of IEEE Visualization. IEEE, 2005, 19-26.

[37] Yu-Hsuan Chan, C Correa, Kwan-Liu Ma. Flow-based scatterplots for sensitivity analysis. In IEEESymposium on Visual Analytics Science and Technology (VAST). IEEE, 2010, 43-50.

[38] Li-Yi Wei. Multi-class blue noise sampling [J]. ACM Trans. Graph, 2010, 29 (4).

[39] Jiating Chen, Xiaoyin Ge, Li-Yi Wei, Bin Wang, Yusu Wang, Huamin Wang, Yun Fei, Kang-Lai Qian, Jun-Hai Yong, Wenping Wang. Bilateral blue noise sampling [J]. ACM Transactions on Graphics, 2013, 32 (6): 216: 1-11.

[40] Yi-Chian Wu, Yu-Ting Tsai, Wen-Chieh Lin, Wen-Hsin Li. Generating pointillism paintings based on seurat's color composition[J]. Computer Graphics Forum, 2013, 32 (4): 153-162.

[41] Michael Gleicher, Michael Correll, Christine Nothelfer, Steven Franconeri. Perception of average value in multiclass scatterplots [J]. IEEE Transactions on Visualization and Computer Graphics, 2013, 19 (12): 2316-2325.

[42] Jeffrey C. Lagarias, James A. Reeds, Margaret H. Wright, Paul E. Wright. Convergence properties of the Nelder-Mead simplex method in low dimensions [J]. SIAM Journal on Optimization, 1998, 9 (1): 112-147.

[43] Kai Burger, Jens Kruger, Rudiger Westermann. Direct volume editing [J]. IEEE Transactions on Visualization and Computer Graphics, 2008, 14 (6): 1388-1395.

[44] Hanqi Guo, Ningyu Mao, Xiaoru Yuan. Wysiwyg (what you see is what you get) volume visualization [J]. IEEE Transactions on Visualization and Computer Graphics, 2011, 17 (12): 2106-2114.

[45] Sung-Hyuk Cha. Comprehensive survey on distance/similarity measures between probability densityfunctions [J]. International Journal of Mathematical Models and Methods in Applied Sciences, 2007, 1 (4): 300-307.

第3篇

大数据应用

第6章

三维空间域数据

6.1 三维空间域数据简介

三维空间域数据泛指具有三维物理空间坐标的数据，通过记录三维空间中采样点位置的物理、化学等属性及其演化规律等特征而构造生成的数据场。当三维空间特指真实的地球地理空间位置时，在进行数据处理时需要采用特定的坐标变换等操作，由此形成了特定的地理信息可视化方法。三维空间域数据的获取方式主要分为两类：采集设备获取和计算机模拟。前者主要来自医学中的断层扫描设备的采集获取，如CT（X射线电子计算机断层扫描）、MRI（磁共振成像）、PET（正电子发射计算机断层扫描）等三维影像均属于该类；气象研究、地质勘探等也采集获取了大量的三维空间域数据（当采集范围局限于较小的地理空间时，可采用一般三维空间域数据的处理方法进行数据处理）。后者主要是指在科学研究中，为了得到一些科学现象的验证或演化规律，而因多种原因无法实际进行足够的科学试验时，科学家们采用计算机模拟的方式获取实验结果及在其过程中所产生的三维空间域数据。如空气动力学和核聚变的试验，由于单次实验成本过高，科学家们就根据已有实验数据输入计算机进行不同参数的模拟实验，由此产生了实验过程与实验结果的相关三维空间域数据。

三维空间域数据本质上是一个对连续信号采样的离散数据场形式，因此未被采样的空间位置的数据值将通过多种插值方法产生。根据信号场性质的不同，三维空间域数据每个采样点上的数据类别可分为标量（scalar）、矢量（vector）和张量（tensor）三大类，其中三维标量数据场有时也被称为三维密度场，是研究与应用最广泛的一类三维空间域数据，因此本章主要讨论三维标量数据场的可视化方法与可视分析应用。

在计算机中，三维标量数据场通常是根据维度顺序将各采样点的数据值按照线性序列进行存储，可以认为是三维数组在计算机中的一维表示。在一般情况下，采样点的位置是规则网格（笛卡儿网格）的交叉点。然而现实中由于连续信号场的信息熵在空间中分布不均匀，采用均匀规则网格进行数据采样与计算的方式不能获得很好的存储与计算效率，因此在实际应用中，通常还会采用不规则的网格进行空间建模，从而产生和存储了不规则体数据。

6.2 三维体可视化

可视化对于三维空间域数据的感知、认知具有非常重要的意义。对于平面化的三维空间中的数据，人们往往无法构建出数据的空间参考模型，从而在一定程度上会阻碍到研究人员对于数据特征的进一步分析。特别地，如果是不规则的体数据，那么对于三维空间数据的分析和处理将变得更加困难。借助于计算机图形图像技术，将三维空间数据使用图形或图像的方式进行可视化展现，可以给研究人员提供直观的数据透视效果。三维体可视化是一门交互地视觉呈现三维空间域数据场的技术，允许用户直观地理解其中所包含几何结构和特征信息，在医学影像、石油勘探、大气气象和计算模拟等领域得到广泛应用。由于三维数据场内部特征的复杂性，实现高表达力的体可视化需要同时考虑数据的特性和用户的因素。

对于三维标量数据场的可视化，主要分为三类：截面可视化、间接体绘制、直接体绘制。

截面可视化是三维体可视化最基本的可视化方法。由于数据在空间中具有三个自由维度，因此将其展现到二维屏幕空间时，势必有遮挡现象的产生。截面可视化通过在三维空间中构造一个截面，直接采用截面与数据交叉部分的采样信息进行数据可视化。一般情况下，截面可以是任意方向的平面。根据需求，截面也可以是一个或多个曲面。相比其他两种三维标量数据场的可视化方法，截面可视化可以直接获取截面处三维空间位置的数据值，因此有利于研究人员进行精确的数据分析与处理。但由于截面可视化的局限性，它无法对三维标量数据场进行直接的展示。

间接体绘制和直接体绘制统称为体绘制。它们是展示、浏览、探索、分析三维标量数据场最常用、最重要的可视化技术，借助于计算机三维图形图像技术的发展，支持用户直观地理解三维空间中数据的分布与特征区域。间接体绘制和直接体绘制的主要区别在于可视化最终图元的获得方面，前者需要通过不同方法提取原三维体数据的显式的几何表达（点、线、面），再用图形绘制的方法进行可视化；后者在可视化过程中不构造几何图元，利用图形绘制的原理直接对三维空间域数据场进行变换和采样，生成二维的可视化图像。可以设想，间接体绘制由于采用了中间图元对体数据进行表达，因此可以认为可视化的结果是对原三维体数据的抽象，但是在可视化的处理以及数据可视化的保真性上会有权衡和损失；

而相对于间接体绘制来说，直接体绘制的优势在于直接对体数据进行绘制，从而能够显示全部的数据信息并且不会造成数据丢失（依赖于传输函数的设计和交互），成像效果也会好于间接体绘制的效果。

6.3 间接体绘制

间接体绘制是三维体可视化的经典方法之一，它先从体数据中提取等值面并组成多边形网格，然后绘制多边形网格来形成对三维体数据的一个可视化结果。间接体绘制的关键技术是等值面的提取，是指从三维标量数据场中抽取构造满足给定阈值条件的网格曲面，用数学描述即为：抽取三维数据空间中所有满足 $f(x,y,z)=c$ 的所有空间位置，并重建出连续的三维空间曲面，这一曲面称为等值面（isosurface）。在实际应用中，空间曲面一般通过三角形网格进行构造。

移动立方体（Marching Cubes）技术是从三维标量数据场中提取等值面的应用最为广泛的方法，该方法是 William E. Lorensen 和 Harvey E. Cline 在 1987 年的 SIGGRAPH 会议上公开发表的，其目的是更加高效地可视化通过 CT 和 MRI 设备获取的三维标量场数据。他们发表的移动立方体技术相关的那篇文章目前被引用次数已经超过 14500 次。移动立方体方法通过逐一遍历三维规则标量场的最小单位体素（voxel，小立方体），生成该体素内部的满足给定阈值条件的三角面片。在处理每个体素时，根据体素的 8 个顶点的采样值和给定阈值的大小关系，判断该体素内部是否包含给定阈值的等值面并进行等值面的提取。根据顶点采样值和阈值的关系，所有体素内部的等值面可以分类成 $2^8=256$ 种不同的情况，经过旋转和镜像翻转的变换后，这 256 种情况可以归纳为 15 种基本模式（如图 6-1 所示）。

移动立方体算法的核心是寻找每个立方体体素和等值面的交点并利用这些构造三角形网格组成的等值面。其算法细节大致如下：每个体素的标量值分布在立方体的 8 个顶点上，通过比较顶点和阈值 c 的大小关系并进行相应的二进制编码，可以得到该体素所代表的模式，然后通过查找表的方法确定该体素的三角面片构造方法。这其中，如果一条边和等值面相交，则边的一个端点位于等值面内部［假定 $f(x,y,z)<c$］，另一个端点位于等值面上或等值面的外部［假定 $f(x,y,z)>c$］，通过线性插值得到交点的位置，即：若两个端点的位置分别为 p_1 和 p_2，其标量值分别是 v_1 和 v_2，则等值面和这条边的交点可以通过公式 $p=(1-t)p_1+tp_2$ 计算得到，其中 $t=\frac{c-v_1}{v_2-v_1}$。在对三维空间域数据场内所

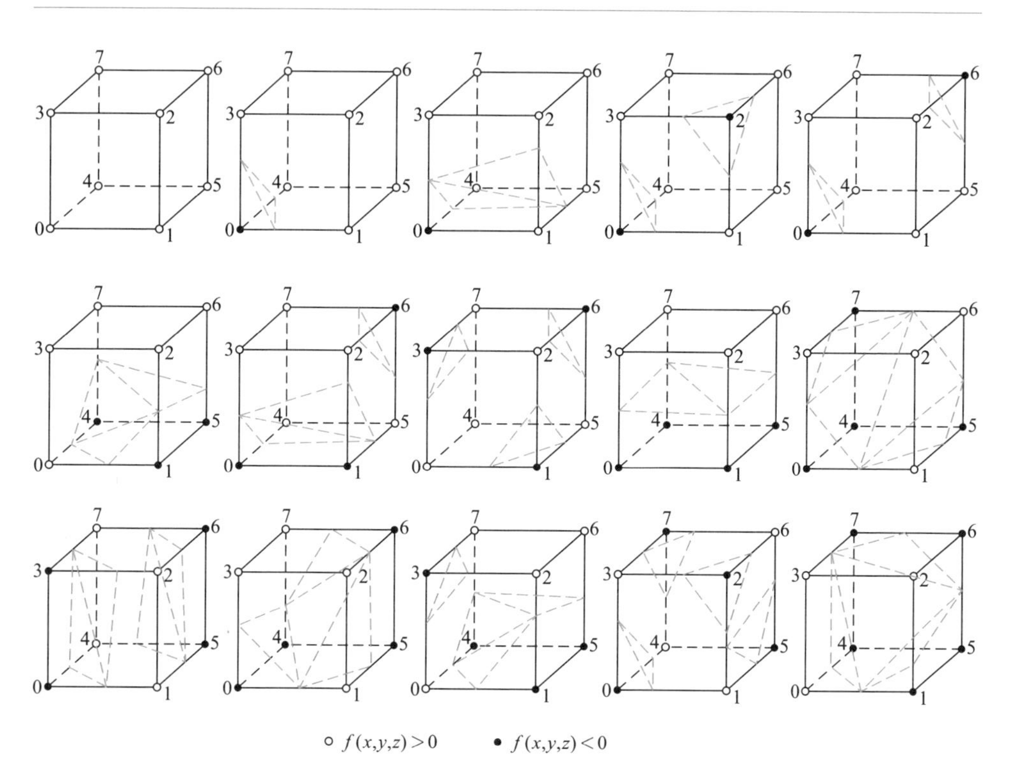

图 6-1 移动立方体方法的 15 种基本模式。根据 8 个顶点和给定阈值的大小关系，一个体素会产生 256 种不同的情况，通过旋转或镜像后，它们可以被归纳为如图所示的 15 种基本模式

有的体素做相同的处理后，我们就能得到整个数据场的等值面的三角形网格表示，通过多边形绘制的方法得到三维空间域数据场的间接体绘制可视化。最初版本的移动立方体方法并不能保证所得到的表示等值面的三角形网格具有正确的拓扑结构，因此后续的一些研究工作在保证网格拓扑的正确性上做了不少工作，比如 Evgeni V. Chernyaev 将移动立方体的查找表扩展到 33 种。

移动立方体方法需要遍历所有的体素，因此算法复杂度是 $O(n)$，其中 n 是三维标量场的体素的数量。虽然看上去是线性复杂度，但实际上由于 n 是三个维度上体素数量的乘积，因此该方法的算法复杂度仍然是很高的。在实际情况中，大量的体素并不与等值面相交，因此研究人员提出了一系列的加速方法，Timonthy Newman 等人对这些加速方法进行了比较详细的综述，根据其处理的空间可以分为三大类：几何空间法、值域空间法和图像空间法。

6.4 直接体绘制

直接体绘制采用光学贡献积分模型，直接计算三维空间域数据场中的采样点对结果图像的贡献，从而更加完整地揭示了三维标量场的内部结构。由于没有从三维数据场中提取中间几何图元，直接体绘制减少了在可视化过程中的信息损失，通过对数据场的直接绘制成像，能够一次性展现三维标量数据场内部的整体信息和结构，通过传输函数的设计提供对数据场的全局可视化展示。

6.4.1 直接体绘制方法

光学贡献积分模型主要分为两类：一类是从视点出发，沿着视点与屏幕像素连线形成的视线对三维标量数据场进行采样，并通过传输函数获取采样点的光学属性，按照光学模型计算并累积所有采样点的贡献，作为屏幕像素的最终颜色，称为图像空间扫描法，典型的方法是光线投射法；另一类则从物体角度出发，在物体空间按照深度顺序沿视线方向遍历三维标量数据场的每个体素，计算体素在屏幕图像上的影响范围，并通过传输函数和光学模型计算体素对其所覆盖的屏幕像素的颜色贡献进行图像合成，形成最终可视化结果图像，称为物体空间投影法，典型的方法有纹理切片法、滚雪球法等。

光线投射法（ray casting）是图像空间扫描法的典型代表，也是直接体绘制中应用最为广泛的方法。通过对屏幕上的每个像素进行扫描，依次投射从视点出发经过每个像素的视线，然后沿着视线对三维数据场进行插值采样（常用三线性插值方法），获取采样点的数据值，并通过传输函数获取该数据值对应的光学属性（颜色和不透明度），根据光学模型计算采样点对于该视线的光学贡献并进行光学积分，最终得到视线所在像素的颜色。早期的图形硬件没有可编程渲染管线，因此光线投射法无法做到实时的绘制效果。随着图形硬件可编程渲染管线的提出，使得基于图形硬件的光线投射法具有较高的绘制效率和质量，已成为最流行的直接体绘制技术而广泛应用于三维标量数据场的可视化。

纹理切片法属于物体空间投影法，它通过代理几何（proxy geometry）的方式有效利用早期图形硬件光栅化和 alpha 混合功能，从而实现图形硬件加速的直接体绘制。纹理切片法分为二维纹理切片法和三维纹理切片法两类。二维纹理切片法将三维标量数据场以三组二维纹理的形式存储在图形硬件的内存中，沿数据空间的 X、Y、Z 方向，这三组二维纹理切片分别是 N_z 张 $N_x \times N_y$ 二维纹理、N_x 张 $N_y \times N_z$ 二维纹理和 N_y 张 $N_z \times N_x$ 二维纹理。二维纹理切片法的代理几何通常是与轴垂直的正方形或长方形，绘制时根据当前的视线方向与这三组二维纹理切片的夹角确定采用哪组二维纹理，然后通过代理几何从前往后或从后往前遍历该组二维纹理，将每张纹理切片投影到屏幕图像，采用双线性插值重构屏幕图像上的标量值，并通过传输函数映射成光学属性，并与当前屏幕图像利用图形硬件的 alpha 混合操作实现体绘制积分计算，最后生成体绘制结果。二维纹理切片法适合于早期不支持三维纹理、也不支持可编程渲染管线的图形硬件或移动设备图形硬件，具有较高的绘制效率和灵活性。但是，由于该方法依赖于视角进行纹理组的采纳，当交互操作时视角变化会导致纹理组的切换，因此会有绘制结果跳跃现象产生；即使在视角在小范围内变化时不足以产生纹理组切换，光线的采样率也会随着视角产生改变，从而导致绘制结果的质量不一致。为了避免这一现象，我们通常可以使用不透明度调整的方法提高绘制质量，将当期采样点获取的不透明度调整为 $\tilde{\alpha}=1-(1-\alpha)^{\frac{\Delta t}{\Delta s}}$，其中 Δs 表示传输函数对于的一个标准的采样间隔，Δt 表示当前绘制的采样间隔。

三维纹理切片法将三维标量数据场以三维纹理的形式存储于显存中，图形硬件提供的三线性插值可以直接用于数据采样。三维纹理切片法使用的代理几何通常是与视线垂直的不规则多边形，即视平面对齐的切片（view-aligned slices）。在绘制时，沿与屏幕垂直的视线方向以相同的采样间隔从前往后或从后往前一次计算生成与视平面平行的切片，并通过三线性插值重建光栅化后切片上体素的数据值，再采用传输函数映射为光学属性，与屏幕图像上已有结果进行体绘制光学积分计算，最后获得完整的体绘制结果图像。三维纹理切片法充分利用图形硬件支持的三线性插值进行计算，在保证数值计算的精确性的同时具有较高的计算效率，因此也保证了绘制结果的质量。三维纹理切片法在平行投影下采样间隔相同，而在透视投影下则具有不同的采样间隔，也可以使用前面所述的不透明度调整的方法进行适当补偿。

抛雪球法（splatting）也被称为足迹表法（Footprint Method），将体素看成空间核函数投影到屏幕图像，从而将体素发射的能量扩散至投影中信周围的像素，它模仿了雪球被抛到墙壁上所留下的扩散状痕迹的现象。根据核函数的特点，投影中心具有最大的能力，随着离投影中心越远，能力也随之降低。该方法可以只选取与图像相关的体素进行投射和显示，减少体数据的存取数量，且适合并行操作。抛雪球法的改进算法一般致力于提高绘制的质量和效率，如边界保持的抛雪球法、解决走样问题、剔除不可见体素提高绘制效率、EWA 滤波及基于硬件的 EWA 滤波等。这些算法的提出，使得抛雪球法的绘制质量和绘制效率不断提升，扩大了其应用领域，特别地当数据场的分布较为稀疏时，抛雪球法的绘制效率超过了光线投射法。

除了上述几种直接体绘制方法外，目前使用仍较为广泛的还有最大强度投影法（Maximum Intensity Projection，MIP）和剪切曲变法（Shear-Warp）。最大强度投影算法将数据场内沿着视线方向上的采样的最大值作为绘制图像相应位置处的像素值，主要用于对体数据中高灰度值的结构进行可视化，常用于CT或MRI图像的可视化，因此在医学领域较为常用。通常最大强度投影算法不计算明暗信息和深度信息，从而导致难以区分投影方向，消除这类错觉的通用办法是动画显示，在观察过程中动态改变视角，利用人脑自身的三维重构能力去察觉深度信息。剪切曲变法由Cameron和Undrill最先提出，经P. Lacroute和M. Levoy推广，原理是将三维数据场的投影变换分解为三维空间域数据场平行于切面方向的错切（Shear）变换和二维图像的曲变（Warp）这两步来实现，从而将三维空间的重采样过程转换为二维平面的过程，大大减少了计算量，目前被认为是CPU上速度最快的一种体绘制算法。在预处理时，体素经过不透明度分类和编码，可以在遍历体素和图像的同时略去不透明的图像区域和透明的体素，进一步提高效率。

表6-1给出了上述列举的几种直接体绘制方法的特点比较，其中光线投射法已成为当前主流的直接体绘制方法，在一定的复杂度下，其绘制质量最高；而随着图形硬件技术的发展及其可编程性的提高，光线投射法在并行的光线操作中可以集成更多的控制流程，如基于光线的特征剥离等。

表6-1 几种直接体绘制方法的绘制流程及特点比较

绘制方法	绘制流程	方法特点
光线投射法	从视点出发向屏幕像素发出投射光线，与三维数据场相交，沿视线方向依次对数据场采样获取光学属性并进行体绘制积分，获得最后体绘制结果图像	最接近物理光学模型，直接实现体绘制积分，具有简单、高效、灵活、绘制质量高等特点，是目前主流的直接体绘制方法
二维纹理切片法	根据视角，从三组轴对齐的二维纹理切片中选取一组，按深度顺序依次投影到屏幕空间并进行alpha混合绘制，得到结果图像	近似实现体绘制积分，利用图形硬件的基本光栅化和alpha混合功能，简单、高效，但是绘制质量一般，适合早期或低端显卡
三维纹理切片法	将与屏幕中心视线垂直的多边形纹理切片按深度顺序依次投影到屏幕空间并进行alpha混合绘制，得到结果图像	近似实现体绘制积分，利用图形硬件的基本光栅化和alpha混合功能，简单、高效，绘制质量较二维纹理切片法有提升
抛雪球法	将所有体素按深度顺序依次投影到屏幕空间，计算每个体素的投影足迹，依次合成每个体素的光学贡献得到体绘制结果图像	近似实现体绘制积分，简单、高效，绘制质量也较高，比较适合于结构稀疏的三维标量数据场
最大强度投影法	沿着视线方向上的采样的最大值作为绘制图像相应位置处的像素值	没有光线积分，绘制效率高。由于只提取了视线方向的最大密度进行投影，因此信息损失较多。适合于感兴趣区域为较大密度区域的特殊领域，如医学造影等
剪切曲变法	将三维数据场的投影变换分解为三维数据场平行于切面方向的错切变换和二维图像的曲变这两步来实现，从而将三维空间的重采样过程转换为二维平面的过程	将三维空间的重采样过程转换为二维平面的过程，减少了计算量，被认为是CPU上速度最快的一种体绘制算法

图 6-2 给出了直接体绘制的常规流程，主要包括采样、分类、光照计算和光学积分 4 个步骤。首先对三维空间标量数据场进行采样，重构出采样点在三维连续数据场中的特征值（包括标量数据值及相关的导出特征）；对重构的采样点进行分类，在体绘制中主要通过传输函数实现，从而将数据特征映射为光学属性（通常是颜色和不透明度，也可以是光照明模型的材质属性）；如果体绘制场景设置了外部光源，则根据光照明模型进行光照计算，获得采样点光学贡献，否则直接以光学属性作为采样点的光学贡献；最后将光学贡献根据体绘制的积分方法进行光学积分，从而生成直接体绘制的图像。前面根据数据场的遍历方式，直接体绘制分成图像空间扫描法和物体空间投影法两类，无论是哪一类方法，都需要经过这 4 个步骤，在具体细节上会存在一些处理差异。下面将主要以光学投射法为例，依次介绍这 4 个步骤。为便于对光照计算和光学积分步骤的理解，我们首先介绍一下直接体绘制常用的光学模型。

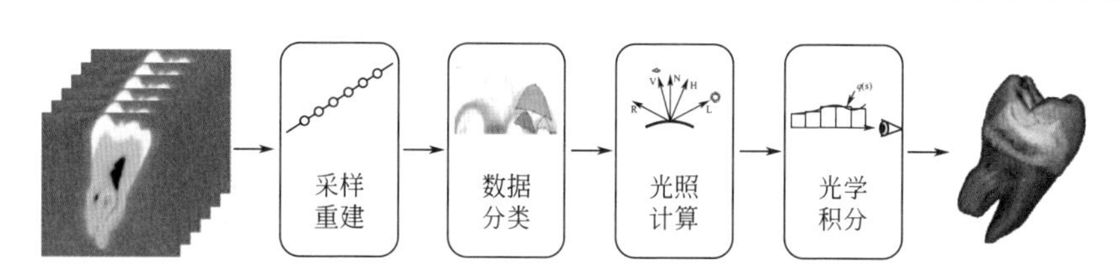

图 6-2 直接体绘制常规流程

6.4.2 采样重建

一般情况下，三维标量数据场是离散存储的，只精确记录了网格点处的标量值，要获取数据场内网格点以外位置的数据值，必须通过采样重建的方式。在直接体绘制流程中，采样点通常是沿视线方向均匀间隔构造的，标量值的获取则通过三线性插值进行重建。高阶插值方法可以提高数据采样重建的准确性，但需要更高的计算代价。根据 Nyquist-Shannon 采样理论，要使得最终的离散数据场对原连续数据场信号进行精确重构，则采样频率至少是原连续数据场信号最高频率的 2 倍。因此，在假定我们获取的三维标量数据场符合这一理论的前提下，可以认为三线性插值已足够胜任采样数据值的获取。另一方面，为了使采样重建的离散数据场仍然能满足对原离散的三维标量数据场的精确重构，我们依然需要采样频率是离散数据场频率的 2 倍，即保证每个体素至少包含 2 个采样点（采样间隔不大于体素的最小边长的一半），才能避免出现绘制失真。

由于 Nyquist-Shannon 采样理论是根据信号的最高频率建立的，而实际的三维标量数据场中通常存在部分密度相对均匀的区域（如特征内部区域或背景区域等），而在某些区域（如特征边界区域）则包含了大量细节的高频信息，采用最大频率采样会产生大量开销。因此自适应采样则根据数据信息的分布特征，在相对均匀的区域加大采样间隔，而在高频细节区域使用较小的采样间隔，从而在保证绘制质量的同时也提高了绘制的效率。

6.4.3 体数据分类

体数据可视化的目标是呈现三维空间域数据场中的特征。为了做到这一点，必须对数据场内的特征进行提取、分类和标记，从而实现感兴趣特征的呈现和背景信息的隐藏。在直接体绘制中，这一过程是通过传输函数的设计实现的。

传输函数是一组定义了数据值及其相关属性与光学属性的映射关系的函数。它的数学表达为 $T: x \rightarrow o$，其中的 x 是一个多维的向量，通常至少包含数据的标量值，o 则是表示光学属性的向量，通常是指颜色（color）和不透明度(opacity)，也可以是材质属性、光照系数、纹理等视觉属性。属性向量 x 所构成的空间称为特征空间（feature space），因此传输函数本质上就是在特征空间中对三维标量场数据进行空间分类，然后转换成可以视觉表达的光学属性。在实际应用中，通常使用一个一维或多维查找表实现分类的计算。

传输函数的设计主要包括两个方面：一是设计分类规则（classification），一是设计光学属性。前者通过提供精心设计的交互界面，支持用户进行感兴趣特征的选取；后者一般是允许用户对感兴趣特征进行光学属性的设定。使用不同的颜色可以标注分类的特征，使用不透明度决定特征在可视化结果中的呈现方式：较高的不透明度用于突出特征的呈现，而较低的不透明度用于提供场景上下文信息，将不透明度设置为零则实现特征的隐藏。

一维传输函数是最常用的传输函数，通常提供了基于标量值的统计进行交互分类的用户界面。采用一维传输函数实现三维空间域数据场的可视化，相当于直接根据标量值对三维数据场内部进行分类。由于一般三维数据场所获取的数据与密度有关，通常也称为密度场，因此一维传输函数相当于在三维空间中根据密度值进行分类的效果，这在传统的 CT 数据上具有很好的应用，因为我们通常是通过查看数据场中的特殊密度区域分析数据场的特征，如在医学 CT 影像中查找病灶部位（具有不同的密度值）。图 6-3 给出了一个使用一维传输函数进行直接体绘制的结果示例。一维传输函数的界面主要由两部分构成：一部分是密度值分布直方图，另一部分是传输函数交互界面。用户可以根据密度直方图的分布，通过控制点的增加、删除和移动操作，有意地设定某些密度区间的颜色和不透明度属性。例如从图 6-3 的直方图中可以看到三个密度分布波峰（已取对数），通过交互操作查看直接体绘制结果，可以得知它们依次是背景填充物（因此没有图中的传输函数被选取）、象牙质和齿冠珐琅质；而波谷则对应了一些过渡区域的密度区间（如图 6-4 中红色标注的过渡区域）及较小特征结构的密度区间（如图 6-4 中红色标注的齿髓组织）。

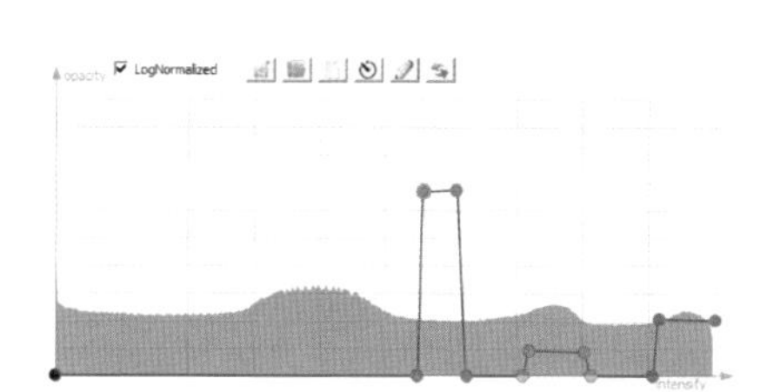

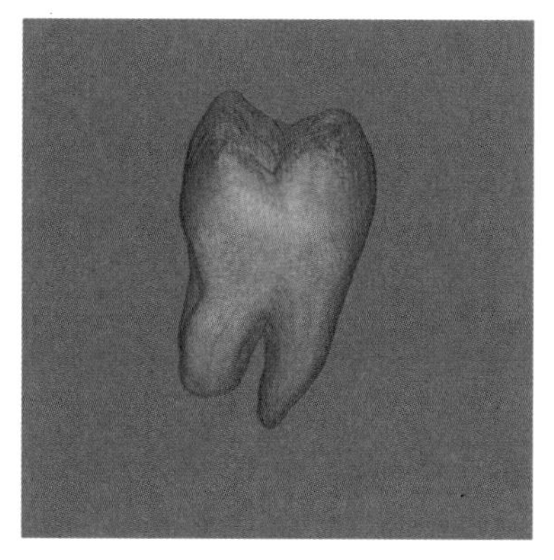

图 6-3 一维传输函数和直接体绘制结果

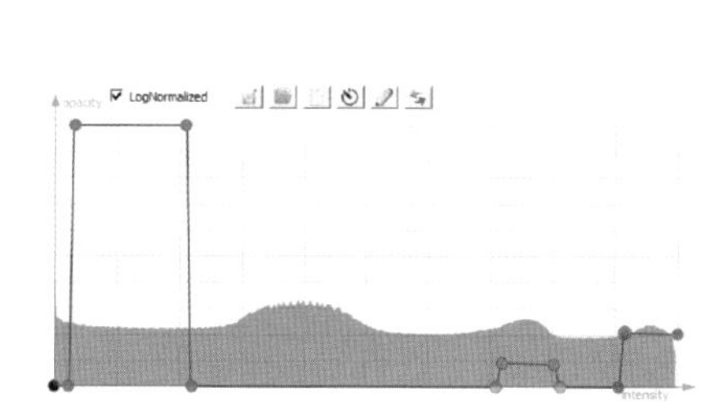

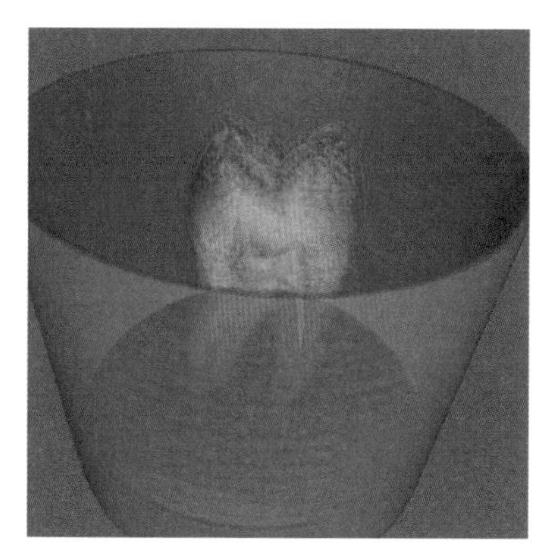

图 6-4 选取齿髓组织所在密度区间后的直接体绘制结果，可以注意到三维数据场内的边界也被选取了

设计分类规则是传输函数设计的核心问题，一定程度上决定了直接体绘制可视化结果的质量。一维传输函数易于理解且使用简单，允许用户方便地反复尝试。然而，由于应用场景的不同，相邻特征的边界存在标量值过渡区域，不同的独立的空间位置可能具有相同的标量值，一维传输函数显然无法很好地识别这些特征，因此无法得到满足用户需求的分类效果（如图 6-4 所示，牙齿的齿髓组织被选取的时候，容器的边界也被选取了）。因此，自 20 世纪 90 年代以来，研究人员不断提出和改进了新的传输函数设计方法，简化传输函数的设计过程，从而

提高了三维标量数据场可视化的有效性和实用性。根据方法设计机制的不同，传输函数设计方法大致可以分为两类：以图像为中心的传输函数设计方法和以数据为中心的传输函数设计方法。

① 在以图像为中心的传输函数设计方法的运行过程中，用户无须在传输函数空间交互选取分类及指定分类的光学属性，而是对已有初始传输函数的直接体绘制结果图像进行交互选择操作，系统自动优化传输函数以满足用户的需求。这类方法是目标导向的，用户的交互对象一般是预先生成的直接体绘制图像，而无需熟悉传输函数的数学定义和调节方法即可完成传输函数的设置。

He 等人将传输函数的设计看成一个参数优化的问题，认为体绘制结果图像的优化和改善，是以传输函数作为参数的优化目标。基于此，他们提出了基于随机搜索技术的传输函数优化算法。计算机随机生成若干传输函数并通过绘制生成相应的体绘制图像，用户在这些图像中进行选择，系统则根据用户选择的需求目标进行迭代优化而获得最优的传输函数设置，如图 6-5（a）所示。类似地，设计画板（Design Galleries）也是通过展示一系列应用不同传输函数进行体绘制生成的结果图像供用户选择而自动优化的方法。在设计画板方法中，由不同传输函数生成的体绘制图像缩略图在屏幕上以 MDS（Multi-Dimensional Scaling）的方式优化排列。因此，应用了相似传输函数生成的体绘制结果在空间位置上相距较近，反之则较远，从而方便用户选择和比较，如图 6-5（b）所示。

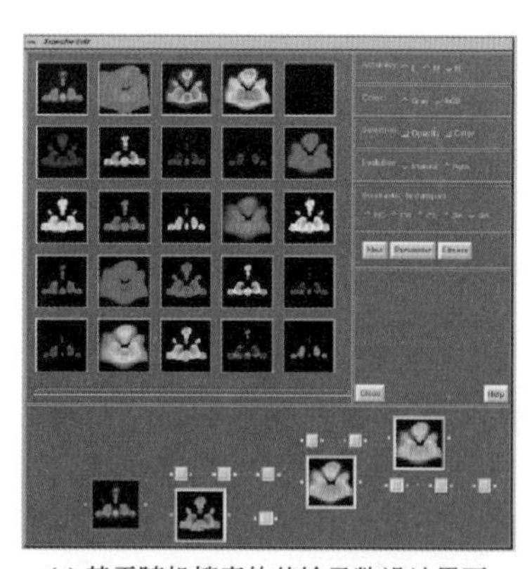

(a) 基于随机搜索的传输函数设计界面

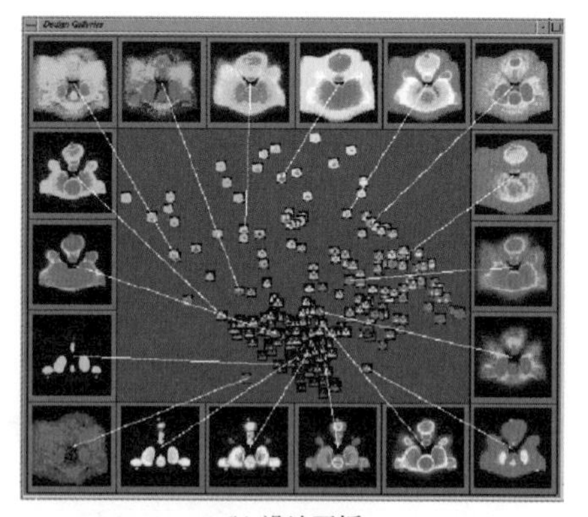

(b) 设计画板

图 6-5 基于图像的传输函数设计

基于例子的体可视化同样属于以图像为中心的传输函数设计方法。科技插图通常是由领域专家根据一些约定俗成的传统和方法论精心设计的，能够有效表达图中信息以增强用户的理解。将科技插图的风格通过自动的颜色传递方法应用到体数据上，并采用 Wang Cubes 三维纹理合成技术解决了边缘不连续问题。Wu 和 Qu 提出了利用图像编辑操作和遗传算法获得最佳传输函数的方法，使得绘制图像与用户选择的直接体绘制图像之间具有最大的相似度。用户可以将出现在多个直接体绘制结果图像中的特征融合到一个体绘制图像中，或者从体绘制结果图像中隐藏某个特征。

传统的以图像为中心的传输函数设计方法在一定程度上避免了用户对特征空间的理解以及对传输函数的直接操作。然而也正因为此，这类方法缺少了灵活性，直接体绘制的优化结果受到初始体绘制图像的限制，用户也难以对传输函数进行微调等操作，在实际中应用并不广泛。

② 以数据为中心的传输函数设计方法通常提供了体数据场在其特征空间中的某种统计直方图，允许用户在统计直方图的提示下设置传输函数。常见的一维传输函数和二维传输函数如图 6-6（a）左边所示。在实际中，特征空间中值的统计数量相差较大，因此一般对其进行对数变换后绘制统计直方图，如图 6-6（a）左边的一维传输函数中，黑色和灰色分别表示对数变换前后的统计直方图。

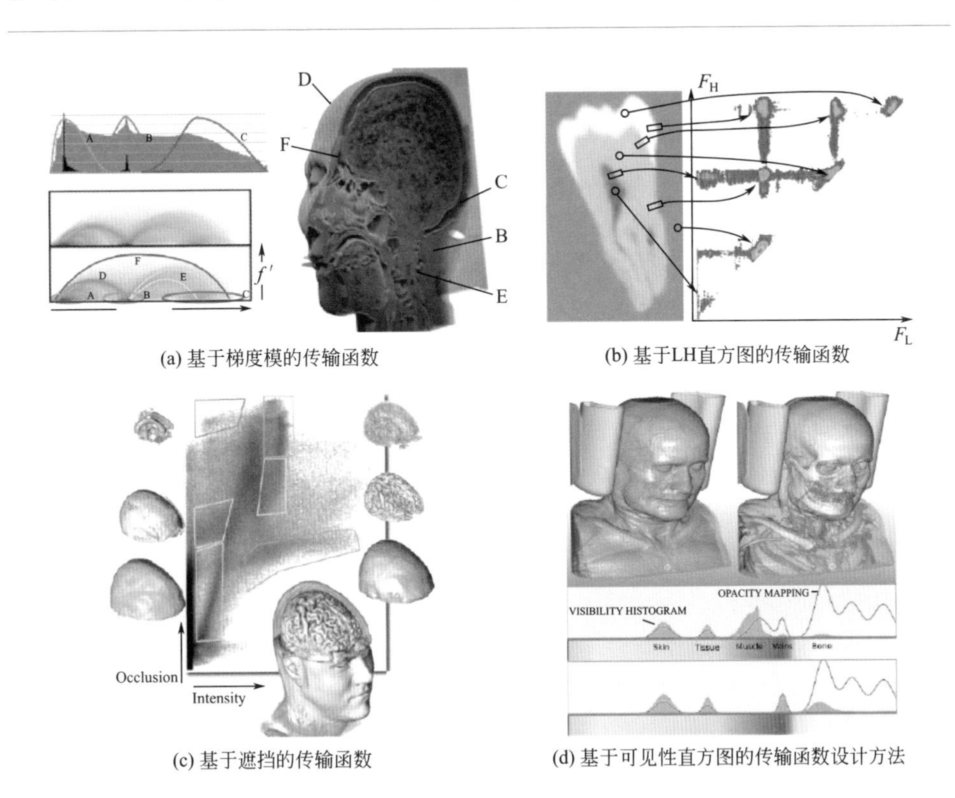

(a) 基于梯度模的传输函数

(b) 基于LH直方图的传输函数

(c) 基于遮挡的传输函数

(d) 基于可见性直方图的传输函数设计方法

图 6-6 利用体数据场的导出维度进行传输函数设计的方法

一维传输函数是最简单的基于数据的传输函数，它直接根据体数据场中采样点的标量值本身映射成光学属性。例如一般的机械零件的 CT 数据中，经过 CT 扫描得到的标量值和密度有关，根据标量值即可方便地完成对不同密度材料的分类。

然而在很多体数据可视化中，一维传输函数的分类效果受到很大局限，因此我们可以引入体数据场的一些导出/衍生属性与原体数据场的属性构成多维特征空间，并进行多维传输函数设计以提高分类效果。例如，Kindlmann 和 Durkin 通过计算体数据场的标量值的一阶和二阶偏导的模值，与标量值本身构造了体数据场的统计直方图体（histogram volume），并指出体数据场的标量值和梯度模构成的二维直方图中的弧形模式对应了体数据中不同物质的边界。如图 6-6（a）中，A、B、C 表示了材质而 D、E、F 则分别表示了材质 AB、BC 和 AC 的边缘，其中 A 是空气。因此，Kniss 等人设计开发了一系列辅助用户在统计直方图上定义二维传输函数的交互选取工具，如矩形、梯形等形状，帮助用户对选取的感兴趣区域设定颜色和不透明度。而针对体数据标量值和梯度模构成的二维直方图中弧形特征，还可以使用诸如弧形或抛物形的特征选择器对二维传输函数进行调整。此外，Kniss 等人和 Hadwiger 等人也设计了三维传输函数设计的用户界面，用户可以在三维特征空间中选择感兴趣区域并可视化。为了更方便地选取体数据场中的边界区域和同质区域，Šereda 等人提出了使用 LH 直方图进行传输函数设计的方法。体数据场中的任意体素，沿其梯度方向都可以找到局部极小值 F_L 和局部极大值 F_H，对所有体素在（F_L，F_H）构成的特征空间中进行统计，即可获得 LH 直方图，如图 6-6（b）所示。在 LH 直方图中，边界区域的 F_L 和 F_H 值相差较大，而同质区域的 F_L 和 F_H 值相差较小，利用这一特性，用户可以很方便地选取感兴趣区域。

在二维传输函数设计方法中，研究者们不断采用了体数据场的许多其他导出/衍生属性，构成新的特征空间，以方便用户对感兴趣特征区域的选取。Kindlmann 等人引入体数据场的曲率作为一个属性维度构造二维统计直方图并定义二维传输函数，基于曲率的二维传输函数可以应用于体数据的非真实感绘制、各向异性曲面光滑和等值面不确定性（Uncertainty）可视化等。考虑体数据场内结构的空间特性，Correa 和 Ma 提出了基于尺寸的直方图设计方法。他们通过对原体数据场进行高斯模糊后，提取极值并估算半径，从而允许并辅助用户在尺寸维度上选取那些难以用一维传输函数区分的特征。考虑体数据场内体素的相互空间关系特性，Correa 和 Ma 提出了基于环境遮挡（Ambient Occlusion，AO）的二维传输函数设计方法。通过计算体数据场内每个体素的 AO 值并作为一个属性维度，可以方便用户选取具有空间关系的感兴趣区域，如图 6-6（c）所示。受此启发并从绘制角度出发，他们又提出了基于可见性（Visibility）的传输函数设计方法的交互模式，以最大化三维空间域数据场中重要特征信息的可见性。用户在调节传输函数的时候，往往希望赋予高不透明度的感兴趣特征区域在体绘制结果中具有更多的可见性，然而由于其他区域的遮挡，被赋予高透明度的区域在结果中的可见性仍然很低。基于可见性的传输函数设计方法在绘制时要计算体素的可见性并构造可见性直方图（Visibility histogram），用以指导用户对传输函数的调节，或者可以设计自动优化的方法生成符合用户需求的传输函数，如图6-6（d）所示。此外，Praβni 等人提出了基于形状分析的传输函数设计方法。

以数据为中心的方法通过找到一个高效的数据统计维度从而构造二维或多维传输函数，其应用方便了研究者对感兴趣区域的交互选取，但得到一个合适的传输函数仍然需要经历一个反复探索和试验的过程。可以发现，用户对传输函数的调节并进而实现对体数据场的分类是一个无指导的用户交互过程，即用户花了大部分时间在直方图空间等传统传输函数交互界面中进行盲目的搜索，因此很难在短时间内获得合适的传输函数。

上述介绍的传输函数设计方法很大程度上改善了三维数据场可视化的有效性和实用性，但实际使用过程中过于依赖复杂而专业的交互仍然阻碍了普通用户的使用。随着三维空间域数据场的多元化和数据量的增长，我们需要更加直观易用和简单高效的传输函数设计方法及自动化的特征提取和分类方法，研究人员因此也提出了一些具有智能分析功能和更直观交互界面的传输函数设计方法。

③ 智能传输函数设计的思想主要包括两个部分：一是更加自动的数据分析方法，二是基于感知的用户交互界面。以数据为中心的传输函数设计方法通过导出/衍生维度构造数据场的多维特征空间，从而方便用户对感兴趣区域的选取。智能传输函数设计方法则通过引入数据自动分析的处理步骤，自动地生成高满意度的初始传输函数，并通过基于感知的、友好的界面提高用户在后续调整传输函数时的交互体验。

受屏幕空间和用户理解能力的限制，基于直方图的传输函数设计方法一般只能支持三个维度交互模式。理论上，在高维特征空间中体素更加容易被聚类。Tzeng 等人发现，体数据场中的每个体素实际上都是高维特征空间中的一个样本，因此提出了利用体素的高维特征和基于人工智能网络和支持向量机的机器学习的策略对体数据场内部体素进行自动分类的方法，从而方便传输函数的设计，同时引入了基于涂鸦（Painting）的用户交互界面。这种方法特别适合高纬度数据，特别是噪声较大、分类困难的 MRI 数据。Roettger 等人通过将体素的位置信息用颜色编码于体数据场的标量值-梯度模统计直方图，然后在直方图空间中对体素实现聚类后，自动生成传输函数，用户只需要通过简单的点击选择交互即可得到合适的传输函数。Maciejewski 等人分析了由标量值-梯度模构成的统计直方图后利用无参数的核密度估计方法对其进行自动聚类，以获得数据场的内部的分布模式，并生成任意形状的初始传输函数。Wang 等人提出了利用高斯混合模型自动完成在标量值-梯度模特征空间中的初始传输函数设计的方法，将每一个特征区域映射为一个椭圆传输函数（Elliptical Transfer Function，ETF），并提供一系列非常直观的交互方式（平移、旋转、缩放和细分），使得一般用户都能较容易地完成特征的选取和可视化任务。Guo 等人提出了一个具有实时反馈的 WYSIWYG（所见即所得）系统，允许用户通过一种非常直观的类似于 Photoshop 软件喷涂工具的方式直接操作体数据来获得合适的传输函数，如图 6-7 所示。

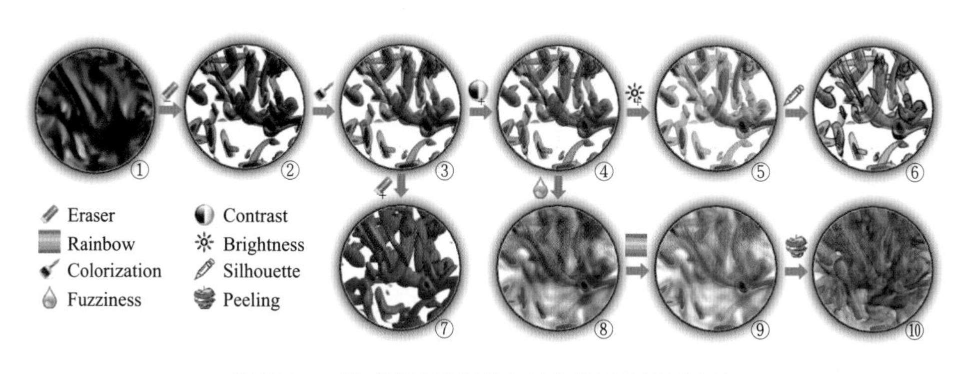

图 6-7 一种“所见即所得”的传输函数设置方法

智能传输函数设计方法减少在传输函数设计过程中用户交互的盲目性，降低了用户在寻找合适传输函数时所需要的交互次数和交互复杂度，从而允许用户快速直观地选取感兴趣区域。然而在处理大量的数据的时候，现阶段的传输函数设计方法仍然面临着挑战。事实上，可能很多数据是属于同一个问题领域的，如果能够记录并重用用户在调节传输函数的过程中的知识，自动地为同一问题的其他数据设计合适的传输函数，将能够极大地提高体可视化的效率。Maciejewski 等人和 Wang 等人的工作已经在时序数据集的传输函数设计上取得了一定的进展。

6.4.4 光照计算

通过前一阶段的传输函数设计，我们得到了关于每一个采样点的光学属性。如果体绘制场景内不存在外部光源的话，光学属性将可以直接用作采样点对结果图像的颜色贡献参与下一步骤。但是在图形绘制中，光照效果可以增强三维场景中各物体的深度效果，因此在直接体绘制中增加对三维空间域数据场的光照也能增强数据场内几何特征结构的展示效果，如图 6-8 所示为光照对体绘制结果的影响。

在真实感图形绘制中，根据模型的简化程度不同，有局部光照明模型和全局光照明模型两种光照明模型。局部光照明模型是简化的光反射模型，通过模拟光

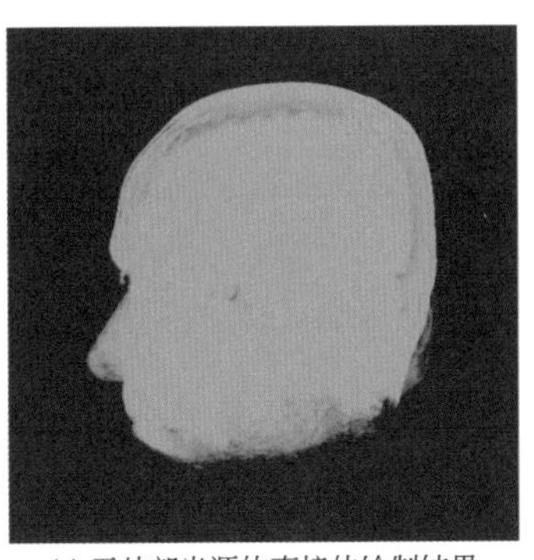
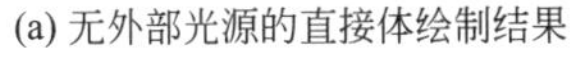

(a) 无外部光源的直接体绘制结果

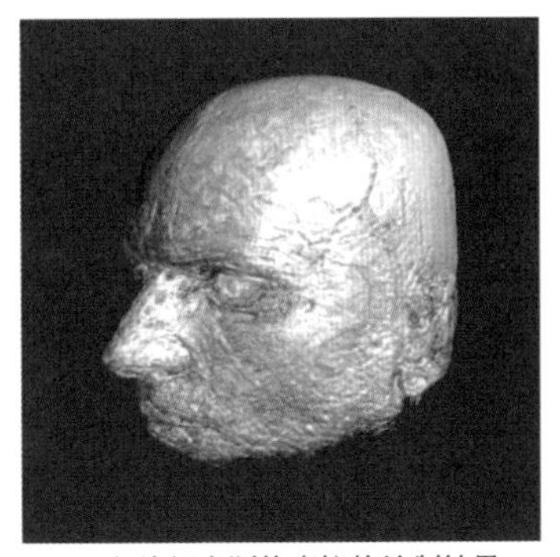

(b) 有外部光源的直接体绘制结果

图 6-8 直接体绘制光照对三维立体深度理解的影响

从特征表面反射的情况，有效增强特征结构的形状和细节感知。最常用的局部光照明模型是 Blinn-Phong 模型，简单且易于计算（如图 6-9 所示）。该模型假设物体的呈现颜色结果由环境光、漫反射和镜面反射组成。其中环境光指物体对周围环境光的反射，没有方向性；漫反射指物体对来自指定光源的入射光向周围方向的均匀反射，主要受到入射光角度的影响；镜面反射则是物体对来自指定光源的入射光向镜面方向的反射，观察者接收到的镜面反射的强度与入射光角度、物体法向、视线角度有关。在直接体绘制中，对于单光源的 Blinn-Phong 模型的公式可以定义为：$C=k_a l_a+k_d l_d(NL)+k_s l_s(NH)^n$，其中，$k_a$，$k_d$，$k_s$ 分别是物体材质对环境、漫反射和镜面反射系数，属于物体的光学属性，l_a，l_d，l_s 则分别是光源的相应成分。N 是物体照射点处的法向，L 是光源方向，$H=\frac{L+V}{\|L+V\|}$是光源方向和视线方向的平均方向。在直接体绘制中，一般不要求过于复杂的光照计算，因此通过传输函数得到的颜色属性直接作为材质的漫反射系数参与计算，而光源一般也定义为白色光源，便于保持用户所选择的颜色色调。

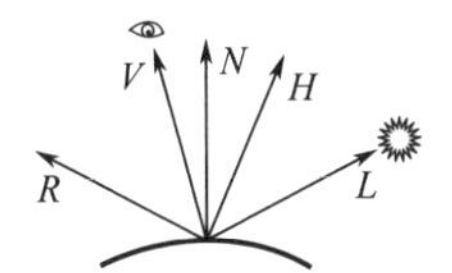

图 6-9 Blinn-Phong 模型中各向量的含义。其中R 是材质对光源的反射方向， Phong 光照明模型中高光计算采用R 和V 的点积，在 Blinn-Phong 光照明模型中采用N 和H 的点积进行了简化

全局光照明模型不仅考虑外部光源与采样点之间的光照明效果，还需要考虑三维标量场体素之间相互作用产生的光照效果，包括阴影、环境遮挡效果和散射效果等。Ropinski 等人系统地描述了基于光学投射法的直接体绘制的高级光照效果，Lindermann 和 Ropinski 评估了 7 种光照模型对直接体绘制结果图像的空间特征感知的影响，发现全局光照明模型以更真实的形式提高了特征的深度和空间关系感知的正确性。然而全局光照明模型过于复杂，降低了光照计算的效率，在常规的直接体绘制中应用并不多。

6.4.5 光学积分

通过光照计算获得的采样点的颜色要到达屏幕形成光学贡献，必须经过体绘制积分（Volume rendering integral）过程。光线投射算法的理论基础是辐射传输的理想化物理模型，认为体数据场中每个粒子都遵循光的辐射（emission）和吸收（absorption）模型，即光线经过粒子时会被吸收，同时粒子产生辐射，如图 6-10（a）所示，位置 $\tilde{s}$ 处发射出的能量沿着视线方向会逐步衰减。给定投射光线上粒子的参数化辐射函数 q（s）和吸收函数 κ（s），则最终屏幕上的光强度可以用如下积分公式计算：

$$I(s)=\int_{s_0}^{s} q(\tilde{s})e^{-\tau(\tilde{s},s)}\mathrm{d}\tilde{s} \tag{6-1}$$

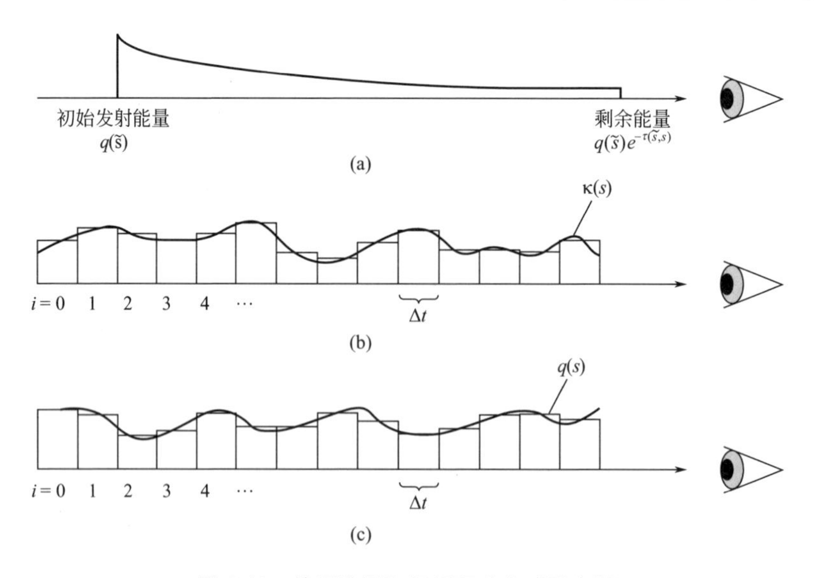

图 6-10 使用黎曼和逼近积分公式示意图

$$\tau(s_1,s_2)=\int_{s_1}^{s_2}\kappa(s)\mathrm{d}s \tag{6-2}$$

式（6-1）和式（6-2）中，$I(s)$ 是从初始位置 s_0 到视点位置 s 累积的光亮度；s_0 和 s 分别表示光线上的位置参数；$\tau(s_1, s_2)$ 是辐射衰减函数。上述公式是辐射传输的理想化物理模型，在直接体绘制中也称作体绘制积分公式。

但是在计算机实现中，该公式一般不易直接求解计算，且辐射函数和吸收函数也不易理解和用户输入，因此一般采用离散的数值积分进行近似。首先使用黎曼和逼近积分公式（6-2），见图 6-10（b），可以得到

$$\tau(0,t)\approx\tilde{\tau}(0,t)=\sum_{i=0}^{\left|\frac{t}{\Delta t}\right|}\kappa(i\Delta t)\Delta t \tag{6-3}$$

由此可以得到

$$e^{-\tau(0,t)}\approx e^{\sum_{i=0}^{|t/\Delta t|}\kappa(i\Delta t)\Delta t}=\prod_{i=0}^{|t/\Delta t|}e^{\kappa(i\Delta t)\Delta t} \tag{6-4}$$

在此，引入一个新的变量 $A_i=1-e^{\kappa(i\Delta t)\Delta t}$，于是上式可以改写成

$$e^{-\tau(0,t)}=\prod_{i=0}^{|t/\Delta t|}(1-A_i) \tag{6-5}$$

同样用黎曼和逼近积分公式（6-1），见图 6-10（c），我们可以得到

$$I(t)\approx\tilde{C}=\sum_{i=0}^{|t/\Delta t|}q(i\Delta t)\Delta t\prod_{j=0}^{i-1}(1-A_j) \tag{6-6}$$

其中引入变量 $C_i=q(i\Delta t)\Delta t$，则最后的颜色表达式可以写成

$$\tilde{C}=\sum_{i=0}^{|t/\Delta t|}C_i\prod_{j=0}^{i-1}(1-A_j) \tag{6-7}$$

可以看到，经过离散后的光学积分公式在计算时需要两个变量 C_i 和 A_i，它们的含义分别正是在体数据分类（6.4.3 节）步骤中为每个采样点指定的光学属性：颜色和不透明度。相比于指定辐射函数和吸收函数，指定颜色和不透明度的操作更加直观简洁。上述离散的光学积分公式写成迭代形式为

$$C'_i=C_i+(1-A_i)C'_{i-1} \tag{6-8}$$

$$A'_i=A_i+(1-A_i)A'_{i-1} \tag{6-9}$$

这是一种从后向前（指向视点）的合成方式。从前向后的迭代公式可以写成

$$C'_i=C'_{i-1}+(1-A'_{i-1})C_i \tag{6-10}$$

$$A'_i=A'_{i-1}+(1-A'_{i-1})A_i \tag{6-11}$$

在这两组公式中，上标“$'$”表示计算到当前位置所得到的颜色或不透明度，“$i-1$”表示上一次迭代得到的累积的颜色或不透明度。如果采用从前向后的合成方式，则可以利用“提前终止”（early termination）的绘制加速技术，即当检

测到累积不透明度 A'_i 接近于一个小于 1 的阈值时，由合成公式可知，后续的颜色光学贡献就可以基本忽略不计，从而可以提前终止光线投射过程而提高整体体绘制的效率。相比之下，采用从后向前的合成方式虽然可以避免计算不透明度的累积，但是无法利用光线提前终止的加速技术。

6.5 三维空间域数据可视化方法实例

本节从三维空间域数据场可视化应用目标的研究角度，展开对三维空间域数据可视化方法的研究。其中 6.5.1 节关于传输函数颜色优化设计的研究，主要讨论并研究了基于人类感知系统的体绘制传输函数设计方法，特别针对二色视觉进行优化的传输函数颜色设计；6.5.2 节研究了多变量的三维空间域数据场的高效体绘制，通过研究数据量和绘制时工作存储之间的矛盾，提出了一种高效的基于压缩的多变量三维数据场直接体绘制方法；6.5.3 节则通过多类蓝噪声采样技术实现多变量空间数据场的一种无重叠、无遮挡的采样变换，从而实现更加高效的多变量数据场可视化，降低可视化结果的颜色混乱效果和二义性。

6.5.1 基于感知的传输函数颜色优化设计

在科学可视化中，三维空间域数据场可视化的核心问题是传输函数设计。传输函数设计的研究内容分为两个部分：映射规则设计（即体数据的分类和选取）和光学属性设计。传统的传输函数设计方法的研究重点集中在第一部分，即通过数据分析或图像处理的算法提高用户在选取感兴趣区域操作上的效率和质量。光学属性包括颜色和不透明度，用户完成感兴趣区域的选取后，一般通过交互或实时反馈的体绘制结果图像对传输函数的颜色和不透明度配置进行调节。这一调节通常带有用户感知的主观特征，并且和感兴趣区域的选取类似，也是一个反复试错的过程。为提高用户进行颜色设计的效率，本节研究了一个基于样例的传输函数颜色优化方法，根据基于感知优化的体绘制结果图像，自动地生成颜色传输函数。

基于样例的传输函数颜色优化方法可以应用于很多领域，如对二色视觉用户友好的直接体绘制方法。由于二色视觉用户的颜色视觉感知空间比具有正常三色视觉的观察者所具有的颜色视觉感知空间要小得多，因此二色视觉用户在查看浏览直接体绘制的结果图像的时候，可能会丢失由传输函数所设定的内部结构的信息。以面向二色视觉用户进行感知增强的体绘制结果图像作为目标样例，使用上述方法可以得到优化的颜色传输函数。另外，为保持二色视觉用户对体绘制结果图像更多的细节感知，本方法提出了一个对二色视觉感知友好的颜色编辑算法，替换传统的颜色融合算法后可以生成更加友好的直接体绘制结果图像。图 6-11 显示了本节所述方法框架的流程。二色视觉友好的直接体绘制方法包含了第一部分内容，因此图中的感知优化的体绘制结果图像是以面向二色视觉感知增强优化的结果。与传统的感知增强的体绘制方法直接对体绘制结果 I_d 进行基于图像的处理（图 6-11 中第一行）后获得优化图像 I_r 不同，本章提出的方法最终的优化结果以颜色传输函数的形式存在，因此可以获得更好的可视化效率和颜色一致性。

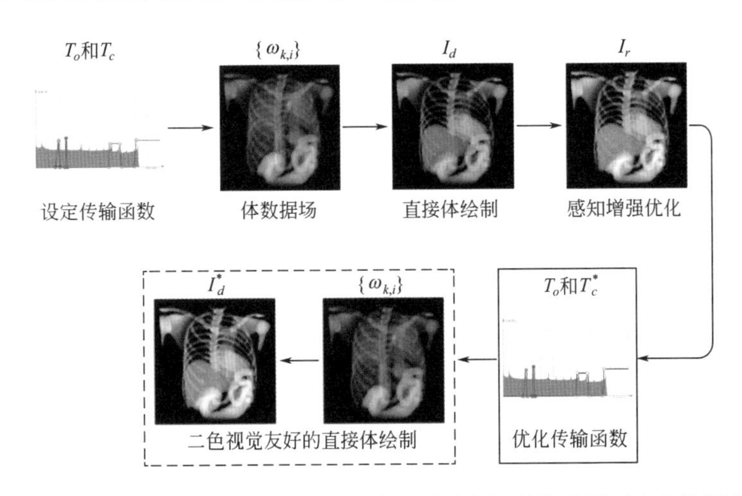

图 6-11 本节提出的方法的流程。实线框和虚线框标注的分别对应本节提出的两部分内容：基于样例的传输函数颜色优化和二色视觉友好的直接体绘制方法

6.5.1.1 方法介绍

传输函数可以分解为不透明度传输函数 T_o 和颜色传输函数 T_c，分别从感兴趣区域的可见性角度和颜色视觉感知的角度对体数据场的分类进行可视化。其中，T_o 和 T_c 分别具有 M（比如 256）项不透明度值和颜色值。直接体绘制的结果图像用 I_d 表示，分辨率为 N（比如 512×512）。将基于图像处理的感知增强优化方法（如对于二色视觉感知增强的图像重新着色技术）应用于 I_d 后，生成具有感知增强优化效果的图像作为目标样例并记为 I_r。在传输函数光学属性的调节中，对不透明度传输函数 T_o 的调节可以根据用户对感兴趣区域的重要性排列或期望的可见性进行，并且已有相应的基于可见性优化不透明度传输函数的算法。因此，我们的方法假定合适的不透明度传输函数 T_o 已经通过主观调节或自动优化的方法获得。在颜色传输函数设计部分，我们的方法根据感知优化的样例图像对颜色传输函数 T_c 进行自动优化调整，生成新的颜色传输函数 T_c^*，使其被应用于直接体绘制后生成的结果图像 I_d^* 尽量与目标样例图像 I_r 接近，从而

实现感知优化的直接体绘制。方法的流程与相应的符号如图 6-11 所示。

(1) 优化系统的设计

直接体绘制通常具有三个步骤：①用户通过传输函数设计界面选取感兴趣的特征区域，并设置相应的颜色和不透明度；②使用光线投射算法对体数据的标量场进行采样，根据上一步骤的传输函数得到采样点的颜色和不透明度；③应用传输函数和光照算法，根据光线采样所得到的不透明度对颜色进行融合，得到直接体绘制的图像。

假设体数据场的标量值的数值范围是 0～255，并使用无符号字节型数据类型进行存储表示。为了叙述的准确性与简洁性，以一维传输函数和无光照计算的情况进行分析与说明本方法中优化系统的具体设计。在直接体绘制中，结果图像中每个像素的颜色通过光线投射算法的每条光线上采样的颜色和不透明度值累积融合编辑而成，其累积过程分别可用迭代公式（6-8）和公式（6-9）进行计算（以从后向前顺序累积为例）。由于使用从后向前的顺序进行了颜色累积，因此光线的不透明度计算可以略去。最终，直接体绘制结果图像中每个像素的颜色的计算公式可以写成：

$$C=\sum_{i-1}^{S}A_iC_i\prod_{j=1}^{i-1}(1-A_j) \tag{6-12}$$

式中，S 是光线投射算法中每条光线上对体数据场的采样次数。

令 $\{C_m, m=1, 2, 3, \cdots, M\}$ 表示颜色传输函数 T_c 中不同颜色的集合，称为颜色集。当光线累积到达第 i 个采样点时，传输函数映射算法会根据该采样点的标量值从传输函数中找到对应的不透明度值 A_i 和颜色值 C_i。从图 6-12 中可以看到，颜色值 C_i 可以看成是传输函数颜色集中的颜色 C_m（$m=1, 2, \cdots,$

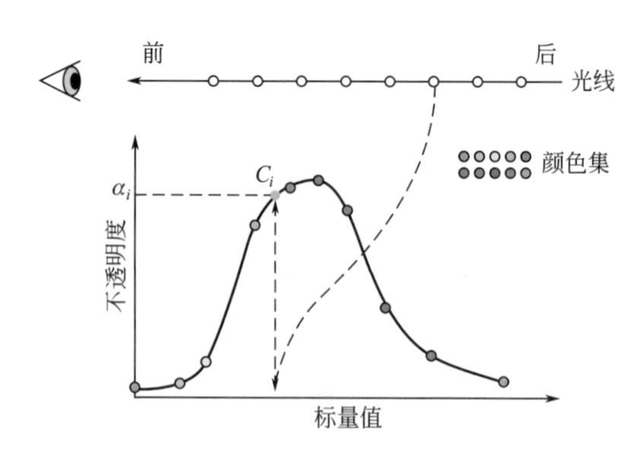

图 6-12 在光线投射算法中，光线上每个采样点的不透明度A_i 和颜色C_i 的采样过程示意图。颜色集是指传输函数中控制点所使用的不同颜色种类的集合

M）的线性组合，即可以写成 $C_i=\sum_{m=1}^{M}\theta_{m,i}C_m$，其中 $\theta_{m,i}$ 表示颜色 C_m（$m=1$，2，…，M）的权重。因此，第 i 个采样点对直接体绘制结果的颜色贡献为该采样点应用体光照模型计算后的结果：

$$C_i=\beta_i\sum_{m=1}^{M}\theta_{m,i}C_m \tag{6-13}$$

其中 β_i 表示应用体光照明模型后第 i 个采样点的光照明系数，该光照明系数可以使用 Blinn-Phong 光照明模型进行定义。

将公式（6-13）代入到公式（6-12）中，并将结果重写成关于颜色集 $\{C_m\}$ 的求和形式，可以得到：

$$C=\sum_{m=1}^{M}C_m\left[\sum_{i=1}^{s}\theta_{m,i}\beta_iA_i\prod_{j=1}^{i-1}(1-A_j)\right] \tag{6-14}$$

其中令 $\omega_m=\sum_{i=1}^{s}\theta_{m,i}\beta_iA_i\prod_{j=1}^{i-1}(1-A_j)$ 表示颜色集 $\{C_m\}$ 中第 m 个颜色的累积权重。

从公式（6-14）中权重 ω_m 的计算表达式中可以看出，其值仅与不透明度传输函数 T_o 和体光照明模型有关，因此当这两者被确定后，在优化颜色传输函数 T_c 即颜色集 $\{C_m\}$ 时，ω_m 仅需要计算一次。

令 $\{C_m^*\}$ 是目标颜色传输函数 T_c^* 所包含的颜色集中的颜色，应用该目标传输函数于直接体绘制后，对于直接体绘制结果图像 I_d^* 中的像素 p_k（$k=1$，2，…，N）(其中 N 是图像中的像素总数)，其颜色 Cd_k^* 可以表示为 $\{C_m^*\}$ 的线性组合：

$$Cd_k^*=\sum_{m=1}^{M}\omega_{m,k}C_m^* \tag{6-15}$$

式中，$\omega_{m,k}$ 是在像素 p_k 处关于颜色传输函数 T_c^* 的颜色集中 C_m^* 的累积权重。

在典型的直接体绘制应用中，体绘制结果图像中的像素数量 N 远大于用户设计的传输函数所包含的颜色集中不同颜色的数量 M。由于 T_c^* 是目标颜色传输函数，因此令 C_m^* 是未知量，并令公式（6-15）中像素颜色 Cd_k^* 与感知优化的样例图像 I_r 中对应的像素颜色 Cr_k 相等，可以得到一个关于未知变量 $\{C_m^*\}$ 的超定方程组：

$$\sum_{m=1}^{M}\omega_{m,k}C_m^*=Cr_k \tag{6-16}$$

求解这个超定方程组随之就确定了一个线性优化系统：

$$\arg\min E_1=\arg\min\sum_{k=1}^{N}\left(\sum_{m=1}^{M}\omega_{m,k}C_m^*=Cr_k\right)^2 \tag{6-17}$$

式中，Cr_k 表示经过基于感知增强优化的目标样例图像 I_r 中像素 p_k 处的颜色值。通过求解公式（6-17）可以得到基于感知优化的颜色集 $\{C_m^*\}$，替换原传输函数中颜色集 $\{C_m\}$ 得到新的颜色传输函数 T_c^* 后应用于直接体绘制，可生成与样例图像 I_r 接近的直接体绘制结果图像 I_d^*。

（2）优化系统的实现

优化问题的规模与 M 和 N 的值有关，其中 M 是未知变量的个数（对于无符号字节型数据具有 256 种颜色映射），N 是方程的个数（即图像的分辨率）。用户通过传输函数设计界面选取了少量的感兴趣区域，并用不透明度传输函数定义了这些感兴趣区域的可见性。从三维体数据可视化的颜色设计的角度考虑，在同一个体可视化结果图像中用于不同感兴趣分类标注的颜色的最佳数量应不大于 8 种，更多的颜色数量容易导致体可视化的效果的杂乱和模糊。在直接体绘制中，用户通常选择一组包含不同色调的颜色集以标注体数据分类得到的不同内部感兴趣结构，因此颜色集的规模 M 通常会比较小，比如在图 6-11 中使用了 4 种不同的颜色标注不同的感兴趣区域，即 $M=4$。在优化项［公式（6-17）］中，N 表示了优化系统的规模，即方程组中所包含的方程的数量，目标传输函数 T_c^* 的颜色集 $\{C_m^*\}$ 则是优化系统的未知变量。

尽管 M 的值并不大，但是如果将体绘制结果中的所有 N 个像素都考虑进来，则优化问题仍将是一个很大规模的超定最优化问题。为了解决这个问题，我们通过对直接体绘制的结果图像的像素进行随机采样，获得 N_r（$N_r>M$）个采样像素（经过实验对比，对于 512^2 分辨率的结果图像，我们选取 $N_r=200$）。由于背景像素对于线性系统的贡献为零，因此在采样前首先需要剔除背景像素。经过上述处理之后，优化问题的复杂性被极大地降低：从 $512^2\times256$ 降低为 200×8。从而，公式（6-17）表示的优化问题可以使用最小二乘法进行高效求解。

（3）二色视觉友好的直接体绘制方法

基于样例的传输函数颜色优化方法可以应用于很多领域，本节所述方法以二色视觉友好的直接体绘制方法作为应用举例，论述基于样例的传输函数颜色优化方法的应用。

近年来，不少研究者已经提出了一些基于图像感知的针对二色视觉用户感知增强的图像处理算法。这些算法通过分析图像中颜色成分的构成，利用基于规则的颜色映射或基于优化的颜色重新映射方法，增强图像对于二色视觉用户的细节保持，这些方法统称为图像重新着色方法。注意到由于图像重新着色方法仅考虑了图像内的颜色种类和数量，而直接体绘制结果图像的生成经过了复杂的三维光照等计算，其中也编码了深度、结构等信息，因此直接应用图像重新着色方法虽然能保持图像中色彩的对比度，但可能忽略了其他的重要信息。在某些时候，这种损失可能会导致用户对体可视化结果的错误理解。由于图像重新着色算法是专门为静态图像而设计的，因此当直接体绘制的视点发生变化时，基于图像的重新着色技术可能会使颜色的一致性难以保持。因此，直接应用图像重新着色技术到直接体绘制中并不能解决二色视觉友好的体数据场可视化的问题。

本节提出的二色视觉友好的直接体绘制方法主要包含两个阶段，其中第一阶段是应用基于样例的传输函数颜色优化方法，以感知增强的体绘制结果图像作为样例，得到基于感知优化的颜色传输函数。在第二阶段，本章提出了二色视觉友好的颜色编辑算法，包括 LMS 色彩空间的颜色插值融合算法和一致性亮度编辑，如图 6-11 中虚线框所示。

在直接体绘制中，透明度在展示体数据场内部的结构特征的时候具有非常重要的作用。传统的算法中，直接体绘制的半透明效果通常使用不透明度调整的颜色编辑算子［比如式（6-8）和式（6-9）］实现的。比如我们一般使用的颜色编辑算子——Porter-Duff 算子，是将颜色在 RGB 色彩空间中，按照表示颜色的三个分量分别以不透明度作为权重线性插值得到的。Brettel 二色视觉感知模拟模型通过变换的方式为三色视觉的用户模拟了二色视觉用户的色彩视觉感知，由于该变换模拟模型中引入了非线性的 Gamma 变换，因此使得使用传统的颜色编辑算子得到的本应具有不同感知的颜色被映射为相似或相同的颜色，从而导致了可能的信息丢失。如图 6-13 所示，当红色和绿色的融合因子约为 0.53（表示图中绿色矩形具有 0.53 的不透明度）的时候，应用 Brettel 模拟模型得到的结果就丢失了颜色的信息，从而会导致用户对深度感知的错误。

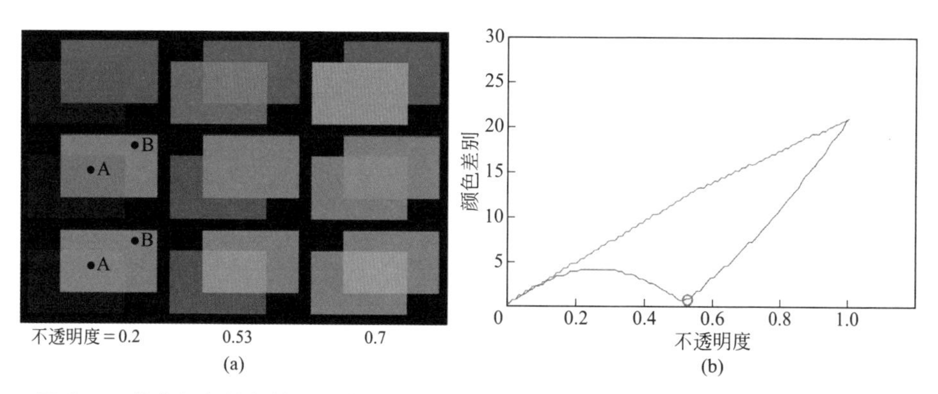

图 6-13 传统颜色编辑算子融合两个颜色时产生错误感知的例子。（a）左下角矩形以不同的不透明度与背景融合时，从上到下每行依次为：传统颜色编辑算子的结果；绿色盲观察第一行时的感知模拟；使用我们提出的二色视觉友好的颜色编辑算子的结果。从第二行的结果看出，当左下角矩形的不透明度约为 0.53 的时候，容易给二色视觉用户造成错误的深度感知。（b）蓝线和红线分别表示（a）中第二行和第三行的 A、B 两个位置的颜色差别与左下角矩形的不透明度之间的关系

受 Chuang 等人的色调保持的颜色融合模式算子的启发，色盲友好的颜色融合算法也应该在二色视觉用户的色彩空间中进行。由于颜色融合在这个有限的色彩空间中进行，因此得到的颜色更容易得到相互区别的特性。由此，我们提出了基于在受限的 LMS 色彩空间进行基于测地距离的线性插值方法（见下面的算法），相比于传统的通过在 RGB 色彩空间中进行线性插值后经过 Brettel 模拟模型变换，新方法在保证融合结果颜色仍位于受限的 LMS 色彩空间的同时，也确保了不同系数下得到的融合颜色的相异性。该算法具体描述如下：

算法：友好的颜色融合算法。

```
X_i = M_cvd × RGB2LMS (C_i) ;
X'_{i-1} = M_cvd × RGB2LMS (C_{i-1}) ;
IF X_i and X'_{i-1} 在受限的 LMS 色彩空间位于同一个半平面
    X'_i = A_i X_i + (1- A_i) X'_{i-1};
ELSE
    Path= GEODESIC_ PATH (X_i, X'_{i-1}) ;
    X_p = INTERSECT (Path, L_AB) ;
    A_p = DIS(X_p ,X'_{i-1})/DIS(X_p ,X_i)+ DIS(X_p ,X'_{i-1}) ;
IF A_i > A_p
    X'_i = Xi* (A_i - A_p)/(1- A_p)+ X_p * (1- A_i)/(1- A_p) ;
ELSE
    X'_i = Xi* (A_p - A_i)/A_p + X_p * A_i /A_p;
    END IF
END IF
C'_i = LMS2RGB(X'_i) ;
```

① 函数 RGB2LMS 表示颜色的三元数值从 RGB 色彩空间变换到 LMS 色彩空间。

② 函数 LMS2RGB 表示颜色的三元数值从 LMS 色彩空间变换到 RGB 色彩空间。

③ 函数 GEODESIC_PATH 计算两个颜色在受限的 LMS 色彩空间（LMS 色彩空间中的两个半平面组成）中所在位置之间的测地路径。

④ 函数 INTERSECT 用于计算两个半平面的交线 L_{AB} 和路线 *Path* 之间的交点位置。

⑤ 函数 DIS 计算两个颜色在 LMS 色彩空间中的 Euclidean 距离。

⑥ M_{cvd} 表示将一个正常的 LMS 三元数值转换为模拟的 LMS 三元数值的变换矩阵。

⑦ X 表示在 LMS 色彩空间中表示颜色的三元数值。

传统的颜色融合算法在融合两个颜色时，只要融合的系数（即靠近观察者的颜色的不透明度）不同，就能生成不同的融合结果。但是，由于在二色视觉用户的这个受限的 LMS 色彩空间中，亮度并不是均匀分布的，比如在图 6-14（b）中，靠近两个半平面交线的区域（用绿色星形标记）要比远离两个半平面交线的区域（用黄色星形标记）具有更高的亮度密度。这主要是由于两个半平面是通过 Brettel 模拟模型计算得到的，其中包含了一个非线性的扭曲变换，并且 RGB 色彩空间本身也并非一个亮度均匀的色彩空间。基于此，前一节提出的颜色融合算法可能会导致一个亮度不一致的编辑结果。

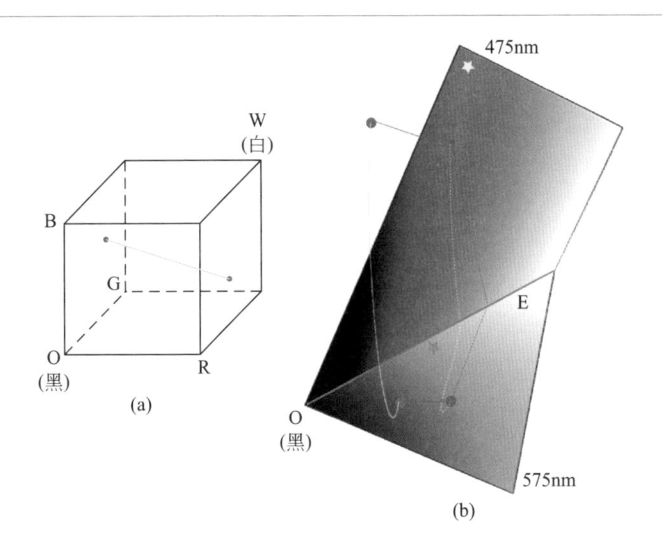

图 6-14 二色视觉友好的颜色融合算法示意图。（a）传统的 OVER 算子在 RGB 色彩空间中是线性的，插值路径如黄色直线示意；（b）由于 Gamma 修正变换，（a）中的插值路径在 LMS 色彩空间中成为一条曲线（黄色实线所示），应用二色视觉感知模拟模型后，该曲线被投影到两个半平面上（黄色虚线所示）。变换 投影的过程造成了如图 6-13 所示的问题，因此我们的颜色融合算法则将两个输入颜色直接投影到两个半平面上后，沿着它们之间的测地路径进行插值（红色虚线所示）

为了解决这个问题，我们对算法 1 的颜色融合结果后续增加一步亮度调整，具体方法如下：

$$L^*(C'_i)=A_iL^*(C_i)+(1-A_i)L^*(C'_{i-1}) \tag{6-18}$$

式中，$L^*(\cdot)$ 是提取以 RGB 三元数表示的颜色的亮度 L^* 通道分量的值，该步骤称为一致性亮度编辑。

图 6-15（a）显示了一个应用传统的颜色编辑算法得到的直接体绘制结果；图 6-15（b）则显示了绿色盲（deuteranope）用户观察（a）时的模拟视觉效果

(使用 Brettel 模拟模型)。由于模拟模型的对颜色的非线性变换，使得位于牙质和牙髓之间的边界变得模糊而难以察觉［图 6-15（b)］。应用本文提出的新的颜色融合方法，该边界仍能显现出来［图 6-15（c)］。然而其结果图像的亮度比期望的要更亮一些，容易导致可视化结果变得模糊，而应用了一致性亮度编辑方法后，便得到了如图 6-15（d）所示的可视化结果，对于绿色盲用户而言，该可视化结果仍然能够展示更多的细节信息，同时也保持了亮度的一致性。

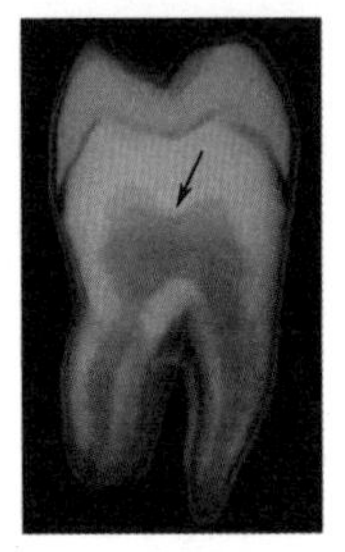
(a) 使用传统颜色编辑算子的直接体绘制的结果

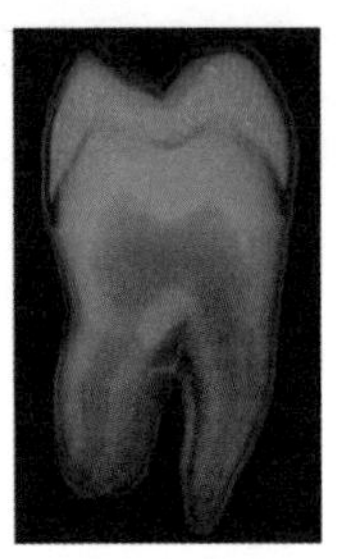
(b) 绿色盲观察(a)的视觉感知模拟

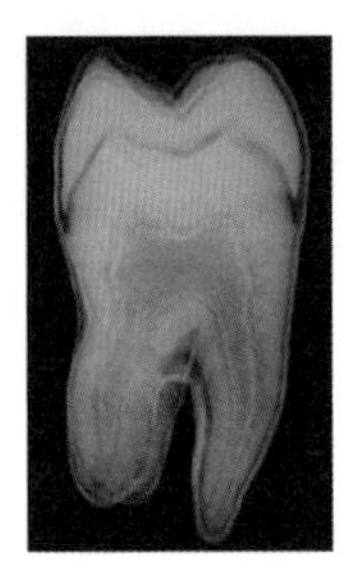
(c) 使用二色视觉友好的颜色融合算法得到的直接体绘制结果

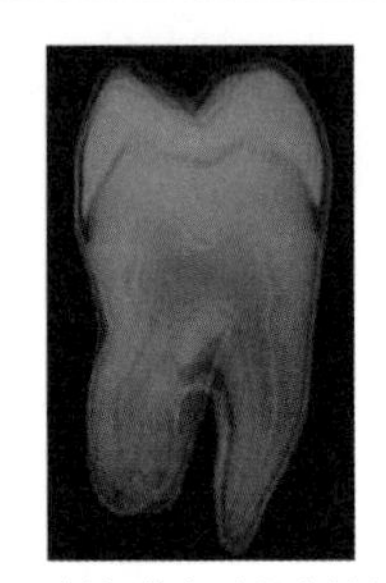
(d) 颜色融合过程中使用本节的亮度一致性编辑增强(c)的结果

图 6-15 一致性亮度编辑的结果比较

在直接体绘制的结果图像中，具有正常的三色视觉的用户可以依据颜色的色调区分不同的内部结构，而根据亮度判断和识别它们的深度和遮挡信息。然而这对于二色视觉用户来说变得更加复杂，因为他们能够区分的颜色维度从三维降成二维，限制了其可辨别的颜色种类的数量，这也意味着亮度也可能成为他们区分不同颜色的一个标准。我们的方法充分挖掘了在受限的 LMS 色彩空间中二色视觉用户对于颜色区分的需求，同时通过亮度修正保证了结果图像的亮度一致性。

6.5.1.2 结果与讨论

我们使用 Microsoft Visual C＋＋编程实现了前文所述的算法和过程，并在一系列的数据上进行了测试。我们进行测试实验的个人电脑的配置为主频 3.0GHz 的 Intel 双核心 CPU，3GB 的内存，NVIDIA GeForce GTX280 显卡 (1GB 显存)。表 6-2 中列举了我们进行测试实验时所用的一些三维体数据场数据的统计信息。在实验中，所有的可视化结果图像的分辨率为 512×512。图 6-15 展示了 Feet 和 Tooth 数据的直接体绘制可视化结果，使用基于二色视觉感知优化的图像重新着色结果和使用本文方法优化后的可视化结果，其中图 6-16 所示的直接体绘制可视化结果使用了二维传输函数（标量值-梯度模）进行感兴趣区域的选择和光学属性的赋值，在图 6-16（d)～(f) 中，额外应用了 Blinn-Phong 光照明模型以获得带有光照的可视化效果。

表 6-2 本节所用的数据集的规格统计

数据集名称	尺寸	体数据包含分类数量	本节实验中所使用的分类数量
Engine	256×256×128	2	2
Feet	256×128×256	3	3
Teapot	256×256×178	2	2
Tooth	256×256×161	3	3
Torso Phantom	256×256×256	12	4

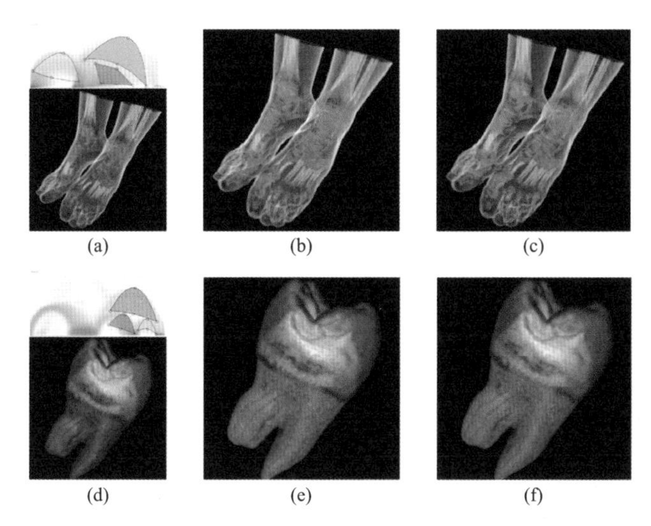

图 6-16 Feet 数据和 Tooth 数据的实验结果。(a)、(d)是使用初始传输函数得到的直接体绘制结果；(b)、(e)是使用图像重新着色技术得到的结果；(c)、(f)是我们的方法得到的结果。这两个数据都使用了基于标量值-梯度模的二维传输函数，其中 Tooth 数据额外使用了 Blinn-Phong 光照效果（法向定义为梯度方向）

在算法实现中，颜色传输函数优化方程的构造（即像素的采样和系数的计算）和求解都是在 CPU 上进行的，并且通过修改现有的基于 CUDA（Compute Unified Device Architecture，统一计算架构）加速的直接体绘制系统实现了二色视觉友好的直接体绘制方法。虽然系数 ω_m 的计算实际上是一个完整的光线投射算法的实现，但是由于采用了像素采样的方案，因此颜色传输函数的优化过程仍然非常快速：使用 CPU 实现时，约每秒可以计算 20000 个系数 ω_m 的值（当应用 Blinn-Phong 光照明模型时为 4000 左右）。当采样像素的数量增加时，可以使用并行的实现进行加速。在典型的情况下，当优化方程［公式（6-17)］使用的设置为 $N_r=200$，$M=4$ 时，最小二乘法求解器运行时间少于 0.1s。另外，二色视觉友好的直接体绘制方法中，由于在整个光线投射算法过程中，当两个颜色需要融合操作时都需要实现二色视觉友好的颜色编辑算法，所以这一方法会带来大约15%的帧率下降。

基于样例的传输函数颜色优化方法有很多的应用，本节以二色视觉友好的直接体绘制方法为应用举例，进行了详细的论述。二色视觉友好的直接体绘制方法可以认为是图像重新着色算法在直接体绘制中的扩展与应用，其以图像重新着色算法得到面向二色视觉感知增强的样例图像，并提出了二色视觉友好的颜色编辑算子以获得更好的体可视化结果。

图像重新着色算法的基本动机是保持或放大二色视觉用户对图像的色彩对比度的感知，以便更容易地获得图像中的信息。例如，图像重新着色算法在CIELAB色彩空间中求解出一个具有最大色彩对比度损失的方向 V_{ab}，然后将图像中的其他所有颜色投影到由 L^* 轴和 V_{ab} 定义的平面上后将 b^* 分量的值进行放大，以保持二色视觉感知模拟变换后色彩的对比度。通过约束每一帧中计算得到的 V_{ab} 的方向保持不反向，可以得到时序一致的结果。但是将图像重新着色方法应用到直接体绘制中，由于其固有的对比度增强的特性可能会导致直接体绘制图像产生感兴趣结构边界的不连续等现象，有时甚至会破坏半透明效果的表意性。例如图6-17展示了传统的图像空间的方法，虽然保持了连续帧之间的时序

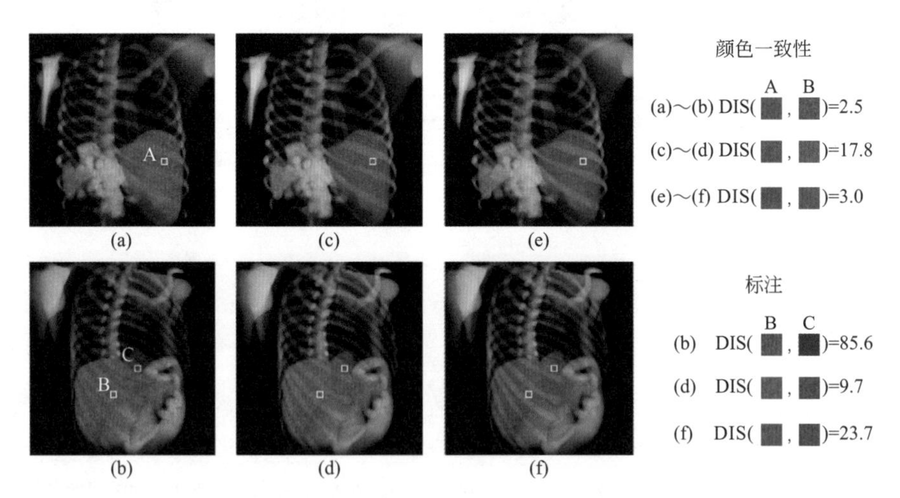

图6-17 我们的方法和图像重新着色方法在颜色一致性与标注功能方面的对比。(a)~(b)为在两个不同视角下，Torso Phantom数据的直接体绘制结果；(c)~(d)为对(a)~(b)应用图像重新着色方法的结果；(e)~(f)为应用我们的方法后的结果。该实验中针对绿色盲用户进行色彩增强。最右边统计了(a)~(f)中A与B、B与C的颜色差别［函数DIS(,)定义为CIELAB颜色空间中两个颜色之间的欧式距离］分别说明我们的方法不仅保持了颜色的时序一致性，同时也具有更好的可视标注效果

一致性，但是在非相邻帧之间的颜色标注一致性却未能得到保证。在图 6-18（b）中展示了另外一个例子，由于色彩的对比度被过分增强，因此导致了 Engine 数据中一个环形结构出现了不连续的现象，破坏了直接体绘制可视化的表意功能。相比之下，由于我们的方法通过基于感知增强的样例优化颜色传输函数的方法以增强直接体绘制结果图像中的颜色对比度，因此本质上避免了颜色的不连续性并保持了时序一致性。由于仍然使用直接体绘制的颜色累积步骤，因此我们的方法仍然能够保证体分类步骤中得到的内部感兴趣分类结构的信息。图 6-18（c）给出了类似图 6-18（a）的结果，保持了内部环形结构在图像中的连续性。图 6-18（d）则显示了三个结果中对应矩形框内的像素色彩散度的值（定义为相邻像素对之间颜色差异的平均值），可以明显地注意到这一因色彩增强过度而导致的感兴趣结构不连续的现象。

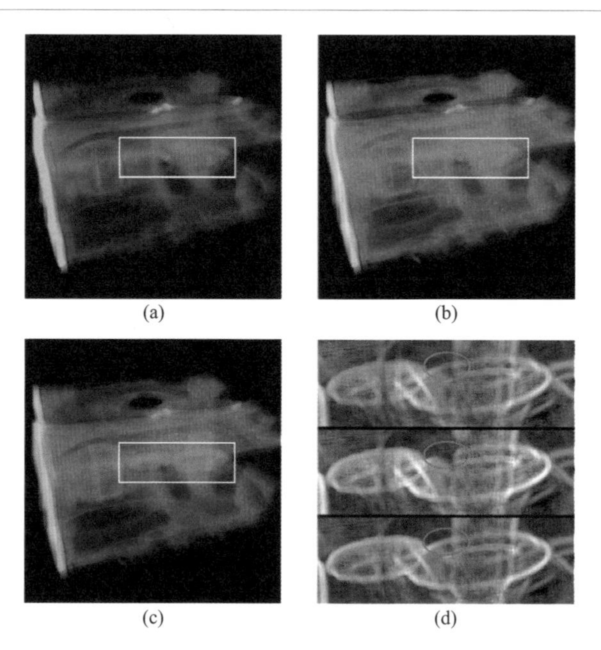

图 6-18 图像重新着色算法对色彩对比度增强过度的例子。（a） Engine 数据的直接体绘制结果；（b）应用图像重新着色方法的结果；（c）我们的结果；（d）从上到下依次为（a）～（c）中白色框内的像素色彩散度。直接体绘制的结果（a）和我们的结果（c）都使得 Engine 数据的内部结构保持了自然的光滑性，而图像重新着色的方法由于过渡地增强了色彩对比度，使得该结构呈现了不连续现象（红色椭圆所示）

我们的方法可以利用所有图像重新着色技术，如图 6-19 所示，当一种图像重新着色技术由于其自身算法的约束无法完成色彩感知增强功能时，我们的方法可以应用另外一种图像重新着色技术生成的结果优化颜色传输函数。

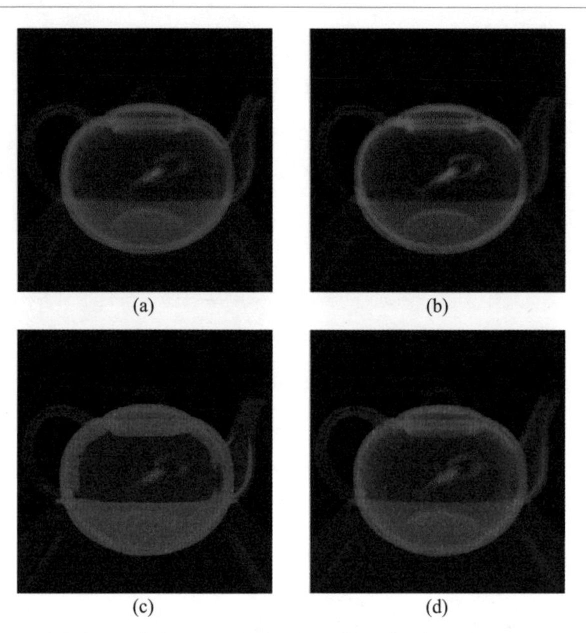

图 6-19 展示了我们的方法应用不同的图像重新着色技术的结果。例如，对直接体绘制结果（a）应用 Machado 等人的方法，得到的结果如（b）所示，由于绿色像素过少无法实现色彩增强；因此我们采用了 Kuhn 等人的方法得到（c），基于其结果应用我们的方法得到了色彩增强的体绘制结果（d）

相比于图像重新着色的技术直接增强了图像的色彩对比度，我们的方法有时候可能会降低色彩对比度，这主要是因为我们的方法总是试图将每个像素的颜色看成是光线投射算法中的颜色累积的结果以保留直接体绘制方法的特征，并以此反向地去优化颜色传输函数。因此在某些情况下，我们的方法并不一定能够获得令人满意的色彩对比度增强的直接体绘制结果。另外，在二色视觉友好的直接体绘制方法中，对于已经被用户设计的适合于二色视觉用户观察的颜色传输函数，我们的方法并不能使结果得到进一步的改进。

6.5.2 多变量空间数据场的压缩域体绘制方法

随着相关大规模科学和工程计算领域应用的兴起，高性能计算机计算能力的快速提升以及数据获取设备、途径的日益智能化、大尺度化，科学数据的复杂性呈现空前的、爆炸式的增长，一个满足领域专家需求的科学以及工程计算的输出通常都包含多变量、时变以及高分辨率等特点，TB 级甚至 PB 级的多变量体数据已屡见不鲜。商业图形硬件发展迅速，利用 GPU 加速体数据的直接体可视化已经成为分析体数据的通用方法。然而，当前普通计算机的 GPU 显存无法一次性装载大尺度的体数据，而且 GPU 和 CPU 之间较慢的数据传输速率也制约了硬件加速直接体绘制算法的应用。随着多变量体数据的尺度越来越大，以及时变数据的增多，受计算机硬件限制，一般体绘制方法无法有效地直接对较大规模的多变量体数据进行处理和可视化，往往先将原始多变量体数据分离成多个单变量数据场，再对每个数据场逐帧地分块并多次载入，这种方式使得从 CPU 到 GPU 的数据访问变得频繁，直接影响了大规模体数据绘制的速度，进而限制了体绘制技术的很多实际应用。仅仅提升硬件性能只是在软件算法无法再进行改进的情况下而采取的无奈之举，治标不治本，压缩域绘制则是解决这一问题的有效途径。

矢量量化（Vector Quantization，VQ）是一种有损压缩方法，它将输入数据分割成多个大小相同的组块，通过某种映射方式将组块转化为一个多维矢量，通过全局查找或者聚类的方法训练出特定数量的矢量组成码表，码表中的矢量又称为码元矢量，解码时作为恢复数据使用。输入数据的所有矢量（组块）从码表中找到一个与自身距离最近的码元矢量来表示自己，在存储时只需记录码表及输入数据对应矢量位置的索引值。在解压时，通过索引值找到对应位置的码元矢量，再以该码元矢量作为解码数据进行还原。由于码表大小基本为常值，矢量的维度（即输入数据分割的组块大小）直接影响压缩率，矢量维度越高，单个索引可表示的数据点越多，压缩率就越高。同时，矢量维度越高，矢量的不稳定性也呈指数增长，在压缩中的损失就越大。

本节的主要目标是研究以矢量量化为主体的一种近似无损的多变量体数据压缩域体绘制方法，并在现有层次矢量量化（Hierarchical Vector Quantization，HVQ）压缩方法的基础上设计一个相压缩率比无损压缩更高，且绘制效果比 HVQ 更好的压缩方法，解决有限的存储资源、有限的 CPU 与 GPU 传输带宽和不断增加的多变量体数据尺度以及领域专家对于高压缩质量的实时压缩域体绘制的需求之间的矛盾。目前已有的（多变量）体数据压缩方法中，压缩比高的通常数据恢复质量不好，依据恢复数据所得到的体绘制结果图像的信噪比（Signal to Noise Ratio，SNR）或者峰值信噪比（Peak Signal to Noise Ratio，PSNR）较低，而均方差（Mean Squared Error，MSE）则较高。数据恢复质量好的（如一些无损压缩算法）压缩比太低，或者实现复杂、解码速度慢，无法达到实时 CDVR。

本节方法介绍主要分为两个部分：首先介绍一种基于 HVQ 和完美空间哈希（Perfect Spatial Hashing，PSH）的近似无损的多变量体数据压缩域体绘制方法，详细介绍了 HVQ 和 PSH 方法的概念和实现以及压缩域体绘制的过程，然后介绍使用该方法在静态多变量、时变多变量体数据的应用，给出其与基于 HVQ 的压缩域体绘制（HVQ-CDVR）以及传统直接体绘制（DVR）在绘制性能和绘制质量上的定性和定量对比，验证了本方法的有效性和可扩展性。最后，简要分析 VQ 与 HVQ 在体数据压缩中的优缺点，介绍了我们在设计整个压缩域体绘制算法中对于码表生成方法的一些研究，并和传统的一些码表生成方法进行了对比，然后探讨了该方法在未来的进一步提高的可能性和潜在方向。

6.5.2.1 方法介绍

我们的近似无损的高压缩比压缩域体绘制方法可以分成压缩端压缩和解压缩端基于压缩数据的绘制两个部分，静态多变量体数据压缩域体绘制流水线示意图如图 6-20 所示。压缩端主要包括层次矢量量化压缩和完美空间哈希压缩［见图 6-20（a)］，解压缩端包括基于 GPU 的实时解压缩与直接体绘制［见图 6-20（b)］。首先，使用 HVQ 对静态多变量体数据逐变量地进行矢量量化压缩，得到码表和索引数据；然后在 CPU 端解压缩得到该变量场的恢复体数据；再将原始数据和恢复体数据作差得到稀疏的残差体数据，应用 PSH 压缩该残差，得到哈希表和偏移表。解压缩端包括基于 GPU 的实时解压缩与直接体绘制，流程图如图 6-20（b）所示。在进行静态多变量体数据的压缩域体绘制时，逐变量场将压缩端获得的矢量量化码表、索引数据、哈希表和偏移表构建成纹理并载入 GPU。对码表纹理和索引体纹理进行纹理查询，重构体数据，然后对哈希表纹理和偏移表纹理进行纹理查询获取残差数据，叠加到对应的体素中，即可获得该静态多变量体数据的近似无损的重构数据，以传统体绘制流程绘制此恢复体数据。

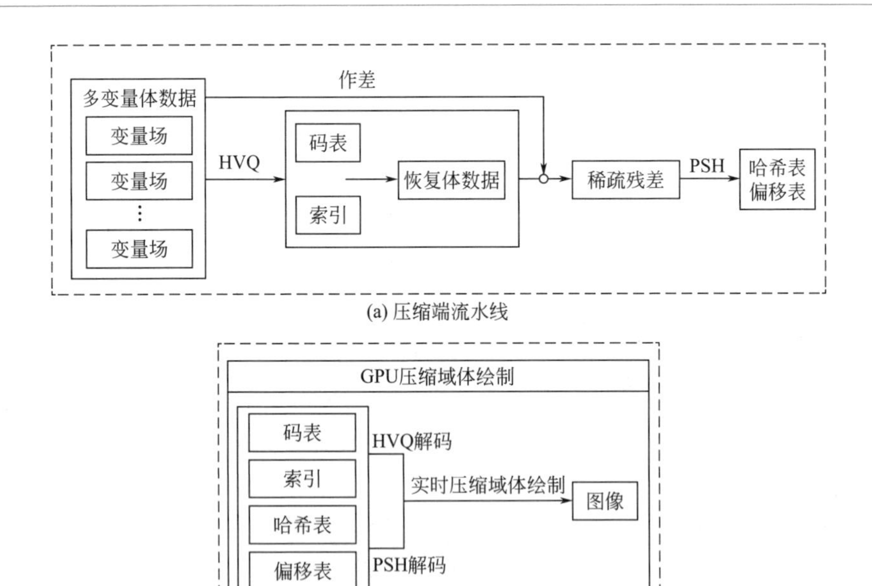

图 6-20 静态多变量体数据压缩域体绘制流水线

(1) 基于层次矢量量化的多变量空间数据场压缩

传统的矢量量化压缩方法的缺点在于当子块变大，即矢量维度变高时，矢量的不确定性就会变大。此时，使用码表中的码元矢量来表示原始矢量会产生很大误差，与此对应的方法是增大码表，但是此方法一方面会加大码表存储空间，另一方面还会增大索引数据的存储空间，因此在平衡压缩质量和压缩比的情况下，压缩比会受到相当大的限制。

Schneider 等所提出的 HVQ 方法，在保持高压缩比和快速解码的同时，有效地提高了信噪比，使得重构数据具有很高的保真度。我们采取了相同的 HVQ 算法对浮点型的多变量体数据进行矢量量化，如图 6-21 所示。对于每一个变量场，我们首先将其分成 4×4×4 大小的数据块（矢量数据维度为 64）并对其编码、构造矢量，然后对每一个数据块进行拉普拉斯分解，将块内数据分解为三个频率波段，进行分层表示。三个层次的分辨率分别为 4×4×4、2×2×2 和 1×1×1。数据值如下计算：首先计算 4×4×4 的原始数据块的均值 M_0 并将之分为 8 个 2×2×2 的小数据块，分别计算小数据块的均值 $M_1 \sim M_8$。原始数据的 64 个数据值与其各自所在小块均值之差 M_i（$i \in [1, 8]$）构成了第一层次的 64 维数据，$M_1 \sim M_8$ 与 M_0 之差构成了第二层次的 8 维数据，M_0 构成第三层数据。最终，每个 4×4×4 的原始数据块可以用分解完成的三层数据表示。对原始数据逐块进行拉普拉斯分解以后，整个体数据转变为 3 个层次的表达，使用矢量量化技术对第一层和第二层次数据进行压缩：即分别构建第一级码表和第二级码表，以矢量维度 64 和 8 分别对两层数据进行矢量量化，获取对应的两级索引体数据，如图 6-21 所示。矢量量化是一种简单的、有损的数据压缩方法，其主要过程包含三个阶段：码表设计、编码和解码，其中码表设计最为重要，最经典的码表设计方法是 LBG 算法。矢量量化的本质在于通过构造一个包含 M 个 K 维码元矢量的码表，将 K 维的输入矢量 X 用码表中的某一个码元矢量进行近似表

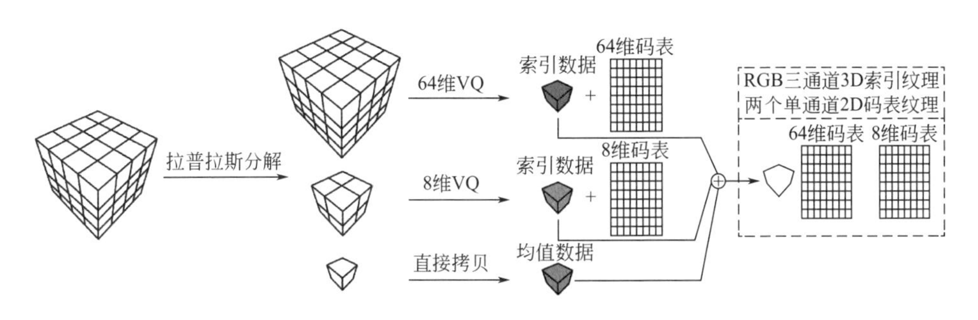

图 6-21 拉普拉斯分解和层次矢量量化

示，并用该索引值代替 X，当 M 较小时，每一个索引只需要很少的位数，从而达到压缩的效果。解码则是利用索引值在码表中查询获取相应的矢量块以重构原始数据。若码表设计合理，则解压缩重构得到的数据与原始数据相比误差就小，因此码表设计在矢量量化方法中是一个重要的环节。

对于第一和第二层次的数据，用矢量量化进行压缩，设定码表大小为 256，索引数据类型为无符号字符型，每个索引大小为 8bit，矢量的数据维度分别为 64 和 8。第三层的数据是每个一级数据块的平均值，直接作为对应层次的索引数据。如图 6-21 中部所示，4×4×4 的一级数据块最终可以用两个索引值和一个均值替代，两个索引值所索引的码元大小分别是 64 和 8。在具体的实现过程中，上述三个数据被构造成一个三通道的三维索引纹理，两个层次的码表被构造成两个二维的单通道码表纹理，如图 6-21 右端所示。

① 初始码表训练　在矢量量化过程中，最简单的矢量量化方法随机选取初始码表，使用 LBG 算法进行码表构造和矢量量化。由于传统的 LBG 算法生成码表的速度较慢，且对于初始码表比较敏感，因而 HVQ 采用改进的基于主成分分析（Principal Component Analysis，PCA）的分裂策略训练初始码表，然后进行矢量量化。主成分分析是多元统计分析中用来分析数据的一种方法，借助变量的协方差矩阵对信息进行处理，提取较少数量的特征对样本进行描述以达到降低特征空间维数的目的。通过主成分分析获得初始码表的过程如下。

a. 将当前所有矢量归到一个类 D 中，计算类 D 的中心矢量 Y（即矢量均值），将类 D 中所有矢量与 Y 的欧氏距离的总和记为 dis。构建一个双向链表，链表中每个节点代表一个类 D，节点按 dis 值大小的降序排列。

b. 每次从链表头中取一个节点，得到一个类 D_0，计算其协方差矩阵 M。

c. 计算协方差矩阵 M 的特征矢量，取其最大特征矢量 e_{max}。

d. 对 D_0 中的每个矢量 X，计算 $<X, e_{max}>$ 的值，若小于 0，则将 X 归入左子节点类 D_l 中，否则 X 归入右子节点类 D_r 中。

e. 计算类 D_l、D_r 的中心矢量 Y_l、Y_r 及各自类内的所有矢量距离其类中心矢量的欧式距离之和 dis_l、dis_r，删除链表头节点，并将 D_l、D_r 插入到链表中。

f. 重复 b～e 操作直到链表大小达到码表大小。取链表中每个类的中心矢量 Y 作为初始码表的码元矢量，中心矢量的集合便构成了初始码表。

PCA 分裂获取初始码表的过程如图 6-22 所示。

② LBG 码表精炼　得到初始码表之后，使用 LBG 方法对码表进行精炼，使码表更加精确。码表精炼的过程和 LBG 生成码表的方法类似，核心为 K 均值聚类（K-means）算法，描述如下。

a. 使用 PCA 生成的初始码表的码元矢量作为 K-means 每个类的初始中心，码表大小即为 K 的取值，也即 K-means 分类的个数。

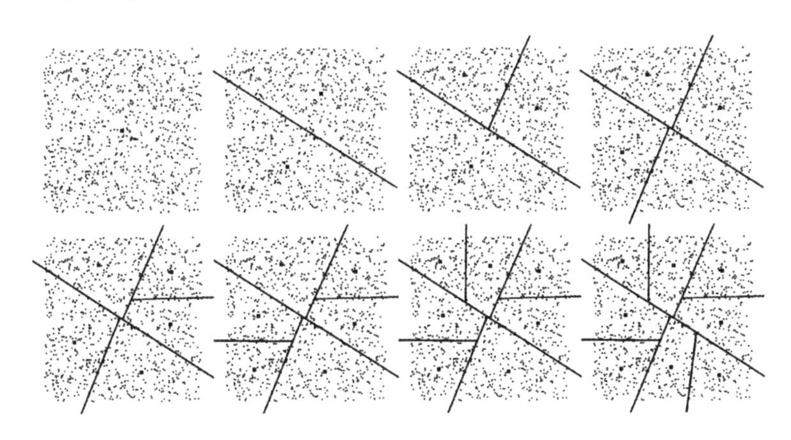

图 6-22 基于 PCA 的分裂策略训练初始码表图示

b. 对每一个类，计算类内的每一个矢量到其中心矢量的距离之和 $dist_{old}$；对所有的矢量，计算其和每一个类的中心矢量的欧式距离，将其归类到距离最近的中心矢量所在的类。

c. 对当前所有的聚类，重新计算聚类的中心矢量。

d. 计算所有矢量到其所在类的中心矢量的距离之和 $dist_{new}$，与上一次距离和 $dist_{old}$ 做差。

e. 得到 $dist_{change}$，当 $dist_{change}/dist_{old}$ 绝对值小于一定的阈值，则退出得到最终码表，否则回到步骤 b。

码表精炼化过程如图 6-23 所示。深色点为 PCA 聚类后得到的中心点，浅色点为经过码表精炼化后的代表点，可以看到码表精炼化主要对码表中的矢量做了细微调整，并为一些原始矢量重新寻找到了更加接近的码矢量。由于 PCA 生成的初始码表已经比较精确，故码表精炼的迭代次数很小，从而比一般的 K-means 高效省时。

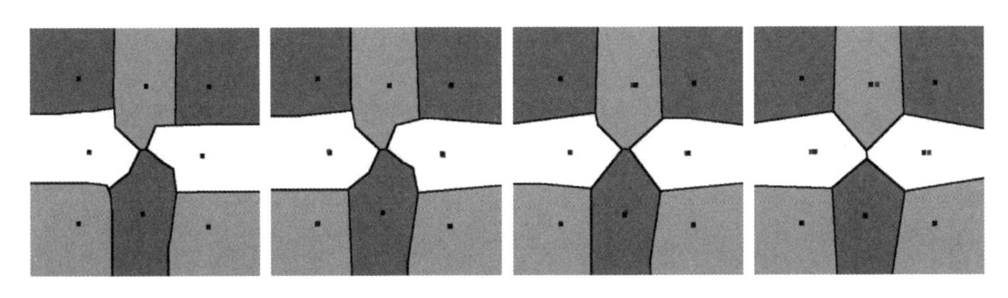

图 6-23 基于 LBG 算法的初始码表精炼化过程图示

（2）基于完美空间哈希的残差压缩

构建完两级码表和两级索引体纹理以后，需要在 CPU 端进行一次 HVQ 解码，以便将原始体数据与恢复体数据作差得到稀疏的残差体数据，进而将该残差体数据作为 PSH 的输入数据进行压缩。过程如下：对原始体数据的每一个体素，找到其在原始体数据中对应的 4×4×4 块、2×2×2 块及 1×1×1 块的位置，从而即可在索引体数据中找到该体素在两级码表中的索引以及该体素所在数据块的均值，再利用两个码表索引在对应码表中查询到所对应的码元向量，将两个层次的码元矢量与待恢复体素映射正确，得到正确的三层次解码数据，三者相加还原得到恢复体素值，从而完成 HVQ 解码。还原得到的恢复体素值与原始体数据对应体素值之差作为该体素的残差值。将整个残差体数据保存下来以作为完美空间哈希方法的输入数据。

PSH 利用数据的空间连续性，将稀疏的数据转换为紧凑的哈希表，因此它是一种压缩率接近稀疏数据集密度的压缩方法。只需分别对三个数组索引进行一次访问即可完成对哈希表的一次数据访问，因此访问数据快速，而且此特性也使得 PSH 非常适合用 GPU 实现。构建哈希表的方法具体过程如图 6-24 所示。

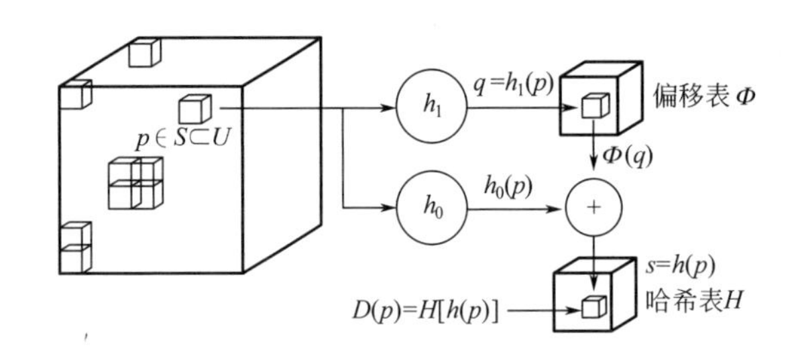

图 6-24 哈希表构建过程

我们设置了一个残差阈值，用于判定一个体素是否是有效体素，因而该残差阈值是影响压缩效果的重要参数。图中 p 表示有效数据的体素（即有残差值的体素）所在的空间位置，$D(p)$ 表示 p 上的数据值，S 表示所有有效体素空间位置的集合，U 表示整个三维体数据空间域，s 表示哈希表中的位置，h_0 和 h_1 是两个非完美哈希函数，实际的操作为模寻址，模操作的对象分别为哈希表的大小 ots 以及偏移表的大小 pts，即 $h_0(p)=p \bmod ots$，$q=h_1(p)=p \bmod pts$，mod 是模操作。最终的完美哈希函数可表示为

$$h(p)=h_0(p)+\Phi(q)=h_0(p)+\Phi[h_1(p)] \tag{6-19}$$

在具体实现中用三个三维纹理来实现三个查找表：第一个为三通道的三维偏移表纹理，每个元素分别表示三个方向的偏移值，它将非完美哈希函数转换成完美哈希函数；第二个为三通道的三维位置标记表纹理，表中元素存放哈希表中每

个元素在原始数据中的位置；第三个是单通道的三维哈希表纹理，表中元素存放最终所要查找的数据值。

(3) 基于 GPU 的实时压缩域体绘制

① 纹理数据构造　压缩数据最后以两个索引体数据和均值数据构成的三通道三维索引纹理、两个码表数据构成的两个二维单通道码表纹理、偏移表数据构成的三通道三维偏移表纹理、标记表数据构成的三通道三维位置标记表纹理以及哈希表数据构成的单通道三维哈希表纹理作为体绘制阶段的输入数据，在 GPU 里进行实时解码和绘制，解码和绘制是紧耦合的关系。除去上述数据，由于索引纹理中只提供各对应码表的一个索引（即 8 维和 64 维码元矢量的索引），并没有提供实际待解码体素与所索引矢量具体元素的对应关系，即码元矢量局部的寻址地址，因此，我们提供另一个双通道三维寻址纹理用于解决该问题。构造一个 $4\times4\times4$ 大小（即和一级数据块相同大小）的寻址纹理，其一级偏移地址和二级偏移地址的计算公式分别如下：

$$\text{value}_1[i,j,k]=[(i/2\times4+j/2\times2+k/2)\times8+i\%2\times4+j\%2\times2+k\%2]/64.0 \tag{6-20}$$

$$\text{value}_2[i,j,k]=(k/2+j/2\times2+i/2\times4)/8.0 \tag{6-21}$$

式中，i、j、k 是待解码体素在 $4\times4\times4$ 块内的三个方向上的位置，取值范围为 [0，3]。此外，本节所提及的所有纹理的滤波器模式设定为 GL NEAREST，以免插值变化，寻址纹理的地址取样属性 GL _ WRAP 取为 GL _ REPEAT，即相当于将寻址纹理的数据块重复平铺于原始体数据空间，以起到节省空间、压缩的作用。

② 码和绘制　CDVR 将 GPU 的解压缩和体绘制耦合在一起，我们使用光线投射技术作为直接体绘制方法。解码分成两个步骤，第一步是 HVQ 的 GPU 解码，如图 6-25 所示，在体绘制过程中，通过当前体素位置确认其在三通道三维索引纹理里的纹理坐标，然后获得均值索引、第一级和第二级码表索引，再从双通道三维寻址纹理中获取两层矢量量化索引的偏移地址，使用两层码表索引和对应的偏移地址构造两个纹理坐标以确定当前体素在两个码表中的真实位置，再以所述的两个纹理坐标去对应码表中获取解码值，两个解码值和均值相加得到该体素的重构数据值。逐体素完成这一过程，HVQ 解码完毕。第二步是 PSH 的解码，即获得对应体素的残差值。这一步的解码较简单，使用当前体素初始位置在 GPU 中对偏移表的长度进行模操作即可获得当前体素在偏移表纹理中的纹理地址，称为偏移表纹理地址。再使用偏移表纹理地址从偏移表纹理中获取偏移地址的值，将该值与当前体素位置相加得到新的体素位置，然后使用新的体素位置对哈希表的长度进行模操作即可获得当前体素在哈希表纹理中的纹理地址，称为哈希表纹理地址，该地址同样是当前体素在位置表纹理中的纹理地址。然后先使用

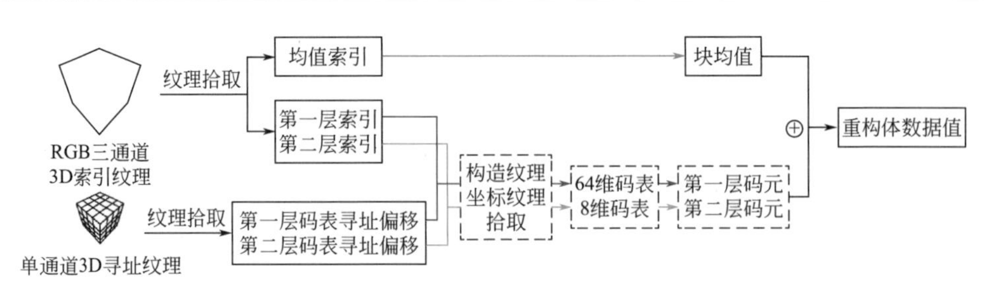

图 6-25 基于 GPU 的 HVQ 解码过程

哈希表纹理地址从位置表纹理中进行取值，若取出的值和当前体素初始位置一致，则再使用该地址从哈希表纹理中取得实际的残差值；若不一致，则返回 0 值。最后将上述 HVQ 解码值和 PSH 解码值相加作为体数据值，再按标准的光线投射流程进行直接体绘制，得到该体数据的压缩域体绘制结果。

6.5.2.2 结果与讨论

本节所述的方法可以直接应用到静态多变量体数据的压缩域体绘制上，也可不加改变地直接应用到时变多变量体数据上，逐时间步、逐变量地进行。但是，对时变多变量体数据，我们并不直接应用上述方法，而是对压缩和解压缩的流水线进行微调，以便更好地利用时变数据的特点，即前后帧的时空连续性，取得更好的压缩效果。下面我们将分成两个小结分别介绍我们的方法对于静态多变量体数据和时变多变量体数据的应用。本章所有实验的实验平台为一台个人电脑，处理器为 Intel Core（TM）i7-4770，主频 3.4GHz，内存 16GB，显卡是 NVIDIA GeForce GTX660，显存是 2GB。下述所有残差阈值都是在归一化的数据空间中计算求得。

（1）静态多变量体数据的应用

对于静态多变量体数据，我们首先选取多变量数据集 5jets（数据来源于加州大学戴维斯分校马匡六教授对飞行器气动力学的 NS 方程求解，共 2000 帧浮点多变量体数据，分辨率为 128×128×128，5 个变量场分别为 Density，Energy，VelocityX，VelocityY，VelocityZ）中 Energy 变量场的一帧作为静态体数据进行试验，以验证我们方法的优越性。图 6-26（a）是多变量数据集 5jets 中 Energy 变量场的第 972 帧的第一视图下的直接体绘制结果。

图 6-26（b）是对应的 HVQ-CDVR 结果，图 6-26（c）是本文方法的结果，残差阈值设为 2.1e−3。由图 6-26（b）和（c）可明显看出，本文方法解码的质量比 HVQ 方法结果更好，HVQ 解码结果块状走样较严重，失真较高，而本文方法的解码结果与原始数据直接体绘制的结果更加接近。

图 6-26 多变量数据集 5jets 中 Energy 变量场的第 972 帧的 DVR、HVQ-CDVR 和本文方法结果（残差阈值为 2.1e-3）

然后，我们将方法应用到 Hurricane Isabel 的几个变量场上，观察我们的方法直接应用在静态多变量体数据上的效果，Hurricane Isabel 数据集是一个模拟数据（IEEE Visualization 可视化竞赛 2004，http：//vis.computer.org/vis2004contest)。它包含 48 个时间步，每一个时间步都是一个三维多变量数据，包含 13 个属性变量，数据分辨率为 500 × 500 ×100。为方便起见，直接选取每个变量场的第一帧数据。图 6-27（a）和（b）分别是 Hurricane Isabel 数据集 CLOUD 变量场第一帧的第一视图下的直接体绘制结果、HVQ-CDVR 结果。图 6-27（c）和（d）是本文方法的结果，残差阈值分别是 3.0e−3 和 3.0e−2。正如我们所预期的，当残差阈值较小时（3.0e−3），本文方法结果和 DVR 结果非常接近，在视觉上达到了近似无损的效果。当残差阈值变大（3.0e−2）时，本文方法的结果恢复质量下降，但是依然比 HVQ-CDVR 的结果更接近 DVR 的结果，HVQ-CDVR 的结果和 DVR 的相比，有着明显的块状走样和失真。

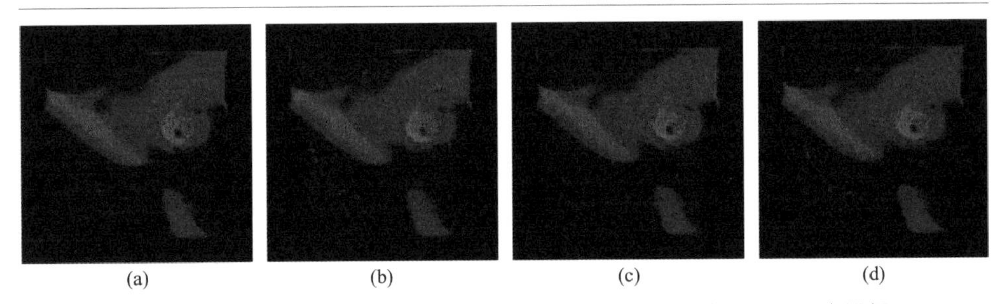

图 6-27 （a）和（b）是 Hurricane Isabel 多变量数据集 CLOUD 变量场第一帧的 DVR 和 HVQ-CDVR 结果。（c）和（d）是本文方法的结果，残差阈值分别为 3.0e-3 和 3.0e-2（建议放大观察[1]）

[1] 书中建议放大观察的图片电子版，读者可到出版社网站下载，方法为：www.cip.com.cn/资源下载/配书资源，查找本书即可下载。

（2）时变多变量体数据的 CDVR 流水线

针对时变多变量体数据的流水线如图 6-28 所示。方法同样可以分成压缩端压缩和解压缩端基于压缩数据的绘制两个部分。压缩端主要包括层次矢量量化压缩和完美空间哈希压缩，流水线如图 6-28（a）所示，假设数据有 N 帧，我们将浮点时序多变量体数据分成第一帧和其余帧两个部分。首先，使用 HVQ 对第一帧进行矢量量化压缩，得到码表和索引数据；然后在 CPU 端解压缩得到该帧的恢复体数据；再将原始数据和恢复体数据作差得到稀疏的残差体数据，应用 PSH 压缩该残差，得到第一个哈希表和偏移表；对于第二帧到第 N 帧，依次将其与前一帧两两作差得到 $N-1$ 个帧间差值体数据。由于数据的时空连贯性，以

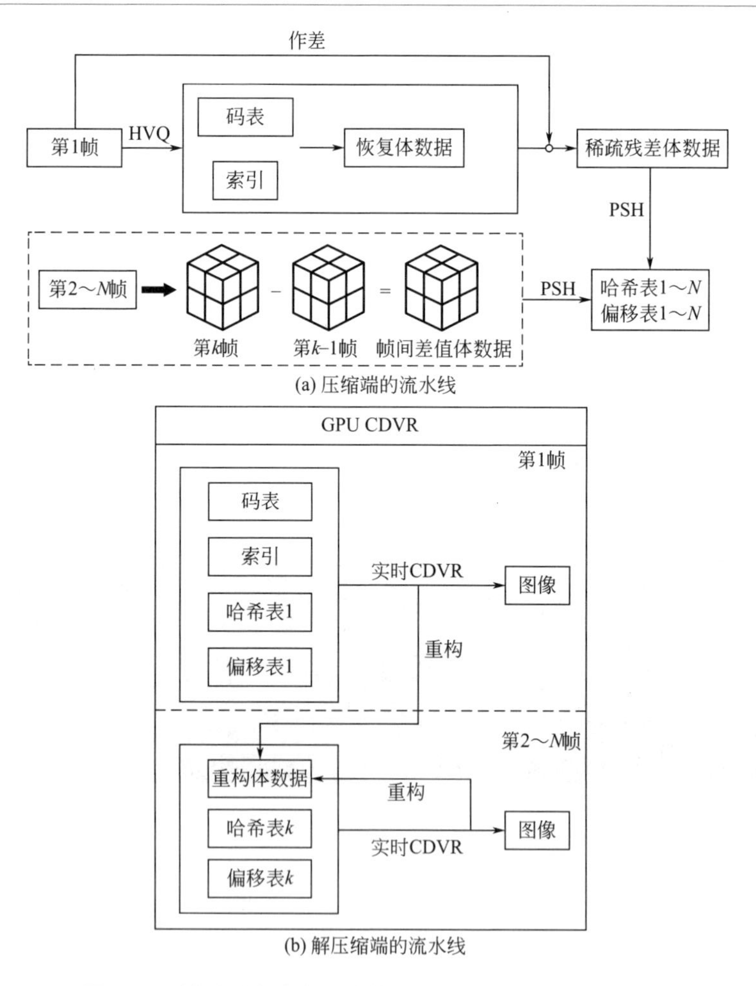

图 6-28 针对时变多变量体数据进行微调后的方法流水线

及当前数值模拟数据的时间步密集性，这些帧间差值体数据是稀疏的，即可利用PSH压缩这些帧间差值体数据，获得另外 $N-1$ 个哈希表和偏移表。解压缩端包括基于GPU的实时解压缩与直接体绘制，流程图如图6-28（b）所示。在进行时序多变量体数据的压缩域体绘制时，对于第一帧，我们将压缩端获得的矢量量化码表、索引数据、哈希表和偏移表构建成纹理并载入GPU。绘制时，对码表纹理和索引体纹理进行纹理查询，重构第一帧体数据，然后对哈希表纹理和偏移表纹理进行纹理查询获取残差数据，叠加到对应的体素中，即可获得第一帧的近似无损的重构数据，以传统体绘制流程绘制此恢复体数据。对于后续帧，只需要对对应的哈希表纹理和偏移表纹理进行纹理查询，获取帧间差值数据并叠加到前一帧重构的体数据上即可获得对应帧的近似无损的重构体数据值，然后进一步进行体绘制。

对于科学计算和数值模拟仿真获得的时序数据，由于计算和模拟过程的特性以及时序数据的时空连续性，其第一帧的残差数据以及帧间差值数据在空间上具有稀疏性，因此可使用PSH结构进行存储以获得良好的压缩性能和GPU访问速度。

（3）时变多变量体数据的应用

我们对三个多变量浮点时序体数据的一个变量场以及一个单变量时序体数据进行了压缩和压缩域体绘制性能实验，性能参数对比结果如表6-3所示，No. 1～No. 4代表的体数据分别是5jets（Energy）、Combustion（Chi）、Hurricane Isabel（CLOUD）和Supernova（Density）。

HVQ的码表大小为256，分块大小为4×4×4，索引的数据类型为无符号字符型。表6-3数据尺度格式为 $x\times y\times z\times t$，$x$、$y$ 和 z 为数据空间尺度，t 是时间步，压缩比是原始数据字节数与压缩后数据字节数的比例，M_1、M_2 和 M_3 分别代表DVR、HVQ-CDVR和本文方法。帧率是每个数据在每种方法下各运行10次，取平均值，绘制窗口分辨率为512×512。由实验结果可知，与已有的无损浮点体数据压缩方法［压缩比普遍不高，其压缩率在1.3～2.3之间。对于Supernova（Density）和Combustion（Chi），其压缩比分别为1.4和1.3］相比，本文方法压缩率更高且可控，同时，我们保持了近似无损的压缩质量，在视觉上可以取得与无损压缩非常接近的效果。此外，对所有的实验数据，均保持不错的绘制帧率。

表6-3 压缩域体绘制性能参数对比结果

体数据	尺度(字节)	残差阈值	压缩比(M_2/M_3)	帧率($M_1/M_2/M_3$)
No. 1	128×128×128×2000	2.1e−3	31.25/9.95	129.56/78.46/50.45
No. 2	480×720×120×122	1.7e−5	39.42/2.78	93.04/30.58/19.76
No. 3	128×128×128×48	3.0e−3	31.22/4.5	161.84/79.7/51.17
No. 4	432×432×432×60	7.3e−3	42.28/3.21	91.85/21.74/14.12

对于下述的每一个时变多变量体数据，为便于表述，我们仅展示一个属性的时序绘制结果，并作定性和定量比较与分析。图 6-29 从上到下分别是 Hurricane Isabel 数据集的 CLOUD 变量场第 2、3、4 帧的第二视图下的绘制结果，从第一列到第三列分别使用 DVR、HVQ-CDVR 和本文方法，残差阈值为 3.0e－3。图 6-30 从左到右分别是多变量数据集 5jets 中变量场 Energy 第 964 和 972 帧的第二视图下的绘制结果，第一列和第二列是体绘制结果，第三列和第四列是等值面体绘制结果。从第一行到第三行分别使用 DVR、HVQ-CDVR 和本文方法。可见相对于 HVQ 方法，本文方法对该数据的处理结果在质量上有了较大提升。由图 6-29 和图 6-30 的实例分析结果可知，相对 HVQ 方法，本文方法解码数据更接近原始数据，误差更小，失真明显减轻，绘制结果的视觉效果更加光滑，与原始数据的直接体绘制结果更加接近，在视觉上达到了近似无损的效果。

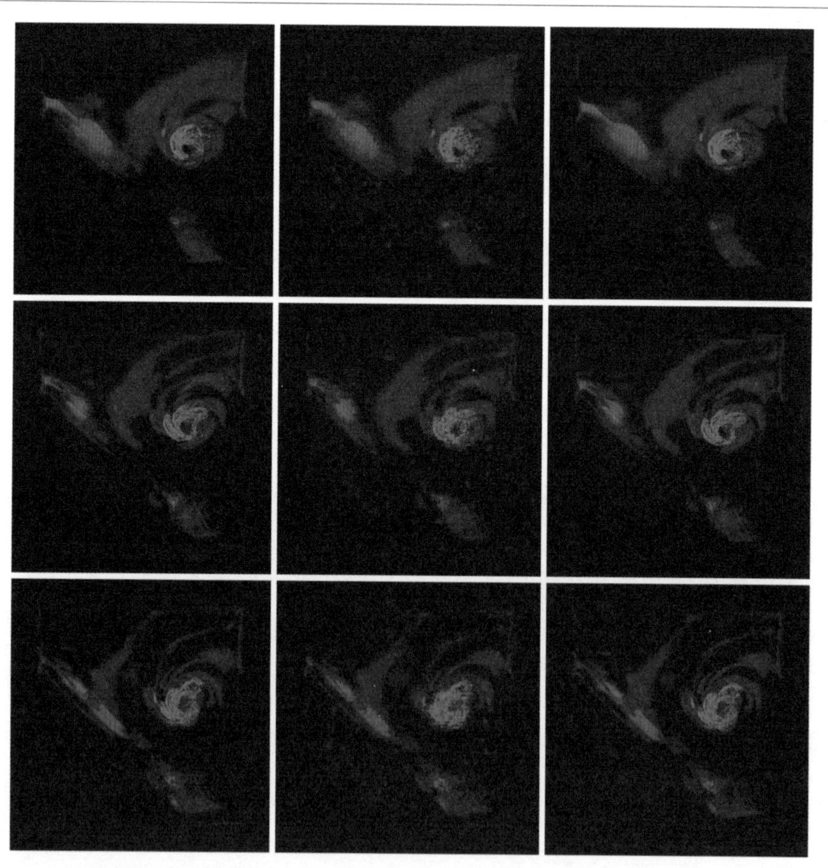

图 6-29　从左到右：DVR、HVQ-CDVR 及本文方法结果。从上到下：Hurricane Isabel 数据集的 *CLOUD* 变量场时序第 2、3 和 4 帧（残差数据为 3.0e-3）

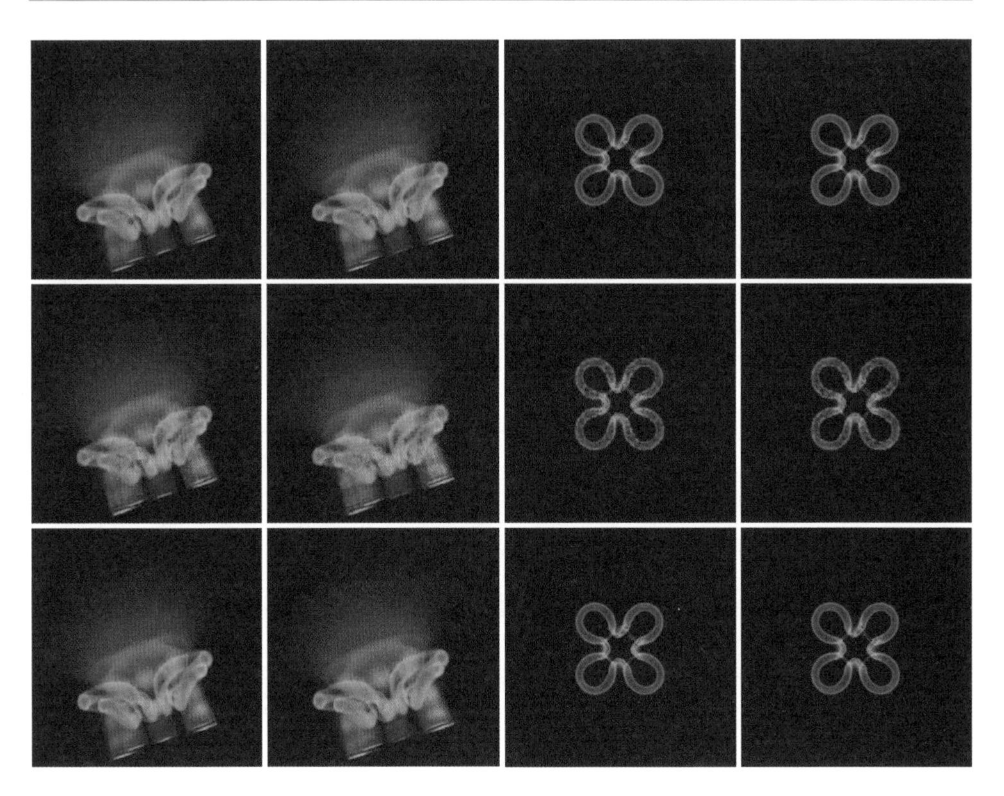

图 6-30 从上到下：DVR、HVQ-CDVR 及本文方法结果。从左到右：第一列和第二列为时序第 964 和 972 帧体绘制结果，第三和第四列为另一视点下的对应帧等值面体绘制结果（残差阈值为 2.1e-3）

（4）讨论

在压缩域体绘制方法设计的过程中我们尝试了很多方法去提高压缩质量和压缩比，力求兼顾看似矛盾的两者，并且要求实时的绘制。鉴于码表的质量好坏决定了 HVQ 重构数据的质量高低，在码表生成方法中，我们尝试了使用谱聚类生成初始码表。谱聚类是与图论紧密相关的聚类方法，其本质是将原始数据构建成一个带权无向图，通过某种相似性度量定义边的权重，然后将整个图分为多个子图，使得子图内部的点相似最大化，而使子图间的点差异最大化，以此达到聚类的目的。具体到矢量量化的码表生成上，主要需将原始体数据中的矢量之间的关系转化为图。其中，有两个问题要解决：一是如何定义两个顶点的边；二是哪些边需要被保留。对于第一个问题，如果两个点在一定程度上相似，就在两个点之间添加一条边，相似的程度由边的权重表示。因此，只要是表达相似度的度量都可用，我们采用高斯核函数计算相似度。确定保留边的方法是建立边的 K-nearest neighbor graph（即 KNN 矩阵）。在这种图中，每个顶点只与 K 个相似度最高的点连边。PCA 生成初始码表方法是我们最后所采用的方法。从实现过程得知，每当一个组进行分裂时，该组中每个矢量只需要与特征矢量进行一次点积操作即可分入左右两组，节省了大量的时间。经过大量测试，PCA 得到的初始码表质量与谱聚类相差无几，在运行速度上则远远快于 LBG 算法和谱聚类算法，故最终采用了此方法。

压缩域体绘制需要一种非对称的压缩方法，对压缩端的时间效率要求并不高，而对解压缩的时间效率有很高的要求。因此一些对称压缩方法或者不具有随机访问特性、无法进行 GPU 快速编码访问的方法，如 LZW、霍夫曼编码等，难以被应用到基于 GPU 的压缩域体绘制中。HVQ 方法本质上先对数据进行了去相关性处理，将数据分解为不同频率的层次，从而在一定程度上使数据分布更加平缓，减小了矢量间的距离。因而，在相同的码表大小下，HVQ 比 VQ 的解码质量更好。由于 HVQ 的压缩率基本维持在 40 倍，PSH 压缩残差数据的大小在相当程度上决定了总体压缩率的大小，很大程度上决定了我们的方法所能取得的压缩比和压缩质量。

本节中我们提出的方法存在一些缺点。首先，它在某些数据集上的应用效果很好，而在某些数据集上的应用效果一般。例如，对于某些数据集，当图像重构质量达到近似无损的级别时，由于残差阈值设置得很小，压缩比相对于无损压缩已经没有很大竞争力。对于某些数据集，HVQ-CDVR 方法的压缩质量就已经能够满足领域专家的需求，从而没有必要使用压缩比相对较低的本文方法。目前，我们缺乏足够的数据集和实验来探索并推导出很好的数学模型来判断具有哪些特征的数据是本方法的最佳适用对象。其次，对于单帧之内，体数据变化较为光滑的数据集，我们推荐使用 HVQ-CDVR。对于存在帧间突变的时序数据，我们建议将该时序体数据以突变帧为标签帧进行分割，将之分割为多个代理时序序列，然后依次使用我们的方法进行处理。本节所述的方法本身不受限于所处理的时序数据的帧数多少。在整个可视化过程中，我们将第一帧一直保留在显存中。当在压缩域进行绘制时，只需要将剩余每一帧的 PSH 数据传入 GPU 并进行处理即可，这意味着我们可以对整个时序序列进行流式处理。用户也可按照真实的硬件环境和应用需求，将长时序序列分割成多个短的代理时序序列，再逐一进行处理。

6.5.3 基于多类蓝噪声采样的多变量空间数据场可视化技术

传统的单一视图的多变量空间数据场可视化方法由于颜色混合，会产生新的颜色或者弱化某些变量所对应的颜色，从而误导用户，使得用户无法准确理解和分析数据。我们将之归纳为在多变量空间数据场可视化领域所面临的两种挑战，也即我们要解决的多变量空间数据场可视化的两个难题。

① 在每一个空间采样位置，每种变量所对应的颜色和透明度进行混合会产生新的颜色或者导致某些原有颜色在视觉上被弱化甚至消失，这种颜色的产生和消失会误导用户对于原始数据的理解。

② 在沿着光线方向对光学属性进行积分时，不同采样点的颜色值会进行混合，从而产生另一种颜色混合。

针对这两个问题，在本节详细介绍我们所提出的基于多类蓝噪声采样的多变量空间数据场可视化技术，并结合真实数据展示该方法的应用结果，同时，与传统的基于颜色混合的多变量可视化技术进行对比。为了说明本方法的有效性，我们还做了用户调研，并对结果进行了分析阐述。

6.5.3.1 方法介绍

本方法的核心思路是利用多类蓝噪声采样技术，将原本在三维空间中互相重叠的变量场转变为没有重叠、互不遮挡的多变量数据场，并且保留原始数据场中的重要结构和特征。具体地讲（如图 6-31 所示），首先，依据不同的可视化模式（DVR 模式、等值面模式和切片模式），我们将多变量数据场逐变量地从三维空间投影到二维平面，转换为二维的、与视点相关的密度场；在这个二维的屏幕空间的多变量密度场上进行多类蓝噪声采样，获得一个二维的、没有重叠的多类采样分布，即每一个像素只关联一个变量场。然后，以该多类采样分布为基础，依据可视化模式进行光线投射，获得最终的多变量体可视化结果。图中不同的颜色代表不同的像素以及对应的变量场。

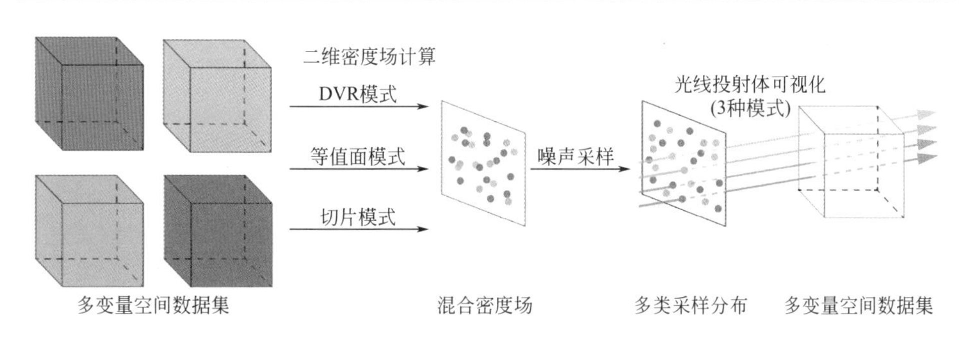

图 6-31 基于多类蓝噪声采样的多变量空间数据场可视化流水线

（1）基于噪声采样的多变量体可视化方法

① 混合密度场计算　对于每个变量场，我们首先设计一个简单的不需要先

验知识的初级分类，将明显没有意义的区域排除掉，将之设为透明区域，再将其余区域都赋予高不透明度。为了实现自适应多类蓝噪声采样，我们首先需要构建一个混合密度场。每一个变量场所对应的密度场包含了屏幕空间中的像素与物理空间中的潜在变量场之间的关系。所有变量场所对应的密度场构成了混合密度场，它是一个屏幕空间的、视点相关的并且其计算方式随不同的可视化模式而变化的二维密度分布。

本方法总共提供了三种体可视化模式，在 DVR 模式中，我们将屏幕空间中一个像素的密度定义为沿该像素发出的光线，穿越并采样其所对应的变量场后所累积得到的不透明度值。由此，我们采用一个简单的类似光线投射的过程去获取每一个变量场所对应的密度场，然后将各个密度场中的像素的密度值对应相加，得到二维的混合密度分布。与 DVR 模式不同，在等值面模式中，我们从每一个像素发出光线，取该光线与等值面的交点的不透明度值作为该像素的密度值。由于切片在几何上可以被认为是一种特殊的等值面，因此，切片等值面模式也被认为是一种特殊的等值面模式，它的密度场计算方法与等值面模式体可视化相同。

在当前的混合密度场中，由于三维物理空间中的遮挡和重叠，一个像素通常被关联到不止一个变量场上。我们通过在该混合密度场上进行多类蓝噪声采样来对混合密度场进行重采样，使得其上的点进行重分布，生成一个没有重叠的二维多类采样分布，进而达到每一个像素只对应一个空间变量场的目的。

② 多类蓝噪声采样　多类蓝噪声采样的输入是上述步骤得到的二维混合密度分布。每一个变量场所对应的二维密度分布都被看做是多类蓝噪声采样中的一个类。蓝噪声采样保证每一对采样点的相互距离都维持在一个合适的量上，因此可以避免采样点之间的重叠。多类蓝噪声采样也有同样的特性，保证同一类内以及不同类间的采样点相互距离不太近也不太远。因此，我们在混合密度分布上进行依据密度值自适应的采样。从而，产生一个多类的采样分布，该分布保证了含有重要特征和结构的区域有更多的采样点。

多类蓝噪声采样的核心思想是为参与采样的 N 个类构建一个 $N \times N$ 的对称矩阵 r。由于采样方法是基于输入的密度值自适应的，r 矩阵的生成实际上是一个随空间区域变化的过程。构建完矩阵后，将之用于采样点的生成过程。在采样点的生成过程中，我们需要不断地对来自类 i 的新生成的采样点和其他的来自类 j 的采样点进行冲突检测，检查该采样点是否满足蓝噪声采样的分布，是否具有最小距离，而用于判断的距离值即是矩阵 r 中对应类之间的项值 r（i，j）。如果新生成的采样点通过了冲突检测，就将之加入采样点集合，否则就将之抛弃，开始下一次生成和检测过程。

经过上述步骤产生的二维多类采样分布提供了屏幕空间中的像素与数据场中的变量场的一一映射关系。图 6-32 以 2004 年 IEEE VIS 可视化竞赛的飓风“伊莎贝尔”（Hurricane Isabel）数据为例，展示了DVR模式下的多类采样分布的生成过程。其中图（a）是该数据集中云场的二维密度分布，图（b）是与之对应的经过多类蓝噪声采样后的单独的采样分布，图（c）展示了该数据集中三个变量的密度场所构成的初始多类采样分布，不同的颜色表明不同类别的像素以及对应的变量场。由于多类蓝噪声采样算法本身的要求，那些密度值为0的像素则被强制性地、人为地赋予一个极小的密度值以使得采样顺利进行。在最终的采样结果中，因为该原因而产生的采样点是无效的采样点，并不携带任何数据场中的信息，不应该有任何变量场与之相关联。因此，在采样之后，我们在初始的多类采样分布和二维混合密度分布之间进行了逐像素的检测，消除这些像素以提高光线投射的效率，保证绘制结果的正确性。图6-32（d）即是图6-32（c）经过采样点消除以后所得到的最终多类采样分布。

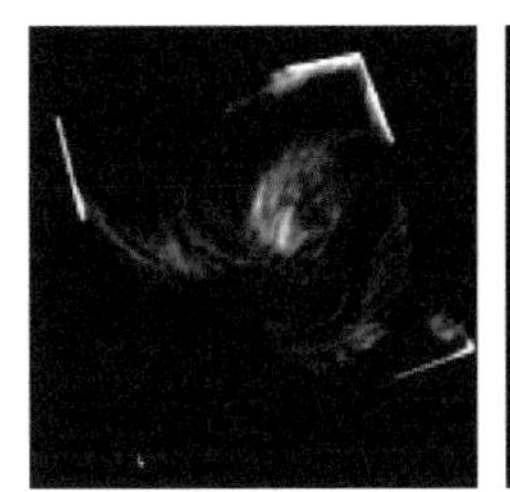
(a) 一个变量场所对应的二维密度分布

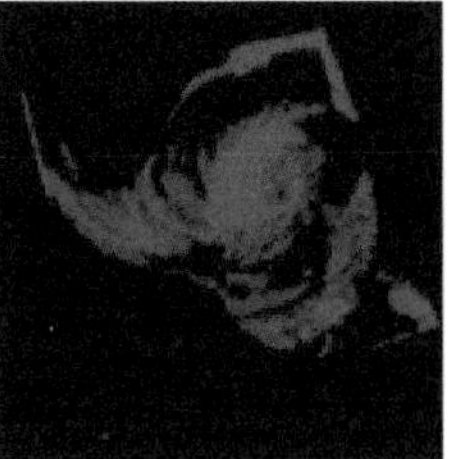
(b) 对应于(a)的采样后的密度分布

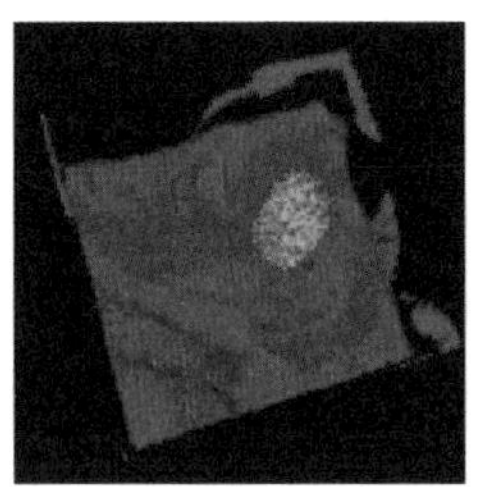
(c) 三个变量的二维多类采样分布

(d) 对应于(c)的消除了不必要的采样点后的二维多类采样分布(建议放大观察)

图6-32 DVR模式下的多类采样分布的生成过程（建议放大观察）

③ 多类光线投射 光线投射是一种经典的图像空间的体绘制技术。从图像空间的每一个像素发出一条光线，穿透体数据，并沿着光线对体数据进行采样。每个采样点都包含被采样的数据场的数据值，并且该数据值通过传输函数被映射为光学属性（颜色和不透明度）。沿着光线计算光线积分，对其上所有采样点的光学属性按照体绘制的混合函数进行混合，即可获得该像素所对应的最后的RGBA值。传统的光线投射技术可以直接应用到多变量的体数据上，然而，在计算光线积分时，由于每一个采样点上都包含多个数据场的变量值，故需要以一些指定的方式对每一个采样点的多个光学属性进行处理。线性混合函数和“包容不透明度方法”（inclusive opacity method）是将多个变量值所对应的光学属性转变为一个光学属性的直观的、常用的方法。但是，正如前文所述，这种处理方法会在每个采样点上导致变量级别的混合，从而产生新的颜色，或者淡化掉某些变量的光学属性，最终影响最后的可视化效果和用户对于数据的认知。

本文所提出的多类光线投射技术从二维的多类采样分布发射光线进行光线积分的计算，保证每个像素、每条光线只关联一个变量场，从而消除了变量级别的颜色混合。如图 6-33（a）所示，在传统的变量空间数据场光线投射技术中，每个采样点的 RGBA 值通过一个函数 BlendFunc 混合计算得到。我们提出的多类光线投射算法如图 6-33（b），每一条光线仅累积其所对应的变量场的光学属性。我们提供了三种常用且有效的体可视化模式，包括直接体绘制、等值面体可视化和切片体可视化，以便用户更好地可视化和分析多变量空间数据场，尽量减少或弱化前文所述的两个问题。

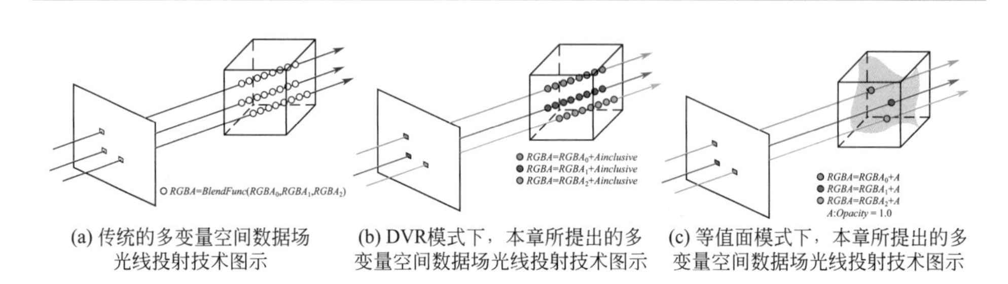

(a) 传统的多变量空间数据场光线投射技术图示　(b) DVR模式下，本章所提出的多变量空间数据场光线投射技术图示　(c) 等值面模式下，本章所提出的多变量空间数据场光线投射技术图示

图 6-33　不同的多变量空间数据场光线投射技术的对比

如图 6-33（b）所示，假设红色的光线与变量场 f 相关联，计算体绘制积分的过程中，它仅仅考虑变量场 f。沿着该光线，采样点上的变量场 f 的数据值依据传输函数被映射为 RGBA，然后按照体绘制的混合公式混合得到最终的像素颜色值。它与传统方法的唯一区别就在于：基于二维的多类采样分布，每根红色光线仅“穿越”物理空间中的一个数据场 f。对该光线而言，它需要处理的仅仅是一个单变量数据场的光线投射体绘制。然而，由于每个采样点确实存在多个变量，每个变量都会互相影响、互相遮挡等，因此，为了确保每一个采样点上光学属性计算的正确性，我们采取了按包容不透明度来计算每一个采样点的最终不透明度值；而对于颜色值，则仅仅考虑变量场 f 在该点的变量值所对应的颜色值。如此，既避免了变量级别的颜色混合，也保持了多变量体绘制中不透明度计算的合理性，维持了正确的深度和遮挡关系。假设一条光线的当前累积颜色为 C_k，其中，k 表示变量和光线的类别。在穿越了一个不透明度为 OP_1 的变量场后，它的颜色变为 $C_k \times (1.0-OP_1)$。在多变量空间数据场中，该光线将穿越 N 个变量场，则它的颜色和不透明度可表示为：

$$color = C_k \tag{6-22}$$

$$opacity = 1.0 - \prod_{i=1}^{N}(1.0 - OP_i) \tag{6-23}$$

式中，*color* 和 *opacity* 分别表示当前采样点的颜色和不透明度；OP_i 表示当前采样点上第 i 个变量场的不透明度。由上述公式可知，与前文描述一致，在我们的方法中，采样点的颜色是相关变量场的独立颜色计算，而不透明度则是按照包容不透明度计算的。因此，在 DVR 模式中，我们的方法保留了传统 DVR 的“see-through”特性，维持了正确的空间遮挡和深度关系，并且消除了变量级别的颜色混合。

在等值面体可视化中，如图 6-33（c）所示，首先，我们依据用户所选定的变量以及给定的值生成等值面。其次，与 DVR 模式一样，依据二维的多类采样分布发射光线。将光线与等值面的交点处的颜色作为该像素的最终颜色，而将不透明度值直接设为 1。在该等值面上，所有的变量都会被可视化出来以便用户观察分析。同 DVR 模式一致，变量级别的颜色混合由多类光线投射方法而消除，深度级别的颜色混合也不再存在，因为此时我们只显示在等值面这一位置处的变量的可视化结果，不再有深度层次的混合发生，当然，这是由等值面这一可视化模式决定的。

第三种体可视化模式是在传统可视化应用中非常常见且有效的切片体可视化。我们实现了一个任意方向的切平面，并将之以一种辅助交互模式嵌入到 DVR 模式中，用户可以在需要时随时开启。如同等值面体可视化模式，当切片体可视化模式被启用以后，切片上所有的变量将会被可视化出来，供用户分析参考。作为一种常用且有效的可视化模式，切片体可视化同样避免了变量级别的颜色混合（借由多类光线投射）和深度级别的颜色混合（可视化模式本身的特点）。

（2）集成的可视化和对比过程

本节主要介绍如何将本章所提出的可视化方法与已有的方法相结合，同时使用一系列简单的数据分析和交互工具对多变量空间数据场进行可视化和分析。首先，用户需要确定感兴趣的变量组合，并选中一个作为等值面的变量场。在整个可视化过程中，用户可以动态地改变变量组合，加入感兴趣的、想要观察的变量场，移除不感兴趣的变量场，探寻感兴趣的变量组合之间的关系，这也是领域专家惯用的数据分析方式。其次，可使用我们提供的多窗口可视化系统对数据进行可视化，用户也可自己开发类似的系统进行可视化，此处我们只结合我们提供的系统描述整个过程。结合领域知识，不同的窗口采用不同的可视化方法以便分析比对，确定感兴趣区域（Region of Interest，ROI），然后使用本文的方法对 ROI 进行可视化，辅助的一系列小工具可以使得用户对于数据的认知更加直观、简便、准确。总的流程如图 6-34 所示。

我们的系统支持三种模式下的基于噪声采样的可视化方法，同时也支持传统的可视化方法，提供一些简单的辅助工具，如放大镜和统计直方图帮助用户确定 ROI。

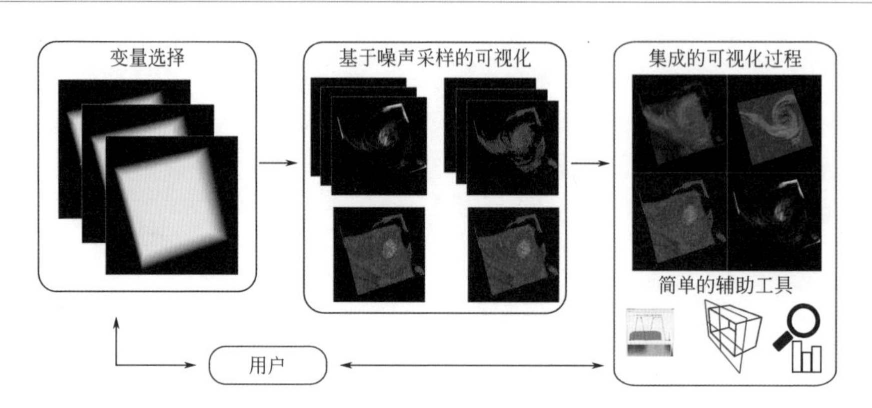

图 6-34 集成的可视化及对比过程。首先确定要可视化的变量场，再进行可视化，不同的窗口使用不同的可视化方法（传统的以及本文的方法）以便确定 ROI。最后，一系列简单的工具提供给用户进行直观的数据观察和分析

当用户确定好一个视点后，四个窗口同时开始可视化过程，使用事先指定的方法展示不同的可视化结果。如图 6-34 所示，左上角的 DVR 窗口提供了 DVR 模式下本文方法的可视化结果。在该窗口中，用户可以将可视化方法变为传统方法中的基于线性混合或者包容不透明度的可视化方法，以便对比。此外，该窗口中还内嵌了切片可视化模式，用户可在需要时激活，用切片的形式观察数据。

在等值面模式中，等值面由事先给定的变量和值生成，其上的所有变量都会依据多类采样分布被可视化出来。等值面的值可由用户动态地改变，与 DVR 窗口类似，传统方法的等值面模式的体可视化结果页可以被随时切换出来以便用户进行对比观察。

另外两个窗口，一个主要用于显示单独一个变量的传统体绘制结果，另一个用于显示二维的多类采样分布。这两个窗口主要作为上述两个主窗口的辅助补充而存在，以便用户更好地理解可视化结果。例如，当一个变量在 DVR 窗口中被遮挡或者不完整，用户可以在辅助窗口中选择观察该变量的传统体绘制结果以获得该数据空间分布的直观感受。

我们的系统允许用户通过变量选择功能动态地、实时地增加或者移除变量场。通过这种方式，用户可以直观地观察到一个变量对整个被观察的多变量数据场所产生的影响，进而分析它与其他变量之间的关系。这种功能非常有效且实用，因为用户一开始通常并不知道哪些变量或者变量的组合是自己感兴趣的或者能产生想要的效果的，这使得他们可以比较自由地组合和观察各种变量场，分析它们的相互影响和关系。在整个过程中，用户还可以调整传输函数，通过可视化

窗口的反馈来调整颜色映射。

为了方便用户从不同角度观察数据，每个窗口的相机依据用户需要可以设置为同步相机，也可单独设置。结合用户的领域先验知识和我们的系统，即可确定ROI，然后进行下一步的局部数据分析与对比。

为了更好地分析和观察数据场中的内部信息，我们提供了几个简单的辅助交互和数据分析工具。数据值查询工具允许用户在等值面和切片模式下，检查任一像素上的变量值。放大镜工具则允许用户在所有可视化模式下、在任一提供的可视化方法中放大观察重点的感兴趣区域。附着在放大镜工具上的是统计直方图，它可以统计并显示在放大镜区域中的所有变量的分布情况，即每种变量分别对应有多少个像素点，这也是由二维的多类采样分布决定的。通过上述几个工具，用户可以对ROI进行定性和定量的观察分析，从而对数据的变量分布和特征有更准确的认知。

6.5.3.2 结果与讨论

我们的系统使用Qt和OpenGL实现。下述两个实验的实验平台为一台PC，处理器为Intel Core（TM）i7-4770，主频3.4GHz，内存16GB，显卡是NVIDIA GeForce GTX660，显存是2GB。在512×512的窗口分辨率下，多类蓝噪声采样的计算时间为7min。构建r矩阵的最小距离为1/512。

（1）飓风数据Hurricane Isabel的应用结果

Hurricane Isabel数据集包含48个时间步，每一个时间步包含13个属性变量。在实验中，我们选取第10个时间步的4个变量进行可视化，以展示我们方法的结果。其中的三个变量：压力（*P*）、总的云水混合比（*CLOUD*）和水蒸气（*QVAPOR*）作为变量组合进行可视化，温度场（*TC*）作为生成等值面的变量。

首先，我们使用传输函数窗口，为每一个变量场设计颜色映射。我们使用一种特殊的蓝色［RGB三分量组合为（139，80，253）］来映射变量*CLOUD*，使用淡绿色（0，139，0）来映射*QVAPOR*，使用一种特殊的红色（237，0，63）映射变量*P*。然后，我们通过直接体绘制的结果确定一个视点，按前述方法生成可视化结果。

图6-35（a）是DVR模式下基于多类蓝噪声采样的体可视化结果。与图6-35（b）所展示的传统的多变量直接体可视化结果相比，可以很明显地看出，我们的方法能捕捉到更多的特征，如棕色的矩形框中所示。图6-35（b）无法很完整地展示出最重要的、由变量*P*所反映的台风眼这个特征，而我们的方法可以完整地展现整个台风眼，如图6-35（a）所示。将棕色矩形框标志的区域放大以后，我们可以更直观和便捷地感受到这种差异，如图6-35（e）和（f）所示。通过对这一区域的像素所表达的颜色的视觉感知，在传统方法中，由于变量级别的颜色混合，用户会对数据的分析结果产生错误的认知，如图6-35（f）中出现

的棕色，该颜色无法用当前正在被可视化的任何变量所解释。结果，它将花费用户更多的时间和精力去分析和认知这些一现象以及数据本身。相反，我们的方法可以通过避免变量级别的颜色混合减少这种混淆，从而提高用户对数据的认知速度和质量。

在等值面模式中，我们设定温度场等值面的值为 115。图 6-35（c）和（d）分别是等值面模式下本文和传统方法的结果。如图 6-35（g）和（h）所示，我们使用放大镜方法观察感兴趣区域，附着的统计直方图实时地反映着所观察区域的变量的统计分布。放大区域的每一个变量的统计分布都被实时地可视化，这为用户对 ROI 进行定量分析提供了很好的帮助。当在传统方法中使用该工具时，如图 6-35（h）所示，统计直方图包含的信息与图 6-35（g）中的一致，因此，它可作为参考信息，当用户观察在传统方法下的可视化结果时，辅助用户感受传统方法与我们的方法的差异。等值面模式的方法主要是为了利用其自身内在的避免深度级别的颜色混合这一特点，作为 DVR 模式的补充一起帮助用户观察分析数据。

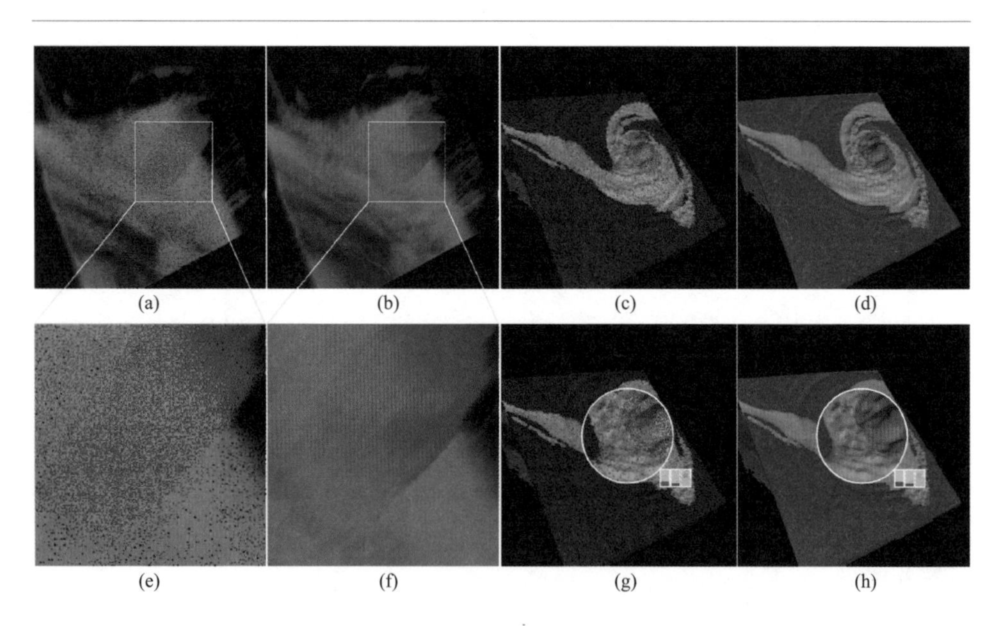

图 6-35 选取 Hurricane Isabel 数据集的三个变量：压力（*P*）、总的云水混合比（*CLOUD*）和水蒸气（*QVAPOR*）作为可视化的对象，以温度场（*TC*）作为产生等值面的变量。（a）~（d）：DVR 模式下基于多类蓝噪声采样的体可视化，传统的多变量直接体可视化，等值面模式下基于多类蓝噪声采样的体可视化，等值面模式下的传统多变量体可视化。（e）和（f）是（a）和（b）中对应区域的放大图。（g）和（h）分别是使用辅助的放大镜和统计直方图工具对（c）和（d）进行分析观察的结果

（2）三维核聚变仿真数据的应用结果

三维核聚变仿真数据是一个多变量的时变体数据，其分辨率是 128×128×128，通过仿真一个不稳定的流体界面（即不同的流体介质互相混合的接触面）而产生，总共包含 5 个变量。我们选择其中的密度场（D）、温度场（T）和速度在 z 方向的分量（VZ）作为变量组合。同样地，我们使用一种特殊的红色（226，26，28）、蓝色（55，126，184）和绿色（77，175，74）来分别编码变量 D、T 和 VZ。值得注意的是，此处我们只为了展示我们方法本身的优越性，而不是为了研究变量之间的关系。因此，选择哪些变量进行组合并不重要。

图 6-36（a）和（b）分别是 DVR 模式下基于多类蓝噪声采样的体可视化结果和传统方法的结果。图 6-36（e）、（f）和（g）分别是 D、VZ 和 T 三个变量场本身的单独直接体可视化结果。对比图 6-36（a）和（b）中由位于相同的位置的、用白色圆圈高亮的对应区域，可以看出，我们的方法能捕捉到更多的信息和特征，具体地说，即是我们的方法能捕获更多由绿色所编码的变量 VZ 的信息。这是由于位于这些区域的 VZ 是低不透明度的信息，在传统的多变量体可视化方法中，这部分信息由于混合和遮挡，它们对于最终结果的贡献被大大弱化，信息被丢失，从而导致视觉上的不可感知或者丢失。这就是我们在定义变量级别的颜色混合时所提到的。作为参考，这些特征在 VZ 的单独直接体可视化结果中也被标识出来［如图 6-36（f）］，以便更好地说明我们方法的优势。

图 6-36（c）和（d）分别是图 6-36（a）和（b）中白色矩形区域的放大图。这些区域的变量都有很高的不透明度，而此类区域通常是数据中最重要、最有价值的区域，多个变量强烈地相互作用，通常会产生某些物理现象，存在一些高频特征。然而，传统方法对于这些区域的可视化结果，由于严重的颜色混合通常会使用户对数据产生严重的误解和认知偏差，如图 6-36（d）所示。一些新产生的颜色，如紫色、黄色、靛色，无法用正在被可视化的数据集进行解释，用户会被迷惑，产生诸如“这是原有的某种变量?”或者“这个区域产生了新的变量?”这类的疑问，而事实并非如此。相反，我们的方法可以避免变量级别的颜色混合，同时保留重要的原始信息，如图 6-36（c）所示。

6.5.3.3 用户调研

我们最后还设计了一个用户调研实验，以评估本文方法相对于传统的基于颜色混合的方法在多变量空间数据场可视化上的效果。我们邀请了 20 位可视化领域的研究人员参与了整个实验（年龄分布：21～36 岁，其中 6 位女性，14 位男性）。调研的目的是对本文方法给出一个定性和定量的评估。实验数据是前述的三维核聚变仿真数据（T、D 和 VZ），使用以下两种单一视图可视化方法：本文的方法［参见图 6-36（a）］和传统的多变量空间数据场可视化技术［参见图 6-36（b）］。

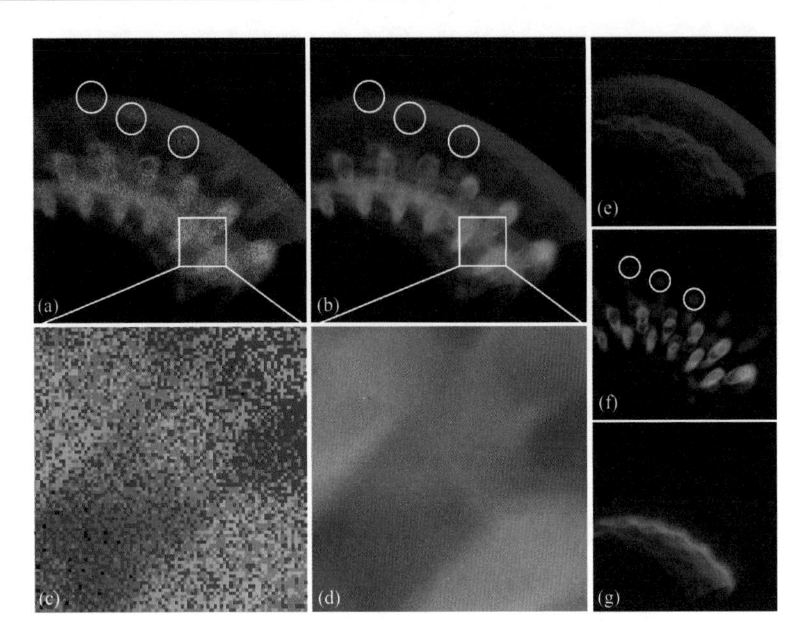

图 6-36 对三维核聚变仿真数据的三个变量：密度（*D*）、温度（*T*）和 *z* 方向的速度值（*VZ*）进行可视化

我们的调研主要有两个目标，第一个目标是验证第一个假设：基于颜色混合的方法所产生的新颜色不会在基于噪声的方法中产生。第二个目标是验证第二个假设：在基于颜色混合的方法中，某些原有的变量的颜色会被弱化或者消失，导致视觉上无法感知，而当使用我们的方法时，这一现象不会出现。对于每种方法，我们选择三个圆形区域和一个矩形区域进行对比试验，如图 6-36（a）和（b）所示。参与者被要求指出这些局部区域中他所感知到的颜色个数。参与者事先并没有关于实验数据的先验知识，他们对数据一无所知，以此来确保实验结果的客观公正。然后，两种方法的完整的可视化结果同样被展示给用户，并要求他们同样指出感知到的颜色数目。全局可视化结果与局部区域的可视化结果的相互关系也同样没有事先告知参与者。此外，参与者在每一个实验中所做出的判断的信心指数也被记录下来并进行统计分析。

完成上述任务后，我们向参与者提供了每一个变量的传统的单独体可视化结果，并解释了上述任务中局部区域与全局区域的对应关系，以便他们对于数据有完整而直观的了解［如图 6-36（e）～（g）所示］。最后，参与者会回答在多大程度上我们的方法可以帮助解决我们在设计调研实验时所定义的两个问题。

用户调研的结果如图 6-37 所示。如图 6-37（a）和（b）所示，在所选择的矩形区域中，当面对使用我们的方法得出的结果时，参与者能更准确地感知到颜色的数目，并且他们都是非常自信地做出了准确的判断。由图中答案分布的范围来看，当面对使用基于颜色混合的传统方法的结果时，参与者普遍感到无法轻易地做出准确判断，因而答案分布与真实值相差较远，出错情况也较乱，参与者做出判断的信心指数也较低。因此，我们的方法可以有效地阻止新颜色的产生。当使用传统的方法时，绝大多数的参与者仅仅感知到了一个颜色，也就是说，他们认为这个区域内只有一个变量，而事实上，该圆圈区域存在两个不同的颜色和变量［如图 3.7（e）所示］。当使用本方法时，大多数用户做出了正确的判断。因此，第二个猜想也被证明了。参与者的反馈同样说明了这个结果［图 6-37（f）和（g)］。

当面对完整的可视化结果时，相比于传统的方法，我们的方法同样有助于捕获更多的数据信息，帮助用户准确地认知数据，然而，相比面对局部可视化结果，这种提升相对有限［图 6-37（c）和（d)］。此外，从人类视觉美观角度来看，大多数参与者都认为传统的基于颜色混合的方法所产生的可视化结果比本章的方法要好。

本章方法在局部数据可视化和数据分析方面是有效的。虽然基于本章方法的可视化结果在视觉上不是一种美观的方法，然而可视化并不是一个以追求视觉美感为先的学科，它依然可以在多变量空间数据场可视化领域扮演一个重要的角色，作为对已有方法的补充。它可以与已有的多变量空间数据场可视化方法相结合，提升可视化的作用，帮助观察和分析重点的局部区域。用户可以使用传统的方法获取对于数据的大概认知，然后使用本文方法对关键区域进行进一步观察分析。当前，我们并没有对该方法进行任何的硬件加速，它并不是一个实时的方法。然而，该方法是数据大小独立的，也即它对数据尺度大小不敏感。我们对不同尺度的数据进行了测试实验，这些数据的大小从 $128\times128\times128$ 到 $512\times512\times512$，当窗口分辨率是 512×512 时，多类蓝噪声采样的计算时间基本都维持在 7min 左右。它是一种窗口大小相关的方法，对绘制窗口分辨率敏感。因此，基于该方法的这个特性以及未来可期待的对于方法本身的硬件加速，它在处理大数据方面的潜力是可预见的、值得期待的。

此外，本文方法可以很直接地被应用到包含三个以上变量场的多变量空间数据场，该方法本身对于能够可视化的变量数目并没有限制。主要的限制存在于颜色映射方案的好坏以及变量场自身数据分布的特点。如果颜色映射设计可以在最大程度上减轻颜色混合所带来的误导，那么以颜色混合为基础的方法的缺点就被最小化，从而就减小了本文方法的优越性。在数据场值分布方面，如果一个数据集的多个变量在整个空间场或者大部分空间场中都处于紧耦合状态，那么我们的方法会产生一个视觉上比较混乱的可视化结果。我们将会在未来的工作中考虑如何突破或者减轻这些因素对于该方法的限制。

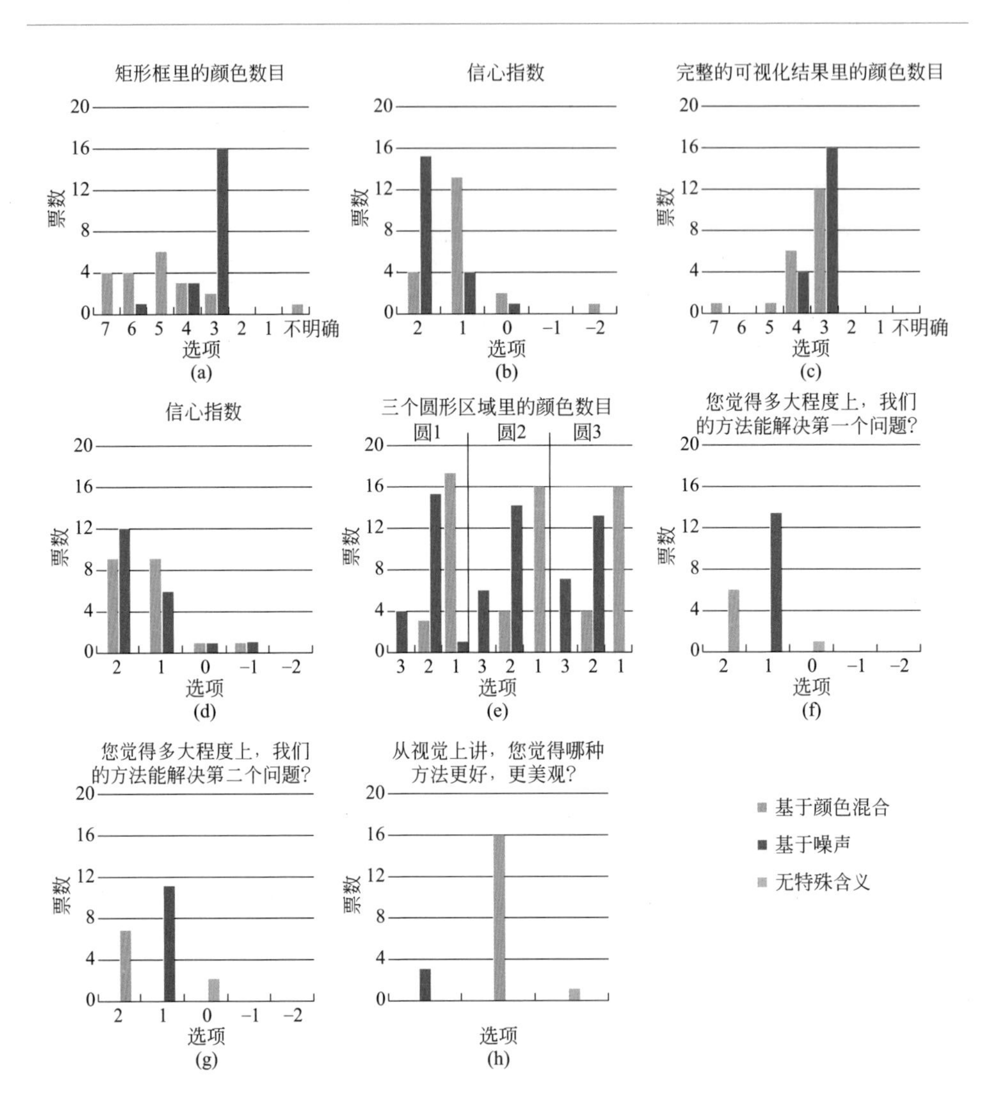

图 6-37 用户调研的结果。(a) 和 (c) 分别是让调研用户指定在矩形区域和完整的可视化结果中颜色数目的统计结果。(b) 和 (d) 则分别是用户做出 (a) 和 (c) 中问题的判断时的信心指数。同样地，(e) 是三个白色圆圈区域中的颜色数指定结果统计。(f)、(g) 和 (h) 是调研用户对于本文方法和传统方法的对比和评价。在 (b)、(d)、(f) 和 (g) 中，统计值越高越好，正值代表正面的影响，而负值对应负面的影响

参考文献

[1] Ming-Yuen Chan, Yingcai Wu, Wai-Ho Mak, Wei Chen, Huamin Qu. Perception-based transparency optimization for direct volume rendering [J]. IEEE Transactions on Visualization and Computer Graphics, 2009, 15 (6): 1283-1290.

[2] Evgeni V. Chernyaev. Marching Cubes 33: Construction of Topologically Correct Isosurfaces. 1995.

[3] Carlos D. Correa, Kwan-Liu Ma. Size-based transfer functions: A new volume exploration technique [J]. IEEE Transactions on Visualization and Computer Graphics, 2008, 14 (6): 1380-1387.

[4] Carlos D. Correa, Kwan-Liu Ma. The occlusion spectrum for volume classification and visualization [J]. IEEE Transactions on Visualization and Computer Graphics, 2009, 15 (6): 1465-1472.

[5] Carlos D. Correa, Kwan-Liu Ma. Visibility-driven transfer functions. In IEEE Pacific Visualization Symposium (PacificVis)'09. Washington, DC, USA: IEEE Computer Society, 2009, 177-184.

[6] Carlos D. Correa, Kwan-Liu Ma. Visibility histograms and visibility-driven transfer functions [J]. IEEE Transactions on Visualization and Computer Graphics, 2011, 17 (2): 192-204.

[7] KarelCulik II, Jarkko Kari. An aperiodic set of wang cubes [J]. Journal of Universal Computer Science, 1995, 1 (10): 675-686.

[8] K. Engel, M. Hadwiger, J. M. Kniss, A. E. Lefohn, C. R. Salama, D. Weiskopf. Realtime Volume graphics. SIGGRAPH Course Notes. 2004.

[9] Klaus. Engel, Markus. Hadwiger, Joe Kniss, Christof Rezk-Salama, Daniel Weiskopf. Real-time volume graphics [M]. A K Peters, 2006.

[10] Hanqi Guo, Ningyu Mao, Xiaoru Yuan. WYSIWYG (What You See is What You Get) volume visualization [J]. IEEE Transactions on Visualization and Computer Graphics, 2011, 17 (12): 2106-2114.

[11] Markus Hadwiger, Fritz Laura, Christof Rezk-Salama, Thomas Höllt, Georg Geier, Thomas Pabel. Interactive volume exploration for feature detection and quantification in industrial ct data [J]. IEEE Transactions on Visualization and Computer Graphics, 2008, 14 (6): 1507-1514.

[12] Taosong He, Lichan Hong, Arie Kaufman, Hanspeter Pfister. Generation of transfer functions with stochastic search techniques. In Proceedings of the 7th IEEE Visualization' 96. Los Alamitos, CA, USA: IEEE Computer Society, 1996: 227-234.

[13] Fernando Vega Higuera, Natascha Sauber, Bernd Tomandl, Christopher Nimsky, Günther Greiner, Peter Hastreiter. Automatic adjustment of bidimensional transfer functions for direct volume visualization of intracranial aneurysms. In Medical Imaging 2004:

Visualization, Image-Guided Procedures, and Display. 2004, 275-284.

[14] Gordon Kindlmann, James W. Durkin. Semi-automatic generation of transfer functions for direct volume rendering. In Proceedings of the 1998 IEEE symposium on Volume visualization. New York, NY, USA: ACM, 1998: 79-86.

[15] Gordon Kindlmann, Ross Whitaker, Tolga Tasdizen, Torsten Moller. Curvature-based transfer functions for direct volume rendering: Methods and applications. In Proceedings of the 14th IEEE Visualization 2003 (VIS'03). Washington, DC, USA: IEEE Computer Society, 2003: 513-520.

[16] Joe Kniss, Gordon Kindlmann, Charles Hansen. Interactive volume rendering using multi-dimensional transfer functions and direct manipulation widgets. In Proceedings of the 12th IEEE Visualization' 01. Washington, DC, USA: IEEE Computer Society, 2001: 255-262.

[17] Joe Kniss, Gordon Kindlmann, Charles Hansen. Multidimensional transfer functions for interactive volume rendering [J]. IEEE Transactions on Visualization and Computer Graphics, 2002, 8 (3): 270-285.

[18] M. Levoy. Display of surfaces from volume data. IEEE Transactions on Visualization and Computers Graphics. 1988, 8 (3): 29-37.

[19] F. Lindermann, T. Ropinski. About the influence of illumination models on image comprehension in direct volume rendering. IEEE Transactions on Visualization and Computer Graphics. 2011, 17 (12): 1922-1931.

[20] William E. Lorensen, Harvey E. Cline. Marching Cubes: A high resolution 3D surface construction algorithm. In: Computer Graphics, Vol. 21, Nr. 4, July 1987.

[21] Aidong Lu, David S. Ebert. Example-based volume illustrations. In Proceedings of the 16th IEEE Visualization 2005. IEEE, 2005: 655-662.

[22] R. Maciejewski, Insoo Woo, Wei Chen, D. Ebert. Structuring feature space: A non-parametric method for volumetric transfer function generation [J]. IEEE Transactions on Visualization and Computer Graphics, 2009, 15 (6): 1473-1480.

[23] Joe Marks, Brad Andalman, Paul Beardsley, William Freeman, Sarah Gibson, Jessica Hodgins, Thomas Kang, Brian Mirtich, Hanspeter Pfister, Wheeler Ruml, K. Ryall, Joshua Seims, Stuart Shieber. Design galleries: a general approach to setting parameters for computer graphics and animation. In Proceedings of the 24th Annual Conference on Computer Graphics and Interactive Techniques. New York, NY, USA: ACM Press/Addison-Wesley Publishing Co. , 1997: 389-400.

[24] T. S. Newman, H. Yi, A survery of the marchingcubes algorithm. Computers & Graphics. 2006, 30 (5): 60-70.

[25] Nielson, Gregory M. Hamann, B. (1991). The asymptotic decider: resolving the ambiguity in marching cubes. Proceeding VIS'91 Proceedings of the 2nd conference on Visualization'91.

[26] Jörg-Stefan. Praßni, Timo Ropinski, Jörg Mensmann, Klaus Hinrichs. Shape-based transfer functions for volume visualization. In IEEE Pacific Visualization Symposium (PacificVis)' 10. Washington, DC, USA: IEEE Computer Society, 2010: 9-16.

[27] Stefan Roettger, Michael Bauer, Marc Stamminger. Spatialized transfer functions. In EuroVis'05. Eurographics Association, 2005: 271-278.

[28] T. Ropinski, C. Rezk-Salama, M. Hadwiger, P. Ljung. Advanced illumination techniques for GPU-based volume ray casting. IEEE Visualizaiton Tutorial. 2008.

[29] Scott D. Roth. Ray casting for modeling solids [J]. Computer Graphics and Image Processing, 1982, 18 (2): 109-144.

[30] Petr Šereda, Anna Vilanova Bartrolí, Iwo W. O. Serlie, Frans A. Gerritsen. Visualization of boundaries in volumetric data sets using LH histograms [J]. IEEE Transactions on Visualization and Computer Graphics, 2006, 12 (2): 208-218.

[31] Fan-Yin Tzeng, Eric B. Lum, Kwan-Liu Ma. A novel interface for higher-dimensional classification of volume data. In Proceedings of the 14th IEEE Visualization 2003 (VIS'03). Washington, DC, USA: IEEE Computer Society, 2003: 505-512.

[32] Fan-Yin Tzeng, Eric B. Lum, Kwan-Liu Ma. An intelligent system approach to higher-dimensional classification of volume data [J]. IEEE Transactions on Visualization and Computer Graphics, 2005, 11 (3): 273-284.

[33] Yunhai Wang, Wei Chen, Guihua Shan, Tingxin Dong, Xuebin Chi. Volume exploration using ellipsoidal gaussian transfer functions. In IEEE Pacific Visualization Symposium (PacificVis)'10. 2010: 25-32.

[34] Yunhai Wang, Wei Chen, Jian Zhang, Tingxing Dong, Guihua Shan, Xuebin Chi. Efficient volume exploration using the gaussian mixture model [J]. IEEE Transactions on Visualization and Computer Graphics, 2011, 17 (11): 1560-1573.

[35] Yingcai Wu, Huamin Qu. Interactive transfer function design based on editing direct volume rendered images [J]. IEEE Transactions on Visualization and Computer Graphics, 2007, 13 (5): 1027-1040.

[36] Sergey Zhukov, Andrei Iones, Grigorij Kronin. An Ambient Light Illumination Model. In Eurographics Symposium on Rendering/Eurographics Workshop on Rendering Techniques. 1998: 45-56.

[37] Gustavo M. Machado and Manuel M. Oliveira. Real-Time Temporal-Coherent Color Contrast Enhancement for Dichromats. Computer Graphics Forum, 2010, 29 (3): 933-942.

[38] Nelson Max. Optical models for direct volume rendering. IEEE Transactions on Visualization and Computer Graphics, 1995, 1 (2): 99-108.

[39] Christopher R. Johnson and Charles D. Hansen. The Visualization Handbook. Academic Press, Inc. 2004.

[40] Lujin Wang and Joachim Giesen and Kevin T. McDonnell and Peter Zolliker and Klaus Mueller. Color Design for Illustrative Visualization. IEEE Transactions on Visualization and Computer Graphics, 2008, 14 (6): 1739-1754.

[41] C. Radhakrishna Rao and Helge Toutenburg. Linear Models: Least Squares and Alternatives. Springer, 1999.

[42] Thomas Porter and Tom Duff. Compositing digital images. Computer Graphics (Proceedingds of ACM SIGGRAPH), 1984, 18 (3): 253-259.

[43] Johnson Chuang and Daniel Weiskopf and Torsten Moeller. Energy Aware Color Sets. Computer Graphics Forum, 2009, 28 (2): 203-211.

[44] Hans Brettel and Françoise Viénot and John D. Mollon. Computerized simulation of color appearance for dichromats. Journal of the Optical Society of America A, 1997, 14 (10): 2647-2655.

[45] Walter Gerbino and Casimir I. F. H. J. Stultiens and Jim M. Troost and Charles. M. M. de Weert. Transparent layer constancy. Journal of Experimental Psychology: Human Perception and Performance, 1990, 16 (1): 3-20.

[46] Giovane R. Kuhn and Manuel M. Oliveira and Leandro A. F. Fernandes. An Efficient Naturalness-Preserving Image-Recoloring Method for Dichromats. IEEE Transactions on Visualization and Computer Graphics, 2008, 4 (6): 1747-1754.

[47] Jens Schneider, RüdigerWestermann. Compression domain volume rendering. In Visualization, 2003: 293-300.

[48] Sylvain Lefebvre, Hugues Hoppe. Perfect spatial hashing. ACM Trans. Graph. , 2006, 25 (3): 579-588.

[49] Nathaniel Fout, Kwan-Liu Ma. An adaptive prediction-based approach to lossless compression of floatingpoint volume data. IEEE Transactions on Visualization and Computer Graphics, 2012, 18 (12): 2295-2304.

[50] Wenli Cai, Georgios Sakas. Data intermixing and multi-volume rendering. In Computer Graphics Forum. Wiley Online Library, 1999, 18 (3): 359-368.

[51] Hiroshi Akiba, Kwan-Liu Ma, Jacqueline H Chen, Evatt R Hawkes. Visualizing multivariate volume data from turbulent combustion simulations. Computing in Science and Engineering, 2007, 9 (2): 76-83.

[52] Li-Yi Wei. Multi-class blue noise sampling. ACM Trans. Graph, 2010, 29 (4).

[53] Yoseph Linde, Andres Buzo, Robert M Gray. An algorithm for vector quantizer design. Communications, IEEE Transactions on, 1980, 28 (1): 84-95.

[54] Karl Pearson. Liii. on lines and planes of closest fit to systems of points in space [J]. The London, Edinburgh, and Dublin Philosophical Magazine and Journal of Science, 1901, 2 (11): 559-572.

第7章

社交媒体数据

移动互联网的蓬勃发展使得社交媒体（如微博、微信、博客等）与人们日常生活的联系愈发紧密。社交媒体每天产生的海量数据能够帮助人们了解当下的社会热点、时事动态，但其复杂、多元、实时更新的特性也给人们的分析挖掘工作带来了巨大的挑战。传统的数据挖掘方法能够在一定程度上洞察数据中蕴含的模式特征，但任何方法所使用的数学模型都有其存在前提与适用范围。因此，这些自动化算法无法充分挖掘社交媒体数据，分析数据的方方面面。相比之下，可视化与可视分析兼顾计算机强大的运算能力与人类丰富的经验知识，将两者的优劣势进行互补，逐渐成为大数据时代的高效决策辅助工具。但为了应对社交媒体数据复杂多变的数据类型与海量实时更新的特性，就必须提出新的建模方法、可视设计以及布局算法。本章通过调研社交媒体数据可视化这一新兴领域，将现有工作分为两大类：一类是如何从社交媒体数据中获取信息；另一类是如何理解社交媒体用户的行为。通过这一分类框架，本章组织罗列了当前社交媒体数据可视化的前沿工作，读者可以通过这些工作了解可视化研究人员如何探索利用社交媒体数据以及社交媒体数据领域未来的研究热点。

7.1 社交媒体数据可视分析简介

社交媒体是指基于互联网技术的用户交流、信息交换平台。人们可以通过各类社交媒体应用（APP）来制作分享内容、传播观点。与传统媒体相比，社交媒体以用户为主导，通过用户关系网络飞速传播各类资讯信息。每一个用户既可以成为信息的发起者，也可以是信息的接收者，更可以是信息的传播者。社交媒体不仅制造了人们日常生活中一个又一个争相讨论的热点话题，更吸引着传统媒体跟进报道，形成了新闻内容制作与传播的新模式。社交媒体数据更新迅速、类型多样，包含短文本、图片、视频以及 URL 等信息，是一种结构复杂的流式多媒体大数据。由社交媒体用户以及用户间交互关系所组成的网络被称为社交网络。社交网络使得社交媒体数据彼此之间存在某种隐含的关联关系。探索分析这种关联关系对于许多以数据驱动的任务（如危机管理、舆情监控等）有着重大的意义。近年来，电子信息技术的发展取得了长足的进步，这使得社交媒体数据的储存管理变得简单高效，但其本身含有的噪声以及实时更新的特点仍阻碍着人们充分挖掘利用社交媒体数据的潜能。

可视分析是指用户通过交互式可视化进行分析推理的过程，是一个包含可视化、人机交互、数据分析在内的综合性新兴学科。通过可视分析，用户可以利用自身的经验、知识与直觉从社交媒体数据中发现有价值的模式特征。在过去几年间，研究人员开发了大量的可视分析工具来探索分析社交媒体数据。这些工具为我们进一步分析利用社交媒体数据奠定了基础。本章将从如何获取社交媒体数据中蕴含的信息、如何理解并可视化社交媒体用户的行为两方面入手进行介绍。

7.2 获取社交媒体数据中的信息

社交媒体无时无刻不在生产着各式各样的新闻资讯、用户动态，它为人们提供了一个宝贵的信息获取渠道。普通用户可以直接从社交媒体数据中搜索想要的信息；新闻从业人员可以跟进报道社会热点事件；政府决策部门可以追踪关注社会舆情动向。但是，社交媒体数据实时更新、复杂多元的特点及其带有的噪声却给人们的信息获取工作带来了巨大的困难。为克服这一困难，可视化研究人员近年来开展了大量的工作。这些工作按照所使用的数学模型进一步细分为三类：关键词模型法、话题模型法以及综合模型法，如图 7-1 所示。关键词模型法是指利用用户提供的关键词从社交媒体数据中检索信息并可视化获得的检索结果。话题模型法是指利用话题模型与聚类方法来处理数据并可视化模型结果。综合模型法是指多角度地探索分析社交媒体数据，寻找数据蕴含的模式特征。

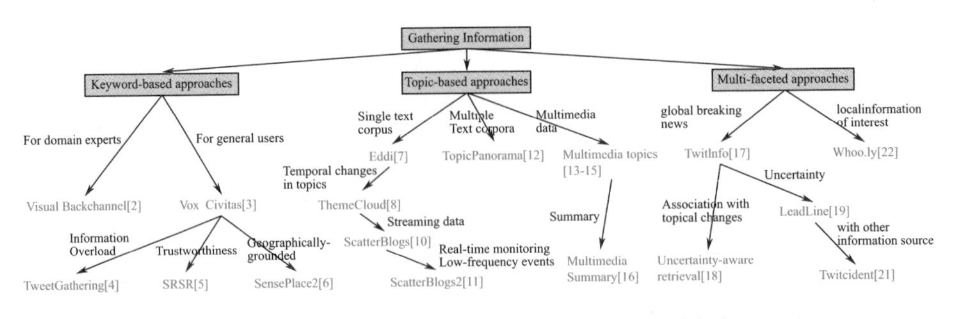

图 7-1 从社交媒体数据中获取信息的技术分类框架

7.2.1 关键词模型法

社交媒体如今已融入人们的日常生活。人们习惯于用各类社交媒体应用来记录生活的点滴、分享自己的所见所闻。社交媒体数据通常包含许多冗余的信息和噪声，这一现象被称作“信息过载”。

Visual Backchannel 是一款面向普通用户开发的信息检索工具，它可以追踪和探索微博（Twitter）上关于某些热点事件的用户对话。该系统首先需要用户指定关键词，然后通过调用 Twitter 公司提供的公共应用程序接口（API）来收集与关键词相关的微博（Tweets）。接着，系统后台算法模块对收集好的微博进行词干分析。词干分析的具体做法是除去一些常见停顿词，如连词、语气词等，融合一些同义异形词，如单词的不同形态。Visual Backchannel 包含四个交互界面：微博列表、用户列表、照片云以及话题河流，如图 7-2 所示。话题河流部署在系统的上半部，旨在为用户提供一个话题演变的总览图。话题河流采用堆叠图布局算法来展示话题频率的动态变化。该视图记录着当前与过往时刻的话题演变情形。用户列表采用螺旋式布局，能够高效利用有限的屏幕空间。它与微博列表、照片云一同部署在系统的下半部。作为一种辅助灵活的交互工具，Visual Backchannel 可以很好地帮助用户从时间维度探索微博数据来获取自己感兴趣的消息。

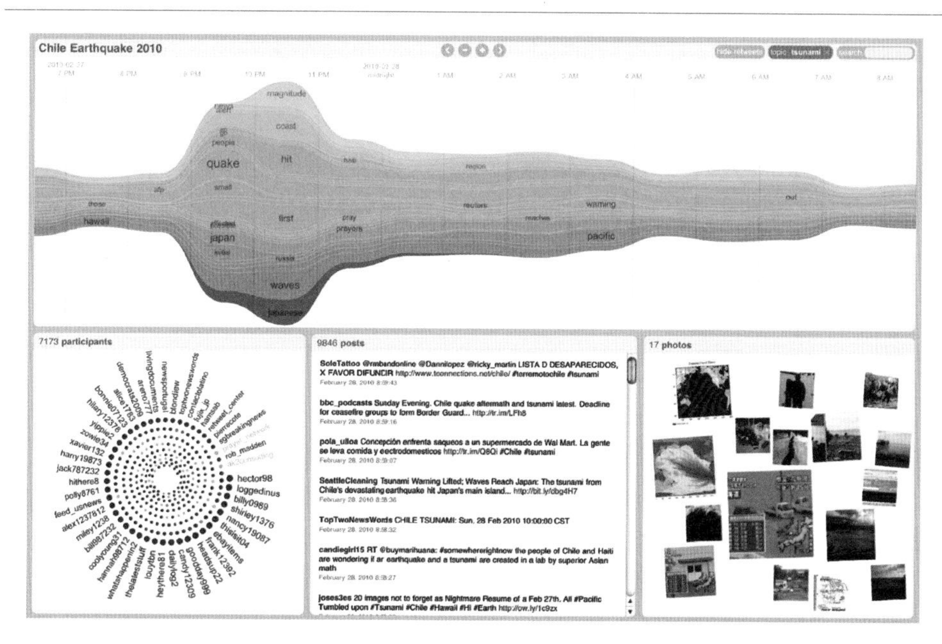

图 7-2 Visual Backchannel 采用流可视化来展现社交媒体上话题的演变

除了为普通用户提供信息，社交媒体数据也能够为新闻从业人员提供有价值的素材。研究人员为此开发了若干种可视化工具来帮助人们从杂乱无章的数据中寻找有新闻价值的微博。Vox Civitas 旨在帮助记者和媒体专家从大规模社交媒体内容中汲取有潜在新闻价值的消息。该系统集成了四种自动化分析方法：相关分析法、唯一分析法、情绪分析法以及关键词检索法来帮助用户过滤、搜索与重大事件相关的微博消息。Vox Civitas 还提供了一个易于用户使用的交互式界面，该界面集成了关键词流可视化以及视频窗口。但是此系统也存在以下几个缺点：一是无法有效解决信息过载的问题，二是缺乏一种衡量数据可信度的手段，三是缺乏语境支持。

为了解决缺乏语境的问题，Zubiaga 等人开发出 TweetGathering——一个辅助灵活交互手段的可视分析系统。用户可以使用各种类型的过滤器来过滤冗余消息，也可以使用各种类型的排序器来对消息的潜在价值进行排序。最后，用户也可以为微博消息添加语境，这有助于加深用户对微博消息的理解。但 TweetGathering 仍受制于信息过载带来的挑战，当数据量显著增大时，系统的使用效率明显下降。因此，Diakopoulos 等人开发出一个全新的可视分析系统 SRSR 来帮助新闻从业人员快速查找、评估信息的来源。该系统使用一个眼球检测仪用于从即时新闻中截获消息，并采用 K 邻近算法来分类微博消息的来源。SRSR 同样也给用户提供了一个直观的、易于操作的交互界面。

最后一类与社交媒体数据信息获取相关的应用是基于地理空间的情景分析。情景分析对于危机管理来说至关重要。SensePlace2 是情景分析的一个重要实例。该系统通过直观展示社交媒体数据的时空属性并提供丰富的交互手段来支持用户对数据进行探索分析。此系统改进了传统的热力图，并用其展示特定话题的单词频率。同时，它还允许用户灵活地使用各类时空过滤器来获取他们感兴趣的数据。

7.2.2 话题模型法

尽管关键词模型法允许用户通过一个或一组关键词来高效地获取社交媒体数据中的信息，但数据增长的速度总是超过用户的处理能力，这使得关键词模型法无法真正适用于超大规模的社交媒体数据集。另外，按照关键词或标签对社交媒体数据进行组织管理存在效率低下、区分度不高的问题。为了克服这些挑战，研究人员提出了一类基于话题模型的可视分析方法。这类方法通常采用更为高级的文本挖掘、信息检索或自然语言处理技术从社交媒体数据中汲取语义信息来深入探索社交媒体数据。

Eddi 是一个典型的基于话题模型的可视分析系统，它采用了一个全新的话题聚类模型 TweeTopic。该方法将一条微博转变成一条查询语句，并将其送到搜索引擎中进行检索并获得返回的一系列话题描述词。TweeTopic 将搜索引擎作为一个外界信息源，克服了微博消息字数限制带来的局限性并提高了信息检索的精度。Eddi 同样提供了一个操作简单、易于理解的交互界面。该界面允许用户通过标签云、时间线、话题板以及导航表等来探索社交媒体数据并搜索自己感兴趣的话题。ThemeClouds 是另一款旨在帮助用户理解特定话题演变模式的可视分析系统。该系统能够展示文本数据集中特定话题随时间的演变。在指定时间段内，ThemeClouds 为每个社交媒体用户创建一个用户画像，该画像由用户的微博消息组合而成。接着，系统使用定制的聚类方法对所有的用户画像进行聚类。聚类的结果是一系列话题树。一旦用户选定一棵话题树，ThemeClouds 立即计算出一个合适的分辨率并利用多层标签云进行可视化。

Eddi 和 ThemeClouds 都能够提供文本数据集的总览图，但它们无法实时处理社交媒体数据。因此，研究人员针对实时更新的社交媒体数据（流式大数据）开发了许多全新的可视分析工具。ScatterBlogs 是一个多尺度交互式可视分析系统。它能够从社交媒体数据流中检测异常的事件或话题。该系统首先采用文本挖掘领域最常见的 LDA 模型来提取话题，随后，它采用季节趋势算法来识别异常话题，并用 Z 分数评估法来选择由异常话题构成的异常事件。ScatterBlogs 的交互界面包含地图、标签云以及直方图等，能够支持时空大数据的探索分析工作。然而，LDA 模型的训练过程在一定程度上降低了系统的运行效率，使之无法对社交媒体数据流进行实时监控。此外，低频话题或事件容易被 LDA 模型所忽略。为了克服这些缺点，研究人员采用两阶段策略开发出全新的 ScatterBlogs2。在第一阶段，系统允许用户根据已有的微博消息创造、修改以及测试各种类型的分类器和过滤器。系统的控制面板能够帮助用户交互式地修改分类器与过滤器。因此，用户可以通过自定义的分类器和过滤器来处理不寻常的、低频的话题或事件。在第二阶段，用户可以使用第一阶段创造的分类器与过滤器来实时监测社交媒体数据流。

大部分现有的可视分析工具只能处理单一文本数据集，如 Twitter 数据集，另一部分工作虽然能够处理若干个彼此独立的数据集，但无法挖掘不同数据集之间的关联。因此，这些方法无法准确地提供某一事件的总览图。TopicPanorama 是一款能够帮助用户分析并关联不同数据集的可视化工具。它将每一个数据集转变成一个话题网络，并采用一致性图匹配算法融合不同的话题网络。该匹配算法允许用户实时修改匹配结果。此外，TopicPanorama 采用树结构来组织属于不同数据集的话题。对于选定层的话题，该系统使用点线图进行可视化并采用径向堆叠树算法。对于选定层以外的话题，该系统则使用热力图进行可视化。因此，用户可以通过交互来可视化话题网络不同层次的细节。

TopicPanorama 的缺点在于它只能处理小规模的话题网络和为数不多的文本数据集。

尽管话题模型法相比关键词模型法有了一定程度的进步，但仍然存在不足之处。从数据类型上来看，现有的话题模型法主要是处理短文本数据集。因为短文本数据集通常是稀疏、充满噪声的，所以现有的方法无法高效地检测出有意义的话题。为此，研究人员开始从多媒体数据集（如图片、视频）入手，试图建立新的数学模型来提高话题检测效率并采用新的可视设计和布局算法来总览数据。一个成功的实践是相似图。研究人员将多媒体数据转变为图，然后使用图聚类算法来检测话题。Qian 等人提出一个多形态事件话题模型（mmETM），如图 7-3 所示，该模型能够挖掘文本之间的关联并识别具有语义特征的话题。多形态事件话题模型可以同时处理图片和文本数据，并根据用户需求使用相应数据集来可视化话题演变过程。Cai 等人则采用一般性概率话题模型（STM-TwitterLDA）来检测微博话题，该模型可以对微博数据的五个属性（是否文本、是否图片、时间戳、位置以及标签）进行建模。同时，它还集成了一个极大化加权图匹配算法来提高话题检测的准确率。

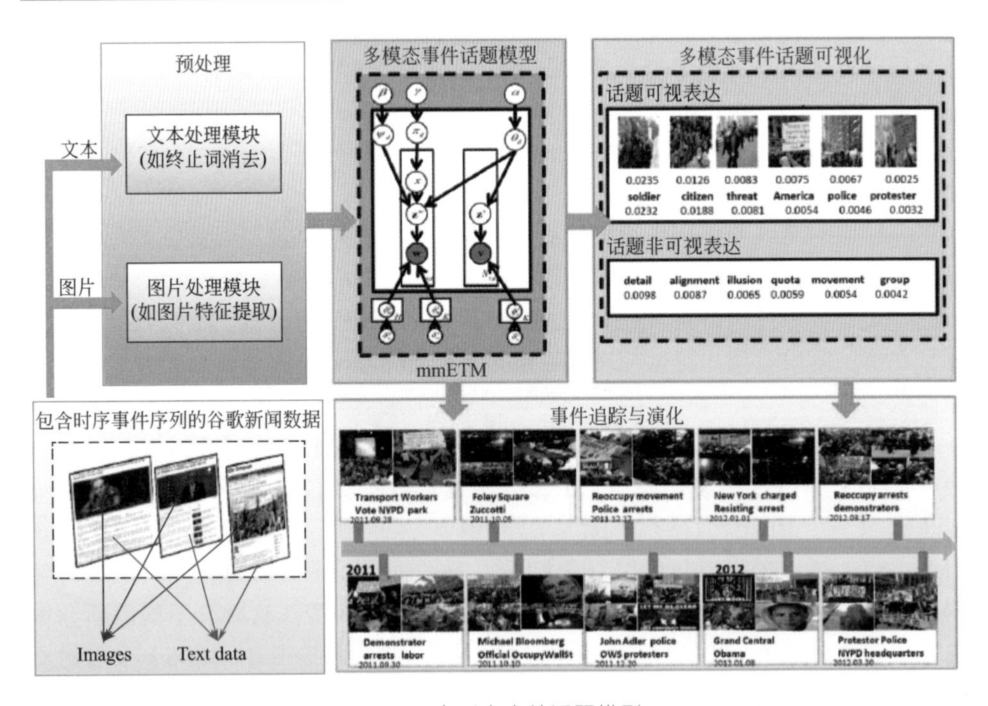

图 7-3 多形态事件话题模型

7.2.3 综合模型法

综合模型法是指综合利用各种技术多角度地剖析社交媒体数据，挖掘社交媒体上热点事件的方法。不同于以往纯粹研究社交媒体文本数据的方法，综合模型法通常利用各类高级挖掘算法构建出一个全面的关于社交媒体数据的整体认知，并采用合适的设计与布局来可视化这一整体认知。TwitInfo 是综合模型法的一个典型实例。它通过可视化大规模微博数据来帮助用户探索社交媒体上的热点事件。同时，它还使用一个基于信号处理技术的流式数据算法来实时可视化微博数据的变化，变化的峰值会被算法自动检测出来并高亮标注。通过微博信息流量图，用户可以发现重大事件发生的时间点。结合一系列辅助视图，用户可以深入探索该热点事件，如观察消息频率、查看相关微博、了解舆论评价以及查询微博的地理分布。值得一提的是，TwitInfo 还创造性地提出一个新的归一化方法来处理事件的总体评价。这一方法成功地解决了事件正面评价与负面评价召回率不同的问题。

近年来，微博消息检索的不确定性问题引起了人们的关注。研究人员提出一个新的方法来解决信息检索过程中的不确定性问题。该方法使用一个相互强化的图模型来对存在不确定性的检索结果进行建模。基于此模型，研究人员进一步提出一个新的可视化方法。该方法有机地结合了图可视化、不确定性图标以及流图来展示检索结果，并通过人机交互提高检索的正确率。

流图是当下最为流行的可视化方法之一，它常用于可视化事物的演变过程。LeadLine 便采用了一个基于流图的可视化来展现事件的演化，如图 7-4 所示（左）。此外，它还集成了一系列算法模型，如话题模型、事件检测技术以及命名

图 7-4 LeadLine 系统基于流可视化展现了事件的演变过程

项检测算法等。因此，它能够高效地检测或提取社交媒体上的热点事件及其相关联的话题。结合辅助视图，如地图、标签云等，用户可以通过 LeadLine 多角度地深入探索社交媒体事件。

上述工作的缺点在于数据来源单一，可能存在信息丢失、信息有偏差的问题。为了保证分析结果的可靠性，研究人员开发出 Twitcident——一个综合多种数据来源的可视分析系统。该系统能够有效降低分析过程中的不确定性，提高分析结果的可靠性。用户可以通过搜索、过滤等操作对社交媒体上的突发事件进行分析。对比基于单一信息源的方法，Twitcident 能够监控紧急广播服务，并且能够保证监测的准确性与可靠性。该系统的特色在于集成了一个信息增强模块，该模块包含了四个步骤：命名项检测、消息分类、链接保留以及中间信息提取。Twitcident 还采取了两个核心过滤策略，分别是关键词过滤和语义过滤。结合消息列表、线图、地图以及饼图等辅助视图，该系统能够有效帮助用户对社交媒体数据进行可靠的实时探索与分析。

上述工作能够在全球范围内寻找有价值的新闻素材，但这也导致了素材寻找的时间偏长且没那么精确。因此，研究人员开发出一款能够在局部范围内高效精确寻找新闻素材的可视分析工具 Whoo. ly。该系统提供给用户一个易于操作的交互界面，能够展示数据多方面的内容，包括消息列表、活跃事件、热点话题、活跃用户以及热门地点等。对于活跃事件，该系统首先从数据中提取流行的特征，接着使用最邻近算法将特征进行聚类。每一类特征用于定义某一热点事件。对于热门地点，Whoo. ly 提供了两种类型的提取器：基于模板的信息提取器和基于学习的信息提取器。用户可以使用这两种提取器搜索数据中的热门地点。此外，Whoo. ly 还改进了 PageRank 算法来对社交媒体用户进行排序，并展示最活跃的用户群。

7.3 理解社交媒体用户的行为

除了从中获取信息，爆炸式增长的社交媒体数据也给人们带来了一个深入理解用户行为模式、活动特征的机会。近年来，研究人员无论是在社会科学领域还是在计算机领域，都开展了大量的工作，探索如何利用社交媒体数据来理解分析用户的行为模式。本节将重点从可视化的角度介绍研究人员对这一问题的探索。网络或图是一个应用广泛的数据结构，常用于揭示数据项之间的关联。社交网络是指由社交媒体用户及其交互关系所构成的网络。网络上的每一个节点都是社交媒体用户，每一条边都对应着用户之间的交往行为。因此，社交网络对如何理解用户的行为模式意义重大。一方面，通过对社交网络结构的探索，人们能够识别出特定群组，并推断用户行为的前因后果；另一方面，通过对用户行为的分析，人们可以更好地理解社交网络的形成原因，并预测社交网络的演变发展。因此，对社交媒体用户行为模式的研究实际上等同于对社交网络结构及其内容的探索。

如图 7-5 所示，现有的理解社交媒体用户行为模式的工作可以大致分为两类：一类是对用户交往行为的研究；另一类是对社交网络内容的探索。而常用的分析社交媒体用户交往行为的方法有两种：一种是点线图；另一种是邻接矩阵图。探索社交网络内容的方法同样也可以进一步细分为两类：一类是集体行为下的社交网络；另一类是中心行为下的社交网络。现有的工作大部分都集中于研究集体行为下的社交网络。其主题包括：信息传播、竞合关系以及人群的移动模式。而对于中心行为下的社交网络，现有的工作主要集中在总结个体用户行为模式以及检测异常行为。

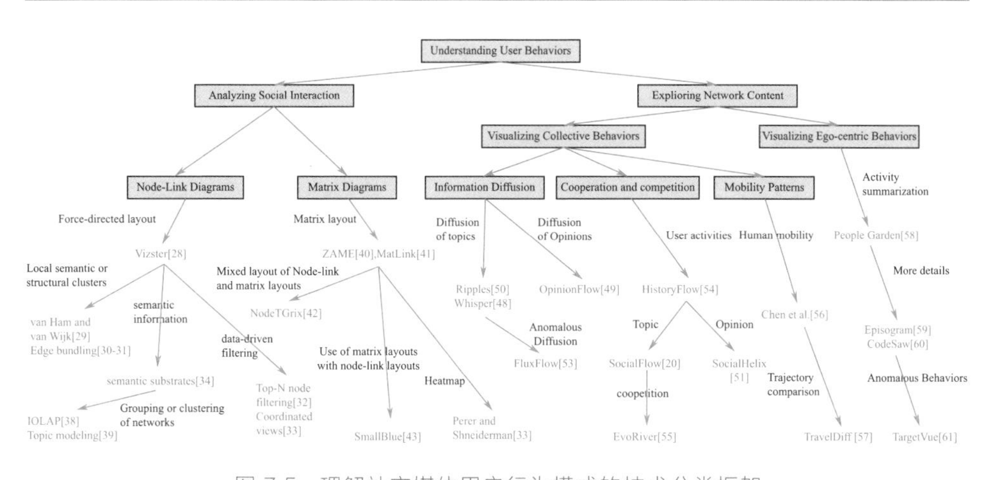

图 7-5 理解社交媒体用户行为模式的技术分类框架

7.3.1 分析社交媒体用户的交往行为

社交网络由用户及其交往行为构成。探索分析用户的交往行为意义重大，如有助于理解特定用户群体的信息共享模式。在著名医疗服务网站 PatientsLikeMe 上，患者们经常咨询医疗服务、分享恢复状况。同一疾病的患者往往彼此关注并且交流密切，与疾病相关的信息在他们之中往往传播较快，而其他疾病的消息则传播较慢。除此之外，分析用户社交关系还有助于理解朋友间的推荐行为、意见领袖的发言影响以及电影的大众评价等。现有的研究方法大多致力于回答一个问题，即特定群体的用户是如何联系在一起的，该问题的回答揭示了社交网络的基本结构并可以通过可视化的手段（网络图）进行展示。结合灵活的交互，分析人员可以探索不同细节层面的社交网络结构。

社交网络的点或边通常都具备一个或多个属性，例如用户在社交媒体上的好友数，或者与好友间的通信数。社交网络规模不一，且通常随着时间而演变。因此，探索分析社交网络的结构是一项极富挑战的任务。过去几十年间，研究人员开展了大量分析社交网络及其拓扑结构的工作并取得了丰硕的成果。遵循 Correa 的技术分类框架，本小节将已有的关于社交网络结构可视化的工作分为两大类：点线图以及邻接矩阵。

7.3.1.1 点线图

点线图是一种直观展示社交网络结构的可视化方法。该方法面临的最大挑战是如何有效适应社交网络的不同规模。一种常见的解决方案是结合用户交互。对于一张大规模的社交网络图，用户通过鼠标选择放大聚焦区域，同时保证聚焦区域周围形变尽可能小。此方法得到了广泛应用，如 Vizster（图 7-6）。除此

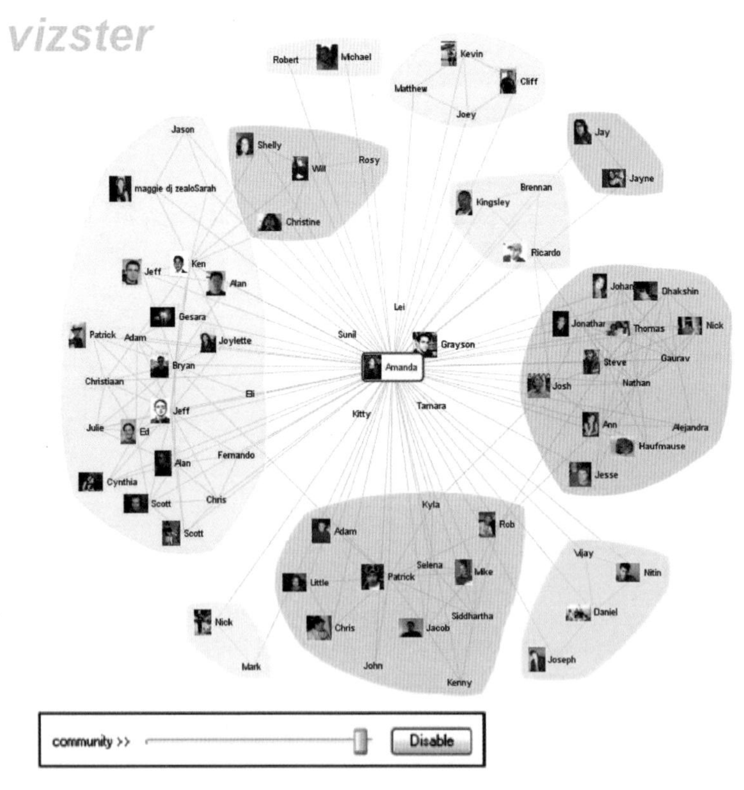

图 7-6 Vizster 强调用户的聚焦区域并保持周围区域尽可能不变

之外，人们还通过简化社交网络的边集合来可视化大规模图，这种方法能够减轻边集合过大带来的视觉混淆，突出社交网络的整体结构。在 van Han 和 van Wijk 的工作中，他们将力导向算法拓展到边集合上，并提出一个新的布局算法来突出有语义的局部结构簇。其他边捆绑技术，如层次边捆绑、几何边捆绑，也常被用来简化社交网络的边集合并突出网络的整体结构。

为了识别出社交网络中“重要”的局部特征，研究人员提出了各式各样的由数据驱动的过滤策略。“TopN”过滤策略就是其中一种，它根据用户定义的重要程度对点集合进行排序并挑选出其中最“重要”的 N 个点。此外，研究人员还采用多视图关联法来可视化社交网络局部结构的统计特征。用户可以通过交互界面来选择呈现的社交网络大小。

随着图分析理论的发展，人们可以挖掘出具有更高层次语义特征的信息，例如社交网络点集合在什么时间可以归类到什么类型。相应地，研究人员也研究能够可视化更复杂结构的方法。例如，提出一个基于基层语义法的可视化，该方法能够在决定图布局之前将点聚类成簇，并允许用户通过分析不同簇之间的联系来分析社交网络的拓扑结构。在此思想的基础之上，大量的研究工作涌现了出来，它们都是先将点集合进行分组聚类，再可视化由点簇构成的社交网络。例如，Chi 等人提出了一个名为 iOLAP 的框架。它首先从四个维度（人群、关系、内容、时间）对社交媒体数据进行聚类，随后通过直观的点线图来可视化聚类好的社交网络。另外，人们也关注社交网络的不确定性，例如通过概率话题模型，来创建编码了更高层次语义信息的点线图。

7.3.1.2 邻接矩阵

尽管点线图非常直观，但这种方法也受制于社交网络的规模。当用其可视化大规模社交网络时，通常会遇到点重叠、边交叉等视觉混淆问题。这些问题严重破坏了可视化的美感与可读性。邻接矩阵是另一种常用的网络可视化方法。此方法使用邻接矩阵来记录社交网络中点与点之间的关系，并采用热力图来可视化邻接矩阵。这种做法的优点在于能够充分地利用屏幕空间。虽然邻接矩阵没有点线图直观，但它对于大规模社交网络有很好的适用性。另一种做法是将点线图和邻接矩阵巧妙地结合起来，如 NodeTrix（图 7-7），它可以展示社交网络不同层次的细节信息。大多数情况下，研究人员只是把邻接矩阵作为一种辅助视图集成到可视分析系统中。例如，Perer 等人使用邻接矩阵可视化最“重要”的 30 个节点，进而获得了类似于热力图的视觉效果。Lin 等人开发出 SmallBlue 可视分析系统，并同时集成了邻接矩阵和点线图。

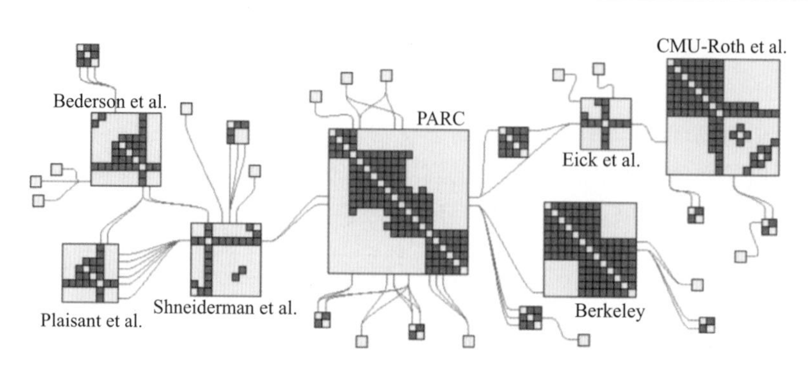

图 7-7 NodeTrix 结合了点线图及邻接矩阵来展现社交网络

7.3.2 探索社交网络内容

7.3.2.1 可视化用户集体行为

社交媒体用户的行为模式复杂多样。研究人员在可视化用户的集体行为时通常先聚合相似的个体用户行为以减轻可视化的复杂度。大部分现有可视化方法都遵循这一原则。人们可以通过聚合后的用户群体的行为模式推测集体的行为模式。用户集体的行为模式多种多样，包括集体听从行为、用户属性等。本节将从社交媒体信息的传播、竞合关系以及人群移动模式等三个方面展开来阐述如何理解社交媒体用户的集体行为。

（1）社交媒体信息的传播

在可视化与多媒体领域，社交媒体的信息传播过程一直是一个研究热点。信息传播过程包含时间、地点、内容、方式等四个维度的信息。针对这一特点，研究人员开展了大量的工作，包括实时监控信息传播过程、描述视频内容、展示信息/消息/观点的传播历史、理解用户的投票行为以及分析匿名消息传播模式。

大量的模型被用于刻画社交媒体上信息的传播。Niu 等人分析了大量视频内容的传播过程并揭示了几个有趣的传播模式。他们发现用户的传播行为存在不同的活跃期与潜伏期，并近似符合一个混合指数模型。因此，他们提出一个多信息源驱动的异步传播模型来刻画视频内容在社交媒体上的传播过程并预测内容传播的活跃期。此模型的参数可以通过 EM 算法训练得到。Zhao 等人研究了用户投票行为的传播并提出了一个统一的矩阵分解框架。该框架通过四个重要变量，即用户参与的话题、用户兴趣、投票行为以及传播行为来刻画信息传播过程。Lei 等人则指出图片的传播跟图片标签以及用户偏好息息相关。基于此假设，他们提出一个共同兴趣模型来刻画社交媒体内容的传播。这一模型的结果可以通过多种可视化方法来呈现，例如时间线可视化、子午线可视化等。

Google Ripples 以及 Whisper 是最早被设计出来用于追踪社交媒体上话题传播的可视化方法。Google Ripples 采用一个简单而有效的设计，它通过树结构来组织话题的传播并采用环形布局来可视化话题传播树。但 Google Ripples 无法支持对复杂时空传播模式的分析。相比之下，Whisper 的设计虽然更加复杂，但也能更有效地揭示复杂传播过程。这一复杂过程包含三个方面的内容：时间趋势、地理分布以及对特定话题的舆情观点。在 Whisper 中，整个信息传播过程通过一个太阳花的隐喻展现出来，如图 7-8 所示。向日葵的种子代表了某一微博消息。一个话题盘被放置在了系统的中央位置并对应某一话题。与话题相关的微博会实时地以“种子”形式浮现在话题盘上。用户群体则环形地分布在话题盘的周围，并通过微博传播路径与话题盘相连接。一旦用户选择其中一条传播路径，则该路径将通过时间线来呈现。其中，重要的人物（如意见领袖）将被突出显示。这种设计有助于加强人们对信息传播过程的理解以及舆论对某一事件的看法。

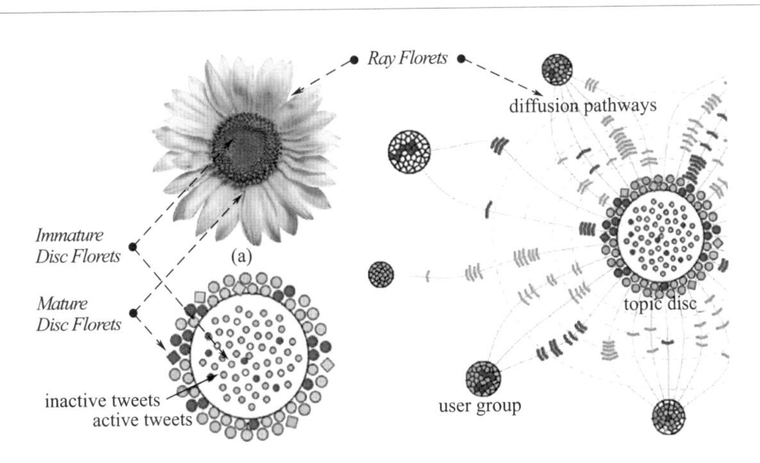

图 7-8 Whisper 采用了一个基于太阳花的隐喻来展现信息传播过程

除了话题的传播，研究人员也开展了大量的工作用于揭示人们的观点是如何在社交媒体上传播的。OpinionFlow 就是其中之一，出于简洁性与直观性的考虑，它采用了桑吉图来可视化多个话题的用户流，此外，它还使用了方向高斯核来产生一个密度图，该密度图能够可视化信息传播趋势以及用户对于特定话题的观点。OpinionFlow 还集成了一个点线图用于展示额外的信息传播细节。

异常信息传播模式也是一个热门的研究方向。最近，研究人员开发出 ♯FluxFlow 可视分析系统来帮助人们理解社交媒体上谣言是如何传播的。♯FluxFlow 采用了多视图联动法，能够提供丰富的情景信息来帮助用户阐释理解分析模型的结果。在可视化方面，它采用一个聚合时序圆圈设计，如图 7-9 所示。该设计很好地展示了原始信息是如何被可视化并随时间传播的。在这个设计中，每一个圆圈都表示一个转发了原始微博的用户。圆圈的大小表示了用户的重要度。关注用户的人数越多则表明该用户越重要。每一个圆圈的颜色编码了用户的异常分数，该分数通过分析模型计算得出。每一个圆圈的横坐标都表示用户转发微博的时间。紧凑的布局使得该设计能够展示整体用户流量随时间的变化。因此，#FluxFlow 能够同时展现整体以及局部信息，并比较正常和异常的信息传播。

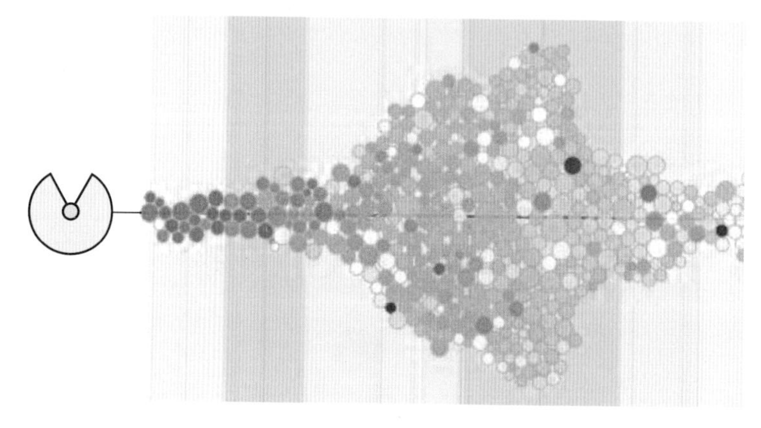

图 7-9 # FluxFlow 提出了一个新颖的可视设计用于揭示流言传播过程

（2）竞合关系

竞争与合作是两个最常见的用户集体行为，研究人员在这一领域开展了大量的工作，包括话题的竞合关系、用户的竞合关系以及事件的竞合关系等。竞合关系通常暗含时间属性。一种常见的做法是利用流图来可视化不同对象间竞合关系的演变过程。Xu 等人基于此做法开发了一个刻画话题竞争关系的可视分析系统 SocialFlow，如图 7-10 所示。该系统采用一个竞争模型来刻画多个话题的竞争过程，并设计了一个基于流图的可视化来揭示话题竞合关系的演变。值得注意的是，该可视化还采用了流线设计来可视化意见领袖的行为。用户可以通过此设计观察到意见领袖的角色变化。Sun 等人拓展了此项工作并开发出一个名为 EvoRiver 的可视分析系统。与 Xu 的工作相比，EvoRiver 能够展示更复杂的竞合关系。

此外，Cao 等人开发出一个展示社交媒体上舆情分歧的可视分析系统 SocialHelix。舆情分歧是指社会大众对特定事物的看法分歧，通常由事件激发，如政策的颁布或竞选。为了可视化这类特殊竞合关系，SocialHelix 利用舆情分析技

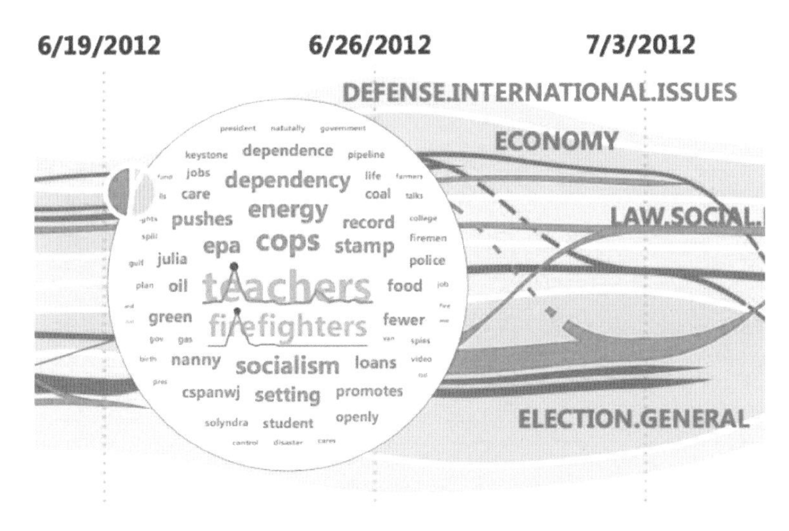

图 7-10　SocialFlow 采用流线来表示意见领袖的角色变化，采用流图表示话题的竞合关系

术来检测大众意见分歧并采用一个基于 Helix 的设计隐喻。该隐喻使用螺旋状的两条彩带来可视化对同一事物看法有巨大分歧的两个社群。具有代表性的微博则通过连接两条彩带的柱状图标展现出来。因此，整个可视化通过两条扭曲的彩带高效地展现用户社群的观点变化。

（3）人群移动模式

具有地理标签的社交媒体数据通常被用于挖掘人群移动模式。这些数据具有极度稀疏的特点，给可视分析工作带来了巨大的困难。Chen 等人开发出一个可视分析系统来探索人群移动模式并克服了数据稀疏性带来的挑战。该系统采用多视图联动法，能够多角度地探索分析带有地理标签的社交媒体数据。Chen 等人还使用一个启发式模型来进一步降低数据不确定性，使得分析的结论更加可靠。该系统的一大亮点是允许用户分析人群移动模式的语义信息，如交通工具、旅游频率以及关键词信息等。Krueger 等人则开发了一款名为 TravelDiff 的可视分析系统，该系统能够从微博数据中分析比较用户的移动轨迹。值得一提的是，TravelDiff 能够集成多渠道来源的数据并通过归一化的手段突出强调用户移动轨迹的异同。同时，此系统将采用层次结构组织挖掘出来的轨迹与密度图相结合来提供一个总览图。

7.3.2.2　可视化中心用户行为

个体用户的行为模式差异巨大、复杂多样，这给可视设计与布局带来了极大的挑战。因此，针对个体用户行为的可视化工作则相对少了很多。图标法是当下最常见的可视化中心用户行为的方法，即通过一个精心设计的图标来总结用户的行为模式。PeopleGarden是最早可视化中心用户行为模式的工作之一。它采用一个花朵样式的设计来可视化线上讨论组的用户活动历史。代表不同用户的图标被放置在“花园”不同的位置。尽管这个设计能够展示讨论组成员的交流情况，但它无法进一步呈现细节信息，如何时、何地、谁参与讨论等。CodeSaw则很好地解决了这一问题，它采用多重折线图来可视化程序开发人员之间的交流与代码贡献情况。Cao等人则设计了Episogram来可视化中心用户的社交行为，如发微博、转发等。如图7-11所示，Episogram采用了基于时间线的可视设计，垂直于时间轴的线用来表达用户行为，两种图标来表达社交行为的两种不同类型。第一种图标采用单纯的垂直线来表示原创微博的生命周期。第二种图标采用弧线设计来展示转发微博的生命周期。受前人工作启发，Cao等人还开发出一款用于检测微博用户异常行为的可视分析系统TargetVue。该系统首先抽取一系列用户行为的特征，并在此特征空间使用异常检测算法来识别可疑用户。TargetVue同样采用两种类型的图标来展示最可疑用户的社交行为，如发微博、转发微博等。圆圈用来表示用户，大小用来表示用户的好友数，颜色用来表示异常分数，这些属性都由模型计算得出。这两种图标设计采用了类似的方案，降低了用户的学习成本。得益于辅助灵活的交互，该系统能够允许用户结合自己的经验知识来排除异常的社交媒体账户。

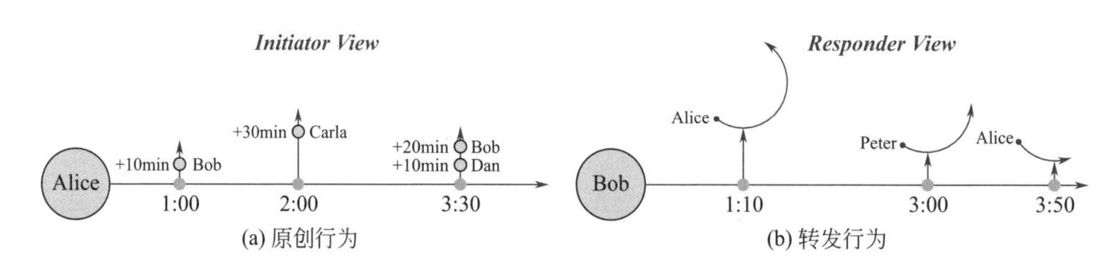

图7-11 两种中心用户行为的可视设计

7.3.3 小结

社交媒体应用的发展使得用户的行为模式变得越来越复杂。与此同时，用户更倾向于用图片和视频来传递信息，然而对图片、视频数据的语义挖掘在当下仍然是件十分困难的工作。随着越来越多的研究人员投身其中，理解社交媒体用户行为模式逐渐成为一个活跃的研究领域。近几年，研究人员对用户交际行为的研究取得了一定的进展。在早期，可视化研究工作倾向于展示社交网络的整体结构。而如今，研究人员更着重挖掘有语义特征的局部结构并为特定类型的分析任务定制可视分析系统。随着存储设备、数据库的发展，大规模动态网络的存储管理变得可能，研究人员也提出各式各样的新方法用来可视化社交网络的动态演变。例如，很多可视分析工具都是基于社交媒体数据的相关性来探索社交网络的动态演变。社交网络的可视化方法具有很强的适用性，能够拓展到不同的领域，如传染病学、生物学、社会学等。这也促进了很多跨专业学科的发展，如生物信息学。

早期的可视分析系统只针对特定类型的用户行为，如 HistoryFlow、People-Garden 等都旨在展示一小群人的行为模式。而近几年，研究人员开始逐渐探索如何利用社交媒体数据来理解用户的集体行为模式，如信息传播。现有的工具方法通常从话题和舆情两个角度来展示信息传播的特征。除此之外，研究人员在如何理解图片数据集上也取得了一定的进展，这为未来如何高效利用社交媒体的多媒体数据（图片、视频等）打下了基础。比如，利用图片数据来解决社交媒体数据地理位置信息缺失的问题。竞合关系则是另一个研究热点，其涵盖的内容十分广泛，包括话题间的竞合关系、不同用户群体间的竞合关系等。尽管当下的研究工作取得了一定进展，但总体来看此领域仍然相当年轻。想要加深对竞合关系的理解，如竞合关系何时发生、为何发生、如何演变等，仍然需要研究人员进行大量的探索。最后，根据用户的行为模式检测异常用户是一个有趣又充满挑战的研究方向。考虑到自动算法的各种局限性，研究人员通常采用可视分析的手段结合人类的经验知识来提高算法的性能。

7.4 工具与开发

近几年，可视化社区贡献了大量软件工具用于支持社交媒体数据的分析。D3 是一个著名的 JavaScript 库，可以创建许多常见的可视化图表，也可用于可视化复杂数据集。除此之外，一些成熟的商业软件，如 Tableau、微软 Power BI，则帮助不会编程的用户高效地创建自己的可视化作品。但是，现有的大部分工具只能支持表格数据的交互式可视化。只有极少数工具是专门针对社交媒体数据开发的，它们能够支持多种多样的数据类型，如图片、视频、文本以及网络等。对于非结构化的文本或多媒体数据，研究人员通常先使用数据挖掘的方法进行建模，将非结构化数据转变成结构化数据再进行可视化。

对于结构化数据，研究人员也开发出许多图可视化的软件库和工具，如 UCINET、Gephi、NodeXL 等，它们能够帮助人们分析探索社交网络的结构并支持简单地交互。尽管 D3 不是专门针对图数据集，但它也集成了几个基本的图布局算法，如力导向算法等。随着软件开发库的成熟，许多大型的能够用于分析大规模图数据集的软件也得以出现。例如，Neo4j 集成了图数据库并且能够支持大规模和高性能图分析功能。GraphX 则基于 Apache Spark 项目提供了图结构分析的 API。另外，许多研究人员也尝试着从可视设计的角度来处理展示大规模社交网络。随着技术的进一步成熟与发展，相信在不久的将来会出现针对大规模社交网络并兼顾交互流畅性的可视分析系统。

7.5 本章小结

可视分析能够有效帮助用户从海量数据中获取有价值的信息。本节将遵循 7.1 节中提出的社交媒体数据可视化方法的分类框架，从两个方面总结回顾社交媒体数据可视分析所面临的挑战。

从社交媒体数据中获取信息所面临的挑战如下。

第一，尽管“信息过载”的问题可以通过可视化、人机交互、自然语言处理以及多媒体技术等手段综合解决，但这种“大杂烩”式的做法却存在着效率和稳定性的双重隐患。一个可行的解决方案是利用并行计算来处理社交媒体数据，解决效率瓶颈，但算法稳定性的问题仍有待研究。第二，现有的工作对社交媒体数据中图片、视频的挖掘不够深入，仅仅是罗列展示图片、视频数据，没有进一步挖掘其中蕴含的语义信息。因此，社交媒体数据未来的一个研究热点在于如何结合计算机视觉的前沿技术来加强对多媒体数据的分析与运用。第三，尽管研究人员提出了大量的方法来分析和理解社交媒体数据中蕴含的信息，但这仍然是个没有充分解决的问题。一方面，挖掘出来的信息的可靠性受到多种因素的影响，如用户的诚实度、算法的不确定性等，这使得人们无法充分信任从数据中获得的信息。另一方面，受收集设备的影响，社交媒体数据本身蕴含着极大的不确定性。因此，研究人员需要开发新的技术来综合考虑数据的可信度与算法的不确定性。第四，持续增长的数据规模使得在有限屏幕空间可视化社交媒体数据变得异常困难。一个可行的做法是将有限的屏幕空间扩展到无限的虚拟空间，如增强现实空间。然而，如何解决三维空间中的遮挡与协同交互问题却又带来了新的挑战。

理解社交媒体用户及其交互行为所面临的挑战如下。

第一，到目前为止，可视化领域还没有普适准则或相应理论来指导可视化社交媒体用户的行为。因此，人们很有必要同时从社会科学领域与可视化领域开展研究并做出理论突破。第二，社交媒体数据给数据挖掘领域带来了许多新的问题与挑战，想要加强对社交媒体数据的分析处理能力，需要可视化研究人员与数据挖掘研究人员的共同努力。第三，大部分现有的可视分析方法仅从单一角度来理解社交媒体用户的行为，对于复杂的用户行为，人们需要从多角度进行考虑并提出更加高级的数学模型。探索不同用户之间的交互行为，即对社交网络进行研究，是一个富有前景的方向。研究人员在探索社交网络结构方面做出了许多杰出的工作，但仍存在大量尚未解决的问题。首先是社交网络的规模问题。社交媒体的发展，用户群体的扩大使得社交网络的规模越来越大。动辄上千万的节点给研究人员的工作带来了巨大的困难，开发能够高效分析如此规模社交网络的可视化工具实非易事。其次是数据的可信度问题。真实世界的数据充满着噪声与不确定性，从中获得的社交网络也存在着同样的问题。于是，如何利用可视分析工具来展示不确定性并帮助用户做出可信的决策变得尤为重要。最后，随着社交媒体的多元化演变，社交媒体数据的形式变得更加复杂多样。这意味着研究人员需要探索出一条道路来有机结合结构化数据可视化方法（社交网络）与非结构化数据（视频、文本）可视化方法，进而探索分析更加复杂的数据集。

可视分析是一个很有潜力的研究领域。它旨在通过可视化、人机交互以及数据分析技术来加强人们对复杂数据的理解与分析能力。近年来，为了探索理解社交媒体数据，研究人员开发了大量的可视分析工具。社交媒体数据是一种典型的多媒体数据，包括短文本、图片、视频以及 URL。本章对当下的社交媒体可视分析技术进行了一个全面的综述并按照所解决的问题分成两大类：第一类是从社交媒体数据中获取信息，第二类是探索理解社交媒体用户的行为。对社交媒体数据的可视分析正在经历一次快速的增长。然而，这一领域仍然存在着大量的问题尚待解决。许多问题无法使用单一方面的技术解决，一种可行的解决方法是综合多个领域的研究成果，通过有机地结合多媒体数据可视化、人机交互以及自然语言处理的方法来加强可视化的威力，并帮助人们更好地理解社交媒体数据。

参考文献

[1] Thomas J J，K. A. Cook. Illuminating the Path：The Research and Development Agenda for Visual Analytics. 2005：IEEE Press.

[2] Rk，M D O，et al. A Visual Backchannel for Large-Scale Events. IEEE Transactions on Visualization and Computer Graphics，2010，16（6）：1129-1138.

[3] Diakopoulos N，M. Naaman，F. K. Swaine. Diamonds in the Rough：Social Media Visual Analytics for Journalistic Inquiry. 2010：115-122.

[4] Zubiaga A.，H. Ji，K. Knight，Curating and Contextualizing Twitter Stories to Assist with Social Newsgathering. 2013：213-224.

[5] Diakopoulos N，M. De Choudhury，M. Naaman. Finding and Assessing Social Media Information Sources in the Context of Journalism. 2012：2451-2460.

[6] MacEachren A M，et al. SensePlace2：GeoTwitter analytics support for situational aware-

ness. 2011：181-190.
[7] Bernstein M S，et al. Eddi：interactive topic-based browsing of social status streams. 2010：303-312.
[8] Archambault D，et al. ThemeCrowds：Multiresolution summaries of twitter usage. 2011：1-20.
[9] Liu S，et al. Online Visual Analytics of Text Streams. IEEE Transactions on Visualization & Computer Graphics，2015，22（11）：2451-2466.
[10] Chae J，et al. Spatiotemporal social media analytics for abnormal event detection and examination using seasonal-trend decomposition. 2012：143-152.
[11] Bosch H，et al. ScatterBlogs2：Real-Time Monitoring of Microblog Messages Through User-Guided Filtering. IEEE Transactions on Visualization and Computer Graphics，2013，19（12）：1077-2626.
[12] Liu S，et al. TopicPanorama：A full picture of relevant topics. in Visual Analytics Science and Technology. 2015.
[13] Qian S，et al. Multi-Modal Event Topic Model for Social Event Analysis. IEEE Transactions on Multimedia，2016，18（2）：233-246.
[14] Pang J，et al. Unsupervised Web Topic Detection Using A Ranked Clustering-Like Pattern Across Similarity Cascades. IEEE Transactions on Multimedia，2015，17（6）：843-853.
[15] Cai H，et al. What are Popular：Exploring Twitter Features for Event Detection，Tracking and Visualization. 2015：89-98.
[16] Bian J，et al. Multimedia Summarization for Social Events in Microblog Stream. IEEE Transactions on Multimedia，2015，17（2）：216-228.
[17] Marcus A，et al. Twitinfo：aggregating and visualizing microblogs for event exploration. 2011：227-236.
[18] Liu M，et al. An Uncertainty-Aware Approach for Exploratory Microblog Retrieval. IEEE Transactions on Visualization and Computer Graphics，2016，22（1）：250-259.
[19] Dou W，et al. LeadLine：Interactive visual analysis of text data through event identification and exploration. 2012：93-102.
[20] Xu P，et al. Visual Analysis of Topic Competition on Social Media. IEEE Transactions on Visualization and Computer Graphics，2013，19（12）：2012-2021.
[21] Abel F，et al. Twitcident：fighting fire with information from social web streams. 2012：305-308.
[22] Hu Y，S. D. Farnham，A. E. S. M. Ndez，Whoo. ly：facilitating information seeking for hyperlocal communities using social media. 2013：3481-3490.
[23] Jin L，et al. Understanding user behavior in online social networks：A survey. IEEE Communications Magazine，2013，51（9）：144-150.
[24] Huang S，et al. Social Friend Recommendation Based on Multiple Network Correlation. IEEE Transactions on Multimedia，2016，18（2）：287-299.
[25] Weng C，W. Chu，J. Wu. RoleNet：Movie Analysis from the Perspective of Social Net-

works. IEEE Transactions on Multimedia, 2009, 11 (2): 256-271.
[26] Correa C D, K. Ma. Visualizing Social Networks, in Social Network Data Analytics, C. C. Aggarwal, C. C. Aggarwal Editors. 2011, Springer US: 307-326.
[27] Heer J, D. Boyd. Vizster: visualizing online social networks. 2005: 32-39.
[28] Ham F V and J. J. V. Wijk. Interactive Visualization of Small World Graphs. 2004: 199-206.
[29] Holten D. Hierarchical edge bundles: Visualization of adjacency relations in hierarchical data. IEEE Transactions on Visualization and Computer Graphics, 2006, 12 (5): 741-748.
[30] Cui W, et al. Geometry-Based Edge Clustering for Graph Visualization. IEEE Transactions on Visualization and Computer Graphics, 2008, 14 (6): 1277-1284.
[31] Perer A, et al. Visual social network analytics for relationship discovery in the enterprise. 2011: 71-79.
[32] Perer A, B Shneiderman. Balancing Systematic and Flexible Exploration of Social Networks. IEEE Transactions on Visualization and Computer Graphics, 2006. 12 (5): 693-700.
[33] Shneiderman B, A Aris. Network Visualization by Semantic Substrates. IEEE Transactions on Visualization and Computer Graphics, 2006, 12 (5): 733-740.
[34] Dunne C, B Shneiderman. Motif Simplification: Improving Network Visualization Readability with Fan, Connector, and Clique Glyphs. 2013: 3247-3256.
[35] Ghani S, et al. Visual Analytics for Multimodal Social Network Analysis: A Design Study with Social Scientists. IEEE Transactions on Visualization and Computer Graphics, 2013, 19 (12): 2032-2041.
[36] Shi L, et al. HiMap: Adaptive visualization of large-scale online social networks. 2009: 41-48.
[37] Chi Y, et al. iOLAP: A Framework for Analyzing the Internet, Social Networks, and Other Networked Data. IEEE Transactions on Multimedia, 2009, 11 (3): 372-382.
[38] Negoescu R, D. Gatica-Perez. Modeling Flickr Communities Through Probabilistic Topic-Based Analysis. IEEE Transactions on Multimedia, 2010, 12 (5): 399-416.
[39] Elmqvist N, et al. ZAME: Interactive Large-Scale Graph Visualization. 2008: 215-222.
[40] Henry N and J. Fekete. MatLink: Enhanced Matrix Visualization for Analyzing Social Networks. 2007: 288-302.
[41] Henry N, J D Fekete, M J McGuffin. NodeTrix: A Hybrid Visualization of Social Networks. IEEE Transactions on Visualization and Computer Graphics, 2007, 13 (6): 1302-1309.
[42] Lin C Y, et al. SmallBlue: Social Network Analysis for Expertise Search and Collective Intelligence. 2009: 1483-1486.
[43] Yang Y, J. Liu. Quantitative Study of Music Listening Behavior in a Social and Affective Context. IEEE Transactions on Multimedia, 2013, 15 (6): 1304-1315.
[44] Lei C, D Liu, W Li. Social Diffusion Analysis With Common-Interest Model for Image Annotation. IEEE Transactions on Multimedia, 2016, 18 (4): 687-701.

[45] Cao N，et al. Whisper：Tracing the Spatiotemporal Process of Information Diffusion in Real Time. IEEE Transactions on Visualization and Computer Graphics，2012，18 (12)：2649-2658.

[46] Niu G，et al. Multi-Source-Driven Asynchronous Diffusion Model for Video-Sharing in Online Social Networks. IEEE Transactions on Multimedia，2014，16 (7)：2025-2037.

[47] Vi E Gas F，et al. Google+Ripples：A Native Visualization of Information Flow. 2013：1389-1398.

[48] Zhao G，X. Qian，X. Xie. User-Service Rating Prediction by Exploring Social Users Rating Behaviors. IEEE Transactions on Multimedia，2016，18 (3)：496-506.

[49] Zhao J，et al. FluxFlow：Visual Analysis of Anomalous Information Spreading on Social Media. IEEE Transactions on Visualization and Computer Graphics，2014，20 (12)：1773-1782.

[50] Wu Y，et al. OpinionFlow：Visual Analysis of Opinion Diffusion on Social Media. IEEE Transactions on Visualization and Computer Graphics，2014，20 (12)：1763-1772.

[51] Vi E Gas F B，M. Wattenberg，K Dave. Studying cooperation and conflict between authors with history flow visualizations. 2004，ACM：575-582.

[52] Sun G，et al. EvoRiver：Visual Analysis of Topic Coopetition on Social Media. IEEE Transactions on Visualization and Computer Graphics，2014，20 (12)：1753-1762.

[53] Cao N，et al. SocialHelix：visual analysis of sentiment divergence in social media. Journal of Visualization，2015，18 (2)：221-235.

[54] Chen S，et al. Interactive Visual Discovering of Movement Patterns from Sparsely Sampled Geo-tagged Social Media Data. IEEE Transactions on Visualization and Computer Graphics，2016，22 (1)：270-279.

[55] Eger R K U，et al. TravelDiff：Visual Comparison Analytics for Massive Movement Patterns Derived from Twitter. 2016.

[56] Xiong R，J Donath. PeopleGarden：creating data portraits for users. 1999：37-44.

[57] Gilbert E，K Karahalios. Using Social Visualization to Motivate Social Production. IEEE Transactions on Multimedia，2009，11 (3)：413-421.

[58] Cao N，et al. Episogram：Visual summarization of egocentric social interactions. Computer Graphics and Application，2015. To appear.

[59] Cao N，et al. TargetVue：Visual Analysis of Anomaly User Behaviors in Online Communication Systems. IEEE Transactions on Visualization and Computer Graphics，2015，22 (1)：280-289.

[60] Bostock M，V Ogievetsky，J Heer. D3 Data-Driven Documents. IEEE Transactions on Visualization and Computer Graphics，2011，17 (12)：2301-2309.

[61] Borgatti S，M G Everett，L C Freeman. UCINET，in Encyclopedia of Social NetworkAnalysis and Mining. 2014，Springer：2261-2267.

[62] Bastian M，et al. Gephi：An open source software for exploring and manipulating networks. ICWSM，2009，8：361-362.

第8章

通用时空数据

8.1 时空数据概述

时空数据是一种常见且在各行各业都极为重要的数据，有着广泛的应用。从广义上来说，时空数据即带有时间标记或空间位置的数据，因此不管是空间场数据、时变数据还是地理空间数据皆可以归纳到时空数据里，这就使时空数据可视分析这个课题覆盖面巨大，关注的问题纷繁复杂。从数据构成要素的角度来说，时空数据的主要要素有三个，即空间、时间、描述空间对象或地点的多属性（多变量）。2013年，Andrienko等人又提出用空间、时间、对象三个集合去描述一类以轨迹为代表移动的数据。我们将以上的说法结合，形成对象（O）、空间（S）、时间（T）和多变量（MV）四个要素［图8-1（a）］。

在实际的研究中，时空数据常常包含这四种要素，但通常是各有侧重点，某些要素被弱化，而某些要素被强化。四种要素相互关联造成了分析的复杂化，依照四种要素的组合和强调关系可以做如下分类。

① 对象-空间-多变量（O-S-MV） 代表的数据集为多变量空间数据场，其基本组织形式为空间中处于网格中的数据点以及该数据点对应的多维属性（多变量）。虽然在仿真模拟领域会有时变的多变量空间数据场，但是我们的研究依然是强调对象、空间、多变量三者，时间要素被弱化［图8-1（b）］。

② 对象-时间-多变量（O-T-MV） 代表的数据集为时序多变量数据，其基本组织形式为每个数据项的每个属性（变量）对应的时序采样。典型的如我们所研究的传感器数据，每个或每组传感器都能够以一定时间间隔持续采集以电信号数值化的物理量。有时多个传感器会在物理空间中散布，或者传感器本身会移动，从而带来一定的空间位置信息，但是大多数的传感器在空间中分布依然比较稀疏。我们的研究强调对象、时间、多变量三者，空间要素被弱化［图8-1（c）］。

③ 对象-时间-空间（O-T-S） 代表的数据集为轨迹类数据，这类数据集通常包含移动的对象，对象某一时刻在空间中的位置采样。典型如城市数据里的出租车轨迹数据，人移动过程中留下的GPS日志等［图8-1（d）］。

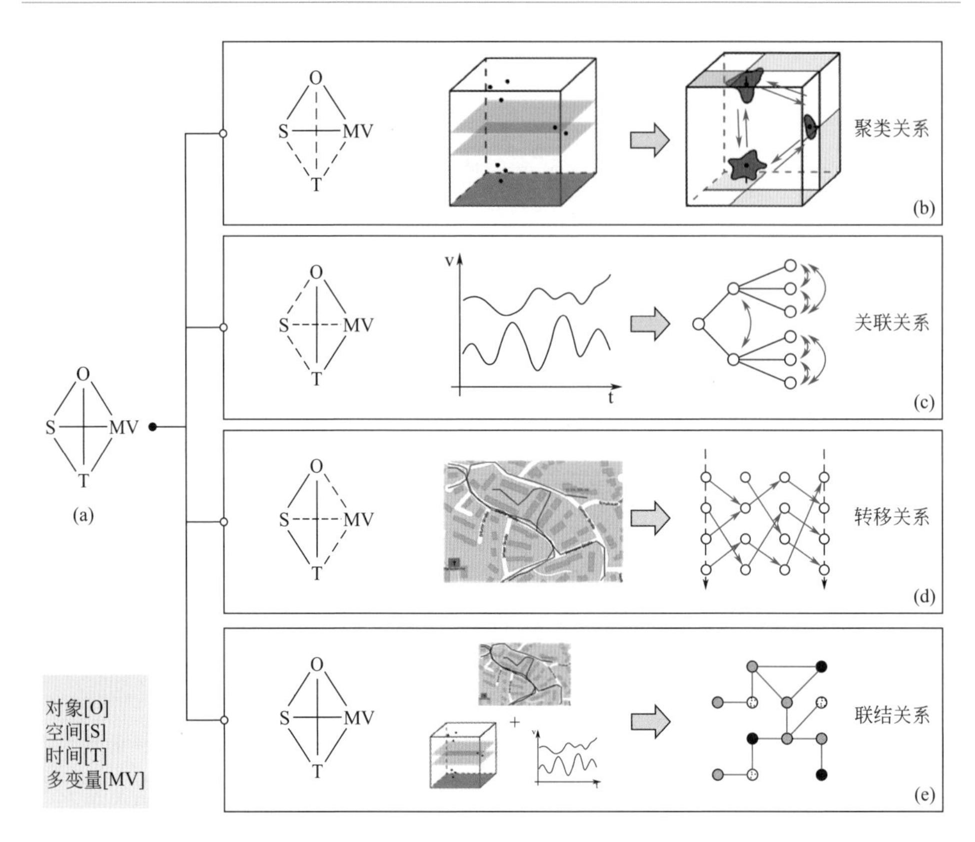

图 8-1 基于对象（O）、空间（S）、时间（T）和多变量（MV）要素的数据抽象及不同要素的组合任务

④ 对象-时间-空间-多变量（O-T-S-MV） 此类数据集结构各异，类型包括上述所有［图 8-1（e)］。

综上所述，我们的研究从不同的时空多变量数据着手，设计针对不同数据可视分析方法。在这个过程中，虽然面向的领域各不相同而带来了多种多样的需求和任务，但是依然可以总结出一条一以贯之的思路，即对对象（O)、空间（S)、时间（T）和多变量（MV）四种要素关系的提取和再造，抽象出新的数据模型或结构，随后通过对该模型或结构的可视化设计，以及建立在其上的可视分析系统达到我们的分析目的。

在下面的章节中，将聚焦对象-空间-多变量（O-S-MV）及对象-时间-多变量（O-T-MV）两种组合，强调关系中要素关系的提取和再造，另外两种组合和强调关系涉及城市数据相关内容，详见第 9 章。

① 多变量空间数据中聚类关系的提取、表达与调整方法研究　对于多变量空间数据，我们要解决的问题是怎样提取出用户感兴趣的空间结构。由于自动的检测算法较难发现复杂的结构，而可视化技术在缺乏先验知识的情况下又比较难以准确分辨出用户感兴趣的特征区域，我们针对三维多变量空间数据场设计了一套探索流程，结合自动分析技术和可视化技术，运用迭代式的可视化探索流程增强了自动分析技术，将人的智能融入到探索的过程中去，发现自动分析技术较难发现的复杂用户兴趣域。通过一套集成了3D、2D视图及聚类、降维、可视编码和过滤组件的可视化系统，有经验的用户得以运用简单的交互探索及解释发现特征。具体做法上，我们从原始的多变量空间场中通过每个采样点（O）的多变量（MV）和空间属性（S）用聚类算法抽取了候选用户兴趣域，着眼于采样点的聚类关系并利用各种可视化交互手段来表达聚类关系，以帮助用户调整兴趣域的范围［图8-1（b）］。

② 传感器时序多变量数据中变量和传感器关联关系的探索　对于传感器时序多变量数据，我们的任务是探索变量和变量（MV），传感器和传感器（O）之间时变（T）的关联关系（包括相关关系和影响关系）。为此，我们设计了名为时间关联片段树（Time Correlation Partitioning Tree）的数据结构，从原始的传感器及其变量中提取出层次关系，再将每个时间窗口内计算出来的时变关系用名为时间树的层次化结构组织起来，不同层次聚合展开可以得到不同时间片段上的关系，这些关系都通过信息论的方法数值化［图8-1（c）］。我们为该数据结构设计了相应的可视化方案，用户可以侦测、观察相应的关系变化情况并结合自身领域知识进行分析。

8.2 三维多变量空间数据场兴趣域可视化发掘

三维多变量空间数据场是一种在三维空间中分布采样点，每个采样点包含多个变量的数据。其在众多科学和工程领域诸如医学成像、气候研究及流体仿真等都有着举足轻重的作用，因此也是科学可视化重点研究对象。对于这种数据，空间聚类/分类和多变量空间数据特征提取依然是一个核心问题。由于多个变量交织在一起导致其关系变得复杂而微妙，用户较难在变量中找到线索，主要原因是用户不知道特征模式，而且缺少特征分布的先验知识。

早期的三维标量场空间数据场可视化技术可以根据数据点上的标量值来显示结构信息，但是这类方法只能在一个时刻展示一个变量的信息。对于更复杂的数据，如三维矢量场，就需要用几何结构或者图符法来刻画用户感兴趣的特征，或者用纹理来描绘模式。在刻画表面特征方面，这些方式非常有效，但是对于三维的结构，如对称场就力不从心了。其他还有一些方法会着重处理多变量而非空间属性，如降维、基于密度的方法以及散点矩阵等。近年来较为流行的思路是将这些方法整合到空间数据的探索过程中去。大多数的方法都会涉及在多个维度上的传输函数设计。另外如结合了降维和平行坐标技术，使得多变量中变量关系的探索更加方便而清晰。但是已有的方法都极大依赖用户主动探索，对于一个新手来说，如果变量数量较大，逐次在每个变量中进行调整劳动强度大、低效且需要较长的学习时间。

鉴于以上的总结，我们发现用多变量空间数据场可视化技术来提取数据特征以及探索发现模式存在三个问题：

① 特征的搜索空间太大，使得用户不得不花很多时间在理解特征及其空间关系上；

② 在多维度的可视化中调节控制辨识目标并不容易，而对于非标量场就更加困难了；

③ 用户感兴趣的区域（Regions of Interest，ROI）在空间场中的分布不规律，用户要花费很多精力区分它们。

针对这些问题，我们设计了一套名为 EasyXplorer 的方法。该方法整合了如聚类、降维等自动算法，以及可视交互和可视编码等技术，运用 3D 和 2D 的双视图界面，使用户处于一个渐进式的探索过程，逐步提取出需要的兴趣域。在迭代的过程中，用户可以通过有指导性的参数选择、聚类标定等方式，由粗到精迭代式地把自身的判断融合进去冗存真的过程当中。这样一方面通过去除冗余数据点提升了自动算法的效率；另一方面构建出一种兴趣域挖掘的可视化流程，我们的系统提供了一种更加贴合用户直觉的可视探索方式，形成对目标区分、定位、比较、关联的交互流程，方便用户进行操作。

8.2.1 分析任务

如前所述，EasyXplorer 是一种迭代循环渐进的流程。在此过程中，用户不需要的数据采样被逐次抛弃，直到需要的兴趣域被挖掘出来为止。在每一次迭代中，首先空间聚类算法会将数据采样点聚成几个区域，每一个区域都是兴趣域的候选。然后用户运用自己的专业知识及经验调整这些区域，即重新划分聚类中的数据点。用户可以决定哪些区域里的数据点是有用的、哪些是无用的。有用的数据点被作为下一次迭代的输入，循环往复。

要顺利实现这个过程，我们需要解决下面四个问题。

问题一：兴趣域的评估。在挖掘兴趣域过程中，用户需要某些方式来实时评估挖掘到的兴趣域是否准确。

问题二：兴趣域的调整。由于自动算法挖掘到的兴趣域未必准确，或者兴趣域本身就需要调整，在我们的场景下，兴趣域均为三维空间中的区块，调整存在难度，亟需有效的手段。

问题三：参数设定。自动算法（如我们采用的空间聚类算法）需要设定一定的参数，但是不同的参数会生成不同的结果，我们不希望置用户于盲目设定参数的境地，必须有一定引导性地帮助用户得到较好的结果。

问题四：方法的通用性。我们的方法不只适用某一类常见数据，对于特殊的空间场数据，如空间对称场，也要有一定的适用能力。

EasyXplorer 为以上的问题一一做了应对方案。

• 方案一和方案二。兴趣域的评估和调整是两个相互依赖度非常高的过程，我们设计的方案将两个过程集成在同一界面上。首先是评估，用户需要多视角从多个方面来审视结果，如从三维空间观察实际结构，从可视化组件上观察属性空间的数值分布等；考虑到在三维空间直接调整兴趣域并不容易，我们的设计将调整这个步骤移至平面空间。基于以上考虑，EasyXplorer 采用了相关联的 3D 和 2D 视图，并将空间上的数据集合和平面属性空间中的交互对象相对应。对应的方法如下：

设 $V=\{V_n=(v_n^1, v_n^2, \cdots, v_n^k), n=1, 2, \cdots, N, k=K\}$，$V$ 为多变量空间数据集，拥有 N 个数据点和 K 个变量。$P=\{p_n \in R^3, n=1, 2, \cdots, N\}$ 为每个数据点对应的空间位置。对 V 的聚类相当于在数据集得到优化后的集合 $C=\{C_i, i=1, 2, \cdots, M, M \ll N\}$，其中 C_i 包含 N_i 个数据点，且每个数据点只属于某个 C_i。我们称空间中聚类得到的集合为 $C^*=\{C_i^*, i=1, 2, \cdots, M^*\}$。

随后 EasyXplorer 会基于 C^*，同时考虑多变量属性的关系，将所有点投影到平面属性空间中。然后系统会在属性空间中运用相应的平面分割方法生成 C^* 的对应集合 $C^+=\{C_i^+, i=1, 2, \cdots, M^+, M^+=M^*\}$。下标 i 暗示了每个空间集合和平面区块的对应关系。用户可以在 C^+ 上交互以调整 C^*。同时调整的结果会以空间结构变化、属性分布变化的角度在各个视图上予以实时反馈，达到评估和调整合二为一的效果。

• 方案三。一些自动聚类算法会引入参数来控制聚类的粒度。为了不使用户盲目调节参数，我们采用迭代式的探索流程，在初始的迭代中使用粒度较粗的方法，后续逐渐细化，使得参数设置遵循一定的规则。细节会在 8.2.3.2 节阐述。

• 方案四。为了数据能够适用在各种数据集上，EasyXplorer 首先将数据预处理成多标量数据集，然后统一按照多标量数据集的处理方式进行分析。

图 8-2 展示了整个系统的通道，包括数据预处理、空间聚类、二维投影、二维空间分割及可视化探索等部分。以下我们将详细叙述流程中的各个部分。

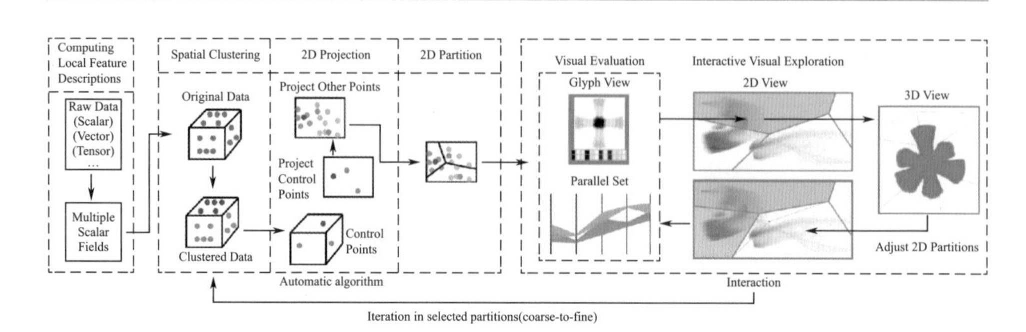

图 8-2 EasyXplorer 系统流程

8.2.2 数据处理

8.2.2.1 数据预处理

多变量空间数据的形式各异，可以是多标量、多矢量、多张量乃至这几种的混合。我们通过数据预处理将这些形式统一到多标量，以方便接下来的步骤进行处理。处理不同形式的数据需要用到不同的方法，对矢量和张量数据可以抽取其方向性的表达（如矢量的方向坐标等），或者对其进行建模之后取其中的参数（如张量的矩阵表达，球谐分解重建等）。其他数据如空间对称场、数据场具有旋转无关性，需要通过特殊的预处理方式将其转化为多标量场，这些我们会在之后的案例分析中详述。此外我们也会将不规则采样的数据以规则网格重新采样以方便后续步骤的展开。这些都符合我们方案四中的描述。

8.2.2.2 三维空间聚类

这个步骤将空间里的数据点聚类成集合 C^*，为用户提供一个空间兴趣域的预置结果。聚类方法需要满足以下两个条件：

① 聚类方法需要以空间位置为主要考量，基于空间位置以数据点多变量之间的关系进行聚类；

② 聚类的粒度可以控制并融入分析的迭代循环中。

因此我们采用了 SRM（Statistical Region Merging）方法。首先这是一种粒度可控的方法，在空间聚类分割的各种算法中，切割的粒度会影响整个分割的效果，导致过分割或欠分割。如果使切割粒度处于一个合理的水平，一方面切割块既能包含足够的信息又能保证不致出现不当切割，另一方面也能降低计算复杂度。其次控制粒度的参数仅为参数 Q，较小的 Q 值生成较少的聚类（粒度较粗），而较大的 Q 值生成的聚类较多（粒度较细），这样用户就可以有目的地调整参数，符合我们在方案三中的预期。

8.2.2.3 投影空间分割

这个步骤将三维聚类的结果和其平面上的对应目标关联起来。主要分为投影和投影空间分割两个步骤。

（1）投影

投影的主要目的是将原空间数据点投影到属性空间之中，为三维聚类的平面对应目标生成的预步骤。所选用的方法需要满足以下三个条件：

① 因为多变量空间数据的采样点往往较多，选用的方法要能从属性空间视角来展示数以百万计的数据点；

② 数据点的分布要能展现之前空间聚类的关系；

③ 能够作为之后投影空间分割的基础。

考虑到投影的数据点量大，传统的全局投影技术（如 MDS 等）需要维持全部数据点的关系矩阵，无法应用于规模较大的数据场景，这里采用局部仿射多变量投影方法（Local Affine Multidimensional Projection，LAMP），通过并行加速，效率可达到供实时交互的程度。该法能较快地处理大规模的数据，需要先投影一部分控制点，然后运用仿射变换的思路将其余点投影上去。

首先定义一系列控制点 $CP=\{cp_1, cp_2, cp_3, \cdots, cp_{M^*}\}$，每个控制点对应一个空间聚类。每个控制点的定义如下：

$$cp_i=\{\overline{v}_i, w\overline{p}_i\}, i=1,2,3,\cdots,M^* \tag{8-1}$$

式中，M^* 为空间聚类的数量；w 为权重因子，控制空间位置对最终投影点分布影响的程度；$\overline{p}_i$ 为每个空间聚类的物理重心；$\overline{v}_i$ 是对应该空间聚类数据点的多标量均值。

$$\overline{v}_i=\frac{1}{N_i}\sum_{n=1}^{N_i}v_n^i, \overline{p}_i=\frac{1}{N_i}\sum_{n=1}^{N_i}p_n^i \tag{8-2}$$

式中，N_i 为空间聚类中数据点的数量；v_n^i 和 p_n^i 为空间聚类 C_i^* 的多变量和空间位置。这样考虑了空间位置以及多变量的两个控制点之间的不相似度可以定义为：

$$d_{ij}=\| cp_i-cp_j \|_2 \tag{8-3}$$

所有的控制点会基于标准的 MDS 方法先行投影到二维空间中，余下的点基于控制点在二维空间中分布。

（2）分割

该步骤为空间聚类生成一个可以在平面空间中交互调节的结构。由于投影空间内点与点间的欧式距离一定程度上体现了实际空间中点与点多变量数值和空间距离的差异，因此控制点所代表的聚类中心周围往往分布着属于该聚类的数据点。

这里采用 Voronoi 图来预置对投影空间的分割，其中控制点即 Voronoi 图的生成点，每个 Voronoi 网格代表的是控制点代表的空间聚类在平面上的对应对象。由于 Voronoi 图中每个网格内的点到其生成点的距离较其到别的生成点距离最小，结合数据点和投影控制点的关系，这样的分割方案能够一定程度上在属性空间保持空间聚类的结果，合理关联 C^* 和 C^+。在预置结果的基础上，用户可以调节 Voronoi 网格的边界，达到调整 C^+ 的效果。

8.2.3 可视化设计

在整个分析流程中，用户既要调整每次迭代出的结果，又要监控并评估结果的正确性。鉴于此，我们设计了一系列视图。首先，我们将 C^* 和 C^+ 分别在 3D 视图和 2D 视图上展示，并在视觉上关联彼此。其次，相关信息（如变量数值分布、空间结构的缩略图等）会用图符、平行坐标等展示，以利于比较每一个 C_i^* 和 C_i^+。为了叙述方便，我们称每一对 C_i^* 和 C_i^+ 为关系对（C_i^*，C_i^+）。

8.2.3.1 界面设计

(1) 3D 和 2D 视图

作为整个系统的主视图，3D 和 2D 视图分别扮演着显示兴趣域的空间结构[图 8-3 (a)]和属性空间分布情况 [图 8-3 (b)]的作用。同时 2D 视图也是用户进行兴趣域调节的主窗口。当用户选中一个关系对（C_i^*，C_i^+）时，两个视图会分别显示对应的对象。

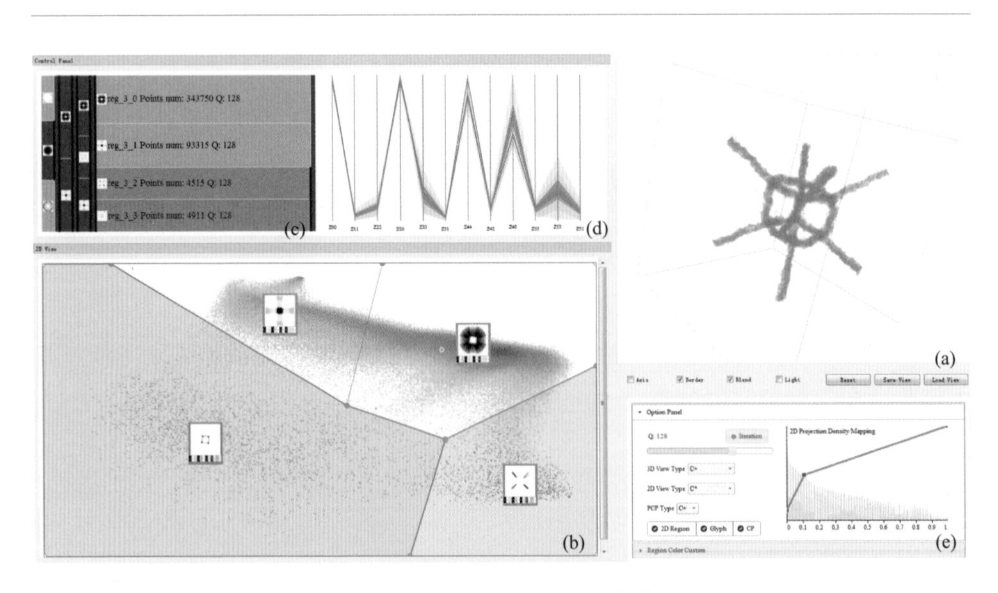

图 8-3 EasyXplorer 界面概览

我们在3D视图中运用了直接体绘制技术，当用户选择某个（C_i^*，C_i^+）时，C_i^* 所包含的点在原空间中位置所在体素被标定为一个特定的值，即：

$$s_i = i\frac{S}{M+1}, i=(1,2,\cdots,M) \tag{8-4}$$

式中，i 是当前选中的关系对序号；s_i 是被标定的值；M 为总共关系对的数量，S 是值域的范围，我们采用的 $S=255$ 限定最多用一个字节存储标定值。同时我们采用一维传输函数将颜色赋予到每个关系对。我们简化了传输函数，关系对里的所有元素都共享同一套颜色编码方案，用户直接选择每个关系对的颜色和透明度即可以实现高亮或者隐藏［图8-6（b)］。

2D视图上首先显示的是数据点在经过投影之后在平面上的分布以及预置好的投影空间分割区块。投影点在投影空间上累计数据点的分布密度，并以热力图的方式展示。浅灰到深灰色编码了分布密度（从小到大），用户也可以通过控制面板上的传输函数控制该编码方案［图8-6（a)］。每个Voronoi区块的边界由一个多边形构成，区块内标志了这个Voronoi网格的生成点（投影控制点）。每个多边形的顶点上设置有一锚点，用户拖动锚点即可达到调整区块的目的。

此外，为了可以展示一个关系对（C_i^*，C_i^+）的集合关系，EasyXplorer允许用户在控制面板上切换查看一些由关系对内元素构成的简单运算式，如 $C_i^* \cap C_i^+$，$C_i^* - C_i^* \cap C_i^+$ 和 $C_i^+ - C_i^* \cap C_i^+$。

（2）图符视图

此视图主要展示关系对的统计信息。在2D视图上，每个 C_i^+ 都拥有一个位于其重心的图符。

每个图符由数个部分构成。首先，每个 C_i^+ 包含的点会在三维空间中呈现相应的结构，但在三维空间逐个检视这些结构的效率比较低下。若能够提供这些结构在一个视角的缩略图，则能大大缩小检视的范围。由此我们沿 z 轴方向累计体素个数，用灰度编码，用户可以得知数据点在三维空间的实际分布规律。其次，图符视图采用像素式和盒须图式两种方式编码了各个变量的统计信息。以像素式显示时，上下两行像素分别代表 C_i^* 和 C_i^+，自左向右每个像素格代表一个变量，灰度编码了该变量均值的大小［图8-4（a)］。当用户将鼠标移至图符时，显示模式变为盒须图式。该模式和像素式下的变量顺序相同，如图8-4（c）右所示，该模式较像素式提供了更多的统计信息，如中值点、四分位数等。最后我们再将每个变量盒须图的中值点用橙色多段线连接高亮出来。

由此用户得以观察一个关系对内 C_i^* 和 C_i^+ 的多变量差别。

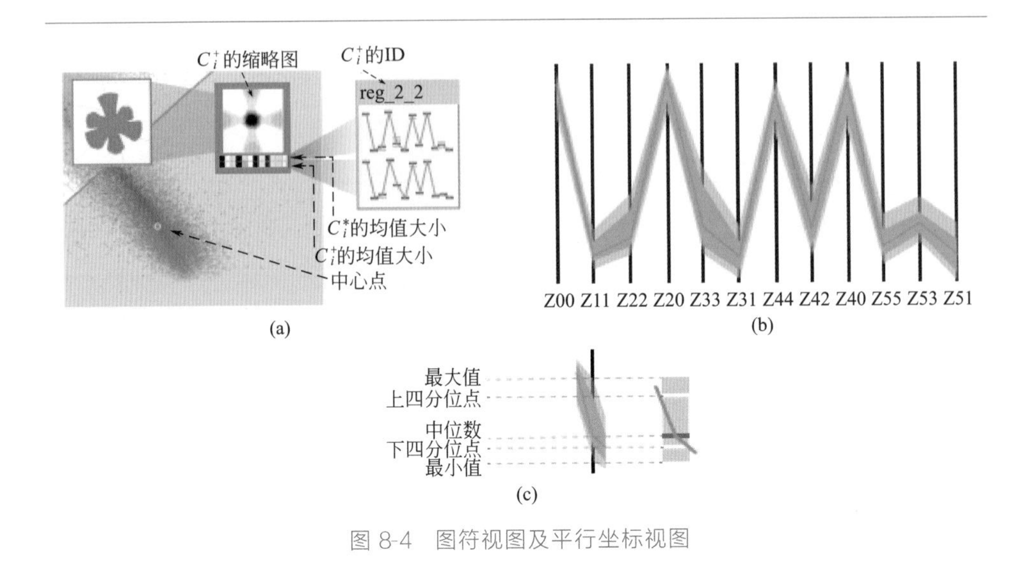

图 8-4 图符视图及平行坐标视图

（3）平行坐标视图

该视图设计的目的是展示关系对之间的多变量差别。整个设计类似平行坐标，每一条色带代表一个选中的关系对，颜色和该关系对在各个视图中的代表色相一致。每一条轴代表一个变量，变量排布顺序和图符视图中相一致。

为了添加一些统计信息，色带呈现多层叠加的样式，如图 8-4（b）所示，色带分别编码了中位数、上下四分位点，最大最小值（1.5 倍上/下四分位点）。图 8-4（c）也展示了该视图的可视编码和图符视图上盒须图模式之间的联系。

（4）分析流程图

为了支持迭代式的分析流程并且记录下分析的历史结果，我们设计了分析流程图。如图 8-5（a）所示，图表的每一个单元格代表一个区块，标志了区块名、包含数据点的个数以及该次迭代下的参数值。单元格的高度编码了数据点个数，若该区块相关的关系对被选择，则用颜色高亮。

当下次迭代开始时，上一次迭代的内容被收缩至左侧，仅以空间结构缩略图示意。当前迭代相关的历史区块会用深灰色高亮。图 8-5（a）～（c）描述了三次迭代的过程，可见用户调整参数在第一次迭代中分出三个区块，第二次迭代从第三个区块分出两个，第三次迭代则将全部两个区块重新划分成三个。

（5）控制组件

该视图由两个面板构成，分别为控制面板和关系对颜色面板。在控制面板上，用户得以调整自动聚类的参数 Q、投影密度分布编码传输函数以及关系对显示模式［图 8-6（a）］。在颜色面板用户可以选择每个关系对所赋颜色的 RGB 值、透明度等参数［图 8-6（b）］。

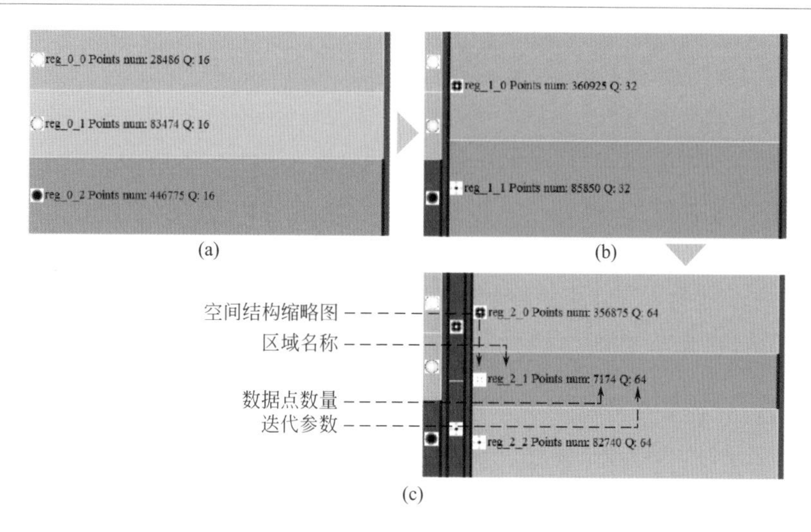

图 8-5 分析流程图

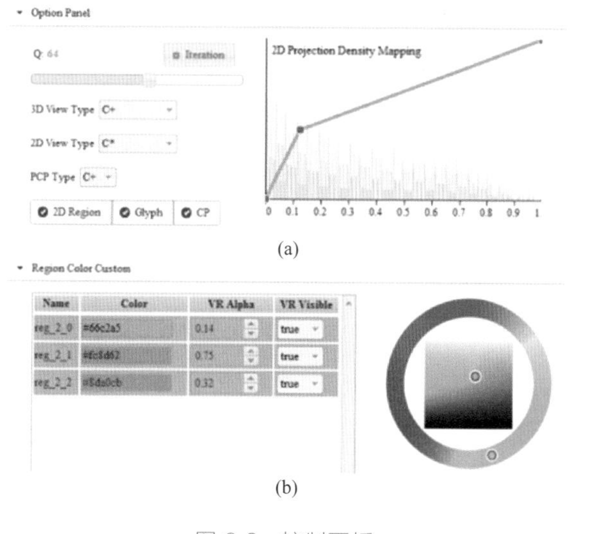

图 8-6 控制面板

8.2.3.2 用户交互

每次迭代的第一个步骤是调节参数生成合理的空间聚类，即兴趣域的预置。事实上，生成太多的聚类并不利于用户去控制，而且容易造成视觉上的混乱。另外，采用较为激进的数据点筛选方式也有可能丢失有用的兴趣域。因此参数的调节会遵循生成聚类由粗到精的原则，在开始的迭代中生成较少的聚类，用户调整选择，删掉不必要的兴趣域和数据点；后续的迭代中逐渐提升聚类的粒度，由于之前的迭代中删去了一定量的数据点，因此生成聚类的数量可以维持在一个合理的水平。在聚类参数设置方面，我们参考了 Richard Nock 等人的策略，初始迭代的 Q 采用经验值，之后每次迭代倍增 Q 值。我们推荐每次生成不超过 5 个聚类以减少用户交互负担。

在每次迭代中，用户需要遵循如下四个步骤。

① 缩略图浏览　每次迭代之初，面对多个 2D 视图中的 Voronoi 区块，用户首先需要浏览各个区块图符视图上的缩略图，而不是盲目地点选。缩略图上的空间结构往往会暗示一些有价值的结构。

② 标定　选中目标区块，在控制面板上选定标定的模式，在颜色面板上选定标定的颜色。

③ 评估　通过图符视图、平行坐标视图上的变量统计信息、2D 视图上的投影密度分布、3D 视图上的空间结构来评估选定的区块中是否存在兴趣域，是否需要调整细化。

④ 调整　最后调节 2D 视图上的锚点调整区块边界。

8.2.4 结果与讨论

为了验证 EasyXplorer 方法的有效性和相应可视分析系统的有用性，我们对两个数据集进行了实验。

8.2.4.1 惯性约束聚变仿真数据集可视分析

惯性约束聚变是目前人类世界正在积极探索的获取能源的新途径之一。流体不稳定性及湍流混合是惯性约束聚变研究中非常重要的问题。不稳定性主要刻画的是不同物质之间相互混合的过程。我们的数据记录了 5 个变量，即密度（D）、温度（T）和一个三维矢量（极坐标三个量 ρ、θ 和 φ，分别被命名为 V_0、V_1 和 V_2）。数据以 128×128×128 的规则网格采样，我们选取了该仿真数据的第 60、216、314 和 389 帧来分析。由于该数据所包含的结构简单且变量较少，我们以此数据为例来说明系统的使用方法。根据领域专家提供的信息，数据集记录的是两种液态物质反应混合的过程，我们需要研究两种液体的接触面产生的结构。以下步骤以第 314 帧为例，其余帧的探索过程类似，不再赘述。

第一步，用户调整聚类参数 Q 为 8，生成 5 个聚类以及对应的二维区块［图 8-7（a)］。通过对 2D 视图的观察，用户可以发现二维密度投影上有几个离群部分［图 8-7（a）上以红圈标出］。观察缩略图，用户可选择关系对进行比较。在 3D 视图上［图 8-7（c)］可见空间聚类聚出来的结构比较粗糙，通过未调整的 Voronoi 区块在属性空间整理的结构更加细腻［图 8-7（d)］，但是存在一个区块内点空间中不连续的情况，如图 8-7（d）中的紫色部分被蓝色部分分隔为两块。这个时候，用户可以基于现有观察推测出液体的接触面位置，依据有两点：一，不论是空间聚类出的结果，还是 Voronoi 区块整理过的结果，都能通过离群点区分出内部的物质（青色部分）和外部的物质（绿色、紫色部分），通过平行坐标视图，这几部分在密度和温度变量上的区分度也相当大，符合其为两种物质的判断［图 8-7（a）］；二，不论是图符视图还是平行坐标视图都显示，除以上几部分以外，其余部分在各个变量上的值分布都比较分散，说明这些部分的数据点的状态不太稳定。我们通过咨询专家得知，两种物质反应的接触面往往是活跃不稳定的，因此标记以橙色和蓝色的部分很有可能是液体的接触面。最后，我们调整锚点至图 8-7（b）所示的位置，下一次迭代将在高亮出来的数据点中进行，其空间结构如图 8-7（e）所示。

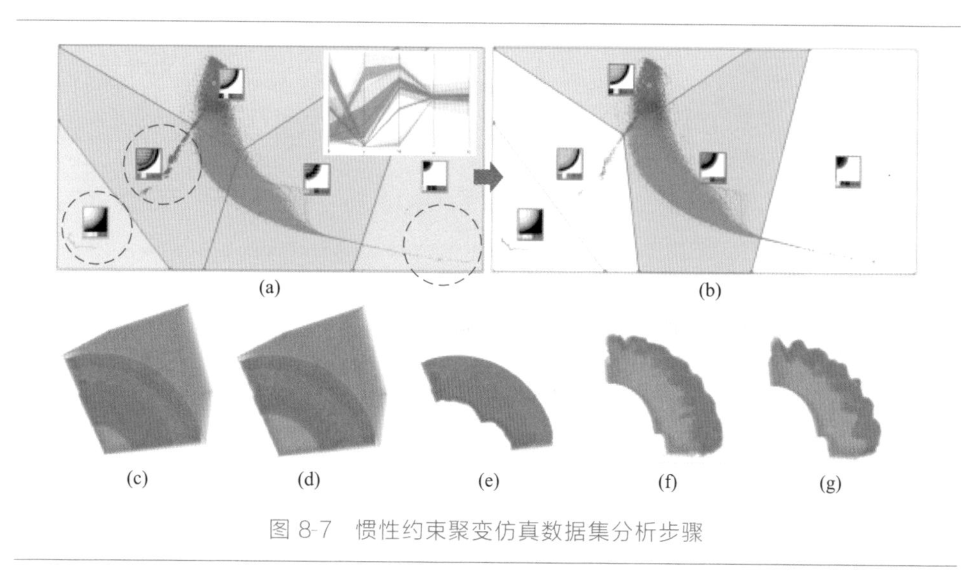

图 8-7 惯性约束聚变仿真数据集分析步骤

用户随后调整 Q 值得到新的聚类，其过程和初次迭代类似。在第三次迭代中，如图 8-7（g）中青色高亮所示，我们得到了更清晰的结构。用户可以切换显示模式比较自动聚类算法［图 8-7（f）］和我们细化过的结果［图 8-7（g）］，可以明显看出细化的结果更加显著和平滑。图 8-8（a）～（d）绘制了我们用相同过程在第 60、216、314 和 389 帧上挖掘出的液体接触面结构。

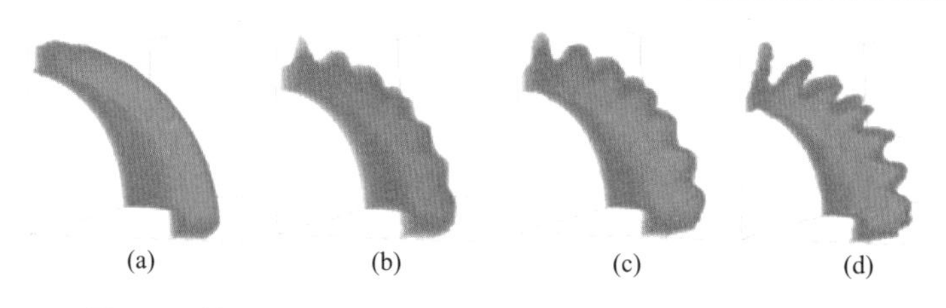

图 8-8 第 60、216、314 和 389 帧上的液体接触面结构

8.2.4.2 空间旋转对称场可视分析

空间对称场是三维空间参数化、多面体网格生成、纹理合成等三维应用中生成的特征场。例如二维流形上的 N 旋转对称场（N-RoSy 场），其每个点都包含 N 个单位矢量，且每两个相邻矢量之间的角度等同；正六面体对称场，其在空间中的每一采样点都包含六条两两垂直且模为单位值的矢量（图 8-9）。分析和理解这类空间对称场数据对于优化各类应用的设计、探索数据场的特征区域至关重要。传统针对二维 N 旋转对称场的可视化技术包括对线积分卷积方法的拓展（Line Integral Convolution，LIC）。在三维的情况下，尽管有基于拓扑的方法，但是仍然缺乏有效的分析手段。

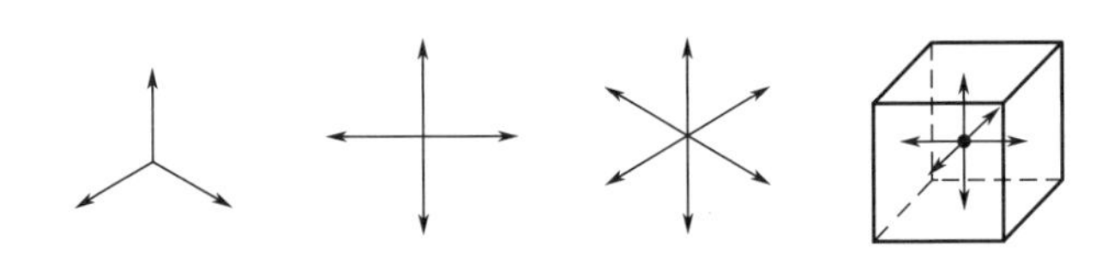

图 8-9 平面和空间上的旋转对称场

(1) 计算特征算子

奇异点是二维和三维对称场中最为重要的特征，有旋转不变性，换言之，将数据场进行任意全局旋转都无法改变奇异点的分布。据此，我们构建出基于 Zernike 分解的具有旋转不变的局部特征算子，该法已成功运用在其中来进行形状重建。

假设每个数据点 p 有 N 个单位矢量 $\bar{r}_i$ （$i=1$，2，…，N），以点 c 为中心覆盖到的邻域设为 $S(c)$，设邻域中我们得到采样值 $p \in S(c)$。如式（8-5）所示：

$$\rho(p)=\max_i\left\{\frac{p-c}{\|p-c\|}\times\overrightarrow{r_1}\right\} \tag{8-5}$$

其等同于找到数据点 p 所拥有 N 个单位矢量在 $p-c$ 方向上的最大投影。图 8-10 (a) 展示了当邻域为 4×4 且 p 点只含有四个单位矢量的采样方法。图 8-10 (b) 展示了采样以后生成局部标量场 $\rho(p)$ 的例子，红色矢量为选到的能生成最大投影的矢量，蓝色线段表示取到的投影，标量场的值取自投影的长度。

接着，我们将 Zernike 分解运用到 ρ（p）上，得到一系列系数（Zernike moments）$\{\Omega_{nl}^m$，$l \leqslant n$，$n-1 \equiv 0 \pmod 2$，where $m=0$ in 2D and $m=-l$，…，l in 3D$\}$。由一对参数（n，l）决定的系数带所包含系数的平方和具有旋转不变性。因此 $Z_{nl}=\sqrt{\sum_{i=-1}^{l}(\Omega_{nl}^i)^2}$ 可以作为旋转对称场中局部旋转无关的特征算

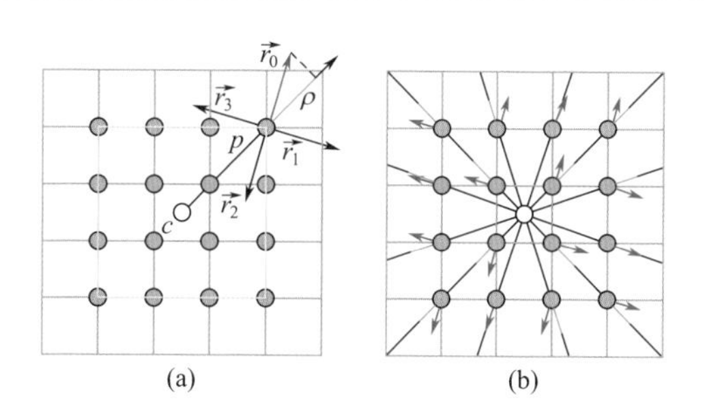

图 8-10 特征算子采样示意图

子。因为高频的 Zernike 算子包含的形状含义在我们的场景下为噪声，我们只取了低频系数带（二维中取 $n\leqslant 8$，三维中取 $n\leqslant 5$）。由此，输入的数据集转变成为三维多标量数据。二维和三维 Zernike 算子所代表的含义可以分别参考 Alireza Khotanzad 和 Marcin Novotni 的工作。下面我们通过两个例子来说明我们的方法在平面旋转对称场和空间旋转对称场中的效用。

（2）二维 N-RoSy 场可视分析

首先在 128×128 的 2D N-RoSy 场上检验方法的可用性，生成 25 个由 Zernike 算子系数构成的旋转无关变量。

图 8-11（a）～(c）展示了 3-RoSy、4-RoSy 和 6-RoSy 三个场的线积分卷积结果。黄色的图符标志了正奇异点而蓝色图符标志了负奇异点。我们的目标是挖掘出这些奇异点，这些标志可以帮助我们比对挖掘结果。最终挖掘出来的结果如图 8-11（d）～(f）所示，依次对应图 8-11（a）～(c）所示的数据场。可以看到和标志的奇异点相比照，我们挖掘出来的结果还是比较准确的。

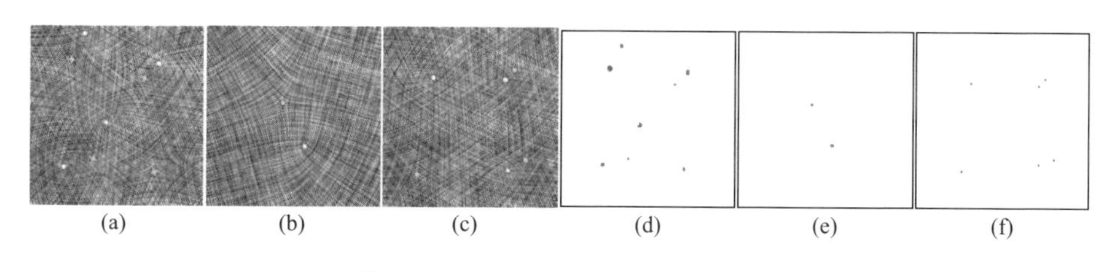

图 8-11 平面 N 对称场探索结果

（3）三维正六面体对称场可视分析

原始数据为基于四面体网格的三维正六面体对称场，我们将其重采样为 100×100×100 的规则网格，生成 12 个由 Zernike 算子系数构成的旋转无关变量。鉴于选用的特征算子，最可能挖掘出的是奇异线结构。

首先，设聚类参数 Q 为 16，生成如图 8-12（a）所示的投影。微调 Voronoi 网格，从 3D 视图上可以看到大多数点分布在区块 reg _ 0 _ 2 中，而 reg _ 0 _ 0 和 reg _ 0 _ 1 中的点分布在空间结构的外围。reg _ 0 _ 0 和 reg _ 0 _ 1 的图符视图显示，两区块中所含数据点变量上数值分布并不稳定，有一定的特异性。我们要挖掘的奇异线应该是有一定变量数值分布特征且较为稳定的部分。结合这些数据点在空间中所处的位置，可以大致判断出这些点可能为噪声，可以删去。值得注意的是，有一些数据点空间聚类的归属结果和 Voronoi 网格划分之后的归属结果并不一致，用户可以圈选这部分点［图 8-12（a）灰色圈选部分］，查看得知该部分点依然分布在空间外围。据此，用户可以调整 reg _ 0 _ 2 的边界以排除它们。最后用户选中调整后的 reg _ 0 _ 2，将其包含的数据点代入下一次迭代。

其次，用户设 Q 为 32 得到如图 8-12（b）所示的结果。图符视图上展现出一些有趣的结构，用户可在 3D 视图上观察。将这两个区块都选中，用户选择 Q

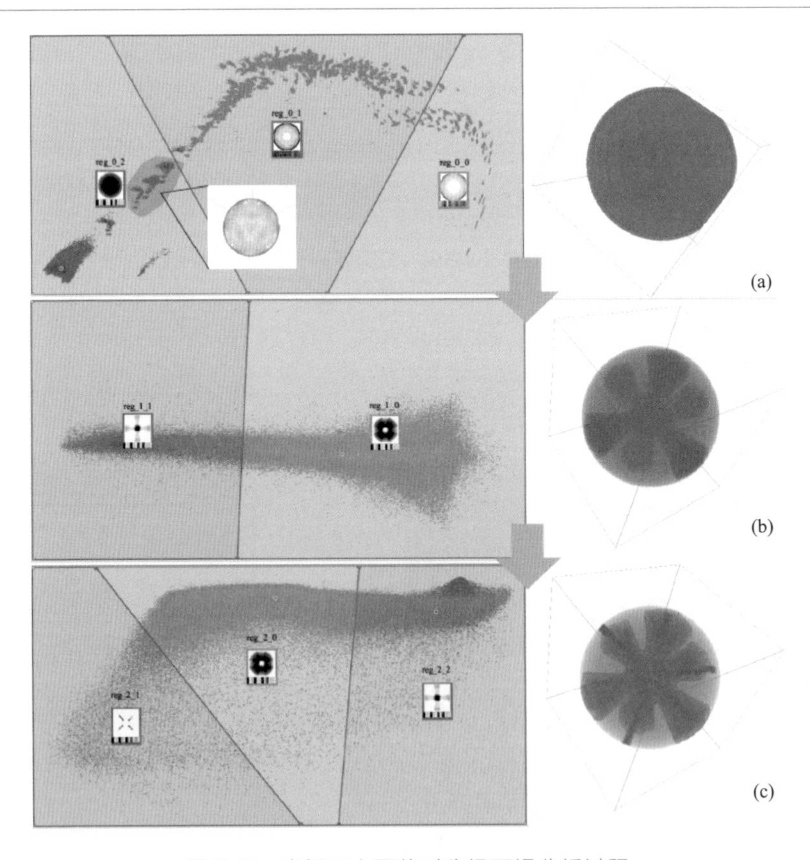

图 8-12　空间正六面体对称场可视分析过程

为 64，可得更多的兴趣域预置［图 8-12（c）］。可以看到一个特殊的空间结构已有所展露。循此过程，整个探索流程结束时，用户可以发掘出来的结果如图 8-3 所示。通过点选，可以看到所有的数据点在 Z00、Z20、Z40 和 Z44 四个变量上值都较大，但是图 8-3 中高亮的两个特殊结构在 Z33 和 Z35 上的值相对较大。这里可以用 Zernike 算子的相关特性来解释，Z44 变量本来就能够描述类似正六面体对称场的空间结构，而 Z00、Z20 和 Z40 能够描述类似放射状的结构，因此这四个变量数值较大都得到了相应解释。而 Z33 和 Z35 上较大的值则暗示了在正六面体对称场中处于奇异线位置附近不同寻常的拓扑特征，因此这两个区块很可能包含了奇异线。观察得知用粉色高亮的 reg _ 3 _ 3 中数据点在 Z33 上的值要大于用蓝色高亮的 reg _ 3 _ 2 数据点集，但是 reg _ 3 _ 3 数据点集的 Z44 数值要小于 reg _ 3 _ 2 数据点集。这里可以看出，尽管这两个结构都是奇异线，但是其依然有着微妙的不同。图 8-13 展示了我们在其他模型上挖掘到的奇异线结果。

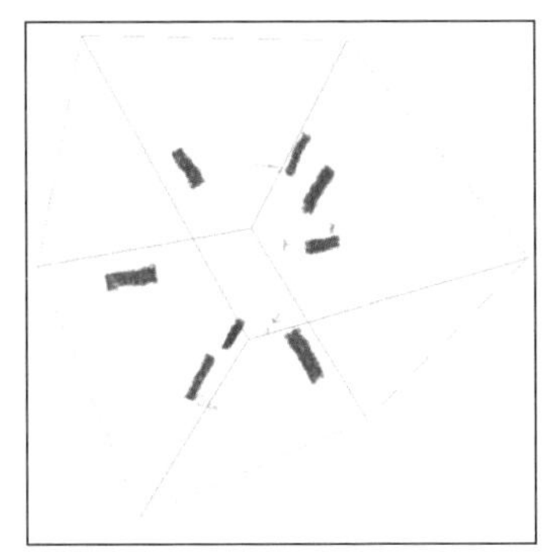

图 8-13 对其他空间正六面体对称场分析的结果

8.2.4.3 系统比较

某种程度上，由于我们的工作整合了传输函数的设计和空间结构的高亮，与基于传输函数设计的体绘制方法思路上有所类似，但是我们的工作依然保持着独特性。以 Han Suk Kim 等人的工作为例，这个工作中 2D/3D 联动视图和我们的系统非常相似。但是其采用了各种降维技术之后以体绘制的方式看出兴趣域，而我们强调的是用迭代式的聚类得到一些自动运算的结果然后由用户再调整的兴趣域探索过程。同样采用了在二维投影空间上交互的方式，我们改进该方法并融入更多的可视化技术以增进决策效率。同时，之前的可视化系统会将注意力集中在用可视化手段探索隐藏的结构上，但是对如何启发式的探索强调不足。我们的方法更强调用户的主观能动性和自动算法、系统流程的结合，这也是我们方法最大的优点。

8.3 传感器时序数据关联可视分析

传感器是一种从物理对象或过程中收集信息的装置，可以用来检测物理空间和环境中的变量。比如城市中散布的空气质量观测站的传感器组就记录了每小时空气污染物变量，如CO、SO_2、NO_2、NO_X、PM10，以及气象变量，如风速、温度、湿度、气压等，同时也包含了传感器类型、位置等变量。这些传感器也可以连接成网络，形成互相连通的空间结构。

分析多传感器数据是一门跨学科的任务，要结合时序、多变量和情境等具体条件。鉴于数据的性质，基于时序的方法大有用武之地，如logistic回归分析、统计分析、信息论以及基于符号的技术等。可视化领域也会采用降维技术从另一个视角研究变量演化。此外也有不少传感器网络方面的工作，比较典型的是基于节点-链接图的传感器网络表达和分析，动态网络拓扑分析以及结构聚类等。

我们注意到时序上具有一定模式的段落都有一定的时间连贯性，合理利用连贯性可以有效支持时序数据遍历。同时，有意义的关系仅仅存在于一定的变量之间，不需要计算所有可能的关系对，这样也能大大减少计算负担。基于这些观察，我们推出了一种全新的层次数据结构，其可以捕捉这类传感采集器数据中时域和变量域中有意义的模式。通过在该结构上对树的动态浏览和可视探索，用户可以定位一些局部的时变关系。用户也可以受益于我们设计的可视分析系统，能够以一种上下文相关的浏览方式，定位和分离提取有意义的关系模式。我们采用一个城市数年的空气质量数据来检验我们的方法，其由真实传感器采集，但是在各个传感器站点在空间分布上较稀疏。

8.3.1 TCP树

我们探索的是时变的变量间关系，从概念上来说，关系存在于一个三维空间，即时间-关系-变量（Time-Correlation-Variable，TCV）空间，如图8-14（a）和（b）所示，地理空间的传感器和其收集的时变变量采样数据被收纳进来。变量是这个空间的基本单元，并且可以根据不同标准被划分为不同的组，如在传感器数据中，划分依据可以是位置、传感器类型和变量类型等。我们依此将变量组织成了名为变量树的树形结构，该结构也构成了TCV空间中的变量维度。图8-14（c）展示了结合了变量树的TCV空间。同时，时间维度同样可以自底向上构建出一个树形结构来建立时序中的连贯模式和具体采样之间的对应关系，我们称之为时间树。TCV空间可以借由变量树和时间树的组合结构来构建。

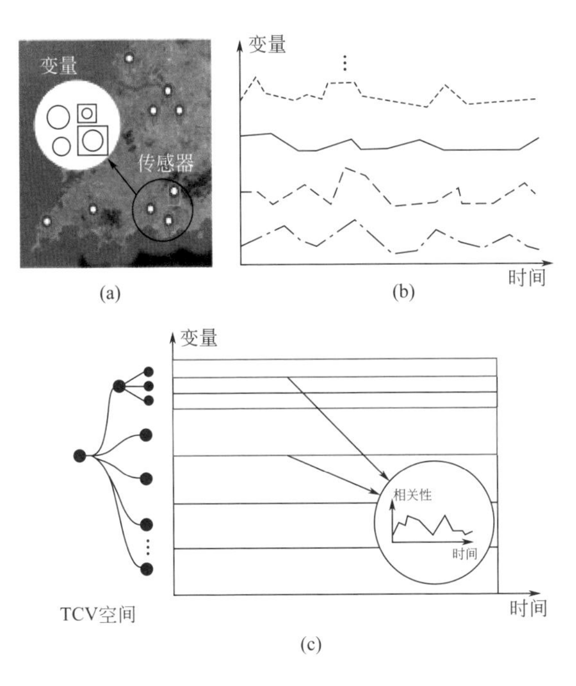

图 8-14 TCV 空间示意图

8.3.1.1 TCP 树结构

时间-关系-片段（Time-Correlation-Partition，TCP）树是一种同时在变量域和时域刻画关系的结构，其骨架为变量树，如图 8-15（a）所示，变量树可以根据用户需要组织。每一个 TCP 树骨架的节点为一个层次的变量树，可以是一个变量或者是一组变量。变量树制定的是关系计算的范围，分为一对多和多对多关系。一对多关系即一个变量和一组变量之间的关系，可以用数组的方式存储；而多对多关系则建立在一个变量集合的各个元素之上，用矩阵存储所有两两变量间的关系。出于效率的考虑，变量树的每一个叶子节点存储着该节点同其兄弟节点间的一对多关系；每一个中间层节点一方面存储着该节点同其兄弟节点间的一对多关系，同时还存储着该节点子节点间的多对多关系。也就是说，变量树的根节点只存储着其下层子节点的多对多关系。

每个变量树节点存储着对应的时间树［图 8-15（a）］，其为该变量树节点记录的时变关系的组织结构。时间树提供了关系在时序上的聚合［图 8-15（c）］和展开［图 8-15（b）］。这样，TCP 树就借由这两种交织在一起的数据结构表达了层次化的变量和层次化的时间关系片段，从而将整个 TCV 空间支撑起来。

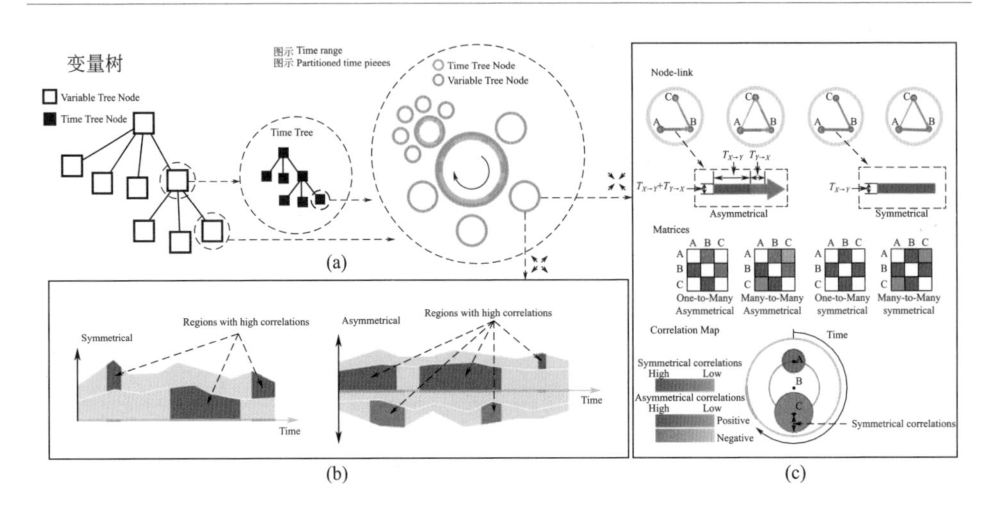

图 8-15 TCP 树设计和可视编码示意图

除了 TCP 的整体结构，如何将关系数值化也是相当重要的，我们引入了对称关系和非对称关系两种类型。以下我们就如何计算关系以及如何构建变量树和时间树展开介绍。

8.3.1.2 基于信息论的关联关系计算

信息论近年来在可视化领域受到了越来越多的关注。在数据分析和可视化中采用信息论可以帮助用户建立数据交流、数据分析和可视化之间的联系。理论上，可视化的各个阶段都能使用信息论来解释。总体来说，信息熵是信息量的度量。其能够有效定位重要的域和改进分析及可视化效率，如在流线生成中帮助放置种子点。另外常见的一个例子是用信息论来优化观测视角。LOD 视图的质量也可以用信息化来评估。类似地，通过在对象和视点间建立信息通道也被用来捕捉关注焦点。

信息论的另一大用途是来测量两个变量之间的相关性。互信息具有对称性，能被用来估计等值面之间的相似性。类似的做法还有：在多模态或者时变数据集上可视化重要的对象。近来还有采用转移熵进行数据分析的工作，它能够刻画两个时序数据间因果关系，并且在体数据可视化、神经科学以及社会媒体分析中已经得到了应用。

我们的方法借鉴了以上研究成果，利用信息理论不需要过多考虑变量之间的耦合关系，以及其对非线性关系的描述也适用的特性，采用信息熵的相关概念来表达两个时变序列片段上的关联关系。以下我们介绍两种最终被我们采用的信息熵度量。

对于两个时间序列 $X=(x_1, x_2, \cdots, x_n)$ 和 $Y=(y_1, y_2, \cdots, y_n)$，其中 $1\leqslant n\leqslant m$，n，$m\in N$。两者的互信息 $I(X;Y)$ 定义为：

$$I(X;Y)=I(Y;X)=H(X)+H(Y)-H(X,Y) \tag{8-6}$$

式中，$H(\cdot)$ 为一个时间序列的熵，公式（8-6）描述了 X 序列随着 Y 序列的已知其不确定性的减少程度，反之亦然。这里 X 对 Y 的互信息和 Y 对 X 的互信息是等同的。

值得注意的是互信息计算过程中两个序列的随机变量采集往往是根据时序一一配对的。如果其中一个时间序列相较另一个时间序列有所延迟，我们就能测量从一个时间序列到另一个时间序列的信息转移了；其被定义为 X 到 Y 的转移熵：

$$T_{X\rightarrow Y}=\sum_{1\leqslant n\leqslant m} p(y_{n+1},y_n^{(l)},x_n^{(k)})\log\frac{p(y_{n+1}\mid y_n^{(l)},x_n^{(k)})}{p(y_{n+1}\mid y_n^{(l)})} \tag{8-7}$$

式中，$x_n^{(k)}=(x_n,\cdots,x_{n-k+1})$ 和 $y_n^{(l)}=(y_n,\cdots,y_{n-l+1})$ 分别为 k 阶和 l 阶的马尔科夫过程 X 和 Y，k 和 l 可调。

理论上，转移熵描述了由于 X 序列过去的状态，Y 序列不确定性的减少程度。$(T_{X\rightarrow Y}-T_{Y\rightarrow X})$ 为 X 对 Y 的影响程度。因此如果该值大于 0，我们可以判断 X 影响 Y，小于 0 则 Y 影响 X。由此我们定义 $TD(X,Y)=(T_{X\rightarrow Y}-T_{Y\rightarrow X})$ 为转移熵之差。

总之，$I(X;Y)$ 表示了一种对称关系，而 $TD(X,Y)$ 则代表了一种非对称关系。我们指定计算熵的过程都必须在限定长度的时间序列中进行。因此，当计算较长的时间序列时，我们在原始的时间序列上加窗以限定计算信息熵的范围，设定窗长 w 和窗移 Δt，从而计算出时变且数值化的关系。

依照这样的计算方式，TCV 空间中的变量关系都被时序化和量化，用户可以用传统信号处理、统计或者数据挖掘技术对其进行分析。或者可以依照本章的技术路线，将这些数据重整到 TCP 树上构建可视化系统对其进行分析。

8.3.1.3 构建变量树

变量树可以依照变量本身的属性直接构建，且树的层次也可以由用户指定。所谓设定树的层次主要是将传感器按照某种依据分组，形成层次结构。下面列举一些构建变量树的依据作为参考。

① 变量类型　变量类型的相似性是组织变量树结构的一大依据。比如空气污染传感器记录的 PM10 和 PM2.5 两个变量，因为均为大气颗粒物，可以被归为一组，放在一个层次同属一个父节点。

② 传感器之间的关系　比如传感器网络中的社群关系，传感器的独立性都是可以采用的依据。

③ 环境因素和地域因素　传感器分布的空间位置，或者是根据地理位置进行的聚类都是建树的依据。

8.3.1.4 构建时间树

变量树将我们所需要的变量间关系整理完毕，如 8.3.1.1 节所述，每个节点都存储有对应的一对多和多对多关系，下一步需要在变量树的节点上增添时间树来管理所有关系的时序变化。

首先每一个变量树节点上附着的时间树的覆盖范围是输入数据集的全时间段，不论是一对多关系还是多对多关系，时间树的根节点都是所有关系在全时间段的聚合。其次时间树的叶子节点为具体的时变关系采样点。因此时间树的中间节点即为这些时变关系采样点的时间片段聚合。但是聚合首先要提取一系列时间片段，获得起止时间，我们设计了下面两种提取模式。

（1）等时间长度片段划分

在这种模式下，我们首先将时间序列切割成恒定长度且连续的数段，然后分别计算每一段的关系聚合。片段的长度是可以根据用户需要调节的，这种模式有利于研究一些周期性出现关系模式。比如可以按天、按星期、按月等，分别来度量这些单位长度的关系。

（2）自适应时间长度片段划分

第二种模式可以自适应地抽取连续的时间片段，从而构造出代表时间树的中间节点。我们采用的是基于阈值的方式，在各对关系序列上截取满足阈值的时间片段。这里产生了一个问题，由于变量树存储的是一对多或者多对多关系，而从各个关系对时序上提取的片段起止位置不尽相同。因此时间树中间节点的构造需要将从各对关系中提取的时间片段合并。图 8-16 描述了我们从两条转移熵差时间序列提取各自的时间片段，并且将所有时间片段合并的全过程。图 8-16（a）中橙色部分高亮的是根据阈值提取出来的时间片段，假定时序上高于阈值的片段为用户感兴趣的部分，可以看到这些片段出现了重合。然后我们将所有的片段交叠并按照一定的规则合并，如图 8-16（b）所示，合并规则可采取将所有关系时序的片段取交、将所有关系时序的片段取并或者只采用某一关系时间序列的提取片段。这些都可以在控制面板上进行操作（图 8-17）。

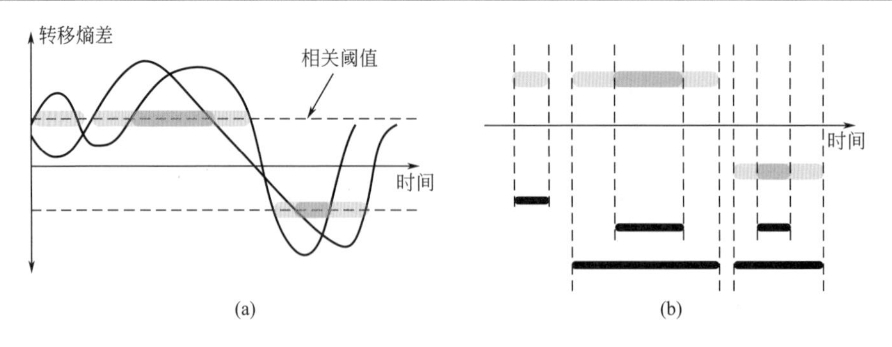

图 8-16 对两个非对称关系时序的自适应时间长度片段划分

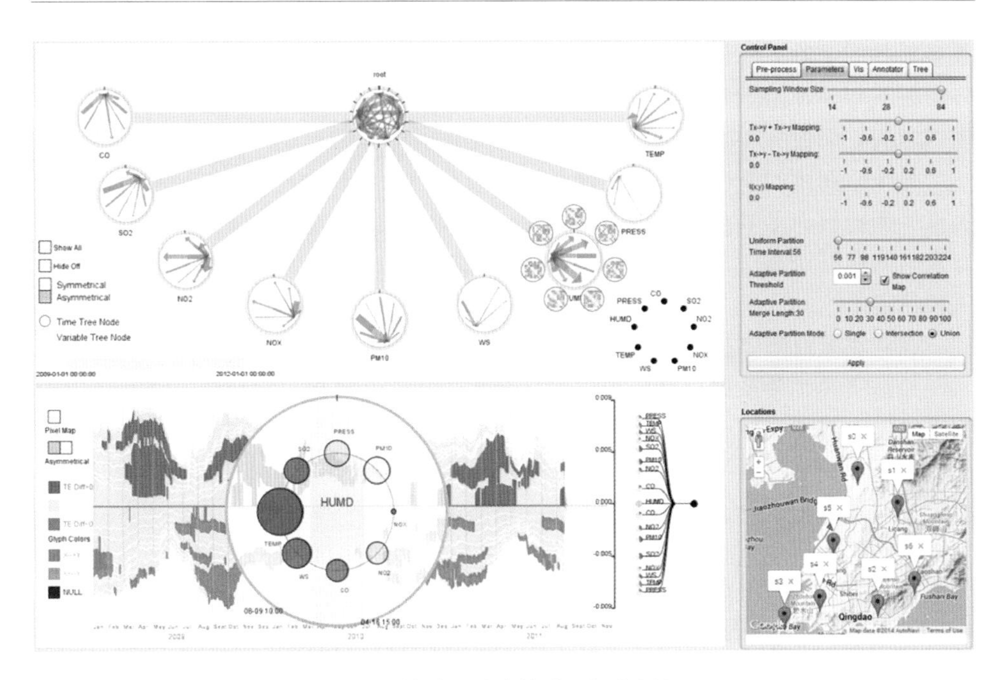

图 8-17　传感器时序关联可视分析界面

8.3.2　可视化设计

8.3.2.1　TCP 树的可视化设计

TCP 树是一种基于信息论的量化关系，用层次化思想刻画传感器时变多变量的紧凑数据结构。总体来说，可视化 TCP 树主要强调三个方面的设计，即变量层次、关系聚合和展开、对称和非对称关系。具体的各部分设计如下。

（1）骨架（变量树）

变量树的可视化没有采用太特殊的设计，遵从了系统树图式的自顶向下的布局，非叶子节点都支持展开和收缩操作。每一个节点都以一个圆环表示，并在周围注明该节点代表变量的名称，所有节点所嵌入的圆环尺寸相同。当一个节点展开后，其子节点会根据兄弟节点的数量调节布局的位置，达到围绕父节点下周空间均匀分布的效果。

（2）时间树

每个变量树节点上附着的时间树的根节点位于变量树节点的正中央，时间树的下层展开节点围绕根节点放射状展开布局。每个时间树节点均为一个圆环，其边缘以颜色编码，用以标识该时间树节点聚合的时间段。如图 8-15（a）所示，以时钟零点方向为起始顺时针绕一圈为全时间段，节点边缘的黄色圆弧代表由该节点展开的子节点所聚合的时间段，其长度表示该时间段的长度。这些时间段的分布并不均匀，出于防止视觉混乱和美观的考虑，子节点展开均分了其父节点周围的空间，而没有在空间位置上和时间段一一对应。

每个时间树的非叶子节点均需要表达聚合的一对多和多对多、对称和非对称关系，我们设计了节点-链接和矩阵两种可视化方案，并绘制于时间树节点正中。对于时间树叶子节点，其展示的是具体的关系时间序列，可以通过用户交互在其他视图展示。

（3）关系时间序列的聚合表达

如前所述，关系聚合可以为以矢量形式表现的一对多，也可以是以矩阵表示的多对多。当节点较大，或者节点被鼠标选中时，我们选用节点-链接式的表达[图 8-15（c）上部]。此模式下变量呈圆形布局，我们将连接变量的边进行编码。当表现非对称关系时，边以红蓝两色表示，从红到蓝标志出影响关系的方向，辅之以箭头标识；红色和蓝色部分的长度分别为 $T_{X\to Y}$ 和 $T_{Y\to X}$ 的大小，从红蓝比例用户可以得知 TD（X，Y），边宽编码了 $T_{X\to Y}+T_{Y\to X}$ 的大小。与非对称的编码相比，对称关系的编码要简单很多，仅以边的宽度编码了关系的强弱。当节点较小时，我们选用传统的矩阵式的关系聚合表达[图 8-15（c）中部]。此模式下的颜色编码含义和节点-链接式的相同。

此外我们还设计了另外一种可视编码方式，将一对多关系下的对称和非对称关系聚合整合在一起[图 8-15（c）下部]，称之为关系集成图符。该方案采用和时间树节点类似的设计，以外围圆环表达时间，黄色圆弧代表该聚合的时间段。位于中心的变量为选定变量，其余变量围绕中心变量呈圆形分布。一对多变量的值被编码成位于周围变量上的圆，其颜色编码了中心变量和周围变量的非对称关系，半径大小编码了对称关系。以图 8-15（c）为例，中心变量为 B，TD（B，A）为正，因此 A 变量处圆为红色，而 TD（B，C）为负，C 变量处圆为蓝色。而圆的透明度编码了实际正负关系的大小，颜色越透明则两变量非对称关系的差越接近 0。

（4）一对多关系的时间序列表达

多对多关系都可以拆分成一对多关系的集合，我们采用了传统的流图技术，改进并设计了针对一对多关系时间序列的可视化方案[图 8-15（b）]。对于一对多的对称关系，堆叠图会从时间轴向上逐层累加各对关系时间序列，如在变量 A、B、C 中选择变量 B，则时间轴往上依次堆叠 I（B；A）和 I（B；C）。对于一对多的非对称关系，则基于时间轴往上和往下累加，如在变量 A、B、C 中选择变量 B，则时间轴上方依次堆叠 $T_{B\to A}$、$T_{B\to C}$，而下方依次堆叠 $T_{A\to B}$、$T_{C\to B}$。为了提示用户堆叠图中每一层对应的变量和处于基底位置的变量，我们右侧设置了顺时针旋转 90°的变量树缩略图，从上到下预示着变量所在的层次。

此外我们也用颜色高亮出时间片段，时间片段的提取和 8.3.1.4 中片段提取方式相同。如处于对称关系显示模式，则用红色块标识；如处于非对称关系显示模式，则用红蓝两色块标识，具体样式可参考图 8-15（b）。在右侧的变量树缩略图上我们也将变量节点设计成饼图的样式，红色和蓝色分别表示当前高亮出来时间段占全时间段的比例。

（5）变量时序表达

所有原始变量的时序数据都采用基于传统的 2D 像素图方法编码。

8.3.2.2 界面设计

TCP 树支持用户进行实时交互，用户通过更改变量层次结构和时间片段提取方法的参数就可以更新树结构。我们将 TCP 树和其他视图融合为一个可视化界面（图 8-17），其由 JAVA 编写而成，地理信息部分则采用了 GoogleMap API。整个界面由四个视图构成：TCP 树视图、时序视图、控制面板和地理信息视图，所有的视图相互配合响应。

（1）TCP 树视图

该视图为整个界面的主视图（图 8-17 左上），用以绘制 TCP 树的主要部分，支持用户交互实现变量树节点和时间树节点（除叶子节点）的展开收缩。

（2）时序视图

时序视图（图 8-17 左下）有两个作用。在默认情况下，该视图显示所有原始变量的时序数据。而当选到一对多关系、需要展示时间树叶子节点时，该视图转变为一对多关系时间序列。用户可以切换显示对称和非对称的模式。

（3）控制面板

控制面板陈列了一套交互和控制颜色映射方案的工具，包括关系计算参数、时间树结构调整参数以及关系草图面板（图 8-17 右上）。其中关系草图面板（图 8-18）允许用户以拖拽勾拉的方式记录下其理解的变量关系。比如拖拽出代表变量的圆点，然后在圆点间拖拽出连线来表示关系的类型和强度。

（4）地理信息视图

该视图旨在在地图上显示传感器的位置信息（图 8-17 右下）。

8.3.2.3 用户交互

（1）树的遍历

我们的系统支持在变量树和时间树上的遍历操作，包括浏览、展开、收缩等。用户可以首先遍历变量树节点然后浏览时间树节点。用户可以通过时间树节点上显示的关系聚合，运用不同的关系表达比较和研究关系。当用户选择到时间树底层时，相应的一对多关系时间序列也会配合显示在时序视图中。

（2）关系聚合的层次分析

附着在时间树节点上的关系聚合是变量间关系在某个时间段范围内的统计值。由于我们变量树的设计，在父节点上显示的是多对多关系而在子节点显示一对多关系，用户可以在多对多关系上概览，在一对多上做更多细致的比较。由于概览图面积较小，因此关系聚合在视觉上可能不够清晰，我们提供了一系列控件来调节可视编码参数，如调节节点-链接模式下的边宽范围、映射值域等，使用户得以准确分辨影响关系，做出正确判断。

（3）关系时序的分析

关系时序主要在一对多关系上展开。当用户选择到一对多关系时序表达其中一个堆叠流时，相应的变量会被高亮。用户也可调整分段提取参数，其结果能够实时在时序视图高亮。之后用户可以在时序视图上点选高亮的区域，相应的关系集成图符会显示在点选的色块上。

（4）关系注释

关系注释面板旨在帮助用户记录其根据各个视图推导出来的变量关系，为辅助决策的工具。以图 8-18 为例，用户可以拖移代表变量的圆点，然后在圆点间拖拽出代表不同关系类型和强度的四种边。其中实心箭头表示有方向性的影响关系，粗细表示关系的强烈程度；虚线表示相互间有关联关系但是难以判断影响的方向，比如 $I(X;Y)$ 值较大或者 $T_{X\to Y}+T_{Y\to X}$ 较大，但 $|T_{X\to Y}-T_{Y\to X}|$ 较小的情况。

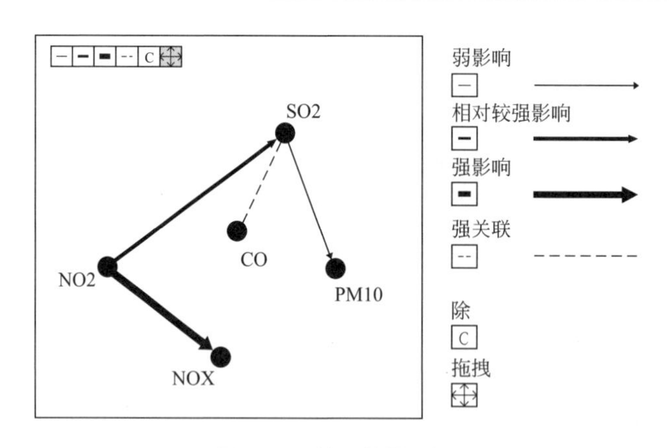

图 8-18　关系草图面板

8.3.3 结果与讨论

我们将真实的空气质量检测数据集导入系统进行分析。该数据集采集了一个拥有8百万人口的海滨城市的7个观测站2009～2011年总计3年的数据。每一个观测站拥有数个传感器，每小时记录了9个变量的数值，其中有5个空气污染变量（CO、NO_2、PM10、SO_2 和 NO_X），4个气象变量（风速WS、温度TEMP、湿度HUMD和气压PRESS）。我们将7个观测站标记为s0～s6，si用来表示某一个传感器上变量，如NO2 _ s3即表示观测站s3的检测到的 NO_2 变量。在预处理步骤中，我们已经过滤掉了一些异常数据，如错误值、过大值和空数据，然后建立起了一个两层的变量树。第一层是变量而第二层是相关的观测站点。

8.3.3.1 计算参数

用户的分析需要参数调节，我们将其分为两种分别阐述。

① 关系计算参数　在计算两个长时间序列的关系时需要加窗，这样就涉及两个参数：窗长和窗移。实际上，我们的系统支持用户选择三种窗长，分别为14天、28天和84天，分别对应大约两周、一个月和一个季度的时间，窗移参数则采用了1h。

② 树构建参数　在变量树构建方面，首先变量的层次关系已经为用户所敲定，我们的系统允许用户在此基础上做一些调整。如隐藏掉某些变量，或者是全部显示等（图8-17中TCP视图的左侧）。变量树的布局也会因这些交互而发生更改。

在时间树构建方面，时间树中间节点代表的时间片段提取环节是参数设定的主要对象。首先用户可以选择是等时间长度片段划分，还是自适应时间长度片段划分。在前者模式下，时间长度是可以设定的，我们的系统支持在56天（近两个月）到112天（近四个月）的范围内进行选择。后者模式下，提取关系的阈值是用户设定的主要参数，这个参数直接影响到中间节点生成的质量。此外，如果出现提取到的时间片段短且分布局部密集的情况，系统还支持用户设定平滑参数，将片段间太小的时间间隔抹平以合并太细碎的片段。

8.3.3.2 变量间关联分析

第一个任务是在数据集上进行变量间的关联分析。用户首先查看第一个层次的关系聚合，为了能够先分析污染物之间的关系，将所有的气象变量隐藏。通过查看TCP树视图上的非对称关系，用户可以快速地判断出 NO_2 是影响 NO_X 和 SO_2 的主要变量，其他的关系看上去都相对较弱［图8-19（a）］。首先，NO_2 就是 NO_X 的主要来源，因此这条关系非常强；而 NO_2 对 NO_X 和 SO_2 这两个变量的影响主要是来源于机动车尾气的排放。除了这两条明显的关系，用户可以调节可视编码参数来查看之前看上去不是那么强烈的关系。这样用户可以推测出

NO_2 还影响了 CO，CO 影响了 PM10 等结论。此时用户可以在关系草图面板上记下一些结论［图 8-19（a)］。切换到对称关系显示模式，可以看到刚才的结论依然成立。有意思的是，基于 NO_2 的一对多关系和基于 PM10 的一对多关系看上去非常有特点［图 8-19（b)、(c)］。NO_2 影响着各个变量，PM10 则与此相反，被各个变量影响。在重新检视 NO_2 的一对多关系聚合之后，可以判断出刚才的结论是正确的。而 PM10 的情况有所不同，所有的连接边都很细，这证明所有的影响关系都不那么显著。根据具体的关系值判断，PM10 的生成主要受 CO 和 NO_2 影响。而和专家沟通后得知 PM10 主要是化石燃料（如煤炭）的生成物，这和我们的发现在一定程度上是符合的。

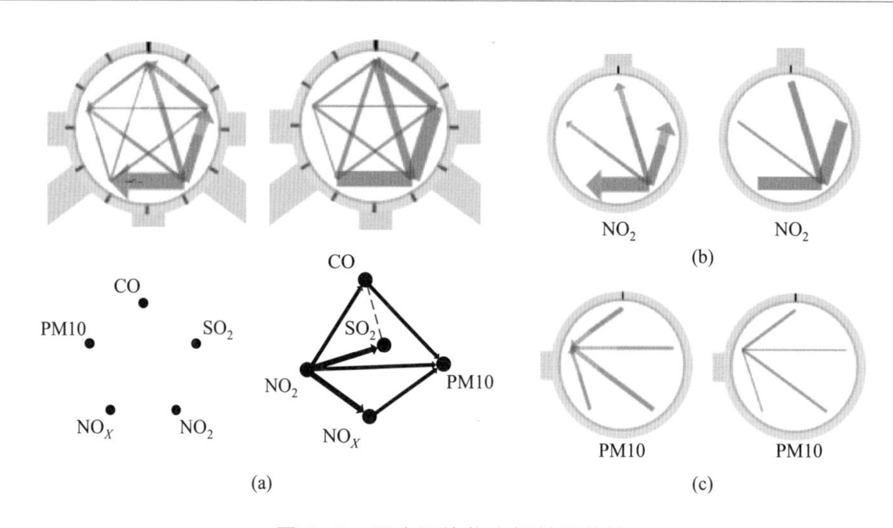

图 8-19　五个污染物之间关系总结

为了继续探索气象变量和污染物的关系，用户将所有气象变量加回变量树。可以看到几乎所有最强的非对称关系都来自 HUMD［图 8-20（a)］。一对多关系聚合显示变量之间的对称关系较强，但是由于非对称模式上显示的关系差微小，较难判断影响的方向。因此用户选择 HUMD 变量，将其时间树展开，查看具体的关系时序细节。在采用自适应的时间片段抽取方法提取关系较强的时间段后，可以看到一些有趣的高亮块［图 8-20（b)］。于是用户选择这三个时间片段［图 8-20（c)］，通过流图上叠加的关系集成图符可见 HUMD 同其他变量的对称关系不稳定。而 TEMP 常常和 HUMD 有较大的非对称影响关系（关系集成图符上的左侧大圆）。在这些关系较强的时间段内，大多数时间 HUMD 总是呈现影响别的变量的趋势。

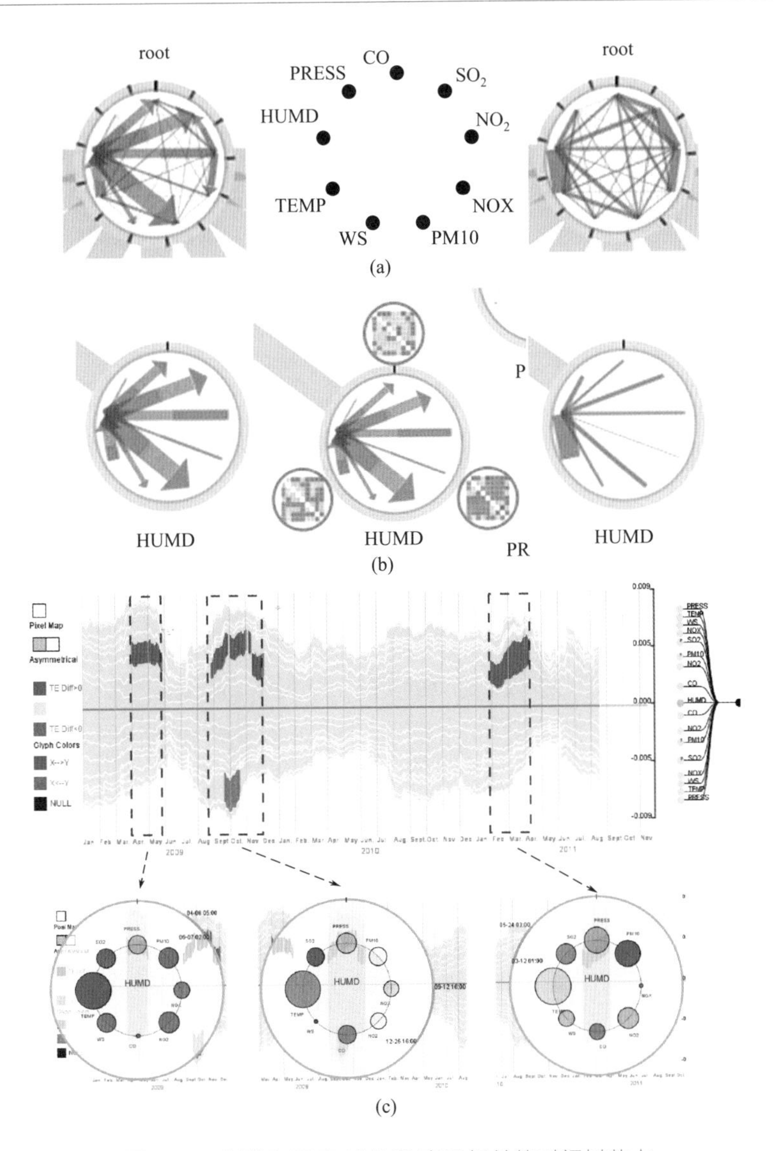

图 8-20 浏览和湿度 HUMD 变量相关的时间树节点

接着用户可以继续分析，转而选择别的变量。有意思的是，在多个变量下，一对多关系时序都呈现出类似的趋势，尤其是在每年的 9～11 月。比如，查看基于 CO 的一对多关系时序，在 2009～2010 年，几乎所有的关系都在 9～11 月时间段猛烈增长，尤其是 CO 同 NO_2 和 PM10 的关系［图 8-21（a）、（b）］。在原始变量时序上对照，可以看到这段时间处于每年温度骤变的时期。和领域专家沟

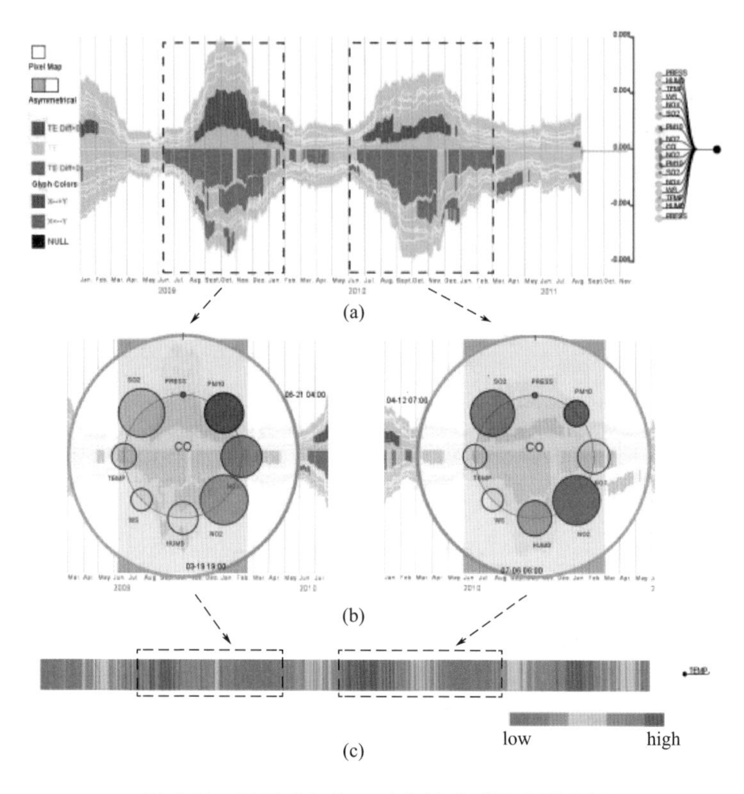

图 8-21 基于 CO 的一对多关系时间序列分析

通后推测其原因可能是在这个时期由于城市供暖需求多变，煤的消耗也随之多变，这造成了烧煤的主要污染物 CO 和别的污染物之间的关系变化频繁。

8.3.3.3 传感器站点间关联分析

在第一层传感器层次分析完毕后，用户展开第二层变量树节点以探寻传感器站点之间的关系。以 CO 变量为例，用户点开变量，变量树展开 7 个相关的观测站点。可以看到 s3～s5 和 s4～s5 两个非对称关系呈现一边倒的态势［图 8-22（a)］。通过对地理信息的审视，用户发现这三个基站实际上离得比较近（图 8-17 右下)。通过在视图上对所有关系完整地调查，用户可以总结出基于变量 CO 的所有传感器观测站之间影响关系如图 8-22（a）所示。可见 s3 总是对其余站点有影响。通过一对多关系时间序列可见这样的影响关系一直都较为稳定，但是在 2010 年 10 月至 2011 年 2 月这样的关系会有些变化，主要发生在 s4 站点，其在这段时间内影响 s3［图 8-22（b)］。仅从一个变量上看出传感器站点间影响关系还略有不足，为了收集更多的证据，用户展开 SO_2 变量。如图 8-22（c）所示，

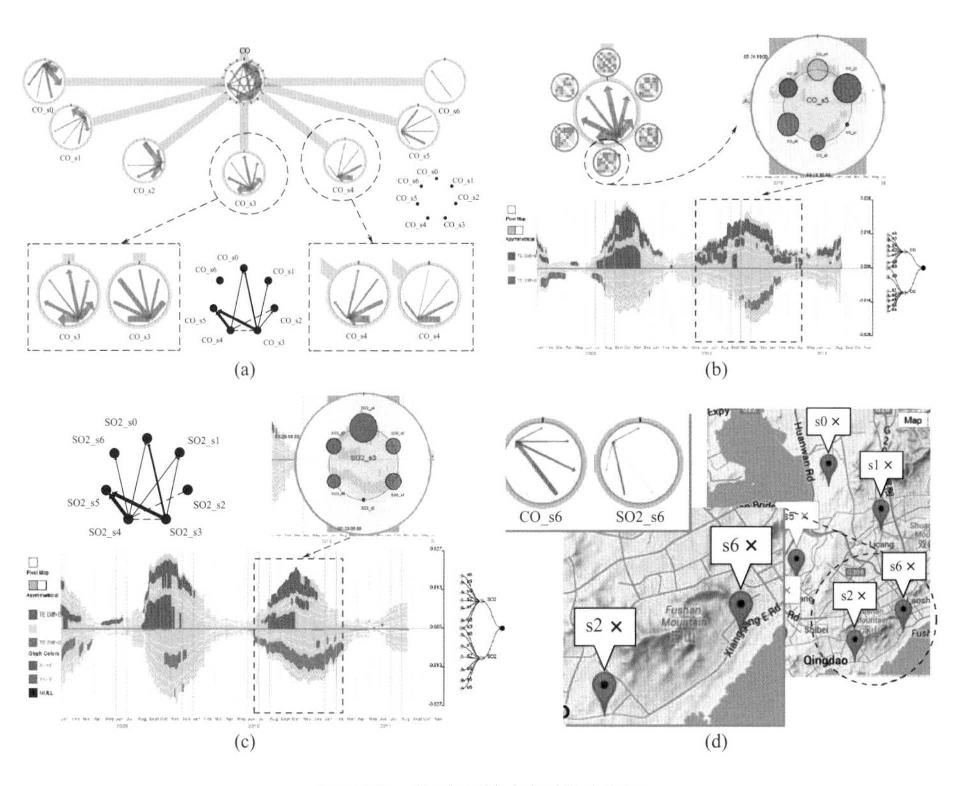

图 8-22　传感器站点间关联分析

传感器站点呈现相似的影响模式。可以得知，污染物 CO 和 SO_2 很可能是从 s3 传播到 s4 和 s5 所在位置，同时 s3 和 s4 之间的传播方向有时会有变化。

此外，用户还发现，s6 非常特殊，很少受别的站点影响。从地理位置视图可见，s6 所处位置在山麓之侧，特殊的地理环境可能是造成这个站点不易受外界干扰的主要原因。

参考文献

[1] Tatiana von Landesberger，Sebastian Bremm，Natalia Andrienko，Gennady Andrienko，Maria Tekusova. Visual analytics methods for categoric spatio-temporal data. In Visual Analytics Science and Technology（VAST），2012 IEEE Conference on. IEEE，2012：183-192.

[2] Gennady Andrienko，Natalia Andrienko，Peter Bak，Daniel Keim，Stefan Wrobel. Visual

analytics of movement [M]. Springer Science & Business Media, 2013.

[3] Hanqi Guo, He Xiao, Xiaoru Yuan. Scalable multivariate volume visualization and analysis based on dimension projection and parallel coordinates [J]. IEEE Transactions on Visualization and Computer Graphics, 2012, 18 (9): 1397-1410.

[4] Jonathan Palacios, Eugene Zhang. Interactive visualization of rotational symmetry fields on surfaces [J]. IEEE Transactions on Visualization and Computer Graphics, 2011, 17 (7): 947-955.

[5] Lei Wang, Xin Zhao, Arie E. Kaufman. Modified dendrogram of attribute space for multidimensional transfer function design [J]. IEEE Transaction on Visualization and Computer Graphics, 2012, 18 (1): 121- 131.

[6] Lei Shi, Qi Liao, Yuan He, Rui Li, Aaron Striegel, Zhong Su. Save: Sensor anomaly visualization engine. In Visual Analytics Science and Technology (VAST), 2011 IEEE Conference on. IEEE, 2011: 201-210.

[7] Steffen Hadlak, Heidrun Schumann, Clemens H. Cap, Till Wollenberg. Supporting the visual analysis of dynamic networks by clustering associated temporal attributes. [J]. IEEE Transactions on Visualization and Computer Graphics, 2013, 19 (12): 2267-2276.

[8] Chris Johnson. Top scientific visualization research problems [J]. IEEE Computer Graphics and Application, 2004, 24 (4): 13-17.

[9] Frits H Post, Benjamin Vrolijk, Helwig Hauser, Robert S Laramee, Helmut Doleisch. The state of the art in flow visualisation: Feature extraction and tracking. In Computer Graphics Forum. 2003, 22 (4): 775-792.

[10] Robert S Laramee, Helwig Hauser, Helmut Doleisch, Benjamin Vrolijk, Frits H Post, Daniel Weiskopf. The state of the art in flow visualization: Dense and texture-based techniques. In Computer Graphics Forum. 2004, 23 (2): 203-221.

[11] Thierry Delmarcelle, Lambertus Hesselink. The topology of symmetric, second-order tensor fields. In IEEE Visualization. 1994: 140-147.

[12] Andreas Konig. Dimensionality reduction techniques for multivariate data classification, interactive visualization, and analysis-systematic feature selection vs. extraction. In International Conference on Knowledge-Based Intelligent Engineering Systems and Allied Technologies. 2000, 1: 44-55.

[13] Michael Zinsmaier, Ulrik Brandes, Oliver Deussen, Hendrik Strobelt. Interactive level-of-detail rendering of large graphs [J]. IEEE Transactions on Visualization and Computer Graphics, 2012, 18 (12): 2486-2495.

[14] John M Chambers. Graphical methods for data analysis [M]. 1983.

[15] Richard Nock, Frank Nielsen. Statistical region merging [J]. IEEE Transactions on Pattern Analysis and Machine Intelligence, 2004, 26 (11): 1452-1458.

[16] Frank Nielsen, Richard Nock. Fast graph segmentation based on statistical aggregation phenomena. In MVA. 2007: 150-153.

[17] Christopher P Hess, Pratik Mukherjee, Eric T Han, Duan Xu, Daniel B Vigneron. Q-ball reconstruction of multimodal fiber orientations using the spherical harmonic basis. [J]. Magnetic Resonance in Medicine, 2006, 56 (1): 104-117.

[18] Paulo Joia, Danilo Coimbra, Jose A. Cuminato, Fernando V. Paulovich, Luis G. Nonato. Local affine multidimensional projection [J]. IEEE Transactions on Visualization and Computer Graphics, 2011, 17 (12): 2563-2571.

[19] Franz Aurenhammer. Voronoi diagrams——a survey of a fundamental geometric data structure [J]. ACM Computing Surveys, 1991, 23 (3): 345-405.

[20] Jonathan Palacios, Eugene Zhang. Rotational symmetry field design on surfaces [J]. ACM Transaction on Graphics, 2007, 26 (3).

[21] Alireza Khotanzad, Yaw Hua Hong. Invariant image recognition by zernike moments [J]. IEEE Transactions on Pattern Analysis and Machine Intelligence, 1990, 12 (5): 489-497.

[22] Marcin Novotni, Reinhard Klein. 3d zernike descriptors for content based shape retrieval. In ACM Symposium on Solid modeling and applications. 2003: 216-225.

[23] Han Suk Kim, Jurgen P Schulze, Angela C Cone, Gina E Sosinsky, Maryann E Martone. Dimensionality reduction on multi-dimensional transfer functions for multi-channel volume data sets [J]. Information visualization, 2010, 9 (3): 167-180.

[24] Waltenegus Dargie, Christian Poellabauer. Fundamentals of wireless sensor networks: theory and practice [M]. John Wiley & Sons, 2010.

[25] Frank E Harrell. Regression modeling strategies: with applications to linear models, logistic regression, and survival analysis [M]. Springer, 2001.

[26] Wayne A Fuller. Introduction to statistical time series [M], volume 428. John Wiley & Sons, 2009.

[27] Chaoli Wang, Hongfeng Yu, Ray W Grout, Kwan-Liu Ma, Jacqueline H Chen. Analyzing information transfer in time-varying multivariate data. In IEEE Pacific Visualization Symposium. 2011: 99-106.

[28] Jessica Lin, Eamonn Keogh, Stefano Lonardi, Jeffrey P Lankford, Daonna M Nystrom. Viztree: a tool for visually mining and monitoring massive time series databases. In Proceedings of the Thirtieth international conference on Very large data bases-Volume 30. VLDB Endowment, 2004: 1269-1272.

[29] Teng-Yok Lee, Han-Wei Shen. Visualization and exploration of temporal trend relationships in multivariate time-varying data [J]. Visualization and Computer Graphics, IEEE Transactions on, 2009, 15 (6): 1359-1366.

[30] Tuan Nhon Dang, Anushka Anand, Leland Wilkinson. Timeseer: Scagnostics for high-dimensional time series [J]. Visualization and Computer Graphics, IEEE Transactions on, 2013, 19 (3): 470-483.

[31] Carsten Buschmann, Dennis Pfisterer, Stefan Fischer, Sandor P Fekete, Alexander Kr′oller. Spyglass: a wireless sensor network visualizer [J]. Acm Sigbed Review, 2005, 2 (1): 1-6.

[32] Stefan Bruckner, Torsten Moller. Isosurface similarity maps. In Computer Graphics Forum. 2010, 29 (3): 773-782.

[33] Chaoli Wang, Hongfeng Yu, Kwan-Liu Ma. Importance-driven time-varying data visualization [J]. Visualization and Computer Graphics, IEEE Transactions on, 2008, 14

(6): 1547-1554.

[34] Ayan Biswas, Soumya Dutta, Han-Wei Shen, Jonathan Woodring. An information-aware framework for exploring multivariate data sets [J]. Visualization and Computer Graphics, IEEE Transactions on, 2013, 19 (12): 2683-2692.

[35] Chaoli Wang, Han-Wei Shen. Information theory in scientific visualization [J]. Entropy, 2011, 13 (1): 254-273.

[36] Min Chen, Heike Jaenicke. An information-theoretic framework for visualization [J]. Visualization and Computer Graphics, IEEE Transactions on, 2010, 16 (6): 1206-1215.

[37] Lijie Xu, Teng-Yok Lee, Han-Wei Shen. An information-theoretic framework for flow visualization [J]. IEEE Transactions on Visualization and Computer Graphics, 2010, 16 (6): 1216-1224.

[38] Udeepta D Bordoloi, Han-Wei Shen. View selection for volume rendering. In Visualization, 2005: 487-494.

[39] Shigeo Takahashi, Issei Fujishiro, Yuriko Takeshima, Tomoyuki Nishita. A feature-driven approach to locating optimal viewpoints for volume visualization. In IEEE Visualization. 2005: 495-502.

[40] Guangfeng Ji, Han-Wei Shen. Dynamic view selection for time-varying volumes [J]. Visualization and Computer Graphics, IEEE Transactions on, 2006, 12 (5): 1109-1116.

[41] Chaoli Wang, Han-Wei Shen. Lod map-a visual interface for navigating multiresolution volume visualization [J]. Visualization and Computer Graphics, IEEE Transactions on, 2006, 12 (5): 1029-1036.

[42] Ivan Viola, Miquel Feixas, Mateu Sbert, Meister Eduard Groller. Importance-driven focus of attention [J]. Visualization and Computer Graphics, IEEE Transactions on, 2006, 12 (5): 933-940.

[43] Martin Haidacher, Stefan Bruckner, Armin Kanitsar, M Eduard Groller. Information-based transfer functions for multimodal visualization. In Proceedings of the First Eurographics conference on Visual Computing for Biomedicine. Eurographics Association, 2008: 101-108.

[44] Thomas Schreiber. Measuring information transfer [J]. Physical review letters, 2000, 85 (2): 461.

[45] Raul Vicente, Michael Wibral, Michael Lindner, Gordon Pipa. Transfer entropya model-free measure of effective connectivity for the neurosciences [J]. Journal of computational neuroscience, 2011, 30 (1): 45-67.

[46] Greg Ver Steeg, Aram Galstyan. Information transfer in social media. In Proceedings of the 21st international conference on World Wide Web. ACM, 2012: 509-518.

[47] Thomas M Cover, Joy A Thomas. Elements of information theory [M]. John Wiley & Sons, 2012.

第9章

城市数据

9.1 背景介绍

9.1.1 城市化与智慧城市

什么是城市数据？顾名思义，城市数据即是在城市环境中采集所得到的数据。随着经济的蓬勃发展，大量人口从农村涌向城市，城市规模急速扩张，这一过程我们称之为城市化。城市化的概念最初由西班牙土木工程师 Ildefonso Cerda 于 1860～1861 年间在他的著作《城市化基本理论的五个基础层面》中提出。在书中，他从技术、管理、法律、经济和政治这五个基础层面详细讨论了城市的建造、发展以及运行机制。

城市化是一股大势所趋的潮流。我国在第十三个五年计划中明确指出“统筹推进户籍制度改革和基本公共服务均等化，健全常住人口市民化激励机制，推动更多人口融入城镇”。据国家统计局的数据，我国的城市化率在 2011 年已经超过 50%。这意味着我国已有超过一半的人口居住在城市。广泛的城市化为城市居民提供了便捷舒适的生活设施和居住环境，例如更多的工作机会、更丰富的物质生活、更便利的城市交通、更安心的公共服务等。然而，城市化同时也是一柄双刃剑，它给城市管理部门带来了诸多挑战，例如交通拥堵、环境恶化、资源紧张、公共安全管理困难等，这些问题紧紧掣肘着居民生活质量的提高和城市资源的可持续发展。过度城市化的中心城市主要有“三高”这一主要特征：人口密度高度聚集、人员流动高度动态、周边环境高度复杂。由此衍生的复杂城市空间是导致上述城市化问题与挑战的重要因素。以杭州市为例：杭州的常住和暂住人口已达到 2000 余万，轻工业、旅游业和服务业发达，人员结构复杂且流动性高，为公共安全管理带来严峻挑战。2014 年杭州公交纵火案等突发事件预警了未来城市管理难度。此外，杭州主城区的机动车保有量截至 2016 年已超过 126 万辆，交通拥堵和环境污染问题日益严重。

为了解决过度城市化带来的问题，一种行之有效的方法是发展并应用信息科学技术，推进城市信息化的基础设施建设，收集并分析相关城市数据，构建智慧城市体系以管控城市空间的高效运行。我国在《国家中长期科学和技术发展规划纲要(2006—2020年)》中特别强调，要重点研究城市基础数据获取与更新技术、城市动态监测与应用关键技术等。借此机会，大量中心城市启动了智慧城市建设示范试点项目，探索过度城市化的智慧城市解决方案。这些以传感设备和通信设施为主的大规模城市信息化基础设施建设项目，经过数年的发展，积累了海量的城市数据，这些数据包括环境监测数据、交通管理数据、营运车辆监控数据、交通监控视频等。在此基础上，一系列大型数据中心正在陆续建立中，用于汇总与政务、安全、交通、医疗等领域相关的各类数据信息。然而，目前的智慧城市发展主要偏向于数据中心的基础设施建设、数据集物理层的聚合和以数据查询与统计分析为主的决策服务，深层次的数据整合、分析和利用尚处于调研阶段。

郑宇博士等人在他们的研究工作《城市计算：概念、方法与应用》中提出了一套建立智慧城市的框架，如图9-1所示。这套框架主要分为城市感知与数据获取、城市数据管理、城市数据分析以及服务提供四个部分。城市感知与数据获取

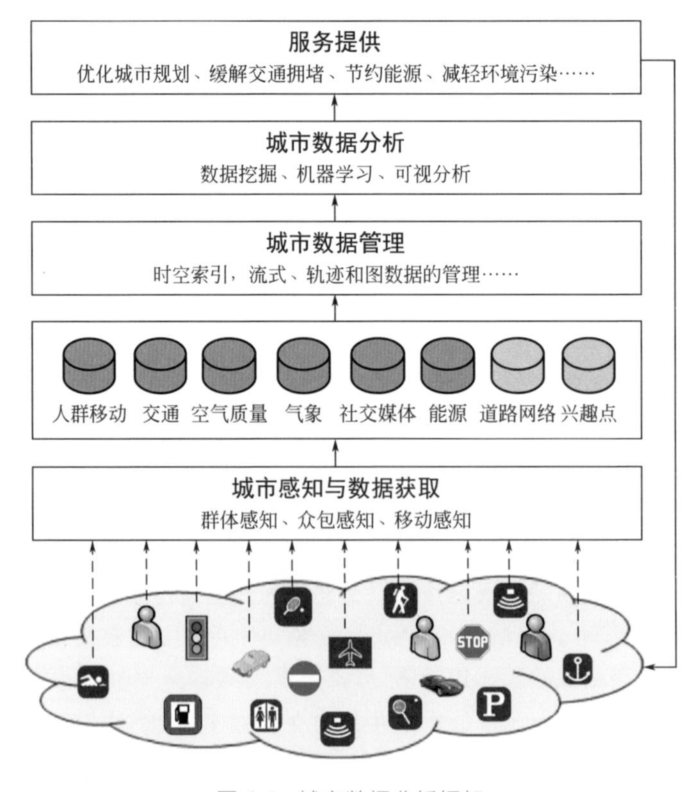

图9-1 城市数据分析框架

主要研究如何从城市中持续地获取数据，并将其按类别存放在数据库中；城市数据管理主要研究如何组织复杂的城市数据，并通过索引加快信息的搜索与查询；城市数据分析主要研究如何利用数据挖掘、机器学习、可视分析等技术从数据中发现模式特征和问题的解决方案；服务提供则主要研究如何将数据分析得到的结论应用于解决城市化发展的问题与挑战。

9.1.2 城市数据

前沿研究关注的城市数据类型主要有以下几种。

① 地理数据（geographical data）：主要描述城市的地理和空间结构信息。有如下几种。

a. 道路网络（road network）：描述城市道路结构信息。道路网络常见为有向图，其中图的顶点为道路交叉口，图的边为道路。边上一般附有若干属性描述道路的信息，例如名称、限速等。

b. 公共交通数据（public transportation data）：描述地铁、公交等公共交通结构化的信息，例如地铁站点、发车时刻表、公交路线等。

c. 兴趣点（points of interest）：描述地图上的某个位置，例如学校、超市、公园等，主要包括名字、经纬度、类别等属性。

d. 土地使用数据（land use data）：描述城市土地利用情况，包括居民区、工业区、旅游景区等的规划和土地实际使用情况。

② 人群移动数据（human mobility data）：主要描述城市中人群的流动信息。有如下几种。

a. 交通数据（traffic data）：主要包含车辆的移动数据。有三种主流的获取交通数据的方式。第一种是基于安装在车辆上的传感器采集得到的数据，比如出租车上的打表器。这种方式得到的数据一般比较详细，会详细记录位置、速度、方向等信息。第二种是由埋设在路面下的环形线圈检测器（loop sensors）探测得到的数据，主要包含道路流量、车辆速度等粗略信息。少数国家也支持从环形线圈检测器探测得到车辆的详细数据，例如车牌、车辆描述等。第三种是通过识别监控视频得到的数据。得益于计算机视觉技术的发展，大量监控视频得到充分利用。虽然仅能从视频中得到有限的信息，但是此种方法覆盖面较广。

b. 通勤数据（commuting data）：记录乘客在乘坐公共交通时的打卡记录，例如进出地铁站和快速公交站台、上下公交车等记录。然而由于公交车可以投币和大部分城市下车无需刷卡的特性，上下公交车的记录并非特别可靠。

c. 手机数据（mobile phone data）：包含手机用户在进入与离开基站范围的记录。虽然手机基站的覆盖范围较广（几百米）可能导致手机数据不能准确定位用户所在的位置，但是此类数据的覆盖面是所有人群移动数据中最广的。

③ 带地理标签的社交媒体数据（geo-tagged social network data）：许多社交媒体信息包括地理位置标签，这些用户发布的信息对理解所标注位置的上下文非常有帮助。常见的数据源有 Twitter、Flickr、微博等。

④ 环境数据（environmental data）：主要描述城市空间的环境信息。主要有如下两种。

a. 环境监控数据（environmental monitoring data）：城市气象与环境质量监测数据。气象数据包含风力、降雨量、湿度等信息，环境质量数据包含空气污染指数（PM2.5，NO_2）、噪声污染等信息。这些数据在大多数城市都可以从政府相关部门公开地获取。

b. 能源消耗数据（energy consumption data）：从车辆、加油站、写字楼、工厂等设施收集的能源消耗情况。这些数据有助于我们评估城市的能源消耗现状，为能源消耗较大的设施推荐节能方案，有助于实现城市资源的可持续发展。

⑤ 经济数据（economy data）：描述城市经济和金融的动态变化情况，例如信用卡交易记录、房地产历史价格数据、按行政区划分的人均收入数据等。

⑥ 健康数据（health care data）：记录城市居民的健康信息。随着传感器技术的发展，人们开始佩戴越来越多的传感器。从计步到心率监测，传感器每时每刻都在记录着佩戴者的身体状况变化。如何结合这些数据检测居住环境对健康的影响也是城市数据研究的热点问题之一。

我国智慧城市的发展与建设现在还限于城市数据管理这一层面，仅仅解决了数据可用性的问题。而想要用好数据并解决上述挑战，则需要往这一框架的数据分析和服务提供层面发展。然而，设计一套用于解决城市问题的全自动计算方法是非常困难的。处理城市数据面临着以下若干技术难点。

① 异构。城市数据种类繁多且格式各不相同，例如车辆轨迹数据主要由 GPS 采样点的经纬度及时间戳组成，而视频监控数据主要由连续的图片帧组成。如何融合不同种类的数据并寻找其中的关联是分析城市数据的关键难点之一。

② 高维。常见的城市数据一般均由多个属性和维度组成，例如带地理位置信息的社交媒体数据可能由发布用户的标识号、发布时间、发布内容、拍摄的图片、地理位置等一系列属性构成。比较城市高维数据之间的相似性和理解城市高维数据的分布是一项严峻的数据分析挑战。

③ 动态和不确定性。采集的城市数据会随着时间快速变化，且精度可能受到各种因素影响，例如从手机基站数据获取的人群密度信息会随着时间发生剧烈变化，此外，由于基站覆盖范围较大，定位精度相对较差，给数据带来一定程度的不确定性。

④ 稀疏分布而局部冗余。受传感器采集技术和数据采集成本的影响，采集

得到的数据在全局上呈现稀疏分布的特征，而在某些传感器密集的地方则会出现局部冗余的情况。常见分布不均的城市数据源有 PM2.5 空气污染传感器等。

⑤ 时空断裂。由于城市数据集通常由多种数据源构成，这些数据源采集的数据可能并不在一致的时空范围内。数据的时空断裂类型有时间不一致、空间不一致、时空不一致三种。

城市数据可视化和可视分析是为解决传统数据分析方法的不足而新兴的研究方向。它以视觉感知为基本通道，通过可视化和交互界面，将城市规划等相关行业专家的聪明才智融入到整个数据挖掘、分析和推理决策的过程中，以迭代求精的方式将城市数据的复杂度降低到人类和计算机能处理的范围，从而获取有效知识。城市可视化和可视分析可以实现从计算设备为主角的大规模数据计算与分析，到以人为中心的实践应用的“最后一公里”，解决复杂城市数据的计算、理解、分析和决策所带来的挑战，辅助用户在认知层面上进行实时、协同的城市数据可视化分析与推演。

9.1.3 城市数据可视化与可视分析

城市数据可视分析主要研究各类城市数据的交互可视化技术。从以上描述的若干种城市数据特性来看，城市可视化所关注的研究焦点有两个：一个是如何被可视化复杂的多维时空数据，另一个是如何可视化复杂异构数据之间的关联。由此我们可以引出城市数据可视化的两个核心。

① 时空数据可视化：是城市数据可视分析的核心之一。目前针对各种城市时空数据，例如交通流量、手机信号、通勤刷卡等数据的可视化系统纷纷涌现，学术界在轨迹数据的可视表达、人群移动的可视化建模等方面取得了较大的进展。

② 关联数据可视分析：可支持用户交互地分析、理解城市空间物理对象之间的复杂关系网络，推演其动态演变。研究人员在关联网络布局理论与绘制算法、动态关联的可视表达上均取得较大进展，也逐渐出现了诸如 Tulip 和 Gephi 这类关联数据可视化的开源平台。

由于关联数据的可视分析所用的可视化方法大多是图可视化的方法，这些方法在之前章节已经介绍过了，在此就不再赘述。本章主要结合时空数据可视化讲述基本的城市数据可视化方法与技巧，并通过具体案例展示城市数据可视分析在基于大规模城市多模态数据的位置选择、优化与比较中的应用。

9.1.4 准备数据

古语云：工欲善其事，必先利其器。可视化既是一门艺术，也是一门精确传达数据特征的科学。在设计一个高效、直观、准确的城市数据可视化之前，设计师需要先准备好驱动可视化的城市数据。我们可以将设计城市数据可视化的流程划分为获取、清洗、可视化三个阶段。

① 获取：网上公开获取城市数据的途径有很多。获取国内城市数据的网站有中国政府公开信息整合服务平台（http：//govinfo. nlc. cn/）、国家统计局旗下的国家数据网（http：//data. stats. gov. cn/）、中国气象数据网（http：//data. cma. cn/）以及若干地方政府提供的数据（如上海市政府数据服务网：http：//www. datashanghai. gov. cn/）等。国外数据获得的途径有美国政府通用服务管理局运营的美国政府开放数据网站（https：//www. data. gov）、纽约市政府提供的纽约开放数据平台（https：//opendata. cityofnewyork. us）等。还有一些研究城市数据的论文也会一并发布数据集，例如 T-Drive。

② 清洗：由于从网上获取的数据不一定都是结构化、方便程序处理的形式，我们需要对数据进行清洗以获得需要的格式。清洗数据的平台有开源的 OpenRefine 以及与 Hadoop 和 Spark 等大数据环境兼容的 Trifacta。这些数据清洗平台支持针对复杂数据的加载、理解、一致化、扩充等操作，为进一步处理打下基础。

③ 可视化：城市数据可视化主要有两种方式：一种是通过现有的软件或环境创建数据可视化，例如 Tableau、Power BI 等；另一种是通过可视化模块库自行编写可视化，例如 D3. js、Vega 等。许多开发者也为城市数据设计特别的可视化模块库，例如基于 D3. js 的地理可视化库等。

9.2 基本的城市数据可视化方法

本节将阐述若干针对城市数据的基本可视化方法。城市数据可视化的方法种类繁多。从城市数据属性的类别上加以区分，可以将这些可视化方法分为时间属性的可视化、空间属性的可视化和时空属性的可视化。

9.2.1 时间属性的可视化

几乎所有的城市数据都包含时间这一属性。为了探索包含时间属性的城市数据可视化，我们先来看看如何在可视化中编码时间属性。如图 9-2 所示，这些编码时间属性的方法如下。

① 位置：最简单的时间可视化方法是利用一个时间轴来表示多个时间点。在这个时间轴上，每个位置都对应着一个绝对的时间，如此我们就可以利用时间点在轴上的位置来同时表示时间的绝对和相对关系。

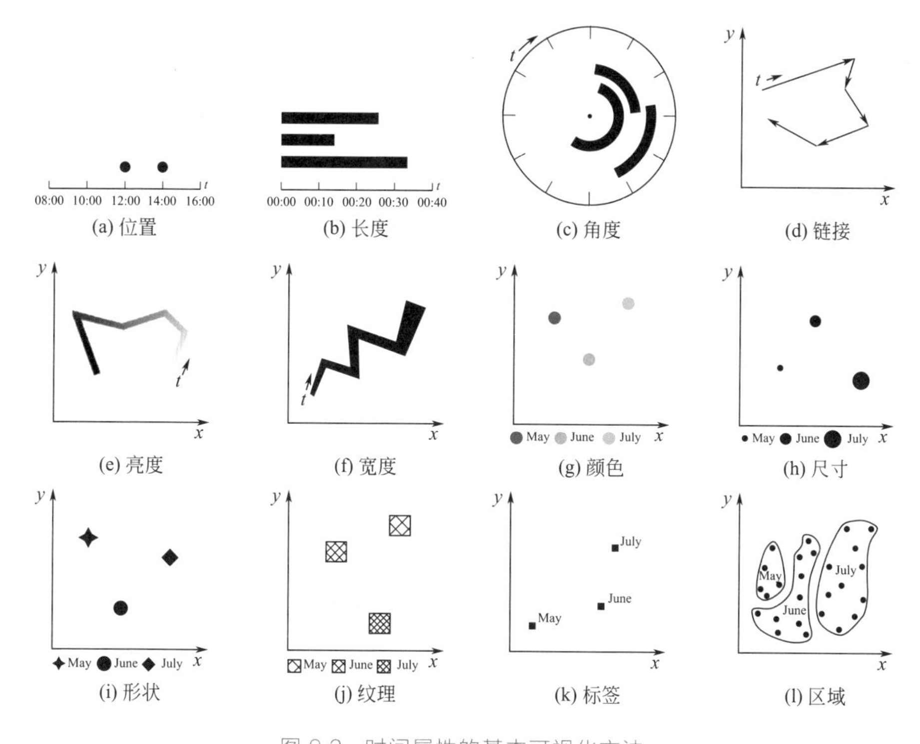

图 9-2 时间属性的基本可视化方法

② 长度：同理，在一个时间轴上可以将点扩展成线段，表示一段连续的时间片。为了比较多个时间片的长度，我们可以在时间轴上将它们堆叠起来。实践证明，若时间片一端是对齐的，这样的长度比较是非常高效的。

③ 角度：角度时间编码方式使用的是类似表盘的圆形时间轴表示时间。根据时间轴的范围，轴上的每个角度都表示一个确切的时间，角度范围可以用来表示时间片长度。同样地，我们可以用堆叠的方式比较不同的时间范围。

如果包含时间信息的数据点的位置已经被固定，如图 9-3（d）～(l）所示，散点图已经占用了数据点的位置编码通道，我们可以利用如下几种方法编码时间属性。

④ 链接：由于时间是有序的、可比较的数值属性，我们可以按大小顺序用带箭头的线将数据点连接起来。一般的链接编码方式均是按时间从远到近连接数据点。

⑤ 亮度：同理，我们可以用连接线的亮度代替链接编码方式中的箭头来表示数据点在时间上的顺序，如图 9-3（e）从浅到深的编码方式。

⑥ 宽度：连接线的宽度也可用于编码时间属性。但是，线的宽度可能会影响散点图位置通道表达的精确性。

⑦ 颜色、尺寸、形状、纹理：这四种编码通道主要用于表示离散的时间点，利用不同的视觉效果加以区分。在实际使用中，要根据属性的重要性选择不同的视觉通道，以获得最直观、有效的可视化设计。

⑧ 标签：直接在数据点旁边标注时间属性。这种方式虽然直观、容易理解，然而在数据点增多或是密集的情况下，标签可能会加剧视觉混淆。

⑨ 区域：当数据点在时间属性上呈聚集特征时，我们可以用区域包裹不同的时间组来表示时间属性。

包含时间属性的数据一般有两个最主要的特征：线性和循环。线性的时间使得数据中事件的发生有着前后次序的关系；循环的时间使得数据中事件会呈现周期性重复的特征。利用这两个特征，前沿研究发展出了一系列面向时间数据的可视化技术。

9.2.1.1 可视化线性的时间

时间具有线性的特征。一般而言，时间属性都可以被转换成数值做进一步处理，这就使得大多数对数值属性有效的可视化方法对时间属性都有效。线性时间的可视化方法可以进一步分为两类：绝对时间的可视化方法和相对时间的可视化方法。

绝对的时间主要利用了结合线性时间轴的图表可视化技术，包括折线图、堆叠图等。Ferreira 等人在他们可视化纽约出租车数据的工作中大量运用折线图来展示出租车数据的各种属性随时间变化的特征。如图 9-3 所示，红色的线表示 2011 年的数据，绿色的线表示 2012 年的数据，横轴是按月份划分的线性时间轴，纵轴表示行程数目。尽管两年的出租车行程数据量大部分时间的模式都非常相近，我们还是可以观察到在 2011 年 8 月末和 2012 年 10 月末出现两处异常下降，分别由于飓风“艾琳”和飓风“桑迪”导致。Wijk 等人也运用折线图可视化分析企业员工的签到数据。更复杂的可视化工作包括 2004 年由 Viégas 等人提出的 History Flow，History Flow 基于桑基图（Sankey diagram）发展出一种可视化维基百科修改记录的方法，ThemeRiver 和 NameVoyager 则是利用堆叠图来表示随时间变化的数据。如图 9-4 所示的 NameVoyager 可视化设计，同样也是采用线性时间轴，纵轴方向每一层表示一个英文名。其中，红色表示女孩名字，蓝色表示男孩名字，层高表示当年取这一名字的孩子数量。用于可视化时间数据的堆叠图的一个优势是可以清晰地展现出某个数据量随时间变化的情况，以及它与总数据量的对应关系。然而，堆叠图也有其弱点，在同一时刻比较不同层的数据相对而言比较困难，同时时间点与时间点之间的折线可能会干扰数据的可读性，使用的时候要根据实际情况加以弥补和改进。

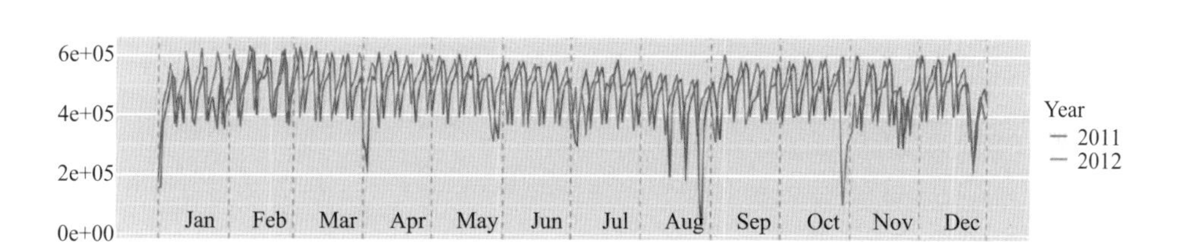

图 9-3 纽约市出租车行程数量随时间变化折线图

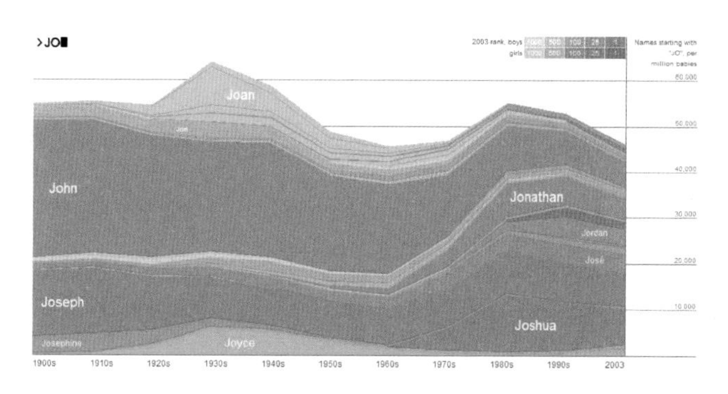

图 9-4 自 1900 年起英文名字的流行程度变化情况

许多研究工作也探索了如何可视化线性时间的相对关系。使用较多的可视化方法大概可以总结为图 9-2（d）～（l）这几种。Bach 等人运用了连接和颜色两种方法重复编码了散点图中数据点的时间先后关系，展示全球气温随时间变化的趋势。Haroz 等人详细地评估了这种方法的可靠性，认为在复杂度较低时使用连接的散点图有助于用户理解数据时序关系。

除此之外，可视化线性时间的方法还有诸如动画等方法。然而，由于大脑短期记忆的限制，动画对可视分析任务而言并不有效，在此就不再赘述。

9.2.1.2 可视化循环的时间

时间也具有循环的特征。例如在城市背景下，人群的活动行为会呈现出按天划分和按周划分的不同周期循环特征，而发现并分析这些特征是解决城市问题的关键任务之一。因此，许多前沿可视化研究纷纷探索了如何将数据中这种周期循环特征通过可视化方法表现出来。最常见的循环时间可视化方法是圆形时间轴，即将数据按一定的时间单位（小时、天、月份）划分并聚集，然后将其布局在径向视图中。然而，其中也存在许多难点与挑战，例如确定时间单位和循环周期。如图 9-5 所示，左图是以 27 天为周期的时间轴，右图是以 28 天为周期的时间轴，二者可视化传达的视觉效果完全不一样。

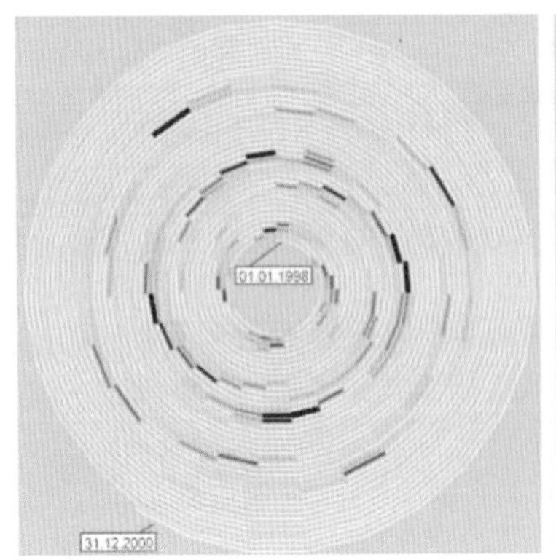

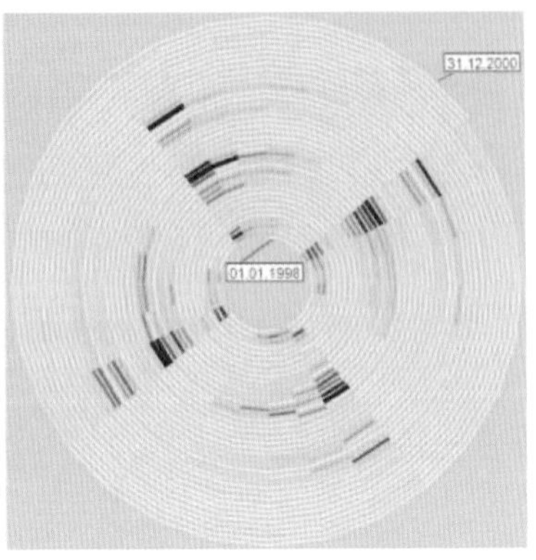

图 9-5 不同周期下的时间数据循环特征

经典的循环时间可视化设计有 Zhao 等人提出的 ringmap（图 9-6），用于可视化志愿者每日的活动状况。论文一共列举了 96 种常见的活动类型，每个细圆环用来编码其中一种。圆环上颜色的深浅表示活动发生的密度。Ringmap 内部则是以 3D 形式重新呈现这些圆环。类似的工作还有 Shen 等人的 MobiVis 、Wu 等人的 TelCoVis 等。

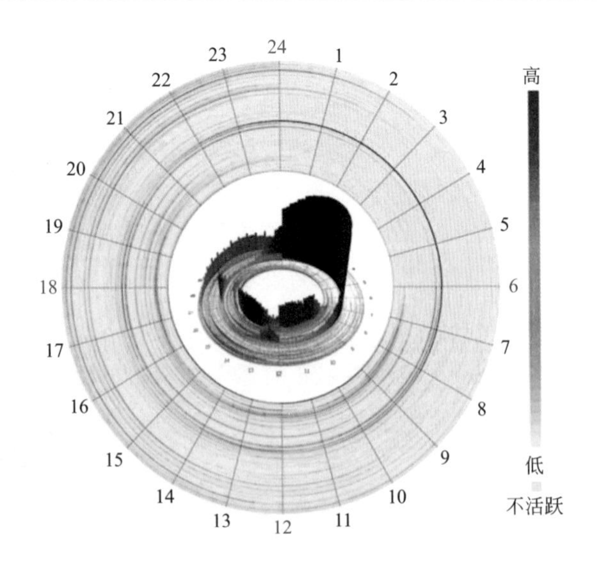

图 9-6 循环时间的可视化方法 ringmap

9.2.2 空间属性的可视化

空间属性是城市数据不可分割的一部分。G. Andrienko 等人撰写的《移动的可视分析》一书中，提出在空间中位置的表示方法大致可分为三种：

① 基于坐标的指代（coordinate-based referencing）：用线性或角度距离相对于某个坐标系衡量地点（例如经纬度）；

② 基于分区的指代（division-based referencing）：利用预先基于地理或语义划分好的区域指代位置（例如行政区）；

③ 线性指代（linear referencing）：依赖诸如街道、河流、管道等线性对象相对地指代地点，例如街道名或道路编号加上从某一端开始的距离。

包含空间属性的城市数据可视化也基本遵循上述分类。这些可视化技术可以被分为：基于点的可视化（point-based visualization）、基于区域的可视化（region-based visualization）和基于线段的可视化（line-based visualization），与上述分类一一对应。

9.2.2.1 基于点的可视化

大部分的城市数据，例如地理数据、人群移动数据、带地理标签的社交媒体数据等，均包含表示具体地点的经纬度坐标，这也使得基于点的可视化成为城市空间数据可视化不可或缺的一环。通常而言，空间数据的可视化都是在地图上进行的，那么最直接的数据可视化方式就是直接将数据点放置在地图上，并用颜色、尺寸等视觉通道标注与数据点关联的属性。如图 9-7 所示，Barry 等人将

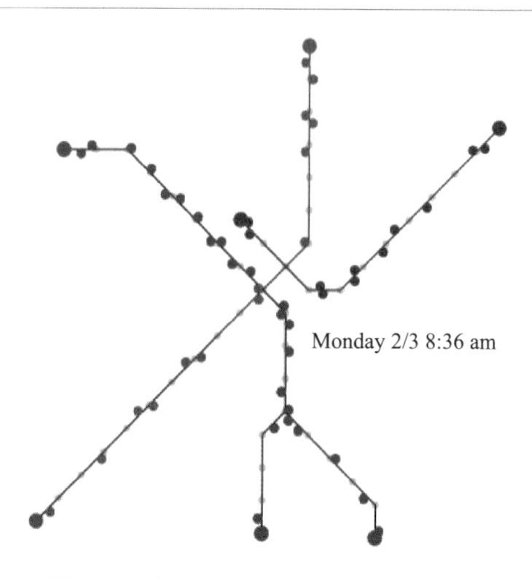

图 9-7 波士顿地铁运行情况的可视化

2014年2月份的波士顿地铁系统数据以可视化的方式展现出来，其中点的不同颜色代表着不同的地铁线路，每个明亮的小点代表一辆地铁所在的位置，地铁站则用线段上灰色的小点表示，并以动画的方式展示随时间变化的数据。这种可视化编码方式可以让用户直观地了解地铁系统的运行情况，再辅以其他可视化设计能够迅速地定位地铁系统中故障的位置。

数据点不一定是对象，还可以表示事件的发生。Ferreira等人在他们的工作TaxiVis中将纽约市出租车乘客的上下车记录以橙蓝两种颜色的点编码放置在地图上，并将不同时刻的地图并列排放。如图9-8所示，这四幅图从左到右依次记录了从早上7点到11点的数据。可以注意到，8点到10点之间，地图上有一条路几乎没有上下车记录，表明了这条道路可能由于某些原因而被关闭。

图9-8 纽约市出租车乘客上下车记录的可视化

类似这些基于点的可视化技术还有很多。虽然直接在地图上放置用于表示对象或事件的数据点非常便捷、直观，但是在数据点的数量变得巨大时，点与点之间会发生重叠，造成视觉混淆，降低可视化图表的可读性。随着可视化技术的发展，学者们也逐渐意识到这些问题，并开发出一些聚合表达数据点的可视化方法，例如基于核密度估计的热力图。核密度估计是一种估计随机变量概率分布函数的方法，假设（x_1，x_2，…，x_n）是从密度为 f 的分布中抽取的独立同分布样本，则这个分布的核密度估计为：

$$f_h(x)=\frac{1}{nh}\sum_{i=1}^{n}K\left(\frac{x-x_i}{h}\right)$$

式中，K 是均值为0积分为1的非负核函数；h 是一个控制平滑程度的非负参数，称之为带宽。利用生成的密度函数，我们可以用颜色的深浅来表示点的密度高低，从而生成一张热力图，如图9-9所示。如此，我们就可以保证在不损失太多数据精度的前提下让用户直观地感受到数据的分布状况。这种热力图可视

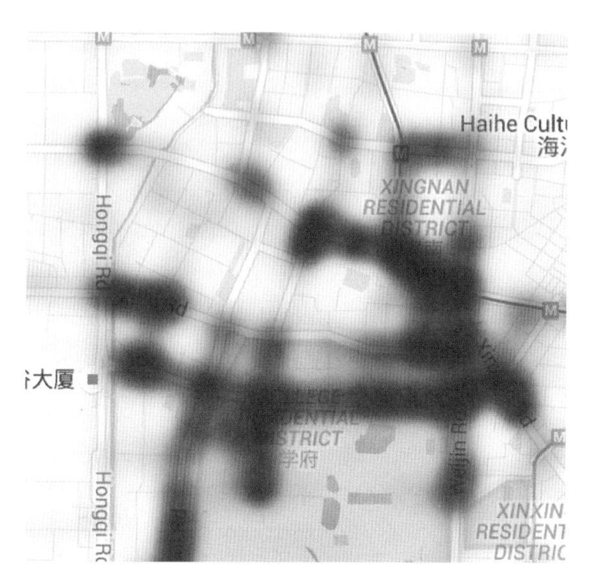

图 9-9 由核密度估计生成的乘客上下车事件热力图

化技术已经在处理城市数据中得到了广泛的应用，包括交通运输、城市规划等方面。同样的技术还可以扩展到线段上，如 Scheepens 等人提出了一种为轨迹数据生成相似的密度图的技术。

9.2.2.2 基于区域的可视化

由于大多数的空间属性都有一定的区域划分，例如行政区划分、功能区划分等，基于区域的可视化技术对于显示空间数据的区域性特征很有帮助。这些区域性的特征可被分为两类：一类是区域自身的特征，另一类是区域和区域之间的特征。

用于可视化区域自身特征最常见的方法是分级统计图（choropleth map），分级统计图的每块区域都依据区域自身的属性编码，这种关联数据的可视化方法非常直观易懂，然而由于数据的分布受到地理位置的限制，因此用户能从图中获得的信息相对而言比较少。还有一些常见的方法，例如在区域中放一个圆，利用圆的面积、半径或颜色编码指定的属性，但是由于扩展性较差，最新的可视化研究已较少单独采用这些方法。

区域和区域之间主要有数据相互流动等特征。最直观的可视化方法就是用带箭头的线段将区域和区域之间连接起来，并利用线段的编码通道（如颜色、宽度等）编码流动的大小，如图 9-10（a）所示。然而，在区域间流动密集的时候，

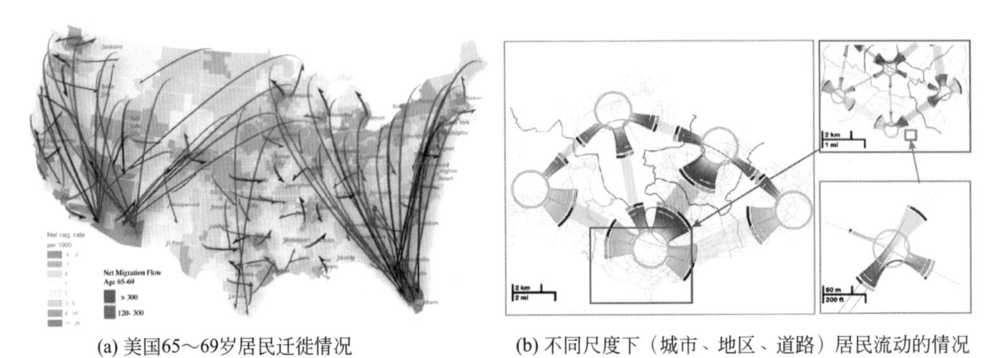

(a) 美国65～69岁居民迁徙情况

(b) 不同尺度下（城市、地区、道路）居民流动的情况

图 9-10 左 美国 65～69 岁居民迁徙情况和不同尺度下（城市、地区、道路）居民流动的情况

这种方法会产生严重的视觉混淆。最新的可视化研究尝试使用边捆绑技术将相似的边聚集到一起，或探索新的方法描述区域间的流动，例如基于图符的表达［图 9-10（b）］和基于矩阵的表达（图 9-11）。MapTrix 是由 Yang 等人提出的一种基于矩阵和地理嵌入的多对多的流动数据表示方法。如图 9-11 所示，MapTrix 包含两张地图，上面一张描述了各区域流出数据的情况，下面一张描述了各区域流入数据的情况，流入流出的大小用圆的半径编码。这些圆被连接到矩阵上，矩阵对应的行列则表示了区域之间流动的数据量大小，颜色越深表示数据量越大。同

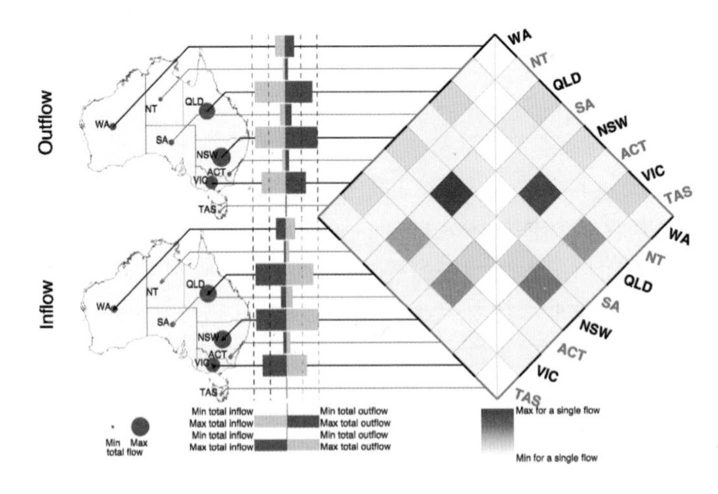

图 9-11 地理嵌入的多对多流可视化

时，连接线上还附加了变形的柱状图，表示连接线所连接的区域流入流出的对比。通过 MapTrix 丰富的交互，用户能够快速地理解并分析区域之间的流动状况。

9.2.2.3 基于线段的可视化

在设计针对城市数据的可视化时，经常会遇到《移动的可视分析》一书中提到的线性指代（linear referencing），例如在道路网络或公共交通网络上检索地点、寻找道路网络中的交通模式等。在这方面，基于线段的空间数据可视化已经有非常多的研究工作，例如图 9-12 所示的一个基于道路网络寻找交通流量特征的可视化设计。

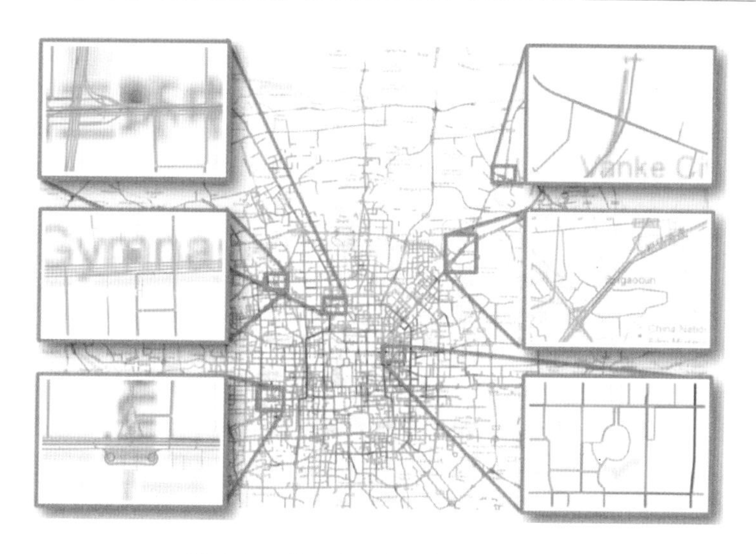

图 9-12 北京交通流量中的特征提取

除线性指代之外，基于线段的可视化还可以应用于在城市数据中频繁出现的一种数据类型：轨迹（trajectory）。轨迹是由对象（如人、车辆等）在空间中连续移动形成的。可视化轨迹数据主要有两种方法。一种较为符合用户直觉的方法是直接将轨迹画在地图上，借助用户对地理空间的熟悉程度直观地展示轨迹结构。然而，这种方法的延展性较差，无法处理大量轨迹数据的情况。另一种方法是对轨迹数据进行适当的变形，例如使用基于线段的热力图显示轨迹密度分布等。如图 9-13 所示，Crnovrsanin 等人提出了一种基于邻近关系的轨迹可视化方法，展示了一次逃生演习中人员之间的关系。这幅图中每条线代表一名演习人员，他们之间的距离用线段之间的距离编码。

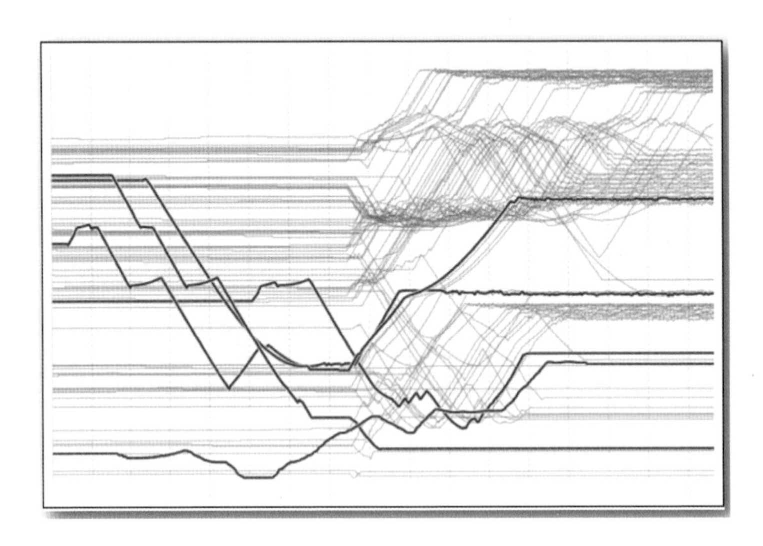

图 9-13 基于邻近关系的轨迹可视化方法

9.2.3 时空属性的可视化

除时间和空间数据的可视化方法之外，还有一些专门为结合时空数据而设计的城市数据可视化的方法。本节将列举其中两种方法：small multiple 和 space-time cube。

small multiple 是一种并排显示的可视化方法，它将多个静态的数据集按照时间顺序排列成网格形状。small multiple 的排列有两个方向：横向和纵向。一般而言，其中一个方向用来表示线性的时间，另外一个方向用来表示循环的时间。在城市数据的上下文中，small multiple 中每个网格的数据集通常用来编码空间属性的地图。

space-time cube 的思路非常直接。一般我们都在平面的地图上编码空间属性，而 space-time cube 则在二维的地图上生成三维的立体地图，用额外的一维来表示时间。然而，由于在信息可视化中使用 3D 技术因为遮挡和交互烦琐而备受争议，在应用这种可视化方法时还需多加小心，利用完善的交互规避使用 3D 带来的缺陷。

除去时空这两个主要属性外，城市数据还有其他许多类型的属性，比如气象数据中有矢量场、标量场数据；社交媒体数据中存在图片、音频等多媒体数据。可视化这些类型的数据一般遵循相应的可视化方法，例如气象数据可视化和多媒体数据可视化，在此就不再赘述。

9.3 城市数据可视分析的应用

这里给出一个基于大规模城市多模态数据的位置选择、优化与比较的案例。

（1）背景

城市的巨大化和拥堵的交通使得人们在通勤路上花费的时间越来越多。随着信息采集设备的日趋完善，越来越多的通勤数据被分类收集，使围绕着城市大数据的智能决策，尤其是基于大规模与多模态的城市数据对城市中基础设施以及商用设施进行位置选取、优化与比较成为可能。

SmartAdP 正是借助这波智能城市的潮流应运而生，它是一套基于出租车轨迹数据的户外大型广告牌的可视分析选址系统。设计任何可视分析系统的第一步，都需要明确系统用户的方位，并咨询他们的需求。在设计 SmartAdP 伊始，Liu 等人详细地调查了广告业的现状以及广告从业者急需的可视化方案。相较于平面媒体，室外广告牌这种传统的广告形式在城市日益扩张的今天，反而成为一种富有商业价值的营销手段。

然而，完成一个成功的户外广告牌投放计划是非常困难的，其中牵涉到许多因素，例如内容设计、投放地点、广告牌的可见性等。据调查，广告从业者们认为户外广告牌的地理位置在上述因素中是最为重要的一个。合适的广告牌位置可以极大地增加广告对目标人群的曝光率，反之不合适的广告牌位置只会无端地浪费广告投放者的时间与金钱。如何选择一个合适的广告牌位置？传统的方法一般通过选取公司专门的业务人员实地统计城市不同位置的人群种类、人口流量等信息，根据这些信息初步找到多个候选位置。在确定候选位置后，业务人员对候选地点进行更为细致的人群流量分析、人口统计分析以及车流分析等，生成对于候选位置的分析报告，与客户进行交流与沟通后完成位置选择。然而，首先，由于人群流量分析数据、人口统计分析数据以及车流分析数据需要工作人员进行长期的现场统计，这种方法费时费力；其次，这种基于人工统计的位置选取方式只能使用一次统计的数据，数据的时效性很难得到保证（人群流量分析、人口统计以及车流分析等数据会随着城市建设的推进发生根本的变化），根据人工统计的数据作为位置选取的依据会与城市的现实情况有一定的偏差；此外，由于地址选取问题需要考虑许多领域相关的因素且解空间巨大，不借用计算机的计算能力，工作人员很难在巨大的解空间中生成合适的解；最后，在大多数地址选取的情景中，地址选取机构需要向用户提供多个方案作为候选，不同用户对于所选取位置的喜好差距巨大。由以上分析可知，传统的人工选择广告牌位置的方法费时费力。

广告牌投放位置的选择需要考虑的因素包括交通流量、车流速度、车流轨迹、流向分布和周边环境类型等。由于该过程需要大量信息用于对候选方案进行衡量，如何使用较小的代价取得更多有效数据就变得十分重要。SmartAdP中主要使用出租车轨迹数据，相比其他数据，使用出租车轨迹数据的优势有以下几点：首先，相比其他种类数据，出租车轨迹数据更容易获取，因为在大多数城市，出租车轨迹数据都被记录并保存；其次，海量的出租车数据能够有效地刻画所在城市的交通特征。

基于海量出租车轨迹数据，使用可视分析的方法来解决广告牌投放位置问题有着以下挑战。首先，广告牌投放问题的解空间巨大，系统需要协助用户在极大的解空间中寻找符合用户需求的方案。其次，每一个广告牌放置方案都是一个包含若干广告牌位置的集合，由于在一个城市里有大量可以放置广告牌，广告牌位置选择问题的解空间也因此可以被视为无限大，根据多指标选取最优的广告牌放置方案也随之变得极其困难。此外，广告牌放置位置的好坏是通过若干时空属性以及其周围的环境刻画的，多个方案的可视化比较可以被认为是根据多种时空属性对多个位置组的比较。根据以上几点可以得出，创造一个用于比较广告牌放置方案的简洁易懂的可视化表示是一个新颖的问题。

为了应对广告牌位置选择问题巨大的解空间，SmartAdP将人的领域知识与机器的计算能力相结合。特别地，在SmartAdP中，Liu等人提出了可视化驱动的数据挖掘方法，它基于定制的数据索引机制。SmartAdP使用了出租车轨迹数据、兴趣点数据以及整个城市的路网数据，不仅可以完成广告牌位置的选择任务，也可以被修改并用于诸如便利店、充电桩的地址选取等相关问题。

(2) 数据与任务抽象

SmartAdP使用的数据全部采集自某个出租车较为常见的城市。该系统主要使用了三种类型的城市数据。

① 道路网络数据：道路网络数据包括133726条路段（平均长度为243m）和99007个顶点（即道路交叉口）。

② GPS轨迹数据：GPS轨迹数据来自3501辆出租车两个月的行程记录。一辆出租车平均每24s对当前状态进行一次记录，一天能够记录约3500个采样点。这些采样点组成了大约400多万条轨迹数据（按载客记录划分，一趟里程计一条轨迹）。

③ 兴趣点（Points of interests）数据：一共有154633个兴趣点，每条兴趣点数据由其ID、类别、经纬度坐标构成。

由于不同人对“最佳”地点有不同的看法，通过与领域专家详细探讨，Liu等人归纳了在寻找合适投放户外广告牌的位置时需要解决的若干挑战如下。

① 确定适合投放广告牌的区域：第一步先要根据客户的需求确定若干个

适合投放户外广告牌的区域。由于无法准确获知广告的目标群体经常访问的区域，因此，户外广告公司的规划师往往凭借自己的经验和知识做出广告投放推荐。

② 在指定的区域内选择合适的地点：每个指定的区域内都包含许多地点，规划师需要花费大量的时间根据每个地点的基本信息人工筛选并选择合适的地点。这些基本信息包括但不限于：周围兴趣点的数量、曝光率、开销等。根据这些信息规划师进行地点的选取。

③ 评估一个广告牌选址的解决方案并说服客户：目前评估一个广告牌选址方案的性能仍然比较困难，常规的做法是实地考察或实地问卷调查。但是，由于客户可能有着各不相同的评判标准，有限的数据和缺失的比较工具可能会让他们难以相信方案的最优性。

④ 为客户提供多个解决方案：规划师需要产生多个解决方案并将它们呈现给用户，双方需要花费大量时间用于分析比较多种方案，目前尚没有相关辅助工具。

根据以上四个挑战，Liu 等人总结了 SmartAdP 可视分析系统需要解决的问题：理解出租车轨迹的时空分布；户外广告牌放置位置的推荐和评估；广告牌选址解决方案的评估、比较、分类和排序。

(3) 系统架构与模型设计

SmartAdP 是一套基于网页的应用程序，系统的框架如图 9-14 所示。方案生成器（Solution Generator）帮助用户生成多个广告牌方置方案。用户需要先选择若干个广告目标群体经常出现的区域称为目标区域（target area）。随后，系统会生成两种类型的热力图辅助用户选择放置广告牌的区域，放置广告牌的区域被称为方案区域（solution area）。配置好一系列参数后，系统会借助地点优化器（Location Optimizer）在方案区域内推荐一些广告牌放置地点。与此同时，用户也可以观察生成的方案并作出相应的调整。为了进一步探索和比较多个广告牌放置方案，用户可以切换到由三个视图组成的方案探索器（Solution Explorer）。

在方案探索器中，方案视图（Solution View）展示了每个方案的概览信息和方案之间的关系；地点视图（Location View）帮助用户在地点层面上分析方案之间的关系；排序视图（Ranking View）则可视化了每个方案的各项属性，帮助用户对方案进行比较与排序。

SmartAdP 中，道路网络中的道路片段被视为抽象图中的边，道路之间的交汇点（用于放置广告牌的位置）被视为抽象图中的点。其主要的数据结构为轨迹边、轨迹点以及轨迹索引。

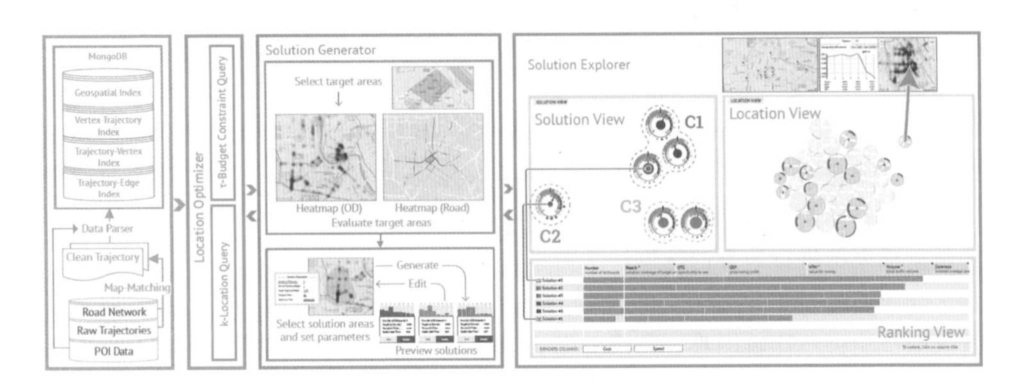

图 9-14 SmartAdP 的系统架构图

① 轨迹边索引 I_{te}：一条 GPS 轨迹是一系列按照时间先后排序的空间点的集合。首先，对这些空间点使用地图匹配的方法将轨迹的点匹配到对应的道路片段上。而后，轨迹边索引可以通过出租车轨迹通过的道路片段的编号来建立。

② 轨迹点索引 I_{tv}：轨迹点索引记录着所有轨迹覆盖的道路网络中的节点，它可以通过轨迹边索引生成。每一个轨迹边索引中的条目对应着唯一的轨迹编号 Tr_i，$I_{tv}[Tr_i]$ 对应着所有该轨迹经过的节点。

③ 点轨迹索引 I_{vt}：点轨迹索引是轨迹点索引的反向索引，索引中的条目 v_i 对应着道路网络中的节点，$I_{vt}[v_i]$ 对应所有经过 v_i 的出租车轨迹的集合。利用点轨迹索引可以获得道路网络中节点覆盖的出租车轨迹。

通过轨迹边索引，轨迹点索引以及点轨迹索引，道路网络中道路片段的统计信息（如流量与车速）可以通过一系列求和与取平均值的操作计算获得。对目标人群的覆盖率、OTS、GRP 以及 VFM 等属性可以通过类似的方法计算获得。特别地，在这四种统计量的计算中，只考虑对应的出租车轨迹。此外，MongoDB 中自身具有地理空间索引的功能，可以对在多个多边形区域内的轨迹或节点进行查询。

SmartAdP 提供两种类型的交互式查询，即 k-Location 查询和 τ-budget 预算约束查询，用于协助领域专家选择广告牌位置，这两个查询被应用于不同的场景下。k-Location 查询旨在从所有候选地点中选取 k 个地点，不考虑广告牌的费用。τ-budget 预算约束查询旨在选择一系列地点，使其于不超过“预算”约束。两个查询中都有不同的权重。在本文中，我们定义覆盖值作为所有覆盖轨迹的权重之和。因此，这两个查询旨在提取一系列位置，使其最大覆盖值达到令人满意的广告效果。然而，选取具有最大轨迹覆盖的 k 个位置是一个 NP 难的问题，对于较大的 k 是不可行的。在这种情况下，应该考虑效率与效能之间有权衡。所以我们最后提出一个可视化驱动的挖掘模式，这个挖掘模式不仅采用有效的搜索和修剪策略（即贪心的启发式方法），还可以让人类的领域知识参与到其中。

对于 k-Location 查询，有文献证明，针对本文中提出的问题，贪心启发式算法是解决该问题最有效的多项式复杂度算法，并可以提供（1－1/e）近似的最优解。这个算法首先根据轨迹是否是目标轨迹分配每个轨迹的权重。在给定空间区域 R_{od} 内的起点-终点的轨迹的权值是 w_{od}，剩余轨迹的权重则为 w_{or}，然后，每个候选顶点的覆盖值可以通过添加该点后增加的轨迹覆盖权重来计算。最后，用贪婪启发式方法来选择 k 个位置。在每次迭代中，算法包含下面两个步骤。

① 选择：在此步骤中，算法选择具有最大值的顶点覆盖值并将其放入结果集中。

② 更新：在此步骤中，算法更新所有顶点的覆盖值。具体来说，对于当前的每个当前迭代中新覆盖的轨迹 T_r，可以利用轨迹-顶点索引来获取该轨迹经过的顶点，即 $I_{tv}[T_r]$。每个轨迹经过点 v 的覆盖率被更新为 $c(v)-w(T_r)$。

在 τ-budget 预算约束查询中，在道路网络中节点 v 放置一个广告牌的代价为 $f(v)$，$f(v)$ 可以通过距离市中心的区域的距离以及附近的交通流量来获取。由于城市中心地区的价格为预设值，每个广告牌位置的价格可以通过插值的方法获得（广告牌本身的价格不被考虑）。τ-budget 约束查询尝试生成一个费用不超过 τ 的节点集合，因此问题可以被建模为有费用限制的最大覆盖问题，并在小的位置选取数与最优解中选取一个最好的结果，这个问题可以通过改进后的局部贪心算法解决，该算法产生的结果可以保证（1－1/e）的近似最优，该算法分为下面两步。

① 小位置选取数解：小位置选取数解代表着有着小的位置选取数条件下的最优值。可以根据答案的质量与系统的反馈时间，将最优值的选取数设置为 1、2、3。一般来说，大的选取数需要等待更久，但有着更好的表现保障。

② 改进的局部贪心算法：不同于 k-Location 查询，改进的局部贪心算法在每轮迭代中添加对于解的改进比例最大的点，算法在总费用到达预算上限 τ 的时候停止。v 的改进比例 $u(v)$ 可以通过等式 $u(v)=\dfrac{c(v)}{f(v)}$计算得到。

（4）可视化设计

① 方案生成器

SmartAdP 分为方案生成器与方案浏览器两部分，方案生成器用于根据用户的需求生成广告牌放置方案，方案浏览器用于比较不同的广告牌放置方案。方案生成器包含仪表盘视图、地图视图以及方案视图；方案浏览器包含方案视图、位置视图以及排序视图。

仪表盘视图显示了待生成方案的相关信息。视图从上到下分别为数据集设置面板、目标区域面板、解决方案区域（广告牌放置的位置）面板以及参数设置面板。特别地，在参数设置面板中，用户可以设置包括预算（k-location 查询中的广告牌个数、τ-budget 查询中的预算约束）、普通轨迹权重、目标轨迹权重、时间筛选器以及速度筛选器。

以地图为中心的探索方法被普遍使用于多指标空间决策中，这是因为它可以帮助用户直观地观察地理环境。因此，SmartAdP 使用了地图视图：在地图视图中包含用于展现道路网络的道路网络图层，还包含绘画区域、热力图与标签层。

绘画区域提供了在地图上绘制多边形的功能，让用户可以设定目标与解决方案所在的区域，对应着红色与蓝色的多边形。两种区域的编辑与删除操作都可以在仪表盘视图中完成。

为了让用户更好地了解解决方案的优势，系统需要直观地展示目标轨迹的时空分布。SmartAdP 中使用了热力图的可视化方法，分为 OD 热力图与道路热力图。OD 热力图通过颜色编码目标轨迹的上客与下客的地理位置，颜色深的区域表示频繁的上客与下客事件，道路热力图与 OD 热力图使用了同样的可视编码方法。为了方便用户进行更深层次的分析，OD 热力图和道路热力图都支持根据 OD 过滤（显示从目标区域中出发或结束的轨迹）和根据时间过滤（显示在周中或周末），热力图的过滤选项在地图视图的右上角。

标签层上的蓝色标签用于在地图上展示用户或机器选择的地点。用户可以通过点击仪表视图上对应的条目将其从地图上移除。用户还可以通过在地图上点击标签将喜欢的位置固定在地图上，当一个标签被点击时，标签对应位置的出租车轨迹通过的统计信息、周围的 POI 信息以及通过该位置的 OD 热力图等都会被展示出来。

方案视图用于帮助用户查看自己的操作记录以及之前生成的方案的质量，这样可以帮助用户结合以往的经验有效地浏览解空间。方案预览部分可以保存用户之前的设置，并记录用户之前设置对应的统计信息。在方案预览部分，每一个盒状子视图对应一个方案，盒状子视图中的柱状图展示每一个方案的 8 个属性，包括广告牌数（N）、成本（C）、平均速度（S）、交通流量（V）、性价比（M）、对目标人群的覆盖率（R）、OTS（O）和 GRP（G）。在不同的盒状子视图中，柱状图被分配了不同的颜色，用于区分不同的方案对应的属性。当鼠标移动到柱状图上的柱上时，为方便对比，其他方案中对应的属性也会被同时高亮。此外，用户可以通过添加或删减方案中的广告牌所在的位置来完成对于方案的编辑。

② 方案探索器

在生成若干备选方案后，用户需要同顾客一起分析和比较不同方案的优点与缺点，只有这样，顾客才能通过自己的喜好与经验来选择最满意的方案。因此，需要提供一个可视化工具帮助用户来完成对于候选方案的深度分析与比较。SmartAdP 中提供了方案浏览器来帮助用户比较并分析候选方案，方案浏览器分为方案视图、地点视图与排序视图。这三个视图通过连接的方式，辅助用户在同一时刻多个粒度对多个方案进行比较。

方案视图用可视化的方法展现了每个方案以及不同方案之间的关系。同时，方案视图是连接地点视图与排序视图的枢纽，帮助用户从多个角度快速选出最好的方案。

在方案视图中，SmartAdP 使用径向布局的图符隐喻来编码方案的相关属性，每一个圆形视图的内圆颜色编码着一个特定的方案，内圆半径默认编码着该方案总的费用（用户可以调整内圆半径编码的属性）。在方案视图中的外圆内侧附着着一个环形热力图，用于表示方案覆盖车流的平均速度。在热力图中，深红色表示较快的速度。外圆的蓝条表示目标用户的覆盖率，下侧小圆则编码了广告牌附近不同类别地点的数目。方案视图中，每一个圆形子视图通过 MDS 算法来布局，用于帮助用户快速发现方案之间的关系。方案视图中，两个方案的相似度通过所覆盖的轨迹的集合 A、B 使用公式$|A\cap B/\min(|A|,|B|)|$来计算。在方案视图中，两个方案的圆形子视图之间的距离越近，它们共同覆盖的轨迹相似性越大。

地点视图展示了目前所有广告牌放置方案中的地点。Liu 等人扩充了 Dorling 示意地图（cartogram），嵌入一种径向的图符设计，见图 9-15（b）（图 9-14 的地点视图）。在 Dorling 示意地图中，每个地点都是一个圆，地点与地点之间的相对地理位置得到保持，便于用户理解和分析地点的地理分布。Liu 等人将原设计中朴素的圆替换成径向的图符设计，图符的背景是一张简略的地图，中心十字标注了广告牌放置的地点。图符边缘则按照方案数目划分成若干片段。若图符表示的地点属于某个方案，图符边缘则显示方案对应的颜色，若方案当前被选择，对应的色块则会被加粗显示。点击图符会在地点视图中显示一张地图，展示已选择方案所包含的地点实际所在的位置。

用户需要一个灵活的排序工具来帮助他们快速找出最佳广告牌放置方案。SmartAdP 中包含排序视图，用于展现与广告牌放置方案相关的指标，包括广告牌的数量、成本，覆盖流量的速度，目标人群覆盖率等。排序视图是高度有组织的表格形式，源自于先前的可视化工作 LineUp。排序视图的第一列列出了所有广告牌放置方案，其他列则显示方案的属性值，它们被归一化并通过属性条的长度进行编码。列的宽度表示用户分配给每个属性的权重，用户可以通过点击标题将方案根据属性进行排序。表格的列也可以进行分组操作，将多个列

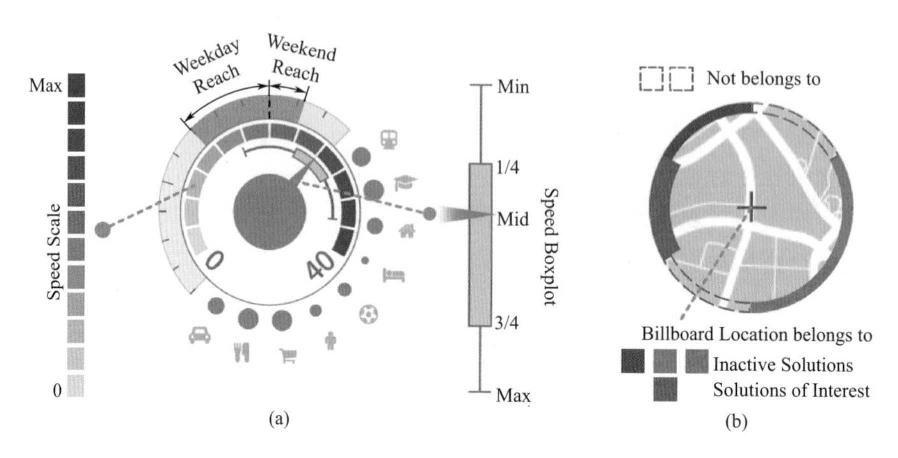

图 9-15 SmartAdP 的系统中的图符设计

按宽度表示的权重合并和排序。为了比较数据分布，Liu 等人将箱形图嵌入到表格中，用于显示属性的最小值、第一四分位数、中位数、第三四分位数和最大值等统计属性。这种设计使用户能够深入比较放置方案的性能，并迅速确定最优的方案。

③ 交互设计：SmartAdP 可视分析系统的设计中使用到的交互技术总结如下。

a. 承索即现的细节（details-on-demand）：承索即现在这里的意思是：在地图和地点视图中，用户可以点击任何地点来获取详细的信息。SmartAdP 遵循经典的可视化设计原则“先全局概览，放大并过滤数据，细节承索即现”。这种设计帮助 SmartAdP 的用户从多个粒度探索解决方案空间和分析潜在模式。

b. 过滤和高亮：这种交互技术使得用户可以专注于感兴趣的信息。在 SmartAdP 中，用户能够使用时间和轨迹起点-终点范围等条件筛选轨迹。几乎所有视图都支持高亮，例如在方案预览视图中，鼠标在方案的一个属性条上悬停，会使得其他方案相同的属性条一并被高亮。又如在方案视图中，鼠标在一个方案图符上悬停，会使得方案在地点和排序视图中都被高亮。

c. 连接：在方案探索器中，方案视图、地点视图和排序视图均可以被连接起来。当用户点击方案视图中的图符或排序视图中的色块时，系统会应用边捆绑技术将方案视图和排序视图中的方案、地点视图中所选方案包括的地点连在一起。

（5）案例评估

SmartAdP 户外广告牌位置选择可视分析系统主要使用案例评估的方式验证可视化设计的有效性。本节主要讲述两个案例，讨论 SmartAdP 如何帮助广告从业者快速从庞大的解空间中确定最优的方案。

① 工作日和非工作日的投放方案对比

根据作者对系统的描述，广告专家迅速地对同一片方案区域生成两个不同的方案，一个使用工作日出租车流量，另一个使用非工作日出租车流量。方案探索器如图 9-16 所示，方案视图（图 9-16A）中蓝色的是非工作日方案，橙色的是工作日方案。广告专家从地点视图（图 9-16B）中发现，两个方案仅有图中蓝色虚线框标明的两处地点选择不同。他们对在地点视图右侧的所选地点比较感兴趣，因为它的售价较高（圆的尺寸较大），且远离常规选择的放置地点。因此，广告专家将这个地点放置在轨迹起点-终点热力图上（图 9-16D），发现通过所选地点的轨迹终点大多集中在公园区域。专家们推断这是由于人们经常在周末去公园游玩，同时这个结果也解释了为什么这个地点会因为有大量的轨迹而被系统选择。因此，在系统的帮助下，专家们依据人们出游的愉悦心情做出了相应投放广告位置的选择。

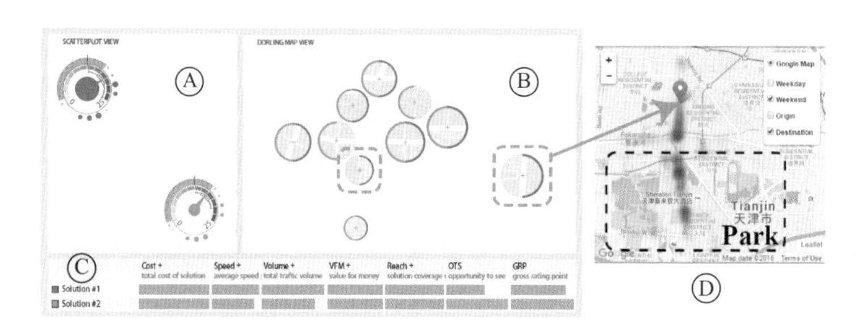

图 9-16 利用 SmartAdP 对比工作日和非工作日的投放方案

② 户外广告牌的分散和投放策略

在同时投放多个户外广告牌时有两个不同的策略：分散投放和聚集投放。分散投放会有较广的影响面，而聚集投放则会提高对于受众的曝光率。所以究竟哪种策略比较适合某个投放户外广告牌的应用场景呢？专家们利用 SmartAdP 展开了探索，为每种策略都生成了三个目标轨迹权重和速度限制不同的方案，如图 9-17（a）所示。这些投放方案在方案视图中形成了 C1、C2 和 C3 三个聚类，如图 9-15 的方案视图所示。可以看到，C2 只包含了一个与其他均不相同的分散投放方案，而且这个蓝色方案表现出高交通流量覆盖率但对目标人群覆盖率低的特征。其他两个聚类 C1、C3 则分别对应着聚集投放和分散投放的策略。专家们发现，由于棕色和绿色的方案使用了速度限制条件（速度小于 15km/h 的轨迹），它们对目标人群的覆盖率相对于其他方案而言变得更低。如图 9-17（b）所示，专家们进一步使用排序视图以判断最优的投放方案。对于单一属性而言，分散投放的策略对目标人群有更高的覆盖率，但是聚集投放的策略却有更好的可见机会

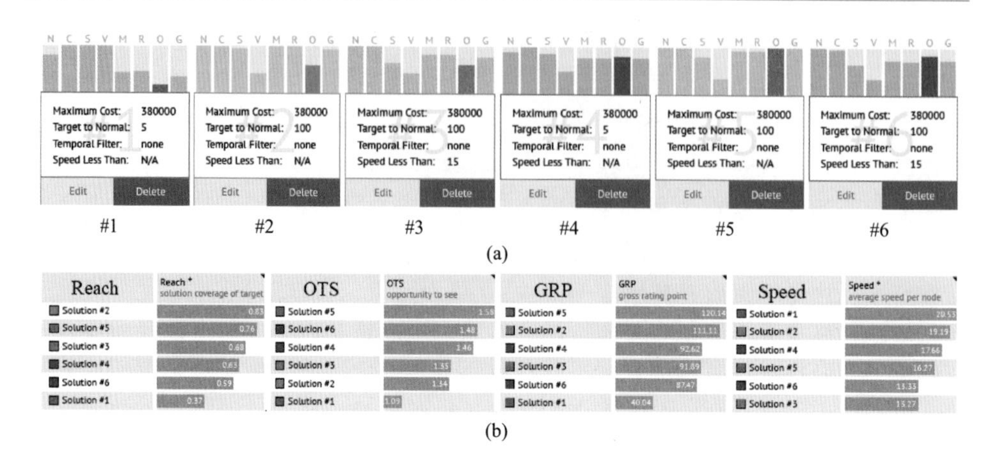

图 9-17 利用 SmartAdP 评估户外广告牌的分散和投放策略

(Opportunity To See，OTS)。因此，从单一属性判断方案的优劣是比较困难的。幸运的是，排序视图提供属性聚集的功能，并支持单独调整每个属性的权重。如图 9-14 的排序视图所示，专家们最后确定采用聚集投放的紫色方案 5 的总体性能最优。

参考文献

[1] Y Puig A S. Cerdá：The five bases of the general theory of urbanization [M]. Gingko Pr Inc，1999.

[2] Zheng Y，Capra L，Wolfson O，et al. Urban computing：concepts，methodologies，and applications [J]. ACM Transactions on Intelligent Systems and Technology (TIST)，2014，5 (3)：38.

[3] Zheng Y，Wu W，Chen Y，et al. Visual analytics in Urban computing：an overview [J]. IEEE Transactions on Big Data，2016，2 (3)：276-296.

[4] Scheepens R，Hurter C，Van De Wetering H，et al. Visualization，selection，and analysis of traffic flows [J]. IEEE transactions on visualization and computer graphics，2016，22 (1)：379-388.

[5] Ma Y，Lin T，Cao Z，et al. Mobility viewer：an eulerian approach for studying urban crowd flow [J]. IEEE Transactions on Intelligent Transportation Systems，2016，17 (9)：2627-2636.

[6] Von Landesberger T，Kuijper A，Schreck T，et al. Visual analysis of large graphs：state-of-the-art and future research challenges [C] //Computer graphics forum. Blackwell

Publishing Ltd, 2011, 30 (6): 1719-1749.

[7] Beck F, Burch M, Diehl S, et al. A taxonomy and survey of dynamic graph visualization [C] //Computer Graphics Forum. 2017, 36 (1): 133-159.

[8] By Akantamn-Own work, based on United Nations, Department of Economic and Social Affairs, Population Division (2014). World Urbanization Prospects: The 2014 Revision, CD-ROM Edition, CC BY-SA 4. 0.

[9] Aigner W, Miksch S, Schumann H, et al. Visualization of time-oriented data [M]. Springer Science & Business Media, 2011.

[10] Munzner T. Visualization analysis and design [M]. CRC press, 2014.

[11] Yuan J, Zheng Y, Zhang C, et al. T-drive: driving directions based on taxi trajectories [C] //Proceedings of the 18th SIGSPATIAL International conference on advances in geographic information systems. ACM, 2010: 99-108.

[12] Ferreira N, Poco J, Vo H T, et al. Visual exploration of big spatio-temporal urban data: A study of new york city taxi trips [J]. IEEE Transactions on Visualization and Computer Graphics, 2013, 19 (12): 2149-2158.

[13] Wattenberg M. Baby names, visualization and social data analysis [C] //Information Visualization, 2005. INFOVIS 2005. IEEE Symposium on. IEEE, 2005: 1-7.

[14] Havre S, Hetzler E, Whitney P, et al. Themeriver: Visualizing thematic changes in large document collections [J]. IEEE transactions on visualization and computer graphics, 2002, 8 (1): 9-20.

[15] Bach B, Shi C, Heulot N, et al. Time curves: Folding time to visualize patterns of temporal evolution in data [J]. IEEE transactions on visualization and computer graphics, 2016, 22 (1): 559-568.

[16] Viégas F B, Wattenberg M, Dave K. Studying cooperation and conflict between authors with history flow visualizations [C] //Proceedings of the SIGCHI conference on Human factors in computing systems. ACM, 2004: 575-582.

[17] Van Wijk J J, Van Selow E R. Cluster and calendar based visualization of time series data [C] //Information Visualization, 1999. (Info Vis'99) Proceedings. 1999 IEEE Symposium on. IEEE, 1999: 4-9.

[18] Haroz S, Kosara R, Franconeri S L. The connected scatterplot for presenting paired time series [J]. IEEE transactions on visualization and computer graphics, 2016, 22 (9): 2174-2186.

[19] Robertson G, Fernandez R, Fisher D, et al. Effectiveness of animation in trend visualization [J]. IEEE Transactions on Visualization and Computer Graphics, 2008, 14 (6).

[20] Aigner W, Miksch S, Müller W, et al. Visual methods for analyzing time-oriented data [J]. IEEE transactions on visualization and computer graphics, 2008, 14 (1): 47-60.

[21] Zhao J, Forer P, Harvey A S. Activities, ringmaps and geovisualization of large human movement fields [J]. Information visualization, 2008, 7 (3-4): 198-209.

[22] Shen Z, Ma K L. Mobivis: A visualization system for exploring mobile data [C] //Visualization Symposium, 2008. PacificVIS'08. IEEE Pacific. IEEE, 2008: 175-182.

[23] Wu W, Xu J, Zeng H, et al. Telcovis: Visual exploration of co-occurrence in urban hu-

man mobility based on telco data [J]. IEEE transactions on visualization and computer graphics, 2016, 22 (1): 935-944.

[24] Andrienko G, Andrienko N, Bak P, et al. Visual analytics of movement [M]. Springer Science & Business Media, 2013.

[25] Barry M, Card B. Visualizing MBTA data. http: //mbtaviz. github. io, 2014.

[26] Scheepens R, Willems N, Van de Wetering H, et al. Composite density maps for multivariate trajectories [J]. IEEE Transactions on Visualization and Computer Graphics, 2011, 17 (12): 2518-2527.

[27] Bostock M. Choropleth. http: //bl. ocks. org/mbostock/4060606, 2012.

[28] Guo D, Zhu X. Origin-destination flow data smoothing and mapping [J]. IEEE Transactions on Visualization and Computer Graphics, 2014, 20 (12): 2043-2052.

[29] Zeng W, Fu C W, Arisona S M, et al. Visualizing interchange patterns in massive movement data [C] //Computer Graphics Forum. Blackwell Publishing Ltd, 2013, 32 (3pt3): 271-280.

[30] Yang Y, Dwyer T, Goodwin S, et al. Many-to-many geographically-embedded flow visualisation: an evaluation [J]. IEEE transactions on visualization and computer graphics, 2017, 23 (1): 411-420.

[31] Wang Z, Lu M, Yuan X, et al. Visual traffic jam analysis based on trajectory data [J]. IEEE Transactions on Visualization and Computer Graphics, 2013, 19 (12): 2159-2168.

[32] Crnovrsanin T, Muelder C, Correa C, et al. Proximity-based visualization of movement trace data [C] //Visual Analytics Science and Technology, 2009. VAST 2009. IEEE Symposium on. IEEE, 2009: 11-18.

[33] Liu D, Weng D, Li Y, et al. SmartAdP: visual analytics of large-scale taxi trajectories for selecting billboard locations [J]. IEEE transactions on visualization and computer graphics, 2017, 23 (1): 1-10.

[34] Shneiderman B. The eyes have it: A task by data type taxonomy for information visualizations [C] //Visual Languages, 1996. Proceedings., IEEE Symposium on. IEEE, 1996: 336-343.

[35] Gratzl S, Lex A, Gehlenborg N, et al. Lineup: Visual analysis of multi-attribute rankings [J]. IEEE transactions on visualization and computer graphics, 2013, 19 (12): 2277-2286.

第 10 章

网络日志数据

电子商务中的用户交易数据与传统的结构化数据（如向量表示）不同，大部分是高维、流式、非结构化和网络型数据。其中每一条都由多维属性组成，比如买家卖家双方的地址、ID、用户偏好、交易的商品信息、交易物流的轨迹、交易的时间戳等。

传统的面向结构化表示的机器学习自动分析方法大都基于先验模型。一方面，它在处理非结构化、异构、复杂的实测数据时，存在一定的不足；另一方面，现有方法难以应对数据量的迅速增长。日益增长的数据维度和结构复杂性已经对传统方法探索在线电子商务交易数据带来了前所未有的挑战。

本章紧紧围绕在线电子商务交易数据，针对分析师提出的不同任务对数据进行了可视化与分析。根据数据的多种特征进行了如下三方面的研究：①用户交易时间序列数据的可视分析。提出了多用户交互探索系统 MUIE（Multi-User Interaction Explorer），它允许用户交互式地探索交易数据中的时序趋势和上下文关联。MUIE 结合了改进的概率决策树算法和基于像素的时序显著度 TOS（Time-of-Saliency）图，帮助分析师选取潜在的感兴趣的数据集合。被选取的数据进一步使用 KnotLines 的可视化方法进行探索，KnotLines 可视化了交易数据中的细节信息和时序关联。②交易轨迹数据的可视化。采用动态可视化的方法展现了交易数据中的地理位置和时序信息的关联。我们使用了核密度估计生成交易数据分布的密度场，并使用光照模型对其进行绘制。结合硬件加速的方法，可视化不同类型轨迹的动态趋势。③多维用户类别型数据的可视分析。将交易数据中的类别属性看成离散随机变量。重点可视化了离散随机变量组合的联合分布、条件分布等概率分布。提供了进一步的可视化交互工具，以帮助用户进行特定变量关联的查找、变量相似性的计算等操作。使用多个案例以及用户研究验证了本章提出的方法的有效性和拓展性。本章从时序数据、地理信息和高维数据三个角度进行了一些初步的尝试，利用可视分析的方法直观地向用户提供见解。

10.1 用户交易时间序列数据的可视分析

10.1.1 多用户交易探索（MUIE）方法概述

交易数据可以看成买家与卖家进行的一次高维交互。我们将问题概括为对时序交互数据中时序趋势以及上下文关联的探索。时序用户交互数据的分析对理解用户的行为、偏好以及发现用户交互趋势等有着关键的作用。这里用户是指产生数据的人群，而非软件的目标客户。但是对这个问题的探索也遇到了很大的挑战。我们在与某 C2C（customer to customer）电商的分析师交流中发现，他们在分析大型交易数据库时经常遇到以下几个问题。

① 某个用户的交互序列的时序关联及上下文关联是什么样的？比如某个卖家在某一时间段内进行了大量交易行为，则该卖家可能在进行一次促销的活动。在某些情况下如果这些交易来自同一个或一群买家，则需要进一步探索买家和买家的特殊关系。在这种情况下，分析师需要通过研究交易时间、地点、用户等与这些交易本身相关联的更多信息。

② 数据中最常见的交互模式是什么样的？比如，普通工作日的总体交易可能较为稀疏，但是在节假日（比如圣诞节），某些卖家可能通过促销使得他们的交易非常频繁。分析师需要分析全部数据以找出这样的交互模式。

③ 如何识别某种分析师感兴趣的模式的交互？比如，虚假交易是一种卖家通过与一些合作买家进行大量交易从而累计卖家的信誉值的一种违规做法，因为信誉值高的卖家往往更受买家欢迎。一旦分析师定义了这样的事件，他们需要探索数据以发现具有这样时序或者上下文关联的数据记录。

④ 如何检查某一特定关联下的单个用户交互？比如，在一次交易中，如果商品的交易金额很小而商品数量巨大，那这次交易同样也可能是一次刷信誉的虚假交易。因为这样的交易可以提升卖家的历史成交数量，而交易数量可以决定卖家的搜索结果中的排名。为了验证这样的案例，分析师需要关联这些记录以及其历史交易记录等上下文信息。

在很多实际场景下，现有数据算法在解决这些问题的过程中缺乏足够的灵活性和精确度。因为多用户交互可以是多变、相互交织且微妙的，所以在探索过程中需要使用可视化与可视分析来引入用户的干预，将人的感知能力、领域知识与自动算法相结合。分析师可以通过可视化界面交互式地获得实时直观的反馈以提出并验证自己的假设。

然而，对于上文分析师所提出的一些问题，目前还没有成熟可用的可视化方法。现有的对多用户交互数据的研究工作基本上分为如下三类：①关注单个用户的行为模式的分析方法，比如 LifeLines；②关注判断并描述动态用户交互网络的全局结构变化的方法；③关注全体用户的交互趋势和关联模式的方法。以上的一些方法并没有完全解决本节之前列出的所有问题。

本节提出了一种可视分析方法：多用户交互探索工具 MUIE（Multi-User Interaction Explorer）。该方法尝试在大规模数据库中探索分析师所感兴趣的时序交互模式。MUIE设计了两种可视化方式帮助分析师进行渐进的探索：①全局总览：该方法帮助用户有效地从大规模的数据集中识别显著的交互数据。这里显著被定义为某用户交互记录与分析师定义任务的相关程度。通过概率输出的决策树，MUIE首先计算了每条交互的与特定任务相关的显著度值（比如，该交易是虚假交易的可能性）。接着，所有交互的显著度被投影在一张2D的像素图中，被称作时序显著度TOS（Time-of-Saliency）图，如图10-1（a）所示。该图提供了一个可视工作空间，以便于分析师从不同的时间和数据聚合的粒度，对交互数据进行多层次的探索。②细节可视化：该方法允许用户对上一步选取的数据中的细节数据进行进一步检查。本节对全局概览视图中选取的交互数据采用了一种新的可视化编码方式，被称为KnotLines。KnotLines使用点和线等可视化元素表示关联的交互数据，并使用一些图符（glyph）的编码展现每笔交互的细节信息，如图10-1（b）所示。

上述可视化方法将用户交互中的异常的属性值、时序趋势和上下文关联展示给用户，方便其对数据获得更多的见解。本节方法中，用户可以结合TOS图和KnotLines快速地从大量的用户交互中发现感兴趣的数据，并方便地对其进行细节信息以及关联模式的探索。

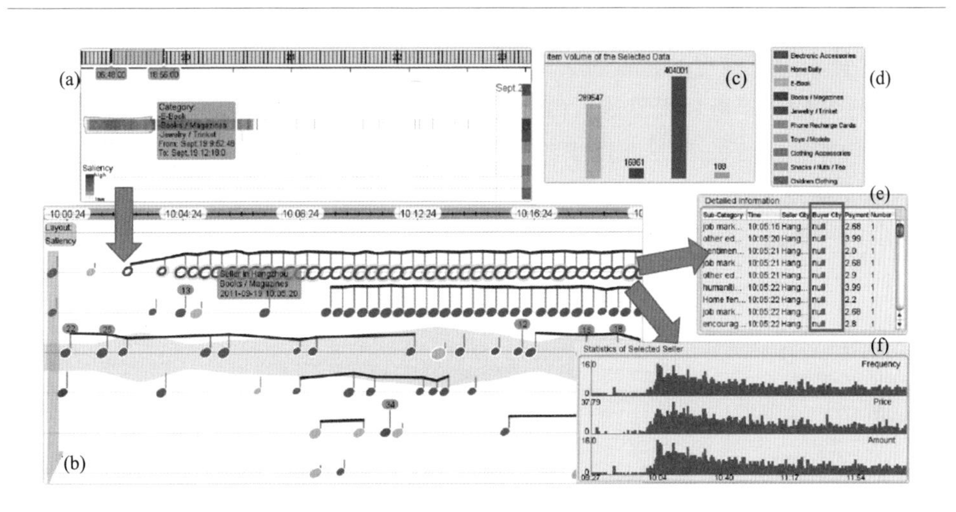

图10-1 MUIE系统的可视分析界面。(a)时序显著度图(Time-of-Saliency)提供了所有交易数据的显著度的分布概览，其中显著度使用概率决策树计算得到。(b)KnotLines可视化了交易数据的细节信息，空心节点表示虚假交易。其他视图包括：(c)销售类目图例，(d)类目销售量的柱状图，(e)交易细节信息和，(f)用户统计信息

10.1.2 多用户交易探索（MUIE）流程

MUIE 的目标是通过寻找和研究高显著度的交互，发现并鉴别分析师感兴趣的交互数据。通过结合自动的数据挖掘算法和可视分析技术，本节的系统通过如下的流程帮助分析师完成这些任务。

步骤 1：交互显著度计算。MUIE 首先定义并计算了一系列的交互特征。本节利用分析师提供的训练数据，训练了一个概率输出的决策树。决策树根据交互的特征计算得出每条交互的显著度值［图 10-2（b)］。

步骤 2：时序显著度（TOS）图的生成和探索。所有计算好的显著度的值被投影到一个紧密的基于密度的时序显著度（TOS，Time-of-Saliency）图上。在这张图中，交互按照时间和类型来排布。像素点的颜色编码了投影在这一像素点上的交互的显著度之和。分析师能够交互地探索该图，包括对全局趋势以及局部特征的查看。TOS 图同时支持分析师对图中感兴趣区域的选取［图 10-2（c)］。

步骤 3：KnotLines 对细节数据的可视化。本节系统将分析师从 TOS 图中选取的感兴趣的交互使用一种新的可视化方式编码，称作 KnotLines。该方法允许分析师对每条记录的多重属性、时序趋势和关联进行直观地理解［图 10-2（d）］。被分析师鉴定为显著的交互可以被标记并且被加入到步骤 1 中的训练数据中，这样的过程可以反复迭代地进行［图 10-2（e)］。

分析师可以迭代式地进行步骤 1 到步骤 3 的分析，即探索 TOS 图、查看 KnotLines、标记数据等步骤。其中 TOS 图和 KnotLines 的可视编码提供不同数据粒度的可视化，包括时间粒度的调整以及细节视图的查看。

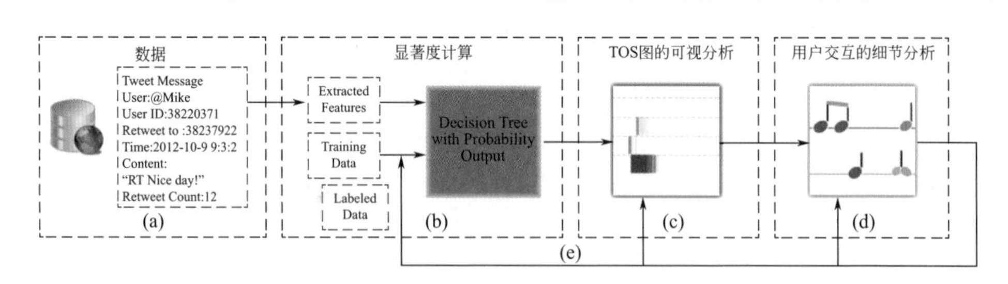

图 10-2 MUIE 的流程图。(a)单条交易被赋予分析师指定的特征，并且使用决策树。(b)进行分析。(c)所有交易的显著度值被投影，分析师可以自由查看和选择。(d)选中的感兴趣交互被进一步在细节视图中展示并进行分析。(e)整个分析流程可以迭代反复进行

10.1.3 问题定义和数据

多用户交互数据记录了不同用户的交互事件，比如用户间的一次在线交易或者微博用户的一次转发。多用户交互数据属于用户行为数据的一类，但是这类数据对用户之间细微琐碎而又动态多变的交互行为更为关注。一般来说用户交互数据包含以下的几类信息。

① 包含用户的ID、地址等。比如交易数据中的买家ID、收货地址等。

② 包含交互的时间点、交互类型等。比如交易的时间、交易的商品类目、价格、数量等。

以上的数据属性可以是数值型、类别型、序数型、枚举型或文本类型。这样的一条记录代表了用户之间的一次原子级别的交互。通常，分析师所要进行的复杂的高级任务可以分解为一系列基本的任务，这些基本的任务包括：

T1：过滤掉选定时间和类别以外的交互；

T2：查找具有某一特定属性的交互；

T3：查找具有某一特定关联的交互，关联的交互是指这些交互来自同一个用户，具有相近的时间点或者具有相似的属性；

T4：查找某一个用户产生的具有特定模式的交互；

T5：检查某个感兴趣用户的交互中的一些特定属性值；

T6：检查某特定用户交互的时序关联或者属性的相似性；

T7：检查某一交互的相关信息，比如交易对应用户的历史交易记录等。

我们使用“显著度”从数值上来描述用户交互数据与分析师定义的任务的相关程度。分析师在与我们的交流过程中表示，判断与检查显著的交互是一件比较有挑战性的工作。通常情况下，分析师需要进行多次数据库的查询以获取交互的时序以及上下文信息，并结合该交互的属性值判断并且手动标记每条记录的显著度。分析师需要结合多个显著的交互一起分析才能够得到一些重要的信息，比如用户的历史交易记录等。这些信息对于理解用户的行为模式有关键的价值，但提取的过程比较琐碎且需要分析师的大量劳动。本节提出的MUIE则可以简化这些工作，并且提高分析师操作的效率。

在接下来几节，本节结合交易数据解释MUIE解决问题的具体方法。本节的数据使用了某C2C（customer-to-customer）在线电子商务公司的交易数据，数据集包含了2,600,000条在线电子交易的记录。该公司的分析师希望能够从数据中检测出一些异常的交易模式比如虚假交易。一位数据部门的分析师协助我们参与了本节的案例分析，他对寻找并鉴定卖家与合作买家之间的虚假交易事件比较感兴趣。通常虚假交易在数据属性中可能会表现为异常大的交易金额、较高的交易频率、在特定买家与卖家之间的较大交易量和交易中其他一些不在正常范围内的属性值。但是需要注意的是，任何一个虚假交易的事件不能仅仅从某一两个属性的异常直接判断得出。由于虚假交易的多样性模式，往往需要分析师结合自身的经验来做判断。

10.1.4 概率决策树分类算法

多用户交易数据的显著度的计算取决于任务的定义，并且是上下文相关的。在很多任务已经确定的情况下，交易数据的显著度值仍然不能直接由交易的属性直接得到。在分析师寻找异常交易的情况下，他们需要考虑与这笔交易关联较紧密的一系列交易，比如时间相近或来自相同用户的交易。因此，多笔交易的关联需要在分析的过程中被考虑进去。同时，分析师手动指定海量数据中每笔交易的显著度值也是不可行的。针对以上的问题，本节提出了一种定义交易属性的各种特征，并计算每笔交易的显著度的方法。

我们把计算交易的显著度的问题概括为概率估计的问题。使用概率决策树来判断每笔交易属于分析师感兴趣的概率。本节方法使用分析师指定的训练数据的特征来训练决策树。构建好的决策树对每笔交易进行分类并输出其属于感兴趣一类的概率，这个概率被当作它的显著度值。在后续分析过程中，被分析师标记为显著的交易被重新加入到训练数据集中，帮助完善训练数据，并在下次训练的时候被使用［图 10-2（e）］。

10.1.4.1 交易数据的特征抽取

MUIE 计算了一系列的分析师指定的时序和上下文相关的特征。总体上支持三种特征的计算。

① 基本特征　最简单的判断一次交易是不是感兴趣的交易的方法就是检查交易的特定属性值，比如交易的价格等。另外，分析师可以指定一些规则定义一些其他的基本属性，比如：如果一个用户在感兴趣的列表中，那这个用户的交易也可被认为是显著的，如图 10-3 所示。以上的原始属性和新定义的属性统一被看作交易数据的基本特征。

② 文本特征　交易数据通常包含一些文本数据，比如买家对商品的评论信息。文本数据可以使用一些基本的文本处理方法进行分析，比如主题抽取等。MUIE 同时也检测了用户文本中的关键词，判断用户文本是否有词在分析师指定的关键词列表中。文本分析得到的主题以及关键词可以被作为交易数据的文本特征。

③ 时序特征　在分析师判断交易是否是感兴趣时，交易数据的时序模式至关重要。比如，某一段时间内卖家的交易趋势或者买家的交易频率。但是，这些时序特征无法从单笔交易中得到，因此无法使用传统的决策树方法挖掘交易的时序关联与特征。为了解决这个问题，MUIE 使用每个时间单元内该用户交易的

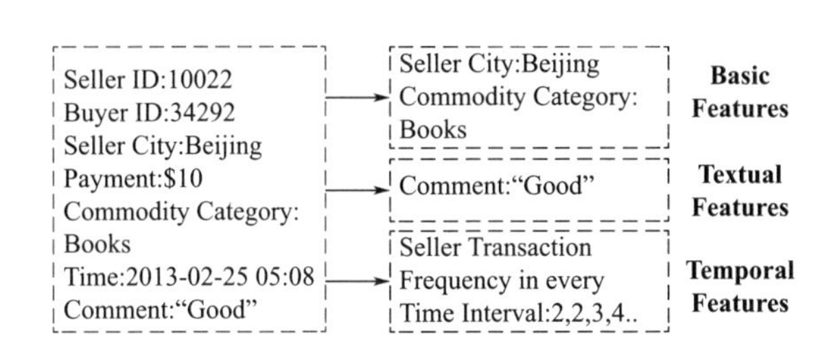

图 10-3 MUIE 从交易记录中提取的基本特征、时序特征和文本特征。这些特征由分析师指定

频率作为单笔交易的时序特征，并且用来衡量用户随时间变化的交易趋势。而时间单元的大小取决于特定的任务，本节方法中对每 5min 的交易做聚合。

10.1.4.2 概率决策树对显著度值的估计

本节使用标记好的交易的特征训练决策树，这些特征按照上一节的方法由分析师指定。在后续的可视分析过程中，分析师可以标记显著的交易记录，并且把它们加入到训练数据集中，如图 10-2（e）所示。本节方法中，决策树使用 C4.5 算法自动训练得到。C4.5 算法递归地将训练集按照特征分割为两类：显著的和不显著的（见图 10-4）。决策树的一个叶子节点表示分类结果的一类，而树的内部节点对应由数据的特征对训练集的一次划分。在每个内部节点上，C4.5 计算使用不同特征划分方式所得的标准化后的信息增益。算法选取划分后可以获得最大增益的特征，将该特征赋予该内部节点。

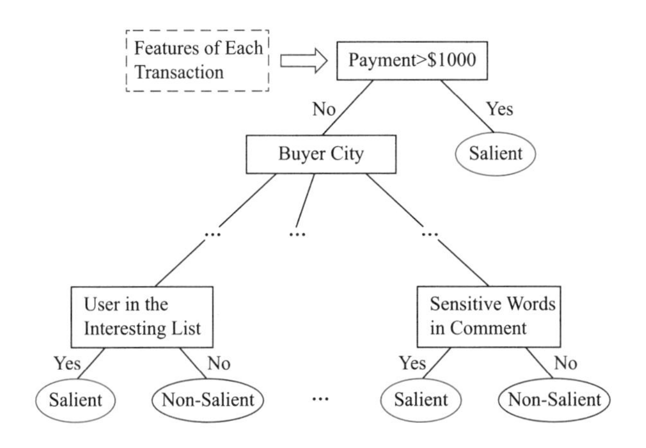

图 10-4 传统决策树结构对交易数据进行分类

构建好的决策树将每一条交易记录 x 分为两类：显著类和非显著类。由于一些非显著类的交易数据可能被分为显著类中（假阳性），为了解决这个问题，本节计算了每条交易记录被分为显著类中的概率，并将其称之为显著度值。显著度值通过如下方法计算得到：

决策树的概率输出的估计是基于每个叶子节点上的交易的分类情况。本节使用 FP 来表示每个决策树叶子节点上的训练所得的假阳性的交易数量；使用 TP 表示真阳性的交易数量（详见表 10-1 中的混淆矩阵）。则决策树的每个叶子上的概率分布估计为：

$$P(y|x)=TP/(TP+FP) \tag{10-1}$$

式中，y 表示叶子节点所代表的分类类别（显著类或非显著类）。

在实际应用过程当中，我们发现简单地使用被分为显著类中的交易的数量可能存在一些误差，易受噪声的影响，特别是当一个叶子节点上的交易数据量非常小的时候。这个问题可以通过使用拉普拉斯估计对概率的平滑来解决，即对每个分类引入一个先验概率 $1/C$。如公式（10-2）所示，每一条交易的显著度值 $S(x)$ 被定义为交易所处的该叶子节点上的数据是显著类别 y 的概率。本节方法使用未剪枝的决策树计算概率估计。

$$S(x)=P(y|x)=(TP+1)/(TP+FP+C) \tag{10-2}$$

表 10-1 决策树每个叶子节点上的混淆矩阵

	Predicted Negative	Predicted Positive
Actual Negative	TN	FP
Actual Positive	FN	TP

10.1.4.3 交易数据显著度值的计算

本节使用某交易数据来进一步解释交易数据显著度值的计算。如前文所介绍，每笔交易包含了卖家、买家的属性（如用户地址、ID 等）和交易的属性（如交易额、交易类目、交易数量等）。本节方法将这些属性作为每笔交易的基本特征。每条交易的买家评论记录作为该交易的文本特征。每个交易对应卖家的交易频率序列作为这笔交易的时序属性。按照上一节使用概率输出的决策树计算得到每条交易的显著度值。

10.1.5 时序显著度图：探索大量的用户交易数据

10.1.5.1 时序显著度图的计算

在得到每笔交易的显著度值后，为了方便分析师在大量的数据中探索其感兴趣的显著的交易数据，MUIE 使用基于像素的可视化方式展现了所有交易的显著度值，被称作时序显著度TOS（Time-of-Saliency）图（见图10-5）。TOS图的横轴编码了时间信息，其纵轴使用商品交易的类目来组织。本节方法在水平方向上将TOS图均匀划分为不同的行，每一行代表一个类目。在图10-5中，TOS图最右侧彩色条指示了数值方向上不同类目的顺序，这里不同类目使用不同的颜色表示。对于TOS图中的每一个类目对应的行，按照时间单元将其划分为许多长条形区域，每条交易按照时间和类目就被投影在一个这样的长条形区域中。

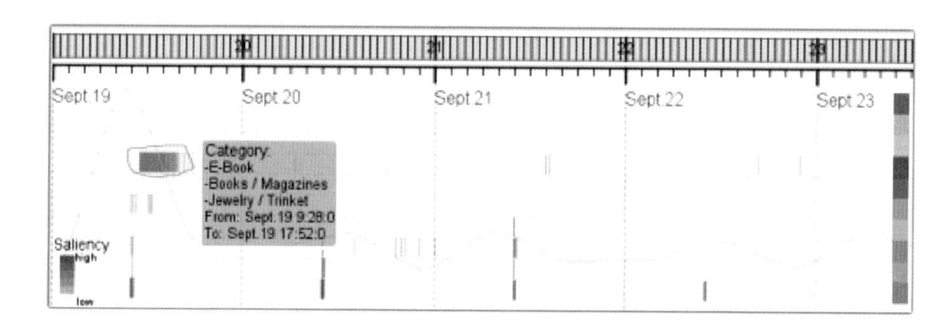

图10-5 交易数据的时序显著度图（被选中的图中的区域包含了显著的交易）

被投影到所有条型区域的显著度值被累计起来，并且按照某一种特定的配色方案映射为该区域的颜色。图中从浅色到深蓝色的像素点表示累计的显著度值的从低到高的变化。除了默认的配色方案以外，分析师也可以自己指定配色方案和颜色映射方式。生成的TOS图将交易数据的显著度随时间的演变以及其与销售类目的关系可视化。在图10-5中，深色区域表示可能存在显著交易的区域。特别地，水平方向连续出现的深色区域可能暗示某个类目在一段时间持续出现显著交易的事件（见TOS图中被选中的部分）。

为了展示总体显著度值随时间的演变，这里采用TOS图上的背景曲线来展示每个时间单元的总体显著度值，它可以帮助分析师检测高显著度的时间段。

10.1.5.2 时间显著度探索

TOS图提供了如下的交互以帮助分析师进行探索，并且支持任务T1。

① 时间窗的选择　TOS图中展示的交互数据的时间粒度可以由分析师来调整。TOS图提供了时间区间选取的工具，可以用它选定需要被可视化的数据的时间范围，便于进一步的研究和细粒度的数据查看。分析师可以使用鼠标在时间选择条上点击拖动来设定TOS图中展示的时间窗口。

② 感兴趣区域的选择　分析师可以在类目索引上点击（图10-5右侧的颜色条）以选择需要放大的类目。对于图中不规则的区域的选取，TOS提供了套索工具以选

取任意形状的感兴趣的区域。当一块区域被选定时，图中会出现提示该区域信息的浮框。本节系统另外使用柱状图展示了被选择的数据中不同交易类目的交易量。被选择的数据的细节信息可以通过 KnotLines 编码进一步可视化和分析，见 10.1.6 节。

10.1.5.3 交易数据 TOS 图的探索案例

本节中交易数据横纵轴按照时间和交易类目被投影到 2D 的 TOS 图中，如图 10-5 所示。分析师在经过训练以及对 TOS 的了解后，开始对交易数据进行探索。他注意到 TOS 图中水平方向上的深色区域（图 10-5），他选择了对应的时间窗口，放大该显著区域。该区域的提示显示它属于“Books / Magazines”类目，出现时间在 9 月 19 号早上 10 点。为了进一步研究该区域所对应的用户交易行为，分析师圈选了这一区域。

10.1.6 KnotLines 可视化

KnotLines 允许分析师对 TOS 图中选择的感兴趣数据进行进一步的细节可视化和分析。该方法可以被用来支持任务 T2、T3、T4、T5 和 T6。KnotLines 可视化了两种信息：交易的多维属性和时序交易关联和趋势。由于从 TOS 图中选取的数据量仍然很大，不便于直接可视化，我们采用三层结构的方式聚合数据。本节使用自适应的算法将聚合后的每组交易布局到 2D 视图中。KnotLines 主要使用图形编码了一系列的数据属性和数据关联。KnotLines 同时也提供了一套可视化交互工具对 KnotLines 进行探索。

10.1.6.1 数据组织和可视布局

（1）三层组织结构

为了减小可视化的数据量，方便分析师研究交易属性的相似性和时间关联，本文将 TOS 中被选出来的交易按照 3 层树结构的方式组织，如图 10-6 所示。它对应的可视布局在图 10-7（a）中使用矩阵来描述。

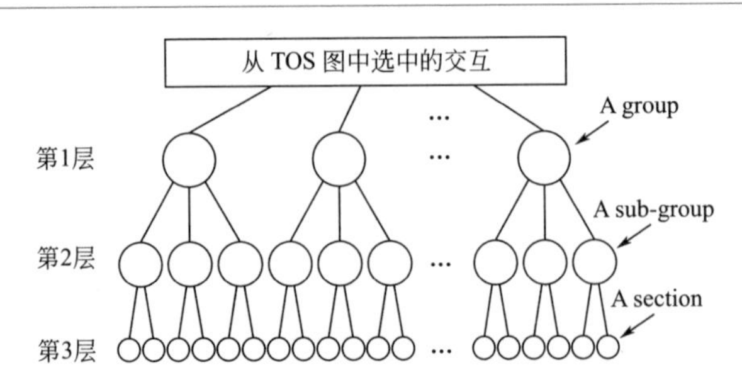

图 10-6 使用三层的层次结构来组织交易数据，这里 M= 3， K= 2

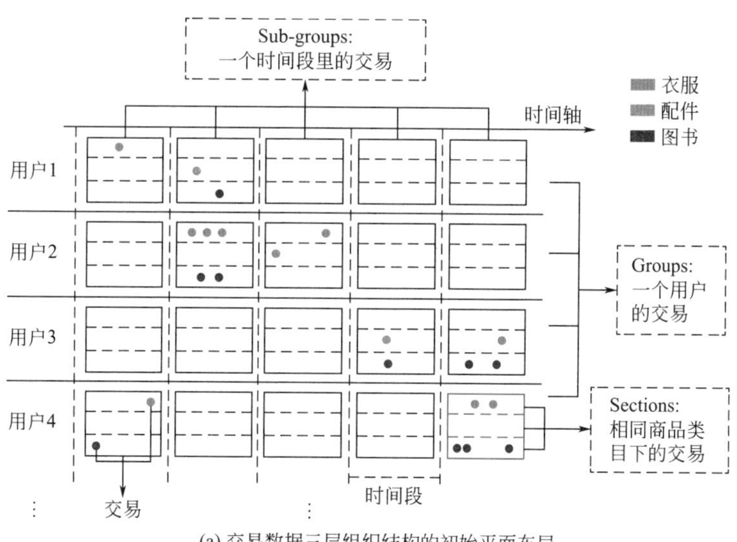

(a) 交易数据三层组织结构的初始平面布局

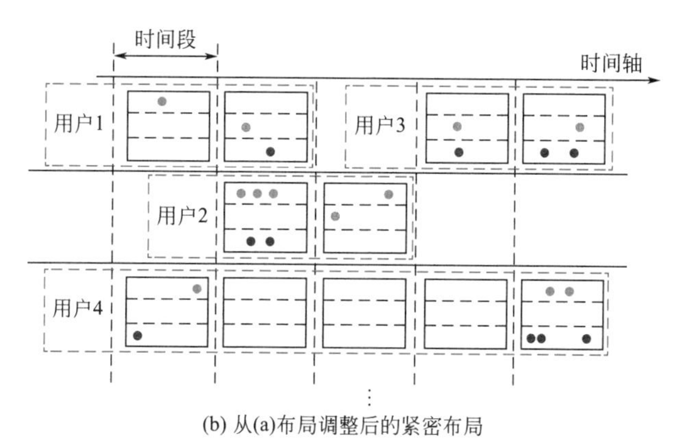

(b) 从(a)布局调整后的紧密布局

图 10-7　交易数据三层组织结构的初始平面布局和调整后的紧密布局

第一层：全部被选择的交易按照用户 ID 的不同被划分到 N 个 group 中。图 10-7（a）中每行代表一个 group，表示单个用户的所有交易。所有 group 在水平方向上从上到下依次排序。

第二层：一个 group 中的交互按照它们发生的时间点进一步被划分到一些 sub-group 中。在图 10-7（a）中水平轴表示时间。每一行根据 M 个时间单元，被水平划分为 M 个方块。所有时间单元的长度相同，分析师可以手动调整时间单元的长度以便于在不同时间聚合粒度研究数据。同一个用户的在同一时间单元的所有交易数据构成了一个 sub-group。

第三层：sub-group 又可以根据交易数据的交易类目进一步被划分为不同的 section。在图 10-7（a）中，每个方块被分割为 K 个更小的单元，每个单元对应一个 section。在同一个 section 中的交易数据来自同一个用户，产生于相同的时间单元，并且它们的交易类目相同。

（2）紧密调整的布局

使用 KnotLines 进行可视化的交易数据量可能非常大，但事实上图 10-7（a）中交易的布局却非常稀疏。大部分用户的交互行为本身随时间变化是很随机而稀疏的，许多用户只在非常短的时间窗进行交易。比如，某用户一周内可能只在某一天的下午进行交易，其他时间没有该用户的交易数据。另外，group 的数目 N 可能非常大（比如包含 100 万用户），这样的数据量不方便在有限的屏幕空间进行展示。为了使得可视化探索方便可行，本文对生成的矩阵进行了重新布局，使得其更加紧凑。

MUIE 使用简单的自适应的两步方法设置 group 的最终布局。第一步首先移除矩阵中空的 sub-group。对于每一个 group，本文系统从左到右依次扫描该 group 中的 sub-group，并且移除首个非空 sub-group 前的所有空的 sub-group。同样最后一个非空 sub-group 后的所有空 sub-group 也被移除。结果中得到的 sub-group 集合代表了 group 的紧凑布局。

在第二步中，本文使用自适应的方法优化 group 的布局，布局算法要求满足以下的三个原则。

① 无重叠：布局后的 group 不能重叠；

② 紧密性：布局后空间利用率应当尽量高；

③ 代表性：重要的 group 应当优先布局在视图的显著的位置。

在重新对布局调整的时候，本文考虑了如下几个问题：第一，为了避免 group 的重叠，如果两个 group 有交叉的时间间隔，那么这两个 group 应当被放置在不同的行内，否则它们在水平方向上必然重合。第二，如果不同的 group 没有重叠的时间单元，那么它们可以放在同一行中。而且这些 group 也应当尽量放在同一行中以充分提高空间的利用率。比如图 10-7（b）中 User1 和 User3 对应的 group 的布局。第三，重要的 group 应当排布在重要的位置。默认情况下，重要的位置被认为是视图顶部的区域。而 group 的重要性可以由 group 内的交易数据的总显著度或类别信息等属性来决定。同时，group 的重要性可以由分析师指定，一般分析师可以选择以下几种方式：

① 基于显著度的排序：按照 group 所包含的所有交易的显著度之和来排序；

② 基于相似性的排序：按照 group 交易类别的相似性排序或聚类。

为了满足如上要求，KnotLines 使用贪心算法自适应地计算了每组交易的布局位置，该算法的描述见算法1。图10-7（b）展示了由图10-7（a）使用该算法生成的紧密布局。

算法1：紧密布局生成算法。

输入：Group列表 $G = \{g_1, g_2, g_3, \cdots, g_N\}$，对应的重要性的度量 $I = \{i_1, i_2, i_3, \cdots, i_N\}$。布局中行的集合 $R = \{r_1, r_2, r_3, \cdots, r_N\}$。

```
1：按照重要性度量 I 排序 G，将最重要的 group 放在列表 G 的开头。
2：for Each group g_i in the sorted list G do
3：  j = 1;
4：  while j < = N do
5：    if k_i does not overlap with any placed groups in r_j then
6：      Place k_i in v_j;
7：      break;
8：    else
9：      j + +;
10：    end if
11：  end while
12：end for
```

10.1.6.2 可视编码

本节对布局完的group使用KnotLines编码其各种属性，KnotLines的设计方案来自于音符的设计。我们使用一个节点来表示一个section，节点与音符中的符头较相似［图10-8（a）］。本节使用一组视觉通道来编码一个section中包含交易的部分属性。节点的颜色编码了交易的商品类目，节点的颜色与TOS图中的商品类目的颜色编码方案保持一致。节点的大小表示一个section中所包含交易的数量，交易数越多，节点的半径越大。某些交易包含了一些分析师关注的特征，比如交易地点的异常，本节使用空心的节点状态来提示分析师关注这样的异常。

因为一个sub-group包含了多个section，sub-group的可视化则包含了多个节点。本节将一个sub-group中不同的节点放置在一个符干的末端。符干的长度表示在一个sub-group中交易的全部金额总和［图10-8（b）］。如果数据集中的金额浮动较大，那么本文将金额取对数进行处理，在将其映射到节点束的符干上。节点和符干一起表示了一个sub-group，被称作节点束。

本文将来自同一个用户的节点束的顶端使用一条符尾相连接，如图10-8（c）所示。每个节点束代表了该用户的sub-group，并且它们的横向位置按照每个节点束发生的时间单元来排布。

如果group中包含多个sub-group，那连接它们的符尾也形成了一条折线。

符尾不仅仅将不同的节点束相连，符尾的波动趋势表示了该用户在一段时间内的交易趋势的起伏。节点束以及符尾共同构成了一个 group 的可视编码，本文将其称作一个 knotline。比如图 10-8（c）展示了某用户的交易数据的 knotline，符干的横向位置由该时间单元的发生时间决定，长度表示其该时间单元内交易数据的总交易金额。

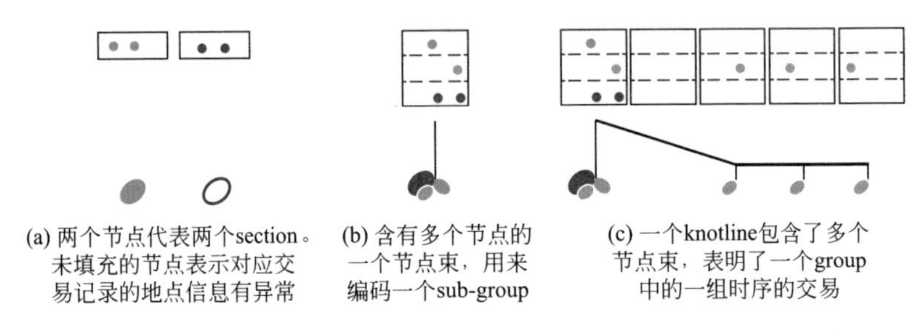

图 10-8 KnotLines 方法中三层结构（顶部）的可视编码（底部）

需要注意的是，本文的可视编码可以随着数据集的不同或分析任务的不同而相应地进行修改。在本文的案例中，通过与分析师的讨论，我们设计了一套将交易数据属性映射到图元上的可视编码方案。该编码方式经过与分析师的讨论决定，如表 10-2 所示。我们同样增加了一些便于理解的可视化标注，比如使用每条 knotline 上的标签文本提示数据集中的文本特征。或者当某个用户的交易频率有异常的时候，我们则使用标签展示交易的较高频率。

表 10-2 交易数据的可视编码方案

可视编码	交易数据
一个 knotline	来自同一个卖家的交易
节点束	来自同一个卖家的在一个时间单元内的交易数据
符干长度	某卖家在一个时间单元内交易金额的大小
节点	一个卖家在某一时间单元内进行的同类商品的交易
节点颜色	节点的销售类目
节点大小	节点中商品的数目
未填充的节点	节点中包含地点信息异常的交易

图 10-9 描述了两个采用不同布局准则的 KnotLines 视图，按照前面介绍的算法来布局。KnotLines 视图背景的流图表示了从 TOS 图中选取的交易的总量的演化趋势。流图的宽度表示某时刻总交易的数量。

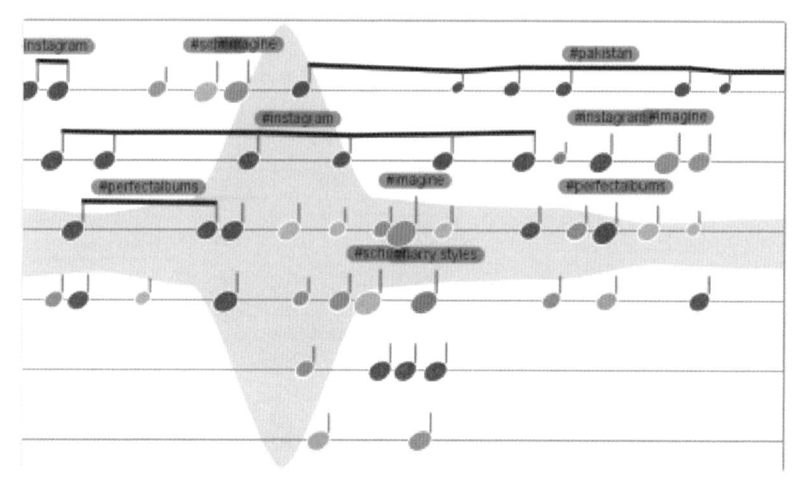

(a) 基于显著度的布局。红色的knotline被放在顶部，
因为其中的节点出现更频繁，所以其显著度更大

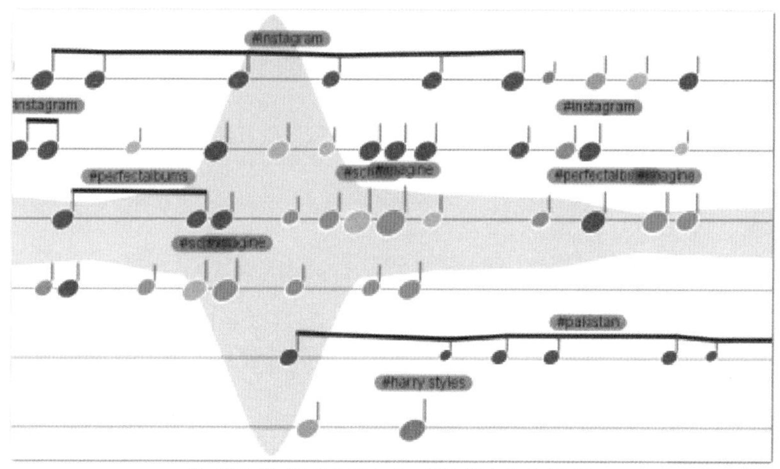

(b) 基于相似性的布局方式。粉色的点放在靠近的
位置，因为颜色代表了它们具有相同的交易类目

图 10-9 定义的两种布局模式

10.1.6.3 可视化探索

除可视化编码和布局算法对交易数据的细节展示之外，KnotLines 提供了一组帮助分析查看与探索的交互工具。

① 显著度调节　在 KnotLines 视图中每条交易都具有其显著度值。分析师可以展示所有的从 TOS 图中选取的交易数据，或者只显示显著度值大于一定阈值的交互（比如可以将阈值设定为 0.8）。在 Knotlines 视图中，该过

滤方法经常可以帮助分析师迅速定位其感兴趣的数据。图 10-10 展示了阈值调整前后的 KnotLines 视图的效果。显著度调整的方法支持了任务 T2、T3 和 T4 的完成。

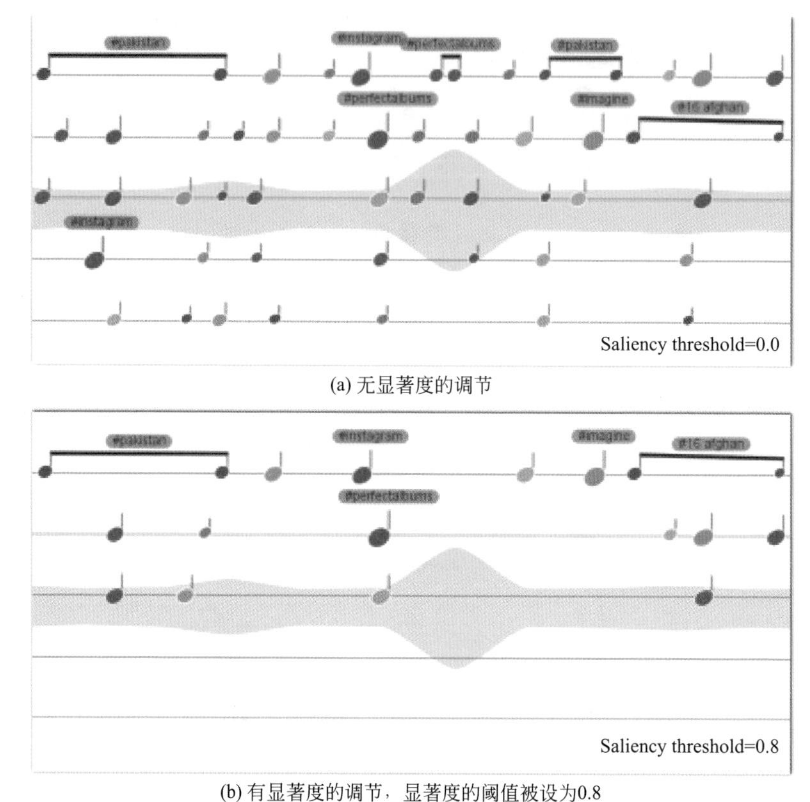

(a) 无显著度的调节

(b) 有显著度的调节，显著度的阈值被设为0.8

图 10-10 KnotLines 可视化了一组交易数据

② 视图导航 KnotLines 视图允许分析师自由地选择时间单元的长度，从而可以在横轴上放大或缩小该视图调整 KnotLines 视图的时间粒度。分析师同样可以使用横向和纵向的滚动条来在视图中查看更多 knotline。该交互支持任务 T2、T3 和 T4。

③ 感兴趣节点的选取 分析师可以使用鼠标点击，或者套索工具拖动选取视图中的一系列节点。当某一个节点被选中时，MUIE 通过加粗边框的方式被高亮显示它。与该节点相关联的节点同样会被在黄色的圈中高亮显示，比如与该节点一样来自相同买家的交互数据所对应的节点。文本浮框会出现提示被选中的细节信息，比如该节点对应交易的价格以及交易的商品数量。通过系统中的细节视

图，分析师同样也可以查看被选择的交易数据的细节信息，比如交易的买卖双方的地点等。系统的统计视图展示了选择的节点所对应的用户的历史交易统计信息，比如历史交易的频率、价格和次数等。细节视图和统计视图支持了任务 T7 的操作。

④ 标记　当某一个特定的交易被鉴定为显著的时候，它能够被选中，标记并被加入到标记好的训练数据集中。决策树数模型通过这样的方式被不断地完善。

10.1.7 交易案例分析

前面展示了 MUIE 是如何帮助分析师检测交易属性的一些可疑值的，比如检测过高的交易频率、探索交易的地理信息、分析交易的异常属性等。下面展示 MUIE 如何支持 T2～T7 的任务。

10.1.7.1　交易地点异常

分析师注意到在图 10-1（b）中红色连续的 knotline，他猜测可能是卖家在这段时间内和许多买家进行了规律且频繁的交易，其类目为“Jewelry / Trinket”。红色节点所对应的符干的长度在预期范围内变化，显示了该组交易的金额是处在正常范围内。

分析师通过显著度调节工具提高显著度阈值到 0.8，这样可以在视图中过滤掉所有显著度低于阈值的交互。分析师定位到了一些未填充的节点，这些节点可能暗示了一些买家的地点信息的异常属性。为了研究这些交易是一次促销事件还是虚假交易，分析师进行了进一步的分析。分析师点击了未填充的空心节点，系统同时也高亮了一些相关联的节点，如图 10-1（b）所示。这些高亮的节点显示该卖家在一段短时间内与相同的买家进行了多次频繁的交易。通过观察所选节点的交易历史记录［图 10-1（f）］，分析师迅速发现卖家的交易总量在某一时间点出现了急剧的增加。通过观察细节信息视图，［图 10-1（e）］，分析师发现交易的类目均为书籍，有一些交易的价格会有一些异常情况。他在这个视图中发现几乎所有交易的收获地址为空。分析师总结认为这些交易很有可能与卖家刷交易信誉的行为有关。这个结论后来得到了商业智能部门数据提供者的验证。他们解释说这个卖家的交易是来自同一群买家，这些买家意图通过大量的交易帮助卖家提升其交易的信誉值。事实上，卖家并未发送真实的商品。这些 knotline 对应的交易数据被分析师选中，并被标记为显著的数据，被加入到训练数据中。

10.1.7.2　交易金额与数量异常

分析师又继续选择了 TOS 图中的另一个时间窗口。通过检查不同类目的交

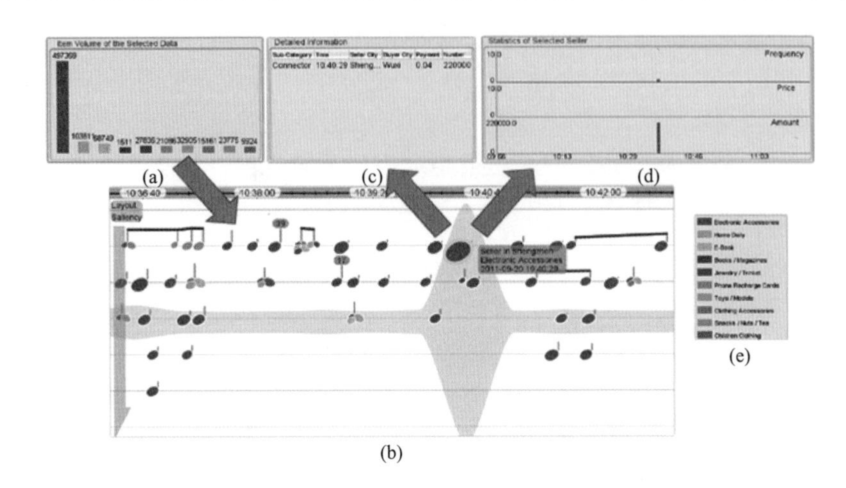

图 10-11 一个交易属性有异常的节点。(a) 柱状图显示了一段时间内不同交易类目的交易总量。(b) 视图中较大的节点表明该次交易包含了极大的商品个数。(c) 该交易数据的细节信息视图和 (d) 对应卖家用户的统计信息视图。(e) 交易类目的图例

易量的柱状图［图 10-11（a）］，分析师发现在这段时间内，“Electronics Accessories”类目中商品的销售量比其他商品都要大许多。分析师认为可能是这段时间内该类目的商品进行了一次促销，而促销使得该类目下商品的销售量陡然增加。他进一步点击了 KnotLines 的视图以验证自己的想法。但是视图中并没有发现任何 kontline 包含了“Electronics Accessories”类目下频繁出现的节点。

分析师通过在 TOS 图中的划选交互过滤掉其他无关的类目，进一步选择了该包含类目的交易。通过仔细检查 KnotLines 视图中过滤后所剩下的节点，分析师发现了一个半径极大但是符干极短的节点［见图 10-11（b）］。该节点显示的交易包含了极大的商品数量，但是成交价格却相当的少。通过细节视图的查看，分析师发现该节点［图 10-11（d）］表现了一笔具有 220,000 件商品的交易，但是总体价格只有 1 角钱。通过对历史统计数据的观察［图 10-11（c）］，分析师发现该卖家在这段时间内只有为数不多的几次交易，并没有进行频繁的交易。因此，分析师排除了该卖家在进行促销活动的可能。通过讨论与研究，分析师认为这很可能是由于卖家想提高自己的卖出数量而进行的一次虚假交易的活动。虽然历史交易数量并不能够提升买家交易信誉，但是在网站的商品查询搜索结果中，卖家是按照其交易件数从大到小来排序的。分析师这一次同样将其标记为显著的交易并加入到训练数据集中。

10.2 动态交易轨迹可视化

10.2.1 本节可视化方法概述

日常生活中会产生大量的人群、交通工具等的移动轨迹数据，这些数据在交通管理、流动性分析、路线推荐等很多领域有着重要的应用。轨迹数据同时包含空间和时间属性，由于其较大的数据量以及可能存在的多重维度，使得普通的可视化方法难以应对。

在商业分析中，地理信息的可视化也经常被应用。由于不同空间位置的资源配置不同，因此在地理上呈现出不同的模式。而对交易商品的物流信息的动态可视化则更具有直接的商业价值，有助于帮助分析师了解物流轨迹的聚类模式。另外，除了轨迹的时间与位置信息，分析师还需要联系该轨迹的更多交易信息（比如交易类型、物流类型等）来发现不同类型的交易的轨迹模式。

本节采用与第 10.1 节中相同的数据，重点关注商品交易物流中的多属性的轨迹信息。本节提出了一个对具有多种属性的动态轨迹进行可视化的方法。10.2.2 节首先利用轨迹数据生成了多张交易轨迹分布的概率密度图［图 10-12（b）］。对于不同物流属性生成的不同密度图，10.2.3 节利用光照模型［图 10-12（c）］进行渲染，并对多张密度图进行聚合［图 10-12（d）］。10.2.4 节使用粒子效果和动态的密度图来表现轨迹数据的实时趋势。其他的一些可视化编码同时也被加到系统视图中以帮助分析师了解多属性的动态轨迹信息。本节方法流程如图 10-12 所示。

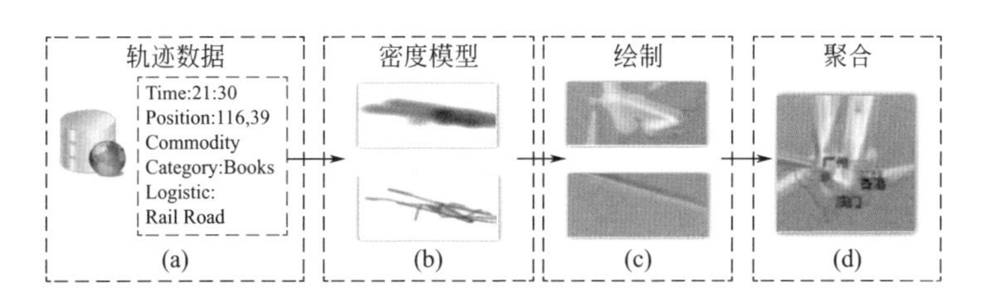

图 10-12 动态交易轨迹数据的可视化流程

10.2.2 交易轨迹的核密度估计

本节使用动态的核密度估计对交易轨迹的密度场进行构建。核密度估计（Kernel Density Estimation，KDE）是在概率论中用来估计未知的密度函数，属于非参数检验方法之一。对每一时刻的轨迹信息，我们可以获得某时刻 t 所有交易所处的位置，利用这些数据估计得到地图上交易物流路线经过的概率分布，被称作交易物流数据的概率密度图（Density Map）。一般核密度估计的方法如下：

$$\hat{f}_h(x)=\frac{1}{n}\sum_{i=1}^{n}K_h(x-x_i)=\frac{1}{nh}\sum\nolimits_{i=1}^{n}K\left(\frac{x-x_i}{h}\right) \tag{10-3}$$

式中，K 为核函数，不同核函数的取值影响到最后的核密度函数的分布。本文采用基本的高斯分布作为核函数 K。h 被称作平滑参数，h 的取值与最后估计结果的平滑程度相关，为了简化计算，这里 h 取 1。对于某时刻的交易数据所处的位置 x_i（t）（$1\leqslant i\leqslant n$），我们使用如下标准核密度估计的方法计算地图上某时刻 t 每个像素点 x 的概率分布 $\hat{f}_h$（x，t）：

$$\hat{f}_h(x,t)=\frac{1}{n}\sum_{i=1}^{n}K[x-x_i(t)] \tag{10-4}$$

如果只考虑即时的密度场情况而忽略掉交易的历史密度情况。则某一时刻 t 在地图上某一点 x 的密度场 D（x，t）的计算方法为：

$$D(x,t)=\hat{f}_h(x,t) \tag{10-5}$$

这样计算出来的结果仅仅考虑了当前时刻的密度场，无法将历史记录包含进去。为了表现出交易累计的历史趋势，我们使用下面的公式计算密度场的函数。

$$D(x,t)=\begin{cases}\hat{f}(x,t),t=0\\(1-\alpha)\hat{f}(x,t)+\alpha D(x,t-1),t>0\end{cases} \tag{10-6}$$

这里的 α 定义为衰减系数。如果 α 较大，则历史数据的权重较大，某时刻新产生的交易对整体数据的影响很小。如果 α 很小，表示整体密度场主要由当前时刻的数据所决定，而历史数据的权重则很小。特别地，当 $\alpha=0$ 时，该公式等同于公式（10-5）。

以上方法只考虑了轨迹数据中地理位置与时间的关联。但是，交易物流数据除地理信息和时间数据以外，其他属性同样在分析流程中至关重要。比如，在交易数据中不同的商品有不同的物流方式，分析师需要知道不同地理位置的物流方式的相似与不同之处。因此，我们采用了不同的核函数的参数来表示不同的物流方式。核函数的调整本文直接通过设置不同的高斯核函数的标准差来完成。本文用标准差较大的核函数来表示铁路通过铁路运输的物流，使用标准差较小的核来表示航空物流的路线。对于这两种不同的核函数，我们分别计算铁路和航空两类不同路线的密度场 D_r 和 D_f。图 10-13 为对交易物流数据的地理信息可视化系统界面。

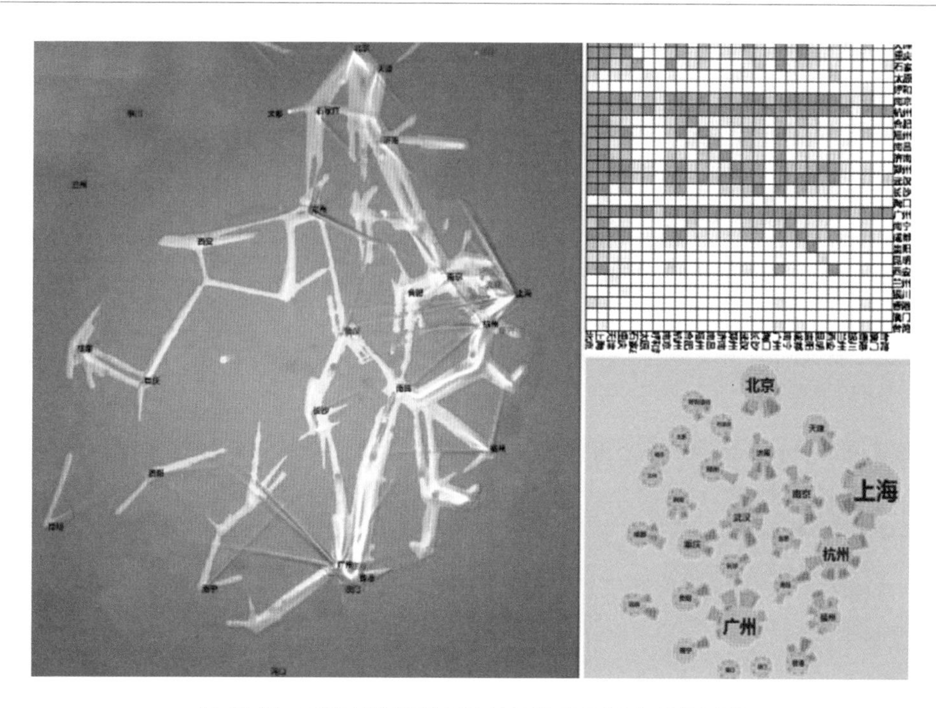

图 10-13 对交易物流数据的地理信息可视化系统界面

10.2.3 密度图的渲染及加速计算

对于生成的每一个密度图 $D(x, t)$，将其看作一个二维的高度场。使用 Phong 光照模型进行渲染。Phong 着色法结合了多边形物体表面反射光的亮度，并以特定位置的表面法线作为像素参考值，以插值方式来估计其他位置像素的色值。首先计算密度场 D 中每一点的法向 N。每个点的光照大小 I 计算方式如下：

$$I=I_aK_a+I_pK_d(LN)+I_pK_s(RV)^n \tag{10-7}$$

式中，K_s 为镜面反射系数；K_d 是材质对环境光的反射系数；n 是高光指数；V 表示从顶点到视点的观察方向；R 代表反射光方向。反射光的方向 R 可以通过入射光方向 L（从顶点指向光源的单位向量）和物体的法向量求出，即屏幕上某一点 x 反射到视点的光强 I 为环境光的反射光强、理想漫反射光强和镜面反射光的总和。

对于不同类型的物流，本文使用了先渲染再将绘制结果聚合的方式。对于铁路和航空两类不同的交易类型，我们使用了不同的参数 K_s 和 K_d。对于地图上任意一点，我们将铁路和航空的光照计算结果 I_r 和 I_f 聚合在一起以表示某一时刻全部物流的状态。聚合方式有如下几种。

① 绘制结果中某点 x 的光照 $I(x)$ 取 I_r 和 I_f 的平均值，即：

$$I(x)=\frac{I_r(x)+I_f(x)}{2} \tag{10-8}$$

② 绘制结果中某点的光照 $I(x)$ 取 D_r 和 D_f 中较大值的光照计算结果，即：

$$I(x)=\begin{cases} I_r(x), D_r(x)\geqslant D_f(x) \\ I_f(x), D_f(x)\geqslant D_r(x) \end{cases} \tag{10-9}$$

本节使用 OpenCL 对密度图的计算进行并行加速。算法实现核密度估计（KDE）的并行计算。对于二维密度场的核密度估计一般可以分为如下两类方法。对于密度场中某一个像素单元 c：

算法 2：Kernel Density Estimation (a)

```
输入：Pixel cell c, Kernel sample x_i , (1≤i ≤n)
1: for c in cells do
2:   for x_i in kernels do
3:     f (c) + = K (x_i )
4:   end for
5: end for
```

在算法 2 的情况下，首先针对每一个像素进行循环，计算出不同的采样点 x_i 在该像素点 c 上核密度 K 的累计值；算法 3 首先针对密度核进行循环，计算该样本点 x_i 对每个像素点 c 的核密度 K 的累计。因为（a）方法利于并行，可以利用每个运算单元分别计算 2D 密度场中的每一点像素值，这里采用（a）方法。

为了提高运算性能，本文进行了局部优化。由于本文使用的是高斯核函数，因此按照算法 2，与该核距离大于 3 倍标准差的像素点，核函数在该像素点上累计的结果可以忽略不计。为了进一步提高效率，本文仅仅对密度核局部区域进行累计计算。

算法 3：Kernel Density Estimation (b)

```
输入：Pixel cell c, Kernel sample x_i , (1≤i ≤n)
1: for x_i in kernels do
2:   for c in cells do
3:     f (c) + = K (x_i )
4: end for
5: end for
```

为了便于拓展内核移植，在 Java 环境下使用 OpenCL 进行操作，使用了 JOCL 的库函数调用 OpenCL 的功能。在计算过程中，直接将密度场保存为了数组。本章的算法在更新背景密度图的时候计算效率较低。在经过一系列的测试以后，发现程序效率的瓶颈出现在IO方面。主要问题在于，OpenCL在分配以及读/写共享内存时使用了指针，在C的环境下就是传共享内存的地址，其效率比较高。而Java中并不能直接使用指针对存储区域进行操作，JOCL采用了Pointer这样的伪指针来替代。而每次更新密度图，计算核密度估计时都需要进行共享存储的分配、读写与回收。因此采用Java的方式导致读写效率降低了许多。虽然算法上的优化使得程序的计算性能的确是得到了提升，但是程序的读写速度成为了运行效率的瓶颈。

本次在内存4GB，显卡为NVIDIA GTX650的机器上，操作系统为Window 7环境下进行了实验。在计算分辨率为800×900的密度场值的时候，直接使用CPU计算需要43s，而使用了OpenCL并行计算的程序总的运行时间为500ms左右。因此从计算效率的角度来讲，性能的提升是十分明显的。经过优化，本章的方法可以接入流数据，进行实时的渲染。

10.2.4 动态粒子可视化效果

由于交易数据是随时间变化而动态进行的，本文在动态密度图绘制的基础上加入了采用粒子动画的方式表现商品交易的物流信息。我们为每一笔交易做了粒子动画的效果，使粒子从发货地向收货地沿特定轨迹移动。当粒子到达收货地后则消失。粒子的运动和背景密度图的动态更新同时进行。对于同城交易的粒子，由于沿轨迹移动的动画不能表现交易物流的运输过程，因此使用一个粒子绕其所交易的城市自旋的动画效果来表示一次同城交易的进行。

对于地图上的某一条运输路线，其一般对应了两个方向。比如，某城市往西南方向的交易一般包含进入和输出两种路径。这样的方向信息无法直接通过密度场所展示。设x是某路径上的一个点，我们并不能过获得仅仅该点密度值$D(x)$的大小来获得该点大部分交易的主要方向信息。在我们的工作中，采用了一个简单的方法将每个城市进出的路径分开展示。

对于粒子运动路径，我们将其按照经过的城市为断点划分为不同的线段。对于每一条路径中的各条线段，固定每一段线段的起始点和终点，使用一段弧线来代替这一段线段。弧线的半径指向前进方向的右侧，弧度设为一较小固定值。这样粒子在两个城市间的不同朝向的路径就向两个方向偏移，其路径中途不再重叠。本文使用该方法在密度图上分开可视化出某个城市的出入轨迹。

从图10-14中可以看出，交易密度较大的区域一般是大中型城市之间的路径，比如上海到广州之间的路径交易的分布密度很大。东部地区的交易密度明显高于西部地区，比如长三角地区的城市的交易密度比西部的各城市都要高许多。

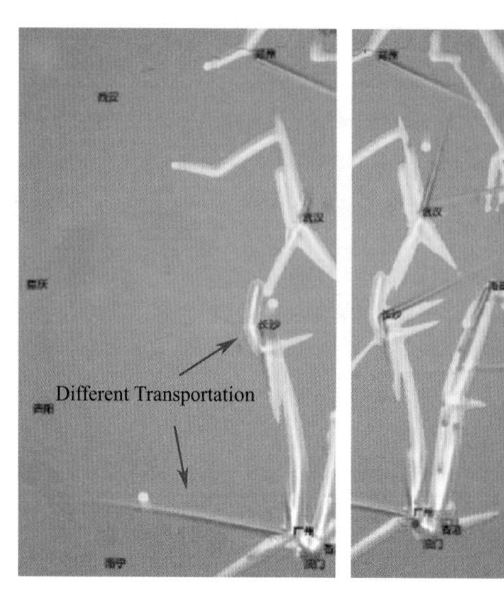

图 10-14 铁路（黄色）和飞机（紫色）两种路径聚合的效果，
红色粒子表示同城交易的进行。采用 Phong 模型计算光照

由于核密度估计及其可视化只能够表现交易数据的整体趋势，所以图 10-14 中局部路径信息可视化效果不是特别明显。该方法下一步需要研究选取不同的配色方案和光照模型，展现出更清晰的可视化效果。对于更细节的数据的展示，本文使用了图符（glyph）的方式编码重要信息，比如城市的进出口交易数据。

10.2.5 城市进出口交易信息可视化

为了进一步表现主要城市的进出口交易量，本文使用图 10-13 右上角展示了全国省会城市之间的实时交易数据的矩阵。矩阵中每一行都代表所选定的城市向其他城市的出口交易的数据。本文采用色调来编码交易数据额，即交易数据量越大，矩阵对应的格子的颜色越深。

为了进一步方便分析师查看各城市交易的方向信息，本文使用了一种新的可视化方式来表达城市的进出口交易数据。对于每个城市，使用图 10-15 中的花朵状的图标表示每个城市的进出口交易信息。花朵内部圆的半径表示该城市的交易量大小。每个圆外部有多个扇形图标指向不同的方向，扇形的半径表示进出口数据的大小，其扇形指向表示其交易数据的方向信息。本文使用红色的扇形表示进口数据，蓝色表示出口数据。

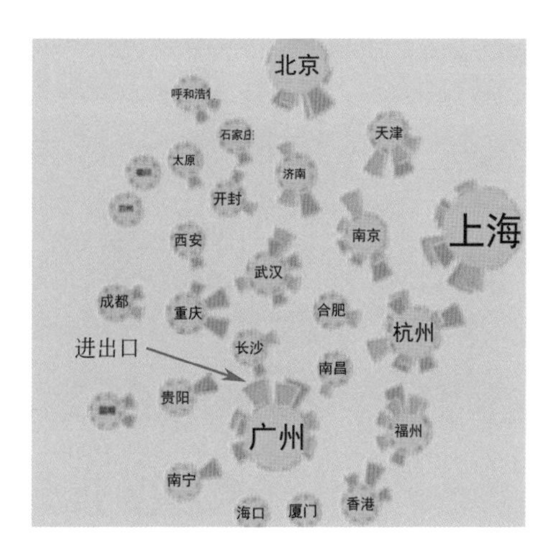

图 10-15 城市进出口交易信息的可视编码

在该视图中，城市的坐标基本保持不变。但是为了避免相近城市可视化的互相遮挡，本文采用了与力引导布局相似的算法。当城市的坐标靠得太近而产生遮挡的时候，本文的方法是在两个城市之间设定一个斥力来调整两个城市的相对位置。该方法是实时迭代进行的。由于本方法只是计算了相对位置的局部最优，在一些情况下，并未保证城市之间相对位置的精确性。

从图中我们可以了解到各大城市的交易量的方向信息，交易量最大的城市还是北京、上海、广州等一线城市。从交易城市的花瓣的方向与半径我们可以了解到，中西部城市的进口交易量普遍较大，而且大部分是与东部城市进行的交易。

10.3 用户交易类别型数据的可视化

10.3.1 本节可视分析方法概述

类别数据包括频率数据和离散数据，几乎存在于全世界所有表格中。分析师通常处理这些数据时会使用 Loglinear 模型和 Logit 模型等方法以解决参数估计的问题。

本节针对用户交易数据中的多维类别型属性进行分析。类别数据可以理解为是用户自身的不同标签属性，比如性别、年龄等。类别数据同时还包括用户的购买属性，比如购买商品的类目等。通过对这些类别型数据的分析，我们可以发现不同属性之间的关联以及相同属性不同取值的关联。本文将问题概括为对多维离散随机变量的分析。本文方法将不同的类别属性看成离散随机变量，而每个用户个体的数据则是离散随机变量的实例。

10.3.2 任务定义

这里重点对交易数据中的类别属性进行分析。我们使用了包含约 1 万个用户的历史交易数据，每个用户的属性可以分为两类：一类是基本属性，包括用户的性别、出生年份、星座等；另一类是行为属性，包括用户的购买商品的类目、买家等级、买家年限等。分析师一般关心的问题如下。

① 具有不同基本属性用户群的行为属性的特征。比如不同年龄段、性别的用户经常购买哪些类目的商品。

② 具有不同行为属性用户群的基本属性的特征。比如某一特定商品是经常被哪个年龄段、哪种性别的用户购买。

③ 查询具有相似属性特征的用户群。比如查询哪些用户群具有与 20 岁左右的男性用户相似的购物倾向。

④ 修改不同用户群之间的关联。有时候自动算法会产生一些误差，这时候需要分析师交互式地调整数学模型。

⑤ 提取用户群或商品之间的关联。

由以上的交易数据案例的一些分析任务，本文对多维离散随机变量的可视分析的问题进行概括，并重点分析如下几方面的问题。

① 对不同离散随机变量组合的联合概率分布、条件概率分布的可视化。

② 对不同条件下相似的条件概率分布的查找。

③ 对不同条件下离散随机变量的概率分布的相似性的修改与重定义。

④ 对离散随机变量的概率分布的特征的提取。特征包括：不同分布全局的相似、互补以及更为复杂的局部的相似性。

对多维离散随机变量数据可视分析方法的系统流程如图 10-16 所示。

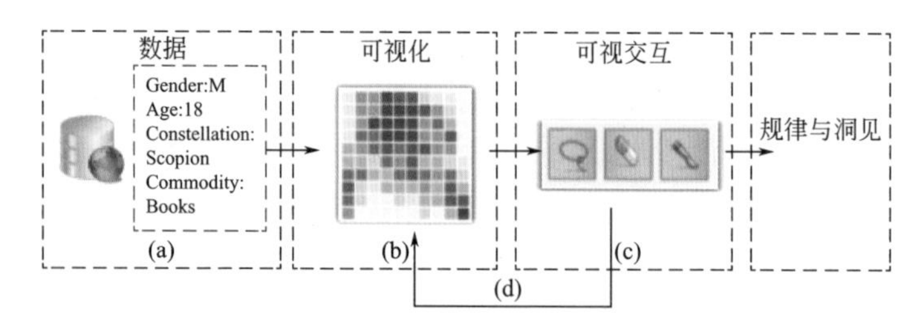

图 10-16 多维离散随机变量的可视化流程

10.3.3 离散随机变量的矩阵生成

本节方法改进了 Mosaic 图的不足，并结合了 small-multiple 和矩阵图以表达不同类别的数据。Mosaic 图将矩形划分为多个 Block 以展示类别属性的组合。它对每个划分后的 Block 迭代划分导致了多次划分后的 Block 布局不一致，从而没有办法进行直接比较。另外由于划分的区域大小编码了数据属性，因此不均匀的划分导致了有一些划分后的 Block 太小不便于观察。

算法 4：划分算法。

输入：离散随机变量集合：$A=\{A_1, A_2, \cdots, A_k\}$，其中 A_i 的取值个数为 n_{A_i}。矩阵中原始未被划分的方块的序列 $BLOCK=\{block_1\}$。Block 矩阵行数 $N_{BlockRow}=1$，列数 $N_{BlockCol}=1$。

```
1: for Each A_i in the set A do
2:    指定横向划分或纵向划分的方式;
3:    for Each block_{x,y} in the set BLOCK do
4:    在横向或纵向上将 block_{x,y} 分裂为 n_{A_i} 个 block;
5:    if 对 block 进行横向划分 then
6:      计算新的行数 N_BlockRow = N_BlockCol × n_{A_i};
7:    else
8:      计算新的列数 N_BlockCol = N_BlockRow × n_{A_i};
9:    end if
10:    对新的矩阵中的 block 重新编号;
11:    end for
12: end for
```

我们仍然按照 Mosaic 图的划分方式，将矩形划分为 Block 矩阵。设数据中的全部 n 个离散随机变量为 $V=\{V_1, V_2, \cdots, V_N\}$，其中每个离散变量 V_i，其取值个数为 n_{V_i} 我们使用一组 k_1 个随机变量序列 $A=\{A_1, A_2, \cdots, A_{k1}\}$ 先对矩形进行划分。划分算法如算法 4 所示。

由划分算法 4 可得划分后 Block 矩阵行列数的计算公式（10-10）。

$$N_{BlockRow}=\prod n_{A_{r_i}} \tag{10-10}$$

$$N_{BlockCol}=\prod n_{A_{c_i}} \tag{10-11}$$

式中，A_{r_i} 和 A_{c_i} 表示水平划分和纵向划分的变量；$n_{A_{r_i}}$ 和 $n_{A_{c_i}}$ 表示这些离散变量的取值个数。

对于每一个 Block，我们仍然可以使用一组 k_2 个随机变量序列 $B=\{B_1, B_2, \cdots, B_{k_2}\}$ 对每个 Block 进行划分。得到更细的单元 Cell 组成的矩阵。我们采用和 Block 矩阵的生成相同的划分方式生成 Cell 矩阵，只需在算法 4 中将划分对象换为 Block，划分结果由 Block 矩阵换为 Cell 矩阵即可。设 Cell 矩阵的行数为 $N_{CellRow}$ 和列数 $N_{CellCol}$。则由算法可以推出 Cell 矩阵行列数的计算公式（10-12）

$$N_{CellRow}=\prod n_{B_{r_i}} \tag{10-12}$$

$$N_{CellCol}=\prod n_{B_{c_i}} \tag{10-13}$$

式中，B_{r_i} 和 B_{c_i} 表示水平划分和纵向划分的目标维度；$n_{B_{r_i}}$ 和 $n_{B_{c_i}}$ 表示这些离散维度的取值个数。

在下文中，我们将离散随机变量集合 A 称作条件变量，其取值 a_1，a_2，…，a_{k_1} 称作条件值；将离散随机变量集合 B 称作目标变量，其取值 b_1，b_2，…，b_{k_2} 称作目标值。

10.3.4 矩阵可视化方案

由于本文采用均匀划分的方案，则 Block 的大小一致，而无法编码划分后的 Block 的数据量的信息。我们使用每个 Block 上的 bar 表示其数量信息。同样的问题存在于对 Cell 的划分。因此我们使用 Cell 的颜色编码数据信息。

每个 Block 对应了 A 的一组特定取值 $s_1=\{a_1，a_2，\cdots，a_{k_1}\}$，则每个 Block 中实例的个数在总数据中的比例可以近似认为是联合分布的概率分布 $P_1=(a_1，a_2，\cdots，a_{k_1})$。特别地，Block 矩阵中某一行或某一列所对应的实例个数在总体数据中的比例就是联合分布的边缘概率分布。

对 Cell 的编码可以有以下三种方式。

（1）条件值和目标值的联合概率可视化

每个 Cell 也对应了在一组离散随机变量 A 取值 s_1 的情况下，B 的一组特定取值 $s_2=\{b_1，b_2，\cdots，b_{k_2}\}$，则每个 Cell 的实例个数表示了联合分布 $P\{(A=s_1)，(B=s_2)\}$。可以将该联合概率映射到颜色编码上，反映目标值和条件值的支持度。这种方案同时可以认为是对条件变量集合 A 和目标变量 B 构成的数据的列表的可视化。

（2）条件值和目标值的条件概率可视化

每个 Cell 也对应了在一组离散随机变量 A 取值 s_1 的情况下，B 的一组特定取值 $s=\{b_1，b_2，\cdots，b_{k_2}\}$，则每个 Block 中的 Cell 表示了条件概率分布 $P\{(B=s_2)\mid(A=s_1)\}$。将条件概率映射到颜色编码上，以反映目标值和条件值的关系，即目标值对条件值的置信度。

（3）关联规则的可视化

为了发现数据的关联规则，即 $s_1\rightarrow s_2$，本文方法计算了规则的置信度

$P(s_2 \mid s_1)$ 和支持度 $P(s_1, s_2)$。我们由分析师设定置信度和支持度的阈值。对于置信度和支持度均高于阈值的 s_2、s_1，本文方法对相应的 Cell 进行高亮显示，对目标值和条件值之间的关联进行可视化。通过交互，该方法可以帮助分析师进一步理解规则的内在含义。

10.3.5 交易可视化案例

本节结合具体的交易案例解释以上矩阵划分算法。我们在交易数据中以用户为单位，探索用户类别型属性之间的关联。我们先选取条件变量集合为 $A=\{A_1\}$，其中 A_1 为交易类目。目标变量集合为：$B=\{B_1, B_2, B_3\}$，其中 B_1、B_2、B_3 分别为性别、年龄和星座。我们的目的在于分析不同交易类目与不同用户基本属性的关联，以及不同类目在不同用户群上分布的相似性。我们选取了购买商品进行初始划分。其次我们对于每个划分后的区域，使用性别和星座依次横向划分，使用年龄纵向划分。

我们使用条件属性 A 对原始数据进行划分，得到一个 $1\times n_{A_1}$ 列的 Block 的矩阵。划分的效果如图 10-17 所示。

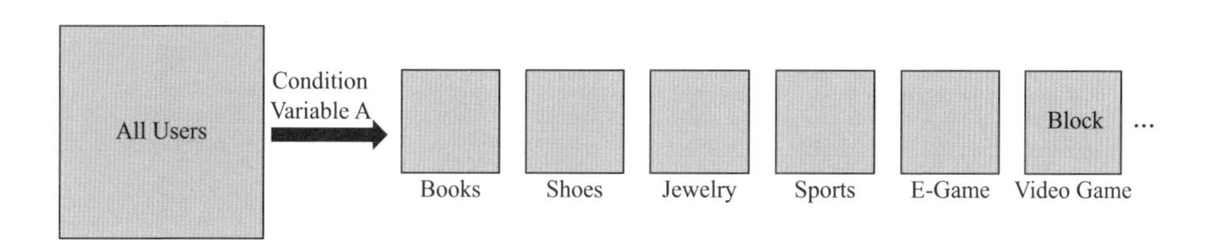

图 10-17 利用条件变量划分矩形，得到 Block 的矩阵

对于每一个 Block，我们使用目标属性集合 B 对其进行划分，得到一个 Cell 矩阵。划分的效果如图 10-18 所示。

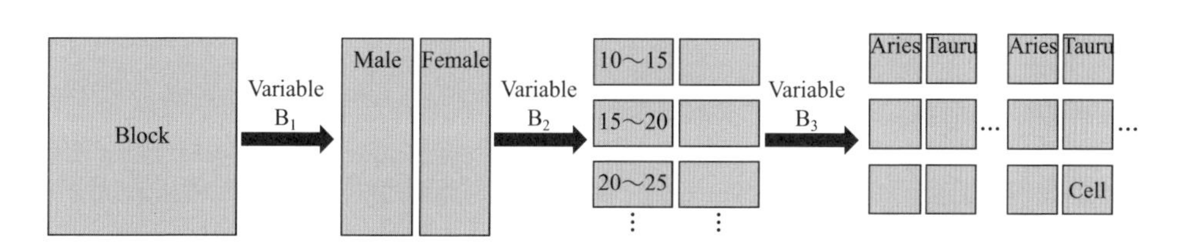

图 10-18 对每个 Block 的划分示意图，得到 Cell 的矩阵

使用颜色编码每个 Cell 中的条件概率值，概率越大，颜色越红，得到的结果如图 10-19 所示。由于 $1\times n_{A_1}$ 的 Block 的矩阵太长，我们这里在图中将 Block 的矩阵折叠显示。

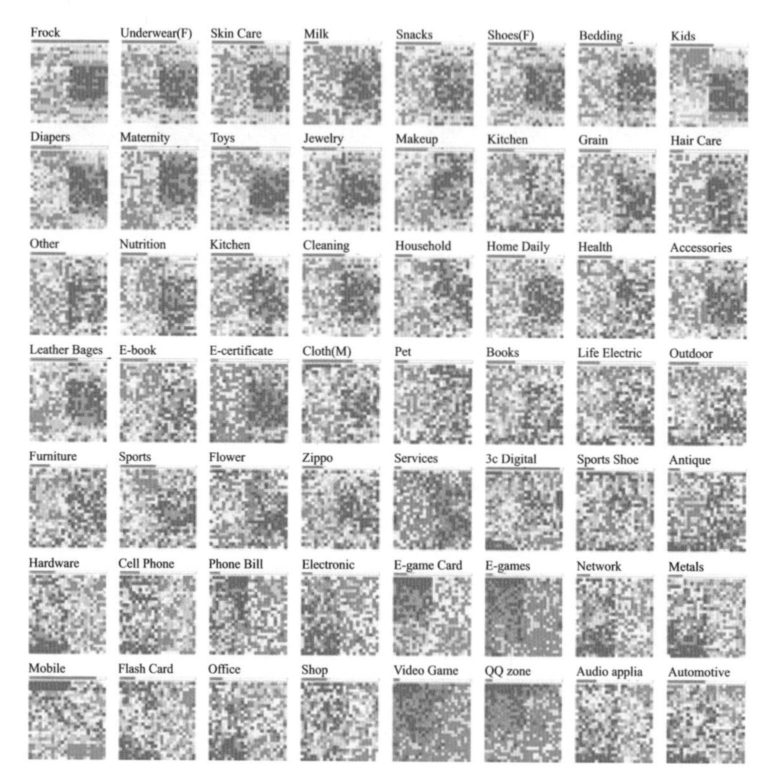

图 10-19 本节方法对用户交易数据的可视化，其中每一个方块代表变量 A_1 交易类目的一种取值，方块内部横向按照变量 B_1 性别和变量 B_3 星座划分，纵向按照变量 B_2 年龄划分

图中概率密度从小到大映射为从蓝色到红色。单个方块中的概率密度函数反映了购买某一商品的用户人群的分布情况。可以看出图中有些交易模式非常明显，比如 $A_1=$“Shoe”鞋子和“Jewelry”珠宝等交易类目对应的 Block 基本上都是性别属性 $B_1=$“女性”的 Cell 购买密度比较大。而 $A_1=$“E-Game”电子游戏，“Video Game”视频游戏等交易类目的对应的 Block 中，$B_1=$“男性”的群体 Cell 购买密度较大。特别地，我们注意到男性群体中，B_2 对应年轻人的男性的购买概率要远大于 B_2 对应老年的男性的用户。可以猜测用户群体中青少年男性特别喜欢玩网游，而他们在 $A_1=$“Sports”运动等类目中对应的分布概率密度很小。因此，我们可以猜测这一用

户群体很少外出运动，而经常宅在住所玩网络游戏。

10.3.6 相似性的定义

从图 10-19 中可以发现，不同类目的相似性可以由图像模式的不同视觉上直接发现。因此，我们这里将目标随机变量 B 在两组条件属性值 a_1、a_2 下的分布的相似性定义为下式：

$$Sim(a_1,a_2)=\sqrt{\sum_{i=1}^{n}w_i\times(P\{(B=b_i)\mid a_1\}-P\{(B=b_i)\mid a_2\})^2} \tag{10-14}$$

需要说明的是，这里的 w_i 表示 B 取 b_i 时对应的权重。将 w_i 排布在一个 $n\times n$ 的零矩阵 O 的对角线上，得到其权重矩阵 W。在现实分析中，我们发现相似性的计算可能会受到领域知识的影响，比如在图 10-19 中，如果分析师只关注 B_1＝女性的用户的购买行为，可以将 B_1＝男性用户的权重置为 0，进而重新分析不同类目属性 A_1 取值的相似关系，即类目的关联分析。

10.3.7 交式探索工具

我们重点关注被划分到各个 Block 和 Cell 中的数据分布的特征，进而发现目标属性 B、条件属性 A 之间的关联，以及目标属性 B、条件属性 A 各自内部的相似性与关联。

我们将交互总结归纳为 5 类，其交互方式和对应于数学模型的操作介绍如下。

10.3.7.1 Block 和 Cell 的选取与标记

针对不同的选取对象，选取和标记的操作可以分为如下几类。

① 对一个 Block 的选取与标记：用户通过鼠标单击 $block_{x,y}$。设 $block_{x,y}$ 对应的条件属性的值集合为 $s=\{a_1,\ a_2,\ \cdots,\ a_{k_1}\}$，则令条件变量 $A=\{A_1,\ A_2,\ \cdots,\ A_k\}$ 的对应取值为 s。

② 对矩阵图中一组 Block 的圈选：用户通过鼠标拖动选取一系列的 Block 集合。设其选择的 Block 所对应的条件值集合为 $S=\{s_1,\ s_2,\ \cdots,\ s_n\}$，则令条件变量 A 的取值组合为 S 中的任意个元素 s_i，即 $s_1\vee s_2\vee s_3\vee\cdots\vee s_n$。

③ 对 Block 整行（列）的选取：用户通过点击选取 Block 矩阵中的第 y 行 $Block_{i,y}$，（$0\leqslant i\leqslant N_{BlockCol}$）。该行对应的条件值集合为 $S=\{s_1,\ s_2,\ \cdots,\ s_m\}$，$m$ 为纵向划分矩阵的条件变量的个数，则令条件变量 A 的取值组合为 S 中的任意个元素 s_i，即 $s_1\vee s_2\vee s_3\vee\cdots\vee s_m$。列的选取也以此类推。

④ 对 Cell 的圈选：对矩阵图中一组 Cell 的圈选，用户通过鼠标拖动划选一

系列的 Cell 的集合。设其所处的 Block 的条件值集合为 $s'=\{a_1, a_2, \cdots, a_{k_1}\}$。某个 $Cell_{x,y}$ 所对应的目标值集合为 $s=\{b_1, b_2, \cdots, b_{k_2}\}$，其选择的 Cell 集合所对应的目标值集合为 $S=\{s_1, s_2, \cdots, s_n\}$，则令条件变量 A 取 s'，目标变量 B 的取值组合为 S 中的任意个元素 s_i，即 $s_1 \vee s_2 \vee s_3 \vee \cdots \vee s_n$。此时当圈选个数 $n=1$ 时，该操作变为对 Cell 的单选。

我们设计了一套对矩阵图进行选取的工具，以方便用户的圈选、框选和单个点击选取的交互，如图 10-20 所示。

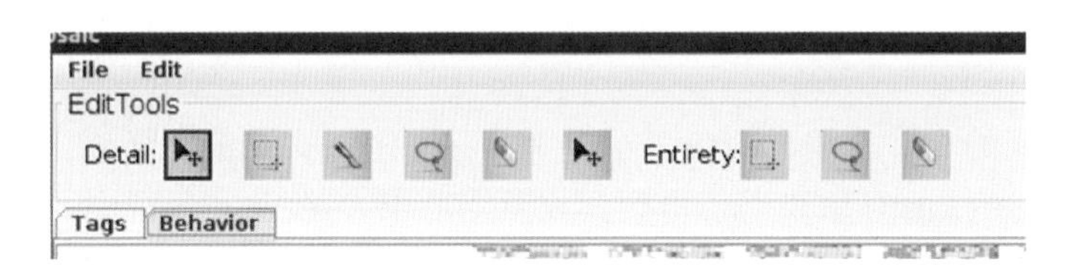

图 10-20 系统对矩阵图的探索工具，包括划选、点击、套索等

10.3.7.2 行列的过滤删除

我们可以通过对 Block 整行（列）的选取来选定行和列。由于某些属性的组合可能在实际数据中没有意义，比如可能存在 $P\{A_1=a_1, A_2=a_2\}=0$ 的情况。此时划分后的包含有 a_1、a_2 的所有 Block 所对应的实例数目为 0。这种情况下可以将该行或列删除，以减少视觉冗余。

同时，我们可以认为是分析师想要观察所重点感兴趣的数据，所以会对 Block 进行整行（列）的选取。因此可以将无关的数据先暂时过滤掉，比如对应于 $A_1 \neq a_1$，$A_2 \neq a_2$ 的 Block 集合，以缩小数据的探索范围。被过滤的数据可以被重新添加到数据集中。

10.3.7.3 行列的重排列

矩阵中，不同行列的 Block 中数据分布情况不同，我们可以将行列进行重新排序使得相似的行列布局上靠近，以方便分析师的比较。设对矩阵进行纵向进行划分的条件维度集合为 A_1，其中某两行的 Block 的 A_1 条件属性的取值的集合为 s_1，s_2。依据公式（10-14），设对矩阵进行纵向进行划分的条件维度集合为 A_2，我们计算条件随机变量集合 A_2 在两组条件属性值 s_1、s_2 下的分布的相似性 $Sim(s_1, s_2)$。列的相似性计算与之类似。

本文将相似的行列自动重排到相近的位置。同时，对于行列的自动重排结果。用户可以对 Block 整行（列）选取并且拖动到相对应的位置，调整布局的结果。

10.3.7.4 Block 相似性的查询

按照公式（10-14）对相似性的定义，本文支持在 Block 矩阵中寻找与指定 $Block_{x,y}$ 相似的 Block 的集合。对于选取的单个 $Block_{x,y}$，本文支持两种相似性的查询。

- 考虑 Block 中全部 Cell 的相似性计算。设 $Block_{x,y}$ 条件属性的值为 $\boldsymbol{S}=\{a_1, a_2, \cdots, a_{k_1}\}$。矩阵中任意一个 $Block_{(x_1,y_1)}$ 的条件属性值为 s_i，则本文方法计算目标随机变量集合 B 在两组条件属性值 s_i、s 下的分布的相似性 $Sim(s_i, s)$。在计算过程中，权重矩阵 $\boldsymbol{W}$ 为单位矩阵 $\boldsymbol{E}$，每一个权重值对应于一组目标变量 B 的取值。我们选取相似性高于一定用户指定阈值的 Block，提供给用户做进一步分析。

- 考虑 Block 中部分 Cell 的相似性计算。用户可以使用 Cell 矩阵的圈选操作（图 10-21）选取一部分的 Cell，选取的目标变量集合 B 对应的取值集合为 s'。对于选中的 Cell，将其在权重矩阵 $\boldsymbol{W}$ 对应的权重置为 1，其他的置为 0。设 $Block_{x,y}$ 条件属性的值为 s。矩阵中任意一个 $Block_{x_i,y_i}$ 的条件属性值为 s_i，则本文方法计算目标变量集合 $B=s'$时，其在两组条件属性值 s_i、s 的分布的相似性 Sim（s_i，s）。此时按照修改后的权重值计算相似性。

10.3.7.5 Block 相似性的修改

由于通过对 Cell 的简单划选并计算局部的相似性的方法可能仍然无法满足用户的需求，因此我们提供进一步对权重矩阵进行修改的方法。这里我们采用距离尺度学习的方法，自动训练出两组随机变量取值的相似性。我们先通过 Block 的划选标记，将所有 Block 分类为 m 类 C_1，C_2，…，C_m。对于任意的 $Block_{x_i,y_i}$，其的条件值为 a_i，我们求解 $\boldsymbol{W}$。

$$\min_{W} \sum_{Block_{x_i,y_i}, Block_{x_j,y_j} \in C_k} Sim(a_i, a_j)^2 \tag{10-15}$$

$$\text{s.t.} \quad \sum Sim(a_i, a_j)^2 \geqslant 1 \tag{10-16}$$

$$\boldsymbol{W} \geqslant 0 \tag{10-17}$$

由于此时 $\boldsymbol{W}$ 是对角矩阵，设

$$G(\boldsymbol{W}) = \sum_{Block_{x_i,y_i}, Block_{x_j,y_j} \in C} Sim(a_i, a_j)^2 - \log[\sum Sim(a_i, a_j)^2] \tag{10-18}$$

可以通过 Newton-Raphson 方法直接求解 G 的最小值（$W \geqslant 0$），进而求解最优的权重矩阵 $\boldsymbol{W}$。

10.3.8 交互分析案例

我们注意到 $A_1=$ “QQ Zone” QQ 专区的 Block 中的购买用户有比较特殊的

模式。B_2 取值较小时，即年轻的用户购买的比较多，男女区别不是很明显，但是随着 B_2 年龄的增加，B_1＝女性对应的用户概率密度减小，而男性用户不变。当年龄继续增加的时候，可以发现 B_1＝男性用户的密度也减少。而 A_1＝“Books”书籍类目对应的 Block 正好是完全相反的图像模式。随着年龄增大，对应用户的密度逐渐增大。

我们使用本章定义的交互工具帮助我们进行分析。我们可以使用套索工具[图 10-21（a）]选择出 Block 所呈现出来的不规则图像形状。我们选取了 A_1＝“QQ Zone”QQ 专区类目的密度分布比较大的用户群，可以观察到该类目与 A_1＝“Books”书籍类目在图像上出现互补的趋势。我们可以筛选掉未被选中的用户群对应的 Cell，重新计算不同类目在这部分用户中的相似性。设选取的目标属性 B 对应的取值集合为 s'，则计算在目标随机变量集合 $B=s'$时，在两组条件属性值“QQ Zone”和其他 $A_1=a_1$ 下的分布的相似性，Sim（“QQZone”，a_1）。如果我们只关注 B_2＝中年用户的行为模式，我们可以使用框选交互［图 10-21（b）]选取该段人群，重新计算该段人群中不同商品类目在人群分布中的相似性。计算结果发现 A_1＝“QQ Zone”与古董“Antique”关联度最低，与“E-game Card”和“Video Game”关联度最高。

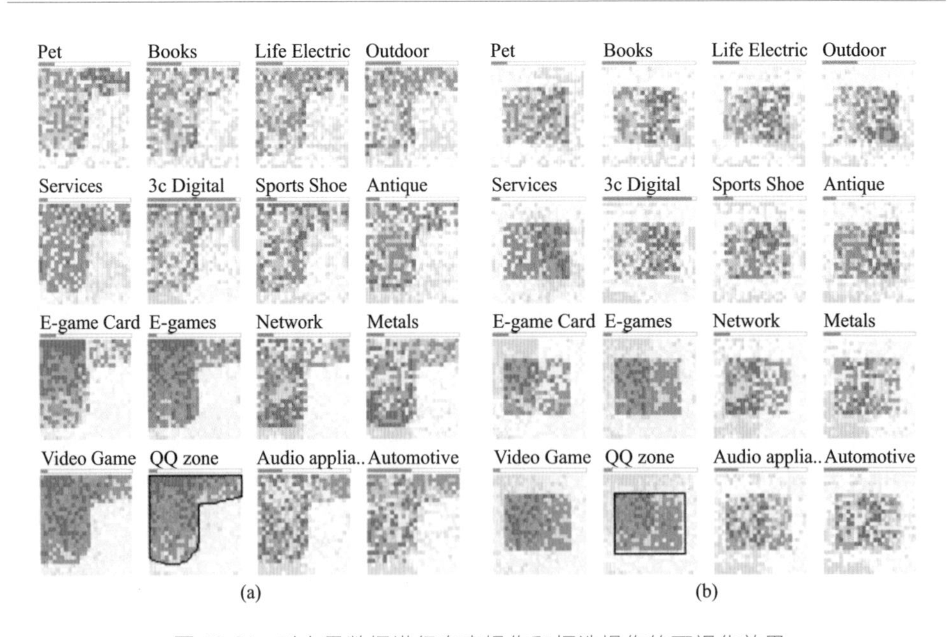

图 10-21 对交易数据进行套索操作和框选操作的可视化效果

参考文献

[1] Yuzuru Tanahashi，Kwan-Liu Ma. Design considerations for optimizing storyline visualizations [J]. IEEE Transactions on Visualization and Computer Graphics，2012.

[2] Catherine Plaisant，Richard Mushlin，Aaron Snyder，Jia Li，Dan Heller，Ben Shneiderman. Lifelines：using visualization to enhance navigation and analysis of patient records [C]，AMIA Symposium. 1998：76.

[3] Dean F Jerding，John T Stasko. The information mural：A technique for displaying and navigating large information spaces [J]. IEEE Transactions on Visualization and Computer Graphics，1998，4 (3)：257-271.

[4] Arnaud Sallaberry，Chris Muelder，Kwan-Liu Ma. Clustering，visualizing，and navigating for large dynamic graphs [C]，Proceedings of Graph Drawing. Sepetember 2012.

[5] Jishang Wei，Zeqian Shen，Neel Sundaresan，Kwan-Liu Ma. Visual cluster exploration of web clickstream data [C]，IEEE Conference on Visual Analytics Science and Technology. Oct. 2012.

[6] G. Andrienko，N. Andrienko，M. Mladenov，M. Mock，C. Politz. Discovering bits of place histories from people's activity traces [C]，IEEE Symposium on Visual Analytics Science and Technology. 2010：59-66.

[7] Foster Provost，Pedro Domingos. Tree induction for probability-based ranking [J]. Machine Learning，2003，52 (3)：199-215.

[8] David M. Blei，Andrew Y. Ng，Michael I. Jordan. Latent dirichlet allocation [J]. J. Mach. Learn. Res.，2003，3：993-1022.

[9] John Ross Quinlan. C4. 5：programs for machine learning [M]. Volume 1. Morgan Kaufmann，1993.

[10] Mark Hall，Eibe Frank，Geoffrey Holmes，Bernhard Pfahringer，Peter Reutemann，Ian H. Witten. The weka data mining software：an update [J]. SIGKDD Explor. Newsl.，November 2009，11 (1).

[11] Ove Daae Lampe，Helwig Hauser. Interactive visualization of streaming data with kernel density estimation [C]. Pacific Visualization Symposium. IEEE，2011：171-178.

[12] Thomas MJ Fruchterman，Edward M Reingold. Graph drawing by force-directed placement [J]. Software：Practice and experience，1991，21 (11)：1129-1164.

[13] Ronald Christensen，R Christensen. Log-linear models and logistic regression [J]. 1997.

[14] Eric P Xing，Michael I Jordan，Stuart Russell，Andrew Ng. Distance metric learning with application to clustering with side-information [C]. Advances in neural information processing systems. 2002：505-512.

第 11 章

云计算环境下的数据可视分析

11.1 云计算平台可视化概述

自从 2004 年 Google 公司提出 MapReduce 并行计算框架以来，我们逐渐有能力让单个并行计算系统运行在更多的机器节点上。通过整合大量普通计算机来达到传统意义上超级计算机的能力，从而可以以较低的成本获得更强的计算能力和更多的存储空间，使得我们对全量大数据的分析成为可能。2011 年年底，Apache 软件基金会基于 Google 公司发表的 MapReduce 并行计算框架及 Google 文件系统相关的论文，发布了开源的分布式计算框架 Hadoop[1]，进一步降低了大规模并行计算系统搭建和使用的门槛，极大促进了国内外云计算产业的发展。以国内为例，阿里、百度、腾讯、华为、盛大等公司都有自己的云平台用于提供对内或对外的云计算及云储存服务，平台基础设施建设及对大数据的处理能力都在不断提升。

在大数据的时代，一方面，我们进行可视化研究时用到的数据动辄为 TB 甚至 PB 级别，这极大影响了我们在数据预处理、数据查询使用等阶段的效率，给数据可视化的研究带来了很大的挑战。另外，云计算技术尽管拥有大数据处理和计算的能力，但是仍需要结合有效的分析工具去优化数据处理的过程、分析数据处理的结果，以分别达到充分利用云计算平台的计算能力、存储能力及高效的数据挖掘能力。由此可见，结合云计算的背景进行可视化相关技术的研究，可以充分发挥两者各自的优势，有相辅相成的效果，对于数据可视化的发展有着至关重要的意义。

11.1.1 云计算简介

随着互联网的蓬勃发展，现在的商业运作基本都需要和互联网结合进行宣传甚至直接通过互联网完成交易，这需要投入相应的软硬件成本。而云计算的目的就是将这种软硬件投入变成一种服务，用户使用这种服务就像用电一样方便。正

---

❶ Hadoop 官网：http：//hadoop. apache. org/

如用户不需要担心发电站如何建设、电线如何布设一样，有了云计算，用户无需关心平台硬件如何搭建、系统如何配置，只需要根据自己的业务需求直接在平台上部署相应的服务即可。云计算的一大特点就是按需分配资源，用完以后自动释放以供再分配，从而提高资源的利用率，避免资源浪费。相应地，云计算按使用率计费，可以大大降低用户在软硬件上投入的成本。

从云计算提供的服务类型来说，主要可以分为以下三类。

① 基础设施即服务（Infrastructure as a Service，IaaS）：云计算平台只提供最底层的硬件、并行系统以及最基本的维护。程序的开发、部署及管理交由用户自己完成。这种服务类型在帮用户省去底层软硬件购置、维护的烦恼的同时为用户提供了最大限度的自由。目前这种服务方式多见于直接同云计算公司进行深度合作的企业。

② 平台即服务（Platform as a Service，PaaS）：云计算平台除了提供最底层的软硬件服务以外，还提供了开发及部署的平台，包含了虚拟机、操作系统、服务器程序、数据库等。在这种服务方式下，开发人员可以专注于业务核心功能的开发，而将其余的环境配置、服务器安全等内容交由云计算平台去解决。微软的Azure正是一个提供平台服务的云计算平台，这种服务方式的服务对象是大多数的个人及企业开发人员。

③ 软件即服务（Software as a Service，SaaS）：云计算平台将软件直接以服务的形式提供给最终用户。这是绝大多数用户接触云计算的形式，上面提到的“平台即服务”的产出结果多以这种服务形式存在。它的特点是用户只要能访问网络，无需像传统的软件那样进行安装即可使用。此外，得益于云计算平台的特点，此类软件通常具有存储大、计算快、支持高并发等优点。像谷歌的搜索引擎、Gmail、Google Docs等都是这种服务方式的例子。

11.1.2 云计算相关的可视化挑战

随着大数据时代的来临，云计算技术所提供的高度可拓展的计算、存储等服务变得越来越重要，为许多由大数据带来的瓶颈问题的解决提供了可能性。与此同时，由于云计算平台的规模大及其上运行的任务多样化等特点，对云计算平台的监控与分析目前还没有很有效的解决方案，为可视化的介入提供了很大的空间。结合云计算的背景，下面给出可视化研究的数个挑战。

① 云计算平台可视化分析的挑战：云计算平台底层是由成千上万机器节点组成的大规模集群，而在集群之上，运行的任务不仅数量多而且种类繁杂，导致了不可能从任务的层面去逐一监控、分析每个云计算平台上面的任务。如何设计有效、可行的可视化分析系统，对整个云计算平台进行统一的监控和分析，十分

具有挑战性。

② 可视化面对的计算及存储能力的挑战：可视化研究中存在很多计算密集型的任务，而且随着数据采集、数据生成技术的进步，此类任务的数据量也在不断增大。这一方面要求可视化系统有足够的数据存储、读取、传输能力，另一方面也要求可视化系统有强大的计算能力来满足数据预计算或查询的需求。桌面电脑显然已经无法满足这些要求，这在很大程度上限制了可视化研究的效率，如何快速、有效、低成本地去突破这些瓶颈是亟待解决的问题。

③ 多源异构数据可视化的挑战：在大数据时代，数据除了量大之外，种类也在急剧增多。由于看到了大数据所蕴含的商业价值，各行各业都开始收集自身业务相关的数据。云计算的发展，为这类多源异构数据的生成、管理、使用都提供了一个很好的平台。而如何通过可视化方法对这些多源异构的数据进行关联分析，从中挖掘出有价值的知识，将成为一个很大的挑战。

11.2 云平台监控数据可视分析

11.2.1 云平台监控数据简介

云平台（即云计算平台）被认为是下一代计算的基础，是继个人电脑和互联网之后的第三次 IT 浪潮。为了最大化云平台的计算效率，对云平台的有效监控显得尤为重要。然而，对云平台进行有效的监控困难重重，目前大多数云平台的监控使用的还是简单、低效的仪表盘系统。对云平台监控的难点主要体现在以下两个方面。

① 云平台的定位是通用的计算平台。在真实的云平台上运行的计算任务不仅数量多，种类也很多，面向不同业务的不同的计算任务的行为模式也各不一样。计算任务的数量多，导致了逐个去跟踪每个任务势必会占用过多的云平台资源。计算任务的种类繁多，导致了对计算任务特征的刻画及展示十分困难。此外，进行任务粒度的监控可能会触及用户的隐私，会对云计算产业的发展造成负面的影响。

② 得益于 MapReduce 等并行计算框架的高度可扩展性，云平台的硬件部分通常由成百上千台甚至数万台节点机器组成，规模巨大。将如此多的节点机器的运行情况同时且有效地呈现给用户十分困难。传统的仪表盘系统通常由概览视图和细节视图两类视图组成。概览视图通常只是对云平台中所有节点上一些性能指标的均值用折线图等方式进行时序上的展示，这种方式过于简化，只能用于发现一些大规模的群体异常行为，而很难用于发现个别或者部分节点的异常行为。细

节视图一般会直接罗列每个节点机器在一段时间内各个性能指标的变化，它可以很好地展示单个节点的运行情况，但是由于节点数量多，通常需要滚动屏幕以查看不同节点的情况，所以用户很难去发现节点间的联系或者多个节点的共性行为模式。

由上面的分析可以得出，从应用层入手，去监控每个计算任务的状态、消息传递等不太可行。因此，本节工作所使用的监控数据是从硬件层入手，逐个对机器节点进行采集得到的。具体来说，我们在所有的节点上每隔数秒时间对节点上包括 CPU 占用、内存读写、硬盘读写等在内的各种性能指标进行记录。这样一来，我们得到的监控数据本质上是一个多维、多对象的时序数据。

我们首先用传统的可视化方法对这个数据进行了初探。如图 11-1 所示，我们首先对单一性能指标进行可视化。为了避免折线图的相互遮挡，我们使用了散点图，横轴为时间，纵轴为性能指标的值，每个原始数据点对应了可视化结果上的一个点。当鼠标移动到某个点上的时候，相应节点的所有数据点就会被连成折线同时高亮。可以看到，有的节点的性能指标还是比较平稳的，用折线进行高亮问题不大。但有的节点的性能指标就会有比较大的噪声，用折线图根本看不清，极端情况下还会把散点背景图全都挡住。同时考虑到这种可视化方式每次只能看一个性能指标，所以传统的散点图、折线图没有办法有效地对这种复杂的多维、多对象的时序数据进行展示。

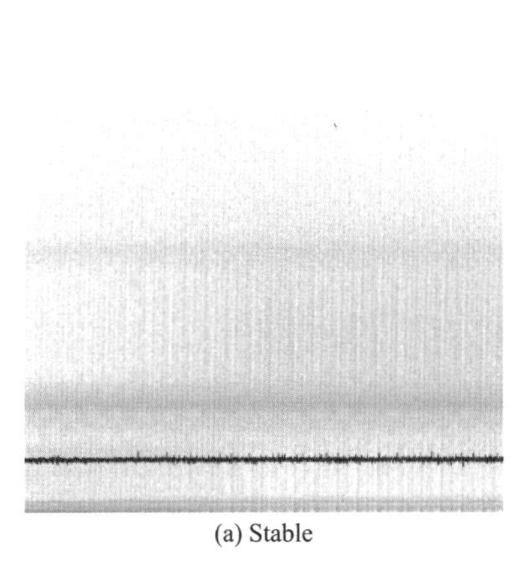

(a) Stable

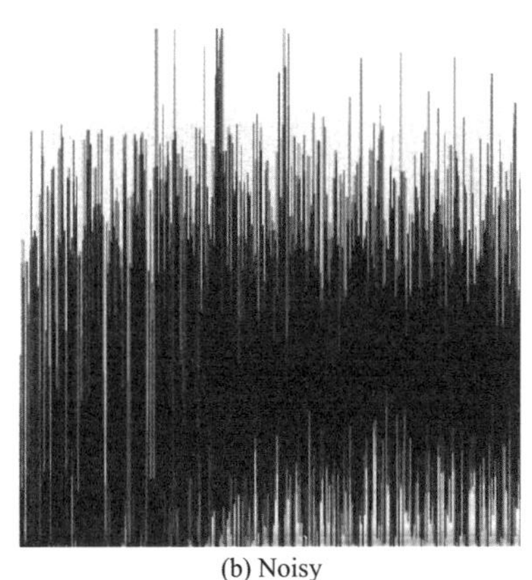

(b) Noisy

图 11-1 对云平台上所有节点的单个性能指标进行可视化。在有些节点上，性能指标相当平稳，传统的折线图可以很好地应对（a）；但是在另一些节点上，性能指标可能会有很大的噪声，通过传统的折线图很难看出该性能指标的变化趋势（b）

总的来说，对这种数据进行可视化有两个难点：一方面，由于集群规模大、机器节点多、采集频率高等原因，导致了监控数据的数据量巨大，包含的信息也十分丰富，放在有限的屏幕空间内有效地展示如此大量的信息十分困难；另一方面，采集的数据噪声大、波动幅度差别大，如何去噪、如何根据多个性能指标去刻画节点之间的相似性都是我们需要解决的问题。

11.2.2 系统设计与方法介绍

为了能更有效、更全面地对监控数据进行可视化。本节提出的可视分析方法设计了从概览到细节的多个不同层次的主要视图（如图 11-2 所示，这几个视图中使用的颜色的图例如图 11-3 所示），让分析人员可以自上而下地逐步定位出云平台存在的各种性能问题。下面将对系统的各个视图及其蕴含的数据处理方法进行详细的介绍。

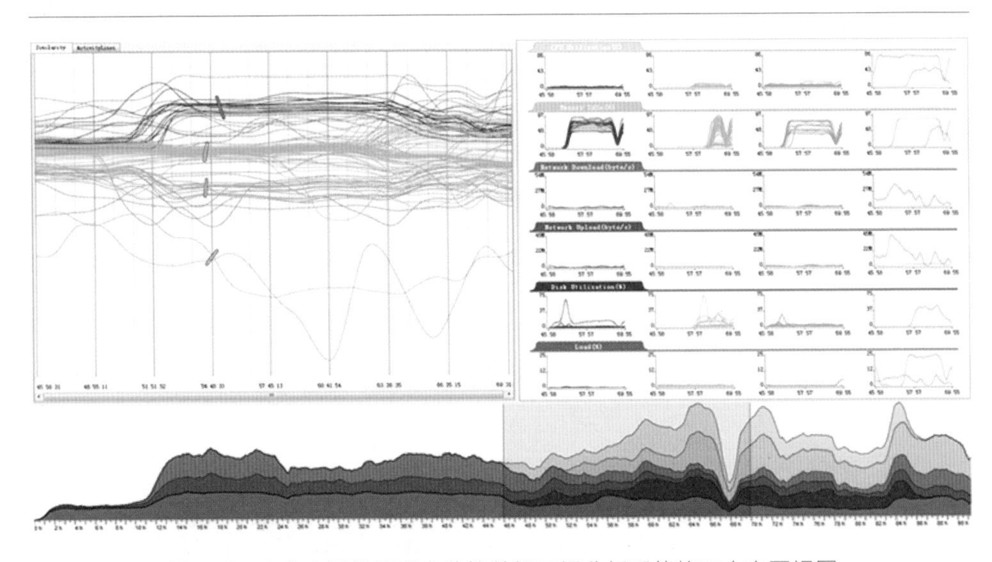

图 11-2 本节介绍的云平台监控数据可视分析系统的三个主要视图

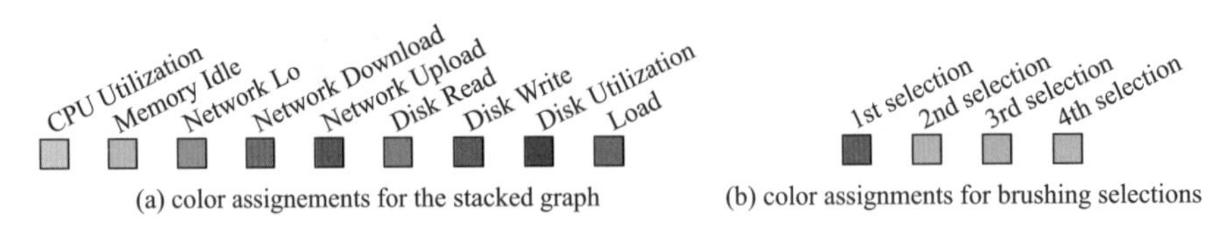

图 11-3 本节使用的性能指标以及用户选择节点分组的颜色编码的图例

11.2.2.1 性能指标概览视图

性能指标概览视图（如图 11-4 所示）在数据加载后首先生成，是用户看到的第一个可视化结果，它展示的是整个云平台监控数据的概览。该视图本质上是一个堆叠图，其中每一层编码了一个性能指标，每一层的高度则编码了对应指标归一化后的大小变化。

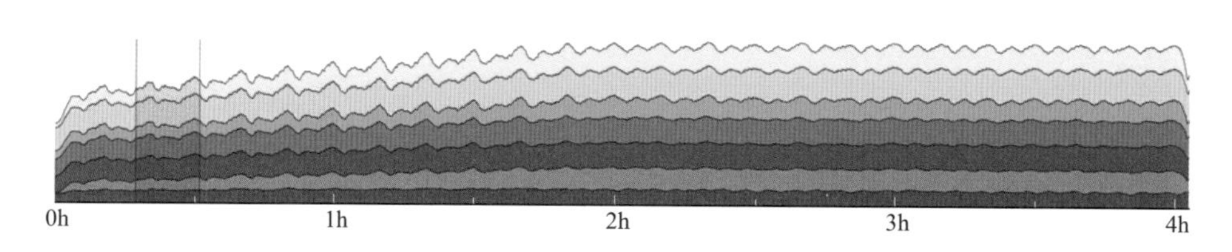

图 11-4 性能指标概览视图。横轴是时间轴，每一层编码了一个性能指标，层高编码了对应指标的大小变化

从这个视图中，用户可以快速发现一些明显的宏观模式，比如突峰或者低谷，这些模式通常会预示着云平台潜在的各种异常及性能瓶颈。尽管这个视图相对简单，但是它可以有效地将用户的注意力吸引到整个监控数据中比较有价值的时间区域，便于用户结合其余视图快速展开进一步的分析。

11.2.2.2 统计信息视图

信号处理领域中，处理带趋势的噪声数据的一种通用技术是对数据进行均值采样。最常见的做法是将每个数据点替换为该数据点一个邻域内的数据点的均值，这样一方面数据得到了平滑，另一方面又能保持住数据在宏观上的变化趋势。但是这种方式会牺牲部分噪声中蕴含的有效信息，特别是一些高频的信息。为了更完整地保留原始数据内的有效信息，我们在计算局部均值的时候，同时也计算了局部的标准差。具体地说，对于每个节点 i、维度 d 和时间 t，我们设置了大小为 $t\pm a$ 的固定窗口。在每个窗口内，为了避免相邻窗口间剧烈波动，系统用高斯核来计算均值和标准差，高斯核通常被认为是适合于时序采样的。然后，对于每个节点的数据 D_i、维度 d 和时间 t，我们通过以下的公式去计算高斯加权的均值 $\mu_{i,d}$（t）和标准差 $\sigma_{i,d}$（t）：

$$\mu_{i,d}(t)=\frac{\sum_{k=-a}^{a} D_{i,d,t+k}\times w(t,k)}{\sum_{k=-a}^{a} w(t,k)}$$

$$\sigma_{i,d}(t)=\sqrt{\frac{\sum_{k=-a}^{a}\left[D_{i,d,t+k}^{2}-\mu_{i,x}^{2}(t)\right]\times w(t,k)}{\sum_{k=-a}^{a} w(t,k)}}$$

其中

$$w(t,k)=e^{\frac{-(t-k)^2}{k^2}}$$

当完成以上处理之后，我们实际上已经将一维的时序数据转变成了二维的时序数据，对于每个这样的二维时序数据，我们可以用一个二维的图表对其进行展示，如图 11-5 所示。横轴为标准差，纵轴为均值，每条线代表云平台上的一个节点在该性能指标维度上的变化，这里的颜色只是用于区分不同的节点，并不编码任何实质信息。从这个可视化结果中，我们可以看到一些明显的聚类及离群点，比如在结果图的左边可以看到一些明显的稳定节点的聚类，同时在结果的右边可以看到一些节点剧烈变化的聚类及几个离群节点。但是，这种编码并不能对每条线在时间维度上进行对齐，我们没法将它们进行有效的比较，即便两条线出现了交叉，这个交叉也很可能是发生在不同的时间点，并不能说对应的节点具有相似性。此外，这个视图每次也只能对单个性能指标进行可视化，具有一定局限性。因此，在最终的原型系统中，这个视图只是作为一个辅助的视图，用来印证在其他视图中发现的一些节点行为特征。

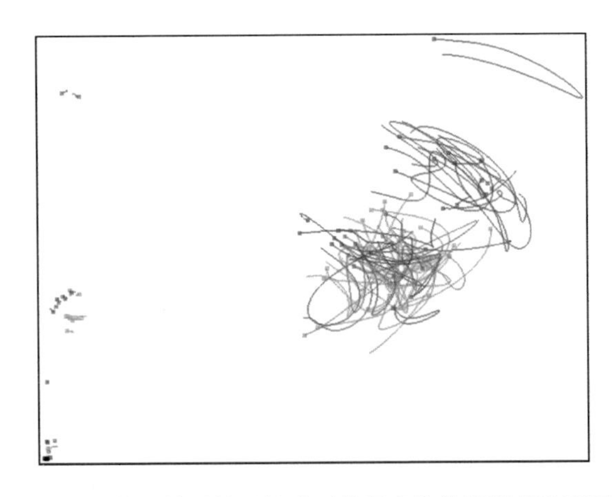

图 11-5 使用信号处理技术对带噪声的数据进行处理后的可视化结果（单个性能指标维度）

11.2.2.3 行为线视图

统计信息视图同时只能展示一个维度（性能指标）的信息，而我们的目标是同时展示多个维度的信息。为了在可视化的时候同时考虑多个维度的信息，我们定义了在每个时间步上节点之间的相似性度量：

$$S_{ij}=\left[\sum_{m=1}^{n}\sqrt{\left(\frac{\mu_{m,i}-\mu_{m,j}}{\mu_{m,\max}-\mu_{m,\min}}\right)^2+\left(\frac{\sigma_{m,i}-\sigma_{m,j}}{\sigma_{m,\max}-\sigma_{m,\min}}\right)^2}\right]^{-1}$$

式中，S_{ij} 为节点 i 和节点 j 之间的相似度；n 为用户选择的维度的个数（用户可以自由地选择一个或多个自己感兴趣的维度进行分析）。在这个相似性度量中，我们对每个维度的均值和标准差首先进行了归一化，然后计算了其欧式距离，并将 n 个维度的欧式距离相加作为两个节点之间的距离，最后取倒数作为两个节点之间的相似度。我们认为在每个时间步上，如果维度的均值和标准差比较相似，那么就代表着相应节点的表现比较相似，因此这里使用了每个维度的均值和标准差来计算距离。

通过计算两两节点之间的相似性，我们构造了一个时序变化的节点相似性矩阵。并将其作为输入，通过公式：

$$F_a = k_1 S_{ij} d$$

$$F_r = \frac{k_1(1-S_{ij})}{d}$$

进行力引导布局的计算。其中 F_a 是引力（胡克定律），F_r 是斥力（库仑定律）。引力和斥力的参数 k_1 和 k_2 被设置成当两个节点的距离达到预设的最小距离 $d_{\min}$ 的时候，它们之间的引力和斥力要刚好相互抵消。

对于每个时间步，我们通过上述公式去计算一维的力引导布局。和很多其他的力引导布局方法一样，我们采用了基于 Fruchterman-Reingold 的迭代算法去进行力引导布局的计算。在迭代的第一个时间步，节点的位置是随机生成的。尽管这种方式看上去会造成最终布局结果的不确定性，但是通过测试我们发现通过这种方式进行多次布局的结果基本一致，并不会影响到后续的分析。对于后续的时间步，为了减少迭代的次数，同时也为了保证布局的稳定性，我们将节点在上一个时间步迭代得到的位置作为下一个时间步的输入。为了进一步提高布局的稳定性，以及克服迭代过程中产生的重心偏移问题，我们发现对每个时间步的迭代结果进行归一化十分有效。具体做法是先将每个节点的结果位置减去所有节点的平均位置，然后再除以所有节点位置的标准差。这样做可以保证在每一个时间步上，所有节点的位置的重心都在中心。虽然在初始时间步进行更多的迭代也可能可以解决重心偏移问题，但是需要更多的计算量、计算时间。

通过力引导布局我们可以得到一个反映节点间相似性的折线图，如图 11-2 左上视图所示。这里的每一条线代表的就是云平台上的一个节点，横轴为时间轴，纵轴方向上则是力引导布局的结果，轴本身没有具体的意义。根据力引导布局方法中力的定义，如果节点之间的相似度 S_{ij} 越大，那么它们之间的引力也会越大而斥力会越小，反之亦然。那么反映在最终的布局结果中，就是离得越近的节点越相似而离得越远的节点越不相似。也就是说，这个视图中线的分布本质上反映了节点之间行为的相似性，因此我们把这些线称为行为线。行为线视图反映的是整个云平台在用户选定的时间区间内行为的模式及其变化。和性能指标概览视图一样，它也可以帮助分析人员快速定位有价值的分析区域，但相比于性能指标概览视图，行为线视图展示的内容更细，提供的分析线索也相对更精准。

在行为线视图中，纵轴并没有编码具体的信息，因而在使用该视图的时候看的不是每条线自身的位置或者走势，而主要看的是线之间的相对位置。比如，如果一条线和其余的线离得很开［图 11-6（a）］，说明这条线对应的节点是一个离群点，很可能意味着这个节点出现了硬件故障、被攻击等异常。而当一群线聚集在一起，波动很一致的时候，则表明这些节点很可能在执行同一个任务［图 11-6（b）］。当行为线汇入一捆线中［图 11-6（c）］，或者离开一捆线［图 11-6（d）］，又或者从一捆线转移到了另一捆线中［图 11-6（e）］时，一般表示对应节点上的计算任务发生了变化。当我们在行为线视图内观察到一个急转弯的模式［图 11-6（f）］时，可能意味着行为相近的一些节点上运行的任务突然发生了变化。当一捆线分开变成了两捆线［图 11-6（g）］，则可能意味着这些节点一起完成了上一个任务后开始分开执行两个不同的任务。最后，有时还会有一些不可预料的情况发生［图 11-6（h）］，可能意味着节点被一些异常事件所影响了。

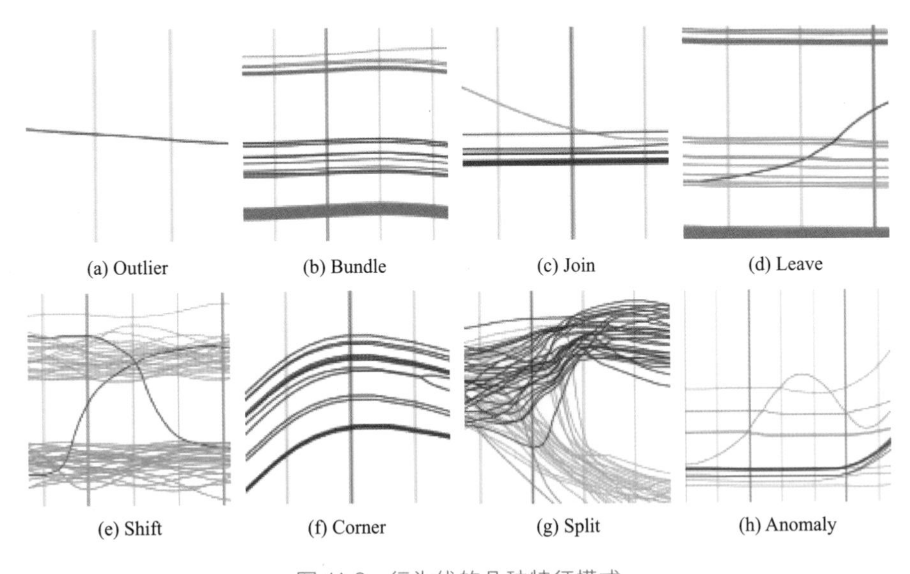

图 11-6 行为线的几种特征模式

随着行为线数量的增多，行为线视图会出现视觉遮挡的问题，线和线之间相互遮挡，以致很多细节都被隐藏，系统可用性下降。为了使我们的方法可以承载更多的云平台节点、提高系统的可用性，我们提供了鱼眼透镜交互来缓解视觉遮挡的问题。如图 11-7 所示，在图 11-7（a）中，由于视觉遮挡，我们完全看不清遮挡严重区域的细节。通过应用鱼眼透镜后［图 11-7（b）］，透镜覆盖范围内的

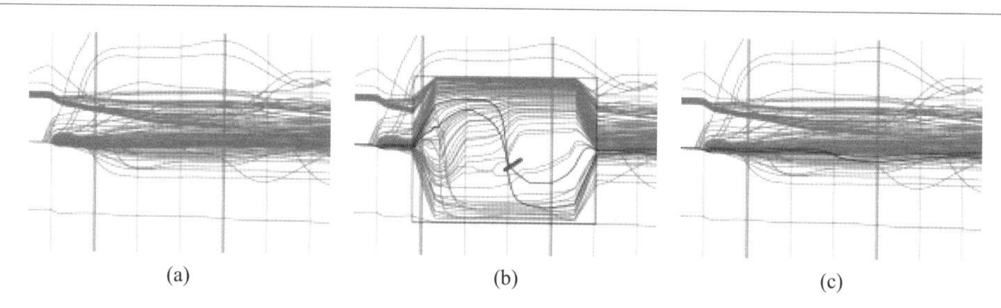

图 11-7 在行为线视图中应用鱼眼透镜的效果。通过叠加透镜（b），用户可以发现一些本来在正常视图（a）中由于视觉遮挡不可见的一些异常节点

线会得到更多的空间，因此用户可以看得更清楚，发现一些在正常视图中根本不可能发现的异常节点［图 11-7（b）中红色高亮的两个节点］。

11.2.2.4 性能指标细节视图

在行为线视图中，所有的原始性能指标维度信息都被抽象掉了，展示给用户的只是节点的行为变化。但是，当用户在行为线视图中发现了感兴趣的模式或者离群节点，我们应该允许用户查看相应节点的更细节的数据。如图 11-1 所示，直接展示原始的性能指标数据可用性极差，因此在细节视图中，我们展示的是平滑后的均值和标准差数据。我们采用的是多个小视图（small multiples）的方式，如图 11-2 右上视图所示。每个性能指标一行，行内的小视图展示了用户选择的节点（或节点集合）在该性能指标上的变化，横轴为时间，纵轴为性能指标的值，里面的每一条线编码了一个节点的状态。如果用户进行了多次选择，那么相应的小视图按用户选择的顺序从左到右地依次排列。

为了同时展示指标的均值及标准差，我们借鉴了不确定性可视化的技术。如图 11-8 所示，对于每个节点的每个指标，我们除了画一条平滑后的均值线，还画了纵向范围为$[\mu_{i,d}(t)-\sigma_{i,d}(t),\mu_{i,d}(t)-\sigma_{i,d}(t)]$的一个透明区域来编码标准差，用以表征该指标在每个时间步邻域内的波动性。

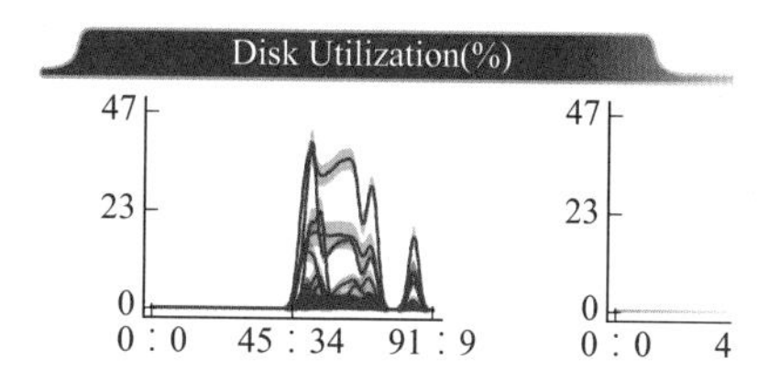

图 11-8 性能指标细节视图内性能指标线的设计：用一条带有半透明条带的线来编码单个节点上的单个指标，其中实线编码了均值而透明条带的宽度编码了标准差的大小

11.2.3 案例分析

本节中，我们使用了三个从真实云平台上采集的性能指标监控数据集，通过展示对它们进行可视分析的过程及结论来证明我们提出的方法的有效性。其中，一个数据集是从一个由 476 个节点组成真实云平台环境中采集得到的，采集频率为每 10s 采集一次，整个数据集时间跨度为两周。另两个数据集采集的云平台规模为 70 个节点，采集频率为每 2s 采集一次。这两个数据集采集于不同的时间，时间跨度分别为 4h 和 24h。从两个云平台中采集的具体性能指标如表 11-1 所示，其中机器负载指的是机器节点上运行的进程数和机器处理器的核数的比值，用来衡量机器节点的负载大小。

表 11-1 从两个不同的真实云平台上采集的指标的组成情况

性能指标	476 节点云平台	70 节点云平台
CPU 使用率	√	√
Memory 使用率	√	√
网络回环		√
网络下载	√	√
网络上传	√	√
磁盘读		√
磁盘写		√
磁盘使用率	√	
机器负载	√	

图 11-9 展示了对跨度为两周的数据集进行可视分析的部分结果，从中发现了几种行为。图 11-9（a）展示的是整个两周内行为线的布局结果，可以看到一开始的时候系统非常稳定，线与线之间都挨得比较近。随后，基本所有的节点被分成了两股行为线集合（在结果图中已被选中且分别用红色和黄色进行了高亮）。经过对对应的细节视图进行分析后发现，红色的节点和黄色的节点分开是由于红色节点的 CPU、磁盘读写、内存使用等性能指标早于黄色节点 10 个小时左右出现了大幅的升高。而后部分黄色节点加入红色节点，且大部分黄色节点和红色节点在重新拉开距离前几乎重新合到了一起。一种可能的解释是一开始红色的节点开始执行某个任务，后来任务负载加重，黄色的节点也加入了，接着可能出现了异常，导致所有节点的 CPU 利用率等指标出现了一个低谷，再往后红色的节点由于某种原因没有继续执行之前的任务（可以从低谷之后 CPU 利用率大幅下降推测）而黄色的节点则继续满负荷工作。其中，黄色节点的延迟、中间所有节点

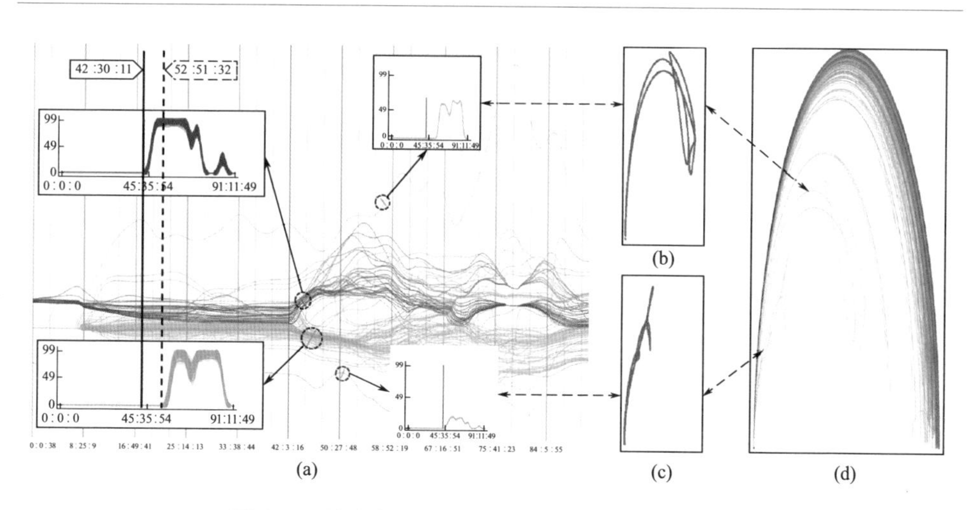

图 11-9 跨度为两周的数据集的部分可视分析结果

出现的性能指标低谷、后续红色节点资源利用率下降等都可能存在潜在的性能瓶颈问题，值得进一步探究。同时，我们也可以在结果中很容易地发现两个异常的节点（蓝青色和绿色），通过查看细节视图发现，它们离群的主要原因是它们的CPU利用率远远低于其余节点，CPU利用率的变动也不大（编码标准差的透明条基本看不到，说明标准差值很小）。可能这两个点是管理节点，并不负责实际的运算。该结果也可以在统计信息视图里得到验证［图11-9（b）～(d)］，在统计信息视图中，这两个节点也明显地区分于其余节点，它们的最大均值和标准差也都明显小于其余节点。

图11-10展示了对4h数据集进行可视分析的一个结果，该结果选取了4h数据集中的一段时间进行分析。在行为线视图中，除了绿色的几条线以外，大多数时间行为线都是一类一类地聚在一起，表明这个云平台处于稳定的运行中，没有剧烈的波动出现。而对于绿色的节点，从细节图里面可以看到，它们跟黄色的节点更为相似，它们一开始的时候可能是由于力引导布局算法在初始时间步的迭代次数不够，错误地被布局到了蓝青色节点附近，但后面随着迭代的继续进行，它们的位置得到了纠正。红色节点和黄色节点的主要区别在于CPU和内存的利用率不同，可以看到红色节点的CPU和内存的利用率都比黄色的节点稍高一些。这可能意味着它们正在执行不同的任务，或者它们的硬件配置有些许不同。相比于红色和黄色的节点，蓝色的节点挨得更紧，从细节视图可以看出，这是由于蓝色节点的资源占用率很低，基本没有任务在上面运行。这可能涉及负载均衡的问题，如果可以把部分红色或黄色节点上的任务分摊到蓝色的节点上，任务的平均计算效率可能会更高一些。

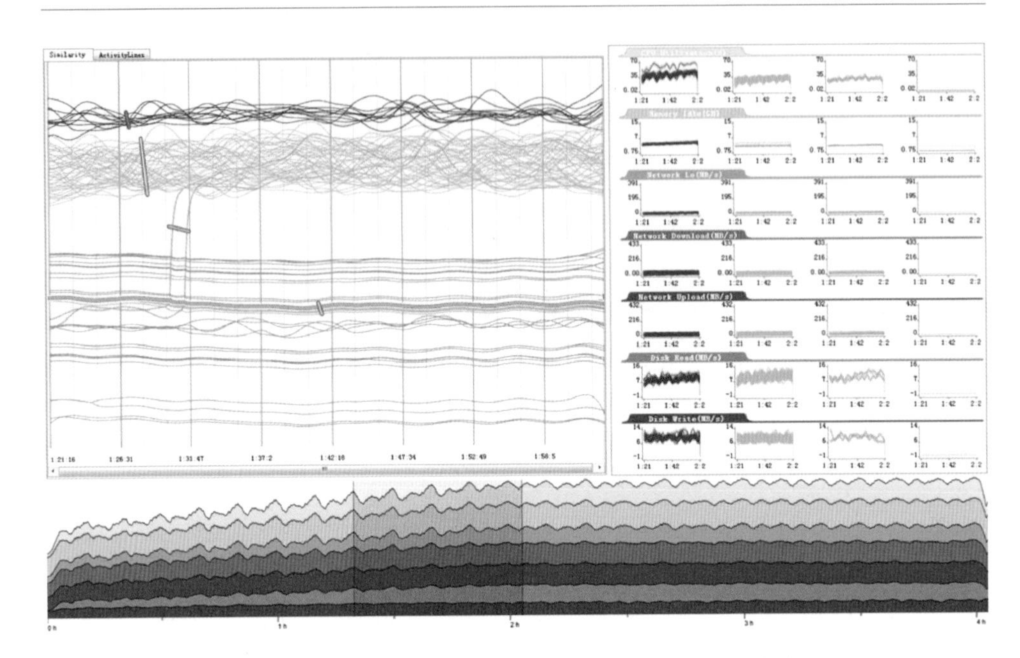

图 11-10 对 4h 数据集其中一个时间段进行可视分析的结果

图 11-11 展示了对 24h 数据集进行可视分析的一些结果，里面展示了比其余两个数据集更丰富、更有意思的行为。尤其是中间出现了一段所有指标都为 0 的时间，可能是平台升级暂停监控，也可能是云平台系统出现了短暂的停电或其他故障。图 11-11（a）展示了整个 24 个小时内云平台运行状态的概览，我们可以清楚地看到中间有一个数据断层的地方。同时我们也可以看到很多包括突增、突减等在内的显著特征。我们对部分显著特征结合细节视图进行了进一步的分析。

在刚开始的时候，如图 11-11（b）所示，系统相对比较稳定。有些节点表现出了周期性的模式，另外有一些节点的磁盘负载从高位突然降为 0，导致了对应行为线的突然偏移。随后在 2:00 之后，行为线的布局发生了很大的变化，通过细节视图可以发现，这个变化是由黄色和绿色的节点的磁盘读指标突增引起的。

在 3:15 和 3:40 两个时间点，红色的行为线出现了由于对应节点在 CPU 利用率上的突变导致的两个低谷，如图 11-11（c）所示。接着由于黄色和绿色的节点在 CPU 及内存利用率上的剧烈变化，导致了整体布局发生了突变，外围的性能指标稳定的节点也由于受到这些发生了巨变的节点的影响，导致了对应的行为线也发生了大幅的变化。

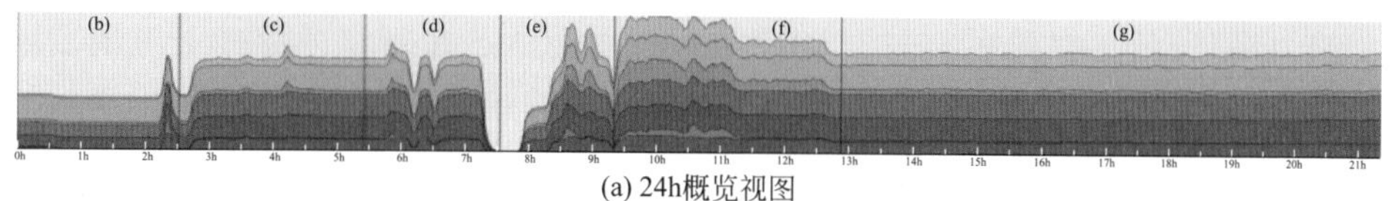

(a) 24h概览视图

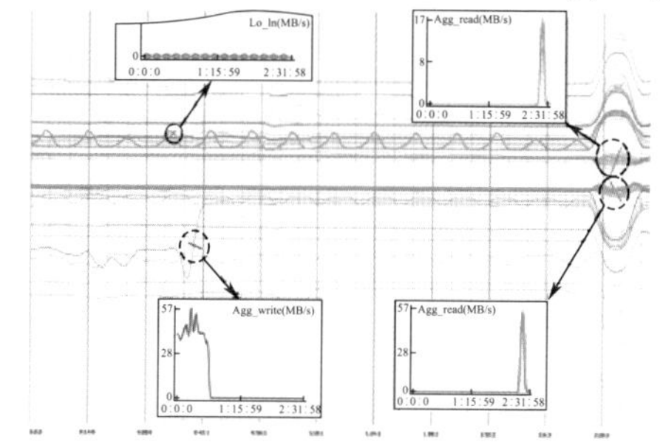

(b) 刚开始的时候，有几个节点有周期性的行为，并且有些节点的磁盘负载从很高突然跌到0。凌晨2:00之后，黄色和绿色的节点的磁盘读出现了一个尖峰

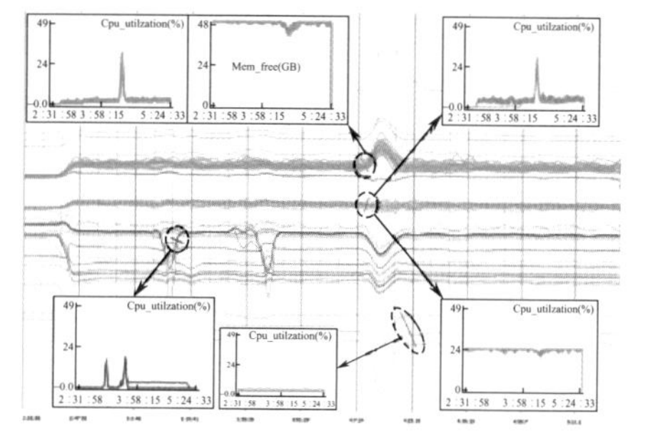

(c) 在3:15和3:40前后，一小撮节点(红色)的CPU利用率出现了尖峰。在4:10左右，两个主要集合(绿色和黄色)的节点也在CPU的利用率上出现了尖峰

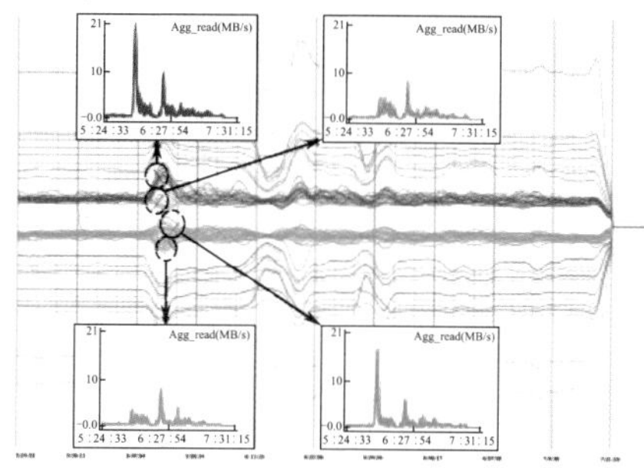

(d) 在所有节点都停止工作前，两个主要集合的节点都比较稳定，除了在凌晨5:50左右，两个集合内的节点均在磁盘读指标上出现了差异

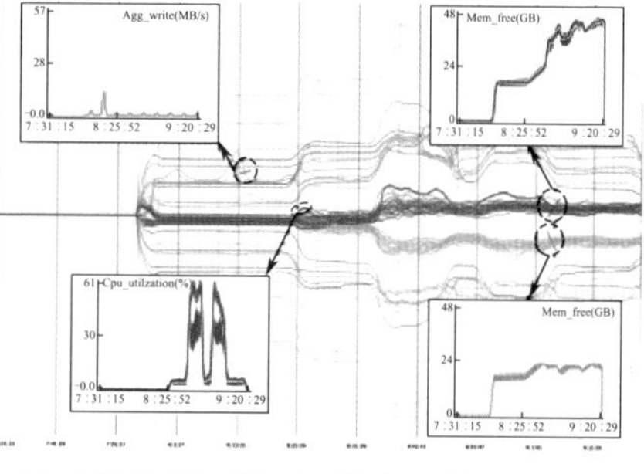

(e) 在所有节点都恢复工作后，两个主要集合的节点先表现得很一致，而后由于内存利用率的差异，部分异常的红色节点出现了CPU利用率的大幅波动

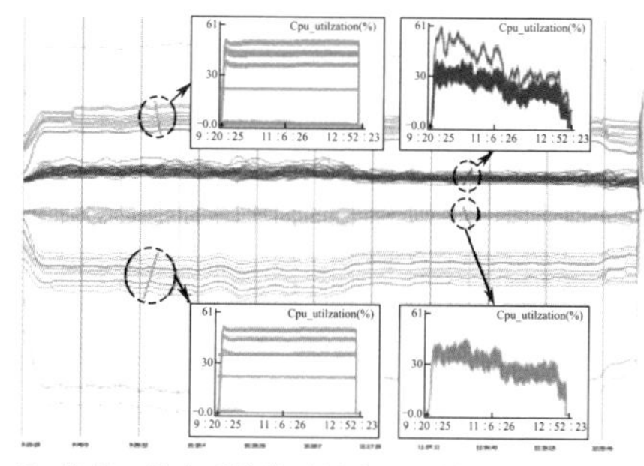

(f) 接着，整个系统趋于同步，虽然两个主要集合内的节点在CPU利用率上存在波动，但波动情况十分一致

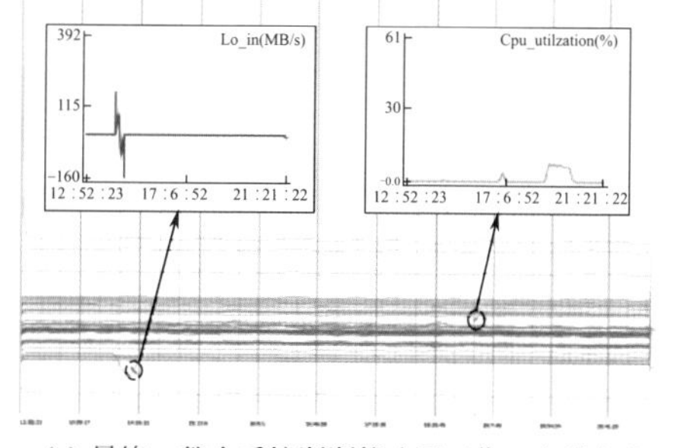

(g) 最终，整个系统渐渐停止了工作，变得十分稳定，只有少数几个节点有异常的波动

图 11-11 对 24h 监控数据的多个时段的可视分析结果

在数据断层出现之前，主要的两个节点集合表现出了很一致的行为，如图11-11（d）所示。直到在5:50，这两个集合内的节点在磁盘读指标上出现了不一样的表现。有意思的是，一个集合里面的部分节点的变化和另一个集合里面的部分节点的变化保持一致，且这个集合里面其余节点的变化和另一个集合里面剩下的节点的变化保持一致。这可能是平台任务调度存在问题，存在一些不必要的上下文切换，可能导致性能瓶颈问题。对于数据断层的区域，我们注意到所有的节点的指标都同时降到了0，看起来像是由于云平台本身引起的问题（比如说断电），而不是由某个任务或者是某个用户引起的。

在集群恢复运转后［图11-11（e）］，前面提到的两个节点集合由于内存的占用不同，从紧紧布局在一起逐渐分开了。绿色节点和高亮的红色节点这几个异常节点很容易被识别出来，因为任何在性能指标数据上的异常都被展示在了最终的行为线上。

接着，系统进入了一种同步的模式［图11-11（f）］。可以看到，虽然两个主要的节点集合在CPU利用率指标上一直在变，但是变动步调十分一致，因而可以看到最终的行为线布局十分平稳。最终，整个系统进入了一种十分稳定的状态［图11-11（g）］，仅有几个偶尔的异常现象出现，比如红色节点和黄色节点。

11.3 多层级可视分析——计算集群监控

11.3.1 简介

多元异构的数据涵盖数据的多层面性质，包括关系属性、顺序属性、空间属性、集合（set）属性、统计属性、层次（scale）属性、可溯源性属性等，而其在分析上需要完成包括定位、识别、分布、分类、聚类、比较、关联和关系等任务。我们认为要在同一个粒度层级下完成所有数据层面的所有分析任务是不可能的，而其中一个解决思路是根据应用场景将复杂的分析任务分为不同层级的细节（Level-of-Detail）加以展现。本文以计算集群监控为案例场景，说明多元异构数据的多层级可视分析的设计方法。

在高性能计算集群的运行中，机器节点的性能指标、交换机的网络传输以及集群的整体性能指标就是这样的一类复杂的大数据，这种计算集群的性能指标监控数据（下文简称“集群监控数据”）是一类具有非结构化和实时特性的大数据。从机器节点指标的分布和变化可以判断一个集群的负载分布，从而评价集群的调度是否合理；从交换机和集群的性能指标分布的横向比较可以分析集群的升级瓶颈，降低集群的升级花费。

数据的异构性首先来自于其跨数据流的获取来源：计算集群的架构师对不同数据提供各异的数据获取渠道，数据可以从网络接口中即时获取（如机器节点指标数据），也可以从不同的数据库中（关系型数据库或 NoSql 数据库）通过检索语句返回（如集群指标）。其次，不同数据来源也导致了各异的数据格式，网络接口的数据可能基于不同语言规范（XML、JSON、自定义分隔符等），通过数据库查询语句返回的数据没有固定格式。集群监控数据的实时性是由监控任务本身决定的，监控任务关注数据的即时性，没有及时保存的数据会在下一波数据洪流到来的时候丢失，而及时保存的数据如果不能在呈现的时刻及时发现问题、做出决策，数据的价值也丧失了。一般情况下用户比较关注实时的数据，而在分析事件和异常的时候则需要对历史数据进行分析。

11.3.2 集群监控信息可视化系统框架设计

11.3.2.1 数据可视化流程

图 11-12 是本文所设计的计算集群监控数据的可视分析框架，其中虚线箭头表示业务指令流，直线箭头表示数据流。整个框架分两层，数据层负责数据处理，可视呈现层负责可视化和可视分析指令通信。

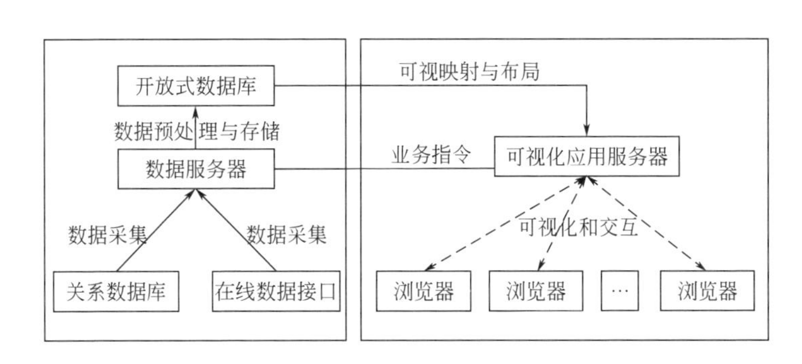

图 11-12 计算集群监控数据可视分析框架示意图

图 11-12 中虚线箭头表示业务指令流，实线箭头表示数据流。整个框架分两层，数据层负责数据处理，可视呈现层负责可视化和可视分析指令通信。

数据层的数据服务器从数据库、网络接口等来源获取数据进行整合和预处理（包括数据整合与建模），将处理后的数据存储在开放式数据库中，为可视应用提供统一的数据接口。当数据服务器完成一个时间单位的数据处理和存储，会给业务端的应用服务器发送指令，应用服务器接收到数据更新信息后从开放式数据库中获取同构的可视化原始数据，经过可视元素映射和布局的步骤将可视化绘制结果呈现在客户端，客户端通过可视交互与分析的过程挖掘数据背后隐藏的信息。

与相关工作中提出的可视化流程和计算集群可视化系统相比，本文提出的可视分析框架更加具有可扩展性。整体的C/S架构分离的数据服务器和可视应用服务器使得系统在数据层支持不同来源、不同类型、不同格式的数据源，在可视呈现层支持不同类型的可视化。

11.3.2.2 计算集群监控信息数据

计算集群平台的每一台机器在执行不同任务（如三维渲染、搜索、邮件收发、功能测试等）的过程中不断产生大量的运行性能数据，如CPU和内存利用率、网络吞吐量、磁盘的I/O吞吐量以及警报等。表11-2列出了计算集群平台产生的性能数据描述、类型和采样间隔。表中所指的平均是集群下机器节点的平均值，而不是一段时间的平均值，因此所有数据都是实时的。其中警报是计算集群平台工程师和架构师十分关注的一种特殊属性，表11-3进一步列出了警报属性的复合子属性。

表11-2 计算集群平台的实时性能数据

数据	数据描述	类型	采样间隔/min
cpu_usage	集群平均/机器CPU利用率	数值型/%	1
memory_usage	集群平均/机器内存使用率	数值型/%	1
disk_util	集群平均/机器磁盘利用率	数值型/%	1
net_receive	集群平均/机器网络数据即时读取速率	数值型/(KB/s)	1
net_transmit	集群平均/机器网络数据即时传输速率	数值型/(KB/s)	1
disk_read	集群平均/机器磁盘即时读速率	数值型/(KB/s)	1
disk_write	集群平均/机器磁盘即时写速率	数值型/(KB/s)	1
file len	文件系统的平均文件长度	数值型	1
file num	文件系统的平均文件数	数值型	1
live_nodes	集群下活跃的机器节点	数值型	1
machine_load	集群机器的平均负载	数值型	1
alarm	机器的实时警报数据	复合型	1

表11-3 机器警报数据

警报属性	属性描述	数据类型
cluster_name	警报所在的集群	可枚举字符型(集群名)
host_name	警报所在的机器节点	可枚举字符型(机器节点编号)
name	警报的名称	字符型
description	警报的具体描述	字符型
level	警报的级别	可枚举字符型
time	警报发生的时间	时间型

集群监控数据包含多个组织层次（机器、交换机、机房、集群），而且蕴含不同的应用含义（集群的服务对象、机群的逻辑关系等），数据具有在线、多维、时变等特性，可分为数值型、文本型、有序型、类别等数据类型，对计算平台架构师和工程师意义巨大。有效的数据分析可以最大限度地提高整个计算集群系统的使用率，最大限度地降低计算集群的硬件更新花费，在出现错误或警报等事件时能帮助工程师快速定位事件的根源。

11.3.2.3 数据预处理

框架允许系统从多种渠道获取数据，在数据服务器中进行预处理，预处理过程包括采集、建模和存储。数据服务器与数据库连接获取存储在数据库中的源数据，通过 Python 等脚本语言从网页、机器等数据源抓取数据，或直接从开放 API 接口获取固定格式的数据。由于数据源、数据结构、数据类型、数据格式的不同，使得数据具有一定的异构性，数据服务器的作用就是重整异构数据，对数据做统计等预处理，并将最后结果整合为统一的固定格式的结构性数据。同时数据服务器能够根据可视化布局的结构特点将数据自定义地建模成树状结构、高维结构、网络结构等。数据在完成建模之后被上传到开放式数据库中，可视应用服务器通过统一的数据库接口向开放式数据库发送数据请求，将返回内容进行过滤。开放式数据库支持按表的主键键值或范围返回数据，并按非主键进行属性过滤，最终返回格式固定、结构自定义的可视化数据。

数据的规模和数据建模的复杂性给数据服务器的处理带来了极大的挑战，为了减轻服务器的压力，加快数据处理的速度，数据服务器使用并发性进程管理机制对整个数据处理过程进行调度。框架设计了数据获取与应用请求的服务器分离，避免可视化呈现层的技术更新导致数据出现断层，保证数据服务器的稳定。

11.3.2.4 数据可视化技术

数据服务器和应用服务器的分离使系统能支持更多的可视化方法，集群监控数据的可视化在客户端浏览器进行，支持 Java Applet、Flash 或 JavaScript 等多种可视化网页实现技术。用户可以根据不同浏览器的考虑选择应用，配置不同的应用服务器。D3.js[1] 一文的效率对比图表明 Flash 无论在初始化时间还是帧率上效率都好于 JavaScript，基于这个理由，本文采用 Flash 作为验证系统的实现技术。

11.3.3 集群监控信息可视化系统

本节以计算集群监控信息可视化系统作为案例分析框架的可行性。系统探索适用于不同用户、不同任务、面向整个计算集群平台的集群性能可视分析系统，从多属性、时变、流式的计算性能数据实现实时的可视化状态监控，并以在线或

---

[1] D3 官网：http://d3js.org/

离线的方式实现集群的特性分析和效率优化。

如图 11-13 所示，系统按 MySql＋网络数据接口＋Tomcat＋开放式数据库＋Red5＋Flex 的整体框架设计。其中 MySql 和网络数据接口是原始数据来源，在 Tomcat 中运行数据抓取程序实时地、持续地获取数据上传到开放式数据库中，流媒体服务器 Red5 收到数据服务器的消息后从开放式数据库获取统一的数据，经过可视映射和布局在连接该服务器的客户端浏览器上绘制可视化监控结果，用户通过浏览器对可视化结果进行交互和分析。

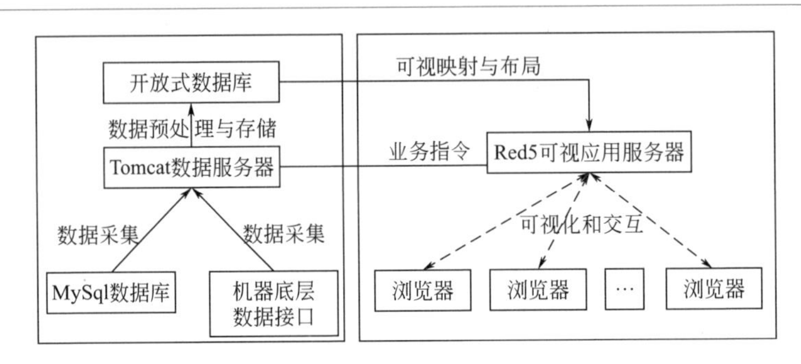

图 11-13 系统架构，系统按 MySql+ 网络数据接口+ Tomcat+ 开放式数据库+ Red5+ Flex 的整体

原始数据包括警报、集群属性以及机器属性部分。数据的警报部分和集群属性部分从 MySql 数据库中取出，机器属性部分从网页接口中取出，在开放式数据库中进行持久化。为了保证业务规则的改变不影响数据的持久化，避免由于业务层 Red5 服务器重启造成的数据断层，数据服务器与业务服务器分离，使数据更加稳定。Red5 服务器运行后每分钟向客户端推送新数据的参数，从开放式数据库读取数据经过可视映射与布局产生数据可视化结果呈现给客户端。因此整个系统框架是分离型的，如图 11-12 中所示，实线箭头代表数据的流动方向，虚线箭头代表控制指令的方向。

通过数据采集与数据存储分离、数据与可视化分离等抽象与接口的设计理念，系统支持不同来源、不同结构的数据的不同可视化技术的呈现，为计算集群监控数据提供更加稳定、多样的服务。在可视化设计方面，用平行坐标图可视化高维属性指标、平行坐标的缩略图、时间趋势图等技术加以补充，用树图可视化机器的层次结构信息。下文将分别分析整个系统的集群监控页面和机器监控页面，由于数据的敏感性，图中表示数值和集群、机器编号的标签信息被隐去。

11.3.3.1 集群监控可视化

对于集群多维度属性，系统用平行坐标图表达多维度信息，用附在平行坐标图上的趋势图表达时变信息，在平行坐标图中实现了轴交换、数据点选框选等基本交互（如图 11-14 所示）。从左上角平行坐标图的缩略图可以直观地看出性能指标的分布大多处于值域底部，说明大多数集群离性能瓶颈较远，但是也有一些集群如图 11-14 中高亮集群的文件长度和数量都超出上限，已经处于濒临满负载状态。该集群的机器节点和磁盘读数据两个指标值较大，说明这是一个业务量比较大的集群，而且主要业务与磁盘读数据相关。该集群负责的业务是一个在线电子商务网站，由于该网站每天上线浏览的用户非常多，很多集群开销被消耗在图片文件的读取上。

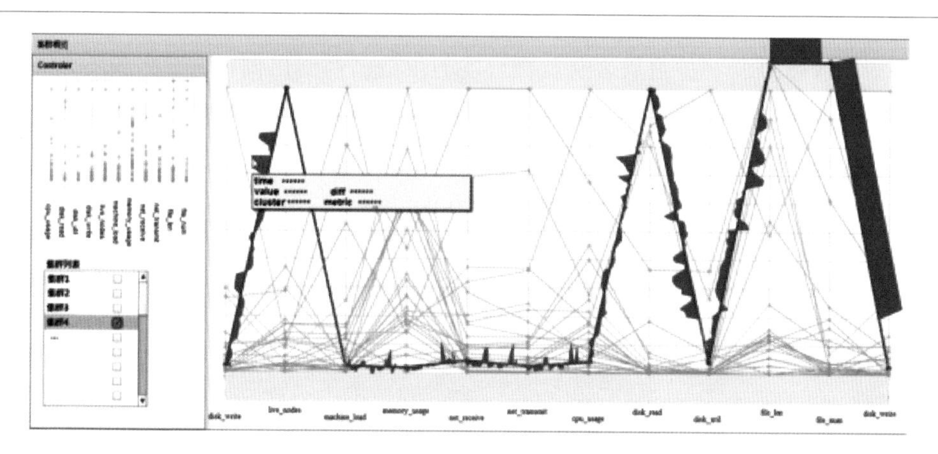

图 11-14　集群监控页面

另外从时间趋势图上看，有几个性能指标的数据变化呈线性相关，通过缩略图过滤指标进一步查看（图 11-15），磁盘读数据基本与其他指标无关，而磁盘写与网络传输线性相关。由于磁盘读属于比较轻量级的工作，相比之下磁盘写数据造成了网络和磁盘利用率的较大负担。

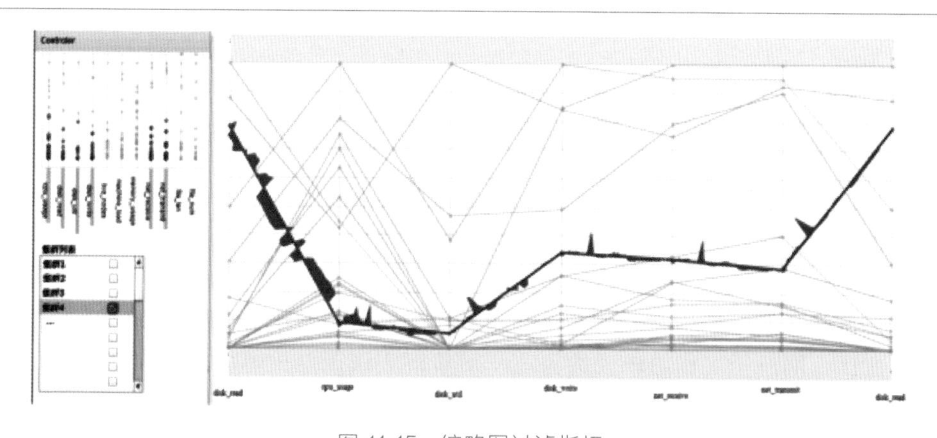

图 11-15　缩略图过滤指标

11.3.3.2 机器监控可视化

图 11-16 是系统的机器监控页面示意图，用树图表达集群逻辑结构下的机器在物理上的分布（机房-机架-交换机-机器的层次结构），展示了某一集群下的机器属性状况。整个视图的顶端列出六大属性，并用颜色条列出各个值域所代表的颜色。从可视化结果中可以看出整个集群的磁盘写流量非常大，甚至有一些（灰色的机器）超过了预设值域的上限，其中 r04-a02 路由器下有 3 台机器宕机，一台机器报故障，其余两台机器的写流量差异较大，说明这两台机器并没有达到负载平衡。故障机的警报信息表明负责调度的主机已经给出调度方案但没有与下属机器通信成功，从而导致了下属机器的负载不均衡。

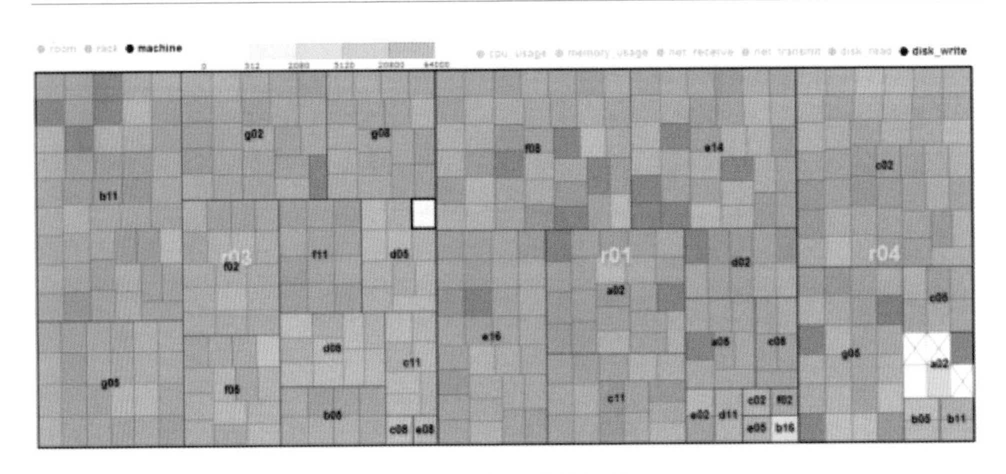

图 11-16 机器监控页面

图 11-17 的机器监控界面跨时间检测和分析单一集群的调度和事件，从机器级别分析该集群的类型、性能波动能对集群有更深入的把握。视图左边是整个集群下机器的时间序列，用竖直方向的树结构表达。考虑到有些集群包括非常多的机器，初始状态下只显示父节点层次（也就是交换机层次）的数据，通过一定交互展开显示机器级别时间序列。左视图底部显示当前时间序列的关键时间点。右上角是集群即时性能树图，右下角是某一机器的状态表，列出所有 6 个属性以及警报数据，沿用颜色条表示方法。通过对机器相关性的分析发现上图的交换机下有些机器的性能指标持续走高，而其他机器指标走势平缓，可以预估较高性能的机器在执行同一个工作量较大的作业，而集群应该调度更多的机器去分担它们的工作量。左视图右边有明显的属性值高峰，在一个时间点的邻域内由小到大，爆发，再由大变小，这是很明显的集群业务量爆发的情况。

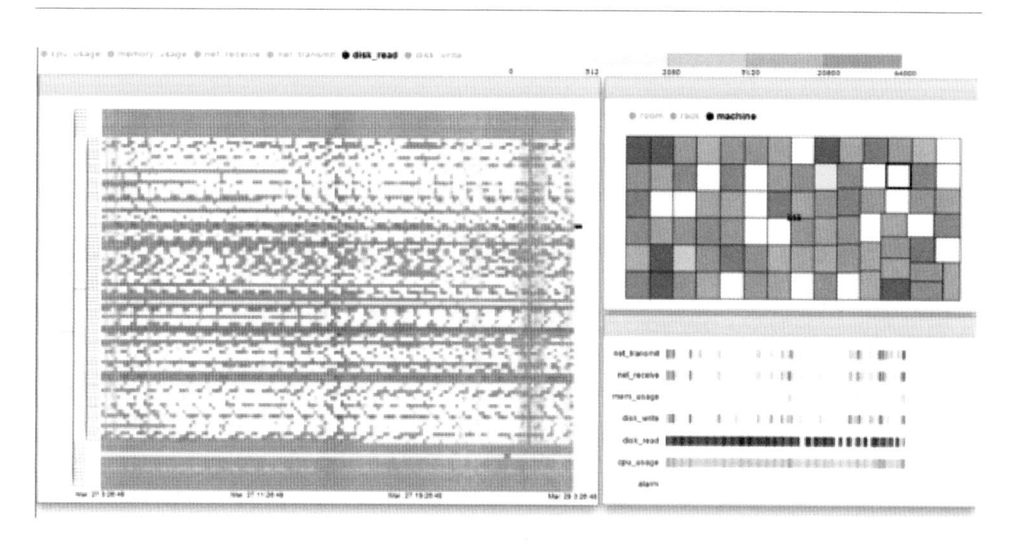

图 11-17 机器监控界面

计算集群监控可视化系统是集群监控数据可视化框架的一种验证尝试，笔者团队和阿里云计算公司合作，测试了该系统的可行性，加速了他们对警报发现、故障检测、业务分析、集群升级等事件的分析。

11.4 基于云服务的移动端可视化

可视化领域经过近 30 年的发展，无论是在学术界还是工业界都取得了长足的进步。然而对于广大的普通用户来说，使用可视化的门槛仍然比较高。尤其对于移动端用户，受限于移动设备有限的存储、计算、交互能力，可视化工具少之又少。而云平台提供的通用存储、计算服务可以很好地弥补移动设备在这方面的不足。本节介绍一种基于云服务的移动端快速可视化方法，我们称之为 ShotVis。针对物理世界中图片化的文本信息，首先用智能手机对其进行拍照获取原始的图片信息；然后将照片上传到云端通过 OCR 技术进行字符识别；接着通过触摸式交互将散乱的字符进行结构化并绑定到相应的视觉通道中；最后通过系统自动推荐结合用户交互调整快速地制作可视化作品。

11.4.1 简介

想象一下当你去超市里购买一盒低热量、高蛋白、高钙的牛奶，面对货架上琳琅满目的不同品牌、不同价格的盒装牛奶，你需要逐一去比对它们的营养成分，以挑选出最符合你的需求的牛奶。人工去对比牛奶包装盒上的营养成分将十分耗时、低效，且容易出错。

可视化利用人的视觉感知能力对数据进行有效的呈现，是从大量数据中快速获取有效信息的最重要、最通用的工具之一。就对比牛奶营养成分这个任务来说，可视化可能是最有效的方式之一。然而就目前而言，普适的可以用于日常信息分析的可视化工具的研究基本处于空白，大多数的可视化工具只能应用于结构化且数字化的信息。而要将物理世界中看到的信息转换成结构化的数字信息对普通用户来说并非易事，因为完成这个任务通常需要专业的硬件以及来自计算机视觉、视频处理、文本分析以及信号处理等领域的专业工具、方法，这对于非专业用户来说有着很高的门槛。

另一方面，以智能手机为代表的移动设备的兴起带动了普适计算的发展。智能手机具有了高分辨率的摄像头、高速的无线网络，使之非常适合于捕获及传递图片、视频等多媒体数据，正被越来越多地用作多媒体计算及展示平台。而在此基础之上，智能手机用户的一个新的迫切的需求是更好地理解、使用这些捕获到的数据。尽管可视化作为一个数据表达工具已经被广泛地应用在智能手机上，但是针对上面提到的图片、视频等多媒体数据，如何在智能手机上对其中所包含的信息进行快速、有效地可视化仍是一个未被充分研究的难题。以在智能手机上对图片中包含的文本信息进行可视化为例，其研究难点主要体现在以下几个方面。

① 在手机端进行文本识别的效果不理想，且识别组件要占用额外的手机存储空间及计算资源。

② 手机端的屏幕尺寸小，交互的自由度小，不能设计太过复杂的交互。

③ 对处理好的结构化数据进行可视化方案推荐需要强大的推荐引擎的支持。

本节介绍了一种基于云服务的移动端快速可视化方法。该方法整合了包括拍照、触摸式交互、光学字符识别（OCR）等在内的一系列数据处理技术，提出了一个交互式数据获取及可视化的管线，如图 11-18 所示。针对上面提到的难点

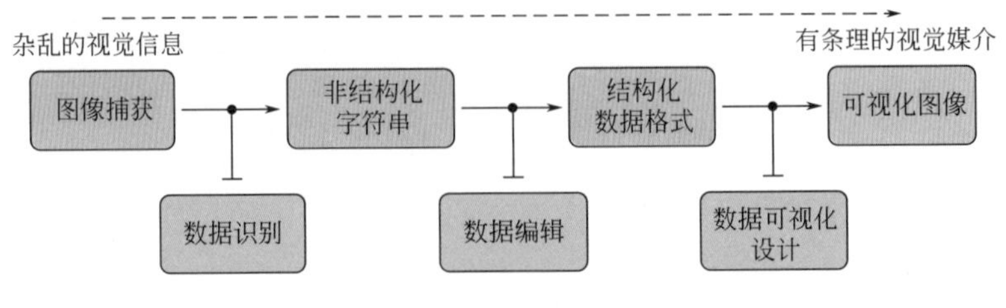

图 11-18　ShotVis 的流程示意图

①和难点③，我们将文本识别、可视化方案推荐部分通过云服务的形式完成，用云平台在存储、计算方面的优势提供更好的识别及推荐效果，同时减轻手机端的负担。而针对难点②，我们通过加入一些自动化的方法来减轻用户的负担。

该方法针对的是现实的文本信息，比如牛奶包装盒上的营养成分表、书上的表格、报刊上的文章等。用户首先对打印的文本信息进行拍照，照片会被上传到云端进行校正、OCR识别。识别后的数据会回传到手机端，通过用户的交互对其进行编辑、结构化，并指定需要进行可视化的维度。随后，通过交互处理的数据再次被上传到云端进行可视化方案的推荐。用户只要对推荐的可视化方案进行简单的挑选、调整即可得到一个满意的可视化结果。

ShotVis的目的是帮助普通用户便捷地对物理世界中打印的文本信息进行可视化，快速从中获取有效的信息。比如，它可以高效地解决本节开头提到的比较牛奶营养成分的任务。下面将对ShotVis的细节进行详细的介绍。

11.4.2 数据识别

传统的可视化处理的基本上都是结构化的数据集，最典型的就是数据库里面的表格。当我们的输入数据是被打印在书、海报、包装盒等物理媒介上的文本信息，我们首先需要对其进行数字化，数据识别过程就变得必不可少了。

我们基于云服务的识别过程包含以下三个步骤。

• 首先，使用图像校正技术对捕获的图片［图11-19（a)］进行图片校正，以提高数据识别的准确度。图11-19（b）展示了对图11-19（a）进行校正的结果。

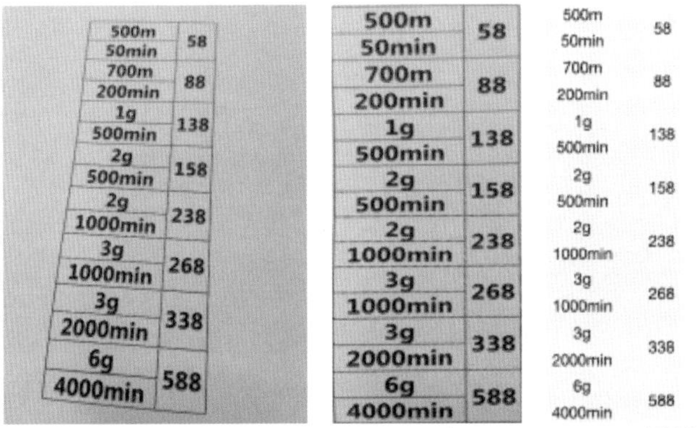

(a) 拍摄的图片　(b) 图片校正　(c) OCR识别结果

图11-19　数据识别的流程

• 随后，对校正后的图片进行 OCR 识别处理，得到 N 个识别到的字符/字符串 $S_i(i=1, 2, \cdots, N)$[图 11-19（c）]。

• 最后，为了更好地进行可视表达，对每个 S_i，我们通过自动的方法提取出一个额外的属性集 A_i。A_i 由一个三元组 $\langle f_i, p_i, l_i \rangle$ 组成，其中 f_i 代表原始字符的颜色，p_i 代表 S_i 的中心在校正后图片中的位置，l_i 代表 S_i 所属的类别。我们目前支持三种类别的判断，分别是文本、数字和地理位置。未来根据输入数据及可视化方案的变化，可以对类别进行动态地拓展。

经过上述三个步骤的处理，我们就可以得到一个初步的数据 $R=\{(S_i, A_i) \mid i=1, 2, \cdots, N\}$，这是一个非结构化的数据，字符/字符串之间并没有明确的关系，它们只是一些具有二维坐标 $p_i=(x_i, y_i)$ 的散乱的个体［如图 11-19（c）所示］。

11.4.3 数据编辑

经过数据识别步骤，初步的数字化的数据可以自动地从用户拍摄的照片中被提取出来，如图 11-20（a）、(b）所示。然而，这个数据只是一些零散的字符，是一个非结构化的数据，没有表格的行列结构，并不能直接用于可视化。除此之外，由于字符识别的准确度问题，这个数据里面很可能包含一些被错误识别的字符。因此，在对数据进行可视化之前，用户需要首先通过交互对数据进行纠错、结构化等操作。下面对 ShotVis 中用于数据编辑的各种交互进行一一介绍。

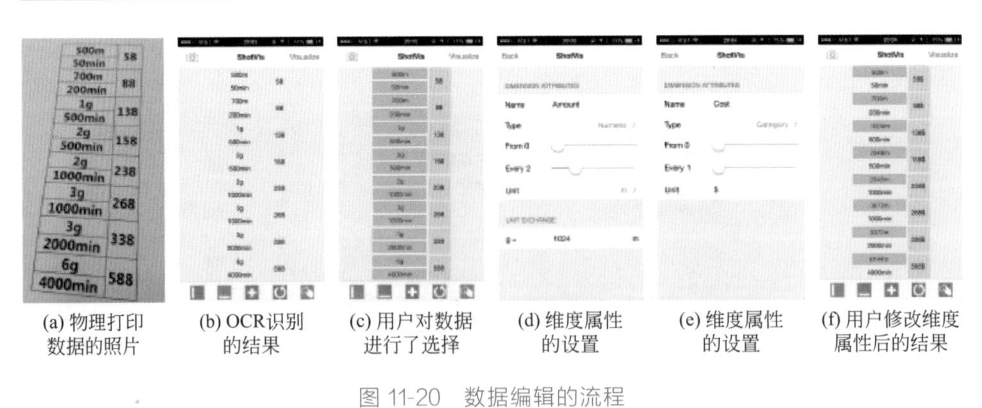

(a) 物理打印数据的照片　(b) OCR识别的结果　(c) 用户对数据进行了选择　(d) 维度属性的设置　(e) 维度属性的设置　(f) 用户修改维度属性后的结果

图 11-20 数据编辑的流程

11.4.3.1 数据修正

首先，我们允许用户对识别到的字符进行直接地编辑。用户需要将自动识别的结果和原始图片中的信息进行比对，如果发现识别错误，只需要长按对应的字符，就可以直接进入编辑状态，对相应的错误进行修正。随着OCR识别技术识别效果的提升，用户在实际使用中需要修正的数据将变得越来越少，不会给用户造成很大的负担。

11.4.3.2 维度指定

通过维度指定的方式对识别到的非结构化数据进行结构化。我们一共设计了五种维度指定操作，分别是指定纵轴维度、指定横轴维度、添加分组、取消选择、添加新维度，其中前面四种操作分别对应图11-20（b）底部五个按钮中的前面四个按钮。

我们目前只支持对二维数据的可视化，因此只提供了纵、横两个维度的指定交互。具体做法是首先点击纵（横）轴维度指定按钮，此时按钮会高亮。然后通过点击/拖选这两种方式去选择该维度对应的数据，被选中的数据会用背景色进行高亮（纵、横轴维度分别用黄、蓝色背景色进行高亮）。对已选中的数据进行再次点击/拖选可以取消选择。如果要重新进行选择，可以首先点击取消选择按钮，取消对已选择数据的选择。

同时，我们支持对多组二维数据用多个小视图的方式同时进行可视化。这就涉及多组数据的选择，即对每个二维可视化小视图分别指定对应的二维数据。这里我们设计了添加分组的交互，用户每指定完一组二维数据后，点击添加分组按钮进入下一组二维数据的选择。此外，该交互还集成了智能预测的算法，比如用户选择的第一组二维数据的两个维度分别是第一、二列，那么当用户点击添加分组按钮时，我们的算法会预先帮用户选择第三、四列。这里的“列（行）”并不是既有的结构，而是通过判断字符的位置得到的。对分组的智能预测可以大大降低用户的交互负担，尤其是对于布局比较规则的打印数据。

此外，系统还支持通过对现有维度数据进行代数操作，生成新的数据。如图11-21（a）所示，原始的数据里面只有月费和流量两个维度，而我们更想看的可能是流量的单价，这时就可以通过代数操作来生成所需的新维度。首先长按空白处唤出添加新维度的界面，在这个界面中，我们可以看到用户当前已选中的维度以及加、减、乘、除四个操作符，如图11-21（b）所示。用户可以通过拖拽的方式去定义新维度的生成规则，如图11-21（c）所示，定义新维度为Cost/Net flow，之后就可以得到一个新的维度，包括从已有维度单位推导得到的新单位，如图11-21（d）所示。

通过维度指定，我们将一个非结构化的数据转换成了一个多维（目前只支持两维）的结构化的数据。后续可以通过将不同的维度映射到不同的可视编码通道来实现最终的可视化。比如对二维的数据，将每条记录用一个点进行表示，将其中一个维度映射到 X 轴，令一个维度映射到 Y 轴，就可以得到一个散点图。

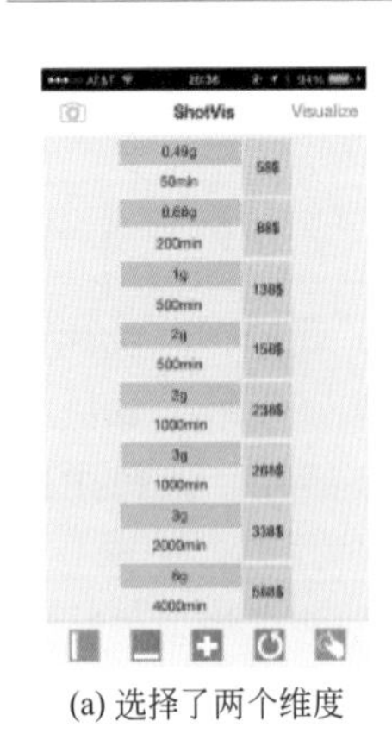

(a) 选择了两个维度

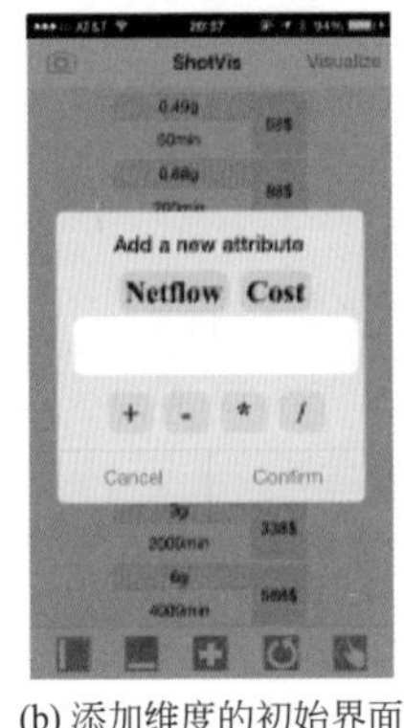

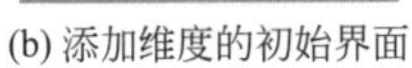

(b) 添加维度的初始界面

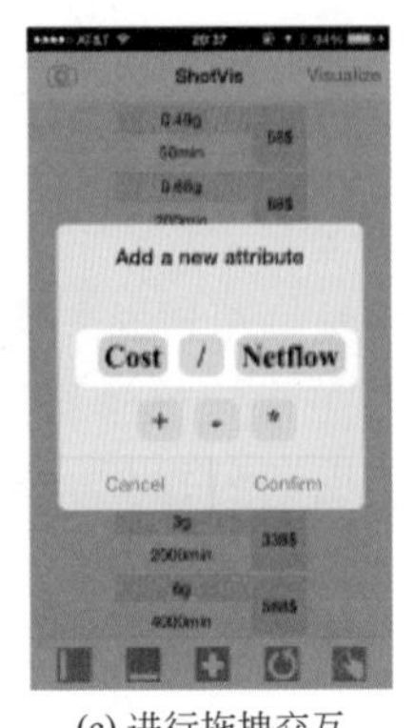

(c) 进行拖拽交互

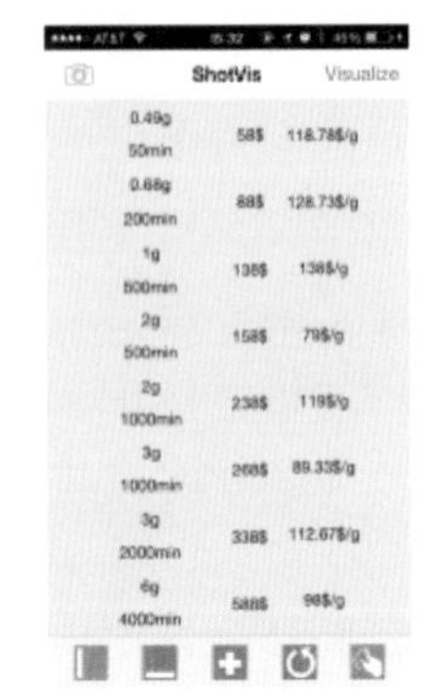

(d) 一个新的维度 (Unit cost=Cost/Net flow)生成了

图 11-21 代数操作例子

11.4.3.3 属性编辑

当用户完成单个维度数据选择的时候，再次单击对应的纵（横）轴维度指定按钮可以进入对应维度属性的编辑界面，如图 11-20（d）、（e）所示，分别对应了图 11-20（c）中蓝色和黄色高亮的维度。

在属性编辑界面中，可以对该维度的数据进行过滤。这里，我们提供了两个参数："From"和"Every"来对数据进行过滤，数据 $S_i[i \in \text{From}+n(\text{Every}-1), n=1, 2, 3, \cdots]$ 会被选中。如图 11-20（d）所示，当设置 From＝0，Every＝2 时，所有奇数行会被选中，并且在图 11-20（c）这种情形下，如果首先选择了黄色背景高亮的数据作为一个维度，当拖选中左边蓝色背景高亮的数据时，系统通过判断第二个维度数据的个数刚好为第一个维度数据个数的两倍，会自动地将 From 设成 0 而将 Every 设为 2。同时，用户可以在这个界面中指定维度的名字、类别、单位等属性。

对于维度的类别，默认类别为类别型（category）。我们也集成了自动判断的算法，比如将城市名或国家名自动识别为地理位置维度（geography），将以数字开头的字符串自动识别为数值型（numeric）。不同的维度类别会影响到后续的可视化方案推荐，比如两个数值型的维度可能适合用散点图来表达，而一个类别型维度加一个数值型维度可能适合用折线图或者柱状图来表达，因此准确地设置维度的类别信息十分重要。对于维度的单位，如果该维度对应的数据没有单位，则需要用户进行手动输入。如果该维度对应的数据有统一的单位，我们会自动将其作为该维度默认的单位。对于在同一维度内有多个单位存在的情况，系统已经收集了常用的度量单位以及单位间的换算规则，如果这些单位都包含在系统预置的单位内，则自动对单位进行转换，否则需要用户手动输入识别到的几个单位之间的转换规则。进行了单位转换后，会在属性界面提供一个列表，使得用户可以在几个不同的单位间进行切换。如图 11-20（d）所示，选中的数据中包含 m 和 g 这两个单位，系统会自动将单位统一到 m（识别到的第一个单位），并给出两者之间的转换关系 1g=1024m，同时在 Unit 属性项中是一个包含 m、g 两个单位的列表，供用户切换。

11.4.3.4 手势交互

由于手机屏幕的空间十分有限，界面底部的小按钮容易出现误按、漏按等问题。为了使用户能更高效地进行交互操作，我们对几个主要的交互设计了对应的手势交互。如图 11-22 所示，四个手势从左到右分别对应指定横轴维度、指定纵轴维度、取消选择、添加分组操作。

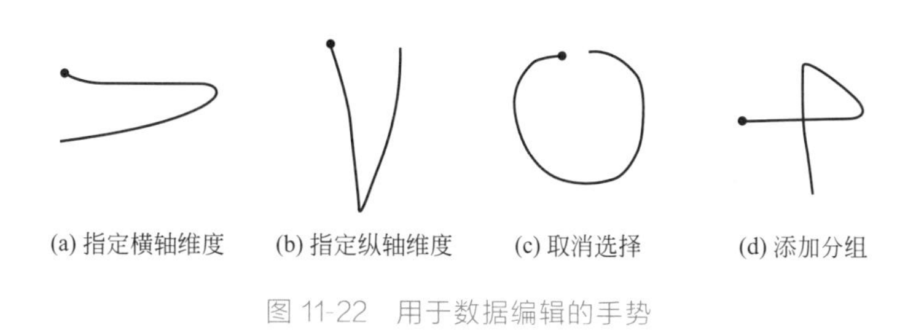

(a) 指定横轴维度 (b) 指定纵轴维度 (c) 取消选择 (d) 添加分组

图 11-22 用于数据编辑的手势

手势识别通过一个轻量的手势识别库 $1（Unistroke Recognizer）来完成。手势交互的开关为界面底部的最后一个按钮，可以通过点击该按钮来打开或关闭手势交互功能。为了使手势交互的开关更易操作，我们充分利用了手机触摸屏的多点触控功能，用双指点击的操作在普通模式和手势交互模式之间进行切换。

11.4.4 数据可视化设计

完成数据的结构化，进行维度指定和属性编辑后，下一步就是进行可视化了。在设计信息可视化方案的时候，一个很大的挑战是如何给数据挑选最合适的可视编码。就可视化的目的而言，有两种可视化类型，分别为探索型可视化和解释型可视化。探索型可视化主要用于探索特征未知的数据，通过交互帮助用户发现数据内含的特征、趋势等，通常针对大数据。解释型可视化主要用于向他人传达有效的信息或者观点，和探索型可视化不同，它所针对的是特征已知的数据，通常针对的是小数据。我们需要根据应用场景、用户意图、潜在观众等方面进行综合考虑，来决定我们需要设计的可视化类型。在 ShotVis 的应用场景中，受限于移动平台的局限性，我们针对的主要还是小数据，主要目的是对小数据进行快速、有效的可视化展示，帮助用户更好地理解数据的特征，并不需要交互分析，所以应该属于解释型可视化。

我们首先会根据维度的类别组合自动地推荐多个可行的可视化初始方案供用户挑选。可视化方案推荐的规则如下。

• 如果在数据编辑前通过自动判断能够判断出当前数据为文档（都是文字，基本没有数字），则直接跳过数据编辑阶段，用文本可视化方案进行可视化。

• 如果两个维度一个为类别型（非地理位置），另一个为数值型，则推荐柱状图、折线图方案。如果这个类别型维度是地理位置，则再加一个地图可视化方案。

• 如果两个维度均为数值型，则推荐散点图方案。

图 11-23 就是对图 11-21 的数据进行可视化的部分结果。我们指定的两个维度分别为类别型和数值型，因此系统自动推荐了柱状图和折线图（分别对应底部的第一个和第二个按钮），默认展示的是柱状图［图 11-23（a）］，用户可以通过点击折线图的按钮将可视化形式切换成折线图［图 11-23（b）］。系统预先定义了几种区分度高的配色方案，同时还包括从原始图片中提取的原生的配色（如第 11.4.2 节所述），用户可以通过点击右下角的调色盘按钮在多种配色方案之间进行切换［图 11-23（c）］。当然，我们还允许用户自定义可视化作品的标题［图 11-23（d）］。

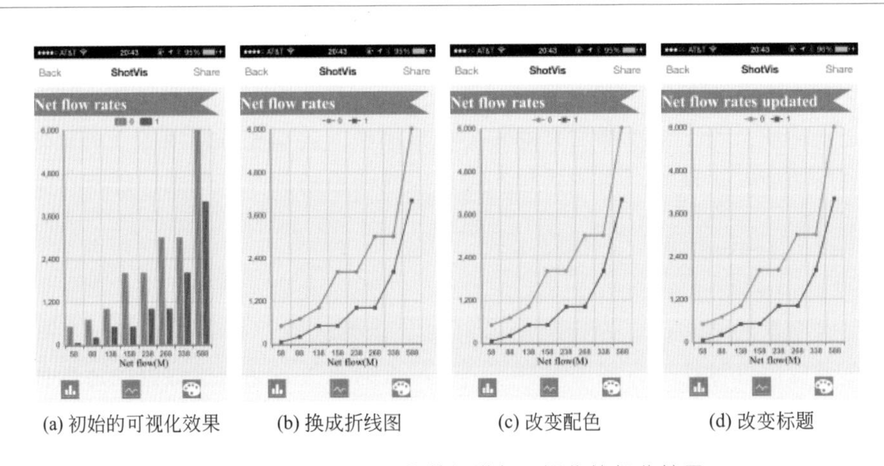

(a) 初始的可视化效果　(b) 换成折线图　(c) 改变配色　(d) 改变标题

图 11-23　对图 11-21 的数据进行可视化的部分结果

11.4.5　案例分析

ShotVis 的目的是实现打印的文本信息的快速可视化。传统上来说，如果数据不以数字化的形式存在，我们需要首先将其输入到电脑上，这个过程将十分耗时。有了 ShotVis，用户只需要通过简单的拍照，就可以将数据无缝地数字化。在这一节中，我们通过几个例子来展示 ShotVis 的有效性。

（1）Anscombe 数据

在这个例子里，我们使用了著名的 Anscombe 数据［图 11-24（a）］。这个数据里面有四组二维数据集，这四组数据集的均值、方差、相关系数都完全一样。从图 11-24（a）中我们也看不出它们到底区别在哪里。而实际上，这四组数据在二维笛卡儿坐标系统里面的分布是截然不同的。可视化是一种很好的工具，用于揭示它们在分布上的差别，帮助人们更好地理解数据。在 ShotVis 的帮助下，我们只要对 Anscombe 数据表格［图 11-24（a）］拍个照，然后借助拖选和添加分组交互完成四个分组的选择［图 11-24（b）］，就可以得到 Anscombe 数据的可视化结果［图 11-24（c）］，可以看到，通过可视化呈现，我们可以很清楚地看到这四组数据在二维上分布的特征及其差别。

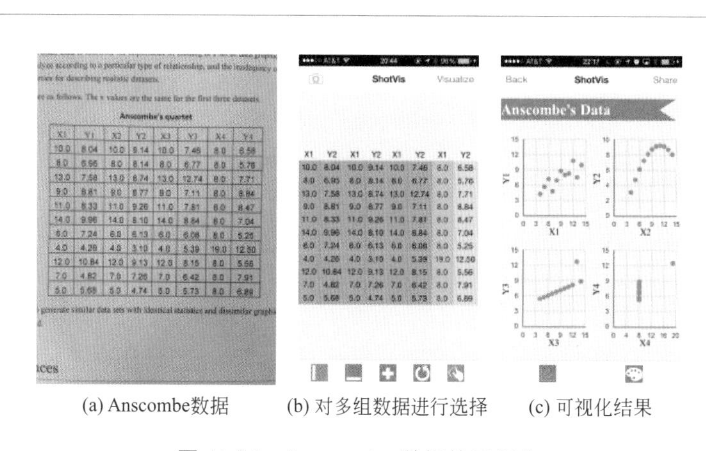

(a) Anscombe数据　　(b) 对多组数据进行选择　　(c) 可视化结果

图 11-24　Anscombe 数据的可视化

（2）论文数据

很多人每天都要进行一定的阅读，读书、读报或者读论文。然而，阅读有时候会比较耗时、低效。比如说读学术论文，就算经验丰富的研究人员，也要花上几分钟甚至十几分钟去了解一篇论文到底在说什么。词云是一种用于概括文章的有效的可视化工具，它通过统计词频并根据词频调整每个词的大小、位置，可以有效地突出在文章中高频出现的词。如果将词云技术对学术论文进行可视化，研究人员可能很快就对论文研究的内容有个大致的了解。

然而，在现实世界中，人们阅读的大多数读物都是以打印的形式而不是数字化的形式存在的，很难高效地对它们应用词云可视化技术。这时候我们就可以借助 ShotVis，如图 11-25 所示。在这个例子中，我们拍摄了某篇文章的摘要和简介部分［图 11-25（a）、（b）］，当被系统自动识别为文档类型后，会直接用词云的形式进行展示［图 11-25（c）］。底部的三个按钮分别对应文字方向切换［图 11-25（d）］、字体切换［图 11-25（e）］、重新布局三个操作，其中，重新布局会在保持文字朝向及字体的情况下随机调整词的位置。在可视化结果中，我们可以很快地得到这篇文章的一些高频词，比如“ShotVis”“Visual”“Design”等。

(a) 某篇文章的摘要及简介部分

(b) 摘要及简介部分后继

(c) 初始的词云可视化结果

(d) 调整了词云中文字的朝向

(e) 调整了词云中文字的字体

图 11-25 论文数据的可视化

（3）地理数据

这个案例使用的是六大洲人口的数据［图 11-26（a）］，当我们选中洲名的维度时［图 11-26（b）］，由于系统内置了城市名、洲名等地理相关的名称及其经纬度，系统会自动将其识别成地理位置类型。因此，除了提供用于普通类别型数据的柱状图和折线图之外，在自动推荐的方案中还包含了地理信息可视化的方案，如图 11-26（c）所示，可以看到底部有三种方案对应的按钮。图 11-26（d）展示了地理信息可视化的结果。

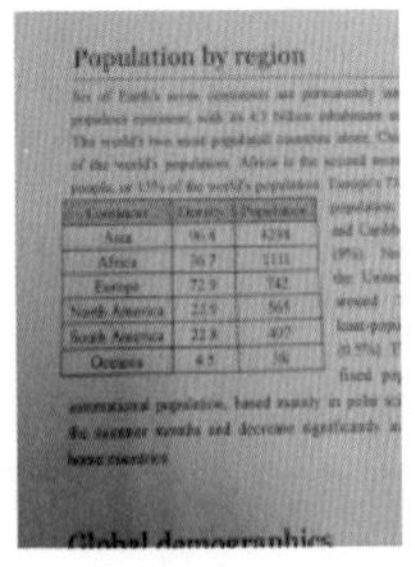

(a) 世界人口数据的照片

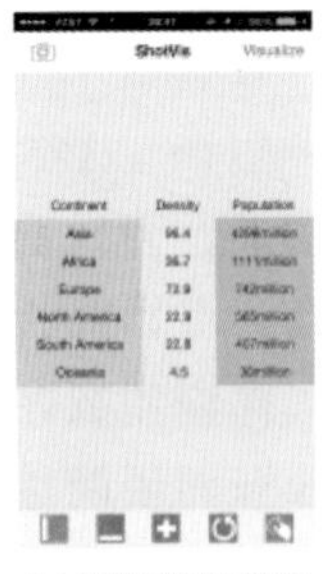
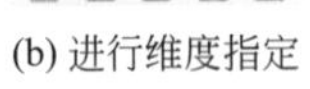

(b) 进行维度指定

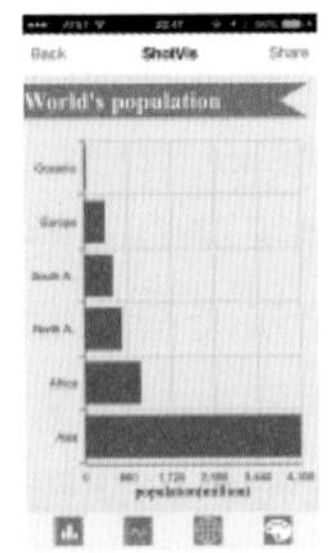

(c) 柱状图可视化结果

(d) 地图可视化结果

图 11-26 地理数据的可视化

参考文献

[1] Dean J, Ghemawat S. MapReduce: simplified data processing on large clusters [J]. Communications of the ACM, 2008, 51 (1): 107-113.

[2] Herman J. Blinchikoff, Anatol I. Zverev. Filtering in the time and frequency domains [M]. New York: Wiley, 1976. A Wiley-Interscience publication.

[3] Thomas M. J. Fruchterman, Edward M. Reingold. Graph drawing by force-directed placement [J]. Software: Practice and Experience, 1991, 21 (11): 1129-1164.

[4] Aritra Dasgupta, Min Chen, Robert Kosara. Conceptualizing visual uncertainty in parallel coordinates [J]. Computer Graphics Forum, 2012, 31 (3): 1015-1024.

[5] Michael Bostock, Vadim Ogievetsky, Jeffrey Heer. D3 data-driven documents [J]. IEEE transactions on visualization and computer graphics, 2011, 17 (12): 2301-2309.

[6] Jonathan C. Roberts, Panagiotis D. Ritsos, Sriram Karthik Badam, Dominique Brodbeck, Jessie Kennedy, Niklas Elmqvist. Visualization beyond the desktop-the next big thing [J]. IEEE Computer Graphics and Applications, 2014, 34 (6): 26-34.

[7] Richard Szeliski. Computer Vision: Algorithms and Applications [M]. Springer, 2010.

[8] Yao Wang, Jeorn Ostermann, Ya-Qin Zhang. Video Processing and Communications [M]. Prentice Hall, 2001.

[9] Gary Miner, John Elder, Andrew Fast, Thomas Hill, Robert Nisbet, Dursun Delen. Practical Text Mining and Statistical Analysis for Non-structured Text Data Applications [M]. Academic Press, 2012.

[10] Richard G. Lyons. Understanding Digital Signal Processing (3rd Edition) [M]. Prentice Hall, 2010.

[11] Mark Weiser. The computer for the 21st century [J]. SIGMOBILE Mob. Comput. Commun. Rev. , 1999, 3 (3): 3-11.

[12] Antti Oulasvirta, Tye Rattenbury, Lingyi Ma, Eeva Raita. Habits make smartphone use more pervasive. 2012: 105-114.

[13] Tamara Munzner. Visualization Analysis and Design [M]. A K Peters/CRC Press, 2014.

[14] Microsoft. Office lens: A onenote scanner for your pocket, 2014.

[15] Hyunjoon Lee, Eli Shechtman, Jue Wang, Seungyong Lee. Automatic upright adjustment of photographs with robust camera calibration [J]. IEEE Trans. Pattern Anal. Mach. Intell. , 2014, 36 (5): 833-844.

[16] J. O. Wobbrock, A. D. Wilson, Y. Li. Gestures without libraries, toolkits or training: A $1 recognizer for user interface prototypes. In Proceedings of the ACM Symposium on User Interface Software and Technology (UIST ' 07). ACM, 2007: 159-168.

[17] Mark Harrower, Cynthia A Brewer. Colorbrewer. org: an online tool for selecting colour schemes for maps [J]. The Cartographic Journal, 2003, 40 (1): 27-37.

第 12 章

多人在线游戏日志数据

在如今的科技与信息时代，电子游戏（特别是网络多人游戏），已成为一种很流行的娱乐方式（以下我们提到的游戏，如果不加特殊说明，都是指电子游戏）。我们看到，游戏平台从 PC，到平板、智能手机；游戏形式从粗糙、简略的线条、格点，到绚丽的界面和易用的交互；游戏内容从小范围的棋牌、益智类到几乎无所不包、极尽贴近生活的海量主题的游戏；游戏时间从专门的大块休闲时间，到公交、地铁、茶余饭后的琐碎时间；这些游戏相关的变化无一不显示着电子游戏正快速地跟进当下的娱乐潮流和大众心理，并拥有巨大的用户参与量。近年来，游戏行业创造了不少财富神话，很多游戏产业相关的领域也都火热起来。

在游戏行业当中，游戏设备越来越多样，尤其是移动游戏设备，使得待分析的设备种类和设备情况愈加复杂。同时，游戏市场高度开放使广告投放具有更多可能性，用户群体更加多变和分散。基于这些因素，游戏产品的研发和优化都具有极大的复杂性和不确定性，而此时游戏数据分析就显得尤为重要。在游戏行业，国内外提供数据分析服务的公司多达数十家，一些通过数据分析方法增加游戏收益，改善游戏品质的例子逐渐被给出。游戏行业中的数据分析主要着眼于游戏特定的描述对象和数据结构，数据分析有利于过滤和集成大量且繁琐的信息，从而有效地帮助决策者做出正确的决断。

12.1 背景介绍

12.1.1 游戏类别

电子游戏主要有角色扮演类、即时战略类、动作类、射击类、棋牌类、益智类。

12.1.2 游戏数据分析角色和任务的简介

一个游戏可以从游戏策划师、游戏分析师和玩家几个角度考虑。游戏策划师是从游戏设计的角度出发，通过审视游戏机制和内容，来分析产品的深层次问题。他们能运用各项数据指标进行理论分析，提出决策方案。而玩家主要是从游戏体验，比如游戏的乐趣、玩法、特色等，对游戏产品进行评估。

12.1.3 游戏数据指标的类别简介

从游戏运营的角度来看，游戏数据主要包括对游戏目标群体的活跃度、收入、位置等属性，以及对用户行为和用户需求的描述和衡量。比如用户获取、用户活跃、用户留存和用户消费信息等，甚至于赋予用户的分类信息、核心度数、引入复杂网络模型后获得的抽象指标这些高层次的信息。单纯从游戏本身的设计和运作来看，游戏设计方面的可选空间、含义的表达形式，以及一些细节如帧频率、分辨率、网络延迟等，都是很好的分析素材。单纯从用户反馈的角度出发，诸如对游戏的可玩性、娱乐性的衡量、用户需求的表达，以及用户简单行为的统计等，也是不错的素材。考虑游戏建立的虚拟社会场景，社会学科的一些模型和指标也可以用来建模用户的心理和行为，从而获得更高层次的信息和指标，获得更为深刻有用的结论。

12.1.4 现有游戏数据分析的方法简介

现有的游戏数据分析和决策主要是基于统计学的基础方法，结合长期总结的经验框架，加上直观有效的数据报表来实现。具体而言，主要用到的统计学度量指标诸如基本统计描述、概率分布分析、关联分析和时间序列分析等。而关于游戏行业的经验框架，即是以业务或应用为导向的模块式或者对象式的综合分析，这些模块诸如充值分析、流量分析、留存分析、等级分析等，各自的轻重详略的敲定、之间的组织关联的建构，都是依据不断地实践、分析、归纳得到的经验。进而对各个模块的分析结果，给出直观有效的数据报表以及数据建议方案。

12.1.5 游戏数据可视化的意义

数据的可视化将数据的属性转换为符号、纹理、颜色、形状等各种视觉元素，最终生成数据的视觉表达形式，通过人类高带宽视觉感知通道，让用户以视觉理解的方式看懂数据所蕴含的特征和规律。除此之外，可视化还通过支持人与可视化结果的直接交互，使得用户可以利用他们已有的知识、经验和推理，进行直观的数据分析。

当数据的规模和复杂度远高于人类视觉通道上限时，数据的可视化表达将很容易产生视觉凌乱，导致可读性下降、分析效率降低、结果可靠性降低等问题。为此，可视分析一方面使用数据挖掘和统计分析等手段精简数据，提取有价值的信息；另一方面设计相关联、相协作的多视图可视系统，并通过交互界面和可视化融合机器的智能处理和人的智慧推理，分析复杂的数据以洞察其中的规律。可视化工作设计了一个可视化游戏帧数和游戏表现共同演化趋势的多视图可视系统，并对原始数据使用了相关的机器学习方法来处理、提炼。当然，游戏数据的可视分析领域比较新，已有的关于探索设计游戏虚拟数据的相关统计模型和有效可视系统的工作较少，故而，这里对于结合模型和可视系统的游戏数据可视分析主要以提出挑战和建议为主。

数据可视化和可视分析作为一种新兴的数据认知、分析工具和技术，相比于游戏领域数据报表中的传统统计图，能够更好地助力游戏数据的展示、理解、分析。一方面，可视化相比于游戏行业中现有的统计图数据报表，提供了更为丰富的编码空间，使得数据的直观展现有了更为自由、更为合适的可能。我们知道任何事物的含义对于一定的人群都应该由特定的符号来进行表达，最普适的方式固然是语言，然而，很多事物用语言描述是困难的，比如数学符号代表的命题，比如音乐的乐章，又比如电脑里面 1000 个人的身高、智商统计。对于这样 1000 个数据无论是语言一句句描述还是 Excel 表格数字描述都不适合人阅读，但是如果是一个散点图，就能一目了然。同样的事物，选取合适的展现方式，能够很好地促进理解。那么对于一项具体的数据属性，究竟有什么样的符号去表示它呢？除了折线图、条形图、饼状图外，还有更为合适的表达符号吗？事实上这些基本的统计图表不过是应用了位置、高度、面积和角度等传统上常用的视觉通道，因此一则把这些统计图中的视觉通道拆解开来，重新组合，二则添入新的视觉通道，例如明度、饱和度、颜色、形状、区域等。再进行任意组合，所能得到的图表就会更为丰富。而在更为丰富的组合选择中，就可以挑选出可以表达之前因为局限于既有的三四种统计图表而不能表达的数据特征或者数据特征组合。

另一方面，可视化相比于简单统计图来说，有着更为强大的关联分析能力，支持多步的分析和交互。比如我们在分析用户的活跃度的统计图表的时候，发现了一些异常活跃的用户，那么他们的具体信息如何？消费多不多？这时候又需要再一次进行数据的查询、数据处理，而这个过程往往让分析师疲于进行多步的分析和探索。一个完整的可视化系统已经将需要关联的数据特征之间建立了关联机制，通过直观分析某个视图得到的一步选择和结论，可以实时地指导和推动下一步的直观分析和探索。

12.1.6 游戏数据可视化的挑战

首先，游戏数据往往具有多元异构的特点。比如对于玩家的活跃度，分析时需要统筹玩家消费这一数值数据、交流对象这一结构数据、交流具体内容这一文本数据。如何权衡待表达数据的重要性和关联性，从众多视觉通道中寻求高效便于理解的复杂多元游戏数据的表达方式是一个挑战。其次，海量玩家数据的不确定性、不完备性，对数据处理和可视表达与交互均是巨大的挑战。第三，玩家的行为具有相当的复杂性，具体表现为时变性和关联性。一个玩家前后行为是联系的，同一个时间点多个玩家之间也会互相影响。如何考虑建模多方的关联性，检测和分析出复杂联系之中的规律，是可视分析的又一个挑战。从多数游戏设计者角度出发，游戏是一种艺术品，而从玩家和粉丝的角度出发，游戏是一种氛围、一个感性认知的世界。在使用可视化技术呈现某个游戏数据属性的时候，一个视觉通道的选择不仅仅决定了这个通道编码的属性容易被感知的程度，同时，这个视觉通道通过相当数量的数据实体所绘制成的一整块图形也被决定了。如果这个带有特定含义的图形符号“看起来”与游戏的艺术氛围相违背，那么对于分析者“自然地”理解也会造成妨碍。

12.2 基本的游戏数据可视化方法

游戏数据可视化是可视化领域新出现的具有巨大潜力的一个研究领域。一方面，把可视化的技术和方法理论应用到游戏中去分析游戏中海量复杂的数据，或是直观形象地进行游戏的多项表现的评估，可以为游戏公司提供极有价值的参考；另一方面，游戏设计上使用的一些可视数据方法，使诸如多维度图甚至文本可视化技术得到了很好的有效性检验，并会在不久的将来得到广泛应用。由于游戏详尽完善的数据不易获取，而可视化应用领域的发展时间也不长，对设备收集的海量游戏数据进行可视分析的工作才刚刚起步，多数其他学科领域对游戏的分析和研究还停留在传统的主观用户反馈，或是小部分数据的简单统计分析上；一些论述游戏效果的三维渲染、游戏引擎方面的文章中涉及可视化方面的工作并不算多。而使用了合适的可视化技术或是提出相关处理模型，并对应设计出有用、有效的可视化系统的相关工作更是只有寥寥几篇。

12.2.1 游戏中的柱形图

在游戏界面中使用可视化技术来帮助玩家理解一些基本信息已经有很长的历史，在以前的一些游戏的产品界面、信息视图、相关分析工作当中，多种多样的可视化技术曾被使用来帮助信息表达。在游戏中加入可视化技术的应用可以很好地促进玩家的体验和游戏的可玩性、娱乐性，这在多种游戏中均有体现。基于此，笔者的工作还提出在游戏界面上方停放重要基本属性和信息；提供重播某段游戏视频的工具条；展现一个进度树来帮助分析游戏前后的情况；将时空数据的合理聚合表达以及其他的一些设计模式。

图 12-1（a）是《魔兽世界》的例子，游戏界面使用柱形图直观地呈现给玩家当前的气血魔法和经验值。其中柱形图的高度编码气血、魔法值的大小，颜色编码显示值的种类；图 12-1（b）是游戏《Call of Duty》[1] 2010 年版本中利用反色的柱形图序列来表示时间轴上某位游戏玩家因战斗赌博的输赢得到或失去的金钱的例子。其中柱形图的方向和颜色编码得失，向上代表赢钱，向下代表输钱；柱形图的高度代表输赢钱的多少。

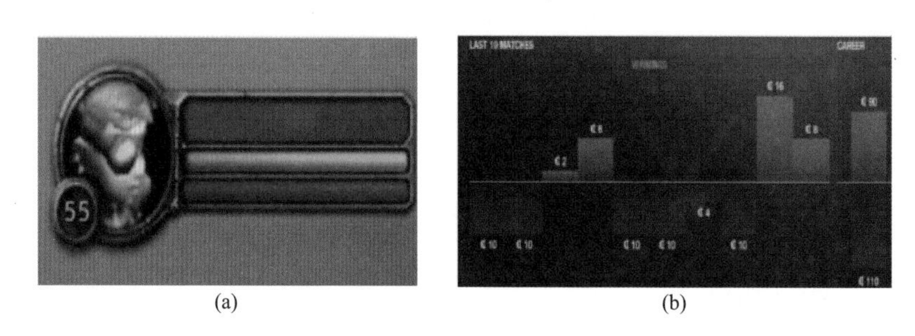

图 12-1 游戏中的柱形图（1）

一项可视化工作利用如图 12-2 所示的双色柱形图代表游戏对抗双方战斗时长。

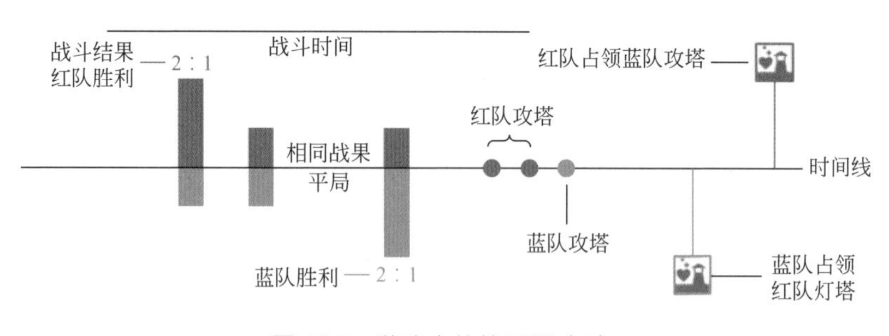

图 12-2 游戏中的柱形图（2）

[1] https://en.wikipedia.org/wiki/Call _ of _ Duty: _ Black _ Ops

12.2.2 游戏中空间数据的可视化

游戏界面当中，把一些空间游戏信息编码到游戏地图上使得玩家直观地理解和掌握空间信息的案例也非常常见。在一个军事策略游戏中[1]，地图上编码了一些统计数据如影响势力和资源分布［图 12-3（a）］。又如《Dota2》中使用的小地图［图 12-3（b）］，上面编码了地图上两边兵力的分布和兵线的推进情况。

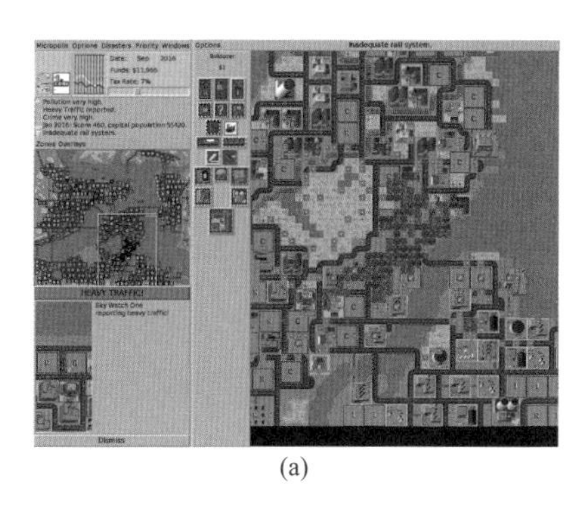

(a)

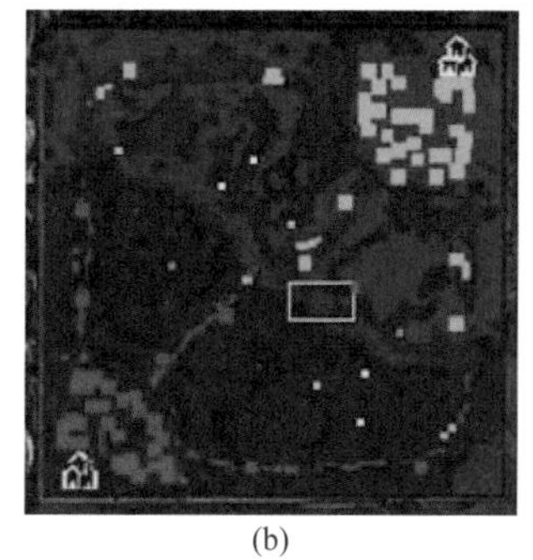

(b)

图 12-3 游戏中的信息编码

通过将游戏数据编码到地图上从而进行分析的可视化工作也已经有不少。比如为了表示和分析玩家在游戏《魔兽世界》的地牢地图上的停留时间信息，相关工作把一组玩家在不同地域中所花费的时间映射成热力图。如图 12-4 所示，图（a）是地牢的地图；图（b）是选择记录的一组玩家在地牢地图的不同地域中花费时间的分布图，颜色越深代表该组玩家花费了越多的时间来与怪物战斗。从中可以一目了然地看出玩家在地图上的一些特定的地方花费了更多的时间战斗。

为了在地图上显示出更多有用的信息，也有相关研究者使用了一种重叠多种可视编码到地图上的可视系统，这样有助于结合不同变量的分布来寻找更丰富、有趣的规律和模式。如图 12-5 所示，紫色的圆形代表玩家在地图不同区域停留的时间，圆形的面积编码了时间长短；蓝色的圆形代表玩家在地图不同区域和 NPC 对话的时间，同样圆形的面积编码了时间长短；橙色的圆点代表玩家在地图上各个位置查看地图的时间，同样是面积越大，查看时间越长；绿色的线条代表玩家的行走轨迹。

[1] https://en.wikipedia.org/wiki/SimCity_(1989_video_game)

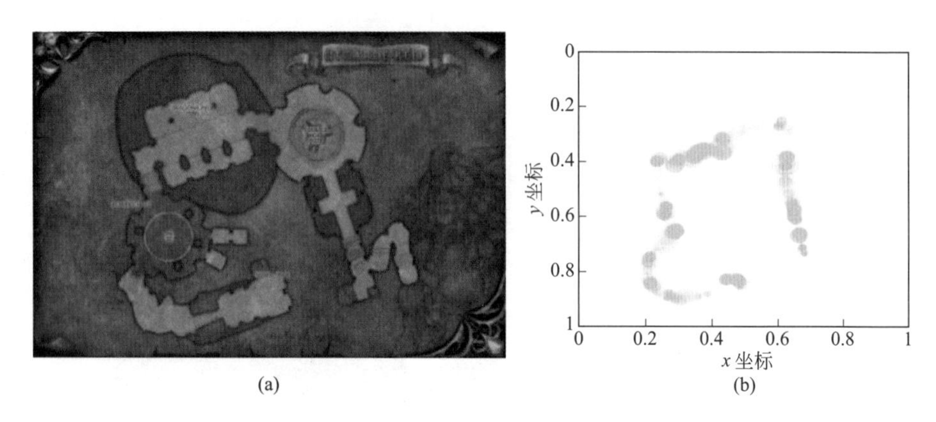

图 12-4 游戏中的热力图

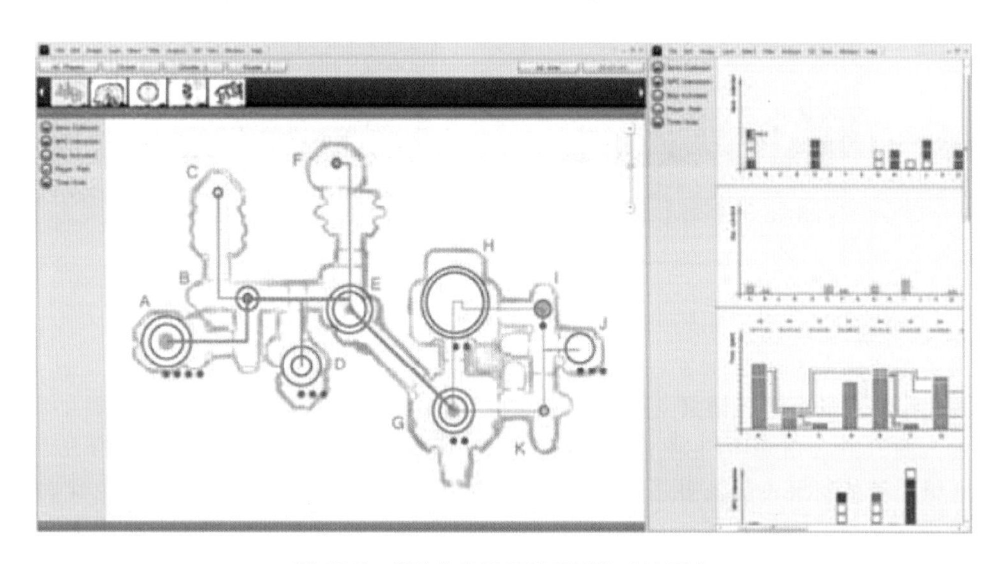

图 12-5 多种信息重叠编码到游戏地图上

对于展示玩家的运动轨迹，相信更多的可视化技术可以被引入使用。在可视化研究领域，已有大量表示轨迹和空间数据的技术和工作。比如城市数据可视化中常用的轨迹线可视化技术，这些技术很好地运用了点集和或是捆扎边线的可视技术来避免轨迹线的重叠和混乱。

12.2.3 游戏中时序数据的可视化

游戏数据往往涉及大量的时变多维数据，有研究者做了一个适用性比较宽广的分析时序和多维数据的可视化系统，其集成了多个视角来看待数据。关于游戏相关时序数据的可视化，一个名为“FPSSeer”的系统设计了一个名为“FootRiver”的视图（图 12-6）。该视图展现了不同帧频率组玩家数量随时间的变化，以及玩家在不同频率组之间转移的信息。如图 12-6 所示，该视图事实上把帧频率按一定的标准分为了三个不同的组，这三个组用三种不同颜色的流代表，每个流的宽度编码该帧频率组所拥有的玩家的数量，同时圆点代表该频率组对应时间点上损失的玩家数量。该视图很好地展现了不同游戏帧频率所适配玩家随时间变化、转移、分离和聚合的特征和模式。该系统对于游戏帧频率对游戏体验的影响具有良好的分析能力，很好地说明了可视化方法和技术在辅助分析游戏表现和相关因素关联时的强大作用。这里用到数据的一个特殊之处在于游戏表现的评估数据，该数据目前还是采用对游戏玩家进行多次游戏测试的方式进行，能否借助可视化的方法来分析这个评估数据的可靠性，或者利用可视化分析处理一些原来无法使用的数据来辅助这个评估数据，有待进一步的考虑和研究。

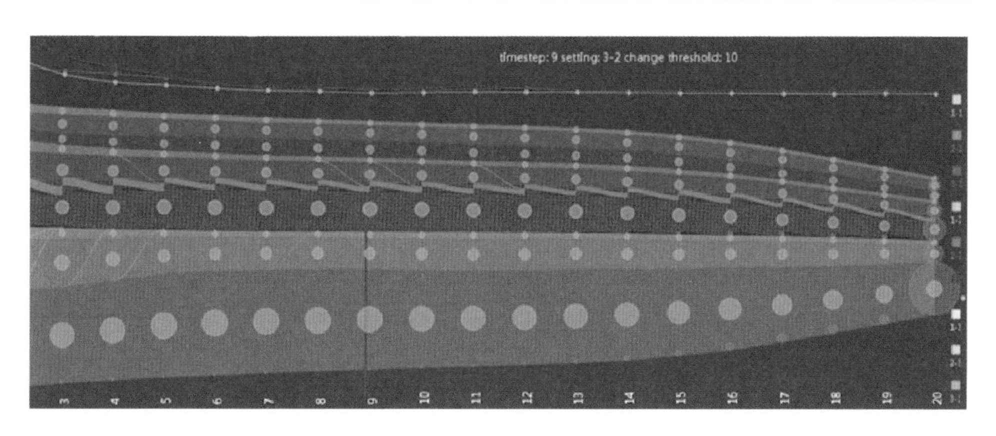

图 12-6 FootRiver 视图

另一篇关于分析一场《MOBA》游戏的可视分析的工作设计了一个展现玩家策略位置时序变化的视图（图 12-7）。在该视图里，10 位《MOBA》游戏玩家距离大本营的距离随着时间发生变化。两组玩家分别用红蓝冷暖两种色调的颜色编码，突出双方的对抗和对比。两种颜色的线条到底端和顶端的距离分别编码各自到各自大本营的距离。由此，整场比赛里，双方队员的位置变化趋势、攻守形势、队员进退的默契与配合展露无遗。更进一步，图中加入了带扇形的圆点表示各个时间点各个选手的金钱和经验情况。扇形角度越大，说明金钱和经验越多。除以之外，箭头代表了形势扭转的趋势，而图标显示了整场比赛中双方对抗的重要节点事件。该视图利用基本的线、圆、扇形、箭头和图标，恰如其分地展现了一场《MOBA》游戏的时序对抗过程。特别地，该视图突出了选手队伍的策略和表现，有助于发现选手行为与游戏事件发生在时间上的模式。除此之外，该工作还提供了展现对应的时变战术行为和时变装备情况的视图（图 12-8）。

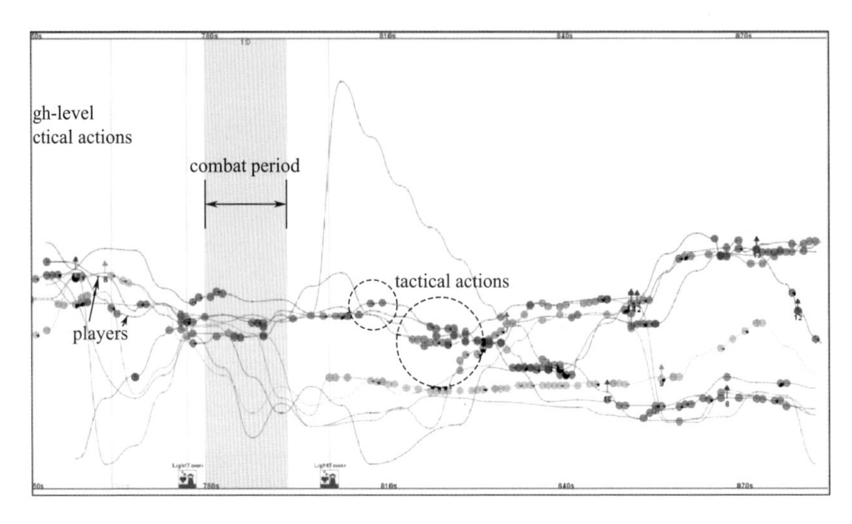

图 12-7 《MOBA》游戏策略位置时序变化视图

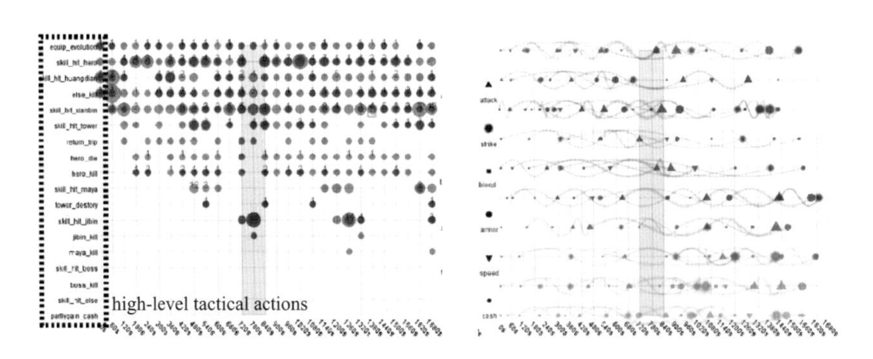

图 12-8 时变战术行为和时变装备情况的视图

关于时序数据的可视化技术在可视化领域已有许多，经典的技术有基于故事线的技术[1]，该技术可以很好地将多个对象的聚合与分散在时间上的分布一目了然地显示。某些文献中优化了故事线的布局，一种叫做“故事流”的技术在故事线的布局中加入优化方法，从而做到实时交互。基于流图的可视技术也可以用来表达游戏中的时序数据，如话题和事件，而这方面的可视技术主要有主题流、层

[1] https://xkcd.com/657/

次话题、事件流、生命流、外流（outflow）等。

12.2.4 游戏中网络数据的可视化

玩家之间错综复杂的关系会形成多种类型的网络，有关网络数据的可视化有两个非常好的综述，早期网络可视化工作主要关注于网络的拓扑结构，也有一些关注于表现点或者边的属性。

12.2.5 游戏可视化综述

对于游戏数据可视化工作的综述和框架建构。有一篇文章探究了各种类型游戏中所用到的可视化元素，并总结定义了一个设计空间，由此可构建适合各种游戏的可视化技术的设计模式，给后面游戏设计空间中对可视化技术的使用提供了框架。另一篇文章基于大量的游戏界面和相关工作，提出了一个适用网页上构建游戏数据可视化元素的框架。

12.3 游戏数据可视化的应用——海量玩家的消费行为与交流行为的可视分析

12.3.1 海量玩家的消费行为与交流行为可视分析的引入

现代游戏中极其丰富的选择性使得平衡有关游戏表现的各种决策选择以及分析、理解、预测玩家行为变得异常艰难。在游戏设计和表现改进方面，游戏开发者要保证游戏的可玩性，同时还要提供令玩家满意的、有趣的体验；另外，游戏分析师要观察玩家在游戏中的复杂交互行为和状态信息，从中理解玩家行为的规律和对游戏运营造成的影响。传统的方法诸如对玩家的观察调研、录像、关于游戏可玩性和易用性的采访或者有声思考，以及对游戏部分服务器测试等，在应用于庞大数量的玩家时，变得非常耗费时间。同时这些方法只获取了一部分玩家数据，采样可能有偏差，无法得到众多玩家游戏体验和游戏行为的一个纵览图，也很难重现一个玩家在游戏中完整的交互情况，具有较强的主观性，易导致误解。着手进行海量玩家的消费行为与交流行为的可视分析有以下三个背景。

（1）海量游戏数据的自动收集

随着数据存储成本的降低和服务器性能的提高，许多游戏运营商开始通过机器设备自动收集玩家在游戏中的原始数据，如发起事件、状态信息，甚至一些非常细节的交互信息等。这些数据客观、准确，收集起来又只需要设备的支持，非常省时省力。除此之外，这种常常被称为“遥测术”的方法使得开发者或者在线网络游戏数据分析师可以和玩家保持持续的连接，从而收获一条稳定的游戏过程信息流。由此开发者可以根据游戏过程中产生的问题、实时的需求、玩家行为的动态变化，进行漏洞修复、设计改进以及用户行为分析。

（2）相关的社会学模型基础

借助一些社会学已有的研究和理论模型，除了独立地研究玩家个人动态的某项行为外，还可以把玩家的行为放在玩家所处的虚拟游戏环境中去考虑，同时把玩家的某项行为受到其他行为的影响、多种行为之间的关联考虑进来。具体而言，研究者可以考虑通过游戏中玩家的组归属标签，通过聚类、降维、主成分分析等方法，将玩家划分为各个社会关系和社会相似性决定的社会组，然后针对不同组在关系网络拓扑结构中的相关社会地位，以及相互之间的社会交互，在各个考察方面进行计算和提取；再利用多种社会学和统计学的模型和相关分析方法，如回归、相关性分析等来得到某一组甚至某个玩家某项行为受到其他组玩家诸多交互的影响在时间轴上的演化趋势和变化规律。

（3）已有的可视分析技术和工作

关于玩家在游戏中的行为分析，一些简单的游戏数据可视化常常按照玩家出现的坐标直观地展现用户的行为数据，如热力图中就用图标分布图及其他地图分布的可视化来表现用户某项行为数据在地图上分布的总趋势，并就此观察异常区域和一些规律模式的出现。这类的数据展示方式还可以通过多细节层次、局部放大等常用的可视化技术，进一步查看和比较在一个特定区域，玩家该项数据的详细指标。在可视化领域有很多关于局部放大的文献。另外，通过一些优化的算法和设计，采用多种不易混淆和良好的布局结构，分析者甚至可以在一张地图上同时表现几项数据的分布情况，并观察分析它们各自分布上的不同，以及之间的关联，或者其他有趣的模式特征。除了使用玩家的虚拟地图位置信息，借助玩家在虚拟社会的交流网络、交易网络以及关系网络上的社会地位来进行布局也是一种选择。举例来说，主要有基本的点线图、层次树、导向图[1][2]以及一些放射性气泡相关的布局[3]等社交网络的布局或个人网络布局。若要综合考虑多种因素找出隐藏在数据中的玩家的相似性和相异性，可以将带有多重行为和状态属性的海量玩家数据作为多维数据来聚类、降维，并运用散点图、聚合方法来进行展示。对于高维数据的可视化，也已有非常多高质量的工作。游戏玩家的行为还具有时变性，时序的网络数据可以按照以不同时间段的网络特征来形成该时段的特征向

[1] http://bl.ocks.org/mbostock/4062045

[2] http://bl.ocks.org/1062288

[3] http://mbostock.github.com/d3/ex/tree.html

量，进而将所有向量降到二维，用散点的方式和时间连线表现出不同时段的网络变化。其他时序多维数据则可以在聚类后把一个个玩家相应地聚合为不同的类，然后观察和分析时间点之间各个类别的流入流出情况。还有一类玩家的行为数据就是玩家的消费信息，玩家消费的商品类别不尽相同，这可以形成一个玩家和商品的二分图，从而进一步提取特征向量进行聚类、分析。

12.3.2 海量玩家的消费行为与交流行为可视分析的一个具体工作

12.3.2.1 工作挑战和贡献

要能够全面检验游戏中玩家多种行为之间的关联，并探究不同社会机制所起的作用，有两个巨大的挑战摆在我们面前。第一就是怎样衡量多种行为之间的关联度，同时怎样把不同社会机制对行为所起的作用建模。每个玩家都身处于游戏虚拟环境中多种社会机制的牵连之下，从两两之间的关系或是三元闭包的关系，到大的整体的关系网络。除此之外，这些社会机制的影响互相还会交叉重叠，构建合适的模型将不同社会机制各自发挥的作用捕捉描述，是一个亟待解决的挑战。第二个挑战就是怎样可视化多种行为之间的动态关联和社会机制对玩家行为的动态影响。这里的动态关联存在于多种商品类和由行为复杂度区分的玩家组之间。也就是说，动态关联是伴随着不同类型的时序关系产生的，包括不同组玩家的影响被影响关系，不同商品类的竞争关系，以及玩家交流对消费的关系。因此，构建一个简明易辨识、提供有效信息的可视概要来表达时序的这种关系是困难的。除了提供一个各种关联共同演化的可视化，同时还要使得使用者可以探求不同组玩家在购买不同类商品时行为的异同点的原因和不同细节层次上的动态属性，这也是个挑战。据我们所知，现有的可视研究没有分析过玩家的动态行为和时变多类型关联。

为解决第一个挑战，我们的研究系统地探究了多人在线角色扮演游戏中能够影响玩家行为的社会机制，除去直接的交流频次，我们确定出两个根本的有重要影响的社会机制：社会影响力和三元闭包。我们提出了一个影响和被影响度计算模型来探究上述的社会机制对玩家行为的动态关联的影响。为了解决第二个问题，我们基于相关设计需求提出了一个可视分析系统：行为探究系统。该系统由两个主要的部分组成：一个是高层次的玩家交流行为、消费行为的动态关联以及不同社会机制在其中的作用的纵览图；另一个是细节层次的视图，可视展示了玩家的代表性属性和一些细节的行为指标，这使得我们可以找到在高层次中发现的模式的深层次的原因。同时我们做了两个案例分析和一个游戏分析师的实际评估来检验可视系统的有用性和有效性。

工作贡献如下。

① 对玩家行为分析任务的系统化描述，这些任务都是为了帮助我们理解虚拟社会环境中交流和消费之间的关联。

② 一个可以测量和理清不同社会机制下玩家交流行为对玩家消费行为影响的模型。

③ 一个基于模型的、由一系列可交互视图组成的形象展现不同社会机制下玩家交流行为对玩家消费行为的动态影响以及相应细节信息的可视分析系统。

12.3.2.2 传播学理论基础

在线多人角色扮演游戏中的众多玩家行为当中，玩家的交流和消费行为是尤为重要的。玩家的消费行为重要性显而易见，它直接关联到游戏方的收入和持续投入。然而，玩家个人的消费行为很大程度上受到周围其他玩家的影响，特别是那些有威望有影响力的人。从其他玩家那里受到的影响可以分为三种社会交互机制：直接交流、社会影响力、三元闭包。

多人在线游戏中，玩家通过直接交流对其他玩家施加影响力。玩家间交流的纽带提供了一种主要的渠道，沿着这个渠道玩家的想法和购买商品的信息会如同传染病一样扩散。关于某一类商品的功能、质量、性能的重要信息会通过直接交流从一个玩家传播到另一个玩家，这可以不断影响玩家对商城商品的期待，同时对他们的购买决策产生影响。除此之外，直接交流的影响力还常常和玩家身处的交流网络中的两个社会机制的影响力所混淆，一个是社会影响力机制，另一个是三元闭包机制。

社会影响力机制强调玩家个体会改变他们的行为从而向他们伙伴的状态靠齐。通过观察游戏中周围玩家的突出表现和高水平技能，一个玩家预期会消费更多的商品来提高自己的综合表现，这使得他们会和交流人群相似相合。一个玩家和他周围的玩家的技能、战斗力等差距越大，就能给予该玩家越强的动力去提升他的技能和表现。三元闭包机制意味着如果一个玩家和他交流网络中的其他玩家有更多的共同交流玩家，这个玩家就会有更大的动力来消费更多商品来提升他的技能和表现，从而保持他和其他玩家的关联。

直接交流、社会影响力机制、三元闭包机制并非互相独立。相反，它们共同作用于玩家的消费行为。我们的研究尝试使用中国大规模多人在线网络角色扮演游戏中纵向的数据来理解虚拟社会网络，找出解析这三种社会机制叠合而成的影响，同时通过可视分析系统来展示这个影响和组成的动态变化。

12.3.2.3 数据描述

我们的数据由一个热门的多人在线角色扮演端游提供。这个游戏由几十个大型的服务器同时驱动，到如今已经吸引了上百万的玩家。后台操作人员选择了一个记录相对完整的服务器的数据作为我们的研究数据，希望我们能够对玩家长时段的多种行为和交互提供一个全面彻底的分析。在数据清理之后，我们保留了近六万玩家长达49周的游戏数据。不同时间点的属性、行为等都保存为一个个单独的CSV文件。研究中我们把游戏中每个服务器都视为一个虚拟世界。每个玩家在其中的化身由玩家ID唯一确定。同时这个化身有众多属性，它们可以被分为静态属性（在整个游戏过程中该属性不发生变化）和动态属性（随时间推移该属性发生变化）。前一类属性包括性别、职业。后一类包括在线时间、等级、交流频次、击杀玩家数量、消费记录、VIP等级、修炼、修为。下面对属性进行逐一解释。

（1）静态的

• 性别：玩家角色一旦创立，性别就被决定下来。

• 职业：同样，玩家角色一旦创立，玩家的角色也被决定下来。游戏中有8种角色，并且每种角色都归属于一个门派。共有四个门派：神机营、昆仑山、逍遥观、万妖宫。为了简化表达，我们将四个门派在接下来的部分简化表达为B、M、T、G。相同门派的职业在功能和演化模式上有相似性，每个玩家的行为是在门派的层次上进行研究的。

（2）动态的

• 在线时间：这个属性表示玩家角色一定时间段内在游戏中上线时间的长度。

• 等级：玩家的游戏等级范围为1～150。

• 交流频次：这个行为属性代表一个玩家角色在一定的时间段内和其他玩家的交流次数。

• 击杀人数：在全服对战的活动中玩家角色会互相战斗和击杀，该属性就代表一定时间内一个玩家击杀其他玩家的次数。

• 消费额度：该行为属性代表一定时间段内一个玩家角色在游戏商城中各类商品上的消费金额（单位用银两来表示）。

• VIP等级：一个玩家角色在游戏中累计充值金额越多，他的VIP等级就越高。范围为1～10。

• 修为：玩家可以通过学习门派技能来提高技能的能力和效果，技能的等级越高修为就越高。

• 修炼：玩家角色可以在帮派中通过消耗大量银两和帮派贡献使得各方面属性得到质的提升，提升越多，修炼值越高。

12.3.2.4 使用者需求

通常，游戏分析师都是通过基本的统计方法来解释说明数据。比如，如果一个新的活动方案被设计者提出，分析师则分析玩家的参与度和活动的完成度；如果一个新的商品被引入，分析师会计算玩家购买比例和重复购买比例。Hadoop

Hive 就是用来完成这些任务的一个工具。但是，这种数据仓库式的工具只能提供给分析者一个基本的统计指标，对于发现行为之间的关联和原因分析无能为力。目前还没有一个可以提供高层次视角的用户友善的交互工具。我们实验的目标就是构建一个可视分析系统来促进数据分析。为深入了解领域需求并提取合理的任务抽象、设计需求，我们和游戏分析师以及传媒研究学者进行了探讨，基于反馈和意见，我们对系统原型进行了修改。所有的需求和反馈都浓缩并转化为如下的设计目标。

- Q1：玩家的各种行为是怎样各自演进的？在游戏不同形式的行为中，分析者对于玩家的消费行为和社交行为尤为感兴趣。我们的分析系统使得他们可以探究玩家消费行为的时序变化。
- Q2：玩家的交流和消费行为是怎样共同演进的？社交网络中玩家之间的交互会通过不同的社会机制对玩家的消费行为施加影响。分析者想查看这种交流和消费的关联性，从而更好地理解玩家行为的共同演进模式。
- Q3：哪个玩家组与其他玩家的社交行为对其他玩家的消费行为产生了更大的影响？哪一组玩家又更容易受到影响？不同组的玩家往往有明显不同的交流消费行为。进行组间和组内的规律模式的分析比较对于分析者来说非常有用。
- Q4：社交行为在不同商品类消费行为上的相同性和不同性是什么？这个游戏提供了极其多样的商品种类，它们有广阔的价格区间、功用性和消费人群。分析者要求可视系统可以保证对不同商品的消费情况及所受影响的分析对比。
- Q5：所发现的演化模式或者共同演化模式背后的原因是什么？是否可以由一些可能的原因对发现的规律做初步的假设？分析者想剖析所发现的有趣特征模式并进一步探究细节从而帮助形成初步的假设或者解释。比如，对于是时序的增长和下降的模式，我们是否能给出合理的解释？

12.3.2.5 数据处理总览

这个研究对数据处理分三个部分，首先是数据的预处理，然后是数据分析，最后是交互的数据可视化。我们的可视系统是基于网页的应用，我们的实验和案例研究都是在台式机（英特尔至强 E3，内存 32GB，1920×1080 分辨率的显示器）上谷歌浏览器中进行的。我们的前端框架使用 angularJS，后面的服务端和数据库使用 Node.js 和 MongoDB。使用 D3.js 作为可视化函数库，并使用 python 和 R 作为数据处理和模型构建工具。数据的预处理过程主要把 csv 文件中存储的数据中基本的信息提取出来，并转换计算产生新的属性指标。数据分析过程主要是支持数据的实时检索和使用传播学中分步回归模型对数据进行计算从而得到相应指标。该过程中，我们基于模型计算描述了直接交流、社会影响力、三元闭包对玩家消费行为的影响力。交互可视化过程接受前两个过程的输出结果，并生成一个基于流图的关于交流和消费行为动态关联的可视化总览以及基于分布环和像素图的展示玩家角色属性和行为指标的细节视图。

12.3.2.6 可视系统介绍

这一部分描述了一系列的交互式可视化技术。图 12-9 展示了由两部分组成的系统界面：高层次视图和细节层次视图。高层次视图采用了河流的隐喻来可视展现玩家不同行为的动态变化以及它们和影响力的共同演化趋势（Q1，Q2）。同时该视图提供一个堆叠树结构来帮助导航浏览高层次的视图从而更好地从不同玩家组、不同商品类的角度来描述行为的动态变化和行为及影响的共同演化关系。细节层次的视图由一系列相互关联的交互视图如分布环、平行坐标、个人中心网络等组成，使得分析者可以进一步分析高层次视图中发现的趋势和特征，通过深入的分析和模式细节的探究形成初步的假设或者有指导性的结论（Q5）。同时，在细节视图中，我们支持组间和组内消费行为和各种属性的直观鲜明的比较（Q3，Q4）。下面介绍两个部分的视图。

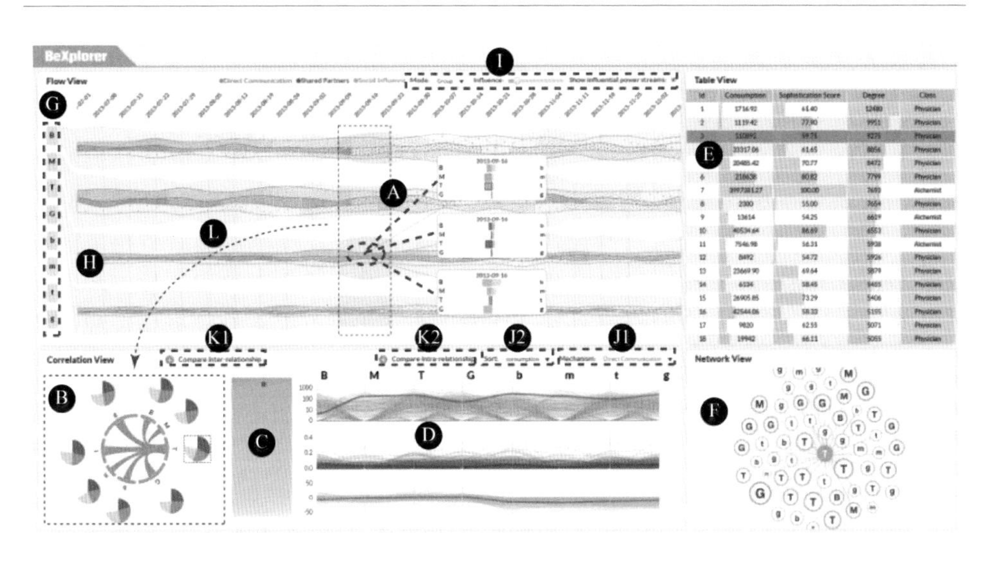

图 12-9　工作系统界面

（1）高层次视图

之前使用分步回归模型捕捉了各个复杂玩家组和普通玩家组在三个社会机制下的交流对消费的影响力，同时从不同商品类消费的角度做出这个评估。这些连续评估的结果挖掘了在多人在线角色扮演游戏中玩家交流和消费行为的动态关联，蕴含着复杂的共同演化模式。因此，构建一个能动态展现交流消费各自演化的趋势和共同演化的模式的简明直观、信息完备的可视总览来回答 Q1 和 Q2 的问题是一个巨大的挑战。

为此目的，我们提出使用流图的隐喻来可视展现复杂化的时序行为数据，从而多种行为的度量指标的起落可以被直观地表现出来。流图隐喻在可视化领域中常常用在时序数据的表达上，并且由于其易理解性而得到领域专家的广泛接受。使用流图的隐喻来表现时序数据往往能构造一种视觉上清晰易辨识、具有吸引力的布局。针对我们的时序行为数据和关系数据，我们采用了一个综合的基于流图的设计。这个设计展现了关于不同玩家组商品消费和受到影响力的共同演进关系（Q1，Q2）。具体而言，我们把消费行为编码成消费流（见图 12-9 中 H），同时我们把社会交互机制下的影响力编码为影响力条带。由此，由于我们把条带直接置于消费流之上，消费行为和它受到影响的共同演化的关系就能被直观清晰地看到。施加到消费行为上不同社会交互机制的条带颜色不同，如此不同颜色的条带随着消费流在时间轴上共同飘摆起伏，就像海上浪潮的起落。除此之外，不同颜色的彩色的条带还可以通过根据用户需求（图 12-9 中 I）合并从而在消费流上看到两个或者三个社会交互机制的影响力，或者分开来独自观测某一社会交互机制的影响力。

除了时序变化的规律模式，分析师还想探究不同社会交互机制下来自不同组玩家的影响作用在不同的商品类上的差异（Q3，Q4）。由此我们专门设计了一个柱状图（取名影响柱，见图 12-9 中的 A）来表现某组受到一个社会交互机制的影响力是如何来自 8 个玩家组的。基于以上信息，设计分析师可以分析检验一个消费流上各个社会机制的影响力的来源组成，只要在对应消费流的条带上点击一下，专门设计的柱形图就会展现出来。使用柱形图而不是饼状图是因为每个玩家组施加的影响力的比例和绝对的数值大小在这里对于分析都很重要。分析者不仅仅想知道某一个特定时间点社会机制影响的分布比例，而且也想对比影响力值的高低。同时我们使用了一个堆叠树的可视化（见图 12-9 中的 G）来提供紧致的层次布局，为重要的可视流的展示节省空间。每个堆叠树中的点可以弹出和收回对应的消费流图。当用户点击这个点的时候。可视编码方案的详细描述如下。

① 堆叠树：堆叠树有三个层次。堆叠树的根代表选定服务器的所有玩家。中间层次包含 8 个分支节点，这代表着 8 个组的玩家（即是 4 个门派复杂普通玩家组）。每个分支节点有 5 个叶子节点，即是该玩家组在 5 个商品类上的消费流。同时根据每个消费流上所有时间节点受到的影响力的总和的多少，我们改变该消费流对应堆叠树上的节点的颜色深浅，受到影响力越大，颜色越深。用户点击堆栈树上的节点，对应的消费流就会在右边的视图中展现。

② 消费流：消费流是以一种在垂直方向上对称的方式来绘制的。消费流在某个时间点的宽度和该时间点上该组玩家的平均消费额度成比例。从堆叠树的中间层次点击得出的 8 个玩家组的消费流在时间轴上起伏变化展现着对应 8 个玩家

消费行为的时序变化。同样从堆叠树叶子节点点击出来的流图显示该玩家组在该类商品上消费行为的动态变化。

③ 影响力条带：如图 12-9 所示，三条不同颜色的条带按固定顺序叠放在每个消费流上。它们跟随消费流的波动进行波动，好比浪花在巨浪当中摇摆。这三条条带就是展示我们在第 4 部分讨论的三种社会机制，我们用颜色来编码社会机制的类别，条带的宽度来编码社会机制影响力大小。条带可以根据需求合并从而表现加和几种机制的影响力。每组玩家经过规范化处理的直接交流频率、共同交流人数（Jaccard 系数来表示）、CWBS 差值（即该组玩家每个人三个社会交互变量的均值）被编码为彩色条带的明亮程度，由此我们在观测影响力的同时观察到实际产生影响力的社交行为指标。我们尝试过使用堆栈流图的布局来表示消费流，这样可以同时展示所有玩家组合的和单独的行为时序变化。但是一层层叠起来很容易导致对趋势感知的混乱。我们的合作者同样认为在较大扭曲的情况下观察单独每个消费流的趋势非常不易。游戏分析专家同时表明表现整体的消费趋势在我们的分析任务中不是必须的。基于这个考虑，我们放弃了堆栈流图的布局，而选择了现在的对称流图布局。

（2）细节层次视图

细节视图的设计提供了一系列可视技术，使得分析者可以基于在高层次视图中发现的规律模式寻求进一步解释并形成初步假设（Q5）。特别地，分析者感兴趣于研究不同属性（比如消费额度、技能、修炼、修为）的玩家是否在驱动三种社会交互机制的三个社会交互变量上会有所不同。这里的三个社会交互变量，即是直接的交流频次、共同交流人数和相应的 CWBS 差值。由此，某个固定时间点不同组玩家的属性和社会交互变量的值的关系就在更细的层次上展现在细节视图中。

首先我们设计了一个集成视图和分布环，让分析者了解到更多玩家组间的社会交互和玩家属性。分布环本身是各组玩家各自属性的分布的一个总览。不同组玩家之间的社会交互由曲线来代表，曲线的宽度代表连接两个玩家组中个体相应的社会交互变量值的平均（比如平均交流次数、平均共同玩家、平均 CWBS 差值）。这个分布环使得分析者可以把玩家社会交互行为和玩家自身的属性结合起来。

除了组间的分析比较，组内的比较、分布也同样需要（Q3）。为了达到这个目的，我们设计了一个像素柱图和三个平行坐标。像素柱图提供了一个节省空间的紧致方式来可视展示某组玩家的属性分布情况。同时平行坐标显示了关于选定玩家组中各个玩家的三种社会交互变量的详细分布信息。接下来是对这些编码的详细介绍。

① 分布环：图 12-9 中的 B 展示了一个有 8 个部分的环。每个部分对应的圆

心角是和该部分代表的玩家组的人数成比例的。给定分析者所感兴趣的当前属性，所有的玩家会按照各自这个属性值的高低进行排序。接着把所有玩家的这个属性的值的集合根据 4 分位数划分为 4 个部分。再根据这个划分的分界值来把每个部分的玩家从外到内地进行 4 个区块的划分，其中每个区块的厚度用来编码该玩家组落入这个属性区间人数的百分比。

在分布环中间的曲线是用来编码不同玩家组之间的社会交互的，这可以帮助分析者直观地得到玩家组间的交流次数、CWBS 差值、共同交流人数的衡量值，从而把玩家的社会交互和他们的属性联系起来。曲线的宽度代表连接两个玩家组中个体相应的社会交互变量值的平均（比如平均交流次数、平均共同玩家、平均 CWBS 差值）。

② 像素柱图：在分布环的右侧，我们放置了一个像素柱图（见图 12-9 中 C），它在我们选中分布环中某一个部分即一个玩家组后出现。像素柱图的设计是为了展示最细粒度的玩家属性。具体而言，像素柱图中的每一个像素块代表选中玩家组中的一个玩家，像素块颜色的深浅代表该玩家当前关注的属性值的大小。

③ 平行坐标：与像素柱图同时显现的还有三个平行坐标（见图 12-9 中 D）。对于像素柱图中的每个玩家，我们都能算出他与 8 个玩家组的三个社会交互变量。我们采用三个常用来表示多维数据的平行坐标来分别可视化表示组内每个玩家与 8 个组的这三个交互变量。每个平行坐标对应一种交互变量，同时有 8 个轴，每个轴代表一组玩家。那么在对应某一变量的平行坐标上，一根分别连接着 8 个轴上某点的线就显示了当前选定的玩家组内某一个玩家在该种交互变量上和 8 个玩家组的变量值的分布。线的颜色由该平行坐标所对应的交互变量种类决定，和高层次视图中三条条带的颜色对应。平行坐标和像素柱图都是可交互的且互相联动的，当用户选定像素柱图中的一部分像素，那么对应那部分的玩家对应在平行坐标上的线就会高亮起来。同样若用户刷取平行坐标中感兴趣的一部分线条，对应像素柱图上的相应玩家的像素点也会高亮起来。

④ 其他的视图：我们采用一个表格视图（见图 12-9 中 E）来展示那些感兴趣的游戏玩家及异常玩家的详细信息。表格中只呈现像素柱图或者平行坐标中选出来的用户感兴趣的玩家的详细信息。具体而言，表中每一行代表一个玩家，每一列代表一个玩家属性。每个单元中放置一个柱形图来表现该单元格中的值。分析者可以根据特定的属性排序表格中的玩家。一旦我们在表格中选定某个玩家，该玩家的个人交流网络就会以力导向图的布局出现在表格下方（见图 12-9 中 F）。力导向图中的点代表一个玩家，点上的字母代表该玩家的组别，点的大小代表该玩家的 CWBS 值。由此不同玩家组中不同复杂度的玩家在当前选定玩家的个人交流网络中的分布情况可以清楚地展现。同时点和点之间的连线的粗细代

表玩家之间交流的频繁程度，由此交流情况也能很好地被观测到。

综上，在研究游戏虚拟社会中的玩家行为数据可视化时，建立相关的数据处理模型，并设计带有交互界面的多视角、多层次的可视系统，这样既借用真实社会中已有的成熟研究理论、模型和融入人智慧的可视系统来更为深入和透彻地分析虚拟游戏玩家动态行为，同时借助虚拟游戏中更易得、完善和新奇的数据来验证分析结果，以丰富、拓展、探究相应模型理论和可视系统工具。这里建立模型往往会产生一些不同于游戏本身原始数据的新数据，比如为了更好地表达和分析玩家组之间的关联和影响，通过聚合、主成分分析和回归中的贡献度分析得到新的属性和特征，从而实现对原始数据的有效转换、重要特征选取，以有的放矢地对数据进行可视展现。

12.3.2.7 案例分析

我们通过使用可视分析系统探究玩家行为规律的案例分析来说明我们可视系统的有用性和有效性。该案例分析主要是展示我们的可视系统在可视追踪和理解多种行为共同演化关系中的作用。在这个案例中我们首先选择堆叠树上颜色最深的节点，即受到总的影响最多的玩家组，由此我们选择了门派 M 的复杂玩家组。观察该组玩家的消费流我们发现了非常清晰的总消费下降趋势，这一点从消费流宽度的变窄的趋势可以看出。与此同时蓝色和红色的条带越来越淡（从图 12-10 中的 A，B 到图中的 A′，B′可以看出），绿色的条带则变得越来越深（从图 12-10 中的 C 到图中的 C′看出）。换句话说，该组玩家与各玩家组的直接交流频次减少，同时共同的交流人数也随时间下降。与此同时，其他组玩家与该组玩家的 CWBS 相减得到的数值正在不断变大。由于该组玩家为复杂玩家组，CWBS 的值较高，从而其他组玩家与该组玩家的 CWBS 相减的数值为负值，负值不断

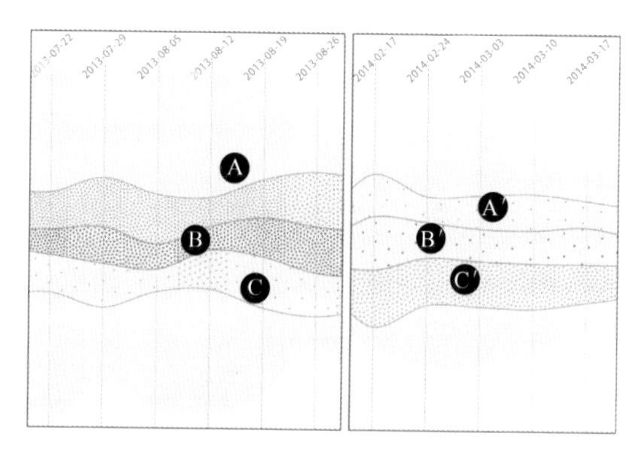

图 12-10 流图开始结尾对比

变大即代表其他组玩家与该组玩家的CWBS值正在不断靠近。这两个趋势说明该复杂玩家组在游戏中整个的活跃度不断下降，同时一些复杂玩家可能离开了游戏。这个现象对多人在线角色扮演游戏后台的游戏分析师来说非常重要，因为对此他们要采取及时的措施来重新鼓舞玩家的游戏热情和投入。与此同时，通过观察三条条带的时间前后的宽度变化我们发现，该组玩家受到的来自三种社会机制的影响力并没有随着活跃度的下降而有明显的变化。这说明虽然三种社会交互变量呈现出该组玩家社交行为活跃度下降，但是模型得出的社会交互机制对消费行为的解释力仍然不减。

就此现象我们和分析师进行了分享和讨论。他们回复一些复杂玩家在达到一定的修为或者等级后往往会离开游戏转而开始另一个游戏。同时他们指出我们的工作帮助他们找到了复杂玩家人数消减的重要时段，进而观察该时间段内每个玩家具体的行为分布。对于玩家的具体行为举例来说，我们先后找出了游戏早期和后期的复杂玩家，并把他们在展示表格中按等级排序。对比发现，在游戏后期很多高等级玩家的交流频次和共同交流人数很低，如图12-11（b）中一个138级的玩家在两周的时间窗里仅仅交流过一次。

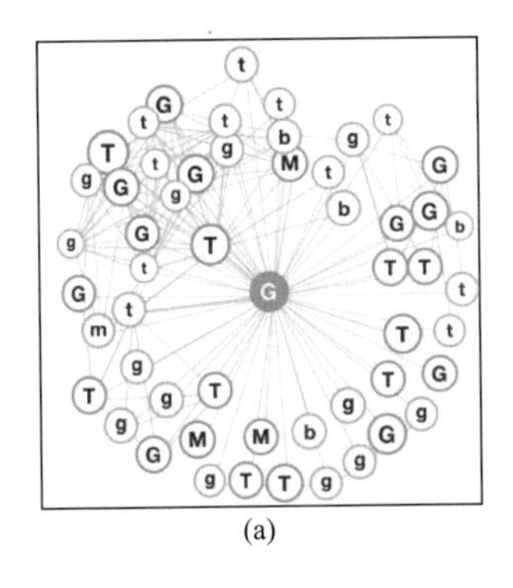

(a)

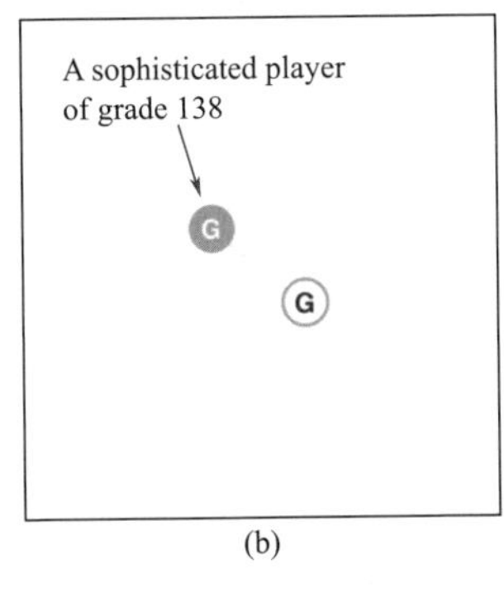

(b)

图12-11 玩家交流行为展示

参考文献

[1] Soubeyrand，Catherine. The Royal Game of Ur. The Game Cabinet. 2000 [2008-10-05].

[2] Green，William. Big Game Hunter. 2008 Summer Journey（Time). 2008-06-19 [2008-10-05].

[3] History of Games. MacGregor Historic Games. 2006 [2008-10-05].

[4] Sinclair B. Gaming will hit ＄91.5 billion this year- Newzoo [OL].[2016-05-07]. http://www.gamesindustry.biz/articles/2015-04-22-gaming-will-hit-usd91-5-billion-this-year-newzoo.

[5] Feitosa V R M, Maia J G R, Moreira L O, et al. GameVis: Game Data Visualization for the Web [C] //Computer Games and Digital Entertainment (SBGames), 2015 14th Brazilian Symposium on. IEEE, 2015: 70-79.

[6] Li Q, Xu P, Chan Y Y, et al. A visual analytics approach for understanding reasons behind snowballing and comeback in moba games [J]. IEEE transactions on visualization and computer graphics, 2017, 23 (1): 211-220.

[7] Yu Yang, Yu Minxiong, Wu Na, et al. The Art of Game Analytics [M]. Beijing: China Machine Press, 2015 (in Chinese).(于洋，余敏雄，吴娜，等.游戏数据分析的艺术[M].北京：机械工业出版社，2015.)

[8] Bowman B, Elmqvist N, Jankun-Kelly T. Toward visualization for games: Theory, design space, and patterns [J]. IEEE Transactions on Visualization and Computer Graphics, 2012, 18 (11): 1956-1968.

[9] Li Q, Xu P, Qu H M. FPSSeer: visual analysis of game frame rate data [C] //Proceedings of IEEE Conference on Visual Analytics Science and Technology. Los Alamitos: IEEE Computer Society Press, 2015: 73-80.

[10] Moura D, el-Nasr M S, Shaw C D. Visualizing and understanding players' behavior in video games: discovering patterns and supporting aggregation and comparison [C] //Proceedings of the ACM SIGGRAPH Symposium on Video Games. New York: ACM Press, 2011: 11-15.

[11] Adrienko N, Adrienko G. Spatial generalization and aggregation of massive movement data [J]. IEEE Transactions on Visualization and Computer Graphics, 2011, 17 (2): 205-219.

[12] Buchin K, Speckmann B, Verbeek K. Flow map layout via spiral trees [J]. IEEE Transactions on Visualization and Computer Graphics, 2011, 17 (12): 2536-2544.

[13] Wallner G, Kriglstein S. PLATO: a visual analytics system for gameplay data [J]. Computers & Graphics, 2014, 38: 341-356.

[14] Havre S, Hetzler B, Nowell L. ThemeRiver: Visualizing theme changes over time [C] //Proceedings of the IEEE Symposium on Information Visualization. Los Alamitos: IEEE Computer Society Press, 2000: 115-123.

[15] Tanahashi Y, Ma K L. Design considerations for optimizing storyline visualizations [J]. IEEE Transactions on Visualization and Computer Graphics, 2012, 18 (12): 2679-2688.

[16] Liu S X, Wu Y C, Wei E X, et al. StoryFlow: tracking the evolution of stories [J]. IEEE Transactions on Visualization and Computer Graphics, 2013, 19 (12): 2436-2445.

[17] Dou W W, Yu L, Wang X Y, et al. HierarchicalTopics: visually exploring large text collections using topic hierarchies [J]. IEEE Transactions on Visualization and Computer Graphics, 2013, 19 (12): 2002-2011.

[18] Luo Dongning, Jing Yang, Krstajic M, et al. Eventriver: Visually exploring text collections with temporal references [J]. IEEE Transactions on Visualization and Computer Graphics, 2012, 18 (1): 93-105.

[19] Wongsuphasawat K, Guerra Gómez J A, Plaisant C, et al. LifeFlow: visualizing an overview of event sequences [C] //Proceedings of the SIGCHI Conference on Human Factors in Computing Systems. New York: ACM Press, 2011: 1747-1756.

[20] Wongsuphasawat K, Gotz D. Outflow: visualizing patient flow by symptoms and outcome [C] //Proceedings of the IEEE VisWeek Workshop on Visual Analytics in Healthcare. Los Alamitos: IEEE Computer Society Press, 2011: 25-28.

[21] von Landesberger T, Kuijper A, Schreck T, et al. Visual analysis of large graphs: state-of-the-art and future research challenges [J]. Computer Graphics Forum, 2011, 30 (6): 1719-1749.

[22] Beck F, Burch M, Diehl S, et al. The state of the art in visualizing dynamic graphs [M] //EuroVis STAR. Aire-la-Ville: Eurographics Association Press, 2014.

[23] Heer J, Boyd D. Vizster: visualizing online social networks [C] //Proceedings of the IEEE Symposium on Information Visualization. Los Alamitos: IEEE Computer Society Press, 2005: 5.

[24] Henry N, Fekete J D, McGuffin M J. NodeTrix: a hybrid visualization of social networks [J]. IEEE Transactions on Visualization and Computer Graphics, 2007, 13 (6): 1302-1309.

[25] Bezerianos A, Chevalier F, Dragicevic P, et al. Graphdice: A system for exploring multivariate social networks [J]. Computer Graphics Forum, 2010, 29 (3): 863-872.

[26] Dixit P N, Youngblood G M. Understanding playtest data through visual data mining in interactive 3D environments [OL]. [2016-05-07].

[27] Drachen A, Canossa A. Towards gameplay analysis via gameplay metrics [C] //Proceedings of the 13th International MindTrek Conference: Everyday Life in the Ubiquitous Era. New York: ACM Press, 2009: 202-209.

[28] Andersen E, Liu Y E, Apter E, et al. Gameplay analysis through state projection [C] //Proceedings of the 5th International Conference on the Foundations of Digital Games. New York: ACM Press, 2010: 1-8.

[29] Drachen A, Canossa A, Yannakakis G N. Player modeling using self-organization in tomb raider: underworld [C] //Proceedings of the 5th international conference on Computational Intelligence and Games. Los Alamitos: IEEE Computer Society Press, 2009: 1-8.

[30] Thawonmas R, Kurashige M, Chen K T. Detection of Landmarks for Clustering of Online-Game Players [J]. The International Journal of Virtual Reality, 2007, 6 (3): 11-16.

[31] Drachen A, Canossa A. Analyzing spatial user behavior in computer games using geographic information systems [C] //Proceedings of the 13th International MindTrek Conference: Everyday Life in the Ubiquitous Era. New York: ACM Press, 2009: 182-189.

[32] Calleja G. Experiential narrative in gameenvironments [OL]. [2016-05-07].

[33] Medler B. Generations of game analytics，achievements and high scores [J]. Eludamos. Journal for Computer Game Culture，2009，3 (2)：177-194.

[34] Medler B，John M，Lane J. Data cracker：developing a visual game analytic tool for analyzing online gameplay [C] //Proceedings of the SIGCHI Conference on Human Factors in Computing Systems. New York：ACM Press，2011：2365-2374.

[35] Thawonmas R，Hirano M，Kurashige M. Cellular automata and Hilditch thinning for extraction of user paths in online games [C] //Proceedings of the 5th ACM SIGCOMM Workshop on Network and System Support for Games. New York：ACM Press，2006：Article No. 38.

[36] Aral S，Walker D. Identifying influential and susceptible members of social networks [J]. Science，2012，337 (6092)：337-341.

[37] Moretti E. Social learning and peer effects in consumption：evidence from movie sales [J]. Review of Economic Studies，2011，78 (1)：356-393.

[38] Cohé A，Liutkus B，Bailly G，et al. SchemeLens：a content-aware vector-based fisheye technique for navigating large systems diagrams [J]. IEEE Transactions on Visualization and Computer Graphics，2016，22 (1)：330-338.

[39] Buchheim C，Jünger M，Leipert S. Improving walker's algorithm to run in linear time [M] //Lecture Notes in Computer Science. Heidelberg：Springer，2002，2528：344-353.

[40] Grivet S，Auber D，Domenger J P，et al. Bubble tree drawing algorithm [M] //Computational Imaging and Vision . Heidelberg：Springer，2006，32：633-641.

[41] Zhao J，Collins C，Chevalier F，et al. Interactive exploration of implicit and explicit relations in faceted datasets [J]. IEEE Transactions on Visualization and Computer Graphics，2013，19 (12)：2080-2089.

[42] Gleicher M. Explainers：expert explorations with crafted projections [J]. IEEE Transactions on Visualization and Computer Graphics，2013，19 (12)：2042-2051.

[43] Nam J E，Mueller K. TripAdvisor _ N-D：a tourism-inspired high-dimensional space exploration framework with overview and detail [J]. IEEE Transactions on Visualization and Computer Graphics，2013，19 (2)：291-305.

[44] van den Elzen S，Holten D，Blaas J，et al. Reducing snapshots to points：a visual analytics approach to dynamic network exploration [J]. IEEE Transactions on Visualization and Computer Graphics，2016，22 (1)：1-10.

[45] M. Szell，R. Lambiotte，and S. Thurner. Multirelational organization of large-scale social networks in an online world. Proceedings of the National Academy of Sciences，2001，107 (31)：13636-13641.

[46] S. Aral，L. Muchnik and A. Sundararajan. Distinguishing influence based contagion from homophily-driven diffusion in dynamic networks. Proceedings of the National Academy of Sciences，2009，106 (51)：21544-21549.

[47] D. Easley and J. Kleinberg. Networks，crowds and markets：Reasoning about a highly connected world. Cambridge University Press，1 edition，2010.

[48] P. V. Marsden and N. E. Friedkin. Network studies of social influence. Sociological Meth-

ods and Research，1993，22（1）：127-151.

[49] A. V. Banerjee. A simple model of herd behavior. The Quarterly Journal of Economics，1992，107（3）：797-817.

[50] M. E. Newman. Assortative mixing in networks. Physical review letters，2002，89（20）：208701.

[51] M. E. Newman. Mixing patterns in networks. Physical Review E，2003，67（2）：026126.

索　引